黑龙江省“十四五”普通高等教育本科规划教材
科学出版社“十四五”普通高等教育本科规划教材
卓越工程师教育培养计划食品科学与工程类系列教材

食品生物化学

（第二版）

于国萍　邵美丽　姜毓君　主编

科学出版社
北　京

内 容 简 介

本书以人及其食品体系为核心，将生物化学理论与食品科学、食品加工及相关领域有机融合在一起。全书共分三篇十五章，在系统介绍水、糖类、脂类、蛋白质、核酸等食品物料成分基本特性的基础上，重点介绍糖类、脂类、蛋白质、核酸四类生物大分子在体内的代谢过程和代谢调控机制，从分子水平阐明食品成分在人体内的代谢规律及其对人类生命活动的重要意义。同时对糖类、脂类、蛋白质在食品加工贮藏过程中的生化变化及现代生化技术在食品工程中的应用也进行了相应介绍。

本书可作为高等院校食品科学与工程或生物相关类专业的本科生教材，也可作为研究生、科研工作者及生产一线的科技人员的参考用书。

图书在版编目（CIP）数据

食品生物化学/于国萍，邵美丽，姜毓君主编．—2 版．—北京：科学出版社，2024.7

科学出版社“十四五”普通高等教育本科规划教材　卓越工程师教育培养计划食品科学与工程类系列教材

ISBN 978-7-03-078501-5

Ⅰ．①食…　Ⅱ．①于…　②邵…　③姜…　Ⅲ．①食品化学－生物化学－高等学校－教材　Ⅳ．①TS201.2

中国国家版本馆 CIP 数据核字（2024）第 093914 号

责任编辑：席　慧　林梦阳 / 责任校对：严　娜

责任印制：肖　兴 / 封面设计：金舵手世纪

科学出版社出版

北京东黄城根北街 16 号

邮政编码：100717

http://www.sciencep.com

北京九州迅驰传媒文化有限公司印刷

科学出版社发行　各地新华书店经销

*

2015 年 4 月第　一　版　开本：889×1194　1/16

2024 年 7 月第　二　版　印张：18 1/2

2025 年 12 月第十三次印刷　字数：600 000

定价：79.80 元

（如有印装质量问题，我社负责调换）

《食品生物化学》（第二版）编写人员

主　编　于国萍　邵美丽　姜毓君

副主编　任　静　王雪飞　于纯淼　姚　磊　张　宇

编　者　（按姓氏拼音排序）

代翠红（哈尔滨工业大学）

董世荣（哈尔滨学院）

冯伟科（山东中医药大学）

姜毓君（东北农业大学）

金剑峰（海南医学院）

连　莲（黑龙江中医药大学）

刘华英（塔里木大学）

任　静（东北农业大学）

邵美丽（东北农业大学）

苏　静（山西农业大学）

王雪飞（哈尔滨学院）

姚　磊（哈尔滨学院）

于纯淼（黑龙江中医药大学）

于国萍（东北农业大学）

张　宇（东北农业大学）

赵洪宇（白城师范学院）

主　审　马永强（哈尔滨商业大学）

第二版前言

《食品生物化学》第一版出版于2015年，至今已有9年时间。其间，该教材被全国31所高等院校选作课程教材，受到广大师生的认可和喜爱。

党的二十大提出“实施科教兴国战略，强化现代化建设人才支撑”，这就要求全国持续深化教育改革，加强一流本科专业和一流本科课程建设。同时“新工科”教育背景下，要求培养具有扎实自然科学基础、实践能力强、创新能力强及具备良好工程素养的复合型技术人才。基于此，我们综合哈尔滨工业大学、东北农业大学、山东中医药大学、山西农业大学、黑龙江中医药大学、塔里木大学、海南医学院、哈尔滨学院及白城师范学院等9所不同地域高校的食品专业特色，在第一版的基础上吐故纳新，完成了《食品生物化学》的更新再版。

本书共分三篇十五章：第一篇为食品中各组分的特征，主要介绍水分与矿物质、糖类、脂类、蛋白质、核酸、酶、维生素与辅酶等食品物料成分的基本特征及其在食品加工和贮藏过程中的变化；第二篇为生物大分子的体内代谢及调节，主要介绍糖类、脂类、蛋白质、核酸等生物大分子的合成与分解代谢、能量代谢、遗传信息传递及各物质代谢的相互关系与调节控制；第三篇为现代生化技术的应用，主要介绍在食品成分分离、分析和检测中常用的现代生化分离技术和分析技术，简介各种技术的原理、操作过程及应用案例。同时，各章附有小结、思考题，以帮助学生掌握要点和课后复习。

与第一版相比，本书对部分章节和内容的设置进行了优化、调整和更新，增强了知识性、理解性和可读性。尤其在现代生化技术应用部分纳入新的生化技术和手段，增强了实用性和先进性。同时，每个章节都引入思政案例，引导学生重视食品营养健康与质量安全；强化学生法律意识、职业精神、社会责任感。另外，融入新形态教材的表现形式，更新部分彩图，增加配套PPT；部分章节在基础思考题的基础上，增加问题引导式思考题、开放讨论型思考题等。

本书由于国萍、邵美丽和姜毓君负责全书的统稿和审校。具体分工为：于国萍编写第一章；姜毓君编写第二章；于纯淼编写第三章；连莲编写第四章；邵美丽编写第五章；刘华英编写第六章；王雪飞编写第七章和第八章；金剑峰编写第九章；姚磊编写第十章；代翠红编写第十一章；冯伟科编写第十二章；任静编写第十三章；苏静编写第十四章；董世荣编写第十五章；赵洪宇负责配套PPT的制作；张宇负责数字资源中的视频录制，同时参与统稿和校对工作。

本书在完稿之时，马永强教授对书稿进行了认真的审阅，在此表示感谢，同时感谢东北农业大学教务处和科学出版社的大力支持。

本书在编写过程中，力求脉络清晰、语言流畅、表达简洁、图表规范，但受学识水平与写作能力所限，书中难免存在不妥之处，殷切希望读者批评指正，以使本书日趋完善。

编　者

2024年1月

教学课件索取单

凡使用本书作为教材的高校主讲教师，可获赠教学课件一份。课件仅供教学参考，欢迎通过以下两种方式之一与我们联系。

1．关注微信公众号“科学EDU”索取教学课件

关注→“教学服务”→“课件申请”

科学EDU

2．填写教学课件索取单，拍照发送至联系人邮箱

姓名：	职称：	职务：
学校：	院系：	
电话：	QQ：	
电子邮箱（重要）：		
所授课程1：		学生数：
课程对象：□研究生 □本科（____年级）□其他________		授课专业：
所授课程2：		学生数：
课程对象：□研究生 □本科（____年级）□其他________		授课专业：
使用教材名称 / 作者 / 出版社：		

最新食品专业
教材电子书目

联系人：林梦阳　　咨询电话：010-64030233　　回执邮箱：linmengyang@mail.sciencep.com

目　录

第一篇　食品中各组分的特征

第二篇　生物大分子的体内代谢及调节

第三篇　现代生化技术的应用

第一篇

食品中各组分的特征

第一章 绪论

生物科学在近20年中出现了惊人的进展，今日的生物化学在广度和深度上都发生了巨大变化。它已渗透到生物科学的各个领域，对食品科学也具有重要的指导意义。

第一节 生物化学及食品生物化学

一、生物化学

生物化学（biochemistry）就是生命的化学。它是研究生物体内各种物质的化学本质及其化学变化规律的科学。通过对这些规律的了解和认识，从分子水平探讨和揭示生命现象的本质。

生物化学是一门交叉学科，从化学、营养学、生理学、微生物学、遗传学及细胞生物学等发展起来，并促进了这些学科的发展。同时，生物化学也是一门独立的科学，主要研究生物体内各种生物大分子的组成、结构、性质、功能及其在生物体内的物质代谢和能量代谢过程。

生物化学因研究角度不同，又产生许多分支。按照研究对象不同，可分为动物生物化学、植物生物化学和微生物生物化学等；按照应用领域不同，可分为工业生物化学、农业生物化学、医学生物化学及食品生物化学等；按照研究领域不同，可分为免疫生物化学、进化生物化学及分子生物化学等。

（一）生命的物质基础

生物化学的研究揭示了生物体是由多种有机和无机物质组成的，它们都是生命活动不可或缺的成分。其中两大类重要物质是蛋白质和核酸，它们是生命最基本的物质。

生物体内存在种类繁多的蛋白质，它们执行着各种生理功能。例如，蛋白质酶具有催化功能，催化各种代谢反应；激素（绝大多数都是蛋白质）起着代谢调节的作用；血红蛋白运输氧；肌肉蛋白进行收缩和舒张；免疫蛋白执行防御功能等。而这些功能的综合表现就是有序的生命活动，因此认为生物的生命活动是通过蛋白质来实现或体现的。

生命现象多种多样，生物界更是丰富多彩，体现生命现象的蛋白质必然数目极其繁多，但是构成蛋白质的氨基酸却只有20多种。人们不禁要问，这20多种氨基酸是如何构成如此丰富多彩的蛋白质的呢？一个简单的数学排列组合就可以回答这个问题，若要合成由100个氨基酸组成的蛋白质，20种氨基酸以一定顺序排列可提供20^{100}个蛋白质。在生物进化过程中，蛋白质的种类和数目是无限的，从而展示了生物界的千变万化。不同的生物各自有其特定的生命活动特征，并且这种特征又是世代相传的。

生物是怎样控制其蛋白质的合成，并保持其生命特征呢？这就要靠生命活动的另一种基本物质——核酸。核酸是一种生物大分子，它有两个基本特征和功能：一是核酸能自我复制，因而能够使生命特征世代相传；二是核酸能指导、参与合成生物所特有的蛋白质，并通过蛋白质的生理功能体现每个生物的生命特征。因此，核酸是生物遗传的物质基础。

生物体的组成除包含蛋白质和核酸两大类基本物质外，还有糖类和脂类等复杂的生物大分子，以及具有生物活性的小分子化合物，如维生素、激素、氨基酸及其衍生物、肽、核苷酸、无机盐等。生物体就是由这些物质成分按严格的规律和方式组织而成的。

（二）物质代谢

生物体内有许多化学反应，这些反应按一定规律，持续不断地进行着。恩格斯对新陈代谢做过精辟的阐述，他指出："生命，即通过摄食和排泄来实现的新陈代谢，是一种自我完成的过程，这种过程是为它的体现者——蛋白质所固有的，生来就具备的。没有这种过程，蛋白质就不能存在。"恩格斯在这里一方面指出了生命的物质基础是蛋白质，同时还指明了生命的特征就是不断地进行新陈代谢。这些论断都为现代科学所证实。

新陈代谢（metabolism）是生物体内全部有序化学变化的总称。广义上的概念是生物体与外界环境之间的物质和能量交换及生物体内物质和能量的转变过程；狭义的概念是指细胞内所发生的酶促反应过程，称为中间代谢。新陈代谢包括同化和异化两个基本过程。生物体在其生命活动中，不断地从外界摄取氧、水、蛋白质、糖、脂类、无机盐和其他营养物质，通过一系列化学反应，将这些物质转化为其自身的组成成分，这就是同化作用（assimilation）。与此同时，生物体不断地将本身已有的陈旧组成成分分解转化为其他物质排出体外，这就是异化作用（dissimilation）。生物体在不断的新陈代谢过程中，演绎着生长、发育、繁殖、分泌和运动等生理过程，新陈代谢一旦停止，生命就会终止。

二、食品生物化学

食品生物化学是食品科学的一个重要的分支，也是食品科学的重要基石。食品生物化学既不同于以研究生物体的化学组成、生命物质的结构和功能、生命过程中物质变化和能量变化的规律，以及一切生命现象的化学原理为基础内容的普通生物化学，也不同于以研究食品的组成、结构、特性及其产生的化学变化为基础内容的食品化学，而是将二者的基本原理有机地结合起来，研究人及其食品体系的化学及化学变化过程的一门交叉学科。主要内容包括以下几个方面。

（1）食品的化学组成、主要结构、性质、生理功能及人体对它们的需要。食品的化学组成是指食品中含有的能用化学方法进行分析的元素或物质，主要包括无机成分如水分、矿物质，有机成分如糖、蛋白质、核酸、脂类、维生素等。

（2）以代谢途径为中心，研究食品在人体内的变化规律及伴随其发生的能量变化。

（3）食品在加工、贮运过程中的变化及其对食品感官质量和营养质量的影响。

第二节 生物化学发展史

生物化学是一门既古老又年轻的学科，因为它既有悠久的发展历史，近年又有许多重大的进展和突破。

生物化学的研究始于18世纪晚期，但其作为一门独立的学科是在20世纪初期。18世纪中叶至20世纪初是生物化学的初期阶段，主要研究生物体的化学组成、性质及其含量，这个阶段可称为"静态生物化学"时代。1770～1786年瑞典Scheele分离出甘油、柠檬酸、苹果酸、乳酸、尿酸等，被认为是奠定了生物化学的基础。其间的重要贡献还有对脂类、糖类及氨基酸的性质进行了较为系统的研究；发现了核酸；化学合成了简单的多肽；酵母发酵过程中"可溶性催化剂"的发现；奠定了酶学的基础等。尤其是1828年，Wolher在实验室里将氰酸铵转变成了尿素。氰酸铵是一种普通的无机化合物，而尿素则是哺乳动物尿中的一种有机物。人工合成尿素的成功，彻底改变了有机物只能在生物体内合成的错误观点，为生物化学的发展开辟了广阔的道路。

从20世纪初期开始，伴随着分析鉴定技术的进步，生物化学进入了蓬勃发展阶段。例如，在营养学方面，发现了人类必需氨基酸、必需脂肪酸及多种维生素。在酶学方面，美国化学家Sumner于1926年首次得到脲酶结晶，其后另一位美国化学家Northrop制备出胃蛋白酶等结晶，从而证明了酶的化学本质是蛋白质。在物质代谢方面，由于化学分析及同位素示踪技术的发展与应用，对生物体内主要物质的代谢途径已基本确定，德国生物化学家Embden和Meyerhof阐明了糖酵解反应途径；英国生物化学家Krebs证明了尿素循环和三羧酸循环；美国生物化学家Lipmann发现了ATP在能量传递循环中的中心作用。这个时期的生物化学以研究物质代谢变化为主，称为"动态生物化学"阶段。

1950年以来，由于电子显微镜、超速离心、多种色谱方法、电泳和X射线晶体衍射等现代技术和设备的发明和发展，加上许多优秀的物理学家、化学家、微生物学家和遗传学家参加到生物化学的研究领域中来，生物化学进入了突飞猛进大发展的新时期。在动态生物化学研究的基础上，结合生理机能，并注意了环境对机体代谢的影响，使生物化学进入了“机能生物化学”时期，是真正意义上的现代生物化学，具体体现在对蛋白质、酶和核酸等生物大分子的研究，从分离提纯和一般性质的测定，发展到确定其化学组成、序列、空间结构及其与生物学功能的联系，进而发展到人工合成、人工模拟，并创立了基因工程。这个时期具有代表性的重要成果包括 1953 年，Watson 和 Crick 提出 DNA 双螺旋结构模型，真正揭开了分子生物学研究的序幕，被认为是 20 世纪自然科学中的重大突破之一，大大促进了核酸分子生物学的突飞猛进；1958 年，Crick 提出了“中心法则”，为分子生物学奠定了基础；1961 年，Jacob 和 Monod 提出了操纵子学说；1965 年，我国生化工作者首先用人工方法合成了有生物活性的胰岛素；1970 年以后，Arber、Nathans 和 Smith 在限制性内切酶研究方面做出贡献，Temin 和 Baltimore 发现了逆转录酶，Berg 等成功地进行了 DNA 体外重组；1978 年，胰岛素基因在大肠埃希菌中获得表达，显示出重组 DNA 技术的应用远景；1979 年，我国又合成了酵母丙氨酸 tRNA，开辟了人工合成生物大分子的途径；1981 年，Cech 等研究原生动物四膜虫 rRNA 的加工时，发现 RNA 分子有高度催化活性，能催化 RNA 的剪接，这一发现给生物催化剂开拓了新的领域，打破了只有蛋白质组成的酶才有催化作用的传统观点。据不完全统计，这一时期因在生物化学及相关领域的贡献而获得诺贝尔奖的科学家，占了诺贝尔生理学或医学奖的一半和化学奖的 1/3 以上。这些事实从一个侧面反映出生物化学在现代科学尤其是生命科学发展中的领先地位。

21 世纪生物化学将有更飞跃的发展。2003 年 4 月 14 日，中、美、日、德、法、英六国科学家宣布人类基因组序列图谱绘制成功，且已完成的序列图谱覆盖了人类基因组所含基因区域的 99%，精确率达到 99%。同时精确测定的生物大分子的三维结构已超过 1 万个，使我们已经有可能在生命物质的精确三维结构及其运动的基础上，了解生命活动的规律和机理。这使得我们迎来了生物学的崭新时代，即“后基因组”时代。

第三节　生物化学与食品科学

生物化学是由化学与生物学相互渗透、相互影响而形成的一门学科，它与化学和生物学科的许多分支学科均有密切关系。生物化学是食品科学的重要组成部分，也是食品科学发展的重要理论依据和技术基础，它对开发食品资源、研究食品工艺、完善食品质量管理和贮藏技术具有重要作用。现代食品科学是以现代科学、技术与工程为基础，以食品生产、加工、包装、贮藏、流通、消费、环保等为主要研究内容，以食品卫生、营养、感官品质等食品质量及其变化、维护、检验、评价等为研究中心，并与现代管理科学、人文科学、市场营销等学科有密切联系的一门综合性学科。

在食品资源开发方面，生物工程的发展为食用农产品的品质改造、新食品的开发及食品添加剂和食用酶的开发拓宽了道路。在食品生产方面，食品工业、发酵工业等都需要广泛地应用生物化学的理论及技术，尤其是在发酵工业中，人们可以根据微生物合成某种产物的代谢规律，通过控制反应条件，或者利用基因工程来改造微生物，大量生产所需要的生物产品。目前，利用发酵法已经成功地实现了维生素 C、多种氨基酸的工业化生产；利用淀粉酶和葡萄糖异构酶等酶制剂生产出高果糖糖浆等一系列产品。

在食品分析检测方面，常用的生化分离检测技术有光谱分析、层析、电泳、免疫学、膜分离技术等，这些技术在食品中得到了广泛应用，是现代食品加工检测的主要技术支撑。随着生物化学的发展及其不断影响食品科学，使得食品的概念从农业食品、工业食品发展到转基因食品，这些食品满足人类的营养需要、适应不同人群的生理特点，对提高人们的生活质量发挥着不同的作用。

新世纪的食品生物化学，其任务除研究食品成分的结构、性质、营养价值，食品在贮藏加工中的化学变化及其在人体消化吸收后参与人体代谢的规律外，还应研究基因的作用及遗传信息对食品原料采摘前或屠宰前品质形成的规律、食品质量和营养价值的影响。

第四节　食品生物化学的学习方法

生物化学这门学科的特点就是发展快、信息量丰富，新名词和新概念不断涌现，大量内容需要记忆，知识体系之间关联性较强。以下几点建议，与学生共勉。

1. 认识课程重要性，端正学习态度 食品生物化学课程是针对食品科学与工程专业学生开设的一门专业基础课和专业主干课。该课程可为后续专业课程的学习、研究生入学考试及进一步的科研工作奠定良好的理论和技术基础。因此，学生一定要认识到本课程的重要性。尽管这门课程学好并不容易，但它也不是不可战胜的“怪物”，只要学生端正学习态度，避免畏难情绪，树立自信心，然后配合得当的学习方法，一定可以取得很好的学习效果。

2. 预习＋笔记＋复习 食品生物化学知识体量大、概念繁多冗杂、内容不易理解，学生需要从课前、课中和课后三阶段展开学习。课前预习是前提，学生通过阅读教材，对大致内容有所了解，同时带着疑问进行课堂学习可以起到事半功倍的效果，避免因跟不上老师思路，引起精力涣散，丧失学习兴趣。课中速记笔记是关键，结合课堂 PPT 和教材，根据老师讲解内容，速记关键点和关键内容，厘清知识脉络和逻辑关系。课后细化笔记，对课堂讲授的重点与难点进行分类汇总，复习、巩固课堂知识。

3. 把握知识联系，形成知识网络 食品生物化学知识体系具有严密的逻辑性和系统性，每个章节相互联系，前后呼应。各章节内的知识点也存在着密切的关系。因此，建立每章的知识框架，然后对于各部分知识点，由浅入深，层层递进，建立点-线-面——立体知识网络的学习法，对于从宏观认知到细节把握本门课程体系具有非常重要的作用。另外，还应该注意横向比较一些知识，把近似或易混淆的问题进行比较分析，找出它们之间的联系与区别，阐明相同点，突出不同点，使相关的内容简明化、集中化。

4. 自测知识掌握程度 学习过程中，可通过图书馆借阅生物化学习题册或者通过网络收集相关习题，针对学过的内容，定期进行自我测试，以分析和了解自己对知识的掌握情况，甄别出知识的弱项或者漏洞，并适时调整复习策略，查缺补漏，不要因为某处知识的欠缺而影响后续知识的学习，以此提升整体的学习效果。

5. 利用网络课程，辅助学习 借助网络资源进行生物化学课程或者其他相关课程的线上拓展学习。此外，还有一些与生物化学有关的论坛或者微信公众号，也可以经常去浏览，以跟踪和了解本学科最新的进展。

第二章　食品中的水分与矿物质

人体所需的六大营养素包括糖类、脂肪、蛋白质、维生素、水和无机盐（矿物质），其中水属于宏量营养素，矿物质属于微量营养素。二者是维持人类正常生命活动所必需的基本物质。不仅如此，水和矿物质也是食品的重要组成成分，二者对食品的加工特性和贮藏特性均有重要影响。

第一节　食品中水的存在方式及其对食品品质的影响

食品中的水含量、分布及其存在形式不仅影响食品的结构、外观、质地、风味、色泽及流动性等特征，同时对食品的加工、贮藏也有重要影响。因此，了解并掌握食品中水的理化性质、分布状态及存在形式是研究食品加工和食品贮藏技术的基础和前提。

一、水在食品中的存在方式

（一）水的作用

水是构成生物体的主要成分。一般生物体内的水分含量为70%～80%。在人体内，虽然水无直接的营养价值，但它却是维持生命活动、调节机体代谢的重要物质。水在生物体内的作用如下。

（1）水作为生物化学反应的介质和反应物，促使人体内生物化学反应的顺利进行。

（2）水是一种溶剂，可作为体内营养素的运输、吸收及代谢物的转运的载体，促进营养素的消化、吸收、代谢和排泄。

（3）水能调节体温恒定。因为水的比热容大，即使人体内热量增多或减少，也不致引起体温出现太大的波动。同时，水的蒸发潜热大，人体可通过蒸发少量汗水而散发大量热能。

（4）水是天然的润滑剂，可减少关节和体内脏器之间的摩擦，使器官运动灵活的同时减少机体损伤。

（5）水是优良的增塑剂、生物大分子聚合物构象的稳定剂，以及包括酶催化剂在内的大分子动力学行为的促进剂。

水也是大多数食品的主要组成成分。不同食品的水含量不同（表2-1）。目前，在许多法定的食品质量标准中，水含量是一个主要的质量指标。

表2-1　各种食品中水含量

食品		水含量/%
肉类	猪肉	53～60
	牛肉	50～70
	鸡肉	74
	鱼肉	65～81
蔬菜	甜菜、胡萝卜、马铃薯	80～90
	番茄、大白菜、芦笋、红辣椒	90～95
乳制品	液态奶	87
	冰淇淋	65
	奶酪	40～75
	奶粉	4

续表

食品		水含量/%
谷物	面粉	10～13
	全粒谷物	10～12
水果	苹果、桃、橘子、杏、李子、无花果	85～90
	草莓、西瓜、椰子	90～95
	葡萄、猕猴桃、柿子、梨、菠萝	80～85

（二）水的结构与物理特性

1．水的结构特点

1）水分子结构　水的分子式是 H_2O，其中 H 原子的核外电子排布为 $1s^1$，氧原子的核外电子排布为 $1s^22s^22p_x^22p_y^12p_z^1$。氧原子与氢原子成键时，形成 4 个 sp^3 杂化轨道。2 个氢原子接近其中的 2 个 sp^3 成键轨道，结合形成 2 个 σ 共价键（具有 40%离子特性）。氧的另外 2 个轨道被氧原子最外层的 2 个孤对电子占据，并对称地定向在原来轨道轴的周围，形成了近似四面体的结构（图 2-1）。

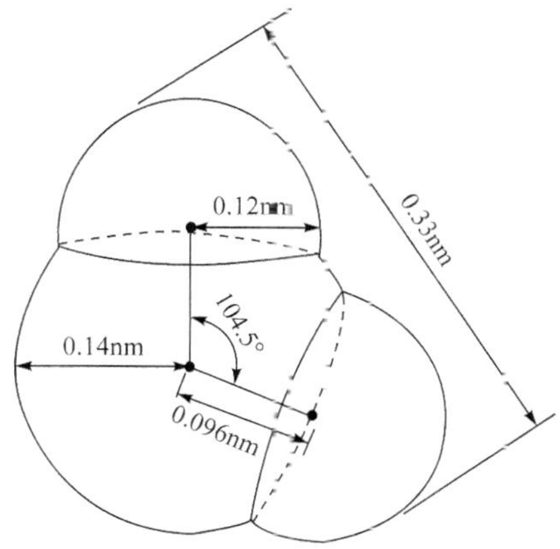

图 2-1　单个水分子的结构示意图

2）水分子间的缔合　水分子之间具有强烈的缔合作用。常温常压下的液态水中，水分子缔合成水分子簇 $(H_2O)_n$。这是由于水分子中的氧原子电负性大，O—H 键的共用电子对强烈地偏向氧原子一端，使得氧原子端带负电，氢原子端带正电，形成偶极分子。偶极分子异电荷端之间产生静电引力，形成氢键，进而形成缔合结构。每个水分子最多能够与另外 4 个水分子通过三维氢键结合，形成四面体结构（图 2-2）。

3）冰的结构　冰是由水分子有序排列形成的结晶，水分子间靠氢键连接在一起形成非常“疏松”的刚性结构。组成冰晶体的基本单位是晶胞，晶胞中每个水分子都能缔合另外 4 个水分子，形成四面体结构。当几个晶胞结合在一起形成晶胞群时，可形成冰的正六方对称结构。当一些晶胞重叠起来，则形成 2 个相互平行、相互非常靠近的平面。这种类型的平面对由冰的“基面”组成。把几个基面堆积，就得到冰的扩展结构（图 2-3）。

图 2-2　水分子通过氢键形成的四面体构型

虚线表示氢键，大圈和小圈分别表示氧原子和氢原子

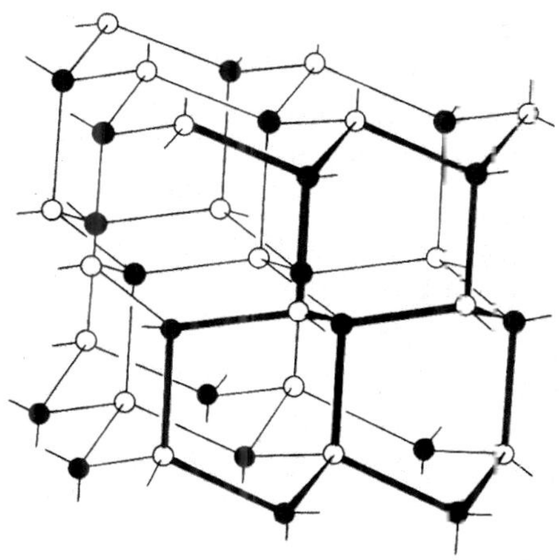
图 2-3　冰的扩展结构

2．水的物理特性　水和冰特殊的结构导致它们拥有许多特殊的物理性质。水和冰的物理常数见表 2-2。

表 2-2 水和冰的物理常数

物理量名称	物理常数值			
相对分子质量	18.0153			
相变性质				
熔点（101.3kPa）/℃	0.000			
沸点（101.3kPa）/℃	100.000			
临界温度/℃	373.99			
临界压力	22.064MPa（218.6atm）			
三相点	0.01℃和 611.73Pa（4.589mmHg）			
熔化热（0℃）	6.012kJ（1.436kcal）/mol			
蒸发热（100℃）	40.657kJ（9.711kcal）/mol			
升华热（0℃）	50.91kJ（12.061kcal）/mol			
其他性质	20℃（水）	0℃（水）	0℃（冰）	−20℃（冰）
密度/（g/cm^3）	0.998 21	0.999 84	0.916 8	0.919 3
黏度/（Pa・s）	1.002×10^{-3}	1.793×10^{-3}	—	—
界面张力（相对于空气）/（N/m）	72.75×10^{-3}	75.64×10^{-3}	—	—
蒸气压/kPa	2.338 8	0.611 3	0.611 3	0.103 0
比热容/［J/（g・K）］	4.181 8	4.217 6	2.100 9	1.954 4
导热系数/［W/（m・K）］	0.598 4	0.561 0	2.240 0	2.433 0
热扩散系数/（m^2/s）	1.4×10^{-7}	1.3×10^{-7}	11.7×10^{-7}	11.8×10^{-7}
介电常数	80.20	87.90	约 90	约 98

注：“—”表示无数据

水的沸点、界面张力、比热容、相变热及冰的熔点等物理常数均较高，这对食品加工中冷冻和干燥过程有重大影响。

冰的密度较水低，水结冰时体积增加（约增加 9%），表现出异常的膨胀特性，这会导致食品冻结时组织结构被破坏。

水和冰的导热系数和热扩散系数有很大差异。冰的导热系数在 0℃时约为同一温度下水的 4 倍。冰的热扩散系数约为水的 9 倍。这说明一定的环境条件下，冰的温度变化速率比水大得多，故在温差相等的情况下，生物组织的冷冻速度比解冻速度更快。

水的介电常数高，溶解能力强。糖类、醇类、醛类及酮类等非离子极性化合物均可与水形成氢键溶于水中。不溶于水的脂肪、部分蛋白质和淀粉也可在适当的条件下分散到水中形成乳浊液或胶体。

（三）食品中水的存在形式

食品或食品原料中除水外，还含有糖类、蛋白质、脂肪及矿物质等非水组分。而水与非水物质可以多种方式相互作用，形成不同的存在形式，且其存在形式取决于食品的化学成分和这些成分的物理状态。食品中水分的不同存在形式对食品的加工特性和贮藏特性会产生不同的影响。按照水分子与非水组分相互作用的性质和程度，可将食品中的水分为结合水（bound water）和游离水（free water）两大类。

1. 结合水 结合水又称束缚水或固定水，通常是指食品中与非水组分通过化学键结合的那一部分水。由于非水物质的分子基团不同，与水形成的氢键的作用力也有所不同。其中，氨基、羧基与水分子形成的氢键作用力较大，结合较牢固；而酰胺基、羟基与水形成的氢键作用力较小，较不牢固。根据与非水组分结合的牢固程度，结合水又可分为化合水（compound water）、邻近水（vicinal water）和多层水（multilayer water）。

1）化合水 化合水又称组成水，是指与食品中非水组分结合最牢固，并构成非水组分整体的那部分水。这部分水在食品中所占比例很小，在高水分食品中的含量约为 0.5%。它们在−40℃不结冰，不能作为溶剂，也不能被微生物所利用，它们可能位于蛋白质分子内的空隙中，也可能成为化学水合物中的一部分。

2）邻近水　邻近水又称单层水，处在非水组分亲水性最强的基团周围的第一层位置，结合力主要是水-离子和水-偶极间的作用力。这部分水与非水组分的结合牢固程度弱于化合水。与化合水相似，邻近水在−40℃也不结冰，也不能作为溶剂。

3）多层水　多层水又称多分子层水，指占据非水组分亲水性基团剩余位置的水及在邻近水以外形成的几个水层，结合力主要是水-水和水-溶质氢键的作用力。这部分水与非水组分的结合牢固程度弱于邻近水。大多数多层水在−40℃也不结冰，即使结冰，冰点也大大降低，且溶剂能力降低。

2. 游离水　游离水又称体相水、自由水，是指与非水组分靠物理作用结合的那部分水。游离水又可分为不移动水、毛细管水和自由流动水。

1）不移动水　不移动水又称滞化水，是指被组织中的显微和亚显微结构与膜阻留住的水，这些水不能自由流动。例如，一块重100g的动物肌肉组织中，总含水量为70～75g，除去近10g结合水外，其余60～65g水中大部分是滞化水。

2）毛细管水　毛细管水指在生物组织的细胞间隙、制成食品的结构组织中存在的一种由毛细管力截留的水，在生物组织中又称为细胞间水，其物理和化学性质与滞化水相同。

3）自由流动水　自由流动水指动物的血浆、淋巴和尿液，植物的导管、细胞内液泡中及食物中肉眼可见的水，这部分水可以自由流动。

3. 结合水与游离水比较　结合水与游离水之间虽然没有明显的界限，但在一些理化性质方面有区别。

第一，结合水的量与食品中有机大分子的极性基团的数量有比较固定的比例关系，每100g淀粉的持水能力在30～40g，每100g蛋白质的持水能力可高达50g。

第二，结合水的蒸气压比游离水的蒸气压低得多，所以在一定温度下，结合水不能从食品中分离出来。而游离水利用加热方法很容易从食品中分离出去。

第三，结合水沸点高于一般水，而冰点低于一般水。正是由于这个特点，使得植物的种子和微生物的孢子（几乎不含游离水）能在低温下保持生命力。

第四，游离水能被微生物利用，而绝大多数结合水则不能。故食品中游离水的含量与食品的腐败变质有重要关系。

第五，结合水不能作溶剂，而游离水则可以作溶剂。

二、水与食品加工贮藏

食品中水的含量、分布、状态会对食品的品质及加工贮藏特性产生极大影响。

1. 水与食品加工　食品加工过程中，原料的各种成分发生的大部分物理化学变化，都是以水为介质或者在水的参与下发生的，如面团发酵过程中，酵母细胞需要在适宜的水和温度作用下，才能分泌相应的酶将面团中的糖类氧化生成大量的二氧化碳，从而使面团变得膨松。再如水可以与蛋白质、淀粉类物质相互作用，形成凝胶状态，从而使肉类富有弹性、色泽鲜亮。

水还可以发挥膨润、浸湿的作用，影响食品加工特性，如干货制品中的淀粉、蛋白质、果胶等可以发生吸水浸胀，浸胀后的物质更易受热、酸、碱和酶的作用，进而更易被人体消化吸收，但其货架期较短。

近年来，食品加工用水研究进入了新的阶段。人们不仅研究水中的溶质，而且对作为溶剂的水分子及分子团（cluster）本身的结构、理化性质及溶质与溶剂的相互作用进行了深入的研究，开发了微波处理、电解处理、膜处理、脱气处理及天然石（麦饭石等）处理等多种水处理方法。通过这些方法改变了水的某些理化性质，使其活性化，这种经活性化处理的水称为活性水。采用新的水处理方法制取适合于不同食品加工的各种类型的活性水，对进一步提高产品质量、缩短加工时间及降低原耗都具有良好的作用。

2. 水与食品贮藏　水分是影响食品贮藏时间、贮藏后品质的重要因素。大多数食品腐败变质是由微生物作用引起的。而水是微生物生长繁殖的重要因素，因此可通过有效控制食品中的水，抑制微生物的生长繁殖，达到延长食品货架期的目的，如通过干燥（喷雾干燥、冷冻干燥、日晒等）、浓缩（蒸发、冷冻浓缩、膜渗透等）、糖腌、盐渍等方法，使食品中的水除去或被结合。但无论采取普通方法脱水还是低温冷冻干燥脱水，水与食品中蛋白质、多糖和脂类的相互作用都被改变，食品的固有特性都会发生很大变化，即便进行复水和解冻也都无法使脱水食品恢复到它原来的状态。

第二节　水分活度及其对食品品质的影响

微生物是导致食品腐败的重要生物因素。而微生物生长繁殖的重要条件之一就是水分，食品中的水分含量越高，微生物生长代谢活动越强烈，食品越容易发生变质，因此水分含量和食品的稳定性相关。

一、水分活度

食品中的水分含量与食品的腐败变质有一定关系，但将水分含量作为判断食品稳定性的指标，并不准确。因为不同种类的食品即使总水分含量相同，其可被微生物利用的水分含量可能不同，所以其腐败变质的程度也不尽相同。而水分活度可表示食品中水分可被微生物利用的有效浓度，它与食品中许多降解反应速率有良好的相关性。因此，选择水分活度作为衡量食品腐败变质的指标更恰当。

（一）水分活度定义

水分活度（water activity，A_W）是指食品中水的蒸气压与同温下纯水的饱和蒸气压比值，即

$$A_W=P/P_0$$

式中，A_W表示水分活度；P表示一定温度下，食品在密闭容器中达到平衡的水蒸气压；P_0表示相同温度下，纯水的饱和蒸气压。

若把纯水作为食品来看，其水蒸气压P和P_0相等，即A_W为1。而一般食品除水分外，还含有非水组分，故食品的水蒸气压比纯水小，即A_W小于1。

水分活度也可以用平衡相对湿度（equilibrium relative humidity，ERH）表示，即

$$A_W=ERH/100=N=n_1/(n_1+n_2)$$

式中，N表示溶剂（水）的摩尔分数；n_1表示溶剂的物质的量（mol）；n_2表示溶质的物质的量（mol）。

因此，实际测定食品的A_W时，只要将食品放入密闭容器内，找到容器内的平衡相对湿度，或者测定在一定温度下的蒸气压即可。

（二）水分活度与温度的关系

水分活度表达式中P和P_0都是温度的函数，因此水分活度也是温度的函数。二者的函数关系可用克劳修斯-克拉珀龙（Clausius-Clapeyron）方程表示。

$$d(\ln A_W)/d(1/T)=-\Delta H/R$$

式中，T表示热力学温度；R表示气体常数；ΔH表示在食品某一水分含量下的等量净吸附热。

整理此方程得：$\ln A_W=(-k\Delta H/R)(1/T)$，可知$\ln A_W$与$1/T$为线性关系。式中，$k$是样品中非水物质的本质和浓度的函数，也是温度的函数。但在样品一定和温度范围较窄的情况下，可看作常数。

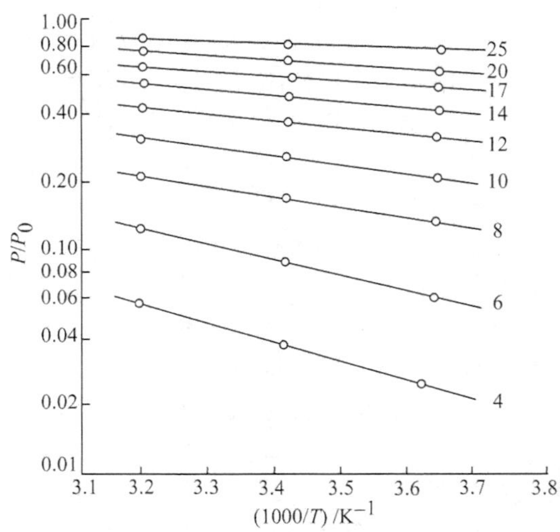

图 2-4　马铃薯淀粉水分活度和温度的 Clausius-Clapeyron 关系

图 2-4 表示马铃薯淀粉水分活度和温度的 Clausius-Clapeyron 关系。可以看出，在一定温度范围内，$\ln A_W$和$1/T$之间存在良好的线性关系。且A_W随着温度变化的程度与食品的水分含量也呈一定的函数关系。

但并不是任何温度范围内以$\ln A_W$对$1/T$作图，都可得一直线。当温度达到冰点时，直线将出现折点。当温度继续降低，$\ln A_W$随$1/T$的变化程度明显增大（图 2-5），且不受食品中非水组分的影响。

（三）水分活度与食品含水量的关系

水分活度与食品含水量的关系可由水吸附等温线（moisture sorption isotherm，MSI）来表示。水吸附等温线是指在一定温度下，以食品含水量（以单位干物质中的水分含量表示）对它的水分活度作图形成的曲线。高含水量范围的食品水吸附等温线包括从正常到干燥状态的整个水分含量范围，但对食品来讲更有意义的数据是低水分含量与水分活度的关系。图 2-6 为低水分含量范围的食品水吸附等温线。为了更深入地理解该曲线的含义，将其分为以下 3 个区域。

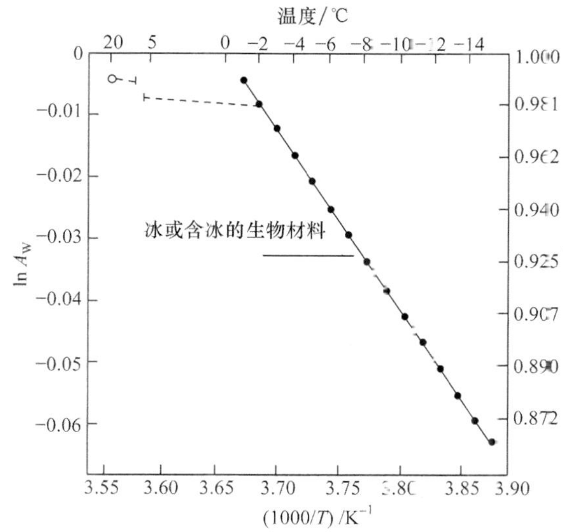

图 2-5 冰点以上和冰点以下时样品的水分活度与温度的关系

Ⅰ区：此区域水分通过水-离子或水-偶极相互作用与食品中非水组分紧密结合在一起，是最不容易移动的水分。这类水相当于食品固形物的组成部分，它们不能作为溶剂，在−40℃不结冰，不能对食品的固形物产生可塑作用，不能使干物质膨润。该区域水分含量为 0～0.07g/g 干物质，A_W 为 0～0.25。

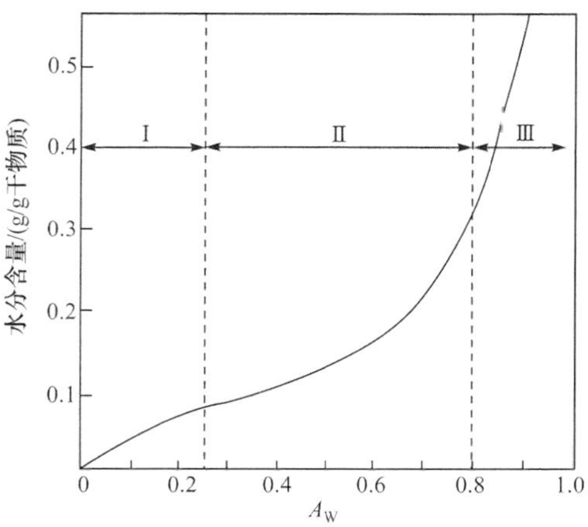

图 2-6 低水分含量范围食品水吸附等温线

Ⅱ区：Ⅱ区增加的水主要是多层水。这部分水大部分在−40℃不结冰。当它们的含量达到Ⅱ区和Ⅲ区的边界时，能引发溶解，加速大多数反应的速率。A_W 为 0.25～0.80。

Ⅲ区：Ⅲ区增加的水是游离水，是最容易移动的水。这部分水通过网络微孔向外蒸发，能起到溶剂作用，可以结冰，也可作为溶剂，利于化学反应的进行和微生物生长。A_W 为 0.80～0.99。

不同食品水吸附等温线的形状不尽相同。但大多数食品的水吸附等温线呈 S 形，而水果、咖啡提取物及含糖量高的一些食品的水吸附等温线为 J 形。前面已经述及，水分活度与温度呈函数相关性，因此水吸附等温线与温度也存在一定相关性。图 2-7 显示了马铃薯在不同温度下的水吸附等温线，可以看出在水分含量一定的情况下，水分活度随着温度的升高而增大。这与 Clausius-Clapeyron 方程一致，符合食品中所发生的各种变化规律。

水吸附等温线在食品加工生产方面具有一定指导意义：第一，了解在浓缩和干燥过程中，样品脱水的难易程度与相对蒸气压（RVP）的关系；第二，预测能够抑制微生物生长的水分含量；第三，防止水分在组合食品的各配料之间转移；第四，测定包装材料的阻湿性；第五，预测食品的化学和物理稳定性与水分含量的关系；第六，判断不同食品中组分与水结合能力的强弱。

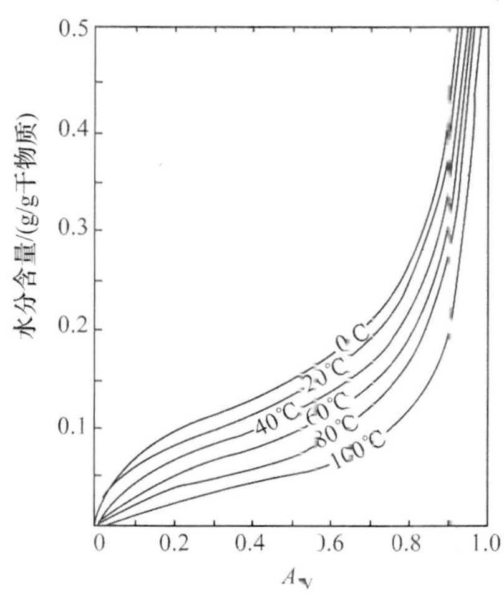

图 2-7 马铃薯在不同温度下的水吸附等温线

二、水分活度与食品稳定性

食品的稳定性主要受微生物的生长繁殖及食品中的各种化学变化影响，而微生物的生长繁殖及食品中的各种化学变化又都需要一定的水分活度。因此，食品的稳定性与水分活度之间存在着密切的联系。

（一）水分活度与微生物生命活动的关系

不同的微生物在食品中繁殖时，都有它最适宜的水分活度范围。一般来说，水分活度低于 0.90 时，大多数细菌生长受到抑制；水分活度小于 0.87 时，大多数酵母生长受到抑制；水分活度小于 0.80 时，大多数霉菌生长受到抑制。这表明细菌对低水分活度最敏感，其次是酵母，霉菌敏感性最差。因此，降低食品的水分活度可以抑制有害菌的生长繁殖，提高食品的稳定性。但对于发酵食品来说，则必须适当提高水分活度，以利于有益微生物的生长、繁殖及代谢。表 2-3 列举了食品中水分活度与微生物的生长关系。

表 2-3 食品中水分活度与微生物的生长关系（引自黄泽元，2017）

A_W 范围	在此范围内的最低 A_W 所能抑制的微生物	在此水分活度范围内的食品
0.95～1.00	假单胞菌属、埃希菌属、变形杆菌属、志贺菌属、芽孢杆菌属、伯克霍尔德菌属、梭菌属、产气荚膜杆菌、一些酵母	极易腐败变质的新鲜食品、水果、蔬菜、肉、鱼、乳制品、罐头、熟香肠和面包、含有约 40%蔗糖或 7%NaCl 的食品
0.91～0.95	沙门菌属、副溶血弧菌、肉毒梭菌、沙雷菌属、乳杆菌属、足球菌属、几种霉菌、酵母（红酵母属、毕赤酵母属）	奶酪、咸肉、一些果汁浓缩物、含有 55%蔗糖（饱和）或 12%NaCl 的食品
0.87～0.91	许多酵母（假丝酵母、汉逊酵母、球拟酵母）、微球菌属	发酵香肠、蛋糕、干奶酪、人造奶油、含 65%蔗糖（饱和）或 15%NaCl 的食品
0.80～0.87	大多数霉菌（产霉菌毒素的青霉菌）、金黄色葡萄球菌、大多数酵母（拜耳接合酵母、德巴利酵母）	大多数浓缩果汁、甜炼乳、巧克力糖、糖浆和水果糖浆、面粉、米、含有 15%～17%水分的豆类及其食品、水果蛋糕、家庭自制火腿、软糖、重油蛋糕
0.75～0.80	大多数嗜盐杆菌、产霉菌毒素的曲霉菌	果酱、加柑橘皮丝的果冻、杏仁酥糖、糖渍水果、一些棉花糖
0.65～0.75	嗜干性霉菌、双孢子酵母	含 10%水分的燕麦片、牛轧糖、砂性软糖、果冻、棉花糖、糖渍、粗蔗糖、某些干果和坚果
0.60～0.65	耐渗透压酵母（鲁酵母）、少数霉菌（二孢红曲霉、刺孢曲霉）	含水量 15%～20%的干果、一些太妃糖和焦糖、蜂蜜
0.50	微生物不增殖	含水量约 12%的面条和 10%的调味料
0.40	微生物不增殖	含水量约为 5%的全蛋粉
0.30	微生物不增殖	含水量为 3%～5%的甜饼、脆点心和面包屑
0.20	微生物不增殖	含水量为 2%～3%的全脂奶粉、含约 5%水分的玉米片、脆点心、烤饼

（二）水分活度与生物化学反应的关系

食品中的游离水可以作为反应物的溶剂，有助于食品中大多数化学反应的进行。同时还可以作为反应物参与很多水解反应及离子反应。若降低食品的水分活度，参加反应或者作为溶剂的游离水的有效数量就会减少，因此会降低化学反应速率或者抑制某些化学反应的发生。例如，脂质的氧化作用，水分活度较低时，食品中的水与氢过氧化物结合而使其不容易产生氧自由基，从而阻止氧化的进行；当水分活度大于 0.4 时，水分活度的增加增大了食物中氧气的溶解，加速了氧化；当水分活度大于 0.8 时，反应物被稀释，氧化作用降低。

水分活度与酶的活力密切相关。当水分活度低于 0.8 时，大多数酶的活力受到抑制；当水分活度在 0.25～0.30 时，食品中的淀粉酶、多酚氧化酶和过氧化物酶会受到强烈的抑制或丧失其活力（脂肪酶例外，在水分活度 0.1～0.5 时，仍能保持其活性），进而降低酶促反应速率或抑制某些酶促反应发生。

综上，降低食品的水分活度，可延缓食品的酶促褐变和非酶褐变，减少食品营养成分的破坏，防止水溶性色素的分解，使得食品品质保持相对稳定。但水分活度过低，则会加速脂肪的氧化酸败，还能引起非酶褐变。所以要使食品具有最高的稳定性，最好将水分活度保持在结合水范围内。

第三节 食品中矿物质

自然界中存在的天然元素中，除了组成有机化合物的碳、氢、氧、氮外，其余的元素均称为矿物质

(mineral)，亦称无机盐或灰分。食品中的矿物质虽然含量较少，但具有重要的营养和生理功能。它们大多以无机盐或有机盐形式存在，或者与有机物质结合存在（如酶中的金属元素等），对食品的质地、色泽、贮藏性等可发挥重要的影响。食品中矿物质的基本性质在加工贮藏过程中会发生变化，这种变化会进一步影响食品品质及其在生物体内的利用程度和生理功能。

一、矿物质分类

按照化学元素在机体内的含量多少或摄入量，可将矿物质元素分为常量元素、微量元素和超微量元素。

（一）常量元素

常量元素又称宏量元素，指在人体内含量大于体重的0.01%或需要量大于100mg/d的元素，主要包括钙（Ca）、磷（P）、钠（Na）、钾（K）、硫（S）、氯（Cl）及镁（Mg）等。

（二）微量元素

微量元素指在人体内含量小于0.01%或需要量小于100mg/d的元素，主要包括铁（Fe）、锌（Zn）、铜（Cu）、碘（I）、锰（Mn）、钼（Mo）、钴（Co）、硒（Se）、铬（Cr）、镍（Ni）及氟（F）等。

（三）超微量元素

超微量元素指在人体内含量为微克数量级的元素，主要包括铝（Al）、砷（As）、钡（Ba）、铋（Bi）、硼（B）、溴（Br）、镉（Cd）、铯（Cs）、汞（Hg）、铅（Pb）及硅（Si）等。

二、矿物质功能

（一）钾、钠、氯

钾、钠、氯在体内以离子形式存在，它们是维持体液渗透压、酸碱平衡及电离平衡的主要离子，也是细胞内一些代谢酶的激活剂。钾和钠可维持心肌的正常功能，调节细胞的兴奋性。钠和氯是胃液、胰液、胆汁的组成成分，参与维持机体消化机能。

（二）钙

人体内99%的钙以钙盐的形式沉积于骨骼和牙齿。1%的钙以离子形式存在于血液中或者与蛋白质结合形式存在于组织中，它们具有控制肌肉收缩、神经递质释放、细胞分化、激素释放及激活或稳定一些代谢酶的作用，同时也参与凝血过程。

（三）镁

镁主要分布于骨骼（50%～60%）和软组织（40%～50%），少部分（约2%）分布于血浆及细胞间液。其作用除参与构成骨骼外，还参与肌肉收缩的调控、神经冲动的传导，以及以多种代谢酶激活剂的形式参与体内蛋白质、糖、脂肪及核酸等物质代谢。此外，镁盐还有利尿和导泻的作用。

（四）磷

体内85%～90%的磷与钙结合，以难溶性盐的形式分布于骨骼和牙齿中，使骨骼和牙齿结构坚固。其余部分则以磷酸盐和磷酸酯的形式参与细胞代谢，调节能量释放，也可与其他元素配合维持体液的渗透压和酸碱平衡。

（五）硫

硫一般以硫酸盐或者有机物（如含硫氨基酸等）等形式参与体内蛋白质、维生素 B_1、维生素 B_7 等物质的构成。而维生素 B_1、维生素 B_7 等形成辅酶参与氨基酸代谢、糖类代谢及脂肪酸合成等。

（六）铁

铁是人体内需求量最大的微量元素。人体中约70%的铁存在于含有血红素的蛋白质中，包括血红蛋白、肌红蛋白和各种代谢酶（细胞色素、过氧化物酶、羟化酶、黄素酶等），这部分铁称为功能性铁。其余的铁以结合态分布于肝和骨髓等部位，这部分铁称为贮存铁。铁主要功能是参与氧的运输和储存；促进造血，维持机体的正常生长发育；促进生物氧化还原反应；增强机体对疾病的抵抗力。

（七）锌

锌在体内主要以各种酶的激活剂（如烯醇酶、碱性磷酸酶等）或者辅助因子（如乙醇脱氢酶、乳酸脱氢酶、羧肽酶等）的形式参与糖类、蛋白质、脂类及核酸的代谢。同时还可以稳定生物膜结构和细胞成分，是生长发育、细胞分裂和分化、基因表达和DNA合成的必需元素。

（八）碘

体内的碘大部分（70%～80%）存在于甲状腺中，其余分布于皮肤、肌肉、骨骼及其他内分泌腺和神经系统中。其主要功能是参与三碘甲状腺原氨酸（T_3）和四碘甲状腺原氨酸（T_4）的形成；促进糖、脂肪及蛋白质的代谢，调节能量转化；促进维生素的吸收利用。

（九）铜

体内的铜50%～70%分布于肌肉和骨骼内，20%分布于肝脏，5%～10%分布于血液内，其大部分以结合状态存在。铜是多种酶（如超氧化物歧化酶、细胞色素氧化酶及多酚氧化酶等）的组成成分，所以它主要以酶的形式参与体内各种生物化学反应。

（十）硒

硒广泛分布于所有组织和器官中，以指甲中最多，其次为肝和肾，肌肉和血液中含硒量约为肝的1/2或肾的1/4。其主要生理功能是参与谷胱甘肽过氧化物酶的组成，并通过谷胱甘肽过氧化物酶的抗氧化作用，清除体内过氧化物，保护细胞和组织免受氧化破坏；清除体内自由基，提高机体的免疫力，抗衰老、抗肿瘤；维持心血管系统的正常结构和功能，预防心血管病；还可通过与汞、镉、铅等重金属元素形成复合物，起到解毒作用。

三、矿物质的生物可利用性

（一）概念

生物可利用性是指食物中的某种营养素经过消化吸收后，在人体内的利用率，包括吸收率、转化成活性形式的比例及其在代谢中的功能。生物有效性是生物利用性的关键。对于矿物质来说，其生物有效性是指某种矿物质从小肠吸收入血的效率。

（二）影响因素

不同矿物质的生物有效性不同，主要受矿物质的化学形态与物理性质、与其他营养素之间的相互作用、食品的营养组成、机体的营养状态等因素的影响。

1. 矿物质的化学形态与物理性质 矿物质在食物中可以多种化学形态存在，包括自由离子、化合物、螯合物及与大分子形成复合物等。矿物质的不同化学形态对其生物有效性有很大影响，有的矿物质只有某一化学形态才具有营养功能。例如，钴只有以氰基钴胺（维生素B_{12}）的形式才有营养功能；血色素铁的生物有效性比非血色素铁高；以螯合物形式存在的矿物质，如果稳定常数过高，则这种矿物质元素难以被人体吸收利用。

矿物质的物理性质对其生物有效性也有相当大的影响。矿物质的溶解性好，则其生物利用率较高。例如，钠、钾、氯等元素所形成的化合物具有良好的溶解性，故这些矿物质具有较高的吸收率。而多价离子的磷酸盐、碳酸盐的溶解度较低，所以其吸收率较低。另外，矿物质颗粒的大小会影响其消化性和溶解性，进而影响其生物有效性。

2. 与其他营养素之间的相互作用 矿物质与其他营养素的相互作用可能会降低某矿物质的生物有效性。例如，矿物质与某一营养素在肠道内吸收时，竞争蛋白质载体上的同一个结合部位，影响其吸收率；一种过剩的矿物质与另一种矿物质化合后一起排泄掉，造成后者的缺乏。矿物质与营养素之间相互作用也可能提高矿物质的生物有效性，如氨基酸促进铁的吸收，维生素A、维生素C有利于铁的利用，乳糖促进钙的吸收等。

3. 食品的营养组成 食品的营养组成也可能影响人体对矿物质的吸收。例如，肉类食品中矿物质的吸收率较高，而谷物中则相对较低。食物中含有过多的植酸盐、草酸盐和磷酸盐，会降低人体对矿物质的生物利用率。

4. 机体的营养状态 机体的营养状态也会影响矿物质的吸收。当机体缺乏某种矿物质时，它的吸收率会提高。如果食物中某种营养素的供应过量，则吸收率会自动降低。例如，体内铁储备充足时，它的吸收率降低，反之则高。

此外，机体的年龄、性别、个体差异、疾病生理状态等因素均会影响机体对矿物质的利用率。例如，儿童随年龄的增长对铁的吸收减少；妇女对铁的吸收比男人高；胃酸分泌不足会引起铁和钙的吸收障碍等。

四、矿物质在食品加工和贮藏过程中的变化

（一）食品中的矿物质

1. 动物性食品中的矿物质 肉类食品中矿物质含量一般为0.8%～1.2%，其中钠、钾、磷、硫、氯等常量元素和铁、铜、锰、锌、钴等微量元素含量较多，尤其是钠、钾、磷和铁的含量较丰富，因此肉类食品是饮食中磷和铁的重要来源。在肉的反复冻融过程中，钠、钾等以可溶性形式存在的矿物质易随着汁液而流失；铁、铜、锌等矿物质则与蛋白质结合，不易流失。表2-4列出了部分肌肉中的矿物质含量。

表2-4 几种肌肉中的矿物质含量（引自黄泽元，2017） （单位：mg/100g）

肌肉种类	钙	磷	镁	钾	钠	铁
猪肉	9	175	18	285	70	2.3
牛肉	11	171	18	355	65	2.8
羊肉	10	147	15	295	75	1.2

乳品中矿物质含量一般为0.70%～0.75%，其中钙、磷、钠、钾、镁、硫、氯等常量元素含量相对丰富，尤其是钙、磷的比例较高。因此，乳品是膳食中钙的重要来源。乳品与肉类相比，其铁、铜、锌等微量元素含量较低。表2-5列出了乳品中矿物质含量。

表2-5 乳品中矿物质含量（引自黄泽元，2017） （单位：mg/100g）

元素	钠	钾	钙	镁	磷（总）	磷（无机）	氯	铁	锌	铜	锰
含量	50	145	120	13	95	75	100	1.0	3.8	0.3	0.02

蛋中富含磷、硫、钠、镁、钾、铁等多种矿物质。这些矿物质主要集中在蛋黄部分，蛋清中只有钾含量较高。蛋黄是磷元素的极佳来源。

2. 植物性食品中的矿物质 不同种类的植物中，矿物质含量差异较大。一般来说，豆类、坚果及含油种子中矿物质含量最为丰富，其中钾、磷、铁、镁、锌、锰等矿物质含量较高，因此它们是钾、磷的优质来源。蔬菜、水果及谷物中钾和镁的含量也较高，尤其钾的含量最高，所以它们是钾和镁的重要饮食来源。植物性食品中的矿物质大部分与有机酸结合，以有机酸盐的形式存在，影响了它们的吸收利用，因此植物性食品中的矿物质生物有效性一般低于动物性食品。但豆类和谷类食品经过发酵后，有机酸盐被水解，矿物质的生物有效性得以提高，故发酵豆制品是补充钙、镁、铁、锌等多种矿物质的良好食品。表2-6列出部分植物性食品的矿物质含量。

表 2-6　部分植物性食品的矿物质含量（引自黄泽元，2017）　　（单位：mg/100g）

品种	钙	磷	钾	钠	镁	铁	锰	铜	锌
大米	13	110	103	3.8	34	2.3	1.30	0.30	1.70
玉米	14	218	300	3.3	96	2.4	0.48	0.25	1.70
荞麦	47	297	401	4.7	258	6.2	2.04	0.56	3.60
高粱米	22	329	281	6.3	129	6.3	1.20	0.53	1.60
芹菜	80	38	206	159.0	18	1.2	0.16	0.09	0.24
大白菜	35	28	90	48.4	9	0.6	0.16	0.04	0.61
小白菜	90	36	178	73.5	18	1.9	0.27	0.08	0.51
胡萝卜	32	16	193	25.1	7	0.5	0.07	0.03	0.14

（二）加工贮藏对食品中矿物质的影响

1．矿物质流失　食品的预加工处理，包括原材料的剪切、修整、淋洗、热烫、泡发等是矿物质损失的主要途径。例如，水果的去皮处理、芹菜和莴苣等蔬菜的去叶处理，会导致一定量的矿物质流失。干海带等的泡发处理、菠菜等的热烫处理、食品加工前的清洗处理，均会导致一定量的矿物质随着水溶液流失。表 2-7 说明了菠菜在热烫过程中的矿物质损失情况。

表 2-7　菠菜在热烫过程中的矿物质损失（表中数据为留存量）（引自黄泽元，2017）

矿物质	含量/（mg/100g）		损失率/%
	未热烫	热烫	
钾	6.9	3.0	56
钠	0.5	0.3	40
钙	2.2	2.3	0
镁	0.3	0.2	33
磷	0.6	0.4	33

谷物精加工是矿物质损失的另一个重要途径。谷物中的矿物质主要存在于其胚芽和表皮中。谷物在精制时，需经过去皮、研磨等加工处理，这样就会导致大量矿物质损失（表 2-8）。

表 2-8　小麦在研磨加工中的矿物质损失（表中数据为留存量）（引自黄泽元，2017）

矿物质	含量/（mg/kg）				小麦粉相对全麦损失率/%
	全麦	小麦粉	麦胚	麦麸	
铁	43.0	10.5	67.0	47.0～78.0	76
锌	35.0	8.0	101.0	54.0～130.0	77
锰	46.0	6.5	137.0	64.0～119.0	86
铜	5.0	2.0	7.0	7.0～17.0	60
硒	0.6	0.5	1.1	0.5～0.8	17

食品的不当烹调也可能降低矿物质的生物有效性，如含有较多草酸的食品，如果不经过焯水处理，就与含钙丰富的食品同烹，就可能导致钙与草酸结合成草酸盐而影响钙的吸收。

2．矿物质含量增加　有些加工过程也可能增加矿物质的含量，如用含钙的卤水或石膏点卤生产豆腐，增加了豆腐中的钙含量；用亚硫酸盐或二氧化硫对食品进行护色处理，增加食品中硫的含量等。

另外，食品加工中设备、用水及包装的使用均可能为食品带来额外的矿物质，如马口铁包装的罐头食品中，铁和锡离子的浓度明显增加；经过不锈钢设备处理的牛乳中镍的含量有所增加等。

思政案例

低水分活度微生物

低水分活度的概念于 1957 年由澳大利亚微生物学家 Scott 提出，这一概念的提出为微生物的研究提出了新的认知方法。水分活度低于 0.7 的食品被认为是低水分活度食品，这类食品由于缺乏微生物生长环境，曾一度被认为是安全食品。然而近年来的食品安全事件频繁牵涉婴儿配方奶粉、曲奇饼干、榛子粉等低水分活度食品。究其原因是这些食品中存在大肠埃希菌、肠炎沙门菌、布雷登尼沙门菌及阪崎肠杆菌等可在低水分活度食品中存活的食源性致病菌。其中，与其他类型的肠杆菌相比，阪崎肠杆菌具有更强的耐干燥能力，可以在水分极低的环境中存活。因此，低水分活度的食品，尤其是低水分活度的婴幼儿食品的安全问题更应该引起重视。这就要求我们食品从业者必须将食品质量与安全和人民健康放在第一位，提高自身职业素养和责任担当，从食品生产、加工、运输、贮藏等各个环节做好安全监督和监测工作，为"大健康"时代保驾护航。

本章小结

水是大多数食品的主要组成成分，具有高介电常数、高熔点、高沸点、高比热容等特殊的物理性质。食品中水分为结合水和游离水两大类。结合水与游离水之间虽然没有明显的界限，但在一些理化性质方面有区别。食品中的水分含量与食品的腐败变质有一定关系，水分活度是衡量食品腐败变质的指标。它表示食品中水分被微生物利用的有效浓度，它与食品中许多降解反应速率有良好的相关性。在一定范围内，水分活度和温度之间存在良好的线性关系。水分活度与食品含水量的关系可由水吸附等温线来表示。大多数食品的水吸附等温线呈 S 形。水分活度与食品中微生物的生长繁殖及各种化学变化相关，所以水分活度与食品稳定性之间存在着密切的联系。

矿物质是生物体必需的营养素。食品中的矿物质主要分为常量元素、微量元素和超微量元素。天然食物中含有多种矿物质，但不同食物的矿物质分布不同。矿物质在体内功能的发挥与它的生物有效性密切相关。矿物质的生物有效性主要受矿物质的化学形态与物理性质、矿物质与其他营养素之间的相互作用、食品的营养组成及机体的营养状态等因素的影响。食品的加工处理也可能增加或者减少食品中矿物质的含量或影响其生物有效性。

思考题

1. 如何从理论上解释水的独特理化性质？
2. 食品中水的存在状态有哪些？各有什么特点？
3. 什么是水分活度？它与温度和水分含量的关系如何？
4. 水分活度对食品稳定性有哪些影响？
5. 阐述食品中的主要矿物质及其功能。
6. 矿物质的生物可利用性受哪些因素的影响？
7. 举例说明食品加工贮藏对矿物质含量及生物有效性的影响。

第三章 糖类化学

糖类（saccharide）是自然界中存在量最大的一类有机化合物，具有广谱化学结构和生物功能，是绿色植物光合作用的主要产物，也是人类所需的最基础物质之一，几乎所有动物、植物、微生物体内都含有糖。其中，植物界存在最多，约占其干重的80%；人和动物的器官组织中含糖量不超过其干重的2%；微生物体内含糖约占菌体干重的10%～30%，它们或以糖或以与蛋白质、脂类结合成复合糖存在。

早期认为，这类化合物由碳和水组成，表达式为 $C_n(H_2O)_n$，即所含碳与水元素呈某种比例，故有"碳水化合物"（carbohydrate）之称。后来发现一些非糖物质如甲醛（CH_2O）、乙酸（$C_2H_4O_2$）也符合这一规律；而有些糖的元素组成并不符合这一规律，如脱氧核糖（deoxyribose，$C_5H_{10}O_4$）和鼠李糖（rhamnose，$C_6H_{12}O_5$）；有些糖分子中还含有氮、磷、硫原子，如氨基糖、磷酸糖等。所以，称糖类为"碳水化合物"并不恰当，其只是对糖类的一种习惯称呼。根据糖类的化学结构特征，糖类的定义应是多羟基醛或多羟基酮及其衍生物和缩合物的总称。

根据水解程度，糖类分为单糖（monosaccharide）、低聚糖（寡糖，oligosaccharide）和多糖（polysaccharide）三大类。单糖是结构最简单的糖类，不能再被水解为更小的糖单位，单糖又可根据含碳原子数进行分类。低聚糖是指能水解产生 2～10 个单糖分子的化合物，根据其还原性质不同可分为还原性低聚糖和非还原性低聚糖。多糖又称多聚糖，是指单糖聚合度大于 10 的糖类，根据组成不同，又可分为同聚多糖和杂聚多糖两类；也可根据多糖功能的不同，分为贮存多糖和结构多糖。

糖类物质的主要生物学作用是通过氧化而放出大量的能量，以满足生命活动的需要。例如，粮食中的淀粉，经机体食入后，消化水解成葡萄糖被吸收，在组织细胞中氧化，为机体的生命活动提供能量。糖也可以直接或间接地转化为生命必需的其他物质，如蛋白质和脂类物质，为机体合成各种有机物质提供原料。此外，糖类也是细胞和生物体的重要组成成分，如核糖和脱氧核糖是细胞中核酸的成分；糖与脂类形成的糖脂是组成神经组织与细胞膜的重要成分；糖与蛋白质结合的糖蛋白具有多种复杂的功能。

第一节 单 糖

单糖是最简单的糖类，只含有 1 个多羟基醛或多羟基酮单位。根据分子内所含碳原子的数目，单糖可以分为丙糖、丁糖、戊糖和己糖等。在自然界分布广、意义大的是戊糖和己糖。核糖、脱氧核糖属戊糖，葡萄糖、果糖和半乳糖为己糖。根据分子内所含羰基的特点，单糖可分为醛糖（aldose）和酮糖（ketose），如葡萄糖是醛糖，果糖是酮糖。

一、单糖的分子结构

在化学结构上，除二羟基丙酮外，所有的单糖都含有 1 个或更多的手性碳原子（即不对称碳原子），因此大多数单糖具有旋光异构体。单糖旋光异构体的构型，按照它们与 *D*-甘油醛或 *L*-甘油醛的关系可分为 *D* 型和 *L* 型两大类。天然存在的单糖大部分是 *D* 型糖，食物中只有两种天然存在的 *L* 型糖，即 *L*-阿拉伯糖和 *L*-半乳糖。

常见的醛糖可以看成是 *D*-甘油醛的衍生物，从 3C～6C 衍生出来的 *D*-醛糖的构型用费歇尔式表示见图 3-1；酮糖由二羟丙酮派生而来（图 3-2）。

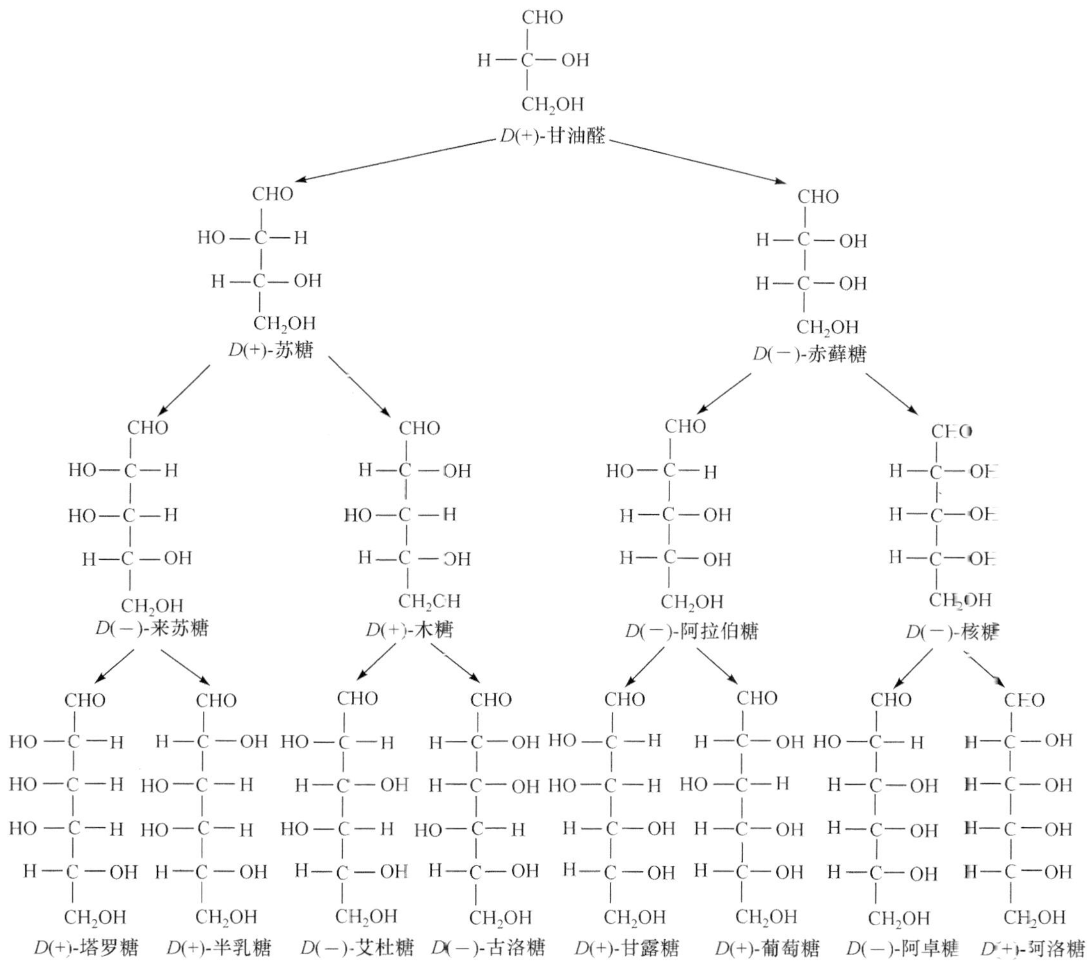

图 3-1 *D*-醛糖的结构式（3C～6C）

单糖不仅以直链结构存在，还以环状结构存在，尤其在水溶液中多以环状结构——分子内半缩醛式或半缩酮式的构型存在，即单糖分子中的醛基与其本身的一个醇基反应，形成五元呋喃环和更为稳定的六元吡喃糖环。根据哈沃斯环结构表示方法，用单糖新形成的半缩醛羟基与决定单糖构型的 C_5 上的羟基的相对位置决定 α、β 构型，在 *D* 型糖中，半缩醛羟基若位于平面同一侧的为 α 型，不在同一侧的为 β 型。几种单糖的环式结构式见图 3-3。

天然存在的糖环结构实际上并不像哈沃斯结构表示方法的投影式平面图。以葡萄糖为例，根据 X 射线衍射分析得知，葡萄糖的吡喃环上的 5 个碳原子并不在一个平面上，而是扭曲成 2 种不同的结构（构象）：船式和椅式（图 3-4）。很多已糖以相当刚性的且在热力学上稳定的椅式构象存在，只有少数是韧性的船式构象，还有其他几种构象，如半椅式和邻位交叉式构象，但都因能量较高而不常见。

二、单糖的理化性质

（一）物理性质

1. 旋光性 旋光性是一种物质使偏振光的振动平面发生旋转的特性，使偏振光平面向右旋转的称为右旋糖，表示为（+）；使偏振光平面向左旋转的称为左旋糖，表示为（−）。除丙酮糖外，其余单糖分子结构中均含有手性碳原子，所以其溶液都具有旋光性。因此旋光性是鉴定糖类的一个重要指标。旋光度是

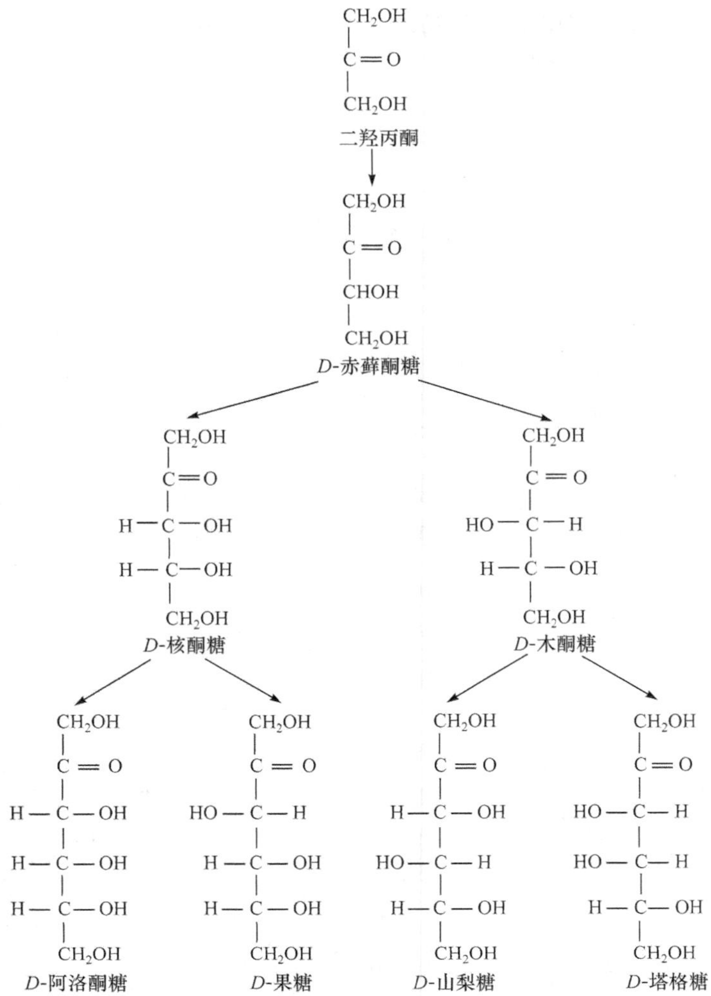

图 3-2　*D*-酮糖的结构式（3C～6C）

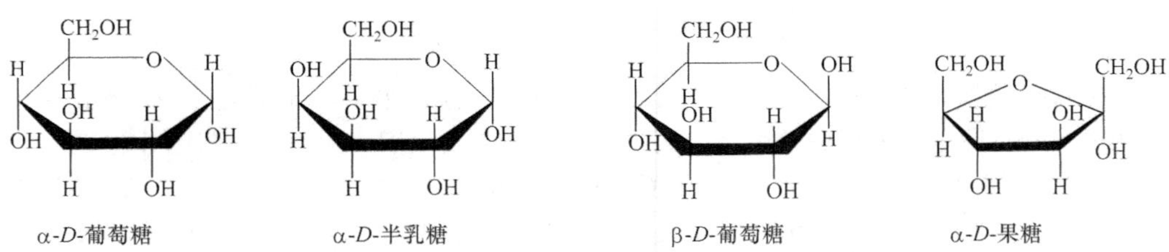

图 3-3　几种单糖的环式结构式

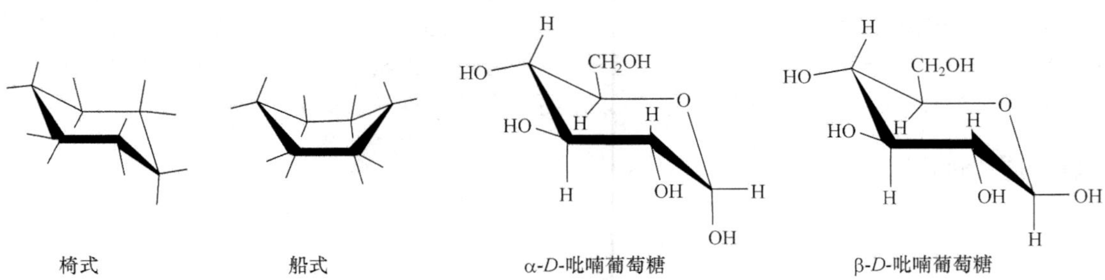

图 3-4　葡萄糖的两种构象

指在一定条件下，一定浓度的糖液使平面偏振光旋转的角度。比旋光度是指 1mL 含有 1g 糖类的溶液在其透光层为 0.1m 时，使偏振光旋转的角度，通常用 $[\alpha]_{\lambda}^{t}$ 表示。其中，t 为测定时的温度，λ 为测定时的波长，采用钠光时用 D 表示。几种重要单糖的比旋光度见表 3-1。

表 3-1 几种糖在 20℃（钠光）时的比旋光度

单糖	比旋光度	单糖	比旋光度
D-葡萄糖	+52.7°	*D*-甘露糖	+14.2°
D-果糖	−92.4°	*D*-阿拉伯糖	−105.0°
D-半乳糖	+80.2°	*D*-木糖	+18.8°
L-阿拉伯糖	+104.5°		

许多单糖在水溶液中都有变旋现象（mutarotation）。糖溶液放置一定时间后，其比旋光度发生改变。这是因为糖分子在溶液中发生了构型的部分转化，从 α 型转化成 β 型，或从 β 型转化成 α 型。当达到转化平衡时，α 型和 β 型的比例达到一定值，此时旋光度也稳定在一恒定值。例如，α-*D*-葡萄糖和 β-*D*-葡萄糖的比旋光度分别为+112.2°和+18.7°，这两种葡萄糖液放置一定时间后，比旋光度各有改变，前者降低，后者升高，但最后都变为+52.7°。因此，测定时需要使糖溶液静置一定时间，以使旋光度稳定在一恒定值。

2．甜度 甜味是糖的重要物理性质，甜味的强弱一般采用感官比较法来衡量，即通常以蔗糖为基准物，以 10%或 15%的蔗糖水溶液在 20℃时的甜度为 1.0，其他糖的甜度则与之相比较而得，如果糖的甜度为 1.5，葡萄糖的甜度为 0.7，麦芽糖的甜度为 0.5。由于这种甜度是相对的，所以又称为比甜度。

3．溶解性 单糖分子中具有的多个羟基使它们能溶于水，尤其是热水，但不能溶于乙醚、丙酮等非极性有机溶剂。糖的溶解度的大小与分子结构和温度等条件有关。糖分子结构中极性大的基团越多或极性越强，其溶解度就越高。果糖中酮羰基的极性大于葡萄糖中醛羰基的极性，因而果糖在水中的溶解度较高。在水溶液中，一般随温度升高，糖类的溶解度增大，在同一温度下，果糖的溶解度最高，为蔗糖的 1.88～3.10 倍。

（二）化学性质

单糖是多羟基醛或多羟基酮的结构，因此具有醇羟基的成酯、成醚、成缩醛等反应和羰基的某些加成反应。此外，由于分子内的各种功能基团之间相互影响，它们还能发生一些特殊反应。

1．酯化作用 单糖为多元醇，与酸作用生成酯。生物化学上比较重要的糖酯是磷酸酯。生物体内的单糖与磷酸能生成各种磷酸酯，如 *D*-1-磷酸葡萄糖、*D*-6-磷酸葡萄糖、*D*-6-磷酸果糖等，它们都是重要的代谢中间产物。在体内，单糖的磷酸化因是需能过程而不易发生，多由高能磷酸化合物，如腺苷三磷酸（ATP）提供磷酸基团和所需能量。

2．酸的作用 酸对糖类的作用因酸的种类、浓度和温度的不同而不同。很弱的酸能促进 α 异构体和 β 异构体的转化。室温时，稀酸不影响糖的稳定性；在稀酸和加热条件下，单糖会发生分子间脱水反应缩合生成糖苷，产物包括二糖和其他低聚糖；糖与强酸共热脱水生成糠醛及其衍生物，如戊糖生成糠醛，己糖生成 5-羟甲基糠醛，己酮糖较己醛糖更容易发生此反应。反应方程式如下：

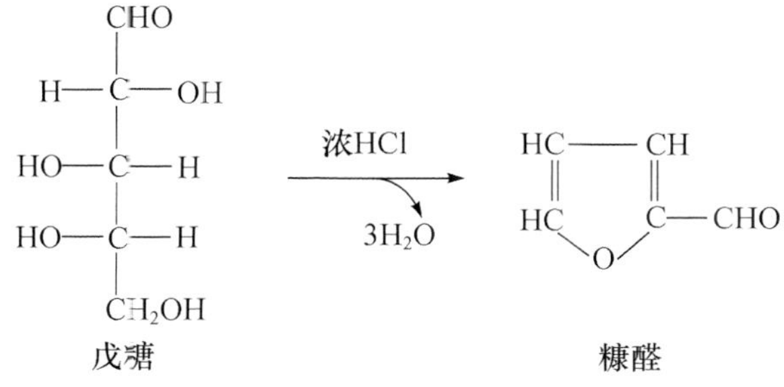

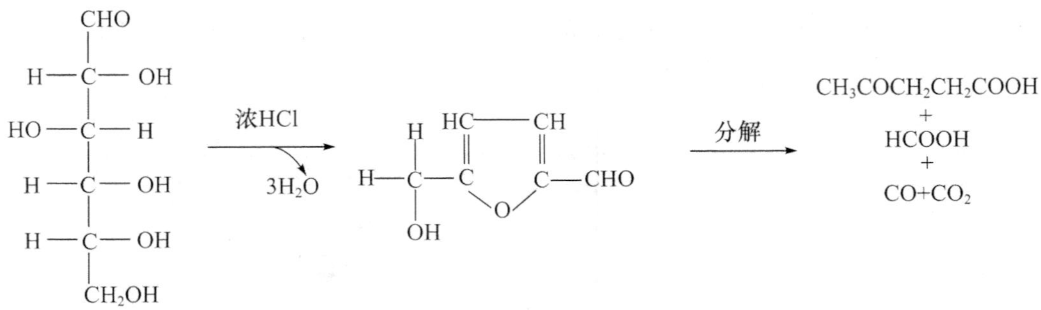

己糖　　　　　　　　　　5-羟甲基糠醛

糠醛与 5-羟甲基糠醛能与酚类物质作用生成有色的缩合物，利用这个性质可以鉴定糖类。例如，α-萘酚与糠醛或羟甲基糠醛作用生成紫色物质，以此鉴定糖的存在；间苯二酚与盐酸遇酮糖呈红色，遇醛糖呈很浅的颜色，利用这一特性来鉴定酮糖和醛糖。

3. 碱的作用　单糖分子中的羰基在稀碱溶液中不稳定，随温度升高，易发生异构化反应、分解反应和加成聚合反应等。这些反应发生的程度和形成的产物受单糖的种类和结构、碱的种类和浓度、作用的温度和时间等因素的影响。

糖在浓碱的作用下，分解产物较复杂。除分解生成较小分子的糖、酸、醇和醛等化合物外，单糖可随碱浓度的增加、加热温度的提高或加热作用时间的延长，发生分子内氧化还原反应与重排作用，生成羧酸类化合物。

4. 成苷反应　单糖的半缩醛羟基很容易与醇及酚的羟基反应，失水而形成缩醛式衍生物，称糖苷（glycoside）。其中，非糖部分称为配糖体，如甲基等。如果配糖体也是单糖，缩合产物为双糖。两部分之间的键称为糖苷键（glycosidic bond）。糖苷键可以通过氧、氮、硫或碳原子连接，形成的糖苷称为 *O*-苷、*N*-苷、*S*-苷和 *C*-苷。自然界常见的为 *O*-苷和 *N*-苷。*O*-苷键是单糖聚合物中的一级结构键，*N*-苷键见于核苷。由于单糖有 α 型与 β 型之分，生成的糖苷也有 α 与 β 两种形式，其糖苷键分别称为 α-糖苷键与 β-糖苷键。α-甲基葡萄糖苷与 β-甲基葡萄糖苷是最简单的糖苷，天然存在的糖苷多为 β-型。它们的分子结构式如下：

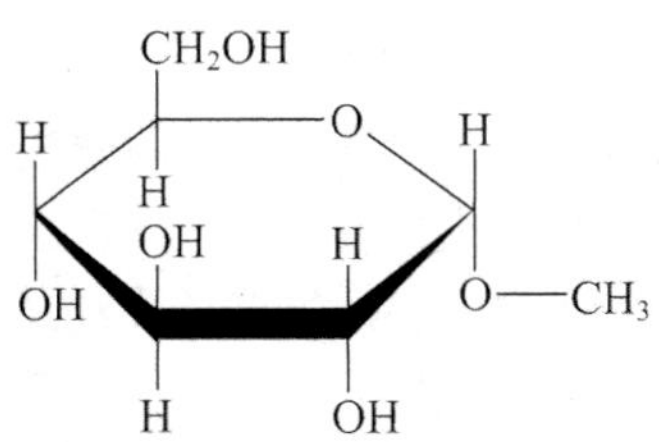

α-甲基-*D*-葡萄糖苷

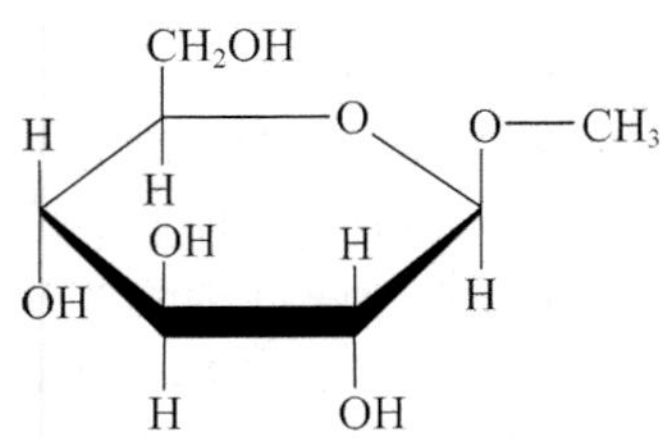

β-甲基-*D*-葡萄糖苷

糖苷与糖类的化学性质完全不同。糖类是半缩醛，很容易变为醛，从而显示醛的多种反应。糖苷需水解后才能分解为糖类与配糖体，所以糖苷比糖稳定。糖苷不与苯肼发生反应，不易被氧化，也无变旋现象。

5. 氧化反应　醛糖含有游离羰基，因此具有很好的还原性。碱性溶液中的金属离子（Cu^{2+}、Ag^{+}或Hg^{2+}等），如 Fehling 试剂或 Benedict 试剂中的 Cu^{2+}是一种弱氧化剂，能使醛糖（还原剂）的醛基氧化成羧基，产物为糖酸（aldonic acid），金属离子自身被还原。氧化的糖类被称为还原糖（reducing sugars）。单糖与 Fehling 试剂反应如下：

$$CuSO_4 + 2NaOH \longrightarrow Cu(OH)_2 + Na_2SO_4$$

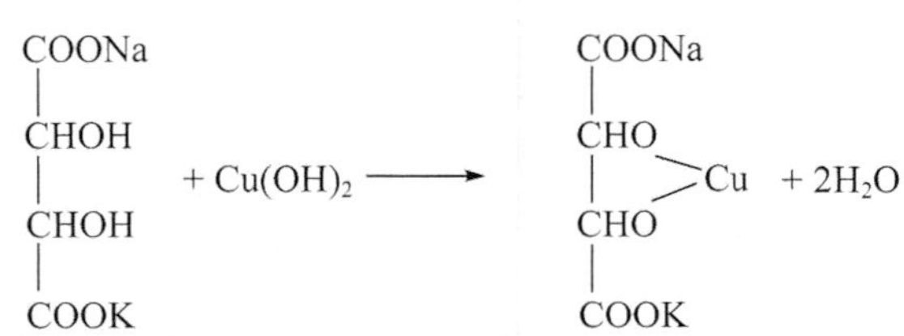

酒石酸钾钠　　　　　　　　可溶性的氧化铜络合物

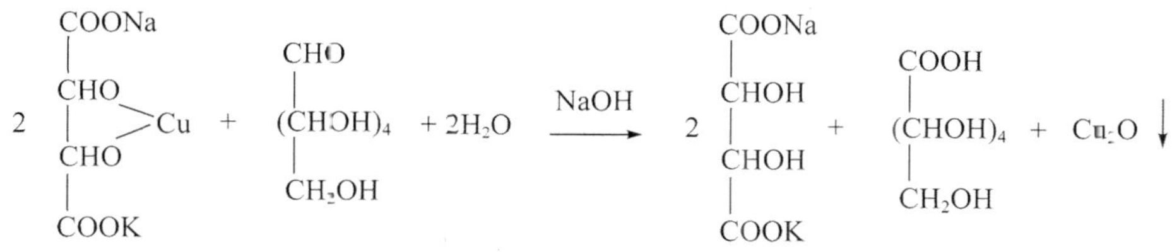

葡萄糖 酒石酸钾钠 葡萄糖酸

除羰基外，单糖分子中的羟基也能被氧化。因氧化条件不同，单糖可被氧化成糖酸、二元酸、糖醛酸等产物。

酮糖不能被溴氧化，因此根据此反应可鉴别醛糖和酮糖。在强氧化剂的作用下，酮糖将在羰基处断裂，形成 2 个酸分子。

6. 还原反应 单糖有游离的羰基，所以容易被还原成多羟基醇。在钠汞齐及硼氢化钠类还原剂作用下，醛糖被还原成糖醇，如 *D*-葡萄糖被还原成 *D*-山梨醇（*D*-葡萄糖醇），*D*-甘露糖被还原成 *D*-甘露醇。酮糖被还原，可生成 2 种具有同分异构的糖醇，如果糖被还原成 *D*-山梨醇和 *D*-甘露醇。单糖的还原反应如下：

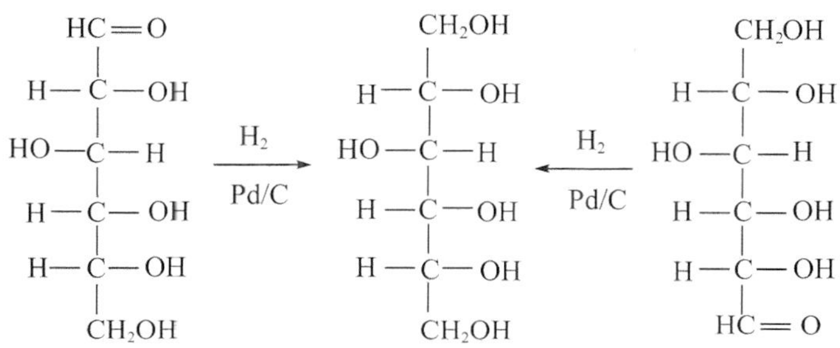

D-葡萄糖 *D*-葡萄糖醇(山梨醇) *L*-古洛糖

7. 糖脎的生成 单糖的游离羰基能与 3 分子苯肼（phenylhydrazine）作用形成糖脎（osazone）。无论是醛糖还是酮糖都能形成糖脎。糖脎为黄色结晶，难溶于水。各种糖类生成的糖脎的形状及熔点都不相同，常以此鉴定不同的糖类。

三、重要的单糖及其衍生物

（一）重要的单糖

1. 丙糖 比较重要的丙糖有 *D*-甘油醛和二羟基丙酮。它们的磷酸酯是糖类代谢的重要中间产物。

2. 丁糖 自然界常见的丁糖有 *D*-赤藓糖及 *D*-赤藓酮糖，存在于藻类等低等植物中。它们的磷酸酯是糖类代谢的重要中间产物。

3. 戊糖 自然界中存在的戊醛糖主要有 *D*-核糖、*D*-2-脱氧核糖、*D*-木糖和 *L*-阿拉伯糖。它们大多以戊聚糖或糖苷的形式存在。其中 *D*-核糖和 *D*-2-脱氧核糖是核酸的重要组成部分。*D*-木糖和 *L*-阿拉伯糖是黏质、树胶及半纤维素的组成成分。戊酮糖有 *D*-核酮糖和 *D*-木酮糖，均是糖类代谢的中间产物。

4. 己糖 己糖在自然界分布最广，数量也最多，与机体的营养代谢也最密切。重要的己醛糖有 *D*-葡萄糖、*D*-半乳糖和 *D*-甘露糖；己酮糖则有 *D*-果糖。

D-葡萄糖（右旋糖）在自然界分布极广，是最常见的单糖之一。它是许多糖类的组成成分，也是人和动物体所需能量的主要来源。葡萄糖液能被多种微生物发酵，是发酵工业的重要原料。工业上以淀粉为原料，经酸法或酶法水解来生产葡萄糖。

D-半乳糖和 *D*-甘露糖是葡萄糖的差向异构体。*D*-半乳糖是乳糖、棉子糖、琼脂、黏多糖和半纤维素的组成成分；*D*-甘露糖是植物黏质和半纤维素的组成成分，二者均可被酵母发酵。

D-果糖（左旋糖）通常与葡萄糖共存于水果及蜂蜜中，是天然糖类中最甜的糖。果糖易溶于水，在常温下难溶于乙醇，酵母可使其发酵。果糖为己酮糖，游离状态时具有吡喃结构，构成二糖或多糖时则具有呋喃糖结构。在常温常压下使用异构化酶可使葡萄糖转化为果糖。

5．庚糖 自然界存在的主要有*D*-甘露庚酮糖和*D*-景天庚酮糖。几种单糖的结构如下：

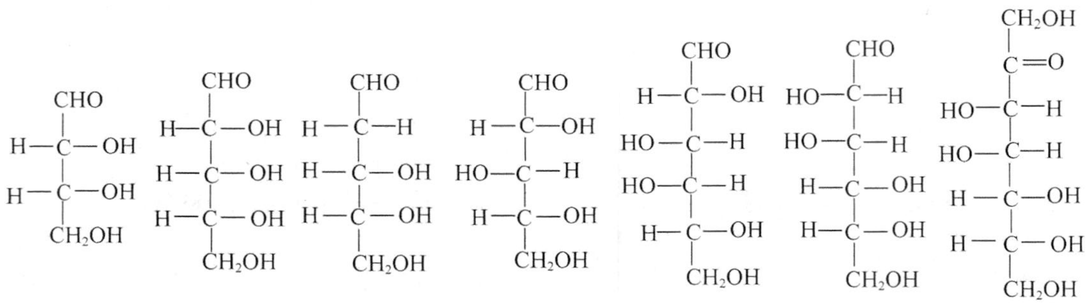

（二）重要的单糖衍生物

1．糖醇 糖醇（sugar alcohol）是单糖分子内的醛基、酮基经催化还原后的产物，较稳定，有甜味。它们与糖类结构的不同是分子中不含羰基，且无还原性。广泛分布在植物界的糖醇有山梨醇（sorbitol）和甘露醇。它们通常是有机体的组成成分及代谢产物，直接或间接地参与生命活动。糖醇可防龋齿，食用后不影响人体血糖值，因而在医药工业、食品工业等领域应用较广。

2．糖酸 单糖氧化后可生成相应的糖酸（aldonic acid）。常见的糖酸有葡萄糖酸、葡萄糖醛酸、葡萄糖二酸。葡萄糖酸是葡萄糖的醛基氧化成羧基后生成的；葡萄糖醛酸是由伯醇基氧化而来的；葡萄糖二酸则是葡萄糖的醛基和伯醇基均被氧化成羧基的产物。

3．糖苷 单糖半缩醛结构上的羟基可与其他含羟基的化合物（如醇、酚等）失水缩合而生成缩醛式衍生物，称为糖苷（glycoside）。糖苷是糖类在自然界中存在的一种重要形式，几乎各类生物体内都有，但以植物界分布最广。糖苷一般以呋喃糖苷或吡喃糖苷的形式存在，结合到分子上的物质称为糖苷配基或配糖体。天然的糖苷配基有醇类、醛类、酚类和嘌呤等，常见的有黄酮、蒽醌、三萜等，大多数有很强的毒性，味苦或有特殊香气。微量糖苷可药用，如苦杏仁苷、强心苷、人参皂苷等。除此之外，许多糖苷还是天然的颜料和色素。

4．糖胺 糖胺（glycosamine）又称氨基糖，是糖分子中一个羟基为氨基所代替。自然界中存在的糖胺都是己糖胺，重要的氨基糖有*D*-葡萄糖胺和*D*-半乳糖胺两种。这两种氨基糖都存在于黏多糖、血型物质、软骨及糖蛋白中。氨基糖的氨基常常乙酰化，称为*N*-乙酰氨基糖。在天然化合物中，氨基糖多数以*N*-乙酰基的衍生物存在。

第二节 寡 糖

寡糖（oligosaccharide），又称低聚糖，是由2～10个单糖通过糖苷键连接形成的直链或支链的低聚合糖类。它们可溶于水，存在于多种天然食品物料中，尤以植物类物料较多，如果蔬、谷物、豆科、海藻及植物胶等。此外，在牛奶、蜂蜜中也含有。按水解后所生成的单糖分子的数目，低聚糖可分为二糖、三糖、四糖、五糖等。寡糖的糖基组成可以是同种的（均低聚糖），如麦芽糖、环糊精等；也可以是不同种的（杂低聚糖），如蔗糖、棉子糖等。根据还原性质低聚糖又可分为还原性低聚糖和非还原性低聚糖。寡糖的种类很多，自然界中约有上千种。其中二糖和三糖最为常见，蔗糖、麦芽糖、乳糖和棉子糖是其重要代表。

一、寡糖的结构

（一）二糖（双糖）

二糖是最简单的寡糖，由2分子单糖以糖苷键连接而成。当单糖的半缩醛羟基与另一单糖的羟基（非半缩醛羟基）形成糖苷键时，这种二糖有半缩醛羟基，具有还原性和变旋现象；如果2个单糖的糖苷键以半缩醛羟基连接形成，这种二糖为非还原糖，没有半缩醛羟基，不具有还原性和变旋现象。最常见的二糖为蔗糖、乳糖和麦芽糖。

1. 蔗糖 蔗糖（sucrose）俗称食糖，是最重要的二糖。它形成并广泛存在于光合植物中，不存在于动物中。蔗糖的主要来源是甘蔗、甜菜和糖枫。它由1分子α-*D*-吡喃葡萄糖和1分子β-*D*-呋喃果糖通过糖苷键相连而成（半缩醛羟基与半缩醛羟基相连），是一种非还原糖。它的分子结构式如下：

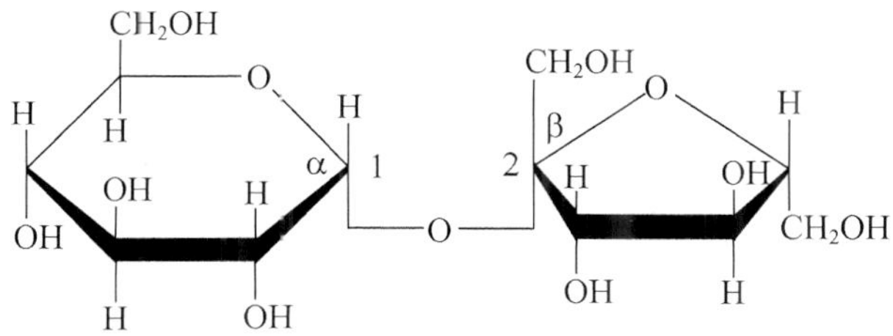

蔗糖（α-*D*-吡喃葡萄糖基-1，2-β-*D*-呋喃果糖）

2. 乳糖 乳糖（lactose）由β-半乳糖与α-葡萄糖以β-1,4糖苷键结合而成。它是大多数哺乳动物乳汁中的主要糖成分，含量约为5%，在自然界十分罕见。乳糖是一种还原糖，不能被酵母发酵。乳糖可促进肠道中有益的产乳酸菌的生长，对调节肠道微生物菌群有益，也有助于体内钙的代谢和吸收。它的分子结构式如下：

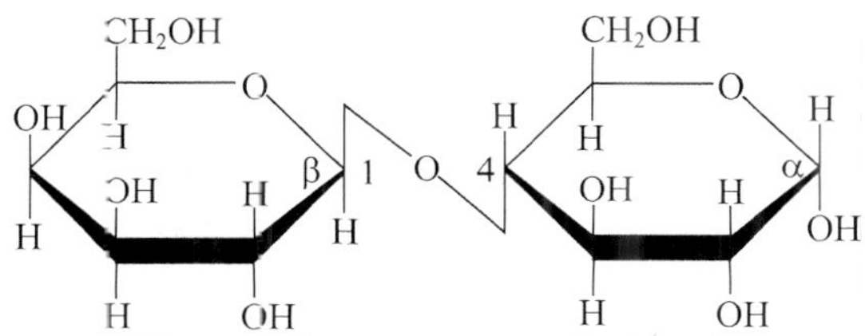

乳糖（β-*D*-半乳糖基-1，4-α-*D*-葡萄糖）

3. 麦芽糖 麦芽糖（maltose）又称饴糖，是由2分子的葡萄糖通过α-1,4糖苷键结合而成的双糖，是淀粉在β-淀粉酶作用下的最终水解产物，大量存在于发芽的谷粒、麦芽中。麦芽糖有还原性，极易被酵母发酵。若2分子葡萄糖按α-1,6糖苷键缩合、失水，则生成异麦芽糖（isomaltose）。麦芽糖的分子结构式如下：

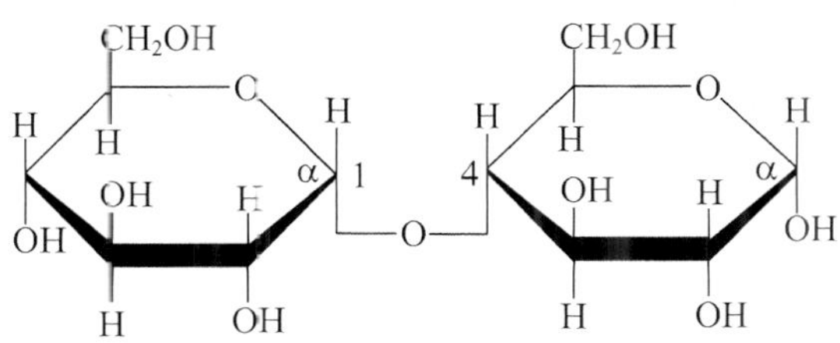

麦芽糖（α-*D*-吡喃葡萄糖基-1，4-*D*-葡萄糖）

（二）三糖和四糖

棉子糖（raffinose）又称蜜三糖，是除蔗糖外的另一种广泛存在于植物界的低聚糖。棉籽、甜菜、豆科植物种子，各种谷物粮食中均含有棉子糖。它是由半乳糖、葡萄糖和果糖以糖苷键连接而成的三糖，为非还原糖。棉子糖可被蔗糖酶水解为果糖和蜜二糖，被α-半乳糖苷酶水解为半乳糖和蔗糖。它的分子结构式如下：

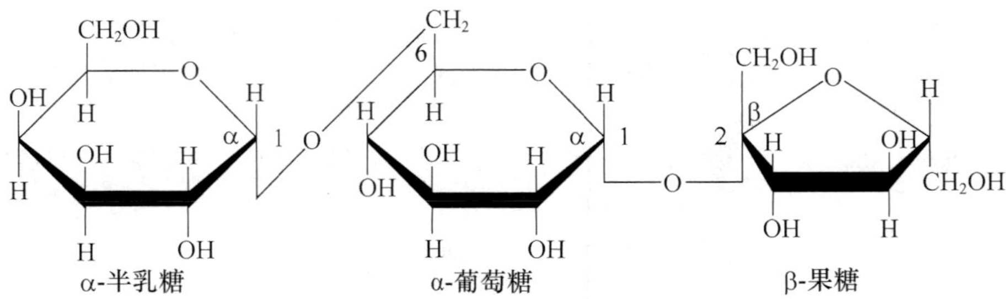

水苏糖（stachyose）是一种由 2 分子半乳糖、1 分子果糖和 1 分子葡萄糖构成的四糖，多存在于豆类来源的食物中，通常与棉子糖和蔗糖同时存在。人类消化道没有可水解水苏糖或棉子糖的酶，但这些糖可在肠道被肠道菌群发酵。

（三）环糊精

环糊精（cyclodextrin）是由 *D*-吡喃葡萄糖（椅式构象）以 α-1,4 糖苷键结合而成的闭合结构的低聚糖，聚合度分别为 6、7、8 个葡萄糖单位，依次称为 α-，β-，γ-环糊精。工业上多用软化芽孢杆菌（*Bacillus macerans*）产生的葡萄糖苷基转移酶（EC2.2.1.19）作用于淀粉而制得。

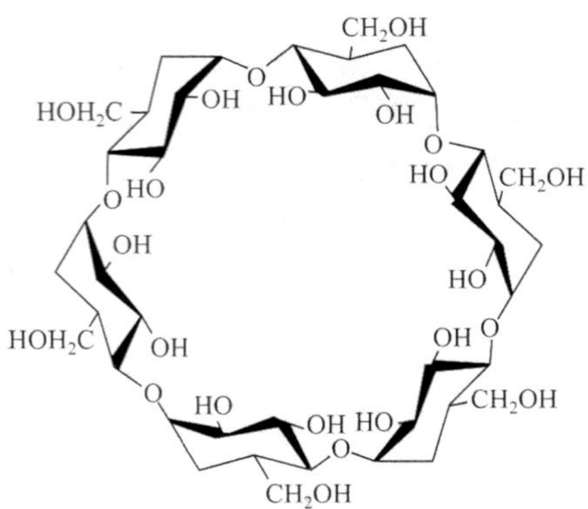

图 3-5 α-环糊精的结构图

环糊精结构具有高度对称性，呈圆筒形立体结构，空腔深度和内径为 0.7～0.8mm；分子中糖苷氧原子共平面，分子上的亲水基葡萄糖残基 C_6 位上的伯醇羟基均排列在环的外侧，而疏水基 C—H 键则排列在圆筒内壁，使中间的空穴呈疏水性。因此，当溶液中亲水性和疏水性物质共存时，疏水性物质会被环内的疏水基吸引而形成包络物。α-环糊精的结构见图 3-5。

鉴于环糊精分子的结构特性，很容易以其内部空间包结脂溶性物质如香精油、风味物等，因此可作为微胶囊化的壁材，充当易挥发嗅感成分的保护剂，不良风味的修饰包埋剂，食品化妆品的保湿剂、乳化剂，营养成分和色素的稳定剂等。其中，以 β-环糊精的应用效果最佳。此外，还可利用它对被分析物质的包埋作用来提高其分析的灵敏度。

（四）其他低聚糖

其他常见的低聚糖的结构与来源列于表 3-2 中。

表 3-2 常见功能性低聚糖结构、来源及制备方法（引自邹月等，2021）

产品	糖苷键特征	自然界来源	单体	制备方式
甘露低聚糖	β-1,4	魔芋粉、田菁胶、瓜儿豆胶、微生物细胞壁	甘露糖、葡萄糖	酶降解法
果胶低聚糖	α-1,6	果胶	半乳糖醛酸	酶降解法、化学降解法、物理降解法
低聚木糖	β-1,4	桦木、玉米芯、秸秆等	木糖	酶降解法
低聚异麦芽糖	α-1,6	酱油、黄酒或酶法葡萄糖浆	葡萄糖	酶合成
低聚果糖	β-1,2	菊芋、菊苣	果糖、麦芽糖	酶降解法、微生物发酵、酶合成
低聚半乳糖	β-1,2、β-1,3、β-1,4、β-1,6	动物乳汁、乳清	葡萄糖、半乳糖	微生物发酵、酶合成
壳寡糖	β-1,4	虾、蟹、昆虫外壳	乙酰氨基葡萄糖	酶降解法、化学降解法
棉子糖	α-1,6、α-1,2	甜菜、棉籽	果糖、葡萄糖、半乳糖	天然产物提取、酶降解法
低聚龙胆糖	β-1,6	龙胆根、茎	葡萄糖	酶合成
低聚乳果糖	β-1,4	—	果糖、乳糖	酶合成
大豆低聚糖	α-1,6	大豆	果糖、葡萄糖、半乳糖	天然产物提取
水苏糖	α-1,6	草石蚕、地黄、大豆种子	果糖、葡萄糖、半乳糖	天然产物提取、微生物发酵

注："—"代表自然界中无直接来源

二、寡糖的性质

1. 甜度和溶解度　低聚糖随着聚合度的增加，甜度降低。几种常见二糖的甜度顺序为：蔗糖＞麦芽糖＞乳糖＞海藻糖。蔗糖的溶解度介于果糖和葡萄糖之间，麦芽糖的溶解度较高，而乳糖的溶解度较低。

2. 旋光性和变旋性　寡糖分子中都存在不对称碳原子，因而都有旋光性。例如，蔗糖 $[\alpha]_D^t$ 为 $+66.5°$，是右旋糖；麦芽糖和乳糖也都具有各自的比旋光度。但并非所有的寡糖都有变旋性，蔗糖由于分子中不存在半缩醛羟基，因此不具有变旋性；麦芽糖和乳糖保留有半缩醛羟基，因而具有变旋性。

3. 还原性　分子中含有自由醛（或酮）基或半缩醛（或酮）基的糖都具有还原性。还原性低聚糖的还原能力随着聚合度的增加而降低。食品中常见的蔗糖和海藻糖等不具有还原性；而乳糖、麦芽糖、异麦芽糖及龙胆二糖等具有还原性。

4. 发酵性　不同微生物对各种糖的分解能力和利用速度不同。霉菌在许多碳源上都能生长繁殖；酵母菌可使葡萄糖、麦芽糖、果糖、蔗糖、甘露糖等发酵生成乙醇和二氧化碳。大多数酵母菌发酵糖的速度顺序为：葡萄糖＞果糖＞蔗糖＞麦芽糖。乳酸菌除可发酵上述糖类外，还可发酵乳糖产生乳酸。但大多数低聚糖不能被酵母菌和乳酸菌等直接发酵，低聚糖要在水解后产生单糖才能被发酵。

5. 其他　与单糖相比，低聚糖含有糖苷键，可以发生水解反应。糖苷键类似于醚键，在弱酸、中性和碱性条件下比较稳定，但在较强的酸溶液中易被水解。低聚糖彻底水解产物是单糖。不同糖苷键受酸水解的难易不同，一般是1,6糖苷键较难水解。

此外，与单糖相比，由于低聚糖的半缩醛（酮）基相对减少或消失，其发生氧化还原和异构化等的化学性质相对减弱或消失。还原性双糖的这种改性程度最小，它们在许多化学性质上与单糖一致。三糖以上的低聚糖和非还原性双糖的这种改变程度却很明显。

三、功能性低聚糖

在一些天然食物中还存在一些不被消化吸收，并具有某些特殊功能的低聚糖，如低聚果糖、低聚木糖、低聚麦芽糖等，它们又称为功能性低聚糖。功能性低聚糖一般具有以下特点：低甜度，不被人体消化吸收，提供的热量很低，食用后基本不增加血糖和血脂，能促进肠道双歧杆菌等有益菌的增殖，具有润肠通便的作用，还具有免疫调节、促进营养物质吸收、调节脂质代谢、护肤等生理活性。其在发酵乳制品、饮料、糖果、保健食品及焙烤食品中的应用越来越广泛。目前除直接从天然产物中提取功能性低聚糖外，工业上主要利用单糖合成或多糖降解的手段制备功能性低聚糖。常见功能性低聚糖来源及制备方法见表3-2。

第三节　多　　糖

多糖（polysaccharide）又称多聚糖，由10个以上单糖通过糖苷键连接而成。它是自然界中分子结构复杂且庞大的糖类物质。多糖中单糖的个数称为聚合度（degree of polymerization，DP），大多数多糖的DP为200～3000，纤维素可达7000～15 000。多糖的性质已完全不同于单糖，无甜味，无还原性，具有旋光性，但无变旋现象。多糖在水溶液中不能形成真溶液，但由于分子结构中含有多个羟基，可与水分子通过氢键结合，具有亲水性和水合能力，在水中可吸水膨胀，形成胶体溶液。

多糖具有两种结构：一种是直链，另一种是支链，都是由单糖分子通过1,4或1,6糖苷键结合而成的高分子化合物。多糖按其来源可分为植物多糖、动物多糖、微生物多糖和海洋生物多糖；按其在生物体内的生理功能分类，可分为贮存多糖和结构多糖。贮存多糖是作为碳源物贮存的一类多糖，在需要时可通过生物体内酶系统的作用分解而释放能量，故又称为贮能多糖，如淀粉和糖原。结构多糖是水不溶性多糖，在生长组织里进行合成，是构成细菌细胞壁或动、植物的支撑组织所必需的物质，如几丁质和纤维素。按多糖的组成成分可将其分为同聚多糖（homopolysaccharide）和杂聚多糖（heteropolysaccharide）两种。前者由一种单糖组成，也称均一多糖；后者则由一种以上的单糖或其衍生物组成，其中有些还含有非糖类物质，也称不均一多糖。

自然界90%以上的糖类以多糖形式存在，目前已发现数百种天然多糖。多糖的结构很复杂，功能也多种多样，除作为贮能物质和支持物质外，还具有多种生物活性。其生物活性与细胞的抗原性及细胞凝集反应、细胞连接、细胞识别等有关，在与非糖物质结合后，这样的功能特性更为明显。多糖也是工业上重要多聚体的原料来源。

一、同聚多糖

（一）淀粉

淀粉（starch）广泛分布于自然界，特别是在植物的种子、根茎及果实中含量较高，如大米中含70%～80%，小麦中含 60%～65%，是植物体内重要的贮存多糖。淀粉是许多食品的组分之一，也是人类营养中最重要的糖类来源。商品淀粉主要从谷物，如玉米、小麦、米，以及块根类，如马铃薯、甜薯、木薯等制得。淀粉与改性淀粉在食品工业中应用极为广泛。

淀粉由α-*D*-葡萄糖分子以糖苷键连接而成，可分为直链淀粉（amylose）和支链淀粉（amylopectin）。这两种淀粉在不同植物中的含量、比例随植物种类与品种生长期的不同而异。多数淀粉中直链淀粉与支链淀粉之比为（15%～25%）：（75%～85%），而有些谷物，如糯米、蜡质玉米中几乎只含支链淀粉。

1. 淀粉的结构 直链淀粉主要是由*D*-吡喃葡萄糖通过α-1,4 糖苷键相连而成的直链结构（图 3-6），相对分子质量为$3.2\times10^4\sim1\times10^6$，相当于200～980 个葡萄糖残基。线性糖链在分子内氢键的作用下，卷曲盘旋成具有局部规则的螺旋状空间排列，每一圈螺旋含有 6 个 *D*-葡萄糖单位，并向左旋转。在溶液中，直链淀粉可有螺旋结构、部分断开的螺旋结构和不规则的卷曲结构（图 3-7）。

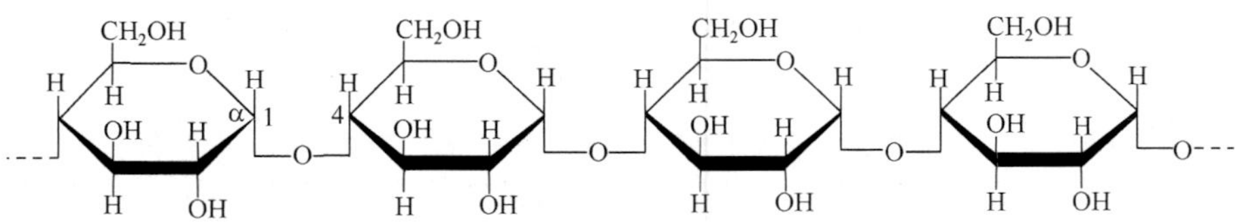

图 3-6 直链淀粉的结构

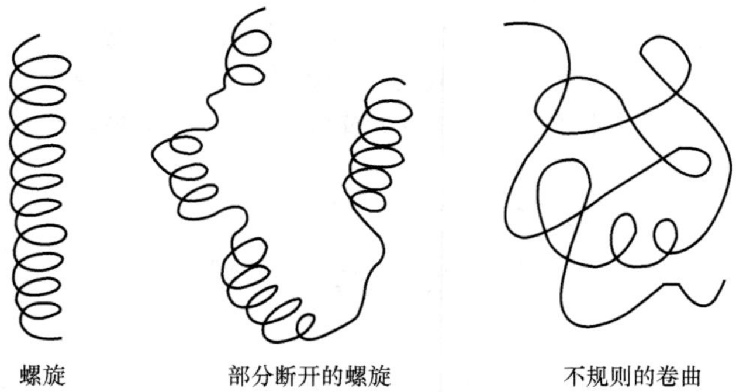

图 3-7 溶液中直链淀粉的 3 种结构

支链淀粉是一种高度分支的大分子，相对分子质量在$1\times10^5\sim1\times10^6$，相当于聚合度为600～6000 个葡萄糖残基。它是由*D*-吡喃葡萄糖通过 α-1,4 糖苷键连接构成主链，支链通过 α-1,6 糖苷键与主链连接，呈复杂的树枝状结构（图 3-8），分支点的 α-1,6 糖苷键占总糖苷键的 4%～5%。支链淀粉的分支短链的长度平均为 24～30 个葡萄糖残基，分支与分支之间相距 11～12 个葡萄糖残基，各分支也卷曲成螺旋结构。

直链淀粉有 2 个末端，一个末端的葡萄糖半缩醛羟基是游离的，能被碱性弱氧化剂氧化，称为还原端；另一个末端的葡萄糖半缩醛羟基已经形成糖苷键，不能被碱性弱氧化剂氧化，称为非还原端。而支链分子有 1 个还原端和 $n+1$ 个非还原端（n 为分支数）。

2. 淀粉的物理性质 淀粉为白色无定形粉末，没有还原性，不溶于一般有机溶剂。因分子内含有羟基而具有较强的吸水性和持水能力，所以淀粉的含水量较高，约为 12%，含水量与淀粉的来源有关。

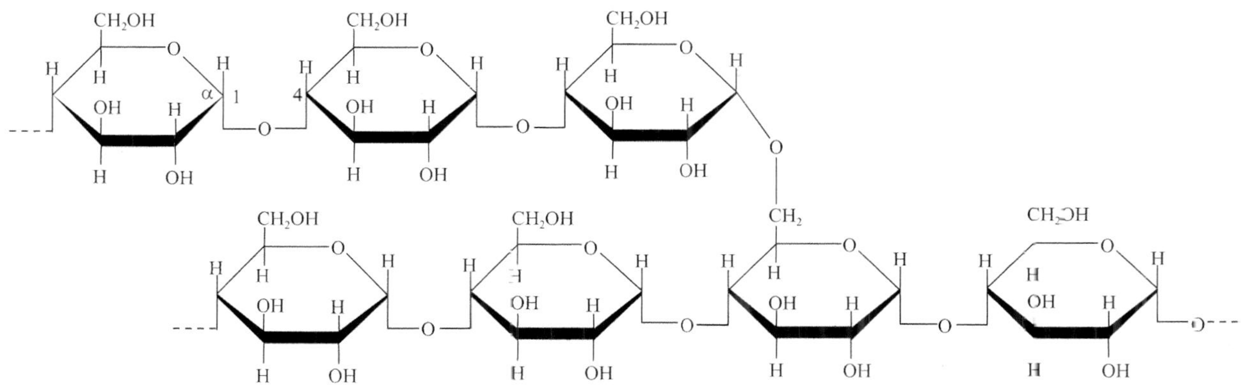

图 3-8 支链淀粉的结构

淀粉与碘可以形成有颜色的复合物（非常灵敏），直链淀粉与碘形成的复合物呈棕蓝色，支链淀粉与碘形成的复合物呈蓝紫色。这种颜色反应与直链淀粉的分子大小有关，聚合度 4～6 的短直链淀粉与碘不显色，聚合度 8～20 的短直链淀粉与碘呈红色，聚合度大于 40 的直链淀粉与碘呈深蓝色。支链淀粉的聚合度虽大，但其分支侧链部分的螺旋聚合度只有 20～30 个葡萄糖残基，所以与碘呈现紫色或紫红色。糊精据相对分子质量递减的程度，与碘呈色由蓝紫色、紫红色、橙色到不呈色。

淀粉与碘的这种颜色反应并不是化学反应。在水溶液中，直链淀粉分子以螺旋结构方式存在，每个螺旋吸附 1 个碘分子，形成一种稳定的淀粉-碘复合物，从而改变碘原有的颜色。当外界条件破坏了复合物的结构后，如加热可使螺旋结构伸展，结合的碘分子就会游离出来。因此，热淀粉溶液遇碘不显深蓝色，冷却后又呈深蓝色。

直链淀粉除了可以与碘结合形成复合物外，还能与脂肪酸、醇类、表面活性剂等形成结构类似于淀粉-碘的复合物。

3. 淀粉的糊化和老化 淀粉在植物细胞内以颗粒的形式存在。淀粉颗粒是由直链淀粉和支链淀粉分子径向排列而成，形成束状的胶束，具有结晶区与非结晶区交替层的结构。完整的淀粉粒不溶于冷水，但能可逆地吸水并略微溶胀。在加热的情况下，淀粉分子的振动加剧，淀粉链之间的氢键断裂，使淀粉分子有更多的位点可以和水分子发生氢键缔合。水分子浸入淀粉颗粒内部，淀粉颗粒吸水而膨胀，结晶区的数目和大小均减小。继续加热，淀粉则发生不可逆溶胀，淀粉分子分散在水中成为胶体溶液，此过程称为淀粉的糊化（gelatinization），处于这种状态的淀粉称为α-淀粉。

淀粉的糊化不仅与淀粉颗粒中直链淀粉与支链淀粉的含量和结构有关，而且温度、水分活度、淀粉中其他共存物质及 pH 等都将影响淀粉的糊化过程。

糊化淀粉冷却或贮藏时，淀粉分子通过氢键相互作用再缔合产生沉淀或不溶解的现象称为淀粉的老化（retrogradation）。淀粉老化的实质是一个再结晶的过程。老化淀粉不易被淀粉酶作用。许多食品在贮藏过程中品质变差，如面包的陈化、米汤的黏度下降并产生白色沉淀等，都是淀粉老化的结果。淀粉的老化与所含直链淀粉及支链淀粉的比例有关，一般是直链淀粉较支链淀粉易于老化。直链淀粉越多，老化越快。支链淀粉因其分支结构妨碍了微晶束氢键的形成而几乎不会发生老化。

4. 淀粉的水解 淀粉在无机酸或酶的催化下将发生水解反应，分别称为酸水解和酶水解。淀粉的水解反应是一个逐步降解的过程，生成一系列分子大小不等的多糖中间产物。淀粉的水解程度通常用 DE 值（dextrose equivalent value）表示，DE 值是指还原糖（按葡萄糖计）所占干物质的百分数。DE 值<20%的产品为麦芽糊精，DE 值为 20%～60%的为淀粉糖浆。淀粉的水解产物因催化条件、淀粉的种类不同而有差别，但最终水解产物为葡萄糖。

5. 改性淀粉 运用物理、化学或酶方法对天然淀粉进行适当处理，使其物理或化学性质发生改变，以适应特性的需要，这一过程称为淀粉的改性，其产品称为改性淀粉（modified starch），如可溶性淀粉、氧化淀粉、交联淀粉、酯化淀粉等。由于改性淀粉比天然淀粉具有更优越的性能，且工艺简单，设备投资不多，其生产与应用得到了迅速的发展。

(二) 糖原

糖原(glycogen)是动物体内的贮存多糖，相当于植物体内的淀粉，所以也称为动物淀粉，主要分布于动物的肝脏（肝糖原）和肌肉（肌糖原）中。正常情况下，肝糖原约占肝脏湿重的 5%，肌糖原约占骨骼肌湿重的 1.5%。糖原在体内的贮存有重要意义，一方面肝糖原有助于维持血糖浓度，即当血液中葡萄糖含量增高时，多余的葡萄糖就转化为糖原贮存于肝脏中；当血液中葡萄糖含量降低时，肝糖原就分解为葡萄糖进入血液中。另一方面肌糖原则为肌肉收缩提供能量。

糖原也是由 α-*D*-葡萄糖构成的同聚多糖，结构与支链淀粉相似，有 α-1,6 糖苷键的分支糖链，但分子更大，分支更多，平均每 8～12 个残基发生 1 次分支。主链上每 3～5 个葡萄糖基就有 1 个分支，整个糖原分子呈球形，分子量为 2.7×10^5～1.0×10^8。糖原溶液遇碘呈紫红色，可溶于水和三氯乙酸，但不溶于乙醇和其他有机溶剂。

(三) 纤维素

纤维素(cellulose)是自然界中分布最广、含量最多的一种多糖。它是构成高等植物细胞壁的主要成分，通常与半纤维素、果胶和木质素结合在一起。其在植物体内起着支撑和保护作用，可使细胞保持足够的抗张韧性和刚性。棉花、麻、木材、稻草及其他植物的茎秆中都含有大量的纤维素。

纤维素是由 1000～10 000 个 *D*-吡喃葡萄糖通过 β-*D*-1,4 糖苷键连接构成的线型同聚多糖（图 3-9）。用 X 射线衍射法研究纤维素的微观结构，发现纤维素分子的链和链之间借助分子间氢键连接起来形成束状结构。这种微晶束的结构很牢固，导致纤维素的化学性质非常稳定，如纤维素对稀酸和稀碱特别稳定，几乎不还原 Fehling 试剂，在一般的食品加工条件下不被破坏。

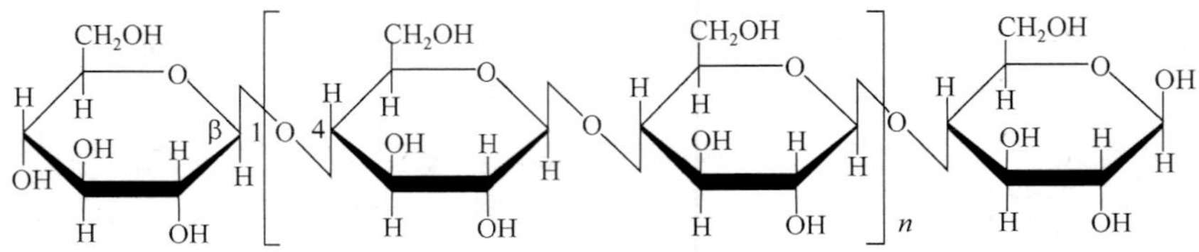

图 3-9　纤维素的结构

纤维素虽有亲水性，却无水溶性。人和其他单胃动物体内因缺乏水解 β-1,4 糖苷键的纤维素酶(cellulase)，而不能利用其作能源，仅反刍动物，如牛、羊等的消化道中有共生微生物，可分泌纤维素酶，进而有效水解和利用纤维素。但纤维素作为非常重要的膳食成分，具有一定的功能作用，如促进肠道蠕动、促进排便、减少胆固醇吸收及降低血清胆固醇等。

(四) 几丁质

几丁质(chitin)又称甲壳质、甲壳素、壳多糖，是构成昆虫、甲壳类动物硬壳的主要成分，有些真菌细胞壁的结构中也含有几丁质。其是一类由 *N*-乙酰氨基葡萄糖通过 β-1,4 糖苷键连接起来的同聚多糖，结构与纤维素相似，为线性分子。

几丁质性质稳定，不溶于水和绝大多数有机溶剂，仅溶于少数几种溶剂，如浓硫酸、浓盐酸，同时发生支链降解。甲壳质脱去分子中的乙酰基后转变为壳聚糖，溶解性能大为改善，故常称为可溶性甲壳质。

二、杂聚多糖

(一) 果胶

果胶(pectin)是植物细胞壁的基质多糖，存在于相邻细胞壁间的胞间层中，起着将细胞粘在一起的作用。其主要存在于植物的果实、种子、根、茎及叶中，但以水果和蔬菜中含量最多，可使水果和蔬菜具有较硬的质地。

果胶的基本结构是 *D*-吡喃半乳糖醛酸以 α-1,4 糖苷键组成的无分支长链大分子，其中半乳糖醛酸残基中的部分羧基与甲醇形成酯（图 3-10）。

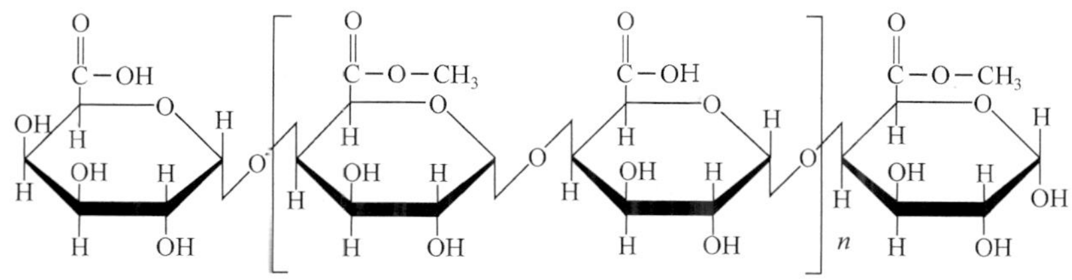

图 3-10 果胶的结构

果胶分子主链上还存在 α-*L*-鼠李糖残基，在鼠李糖富集的链段中，鼠李糖残基处于毗连或交替的位置。果胶的伸长侧链还包括少量的半乳聚糖和阿拉伯聚糖。存在于植物体内的果胶物质一般有 3 种形态。

1．原果胶 原果胶存在于未成熟的水果和植物的茎、叶中，是由可溶性果胶与纤维素缩合而成的高分子化合物，不溶于水。原果胶在稀酸或原果胶酶的作用下可转变为可溶性果胶。

2．果胶 果胶主要成分是半乳糖醛酸甲酯及少量半乳糖醛酸通过 α-1,4 糖苷键连接而成的无分支的高分子化合物，水解后产生半乳糖醛酸。在稀酸或原果胶酶的作用下，果胶部分水解为果胶酸和甲醇。

3．果胶酸 果胶经果胶酯酶作用去甲酯化，转变为无黏性的果胶酸。果胶酸稍溶于水，是羧基完全游离的聚半乳糖醛酸苷链，能与 Ca^{2+}或 Mg^{2+}生成不溶性沉淀。

未成熟的果蔬细胞间含有大量的原果胶，因而组织坚硬。随着果蔬逐渐成熟，果蔬中的原果胶酶可使原果胶与纤维素分离，成为可溶于水的果胶，使果肉变软而富有弹性。此外，某些病原微生物的菌丝也可分泌出果胶酶，使植物组织中原果胶发生分解，致使植物组织破坏。

果胶在酸、碱条件下发生水解；在高温强酸条件下，糖醛酸残基发生脱羧作用。人体消化道中没有果胶酶，故不能消化果胶。

果胶可形成高黏度溶液，也可形成具有弹性的凝胶。果胶在食品工业中的应用广泛，常用来作为糖果、果冻、果汁、罐头、果酱及各种饮料的胶凝剂、稳定剂、增稠剂及乳化剂。

（二）琼脂

琼脂（agar）又名琼胶、洋菜等，是一类海藻多糖的总称。琼脂是一个非均匀的多糖混合物，可分离成为琼脂糖（agarose）和琼脂胶（agaropectin）两部分。琼脂糖的基本二糖重复单位是由 *D*-吡喃半乳糖通过 β-1,4 或 β-1,3 糖苷键连接 3,6-脱水 α-*L*-吡喃半乳糖基单位构成的（图 3-11）；琼脂糖链的半乳糖残基约每 10 个有 1 个被硫酸酯化。琼脂胶的重复单位与琼脂糖相似，但含 5%～10%的硫酸酯，一部分 *D*-葡萄糖醛酸残基与丙酮酸以缩醛形式结合成酯。

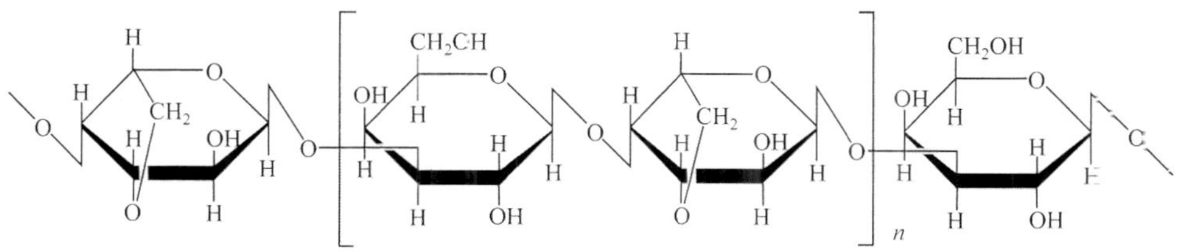

图 3-11 琼脂的结构

琼脂能吸水膨胀，不溶于冷水而溶于热水。琼脂凝胶最独特的性质是当温度远超过凝胶起始温度时仍然保持稳定性。例如，1.5%琼脂的水分散液在 30℃形成凝胶，琼脂凝胶熔点 35℃，具有热可逆性，是一种最稳定的凝胶。

琼脂不能被人体利用，但在食品工业中应用广泛，如可用作果冻、果糕的凝冻剂；果汁饮料的浊度稳定剂；软糖基料及微生物培养基的组分等。

（三）糖胺聚糖

糖胺聚糖（glycosaminoglycan）是一类含氮的杂聚多糖，以氨基己糖和糖醛酸组成的二糖单位为基本结构单元，不同的氨基己糖和糖醛酸及糖分子上的取代基不同都会形成不同的糖胺聚糖。由于这类多糖大多具有黏性，故也称为黏多糖。黏多糖常存在于动物的软骨、关节、肌腱等部位，是结缔组织间质和细胞间质的主要成分。糖胺聚糖广泛存在于动物体内，代表性的有透明质酸、硫酸软骨素和肝素。

1. 透明质酸　透明质酸（hyaluronic acid）由葡萄糖醛酸和*N*-乙酰葡萄糖胺以β-1,3糖苷键和β-1,4糖苷键交替连接而成，是分布最广的葡胺聚糖，存在于一切结缔组织中，如皮肤、眼的玻璃体和脐带等。它具有很强的吸水性，在水中能形成黏度很大的胶状液，故有黏合和保护细胞的作用。透明质酸具有独特的皮肤保湿、营养、抗衰老、抗菌消炎、促进伤口愈合、改善关节功能及药物载体等功能，是在日化、医药、生化与保健食品等领域用途广泛、性能优良的功能性生化物质。

2. 硫酸软骨素　硫酸软骨素（chondroitin sulfate）有A、B、C 3种，其中硫酸软骨素A由葡萄糖醛酸和*N*-乙酰半乳糖胺-4-硫酸以β-1,3糖苷键和β-1,4糖苷键交替连接而成。在机体中，硫酸软骨素与蛋白质结合形成蛋白聚糖，广泛存在于结缔组织中，是骨骼和软骨的重要组成成分。商品化的硫酸软骨素主要提取自猪、鸡、牛、羊、鲨鱼及鱿鱼等动物软骨组织。硫酸软骨素不仅具有抗骨关节炎活性，其在预防和治疗其他疾病方面也显示出了良好的应用前景。

3. 肝素　肝素（heparin）由二硫酸葡萄糖胺和*L*-2-硫酸艾杜糖醛酸以α-1,4糖苷键和β-1,4糖苷键交替连接而成。其广泛存在于动物的肝、肺和肾等器官，因最早在肝中发现，故称为肝素。肝素具有抗凝血活性，是动物体内的天然抗凝物质，可作为抗凝剂，防止血栓形成。肝素能使细胞膜上脂蛋白脂酶释放进入血液，使极低密度脂蛋白所携带的脂肪水解，因而具有降血脂作用。

（四）细菌多糖

1. 肽聚糖　肽聚糖（peptidoglycan）又称胞壁质（murein），是构成细菌细胞壁基本骨架的主要成分。肽聚糖是一种多糖与氨基酸链相连的多糖复合物。首先由*N*-乙酰葡萄糖胺和乙酰胞壁酸通过β-1,4糖苷键交替连接而形成多聚体，多聚体作为交联结构的重复单位通过肽链连接而形成骨架链，骨架链再通过*L*-氨基酸和*D*-氨基酸短肽链连接起来构成肽聚糖。

肽聚糖结构中的*D*-氨基酸肽可抗肽水解酶的作用，故对细菌细胞有保护作用。溶菌酶可溶解革兰氏阳性菌的机制即在于可水解肽聚糖结构中的β-1,4糖苷键，使细菌细胞溶胀破裂，导致细菌死亡。

2. 黄杆菌胶　黄杆菌胶（xanthan gum）又称黄原胶，是几种黄杆菌所合成的细胞外多糖，是应用较广的食品胶。它由纤维素主链和三糖侧链构成，分子结构中的重复单元是五糖，其中三糖侧链由2个甘露糖与1个葡萄糖醛酸组成。黄杆菌胶的相对分子质量约为2×10^6。

黄杆菌胶在食品工业中应用广泛，能溶于冷水和热水，低浓度时具有高的黏度，在宽广的温度范围内（0～100℃）溶液黏度基本不变，盐类及pH对其黏度的影响小于其他植物胶质，同其他胶具有协同作用，能稳定悬浮液和乳浊液，具有良好的冷冻与解冻稳定性。

3. 茁霉胶　茁霉胶（pullulan）又称出芽短梗孢糖、茁霉多糖、普鲁兰糖。它是由出芽茁霉（*Pullularia pullulans*）在含葡萄糖、麦芽糖、蔗糖等糖分的底物中生长时形成的胶质胞外多糖，是以麦芽三糖为结构的重复单位，通过α-1,6糖苷键连接而成的多聚体，聚合度为100～5000个葡萄糖残基。

茁霉胶纯品为无色无味的白色粉末，易溶于水，溶水后形成黏性溶液，通常作为食品增稠剂。用茁霉胶制成的薄膜为水溶性，不透氧气，透明无色，抗油，对人体没有毒性，因而是良好的食品被覆包装材料。茁霉胶是人体利用率较低的多糖，可代替淀粉来制备低能量食物和饮料。

三、复合糖类

复合糖类是指糖和非糖物质的复合物。复合糖类的分布很广，功能也多种多样。

（一）糖蛋白

糖蛋白（glycoprotein）是由一个或多个寡糖与蛋白质共价结合所构成的复合糖类，多数情况下糖类部分所占比例较小，以蛋白质成分为主。糖蛋白多是膜蛋白和分泌蛋白，存在于细胞膜的外表面、胞外基质和血液中；但在一些特殊的细胞器如高尔基体、溶酶体和分泌颗粒中也含有糖蛋白。糖蛋白中的糖链一般为低聚糖，常有分支，且整个分子具有不均一性。不同的糖蛋白中含糖量变化很大，糖成分占糖蛋白质量的 1%～80%。

糖蛋白中寡糖链的还原端残基与多肽链的氨基酸残基以多种形式共价连接，形成糖肽键（glycopeptide linkage）。主要有 *N*-糖肽键和 *O*-糖肽键 2 类（图 3-12）。*N*-糖肽键是指 *N*-乙酰葡糖胺残基的 β-异头碳与天冬酰胺的 γ-酰胺氮连接而成的键。*N*-糖肽键对弱碱稳定。*O*-糖肽键是指单糖残基的异头碳与羟基氨基酸残基（Ser 或 Thr）的羟基氧结合而成的键。这类 *O*-糖肽键的特点是对碱不稳定。此外还有以天冬氨酸或谷氨酸的游离羧基为连接点而形成的酯糖苷键型；以羟脯氨酸的羟基为连接点的糖肽键；以半胱氨酸为连接点的糖肽键。

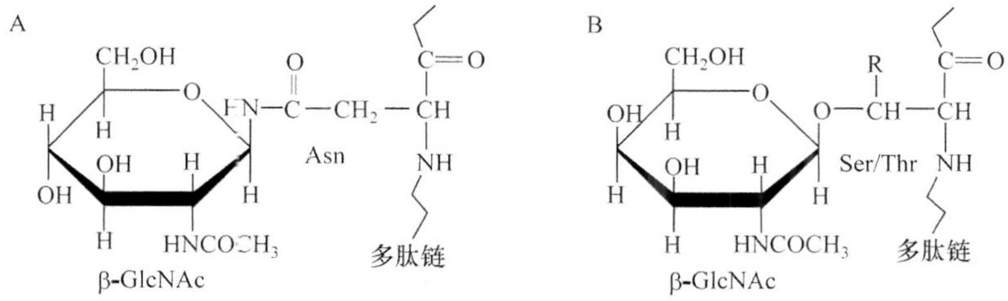

图 3-12 寡糖链与蛋白质之间的键

A. *N*-糖肽键；B. *O*-糖肽键

当 R＝H，残基为 Ser；当 R＝CH_3，残基为 Thr

糖蛋白具有多种生物学功能，如高黏度特性可作为机体的润滑剂，也可防止蛋白水解酶的水解作用，以及防止细菌、病毒的侵袭；血液中的某些糖蛋白，如血红蛋白、甲状腺转运蛋白等具有运输作用；而细胞膜上的许多糖蛋白，有的与细胞内外物质的通透、传递等有关，有的则是一些激素、补体的受体分子；此外，糖蛋白在对外来组织的细胞识别中也有作用，也与肿瘤特异性抗原活性的鉴定有关。研究发现，在糖蛋白的诸多生物学功能中，糖蛋白的寡糖链起了重要的作用。

（二）蛋白聚糖

蛋白聚糖（proteoglycan）是一类特殊的糖蛋白，由糖胺聚糖和蛋白质共价连接而成。与糖蛋白比较，蛋白聚糖中按质量计算，糖的比例高于蛋白质，糖含量可达 95%或更高，糖类部分经常是蛋白聚糖生物活性的主要部位。蛋白聚糖主要作为结构成分分布于软骨、结缔组织及角膜等的基质中，可与纤维状蛋白质（如胶原蛋白、纤连蛋白）非共价结合形成交联网，为组织提供强度和弹性。

在蛋白聚糖的分子结构中，蛋白质分子居于中间，构成一条主链，称核心蛋白，糖胺聚糖分子排列在蛋白质分子的两侧。这种结构被称为蛋白聚糖的“单体”。单体中糖胺聚糖链的分布是不均匀的。蛋白聚糖有 3 种不同类型的糖肽键：*D*-木糖与丝氨酸羟基之间形成的 *O*-糖肽键；*N*-乙酰葡萄糖胺与天冬酰胺之间形成的 *N*-糖肽键；*N*-乙酰半乳糖胺与苏氨酸或丝氨酸羟基之间形成的 *O*-糖肽键。

（三）糖脂

糖脂（glycolipid）是糖类物质与脂类化合物共价结合所形成的物质。它是一种普遍的生物膜组成成分，主要存在于细胞膜的外层，有助于稳定细胞膜的结构，同时与细胞膜抗原、血型物质、相互识别、增殖调控等重要的膜机能有关系。

常见的糖脂有 2 类：鞘糖脂（glycosphingolipid）和甘油糖脂（glyceroglycolipid）。鞘糖脂主要存在于哺乳动物中，由糖链、脂肪酸、鞘氨醇 3 个基本结构成分组成。根据糖链的性质，鞘糖脂分为中性鞘糖脂和酸性鞘糖脂。甘油糖脂主要存在于植物和微生物中。其结构与甘油磷脂相似。甘油的 1 个羟基以糖苷键与糖基相连，另外 2 个羟基各与 1 个脂肪酸连接。甘油糖脂在植物中是叶绿素的重要类脂成分，参与光合作用，可能与电子传递有关。

四、功能性多糖

功能性多糖是一类具有多种生理活性的高分子糖类物质，一般由 10 个以上的同一单糖、杂聚多糖或黏多糖组成。功能性多糖普遍存在于生物体内，它们参与细胞内的各种生命现象与生理过程的调节，具有许多重要的生物学功能。按其来源可将功能性多糖分为植物多糖（如银杏多糖、枸杞多糖、茶叶多糖、苦瓜多糖、大枣多糖等）、动物多糖（如肝素、硫酸软骨素、透明质酸等）、微生物多糖等，微生物多糖也可进一步细分为真菌多糖（如香菇多糖、茯苓多糖、灵芝多糖、木耳多糖等）和细菌多糖（如肺炎球菌荚膜多糖、脑膜炎球菌荚膜多糖等，多作为疫苗研究）。

功能性多糖大多具有免疫调节功能，有的还有明显的抗肿瘤、抗辐射、降血糖、抗病毒、抗氧化、降血脂及提高缺氧耐受力等生理功能，但这些功能并不是独立的。一方面，某些多糖具有多种不同的生理功能；另一方面，多糖的多种生理功能中，许多作用机制可能是相同的，如抗肿瘤、抗辐射、抗衰老等活性都与多糖的非特异性免疫增强作用有关。功能性多糖在医药领域和保健食品方面的应用越来越广泛。

第四节　糖类在食品加工和贮藏过程中的变化

食品中糖类物质种类多，含量高，物理性质复杂多样，大多数食品的加工工艺都会涉及对某些糖类物质特性的控制和利用。糖类化合物与蛋白质或胺之间进行的美拉德反应，糖类化合物直接加热进行的焦糖化反应均是非酶褐变的重要反应。此外，糖类物质的脱水和热降解反应也会在某些食品加工和贮藏过程中同时发生。

一、美拉德反应

美拉德反应（Maillard reaction）又称羰氨反应，指羰基与氨基缩合，聚合生成类黑素的反应。美拉德反应的最终产物是结构复杂的有色物质，使反应体系的颜色加深，所以该反应又称为“褐变反应”。这种褐变反应不是由酶引起的，故属于非酶褐变反应。几乎所有的食品中均含有羰基（来源于糖类或油脂氧化酸败产生的醛和酮）和氨基（来源于蛋白质），因此都可能发生美拉德反应，是食品加工与贮藏中经常遇到的反应。

（一）反应机理

美拉德反应一般分为下面 3 个阶段。

1. 初始阶段　美拉德反应开始于氨基化合物中的游离氨基与羰基化合物中的游离羰基之间的缩合反应，最初产物是一个不稳定的亚胺衍生物，称为希夫（Schiff）碱，此产物随即环化为醛糖基胺或酮糖基胺，最后这些含 α-羟基的糖基胺分别经过阿马道里（Amadori）分子重排反应或海因斯（Heyenes）分子重排反应生成氨基脱氧酮糖或氨基脱氧醛糖。例如，葡萄糖与氨基酸或蛋白质中的游离氨基发生美拉德反应，初始阶段的产物为 1-氨基-1-脱氧-2-酮糖；果糖的产物为 2-氨基-2-脱氧葡萄糖。初始阶段反应方程如下：

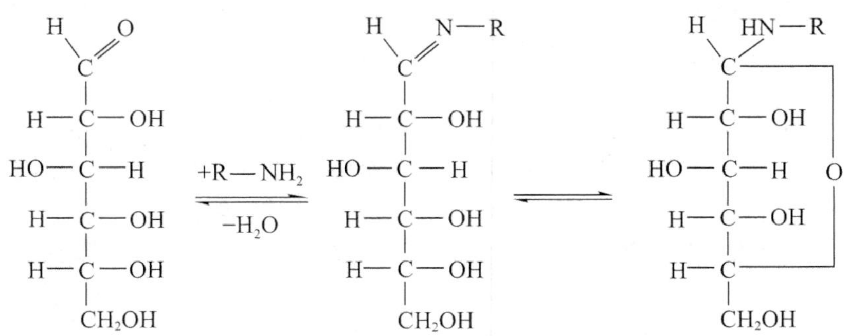

葡萄糖　　希夫碱　　氮代葡萄糖基胺

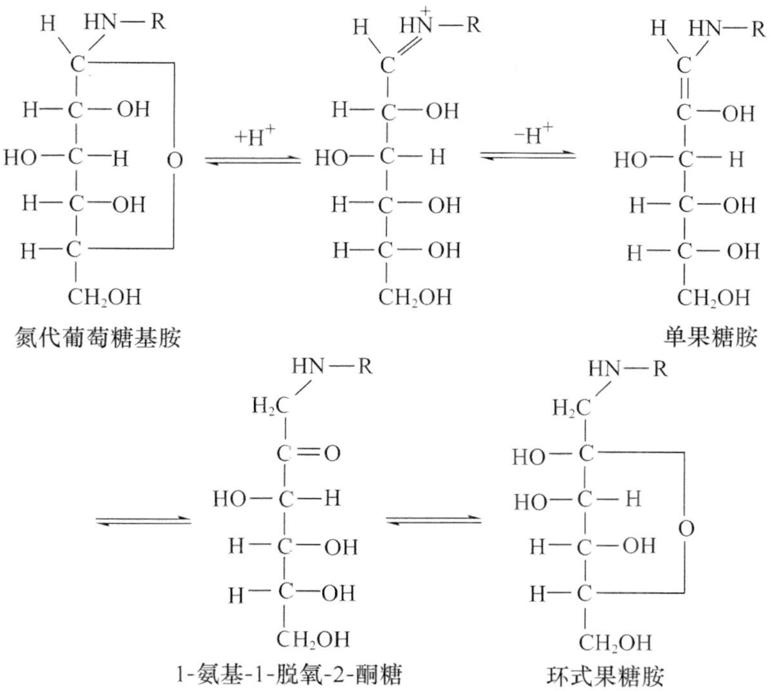

阿姆德瑞分子重排

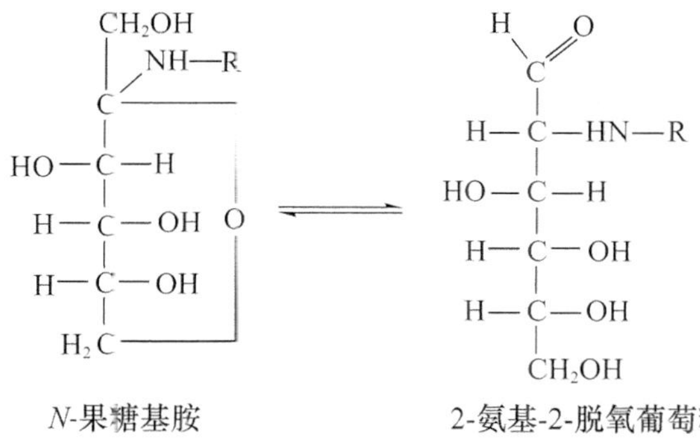

海因斯分子重排

2. 中期阶段 氨基酮糖或氨基醛糖进一步发生反应生成多种羰基化合物，如羟甲基糠醛（图 3-13）、还原酮（图 3-14）等。羟甲基糠醛的积累与褐变速率有密切的关系。还原酮类化合物的性质活泼，可进一步脱水后再与胺类缩合，也可裂解成较小的分子，如二乙酰、乙酸、丙酮醛等，所有这些都是高活性的中间体，将继续参与反应。例如，脱氢还原酮易使氨基酸发生脱羧、脱氨反应，生成醛类和 α-氨基酮，这个反应又称为 Strecker 降解反应（图 3-15）。Strecker 降解反应也是美拉德反应中主要产生二氧化碳的途径。

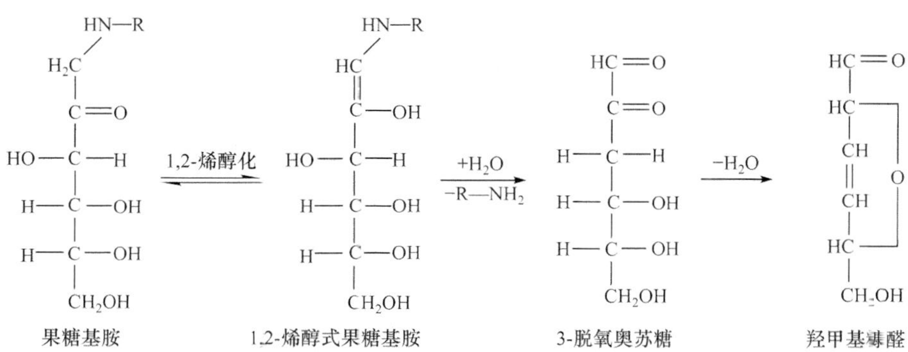

图 3-13 羟甲基糠醛（HMF）形成示意图

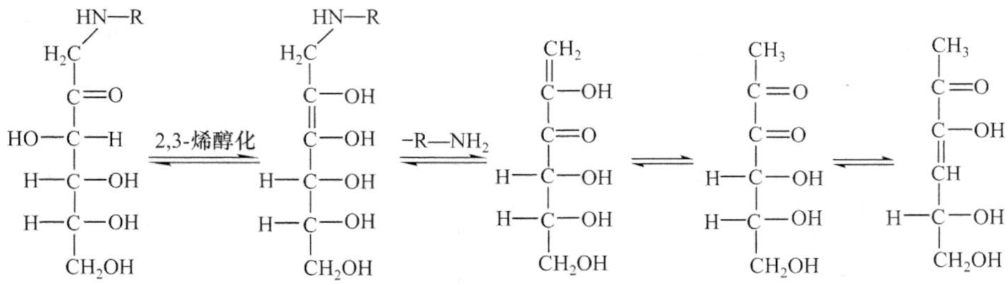

图 3-14　果糖基胺重排反应式（引自阚建全，2016）

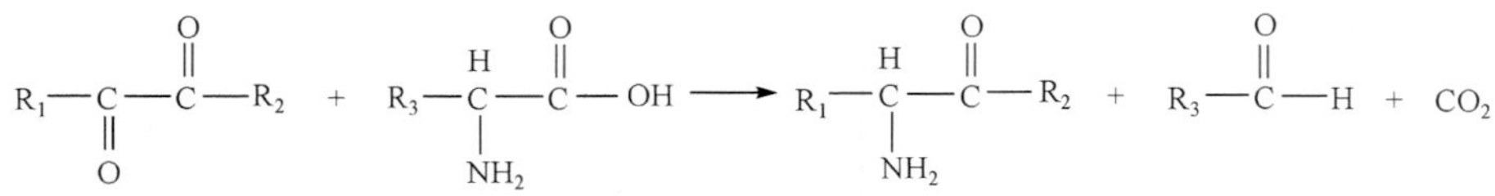

图 3-15　Strecker 降解反应历程

3．末期阶段　多羰基化合物（如还原酮等）一方面进行裂解反应，产生挥发性化合物；另一方面又进行缩合、聚合反应，产生褐黑色的类黑素物质，从而完成整个美拉德反应。

总之，食品体系中发生美拉德反应生成的产物众多，对食品的风味、色泽等方面产生重要的影响。例如，焙烤食品产生的金黄色，烤肉产生的棕红色，酿造食品如啤酒的黄褐色，酱油、醋的棕黑色均与美拉德反应有关。

（二）影响美拉德反应的因素

美拉德反应机制十分复杂，不仅和参与的单糖和氨基酸的种类有关，同时还会受到温度、氧气、水分及金属离子等因素的影响。控制这些因素，就可以促进或抑制非酶褐变，这对食品加工具有实际意义。

1．底物　美拉德反应的速率在不同的还原糖中是不同的。在五碳糖中：核糖＞阿拉伯糖＞木糖；在六碳糖中：半乳糖＞甘露糖＞葡萄糖，并且五碳糖的褐变速率大约是六碳糖的 10 倍。至于非还原性双糖，如蔗糖，因其分子比较大，故反应比较缓慢。

胺类比氨基酸的褐变速率快；对不同的氨基酸来说，碱性氨基酸的褐变速度快；氨基在 ε 位或在末端者，比在 α 位者易褐变；蛋白质的褐变速率十分缓慢。

2．pH　美拉德反应在酸、碱环境中均可发生。但在 pH 为 3 及以上时，其反应速率随 pH 的升高而加快，所以降低 pH 是控制褐变较好的方法。

3．水分　美拉德反应速率与反应物浓度成正比，在完全干燥的条件下，反应难以进行。水分为 10%～15%时，褐变易发生。此外，褐变也与脂肪有关，当水分含量超过 5%时，脂肪氧化加快，褐变也加快。

4．温度　美拉德反应受温度影响很大。温度相差 10℃，褐变速率相差 3～5 倍，所以食品加工应尽量避免长时间高温处理，贮藏时也应以低温为宜。

5．金属离子　由于铁和铜催化还原酮类化合物的氧化，因此会促进美拉德反应。在食品加工处理过程中应避免这些金属离子混入；而钙可与氨基酸结合生成不溶性化合物，可抑制美拉德反应；钠对褐变没有什么影响。

二、焦糖化反应

糖类尤其是单糖在没有含氨基化合物存在的情况下，加热到熔点以上的高温（140～170℃或以上），因发生脱水与降解也会产生褐变反应，这种反应称为焦糖化（caramelization）反应。焦糖化反应在酸、碱条件下均可进行，但速率不同。pH 越大，焦糖化反应速率越快，如在 pH 为 8 时要比 pH 为 5.9 时快 10 倍。焦糖化反应主要有 2 类产物：一类是糖的脱水产物——焦糖（caramel）；另一类是糖类的裂解产物——挥发性醛、酮及酚类等物质，它们进一步缩合、聚合，最终形成深色物质。焦糖化反应可带给焙烤或油炸食品悦人的色泽与风味。

食品着色剂——焦糖色素（caramel pigment），也称焦糖色或酱色，就是以蔗糖、麦芽糖或糖蜜等为原料，通过焦糖化反应而制得的。它是一类具有焦香味的黑褐色液体、粉末或颗粒，具有水溶性好、着色率强、稳定性高及安全无毒等优点。按照焦糖色素生产中使用添加剂的不同，可以将其分为以下 4 类：第 1 类是由亚硫酸氢铵催化蔗糖生产的耐酸焦糖色素，带强负电荷，在酸中稳定，常用于可乐饮料、其他酸性饮料及焙烤食品等产品中。第 2 类是以糖类为主要原料，在氨化合物存在下，不使用亚硫酸盐，加或不加酸（碱）而制得的一类焦糖色素。氨法焦糖色素具有着色率高、生产周期短、原材料来源广、生产成本低等优点，是我国目前生产量最大的一类焦糖色素。第 3 类是由蔗糖直接热解产生红棕色并略带负电荷胶体粒子的焦糖色素，应用于啤酒和其他含醇饮料中。第 4 类是用亚硫酸盐作催化剂生产的碱性亚硫酸盐焦糖色素。因催化剂的用量较高，我国不允许使用。焦糖色素含有酸度不同的羟基、羰基、烯醇基及酚羟基，是结构不清楚的大分子聚合物。

三、糖的脱水和热降解

糖的脱水和热降解是食品加工中的重要反应，酸和碱均能催化这类反应的进行，其中许多属于 β 消除反应类型。戊糖脱水生成的主要产物是糠醛，而己糖生成 5-羟甲基糠醛和其他产物，如 2-羟基乙酰呋喃和异麦芽酚。这些初级脱水产物的碳链裂解可产生其他化学物质，如乙酰丙酸、甲酸、丙酮醇、3-羟基丁酮、二乙酰、乳酸、丙酮酸及乙酸等。这些降解产物有的具有挥发性，可产生一定的风味。这类反应在高温下容易进行，生成产物的毒性有待于进一步证明。

游离的单糖加热超过熔点温度时，发生分子间脱水缩合，进而聚合成低聚糖。例如，*D*-葡萄糖在真空和 150℃下加热 2.5h，生成物中大约有 40%是四糖以上的聚合物。而脱水缩合的同时也会发生碳碳键断裂，所以必然会有低分子挥发物产生。

糖在熔化后继续加热，也可以进行分子内脱水，并形成二羰基化合物。*D*-葡萄糖、*L*-木糖在温度超过 150℃时，加热所得到的反应产物有 3-脱氧-*D*-葡萄糖、3-脱氧木糖。这几种糖加热形成的挥发性产物中存在 2-羟甲基糠醛和糠醛。糖分子内发生脱水反应形成分子内双键，经 β 消除反应变成脱氧结构并生成二羰基化合物。二羰基化合物进一步进行分子内脱水和环化，形成糠醛类或 2-呋喃基羟甲基酮。纤维素、直链淀粉和支链淀粉等在加热时引起糖残基分子内脱水，也可以生成脱水糖。低聚糖、淀粉在加热时除生成 5-羟甲基糠醛和呋喃基羟甲酮外，由于发生分子间糖基的转移和糖苷键断裂，还可以生成另外的糖。

热解反应使碳碳键断裂，含有 *D*-葡萄糖和 *D*-葡萄糖基的糖类几乎都能产生相同的挥发物质，表明单糖、低聚糖和多糖裂解时生成的产物没有很大的差别。加热温度超过 100℃时生成的挥发性物质主要为挥发性酸、醛、酮、二酮、呋喃、醇、芳香族化合物、一氧化碳及二氧化碳等。

思政案例

海洋糖库

中国工程院院士、中国海洋大学教授管华诗领衔，数十名科技人员历经 14 年不懈攻关，以海洋多糖为基础原料，采用生物和化学降解等方法，制备出了纯度高、结构清楚的海洋寡糖单体化合物 50 个（28 个为世界首次报道）；并以此糖类化合物为基础原料，获得了糖缀合物 60 个（49 个为世界首次报道），构建了我国第一个海洋糖库。同时建立了集海洋寡糖制备、分离、纯化、修饰、分析、鉴定为一体的较为完善而系统的技术体系。该海洋糖库的建立将为现代海洋糖类药物的筛选和发现、现代海洋中药研制及生命科学相关基础研究提供物质基础和信息资料。

中国科学家为世界海洋糖类物质的探索作出了中国贡献。年过八旬的管华诗院士，早已过了退休的年龄，但却在中国“蓝色药库”的建设上“退而不休”。这位一辈子醉心海洋药物研究的老院士，在改革开放历程中，“把论文写在祖国的大地上”，写下了一个海洋工作者最辽阔深远的情怀，更体现了一名科技工作者在海洋强国事业中的担当和作为。

本章小结

糖类是一类多羟基醛和多羟基酮及其缩聚物和衍生物，包括单糖、低聚糖和多糖。

单糖是最简单的糖类，只含有 1 个多羟基醛或多羟基酮单位。除二羟丙酮外，所有单糖分子都有旋光性，是手性分子，天然存在的单糖大部分是 *D* 型糖。多数单糖既有开链结构又有环式结构，环式结构的单糖包括吡喃糖和呋喃糖。单糖的重要反应有酯化反应、成苷反应、氧化反应、还原反应和酸碱反应。

寡糖是由 2～10 个单糖通过糖苷键连接形成的直链或支链的低聚合度糖类。寡糖按糖基组成可以分为均低聚糖和杂低聚糖。寡糖的种类很多，二糖和三糖最为常见。蔗糖、麦芽糖、乳糖和棉子糖是其重要代表。在一些天然食物中还存在一些不被消化吸收并具有某些特殊功能的低聚糖，称为功能性低聚糖。

多糖由 10 个以上单糖基通过糖苷键连接而成。按多糖的组成成分，可分为同聚多糖和杂聚多糖。

同聚多糖由一种单糖构成，包括淀粉、糖原和纤维素等。淀粉包括直链淀粉和支链淀粉。直链淀粉由葡萄糖以 α-1,4 糖苷键连接而成。支链淀粉由葡萄糖以 α-1,4 糖苷键连接构成主链，支链以 α-1,6 糖苷键与主链连接。淀粉在水溶液中加热会发生淀粉的糊化，糊化后的淀粉冷却时会发生淀粉的老化。淀粉在无机酸或酶的催化下还会发生水解反应。糖原是葡萄糖在动物体内的贮存形式，有肝糖原和肌糖原之分。纤维素是自然界中分布最广、含量最多的一种多糖，是构成高等植物细胞壁的重要成分。

杂聚多糖由多种单糖或单糖衍生物构成。常见的有果胶、琼脂、糖胺聚糖、细菌多糖等。

复合糖类是指糖和非糖物质的复合物。复合糖的分布很广，功能也多种多样。包括糖蛋白、蛋白聚糖、糖脂等物质。

功能性多糖是一类具有多种生理活性的高分子糖类物质，普遍存在于生物体内，可参与细胞内的各种生命现象与生理过程的调节，具有许多重要的生物学功能。

糖类与蛋白质或胺之间进行的美拉德反应，糖类直接加热进行的焦糖化反应，二者是重要的非酶褐变反应。

思考题

1．简述单糖的结构和理化性质。
2．叙述蔗糖、乳糖和麦芽糖的化学组成、结构特点和鉴定方法。
3．比较单糖和多糖在性质上的异同点。
4．简述淀粉的特点和性质。
5．简述美拉德反应的机制及影响美拉德反应的因素。

部分参考答案

第四章 脂类化学

脂类是自然界中广泛存在于微生物和高等动植物中的一类生物大分子，其化学结构和生理功能各不相同，现代食品工业常利用改性等技术优化油脂制品的特性。本章主要介绍几种具有代表性的脂类化学结构及生理功能，讨论脂类与生物膜之间的关联，以及油脂在加工贮存中的变化。

第一节 概 述

一、脂类的概念

脂类又称脂质（lipid），是一类微溶或不溶于水、易溶于有机溶剂的物质。对于大多数脂类而言，其化学本质是由脂肪酸与醇作用生成的酯及其衍生物。主要由碳、氢、氧等元素构成，某些还含有氮、磷、硫等元素。

二、脂类的分类

根据脂质化学结构和组成分为简单脂质，由脂肪酸和甘油或长链醇形成的酯，如甘油三酯、蜡；复合脂质，除了醇类和脂肪酸外，还含有其他非脂成分，如糖脂、磷脂；衍生脂质，由简单脂质和复合脂质衍生而来或与其密切相关，且具有脂质一般性质的物质，如萜类、类固醇和脂溶性维生素 A、维生素 D、维生素 E、维生素 K 等。

根据脂质能否被碱水解生成皂分为可皂化脂质，如甘油一酯、甘油二酯、蜡、甾醇酯、三萜醇酯、磷酸酯和醚酯等；不可皂化脂质，如甾醇、维生素、色素、脂肪醇及烃类等。

根据脂质的生物学功能分为贮存脂质，如三酰甘油、蜡；结构脂质，如磷脂、糖脂和胆固醇；活性脂质，如酶的辅助因子、电子载体、吸光色素、激素及胞内信使等。

此外，脂类物质还包含功能性脂质，如多不饱和脂肪酸、磷脂、糖脂及植物甾醇酯等。

三、脂类的生理功能

（一）贮存和供给能量

在大多数生物中，机体主要以油脂的形式来贮存能量，其储能效率高于糖原和蛋白质。当机体营养摄取高于正常生理需求时，可转化为脂肪贮存在体内；当营养匮乏时，脂肪可及时分解并释放到各组织以满足机体所需。例如，空腹状态下，机体所需一半以上的能量都来自脂肪的氧化；禁食 1～3d 时，约有 85% 的能量源自脂肪的分解；某些植物种子和果实中含有三酰甘油，为其萌发提供能量和合成前体；褐色脂肪组织为迁徙的候鸟提供能量。

（二）生物膜的组成成分

脂类具有维持细胞膜完整结构、正常功能等重要的生物功能。其中磷脂和胆固醇是构成生物膜的重要组成部分，具有区隔细胞内部不同结构的作用。磷脂作为一种能降低界面张力的结构脂质，主要集中在细胞的膜相结构中；生物膜上几乎集合了细胞中的大部分磷脂，膜脂的流动性主要取决于磷脂；由磷脂构成的脂双层是构成生物膜的骨架，其具有亲水极性头和疏水非极性尾，可维持细胞正常的结构和功能。胆固醇可调节膜中脂质的物理状态，影响膜的稳定性，保持生物膜的流动性。

（三）防护作用

动物皮下脂肪组织可防止热量散失，有效保持体温。部分脂类物质存在于机体、组织器官表面，可防止机械损伤、保护内脏。例如，水禽类尾羽腺分泌的蜡可作为羽毛的防水膜；植物叶片上的植物蜡可防止水分过度蒸腾，防御昆虫啃食、病菌侵染及抵御紫外线照射。

（四）载体溶剂和代谢调节功能

脂溶性维生素 A、必需脂肪酸和一些萜类物质需以脂类物质为载体溶剂，才能参与机体的营养吸收、代谢和调节过程。某些脂类能参与组织细胞间的信息传递，调节细胞的代谢活动，如鞘糖脂与细胞间的识别、组织和器官的特异性有关；泛醌和质体醌可作为电子载体；白三烯、前列腺素和血栓烷等可作为细胞内、外的信使，参与多种细胞的代谢活动。

第二节　脂　　类

一、简单脂质

（一）三酰甘油

油脂的化学本质是酰基甘油，包括单酰甘油、二酰甘油和三酰甘油。常温下呈液态的酰基甘油称油，呈固态的称脂。植物性酰基甘油除可可脂外，多为油；动物性酰基甘油除鱼油外，多为脂。固态和液态的酰基甘油统称为油脂。

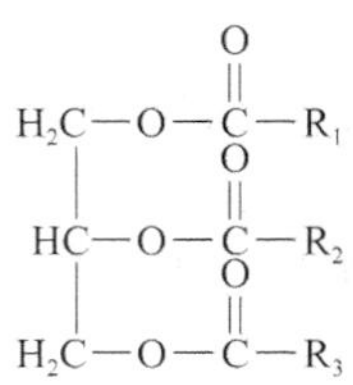

图 4-1　三酰甘油的结构通式

1. 结构和组成　三酰甘油（triacylglycerol，TAG）是由 1 分子甘油和 3 分子脂肪酸酯化形成的三酯，其化学结构通式见图 4-1。

图 4-1 中，R_1、R_2、R_3 为各种脂肪酸的烃链。若 R_1、R_2、R_3 相同，称为简单三酰甘油；若 R_1、R_2、R_3 中任何 2 个不完全相同或 3 个各不相同，则称为混合三酰甘油。自然界中大部分油脂都是简单三酰甘油和混合三酰甘油的复杂混合物。

1）甘油　甘油（glycerol）又称丙三醇，化学式 $C_3H_8O_3$，无色，有甜味，呈黏稠液态，溶于水、乙醇。广泛应用于医药、纺织及化妆品工业，还能与浓硝酸、浓硫酸作用，形成硝化甘油，用来制造无烟火药。

2）脂肪酸　脂肪酸（fatty acid，FA）是含 4～36 个碳原子的长烃链及末端羧基的羧酸。其中，烃链完全不含双键，称饱和脂肪酸，如月桂酸、软脂酸和硬脂酸；含有 1 个或多个双键，称不饱和脂肪酸，如油酸、亚油酸和亚麻酸；只含有 1 个双键，称单不饱和脂肪酸；含 2 个或 2 个以上双键，称多不饱和脂肪酸。

脂肪酸可发生氧化、过氧化，不饱和脂肪酸可在双键处发生卤化、氢化等加成反应。常温下，饱和脂肪酸构成的脂质多为固态，不饱和脂肪酸构成的脂质多为液态。

2. 命名　三酰甘油的命名通常采用 Hirschmann 提出的立体专一编号（stereospecific numbering，sn）命名，该系统规定，甘油的费歇尔（Fischer）投影式的中央碳原子的羟基位于左侧，自上而下将甘油的 3 个羟基定位为 sn-1、sn-2、sn-3，如图 4-2 的分子结构式命名。

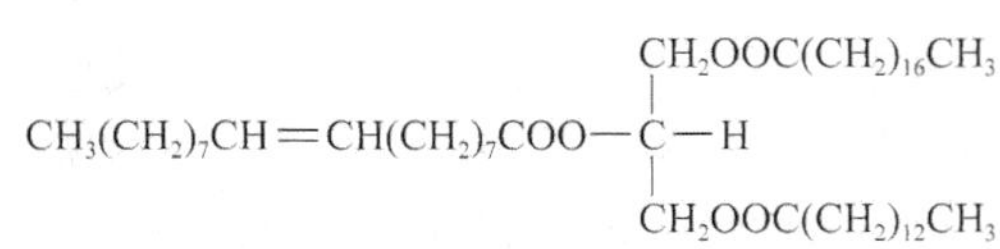

图 4-2　sn-甘油-1-硬脂酸-2-油酸-3-肉豆蔻酸酯

3. 物理性质　纯的三酰甘油无色、无味、无臭，形态为稠性液体或蜡状固体，密度均小于 $1g/cm^3$。三酰甘油是非极性分子，不溶于水，微溶于低级醇，易溶于乙醚、氯仿、苯及石油醚等非极性有机溶剂。三酰甘油虽然不溶于水，但在胆汁酸盐、皂等乳化剂作用下，可与水混溶后形成乳状液。一般天然油脂是各种三酰甘油的混合物，故其熔点只有大致范围，没有明确的数值。当脂肪固化时，三酰甘油分子高度有序排列，可形成三维晶体结构；当熔融的三酰甘油迅速冷却，可产生一种称为玻璃质的非晶体结构。

4. 化学性质

1）水解反应　三酰甘油在酸、碱或脂肪酶作用下可水解生成甘油和脂肪酸。油脂在碱溶液中水解生成脂肪酸盐（俗称皂）的反应称为皂化作用。1g 油脂完全皂化所消耗 KOH 的毫克数称为皂化值，一般用以评估油脂质量，量度三酰甘油中脂肪酸平均链长和平均相对分子质量。

2）加成反应　　油脂中不饱和脂肪酸可与氢或卤素发生加成反应。不饱和双键在镍催化下与氢加成称为氢化。氢化可将常温下液态油转化为固态脂，改变油脂塑性，提高油脂氧化稳定性，有效防止酸败发生，经氢化的油脂常称为氢化油或硬化油。不饱和油脂中的烯键与溴或碘发生加成反应生成饱和卤化脂的过程称为卤化。100g 油脂吸收碘的克数称为碘值，用于测定油脂不饱和程度，碘值越高，表明油脂中双键数量越多。

3）乙酰化反应　　油脂中含羟基的脂肪酸与乙酸酐或其他酰化剂作用，生成乙酰化油脂或其他酰化油脂的过程称为乙酰化。中和 1g 乙酰化产物释放的乙酸所消耗 KOH 的毫克数称为乙酰值，常用来表示油脂的羟基化程度。

4）酸败作用　　油脂长久暴露在潮湿、闷热的空气中而生成低级醛、醛酸和羧酸等有难闻气味物质的现象称为酸败。中和 1g 油脂中游离脂肪酸所需 KOH 的毫克数称为酸价，可衡量油脂的新鲜度及品质好坏，常用来检测油脂酸败的程度。

（二）蜡

蜡（wax）是由烃基碳数为 16 或 16 以上的长链脂肪酸与高级脂肪醇形成的酯，简单蜡酯的通式为 RCOOR′。天然蜡是多种蜡酯的混合物，构成蜡的脂肪酸一般为饱和脂肪酸，醇为饱和醇、不饱和醇或固醇。

1．物理性质　　蜡的密度比水小，其硬度与烃链的长度及饱和度有关，在常温下呈现出膏状至较硬状的固态，具有滑腻的质地和光泽感。蜡分子含 1 个很弱的极性头和 1 个非极性尾，因此蜡不溶于水，易溶于有机溶剂。

2．分类　　自然界中蜡的分布很广，根据来源可分为动物蜡，如蜂蜡、白蜡、鲸蜡及羊毛脂等；植物蜡，如巴西棕榈蜡；矿物蜡，如蒙丹蜡、化石蜡、地蜡及石蜡等。

二、复合脂质

（一）磷脂

磷脂（phospholipid）是含有磷酸基团的脂类，可构成生物膜骨架，包括甘油磷脂和鞘磷脂。

1．甘油磷脂　　甘油磷脂（glycerophosphatide），其母体化合物和生物合成前体为磷脂酸，结构通式见图 4-3。

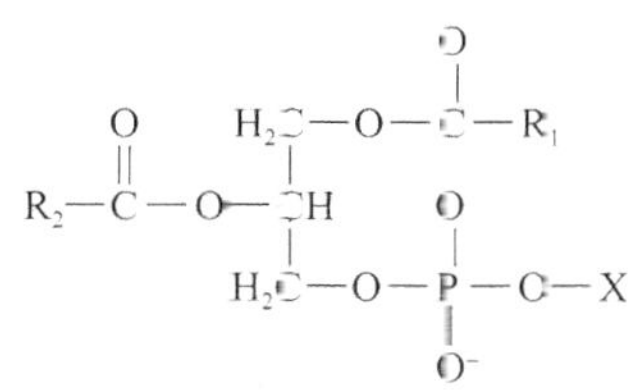

图 4-3　甘油磷脂的结构通式

图 4-3 中，R_1 为饱和脂肪酰链，R_2 为不饱和脂肪酰链。X 为含羟基有机基团。

磷脂酸的磷酸基被极性醇（XOH）进一步酯化，可形成各种甘油磷脂，见表 4-1。

表 4-1　几种常见的甘油磷脂

名称	HO—X 的名称	—X 的结构
磷脂酸		—H
磷脂酰乙醇胺（脑磷脂，PE）	乙醇胺	$—CH_2—CH_2—NH_3^+$
磷脂酰胆碱（卵磷脂，PC）	胆碱	$—CH_2—CH_2—N^+(CH_3)_3$
磷脂酰丝氨酸（丝氨酸磷脂，PS）	丝氨酸	$—CH_2—CH(NH_3^+)—COO^-$
磷脂酰甘油（PG）	甘油	$—CH_2—CH(OH)—CH_2OH$

续表

名称	HO—X 的名称	—X 的结构
磷脂酰肌醇（肌醇磷脂，PI）	肌醇	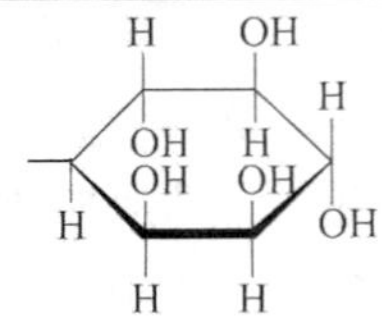
二磷脂酰甘油（心磷脂）	磷脂酰甘油	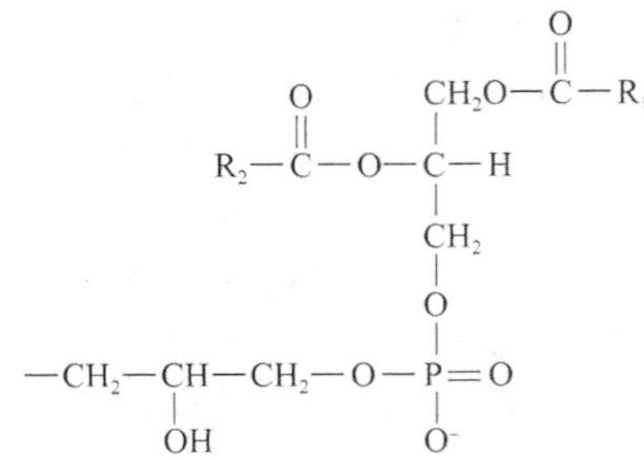

纯甘油磷脂为白色蜡状固体，可溶于多种有机溶剂，但难溶于无水丙酮。其没有明确的熔点，随温度升高而软化成液滴。

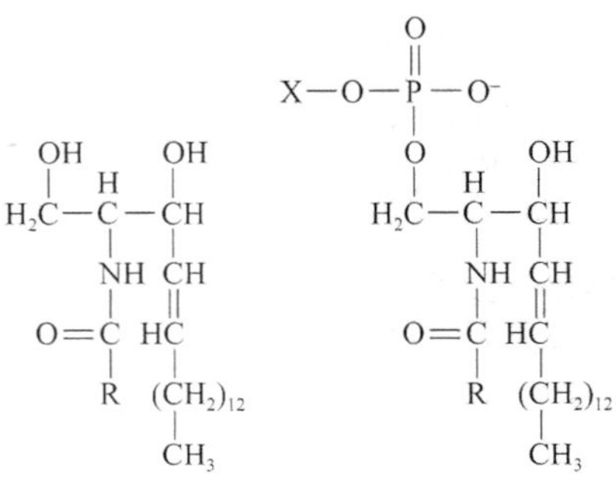

神经酰胺　　鞘磷脂

图 4-4　神经酰胺和鞘磷脂的结构通式

甘油磷脂被弱碱水解生成脂肪酸盐和甘油-3-磷酰醇；被强碱水解生成脂肪酸盐、醇和甘油-3-磷酸；暴露在空气中可发生氧化，最终生成黑色的过氧化物聚合物。

2. 鞘磷脂　鞘磷脂（sphingomyelin）存在于动物细胞的质膜中，是某些神经细胞髓鞘的主要成分。鞘磷脂是神经酰胺的 1 位羟基被磷酸胆碱或磷酸乙醇胺酯化形成的化合物，其结构见图 4-4。其中，X 基团通常为胆碱或乙醇胺。

（二）糖脂

糖脂（glycolipid）多数存在于质膜外表面，是糖类通过其半缩醛羟基以糖苷键与脂质连接而成的化合物，包括甘油糖脂和鞘糖脂。

1. 甘油糖脂　甘油糖脂（glyceroglycolipid）主要存在于植物的叶绿体膜和微生物的细胞膜中，是二酰甘油中游离羟基与糖基以糖苷键相连而得，如单半乳糖基二酰甘油、二半乳糖基二酰甘油，其结构见图 4-5。

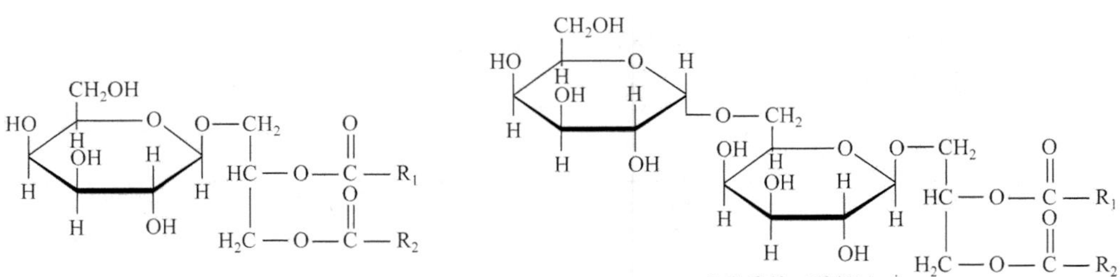

单半乳糖基二酰甘油　　二半乳糖基二酰甘油

图 4-5　常见的甘油糖脂

2. 鞘糖脂　鞘糖脂（glycosphingolipid）主要存在于质膜的外表面，是神经酰胺的 1 位羟基被糖基化而形成的 β-糖苷化合物。根据糖基中存在唾液酸或硫酸与否，分为中性鞘糖脂，以及包括硫苷脂、神经节苷脂（又称唾液酸鞘糖脂）的酸性鞘糖脂。其中，中性鞘糖脂的糖基不含唾液酸，如半乳糖脑苷脂；硫苷脂是糖基被硫酸化的鞘糖脂，最简单的硫苷脂为硫酸脑苷脂。其结构见图 4-6。

（三）鞘脂

鞘磷脂和鞘糖脂统称为鞘脂。鞘脂由 1 分子鞘氨醇或其衍生物、1 分子长链脂肪酸及 1 个极性头基团构成，具有1个极性头和2个非极性尾。在鞘磷脂中，极性头以磷酸二酯键相连；在鞘糖脂中，以糖苷键相连。

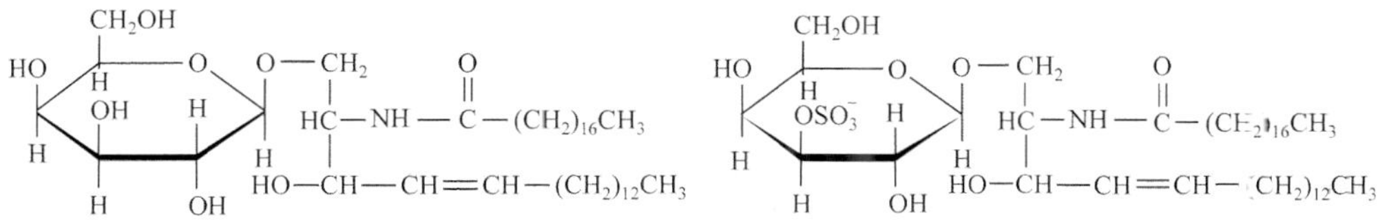

图4-6 常见的鞘糖脂

三、功能性脂质

功能性脂质（functional lipid）是一类具有特殊生理功能的脂质，为人体营养、健康所需，具有一定保健功效，可调节机功能，对人体一些相应缺乏症、内源性疾病及心脑血管疾病、癌症、糖尿病等慢性疾病具有积极作用。

（一）功能性简单脂质

功能性简单脂质是由酸和醇形成的酯，如酰基甘油、叶绿素、蔗糖脂肪酸酯、谷维素及植物甾醇酯等。

1. 中链脂肪酸甘油三酯 中链脂肪酸甘油三酯是由6～12个碳构成的脂肪酸（如己酸、月桂酸、辛酸和癸酸）所形成的甘油三酯，室温下呈无色、无臭的液态。主要来源为椰子油、棕榈仁油等。

绝大多数中链脂肪酸甘油三酯在机体仅起氧化供能的作用，几乎不以脂肪形式贮存；可在冰淇淋、巧克力及肥胖人群饮食中作为脂肪代用品；可为运动员等需即刻供能的人群快速提供能量；能增强人体对钙、镁、氨基酸的吸收；降低胆固醇，防治高脂血症；具有乳化稳定作用和氧化稳定性，可使化妆品质地细腻；可取代羊毛脂，消除羊毛脂特殊气味；改善产品涂抹性，提高贮存期；由于与其他化合物互溶性好，可在药品、保健食品中作为溶剂。

2. 叶绿素 叶绿素是由叶绿醇、甲醇及叶绿酸形成的酯，结构如图4-7所示，其中，R＝CH_3时为叶绿素a，R＝CHO时为叶绿素b。叶绿素是脂溶性色素，可在光、酸、碱及氧作用下分解。

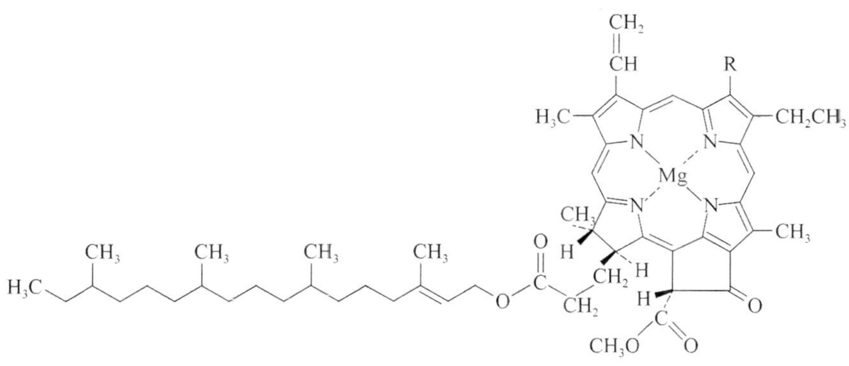

图4-7 叶绿素

叶绿素于植物中可进行光合作用；加速创面上皮细胞新生，促进创伤愈合；钝化变异性物质的活性，具有抗致突变作用。其作为食品能促进肠道蠕动，缓解便秘；降低胆固醇；还能作为食品色素、脱臭剂应用在食品、药品和化妆品中。

（二）功能性复杂脂质

功能性复杂脂质是指除脂肪酸和醇外，还含有非脂成分的功能性脂质，如磷脂、硫脂、糖脂和醚脂。

1. 磷脂 磷脂是含磷酸根的脂类化合物，是构成细胞质膜、核膜及线粒体膜等多种生物膜的重要成分。磷脂是天然的表面活性剂，可降低油水两相的界面张力，可作为乳化剂、润湿剂及抗氧化剂等应用于食品加工中，如增强面团吸水性，使其质地膨松、结构细密，延缓淀粉老化；降低巧克力等糖果的物料黏度，改善其质地。此外，磷脂还可作为抗肿瘤药及缓释药物载体，提高药效的同时降低毒副作用。

2．硫脂 广义的硫脂是指含有硫原子的脂质。在哺乳动物组织中，硫脂除含硫酸基外，还含脂肪酸、糖基、鞘氨醇或甘油醇或胆固醇，分为类固醇硫酸酯、硫酸鞘脂和硫酸甘油酯三类。

其中，类固醇硫酸脂与精子生成有关。硫酸鞘脂（如硫酸半乳糖酰基鞘氨醇）可作为髓磷脂的结构稳定剂，防止酶水解蛋白质。

（三）功能性衍生脂质

功能性衍生脂质是由简单脂质和复杂脂质衍生而来或与其密切相关的脂质，如功能性脂肪酸、高级脂肪醇、固醇类、多酚、酚酸、角鲨烯及脂溶性维生素 A、维生素 D、维生素 E、维生素 K。

1．功能性脂肪酸 必需脂肪酸（essential fatty acid，EFA）是指人体正常代谢不可或缺，但自身又不能合成或合成速度无法满足机体所需，必须由膳食供给的多不饱和脂肪酸。必需脂肪酸可构成生物膜脂质，参与磷脂合成；可作为前体物质合成前列腺素、白三烯类二十烷酸衍生物等生物活性物质。参与胆固醇代谢，如亚油酸（linoleic acid，LA），学名为顺-9,顺-12-十八碳二烯酸，可降低血清总胆固醇；α-亚麻酸（α-linolenic acid），学名为顺-9,顺-12,顺-15-十八碳三烯酸，具有降低血脂的功效。

共轭亚油酸（conjugated linoleic acid）：亚油酸的立体和位置异构体的混合物。其可抗动脉硬化症、抗糖尿病、抗肿瘤、治疗肥胖、降低血液和肝脏胆固醇、调节机体免疫力及调节骨组织代谢。

γ-亚麻酸（γ-linolenic acid）：可防治心血管疾病及糖尿病、抗肿瘤、抗炎、抗溃疡、抑菌及增强免疫力。

花生四烯酸（arachidonic acid）：学名为全顺式-5,8,11,14-二十碳四烯酸。其可调节心脏兴奋性、参与激素和神经肽分泌、促进细胞分裂及舒张血管。

二十二碳六烯酸（docosahexaenoic acid，DHA）：可参与脑细胞发育、延缓脑衰老、防止视力减弱、降低血中胆固醇、抗凝血、防止心律失常、抗肿瘤及抗炎。

二十碳五烯酸（eicosapentaenoic acid，EPA）：可降低血中甘油三酯、防止心血管疾病、抑制肿瘤生长及调节免疫力。常见的功能性脂肪酸结构见图 4-8。

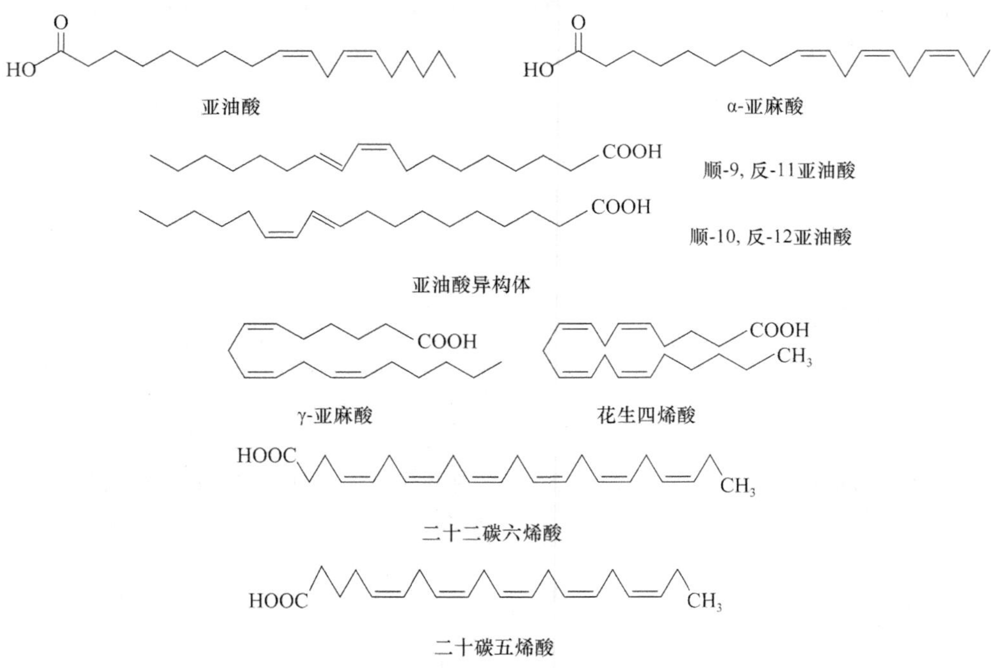

图 4-8 常见的功能性脂肪酸

2．甾醇类化合物 甾醇（sterol）又称固醇，是环戊烷多氢菲的衍生物，结构如图 4-9 所示。其在

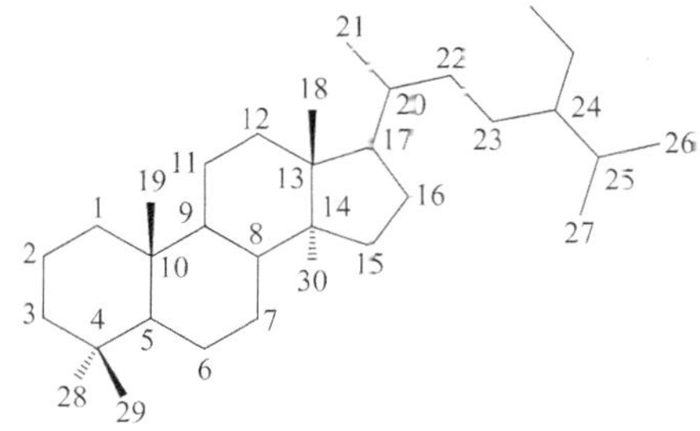

图 4-9 甾醇的结构通式

C3 上有 1 个羟基，C10 和 C13 上各有 1 个甲基，C17 上有 1 个烃侧链，C4 上连接甲基或氢，如 β-谷甾醇、豆甾醇、菜油固醇等属于 4-无甲基甾醇。

植物固醇广泛存在于植物种子的油脂中，具有重要的生理活性，能降低血清中胆固醇水平，预防及治疗心血管疾病；作为维生素 D_3 及甾体药物的原料，具有消炎镇痛作用；具有较强的渗透性，可保持水分，促进皮脂分泌，保持皮肤滑润柔软；可阻断致癌物诱发癌细胞形成；还具有抗氧化活性，抑制油脂自动氧化链增长。常见植物固醇结构如图 4-10 所示。

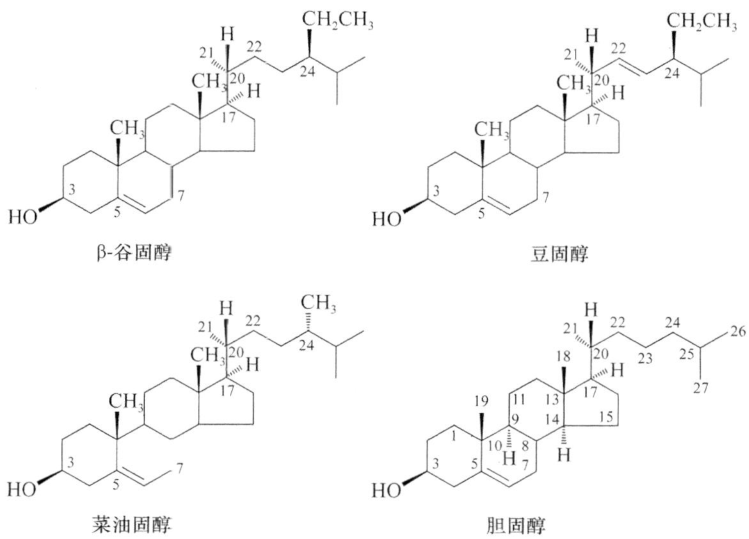

图 4-10 常见的植物固醇及胆固醇

胆固醇属于动物固醇，以游离态、酯的形式存在于脂肪中，结构如图 4-10 所示。胆固醇是构成细胞膜的重要组分；可合成性激素和胆汁酸，其前体 7-脱氢胆固醇可合成维生素 D_3；参与锚定的信号通道；与细胞分裂及癌症相关。胆固醇主要通过人体自身合成，其次从膳食中摄取。摄入过量，可引发高血压及冠状动脉粥样硬化等疾病。

第三节 生 物 膜

一、生物膜组成与结构

生物膜（biomembrane）是将细胞或细胞器与周围环境隔离的一种薄膜状结构，包括细胞膜（也称质膜）和真核细胞特有的细胞器膜。生物膜是细胞与外环境之间的选择透过性屏障，并含有大量能特异刺激或激活各种生物学途径的蛋白质，参与物质运输、能量转换、信息识别与传递等生物体内重要过程。此外，激素和药物作用、肿瘤发生也与其有关。

（一）生物膜的化学组成

生物膜主要由脂质、蛋白质组成，有的膜含有少量糖类，构成糖蛋白或糖脂。不同生物膜上脂质和蛋白质的相对比例不同，一般功能越复杂的膜，其蛋白质含量越高。

1．膜脂 构成生物膜的脂包括磷脂、糖脂和胆固醇。其中磷脂含量最多，多数以甘油磷脂为主，鞘磷脂较少。动物细胞的质膜几乎都含糖脂，主要是鞘糖脂，如脑苷脂、神经节苷脂；细菌和植物细胞的质膜大多为甘油糖脂。胆固醇主要存在于动物细胞的质膜，以及除线粒体内膜外的细胞器膜上。植物细胞的膜上存在大量如谷固醇、豆固醇、菜油固醇等植物固醇及少量胆固醇；真菌的膜上则含有与胆固醇结构相似的麦角固醇。

2．膜蛋白 膜蛋白包括定位在膜上的酶、受体、离子通道、转运蛋白、结构蛋白、抗原及电子传递体等。根据在膜上的性质可分为外在蛋白质、内在蛋白质和脂锚定蛋白。

外在蛋白质又称周边蛋白质，是分布在脂双层内、外表面的水溶性蛋白质，通过离子键或氢键与膜脂的极性头部，或与内在蛋白质暴露在外的亲水结构域松散地结合，或通过其本身的疏水小环插入膜内。

内在蛋白质又称整合蛋白质，埋藏于脂质层内，主要通过脂双层的疏水力与膜脂结合，蛋白质分子的非极性氨基酸残基常以 α 螺旋形式与脂双层的疏水部分相互作用。其与膜脂结合紧密，只有使用有机溶剂、去污剂等对膜具有破坏性的试剂，才能将其与膜脂分开。

脂锚定蛋白通过共价结合的脂质所提供的疏水尾部锚定到质膜的一侧。

3．膜糖 生物膜中含有一定量的糖类，它们与膜蛋白、膜脂通过共价键相连接，多数为糖蛋白，少数为糖脂。膜糖不对称地分布在膜的非细胞质一侧。寡糖与某些膜蛋白相连会在质膜外表面形成寡糖-蛋白质复合体，称为糖萼或细胞外壳。

（二）生物膜的结构

1．生物膜中分子间作用力 生物膜中分子之间的作用力主要为静电力、疏水力和范德瓦耳斯力。其中，静电力可使膜两侧脂质和蛋白质的亲水极性基团相互吸引而形成稳定结构；疏水作用主要用来维持膜结构；范德瓦耳斯力则倾向于使膜中分子彼此相互靠近。

2．生物膜结构模型 流动镶嵌模型（fluid mosaic model）于 1972 年由美国科学家 Singer 和 Nicolson 提出，是目前最能反映生物膜化学结构和生物学功能的结构模型，如图 4-11 所示。

该模型认为生物膜的基本骨架是具有流动性的二维脂双层，其上镶嵌着蛋白质。部分蛋白质分布于表面，部分横跨整个脂双层。磷脂分子的非极性疏水尾部，尾尾相对，形成脂双层的疏水核心，其极性头部朝于膜的内外表面，与每侧的水介质相互作用。

二、生物膜特性

（一）流动性

生物膜的流动性是指生物膜各组分的运动，其中膜脂的流动性较强。

膜脂的运动方式包括侧向扩散、转动、头部的伸缩运动和上下翻转等（图 4-12）。膜脂的流动性与脂酰基的碳链长度和不饱和性有关，脂酰基的碳链越短、不饱和度越高，膜的流动性越强。固醇（如胆固醇）对生物膜的流动性具有双面影响，其与含不饱和脂酰链的磷脂相互作用时，脂酰链排列更紧密，其在脂双层中的运动受到限制；与长饱和脂酰链的磷脂和鞘脂相互作用时，则会加快膜的流动性。脂双层整体结构是稳定的，温度和脂质组成决定了单个磷脂分子处于自由运动的状态。低于正常生理温度，膜脂运动慢，膜脂上的脂酰链排列有序，生物膜处于类晶态，运动状态的脂分子相对较少。高于生理温度时，膜脂运动加快，膜脂上有序的脂酰基变得无序，膜脂则从固态转变为流体态或液晶态。

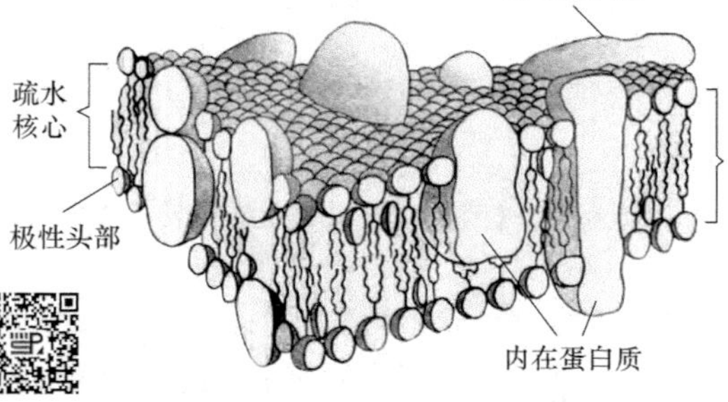

拓展彩图

图 4-11 生物膜的流动镶嵌模型

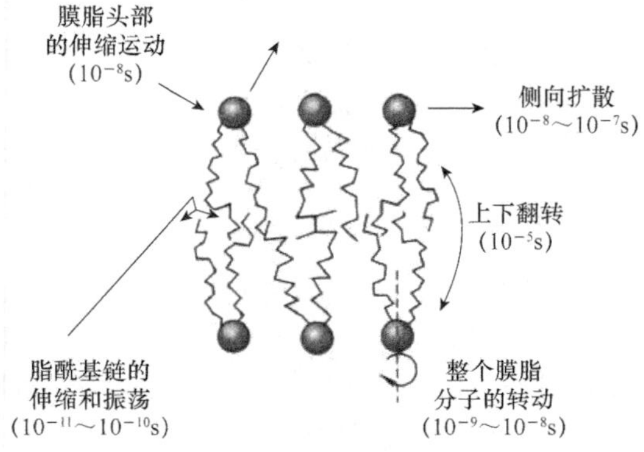

图 4-12 膜脂的各种运动

膜蛋白的流动性主要包括旋转运动和随意、无序地侧向扩散运动2种形式。运动结果是促使膜上的蛋白质发生位移、聚集在细胞膜的某一特定区域，从而完成多种功能。

此外，膜的流动性会影响生物膜的功能，膜对水和其他亲水性小分子的通透性随着膜流动性的增强而增强。

（二）不对称性

生物膜结构的不对称性主要体现在膜脂、膜蛋白在膜两侧的分布是不对称的，其结构的不对称性也决定了功能的不对称性。

膜脂的不对称性主要体现在不同膜脂在脂双层2个单层中的分布是不对称的。例如，磷脂酰胆碱和鞘磷脂主要存在于脂双层外层，而磷脂酰丝氨酸和磷脂酰乙醇胺主要在内层。此外，膜脂的不对称性还对细胞的某些信号通路尤为重要。

膜蛋白在脂双层的分布是不对称的。例如，有的蛋白质只在膜的一侧突出，有的蛋白质在膜两侧暴露的结构域不同。蛋白质在膜上的分布具有“方向性”，可影响生物膜的功能，如细胞膜受体与配体结合的部位只有朝向胞外才有用。

（三）选择性转运

生物膜具有疏水性，一些极性化合物及离子要借助膜上的蛋白质才能通过生物膜扩散到内部完成运输过程。

三、生物膜功能

生物膜的存在，不仅能作为选择透过性屏障为细胞的生命活动提供相关稳定的内环境，区隔真核细胞中的细胞器，还参与了物质转运、能量转换、信号转导、细胞识别、细胞免疫、神经传导、药物作用、催化反应、代谢调控等功能。

（一）物质转运

细胞要保持动态恒定，需要不断地从周围环境中摄取用于生物合成和产生能量的原料物质，同时还要将细胞内的代谢废物释放到环境中。在此过程中，生物膜作为细胞与环境间物质交换的选择通透性屏障起着重要的作用。

1．离子与小分子物质的跨膜运输

1）*被动运输*　被动运输（passive transport）是指被转运的物质总是沿着化学梯度方向，从高浓度一侧向低浓度一侧转移，此过程可自发进行，无须供给能量。被动运输分为简单扩散、易化扩散和滤过。

简单扩散又称自由扩散，指扩散物质完成跨膜依赖其自身性质，此过程无须提供能量，无须任何蛋白质或其他载体分子协助。跨膜扩散的速度与膜两侧浓度差和分子大小有关，浓度差越大，速度越快。例如，O_2、N_2、CH_4、CO、NO、乙烯、脂溶性激素及脂溶性维生素等非极性小分子的运输。

易化扩散又称协助扩散，指物质的跨膜转运需要膜上特异的蛋白质或其他载体分子协助完成。此类蛋白质对物质的转运具有专一性，不同物质的转运需要不同的转运蛋白，如葡萄糖依赖葡萄糖特异性转运蛋白的协助进入红细胞。

滤过指水溶性物质随同水分子经生物膜上的孔状结构而透过生物膜的过程。凡分子大小和电荷与膜上孔状结构相适应的溶质皆可滤过转运，如无机离子和有机离子等。

2）*主动运输*　主动运输（active transport）是物质逆浓度梯度或电化学梯度，由低浓度一侧向高浓度一侧进行，转运过程需要能量和膜上特异的载体蛋白（或泵）参与。根据能量来源，主动运输分为初级主动转运和次级主动转运。

初级主动转运又称原发性主动转运，是直接利用ATP水解供能的主动运输，如Na^+/K^+泵、Ca^{2+}泵、质子泵及ABC转运体等。

Na^+/K^+泵是一种特异蛋白，一般存在于动物的细胞膜上。Na^+/K^+泵利用ATP水解供能将Na^+向细胞外转运，同时将K^+向细胞内转运。

Ca^{2+}泵主要存在于细胞膜和内质网膜上，可维持细胞内较低的Ca^{2+}浓度。在肌肉收缩与松弛过程中，Ca^{2+}泵利用水解 ATP 提供的能量转运Ca^{2+}。

质子泵是将质子主动转运到膜的一侧，分为 P 型、V 型和 F 型。其中，在水解 ATP 时，P 型发生磷酸化；V 型不发生磷酸化；F 型在质子反方向流动中还能驱使 ATP 的合成。

ABC 转运体即 ATP 结合盒转运体，分布在各种生物的细胞膜和细胞器膜上。含有可形成跨膜通道、结合并转运各种离子或分子的跨膜结构域及 ATP 结合结构域，可促进离子、氨基酸、维生素、多糖及蛋白质等营养物质转入细胞、代谢废物离开细胞。

次级主动转运又称继发性主动转运，是离子梯度驱动的主动运输。在此类转运中，一种物质逆浓度梯度的跨膜转运与一种离子的顺浓度梯度转运相偶联，如Na^+梯度驱动糖、氨基酸等其他物质的共转运。

2. 大分子物质的跨膜运输 细胞的质膜对大分子化合物不具有通透性，蛋白质、多核苷酸和多糖等生物大分子及颗粒物的摄取、释放和分泌主要通过胞吞作用和胞吐作用完成。

胞吞作用（endocytosis）是质膜局部发生凹陷，并包被从外界摄取的液体或颗粒物质形成转运小囊泡，囊泡从质膜上脱落进入胞内的过程。

胞吐作用（exocytosis）是细胞内的内含物被包裹在分泌囊泡中，最终在质膜停泊、融合，并向细胞外释放和分泌这些内含物的过程。

（二）能量转换

叶绿体和线粒体是重要的能量转换器。在光合作用中，光反应在叶绿体类囊体膜上进行，太阳光裂解水产生 ATP 和 NADPH，将太阳能转变成可供机体生物利用的化学能。线粒体是生物氧化的场所，其内膜和嵴上有一层规则的、间隔排列的球形颗粒，即催化 ATP 合成的装置，其内膜上还有 ATP 合成酶。位于内膜上的呼吸链通过与氧化磷酸化的偶联可产生高能磷酸化合物，将有机物中的化学能转变成为细胞可直接利用的能量。

（三）信号转导

信号转导是机械、化学及电信号等细胞外的信号放大并转化为胞内应答的过程。各种信号的转导需通过质膜中专一受体的作用。激素、神经递质、细胞因子及生长因子等各种胞外化学信号分子转运至靶细胞，并与靶细胞膜表面的特异膜蛋白受体结合，激活受体，将细胞外的信号转变为细胞内的信号，引发细胞内多种生化反应，产生特定的生理生化效应。

第四节 油脂在食品加工和贮藏过程中的变化

油脂是人体不可或缺的营养素，大多数食品中都含有油脂。在食品的加工和贮藏过程中，油脂往往会由于食品加工的工艺条件、技术手段及食品的贮藏条件、贮藏方法等因素，发生理化变化，导致其性质发生变化，进而影响或改变食品的品质。

一、油脂在食品加工过程中的变化

在现代食品工业中，为充分发挥油脂的功能性质，满足不同食品的特殊需求，油脂在精炼、改性、高温处理等过程中会发生一系列变化。

（一）水解反应

脂类化合物在酶、热、酸及碱作用下可发生水解，生成游离脂肪酸，此过程称为水解（脂解）反应。其水解速度随加热时间、游离脂肪酸含量的增加而加剧。游离脂肪酸易发生进一步氧化，生成短肽链脂肪酸、脂肪醛等物质，进而对食品的风味产生影响。

食品在高温油炸时，食品中的水分与油炸用油接触发生水解。随着加热时间延长，水解程度加剧，大量游离脂肪酸释放到油中，导致其发烟点和界面张力降低，易于吸附在食品表面，食品颜色变暗，风味变差，影响油炸食品品质。同时，游离脂肪酸含量过高时，会破坏谷物食品的某些功能特性和风味，如稻谷在碾米操作时可引发脂肪酶的活性，影响稻米油的精炼；被宰杀的动物其脂类在酶的作用下水解生成游离脂肪酸，影响精炼动物脂肪品质；乳脂在脂肪酶催化下水解产生一些短链脂肪酸，导致成品乳发生酸败。故在食品贮藏过程中，常采用高温处理方式钝化食品中的脂肪酶；植物油精炼过程中采用碱中和脱酸的工序，控制游离脂肪酸的生成，防止食品劣变。但在干酪、酸奶和面包等加工过程中，引入酶类，增加脂类水解程度，可赋予食品特殊的风味。

（二）高温下的反应

油脂在高温条件下会发生如氧化、分解和聚合等多种复杂的反应，生成低级脂肪酸、羟基酸、酯及醛等物质，产生二聚体、三聚体，使油脂黏度、酸价升高，发烟点、界面张力和碘值下降，折光指数改变，伴随产生大量泡沫和刺激性气味，严重影响油脂营养价值及品质。

在无氧条件下，对油脂中饱和脂肪酸进行高温热处理，会发生大量从脱酸酐开始的非氧化热分解反应。在真空条件下，高温加热的简单三酰甘油可分解为脂肪酸、对称酮、脂肪酸羰基丙酯、丙烯醛、CO 及 CO_2 等物质。在有氧条件下，当温度加热至 150℃以上时，油脂中饱和脂肪酸可发生热氧化分解反应，主要生成同系列羧酸、2-链烷酮、直链烷醛、内酯、正烷烃及 1-链烯等物质。饱和脂肪酸加热氧化，首先在羧基的 α-碳、β-碳或 γ-碳上形成氢过氧化物，然后再分解为烃、醛、酮等化合物。

不饱和油脂经高温热处理可发生热氧化和聚合作用。多不饱和脂肪酸的双键异构化，生成共轭二烯化合物，进而生成环己烯类化合物。此类物质可发生歧化反应，生成单烯酸或二烯酸，或在 C═C 分子间或分子内发生加成反应，产生环状或非环状化合物。此外，不饱和油脂经高温无氧热处理，使靠近烯键位置的 C—C 键断裂，生成一些低相对分子质量的物质。高温下不饱和脂肪酸也可快速氧化分解，生成氧代二聚物或氢过氧化物的聚合物、氢氧化物及环氧化物等。

（三）精炼

油脂精炼是清除影响毛油色泽、风味、保存期及食用安全性杂质的加工处理过程。精炼可最大程度保留生育酚、谷维素等有益物质，降低油的炼耗，提高油的品质。精炼主要工序为脱胶、脱酸、脱色及脱臭。

脱胶采用水化脱胶，将水加入油脂中使胶体物质膨胀沉淀后分离水相，主要去除磷脂、黏液质和树脂等物质，有效降低油脂发烟点。脱酸采用碱炼中和游离脂肪酸，生成不易溶于油脂的脂肪酸盐，经分离油水两相去除。同时还可吸附沉降油脂中残留磷脂、色素和蛋白质等物质。脱色是利用合成硅酸铝、活性炭等吸附剂，脱除影响油脂稳定性的光敏化剂叶绿素、类胡萝卜素和棉酚等色素物质。同时可吸附去除磷脂、皂化物、微量金属及油脂氢过氧化物分解物，使油脂呈无色或淡黄色。脱臭常采用减压蒸馏去除毛油中挥发性异味化合物，同时加入柠檬酸等抗氧化剂用以螯合重金属离子，钝化氧化反应，改善油脂的贮存性。此外，某些油脂还需要通过脱蜡、脱脂，去除其中含有的蜡质或高熔点固脂成分，如以棉籽油、米糠油和葵花籽油为原料生产色拉油的过程。

（四）氢化

油脂氢化是在高温条件下，三酰甘油中不饱和脂肪酸的双键在镍、铂等催化剂作用下进行的加氢反应。油脂与金属催化剂形成碳-金属复合物，复合物与催化剂吸附的氢原子相互作用，形成不稳定的半氢化合物。半氢化合物能接受氢原子生成饱和产物，或失去氢原子恢复双键，形成顺反异构体和位置异构体。氢化后的油脂称为氢化油或硬化油。

氢化过程可增加油脂熔点温度，改变油脂塑性，将液态油转变为半固态，如生产起酥油和人造奶油，提高氧化稳定性，改善油脂色泽。

此外，油脂的部分氢化也存在弊端，如氢化后油脂中脂溶性维生素受损，多不饱和脂肪酸含量降低，某些顺式双键转变为反式，而摄入含反式脂肪酸的食物会使心血管病发病率提高。

（五）分提

油脂分提是通过分步结晶，使油脂中不同熔点、不同溶剂中溶解度不同的各种三酰甘油分相分离的过程，分为干法分提、溶剂分提和表面活性剂分提。干法分提是将冷却熔化的油脂析出，并过滤分离晶体的方法；溶剂分提是按比例在油脂中添加丙酮、正己烷和丁酮等有机溶剂，再进行冷却结晶的分提方法；表面活性剂分提是在上述方法的基础上，加入十二烷基磺酸钠等表面活性剂的水溶液，固体结晶悬浮于水溶液，促进固体晶体析出的工艺。其中，在5.5℃时，析出并分提出油脂中固体脂的过程，称为冬化；在10℃时，析出并分提油脂中蜡的过程，称为脱蜡。油脂分提获得的硬脂可用于起酥油、人造黄油的生产；获得的液态油澄清透明、无气味、冷藏后不浑浊，可作为色拉油和煎炸油。

（六）酯交换

酯交换是酰基交换反应，分为酯与酸交换的酸解、与醇交换的醇解、不同酯间的酯基转移3类。其中，酯基转移包括同种三酰甘油分子内酯交换和不同脂肪分子间的酯交换。酯交换可在低于200℃的高温条件下，长时间加热完成；也可在有碱金属、烷氧基钠等催化剂存在的50℃低温条件下，短时间内完成；或借助脂肪酶催化完成酶促酯交换。若反应温度在油脂熔点以下，为定向酯交换反应；若反应温度在熔点以上，则为无规则反应，脂肪酸随机分布。

在天然油脂中，由于脂肪酸与甘油的结合位点的非随机性，使油脂的特性除了与脂肪酸链长、不饱和度有关外，还与其分布有关。在食品加工中，可以通过酯交换改变脂肪酸的分布，从而增加油脂稠度、拓宽塑性、改善熔点和结晶性。例如，可合成婴幼儿配方奶粉等具有特定生理功能的专用油脂、制备结构脂肪、改善猪油塑性、生产起酥油、由棕榈油制备低浊点色拉油、降低亚麻酸在大豆油中的含量、制备稳定性高的人造奶油和特定熔化性质的硬奶油等产品。

（七）辐射

食品辐射作为一种延长食品贮存期的灭菌手段应用到食品加工过程中。辐射诱导的化学变化对食品各组分存在影响，其影响程度与辐射剂量呈正相关。由电离辐射诱导发生的油脂降解过程称为辐解，其辐解产物与油脂脂肪酸的组成有关，辐解诱导的途径与反应活化能、中间态的稳定性有关。油脂类食品吸收辐射后，会形成可分解或与邻近分子发生反应的离子和激化分子，激化分子还能继续降解为可自由结合成非自由基化合物的自由基。在有氧存在的条件下，电离辐射还可破坏抗氧化因子，加速油脂自动氧化的进程，降低油脂类食品的稳定性。因此，需在辐射过程中隔绝空气，同时在辐射后添加抗氧化剂。

二、油脂在食品贮藏过程中的变化

（一）油脂氧化

油脂由于储存不当或存放过久，与空气中氧、光、微生物及酶作用，发生降低营养价值的化学反应，产生哈败气味，甚至产生毒性氧化产物的现象称为酸败，也是引发脂类食品变质的主要原因之一。油脂氧化途径包括自动氧化、光敏氧化和酶促氧化。

1. 自动氧化　自动氧化是在常温常压下，空气中分子氧与油脂中不饱和脂肪酸间发生的自由基反应，生成挥发性醛、酮和酸等物质的过程。

在链引发阶段，受光照、高能辐射和其他自由基诱导影响，不饱和脂肪酸LH在与双键邻近的亚甲基上脱氢，形成自由基L·；羟自由基·OH也可在2个双键间的亚甲基上夺氢，形成自由基L·。

$$LH \xrightarrow{\text{光子}(h\nu)} L\cdot + H\cdot \quad \text{或} \quad LH + \cdot OH \longrightarrow L\cdot + H_2O$$

在链传递阶段，L· 可借助加成、夺氢和断裂等方式增长链反应。L·与 O_2 相结合形成过氧自由基LOO·，LOO·继续夺取其他LH上的氢，形成氢过氧化物LOOH和新自由基L·，L·再与 O_2 结合，如此循环进行。其中，L·和LOO·等中间产物也可诱导引发链式反应。

$$L\cdot + O_2 \longrightarrow LOO\cdot$$

$$LOO\cdot + LH \longrightarrow LOOH + L\cdot$$

在链终止阶段自由基间发生偶联或歧化反应，形成稳定的非自由基化合物，进而终止链传递。

$$L\cdot + L\cdot \longrightarrow LL$$

$$LOO\cdot + LOO\cdot \longrightarrow LOOL + O_2$$

$$L\cdot + LOO\cdot \longrightarrow LOOL$$

贮藏过程中，常采用添加抗氧化剂、真空或充氮、冷藏及避光、避高能辐射等方式，防止或延缓新鲜油脂或富含油脂食品发生自动氧化。

2. 光敏氧化 在光照条件下，油脂中的天然色素、合成色素和稠环芳香化合物等光敏剂吸收能量被激发活化，直接作用于油脂分子形成自由基，诱导自动氧化链反应，即Ⅰ型光敏氧化反应。光敏剂被光照激发，与基态氧分子（三重态氧 $^3O_2$）作用，将其转化为活性氧分子（单线态氧 $^1O_2$），$^1O_2$ 进攻油脂中不饱和脂肪酸双键，形成具有反式结构、双键位置改变的氢过氧化物，即Ⅱ型光敏氧化反应。

由于 $^1O_2$ 具有更强反应活性和较高能量，故与自动氧化相比，光敏氧化速度比其快千倍以上。光敏氧化形成的氢过氧化物发生裂解可形成自由基，也可引发自动氧化。一般认为，一旦氢过氧化物开始形成，自由基氧化反应将成为主导反应。因此，避光贮存油脂，可同时防止光敏氧化和自动氧化的发生。

3. 酶促氧化 酶促氧化是脂肪氧合酶参与的油脂氧化反应。脂肪氧合酶具有高度专一性，可作用于具有 1,4-顺,顺-戊二烯基团且中心亚甲基在 ω-8 位的不饱和脂肪酸，使其脱氢形成自由基，再通过异构化使双键位置发生改变，同时形成反式构型，形成 ω-6 或 ω-10 氢过氧化物。

此外，在灰绿青霉、曲霉等微生物产生的水合酶、脱氢酶、脱羧酶作用下，氧化产生酮酸、甲基酮等具有难闻气味物质的反应称为酮型酸败，也属于酶促氧化。

（二）油脂气味、色泽的变化

当油脂长时间贮存或贮存不当时，在其劣变初期会产生回味现象。当劣变程度加剧到一定程度则引发酸败现象，如鱼油等海产动物油在贮存中出现腥臭味。此外，大豆中油脂在脂肪氧合酶作用下生成具有青嫩叶臭味的己醛、己醇和己烯醛，使其在加工中产生豆腥味。

油脂在贮存时由于氧化、水解反应，可生成醛、酮、酸、环氧化物、过氧化物、烃、二聚物及三聚物等多种分解或聚合产物，产生酸败现象和哈败味。

在贮存过程中，由于空气、光、热及微量元素等影响，精炼油脂中的生育酚被氧化成 5,6-醌类色素，使其色泽由淡黄色逐渐向精炼前颜色转变，出现回色现象。其中，不同油脂的回色程度、时间因贮存条件的不同而不同。

此外，油脂中磷脂易被氧化，氧化初期呈黄色，随着时间延长，色泽变为褐色或黑色。食品中痕量元素可与部分煎炸油反应，导致油脂色泽加深，影响煎炸食品的外观和色泽，从而影响油脂的贮存性能。

思政案例

“地沟油”危害

“地沟油”是指用餐厨废弃物、肉类加工废弃物和检验检疫不合格畜禽产品等非食品原料生产、加工的油脂，如回收的食用油、反复使用的炸油等。“地沟油”在炼制过程中，会发生酸败、氧化和分解等一系列复杂的化学变化，生成氢过氧化物、醛、酮、内酯等影响油脂品质的小分子物质。此外，“地沟油”中含有大量的重金属和黄曲霉毒素、苯并芘等致癌物质，容易引发剧烈绞痛、贫血及中毒性肝病等，严重危害人体健康。

我国多次对“地沟油”乱象进行整治，加强源头治理，从严监管，杜绝“地沟油”流向餐桌，严厉打击“地沟油”违法犯罪；相关部门也广泛宣传，强化消费者食品安全意识。但某些餐饮行业无视法律的黑心商人为牟取暴利，仍使用此类劣质油脂。因此，作为消费者，应对油炸食品、“地沟油”等食品安全问题及合理用油等问题高度重视。

本章小结

脂质是一类不溶于水的细胞组分，可用有机溶剂提取获得。其包括由醇、脂肪酸构成的简单脂质，以及由醇、脂肪酸和其他成分构成的复合脂质；此外，还包括类固醇、萜等其他脂质。功能性脂质是某些具有特殊生理功能的脂质，有益健康，属于膳食油脂。

三酰甘油是由脂肪酸和甘油构成的。蜡是长链脂肪酸和长链一元醇或固醇形成的酯。磷脂包括甘油磷脂和鞘磷脂。糖脂包括甘油糖脂和鞘糖脂。

生物膜主要由蛋白质、脂质和糖类构成，基本结构元件为脂双层。膜具有流动性，还具有物质运输、能量转换和信息传递等功能。

现代食品工业常利用油脂精炼、改性等技术制备油脂制品。在食品加工及贮藏过程中，油脂会发生理化变化。油脂在热、酸、碱及脂水解酶的作用下发生水解，生成游离的脂肪酸。在高温热处理时，会发生热分解、热聚合、缩合、水解及氧化等反应，并伴有回味、回色等感官变化，影响或改变食品的品质。

思考题

1．举例说明脂类的生理功能。
2．试述磷脂的性质和用途。
3．试述几种主要的功能性脂肪酸的作用。
4．试述影响膜脂流动性的因素。
5．对比自动氧化、光敏氧化和酶促氧化，分析其机理和途径的异同。
6．试述影响食品脂质品质的因素及调控方法。

第五章 蛋白质化学

蛋白质的发现始于19世纪中叶，荷兰化学家Mulder从不同的动植物组织中提取到一种共同的物质，认为这种物质“在有机界的一切物质中无疑是最重要的，缺少它，生命很可能就不存在”。1883年，根据瑞典化学家Berzelius的提议，Mulder将这种物质命名为蛋白质。蛋白质的英文名称“protein”源自希腊文，意思是“最原始的”“最重要的”“第一的”。一直以来，人们把蛋白质仅仅看成是胶体聚合物。直到20世纪中叶，随着蛋白质测序方法的发现及X射线晶体衍射法的发展成熟，人们对蛋白质组成、结构及功能的研究才进入一个崭新的时代。

第一节 概　　述

一、蛋白质的概念

蛋白质是由20种氨基酸通过肽键相互连接而成的一类具有特定空间构象和生物学活性的高分子有机化合物。它存在于一切生物体中，与生命现象密切相关，是生命的主要体现者。凡是有生命的地方，基本上都有蛋白质在起作用。不同生物体内蛋白质的含量差别很大，动物和微生物体内蛋白质含量较高，如蛋白质占人体细胞干重的45%，占啤酒酵母细胞的50%左右。植物体内蛋白质含量较低，如大麦中的蛋白质含量约为10%。

二、蛋白质的组成

（一）蛋白质元素组成

蛋白质的元素分析表明，它们的元素组成与糖和脂不同，除含有碳、氢、氧外，还有氮和少量的硫。有些蛋白质还含有磷、铁、铜、碘、锌及钼等元素。其中，主要元素的含量分别为：碳50%～55%，氢6%～8%，氧20%～23%，氮15%～18%，硫0～3%。

各种蛋白质中氮元素的含量相对稳定，平均为16%，故氮元素成为蛋白质区别于糖类和脂类的特征性元素，也成为测定蛋白质含量的计算基础：

$$蛋白质含量=样品中蛋白质含氮量\times 6.25$$

式中，6.25被称为蛋白质系数或蛋白质因数，即16%的倒数，为1g氮所代表的蛋白质质量（g）。这也是凯氏定氮法测定蛋白质含量的依据。

（二）蛋白质分子组成

蛋白质是生物大分子，其相对分子质量一般在6000～1 000 000。它可以被酸、碱或蛋白酶水解，生成相对分子质量越来越小的分子，直到最后成为氨基酸的混合物，故蛋白质的基本结构单位是氨基酸。

1. 酸水解　蛋白质在进行酸水解时，通常使用6mol/L HCl或4mol/L H_2SO_4进行回流煮沸20h左右。这种水解方式水解完全，不容易引起水解产物的消旋化，产物均为*L*-氨基酸。但这种水解方式会破坏全部色氨酸、部分含有羟基的丝氨酸或苏氨酸及含有酰胺基的天冬酰胺和谷氨酰胺，同时可产生腐黑质，使水解液呈黑色，导致水解液需进行脱色处理。此法是氨基酸工业生产的主要方法之一，也可用于蛋白质的分析。

2. 碱水解　蛋白质在进行碱水解时，通常使用5mol/L NaOH煮沸10～20h或者6mol/L NaOH煮沸6h。这种水解方式水解完全，水解液清亮，且色氨酸不被破坏。但水解过程中丝氨酸、苏氨酸、胱氨酸、赖氨酸、精氨酸等会受到不同程度的破坏，且水解产生的部分氨基酸发生消旋化，具有 *D* 型和 *L* 型 2 种构型，而 *D* 型氨基酸不能被人体利用。因此该方法一般很少使用。

3．蛋白酶水解 目前常用于蛋白质水解的酶有胰蛋白酶（trypsin）、胰凝乳蛋白酶（chymotrypsin）和胃蛋白酶（pepsin）等。反应条件比较温和，一般为温度 37～40℃，pH 5～8。这种水解方式可不破坏氨基酸，不发生消旋现象。但水解不完全，会产生较多的中间产物，需要几种酶协同作用才能使蛋白质完全水解，且水解所需时间较长。该方法主要用于蛋白质的部分水解。

三、蛋白质的分类

自然界中蛋白质的种类繁多，为了便于研究，人们对蛋白质进行了分类。目前常根据蛋白质的分子形状、化学组成及溶解度进行分类。

（一）依据分子形状分类

根据分子形状，蛋白质可分为球状蛋白质（globular protein）和纤维状蛋白质（fibrous protein）。

1．球状蛋白质 这类蛋白质结构紧密，分子对称性好，外形接近球状或椭球状，轴比（即分子长度与直径之比）小于 10，甚至接近 1∶1。这类蛋白质溶解性较好，能结晶，大多数蛋白质属于这一类，如血液中的血红蛋白、血清球蛋白及豆类的球蛋白等。

2．纤维状蛋白质 这类蛋白质结构伸展，分子对称性较差，外形类似细棒或纤维，轴比（即分子长度与直径之比）大于 10。这类蛋白质大多数不溶于水，如胶原蛋白、弹性蛋白、角蛋白及丝蛋白等。但有些纤维状蛋白质能溶于水，如肌球蛋白、血纤蛋白原等。

（二）依据化学组成分类

根据化学组成，蛋白质可分为单纯蛋白质（simple protein）和结合蛋白质（conjugated protein）。

1．单纯蛋白质 单纯蛋白质又叫简单蛋白质，仅由氨基酸组成，不含其他化学成分，如溶菌酶、肌动蛋白及球蛋白等。

2．结合蛋白质 结合蛋白质又叫缀合蛋白质。它们除含有氨基酸外，还含有诸如糖、核酸、色素及金属等非蛋白质组分。这种非蛋白质组分被称为辅基或者配体。按照辅基或者配体的性质，结合蛋白质又可分为以下几类。

1）核蛋白 核蛋白（nucleoprotein）由蛋白质与核酸结合而成。辅基是核酸（DNA 或 RNA），如核糖体（含 RNA）、人类免疫缺陷病毒（含 RNA）及腺病毒（含 DNA）等。

2）糖蛋白 糖蛋白（glycoprotein）由蛋白质与糖类物质结合而成。辅基通常是半乳糖、甘露糖、氨基己糖及葡萄糖醛酸等。许多胞外基质蛋白都属此类蛋白质，如胶原蛋白、γ-球蛋白、软骨素蛋白、黏蛋白等。

3）脂蛋白 脂蛋白（lipoprotein）由蛋白质与脂类物质结合而成。辅基通常是三酰甘油、胆固醇和磷脂等，如血浆脂蛋白、膜脂蛋白等。

4）磷蛋白 磷蛋白（phosphoprotein）由蛋白质与磷酸结合而成。辅基是磷酸基，如糖原磷酸化酶、酪蛋白等。

5）黄素蛋白 黄素蛋白（flavoprotein）由蛋白质与黄素结合而成。辅基是黄素腺嘌呤二核苷酸或者黄素单核苷酸，如琥珀酸脱氢酶、脂酰 CoA 脱氢酶、NADH 脱氢酶等。

6）色蛋白 色蛋白（chromoprotein）由蛋白质和某些色素物质结合而成。辅基多为血红素，故又称为血红素蛋白（hemoprotein），如血红蛋白、细胞色素类等。

7）金属蛋白 金属蛋白（metalloprotein）由蛋白质与金属结合而成。辅基是 Fe、Mo、Mn、Cu 及 Zn 等金属离子，如含铁的铁蛋白、含锌的乙醇脱氢酶、含铜和铁的细胞色素氧化酶、含钼的固氮酶及含锰的丙酮酸羧化酶等。

（三）依据溶解度分类

根据溶解度不同，蛋白质可分为以下几类。

1. 清蛋白 清蛋白（albumin）广泛存在于生物体内，又称白蛋白，可溶于水及稀盐、稀酸或稀碱溶液，可为饱和硫酸铵所沉淀，如血清清蛋白、乳清蛋白等。

2. 球蛋白 球蛋白（globulin）普遍存在于生物体内，通常不溶于水，溶于稀盐、稀酸或者稀碱溶液，可为半饱和硫酸铵所沉淀，如血清球蛋白、肌球蛋白及免疫球蛋白等。

3. 谷蛋白 谷蛋白（glutelin）主要存在于谷类作物中，不溶于水、醇及中性盐溶液，但易溶于稀酸或稀碱，如米谷蛋白、麦谷蛋白等。

4. 谷醇溶蛋白 谷醇溶蛋白（prolamine）主要存在于植物种子中，特别是种子的外皮中，不溶于水和无水乙醇，但溶于70%～80%乙醇，如玉米醇溶蛋白、麦醇溶蛋白等。

5. 组蛋白 组蛋白（histone）溶于水和稀酸，但为稀氨水所沉淀，分子中碱性氨基酸较多，分子呈碱性，如小牛胸腺组蛋白等。

6. 鱼精蛋白 鱼精蛋白（protamine）溶于水和稀酸，不溶于氨水，分子中碱性氨基酸特别多，因此呈碱性，如鲑精蛋白等。

7. 硬蛋白 硬蛋白（scleroprotein）不溶于水、盐、稀酸或稀碱，是动物体内作为结缔和保护功能的蛋白质，如胶原蛋白、角蛋白、丝蛋白及弹性蛋白等。

四、蛋白质的生物学功能

蛋白质种类繁多，结构复杂，功能多样。具体概括为以下几点。

第一，催化功能。该功能是蛋白质最重要的生物学功能。细胞的生长和繁殖、代谢物的合成和分解，以及能量的产生和利用等均需通过无数的生物化学反应来完成，而这些化学反应几乎都在相应酶的参与下进行。例如，生物体内淀粉酶催化淀粉水解为葡萄糖；糖原磷酸化酶催化糖原分解产生1-磷酸葡萄糖；谷氨酸脱氢酶催化谷氨酸生成α-酮戊二酸和氨等。目前已发现大部分酶都是蛋白质。

第二，结构功能。作为有机体的结构成分为细胞和组织提供强度和保护是蛋白质的另一个主要生物学功能。例如，广泛存在于骨、腱、韧带及皮中的胶原蛋白；毛、发、角及爪中的角蛋白。这些蛋白质是主要的细胞外结构蛋白，是生物体形态结构的物质基础。

第三，调控功能。生物体内的激素和许多其他调节因子能调控细胞的生长、分化和遗传信息的表达。它们的化学本质都是蛋白质，被称为调节蛋白。例如，胰腺的胰岛细胞分泌的胰岛素参与机体内糖代谢的调节。

第四，运输功能。某些蛋白质具有输送和传递许多小分子和离子的功能。例如，血红蛋白将氧气从肺部运输到各组织中；转铁蛋白完成铁离子在血液中的运输；血清蛋白与游离脂肪酸结合，并将这些物质在脂肪组织和身体各部分间转运。

第五，免疫功能。高等动物的免疫反应主要是通过被称为免疫球蛋白或抗体的一类蛋白质来实现的。它能识别外源性物质（抗原），并与之结合形成抗原-抗体复合物，使入侵抗原失去活性，并排出体外，进而起到防御作用。

第六，运动功能。某些蛋白质赋予细胞收缩或运动的能力。例如，肌肉中的肌球蛋白和肌动蛋白构象的改变引起肌肉的收缩，带动机体运动；细菌通过鞭毛蛋白的收缩引起鞭毛摆动，进而使细菌游动。

第七，贮存功能。有些蛋白质可通过与某些物质结合后，将这些物质暂时贮存起来。例如，铁离子以铁蛋白的形式贮存；奶中的酪蛋白、蛋中的卵清蛋白和小麦种子中的麦醇溶蛋白等均具有贮存氨基酸的功能，这些氨基酸可以作为生物体的养料和胚胎或幼儿生长发育的原料。

第二节 氨 基 酸

氨基酸是含有氨基的羧酸，即羧酸分子中α-碳原子上的1个氢原子被氨基取代而生成的化合物。尽管目前已发现的氨基酸有300来种，但参与蛋白质组成的常见氨基酸只有20种。此外，在某些蛋白质中也存在若干种不常见氨基酸，这些氨基酸都是在已合成肽链上由常见氨基酸修饰转化而来。

一、常见氨基酸

（一）氨基酸结构特征

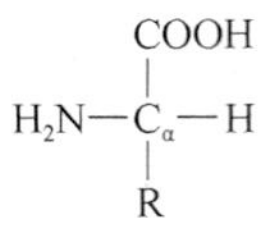

图 5-1 α-氨基酸的结构通式

参与蛋白质组成的 20 种常见氨基酸，除脯氨酸（实际是 1 个亚氨基酸）外，其余 19 种氨基酸在结构上有一个共同特点，即与羧基相邻的 α-碳原子上都有一个氨基，也就是氨基酸的氨基和羧基都连在同一个 α-碳原子上，故这类氨基酸统称为 α-氨基酸。连接在 α-碳原子上的还有一个氢原子、一个可变的侧链（又称 R 基）。不同的氨基酸具有不同的 R 基，这是区分氨基酸的依据。氨基酸的结构通式见图 5-1。

从结构上看，所有的 α-氨基酸（甘氨酸除外）分子中的 α-碳原子均与 4 个互不相同的基团或原子（即—R、$—NH_2$、—COOH、—H）相连，因此这些 α-碳原子均为不对称碳原子或称手性中心，也因此这些 α-氨基酸（甘氨酸除外）均具有旋光性。同时，α-碳原子上 4 个不同的取代基有 2 种不同的排布形式，形成互为镜像的 2 种结构，故除甘氨酸外，这些 α-氨基酸均有 *D* 型和 *L* 型 2 种构型。但蛋白质分子中的所有氨基酸都是 *L* 型氨基酸；*D* 型氨基酸不参与蛋白质分子的组成，主要出现在具有某些生理活性的小肽中。

氨基酸的构型以甘油醛或者乳酸作为基准，通过比较而确定。书写时将羧基写在 α-碳原子的上端，氨基在左边的为 *L* 型，氨基在右边的为 *D* 型。氨基酸与甘油醛的结构对照图见图 5-2。

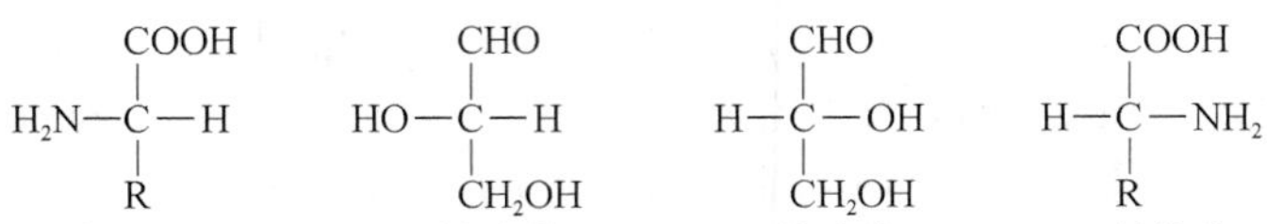

L-氨基酸　*L*-甘油醛　*D*-甘油醛　*D*-氨基酸

图 5-2 氨基酸与甘油醛的结构对照

（二）氨基酸分类

氨基酸的系统命名方法与羟基酸类似，但人们常用它们的习惯名称，且每种氨基酸都有三字母和单字母缩写符号。20 种氨基酸的名称与符号列于表 5-1。

表 5-1 20 种常见氨基酸的名称与符号

中文名称（化学名称）	中文缩写	英文名称	三字母符号	单字母符号
甘氨酸（氨基乙酸）	甘	glycine	Gly	G
丙氨酸（α-氨基丙酸）	丙	alanine	Ala	A
缬氨酸（α-氨基-β-甲基丁酸）	缬	valine	Val	V
亮氨酸（α-氨基-γ-甲基戊酸）	亮	leucine	Leu	L
异亮氨酸（α-氨基-β-甲基戊酸）	异亮	isoleucine	Ile	I
苯丙氨酸（α-氨基-β-苯基丙酸）	苯丙	phenylalanine	Phe	F
酪氨酸（α-氨基-β-对羟苯基丙酸）	酪	tyrosine	Tyr	Y
色氨酸（α-氨基-β-吲哚基丙酸）	色	tryptophan	Try（Trp）	W
丝氨酸（α-氨基-β-羟基丙酸）	丝	serine	Ser	S
苏氨酸（α-氨基-β-羟基丁酸）	苏	threonine	Thr	T
半胱氨酸（α-氨基-β-巯基丙酸）	半胱	cysteine	Cys	C
甲硫氨酸（α-氨基-γ-甲硫基丁酸）	甲硫	methionine	Met	M
天冬氨酸（α-氨基丁二酸）	天	aspartic acid	Asp	D
谷氨酸（α-氨基戊二酸）	谷	glutamic acid	Glu	E
天冬酰胺（α-氨基-β-氨甲酰基丙酸）	天酰	asparagine	Asn	N
谷氨酰胺（α-氨基-β-氨甲酰基丁酸）	谷酰	glutamine	Gln	Q

续表

中文名称（化学名称）	中文缩写	英文名称	三字母符号	单字母符号
精氨酸（α-氨基-δ-胍基戊酸）	精	arginine	Arg	R
赖氨酸（α，ε-二氨基己酸）	赖	lysine	Lys	K
组氨酸（α-氨基-β-咪唑基丙酸）	组	histidine	His	H
脯氨酸（β-吡咯烷基-α-羧酸）	脯	proline	Pro	P

目前常按照氨基酸侧链R基的化学结构、酸碱性和极性3种方式对其进行分类。

1．按照R基的化学结构　20种常见氨基酸按照R基的化学结构可分为脂肪族氨基酸、芳香族氨基酸和杂环族氨基酸3类，其中脂肪族氨基酸最多。

1）脂肪族氨基酸　脂肪族氨基酸共有15种，按照R基结构特点，可进一步分为以下6类。

（1）一氨基一羧基氨基酸：甘氨酸、丙氨酸、缬氨酸、亮氨酸、异亮氨酸（图5-3）。

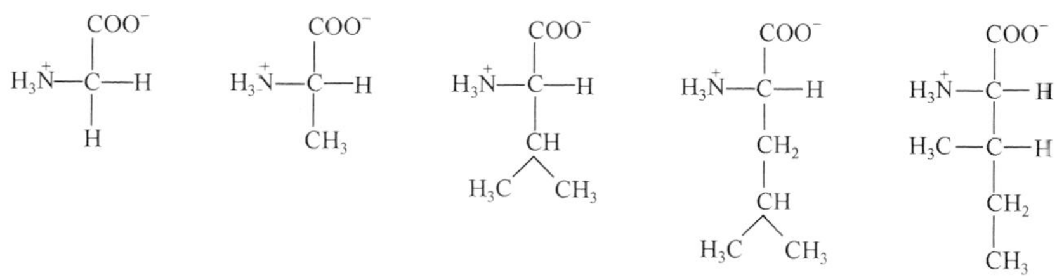

甘氨酸 (Gly,G)　丙氨酸 (Ala,A)　缬氨酸 (Val,V)　亮氨酸 (Leu,L)　异亮氨酸 (Ile,I)

图5-3　一氨基一羧基氨基酸

（2）一氨基二羧基氨基酸：天冬氨酸和谷氨酸（图5-4）。

（3）二氨基一羧基氨基酸：赖氨酸和精氨酸（图5-5）。

（4）含羟基氨基酸：丝氨酸和苏氨酸（图5-6）。

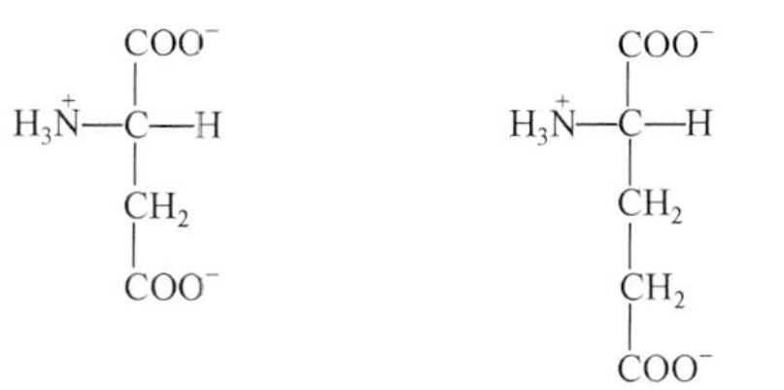

天冬氨酸 (Asp,D)　谷氨酸 (Glu,E)

图5-4　一氨基二羧基氨基酸

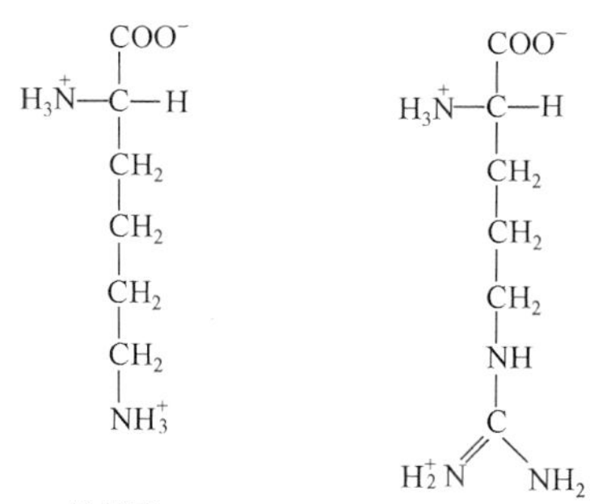

赖氨酸 (Lys,K)　精氨酸 (Arg,R)

图5-5　二氨基一羧基氨基酸

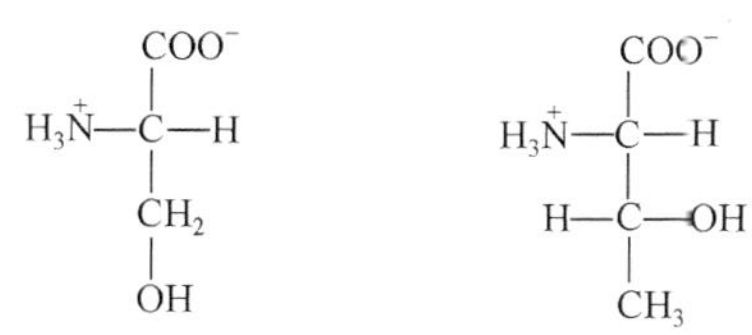

丝氨酸 (Ser,S)　苏氨酸 (Thr,T)

图5-6　含羟基氨基酸

（5）含硫氨基酸：半胱氨酸和甲硫氨酸（图5-7）。

（6）含酰胺基氨基酸：天冬酰胺和谷氨酰胺（图5-8）。

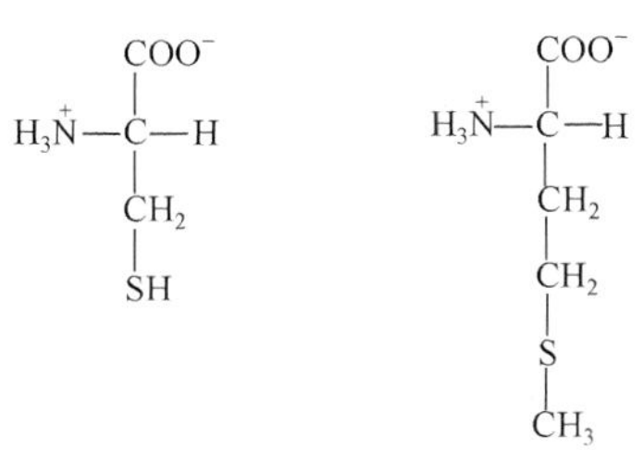

半胱氨酸 (Cys,C)　甲硫氨酸 (Met,M)

图5-7　含硫氨基酸

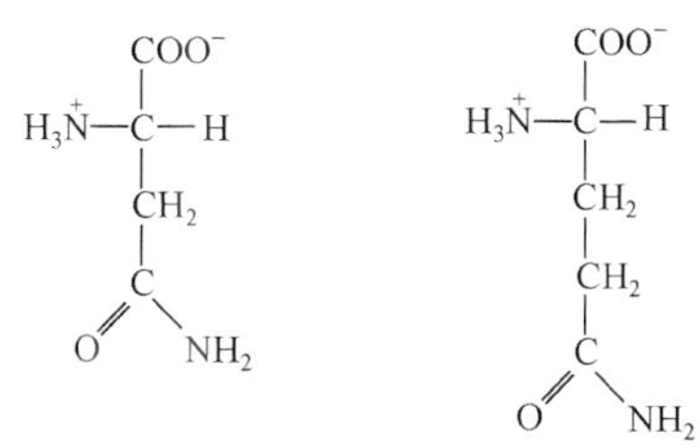

天冬酰胺 (Asn,N)　谷氨酰胺 (Gln,Q)

图5-8　含酰胺基氨基酸

2）芳香族氨基酸　芳香族氨基酸共有3种：苯丙氨酸、色氨酸和酪氨酸（图5-9）。

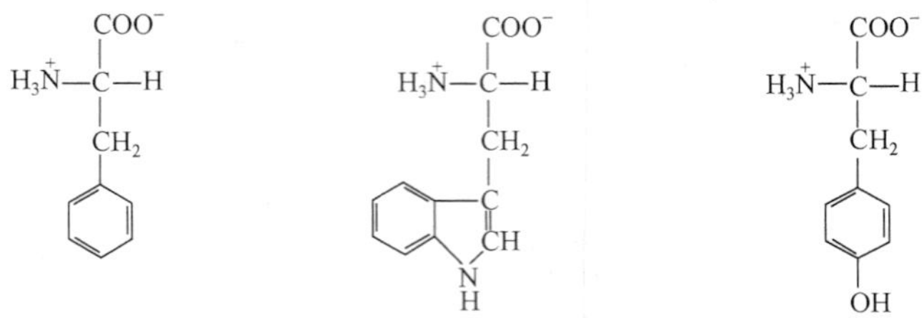

苯丙氨酸 (Phe,F)　色氨酸 (Trp,W)　酪氨酸 (Tyr,Y)

图5-9　芳香族氨基酸

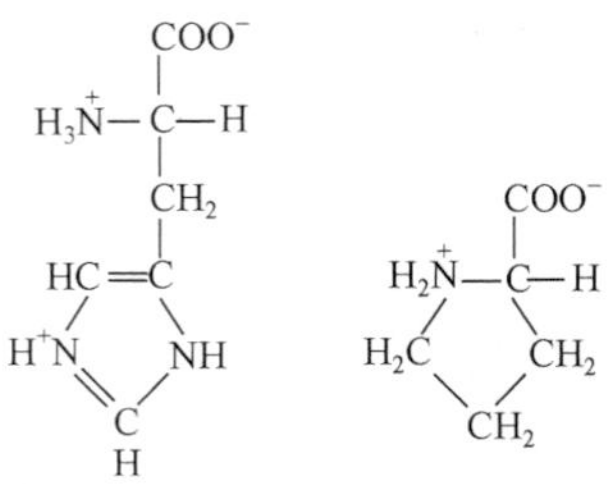

组氨酸 (His,H)　脯氨酸 (Pro,P)

图5-10　杂环族氨基酸

3）杂环族氨基酸　杂环族氨基酸共有2种：组氨酸和脯氨酸（图5-10）。

2. 按照R基的酸碱性　20种常见氨基酸按照R基的酸碱性可分为酸性氨基酸、碱性氨基酸和中性氨基酸3类。其中，中性氨基酸最多。

1）酸性氨基酸　酸性氨基酸共有2种：天冬氨酸和谷氨酸。这2种氨基酸侧链R基都含有羧基。

2）碱性氨基酸　碱性氨基酸共有3种：精氨酸，侧链含有胍基；组氨酸，侧链含有咪唑基；赖氨酸，侧链含有氨基。

3）中性氨基酸　中性氨基酸共有15种：20种常见氨基酸中，除酸性氨基酸和碱性氨基酸以外，其余均为中性氨基酸。这类氨基酸侧链R基中均不含有酸性或碱性基团。

3. 按照R基的极性　20种常见氨基酸按照R基极性可分为非极性R基氨基酸、不带电荷的极性R基氨基酸、带正电荷的R基氨基酸和带负电荷的R基氨基酸4类。

1）非极性R基氨基酸　非极性R基氨基酸共有8种：4种含脂肪烃侧链的氨基酸，即丙氨酸、缬氨酸、亮氨酸和异亮氨酸；2种含有芳香环侧链的氨基酸，即苯丙氨酸和色氨酸；1种含硫氨基酸，即甲硫氨酸；1种亚氨基酸，即脯氨酸。这组氨基酸的侧链R基均为非极性基团或疏水性基团，它们在水中的溶解度比极性R基氨基酸小。其中，以丙氨酸的R基疏水性最小。

2）不带电荷的极性R基氨基酸　不带电荷的极性R基氨基酸共有7种：3种含羟基侧链的氨基酸，即丝氨酸、苏氨酸和酪氨酸；1种含巯基氨基酸，即半胱氨酸；2种含酰胺基氨基酸，即天冬酰胺和谷氨酰胺；1种R基为氢的氨基酸，即甘氨酸。这组氨基酸的侧链中含有不解离的极性基团或亲水性基团，能与水形成氢键。它们比非极性R基氨基酸易溶于水。甘氨酸的侧链介于极性与非极性之间，有时也把它归入非极性类。这一组氨基酸中，半胱氨酸和酪氨酸的R基极性最强。

3）带正电荷的R基氨基酸　带正电荷的R基氨基酸共有3种：赖氨酸、精氨酸和组氨酸。这是一组碱性氨基酸，在pH 7时携带正电荷。因为除α-侧链氨基外，赖氨酸在侧链的ε位置上还有一个—NH_3^+，精氨酸有1个带正电荷的胍基，组氨酸有1个弱碱性的咪唑基。

4）带负电荷的R基氨基酸　带负电荷的R基氨基酸共有2种：天冬氨酸和谷氨酸。这是一组酸性氨基酸，这2个氨基酸都含有2个羧基，且第2个羧基在pH 7左右完全解离，因此分子带负电荷。

二、不常见的蛋白质氨基酸和非蛋白质氨基酸

（一）不常见的蛋白质氨基酸

有些氨基酸虽然不常见，但也是构成蛋白质的组成成分，故称为不常见的蛋白质氨基酸，也称稀有氨基酸。这些氨基酸都由常见氨基酸修饰而来。例如，存在于结缔组织和胶原蛋白中的5-羟赖氨酸和4-羟脯氨酸，它们由相应的氨基酸羟化而来；存在于调节蛋白中的磷酸丝氨酸、磷酸苏氨酸和磷酸酪氨酸，它们由相应的氨基酸磷酸化而来。

（二）非蛋白质氨基酸

除了参与蛋白质组成的 20 种常见氨基酸及少数的稀有氨基酸外，在各种组织和细胞中已发现 200 多种其他氨基酸，它们不参与蛋白质的构成，所以称为非蛋白质氨基酸。这些氨基酸大多数是蛋白质中存在的 *L* 型 α-氨基酸的衍生物，但也有一些是 β-氨基酸、γ-氨基酸或 δ-氨基酸。这些氨基酸中有些是重要的代谢物前体或代谢中间物，如 β-丙氨酸是维生素泛酸的一个成分；γ-氨基丁酸是传递神经冲动的化学介质；肌氨酸是一碳单位代谢的中间物；瓜氨酸和鸟氨酸是合成精氨酸的前体；高半胱氨酸是甲硫氨酸合成的中间产物；高丝氨酸是苏氨酸、天冬氨酸等代谢的中间产物。此外，某些非蛋白质氨基酸呈 *D* 型，如细菌细胞壁肽聚糖中的 *D*-谷氨酸和 *D*-丙氨酸；一种抗生素短杆菌肽 S 中的 *D*-苯丙氨酸。

三、氨基酸的性质

（一）氨基酸的一般物理性质

1．形状　构成蛋白质的 α-氨基酸为无色晶体，但晶体形状各不相同，如甘氨酸为白色单斜晶体；缬氨酸为六角形叶片状晶体；天冬氨酸为菱形叶片状晶体；酪氨酸为丝状针晶体等。氨基酸构型不同，晶体形状也不相同，如 *L*-谷氨酸是四角柱形晶体，而 *D*-谷氨酸是菱片状晶体。因此，氨基酸的晶体形状可以作为其定性的依据。

2．味感　氨基酸具有味感，且其味感与结构和构型有关。一般来说，*D* 型氨基酸多数具有甜味，*L* 型氨基酸具有酸、甜、苦、鲜等 4 种味感。其中，谷氨酸的钠盐具有显著的鲜味，是味精的主要成分（表 5-2）。

表 5-2　19 种氨基酸的部分物理性质

氨基酸	溶解度（25℃）/（g/100g 水）	旋光性			味感		
		比旋光度	浓度/%	溶剂	阈值/（mg/100mL）	*L*-氨基酸	*D*-氨基酸
酪氨酸	0.045	−7.27°	4.00	6.03mol/L HCl	—	微苦	甜
天冬氨酸	0.050	+24.62°	2.00	6.00mol/L HCl	3	酸（弱鲜）	—
谷氨酸	0.840	+31.70°	0.99	1.73mol/L HCl	30（5）	鲜（酸）	—
色氨酸	1.130	−32.15°	2.07	H_2O	90	苦	强甜
苏氨酸	1.590	−28.30°	1.10	H_2O	260	微甜	弱甜
亮氨酸	2.190	+13.91°	9.07	4.50mol/L HCl	380	苦	强甜
苯丙氨酸	2.960	−35.10°	1.93	H_2O	150	微苦	强甜
甲硫氨酸	3.380	+23.40°	5.00	3.00mol/L HCl	30	苦	甜
异亮氨酸	4.120	+40.60°	5.10	6.10mol/L HCl	90	苦	甜
组氨酸	4.290	−39.20°	3.77	H_2O	20	苦	甜
丝氨酸	5.020	+14.50°	9.34	1.00mol/L HCl	150	微甜	强甜
缬氨酸	8.850	+28.80°	3.40	6.00mol/L HCl	150	苦	强甜
丙氨酸	16.510	+14.47°	10.00	5.97mol/L HCl	60	甜	强甜
甘氨酸	24.990	0	—	—	110	甜	甜
脯氨酸	62.300	−85.00°	1.00	H_2O	300	甜	—
精氨酸	易溶	25.58°	1.66	6.00mol/L HCl	10	微苦	弱甜
赖氨酸	易溶	+25.72°	1.64	6.03mol/L HCl	50	苦	弱甜
谷氨酰胺	—	—	—	—	250	弱甜鲜	—
天冬酰胺	—	—	—	—	100	弱苦酸	—

注：阈值为 *L*-氨基酸的数据，谷氨酸和天冬氨酸呈酸味，其钠盐才呈鲜味；“—”表示无数据或性质不稳定

3．溶解度　氨基酸一般都能溶于水、稀酸或稀碱溶液，但不同氨基酸在水中的溶解度差别很大（表 5-2）。氨基酸一般不溶于乙醇、乙醚和氯仿等有机溶剂，故乙醇能将溶液中的氨基酸沉淀析出（脯氨

酸、羟脯氨酸除外)。

4．熔点 氨基酸结晶的熔点一般在 200～300℃，明显高于相应的羧酸或者胺类。但半胱氨酸熔点较低，为 178℃；酪氨酸熔点较高，为 342～344℃。温度高于熔点时，氨基酸分解产生胺和二氧化碳。

5．旋光性 除了甘氨酸外，其余氨基酸均至少含有 1 个手性碳原子（苏氨酸和亮氨酸含有 2 个手性碳原子），因此这些氨基酸都具有旋光性，且不同氨基酸的比旋光度不同（表 5-2）。比旋光度是 α-氨基酸的物理常数，可以利用它对氨基酸进行鉴别和纯度鉴定。

6．光吸收性 参与蛋白质构成的 20 种常见氨基酸在可见光区域均没有光吸收，但在红外区和远紫外区域（λ＜220nm）均有光吸收，且在近紫外区（200～400nm）显示特征性的吸收谱带，原因是色氨酸、酪氨酸和苯丙氨酸分子中侧链 R 基含有苯环共轭 π 键系统。它们的最大吸收波长分别为 279nm、278nm 和 259nm。基于此，蛋白质在波长 280nm 处也会有光吸收，因此可以利用紫外分光光度法测定样品中的蛋白质含量。

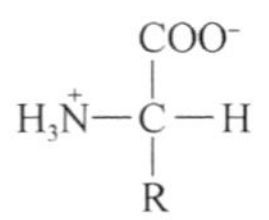

图 5-11 氨基酸的兼性离子形式

（二）氨基酸的酸碱性质

1．氨基酸的兼性离子形式 氨基酸中的—COOH 可以解离释放 H^+，变为—COO^-；氨基酸中的—NH_2 可以结合 H^+，变为—NH_3^+。故氨基酸可以同时带有正、负 2 种电荷的离子形式存在（图 5-11），这种离子形式称兼性离子、两性离子或偶极离子。氨基酸主要以这种形式存在于晶体或水溶液中。

2．氨基酸的两性解离 氨基酸的兼性离子既可以提供质子也可以接受质子，所以属于两性电解质。其两性解离通式如下：

提供质子：

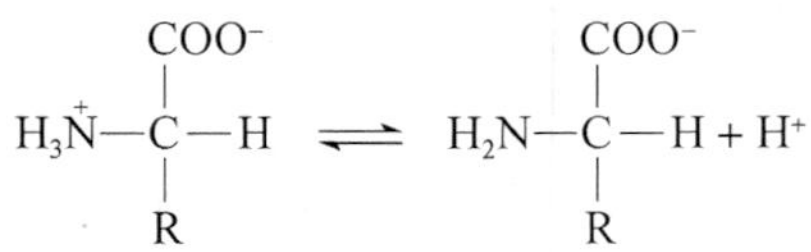

接受质子：

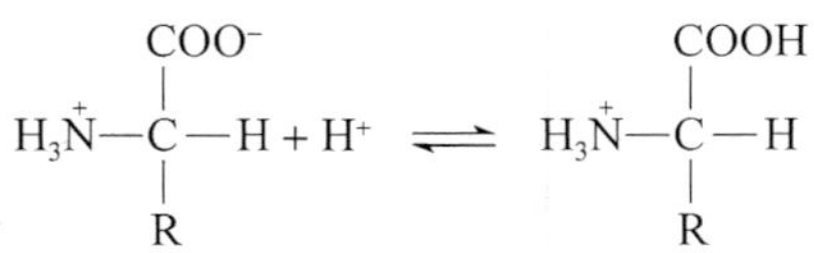

完全质子化的中性氨基酸可以看作是一个二元酸，以甘氨酸为例，其分步解离如下：

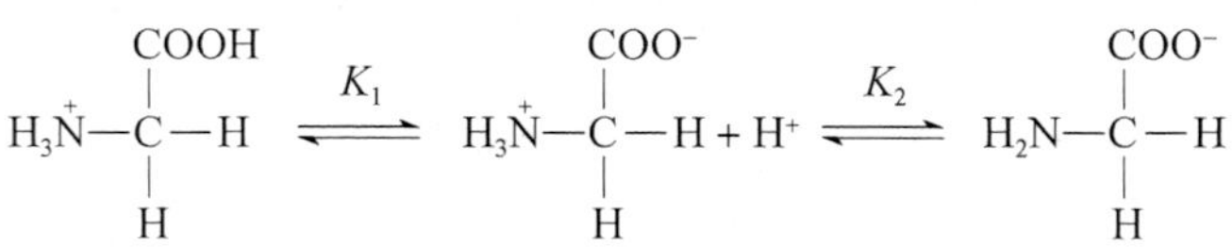

阳离子（A^+） 兼性离子（A^0） 阴离子（A^-）

式中，K_1 和 K_2 分别为氨基酸 α-碳原子上—COOH 和—NH_3^+的解离常数，即

$$K_1=[A^0][H^+]/[A^+] \quad (1)$$

$$K_2=[A^-][H^+]/[A^0] \quad (2)$$

氨基酸的这些解离常数可通过测定滴定曲线的方法求得。以甘氨酸为例，图 5-12 所示为甘氨酸的酸碱滴定曲线，A 段是用标准盐酸滴定得到的曲线，B 段是用标准氢氧化钠滴定得到的曲线。

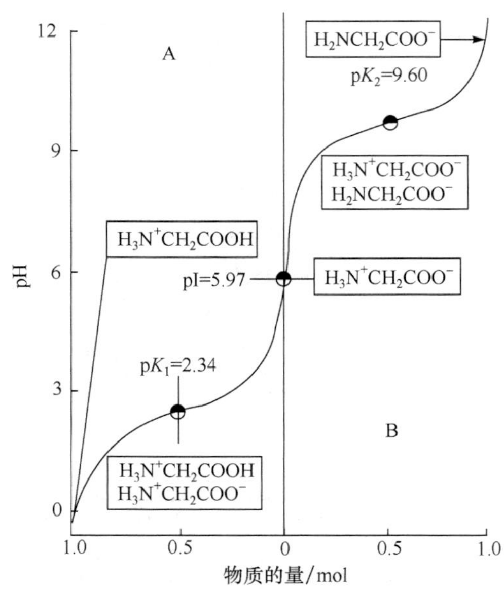

图 5-12 甘氨酸的酸碱滴定曲线

从 A 段可以看出，曲线在 pH 2.34 处有一个拐点。从甘氨酸的解离公式（1）可知，当滴定至甘氨酸分子中质子受体—COO^-被中和半数，也就是甘氨酸的兼性离子有一半变成阳离子时（即 $[A^0]=[A^+]$），$K_1=[H^+]$，两边各取对数

得 pK_1=pH，这就是 A 段曲线拐点的 pH 2.34，即甘氨酸羧基（—COOH）的解离常数为 2.34。

从 B 段可以看出，曲线在 pH 9.60 处有一个拐点。从甘氨酸的解离公式（2）可知，当滴定至甘氨酸分子中质子供体—NH_3^+被中和半数，也就是甘氨酸的兼性离子有一半变成阴离子（即［A^0］=［A^-］）时，K_2=［H^+］，两边各取对数得 pK_2=pH，这就是 B 段曲线拐点的 pH 9.60，即甘氨酸—NH_3^+的解离常数为 9.60。

通过氨基酸的滴定曲线，当已知 pK_1 和 pK_2 等数据时，可用下列 Henderson-Hasselbalch 公式，求出在任一 pH 条件下一种氨基酸溶液中各种离子所占的比例。

$$\mathrm{pH}=\mathrm{p}K_a+\lg\frac{[\text{质子受体}]}{[\text{质子供体}]}$$

3. 氨基酸的等电点　从氨基酸的解离方程和滴定曲线可以看出，氨基酸的带电情况与溶液 pH 有关。如果向氨基酸的水溶液中加酸，则两性离子与质子结合，氨基酸带正电荷；如果向氨基酸水溶液中加碱，则两性离子给出质子，氨基酸带负电荷。当氨基酸水溶液处于某一 pH 时，氨基酸所带正电荷和负电荷相等，即净电荷为零，此时的 pH 称为氨基酸的等电点，以 pI 表示。pI 值应为兼性离子两侧的两个 pK 值的平均值。

以侧链 R 基不解离的中性氨基酸为例，其解离情况如下：

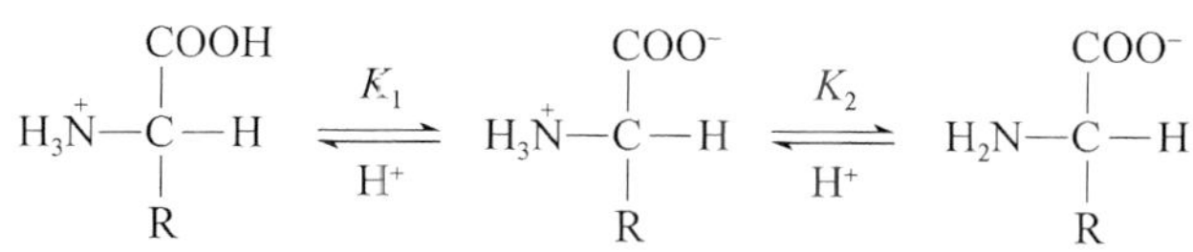

阳离子（A^+）　　兼性离子（A^0）　　阴离子（A^-）

其等电点公式为

$$\mathrm{pI}=\frac{1}{2}(\mathrm{p}K_1+\mathrm{p}K_2)$$

不同氨基酸的 pK 及 pI 值不同（表 5-3），且当氨基酸处于等电点时，由于静电引力的作用，其溶解度最小，容易发生沉淀。利用这一特性可以从各种氨基酸的混合物溶液中分离制取某种氨基酸。

表 5-3　20 种氨基酸的 pK 及 pI 值

氨基酸	pK_1（COOH）	pK_2（NH_3^+）	pK_3（R）	pI
甘氨酸	2.34	9.60		5.97
丙氨酸	2.34	9.69		6.02
缬氨酸	2.32	9.62		5.97
亮氨酸	2.36	9.60		5.89
异亮氨酸	2.36	9.68		6.02
丝氨酸	2.21	9.15		5.68
苏氨酸	2.63	10.43		6.53
天冬氨酸	2.09	3.86（β-COOH）	9.82（NH_3^+）	2.89
天冬酰胺	2.02	8.80		5.41
谷氨酸	2.19	4.25（γ-COOH）	9.67（NH_3^+）	3.22
谷氨酰胺	2.17	9.13		5.65
精氨酸	2.17	9.04（NH_3^+）	12.48（胍基）	10.76
赖氨酸	2.18	8.95（α-NH_3^+）	10.53（ε-NH_3^+）	9.74
组氨酸	1.82	6.00（咪唑基）	9.17（NH_3^+）	7.59
半胱氨酸	1.71	8.33（NH_3^+）	10.78（SH）	5.02
甲硫氨酸	2.28	9.21		5.75
苯丙氨酸	1.83	9.13		6.48
酪氨酸	2.20	9.11（NH_3^+）	10.07（OH）	5.66
色氨酸	2.38	9.39		5.89
脯氨酸	1.19	10.60		6.30

（三）氨基酸的化学反应

1．由α-氨基参与的反应

1）*与亚硝酸反应* 氨基酸的游离 α-氨基（脯氨酸和羟脯氨酸除外）可在室温下与亚硝酸反应，生成羟基酸和氮气。反应通式如下：

$$R{-}CH(NH_2){-}COOH + HNO_2 \longrightarrow R{-}CH(OH){-}COOH + N_2\uparrow + H_2O$$

此反应是范斯莱克法（van Slyke method）测定氨基酸氮的基础。因上述反应中生成的氮气一半来自氨基酸的氨基氮，另一半来自亚硝酸，所以在标准条件下测定生成的氮气的体积，即可计算出氨基酸的量。

2）*酰基化反应* 氨基酸可与酰氯或酸酐等酰基化试剂反应，使氨基的1个或2个氢原子被酰基取代而被酰化。反应通式如下：

$$H_2N{-}C(COOH)(R){-}H + R'X \longrightarrow R'HN{-}C(COOH)(R){-}H + HX$$

式中，R′为酰基；X为卤素（Cl和F）。这类反应在人工合成多肽及蛋白质时用于保护氨基。常用的酰基化试剂包括苄氧甲酰氯、叔丁氧甲酰氯、邻苯二甲酸酐及丹磺酰氯等。

3）*烃基化反应* 氨基酸可与烃基化试剂反应，使氨基的氢原子被烃基取代。较重要的两个烃基化反应如下所述。

一个是在弱碱性溶液中，氨基酸的 α-氨基易与 2,4-二硝基氟苯（2,4-dinitrofluorobenzene，DNFB 或 FDNB）发生亲核芳环取代反应，生成稳定的黄色 2,4-二硝基苯基氨基酸（dinitrophenyl amino acid，DNP-氨基酸）。该反应首先被英国的 Sanger 用来鉴定多肽和蛋白质的 N 端氨基酸。DNFB 试剂又称为 Sanger 试剂。反应通式如下：

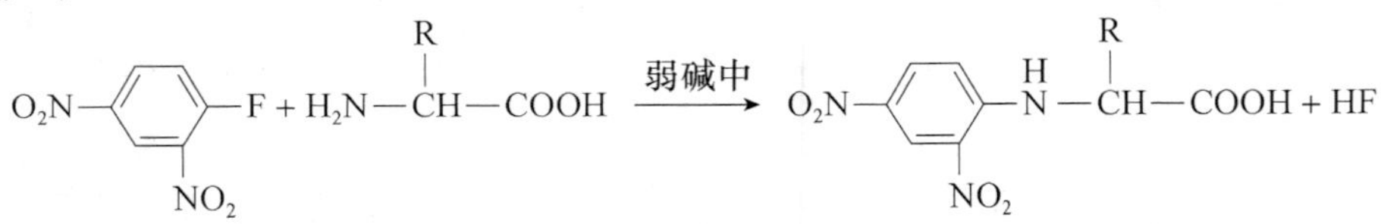

(DNFB) DNP-氨基酸（黄色）

另一个是在弱碱性条件下，氨基酸中的 α-氨基可与异硫氰酸苯酯（phenylisothiocyanate，PITC）反应，生成相应的苯氨基硫甲酰氨基酸（phenylthiocarbamoyl amino acid，PTC-氨基酸），该化合物在硝基甲烷中与酸作用发生环化，生成苯乙内酰硫脲（phenylthiohydantoin，PTH）氨基酸，后者在酸中极稳定。进一步可用层析法对这些无色的衍生物进行分离鉴定。这个反应首先被 Edman 用来鉴定多肽或蛋白质的 N 端氨基酸，故又称 Edman 反应，该反应在多肽和蛋白质的氨基酸序列分析中占有重要地位。反应通式如下：

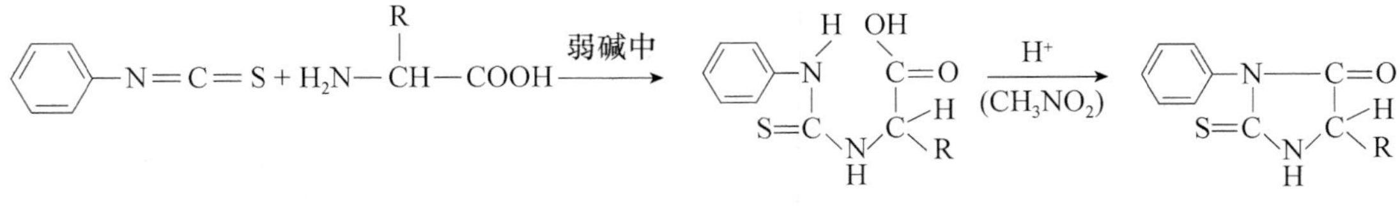

异硫氰酸苯酯　　苯氨基硫甲酰氨基酸（PTC-氨基酸）　　苯乙内酰硫脲氨基酸（PTH-氨基酸）

4）*形成希夫碱反应* 氨基酸的 α-氨基能与醛类化合物反应生成弱碱，即希夫碱（Schiff base），又称西佛碱、席夫碱。反应通式如下：

$$\underset{\text{醛}}{R'(H)C{=}O} + \underset{\text{氨基酸}}{H_2N{-}C(COOH)(R){-}H} \underset{+H_2O}{\overset{-H_2O}{\rightleftharpoons}} \underset{\text{希夫碱}}{R'(H)C{=}N{-}C(COOH)(R){-}H}$$

该反应是引起食品非酶促褐变的反应之一，即食品中的氨基酸与葡萄糖醛基发生羰氨反应，生成希夫碱，进一步转变成有色物质。

5）脱氨基反应　氨基酸在生物体内经酶催化可脱去 α-氨基而转变成 α-酮酸，该反应是生物体内氨基酸分解代谢的重要方式之一。反应通式如下：

$$R-\underset{NH_2}{\underset{|}{CH}}-COOH+\frac{1}{2}O_2 \xrightarrow{\text{酶}} R-\overset{O}{\overset{\|}{C}}-COOH+NH_3$$

6）成盐反应　氨基酸的氨基与 HCl 作用产生氨基酸盐化合物。用 HCl 水解蛋白质制得的氨基酸就是氨基酸盐酸盐，反应通式如下：

$$R-\underset{NH_2}{\underset{|}{CH}}-COOH+HCl \longrightarrow R-\underset{NH_3^+\cdot Cl^-}{\underset{|}{CH}}-COOH$$

氨基酸盐酸盐

7）与甲醛反应　氨基酸的氨基可与甲醛反应生成—$NHCH_2OH$、—N（CH_2OH）$_2$ 等羟甲基衍生物，该反应是甲醛滴定法测定氨基酸含量的基础反应。反应通式如下：

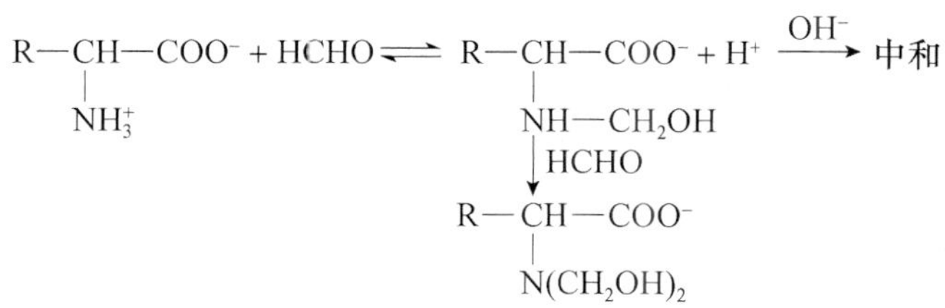

虽然氨基酸分子在溶液中是两性离子，但它不能直接用酸、碱滴定进行定量测定。原因是氨基酸在酸、碱滴定终点时 pH 过高（12～13）或过低（1～2），超出酸碱滴定指示剂的显色范围。而氨基酸的氨基与甲醛的反应，降低了氨基的碱性，相对促进了氨基酸—NH_3^+的酸性解离，释放出 H^+，使反应的终点 pH 从 12～13 下降至 9 附近，故可以用酚酞作指示剂，用标准 NaOH 溶液加以滴定。由滴定所消耗的碱量可以计算出氨基，即氨基酸的含量，这就是氨基酸的甲醛滴定法。

2．由 α-羧基参与的反应

1）成盐反应　氨基酸的 α-羧基与碱作用生成盐，如谷氨酸与氢氧化钠反应生成谷氨酸钠。反应式如下：

$$HOOC-CH_2-CH_2-\underset{NH_2}{\underset{|}{CH}}-COOH+NaOH \longrightarrow HOOC-CH_2-CH_2-\underset{NH_2}{\underset{|}{CH}}-COONa+H_2O$$

谷氨酸　　　　谷氨酸单钠盐（味精）

2）成酯反应　氨基酸的羧基与醇作用生成相应的酯，如在干燥氯化氢气体存在下，氨基酸可与乙醇作用生成氨基酸乙酯。反应通式如下：

$$R-\underset{NH_2}{\underset{|}{CH}}-COOH+C_2H_5OH \xrightarrow{HCl\text{（气）}} R-\underset{NH_2}{\underset{|}{CH}}-COOC_2H_5+H_2O$$

乙醇　　　氨基酸乙酯

氨基酸羧基被酯化后，可增强其氨基的化学活性，使氨基更易发生酰化反应。故该反应常被用于人工合成蛋白质和多肽过程中的氨基酸活化。

3）成酰氯反应　当氨基酸的氨基用适当的保护基团保护后，其羧基可与五氯化磷或二氯亚砜等作用生成相应的酰氯。反应式如下：

$$R-\underset{HN-R'}{\underset{|}{CH}}-COOH+PCl_5 \longrightarrow R-\underset{HN-R'}{\underset{|}{CH}}-COCl+POCl_3+HCl$$

R′为氨基保护基团

氨基酸生成相应的酰氯后，可以使羧基活化，容易与另一个氨基酸的氨基之间形成肽键，因此该反应在人工合成多肽过程中经常使用。

4）*脱羧基反应*　氨基酸在生物体内经酶催化脱去羧基，生成二氧化碳和相应的胺。反应通式如下：

$$R-\underset{}{CH}(COOH)-NH_2 \xrightarrow{\text{脱羧酶}} R-CH_2-NH_2 + CO_2$$

5）*叠氮反应*　氨基酸的氨基通过酰化加以保护，羧基经酯化生成相应的酯，然后与肼和亚硝酸反应，即生成叠氮化合物。反应通式如下：

$$\underset{\text{氨基酸}}{H_2N-CH(R)-COOH} \longrightarrow \underset{\text{酰化氨基酸}}{YHN-CH(R)-COOH} \longrightarrow \underset{\text{酰化氨基酸甲酯}}{YHN-CH(R)-COOCH_3}$$

$$\xrightarrow[(-CH_3OH)]{NH_2NH_2} \underset{\text{酰化氨基酸的肼衍生物}}{YHN-CH(R)-CO-NH-NH_2} \xrightarrow{HNO_2} \underset{\text{酰化氨基酸叠氮}}{YHN-CH(R)-CON_3} + 2H_2O$$

此反应能使氨基酸中的羧基活化，在人工合成肽的过程中也比较常用。

3. 由α-氨基和α-羧基共同参与的反应

1）*与茚三酮反应*　α-氨基与茚三酮在弱酸性且加热条件下，发生氧化脱氨、脱羧，生成相应的醛、氨和二氧化碳，同时茚三酮被还原成还原茚三酮。还原茚三酮、氨和茚三酮共同作用生成一种蓝紫色的物质。反应通式如下：

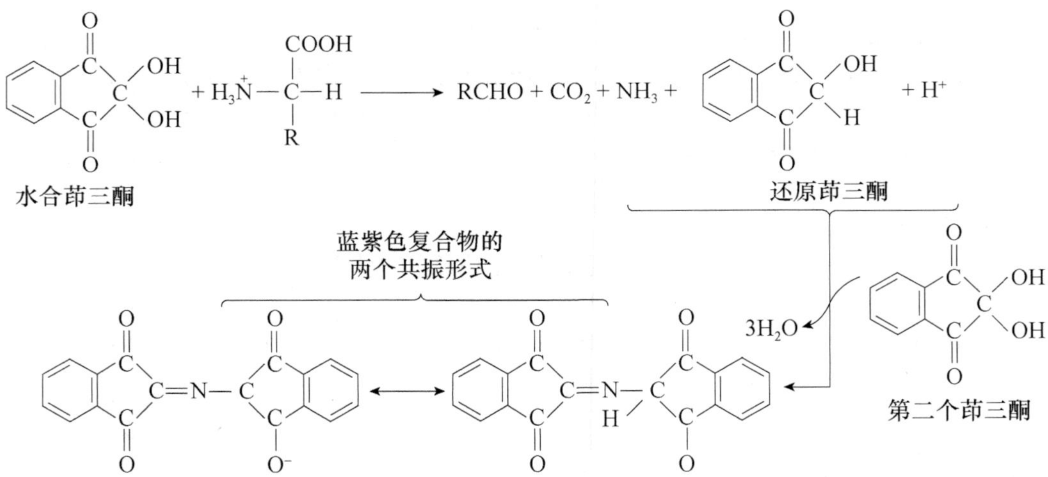

上述反应非常灵敏，只需几微克的氨基酸就能与茚三酮显色。生成的蓝紫色物质在570nm波长下有最大光吸收，且在0.5～50μg/mL范围内，氨基酸的含量与吸光度成正比，故该反应常被用于氨基酸的定性、定量分析。此外，采用纸层析、离子交换层析及电泳等技术分离氨基酸时，也常用茚三酮作显色剂，定性、定量分析氨基酸。因此，此反应在氨基酸的分析化学中具有特殊意义。

值得注意的是脯氨酸和羟脯氨酸与茚三酮反应不释放氨气，而直接生成一种黄色化合物。

2）*成肽反应*　一个氨基酸的氨基和另一个氨基酸的羧基脱水缩合而成的化合物叫肽，形成的键称肽键，又称为酰胺键。反应通式如下：

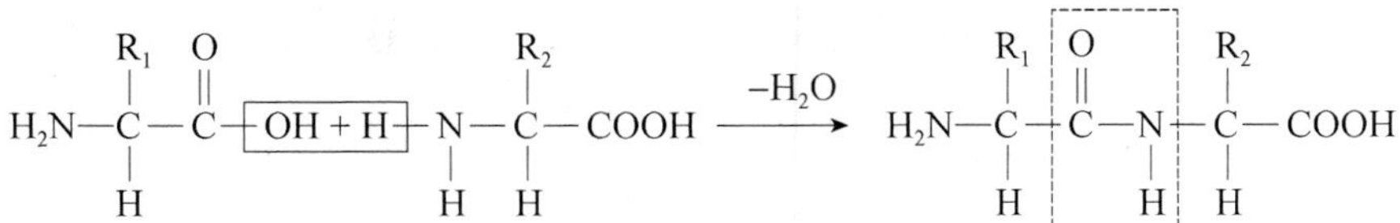

肽键

4．由侧链 R 基参与的反应　氨基酸侧链 R 基中的许多官能团，如半胱氨酸的巯基、丝氨酸和苏氨酸的羟基、酪氨酸的酚羟基、色氨酸的吲哚基、组氨酸的咪唑基、精氨酸的胍基等也能发生多种化学反应。以下仅介绍几种常见的反应。

1）*巯基参与的反应*　巯基还原性强，可与苄氯、碘乙酰胺等结合，生成烷基化衍生物，使巯基得到保护而不被破坏，此反应在人工合成肽过程中常用到。反应式如下：

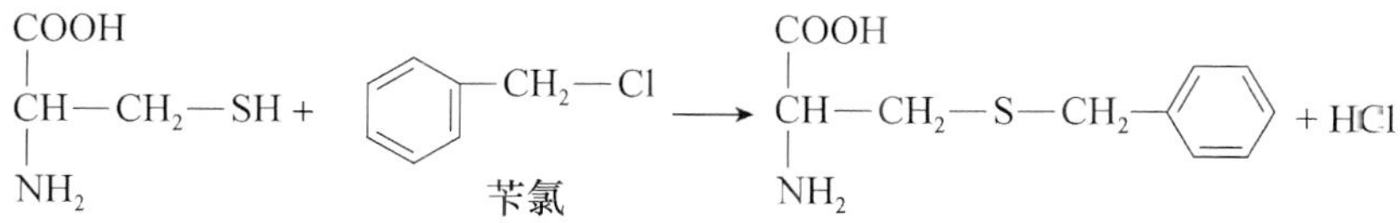

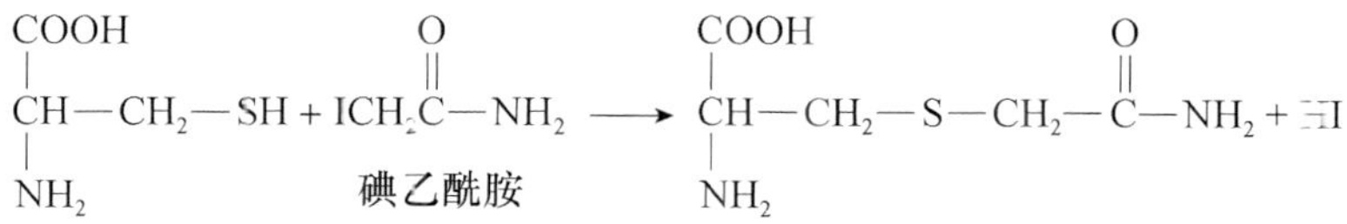

2 个—SH 通过氧化可失去 2 个氢原子而形成—S—S—，被称为二硫键，如 2 个半胱氨酸通过氧化而形成胱氨酸。反应式如下：

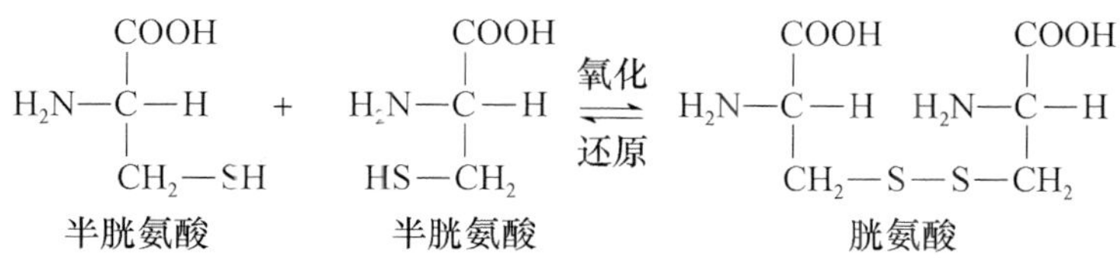

此反应可逆，在 β-巯基乙醇、二硫苏糖醇等作用下，胱氨酸的二硫键可以打开，重新生成 2 个半胱氨酸。

2）*羟基参与的反应*　羟基可与酸生成酯，如丝氨酸或苏氨酸中的羟基可与乙酸、磷酸反应，生成相应的酯；也可与磷蛋白中的磷酸缩合，生成磷酸酯。

部分氨基酸特殊侧链基团参与的反应及用途见表 5-4。

表 5-4　部分氨基酸特殊侧链基团参与的反应及用途（引自张洪渊，2014）

R 基名称	化学反应	用途及重要性
苯环	黄色反应：与 HNO_3 作用产生黄色物质	用于鉴定苯丙氨酸和酪氨酸，进行蛋白质定性试验
酚基	米伦反应（Millon 反应）：与 $HgNO_3$、$Hg(NO_3)_2$ 和 HNO_3 反应呈红色 酚试剂反应（Folin-Ciocalteu 反应）：酚基可还原磷钼酸、磷钨酸成蓝色物质	用于鉴定酪氨酸，进行蛋白质定性定量测定
吲哚基	乙醛酸反应：与乙醛酸或二甲基氨甲醛（Ehrlich 试剂）反应，生成紫红色化合物；还原磷钼酸、磷钨酸成钼蓝、钨蓝	用于鉴定色氨酸，进行蛋白质定性试验
胍基	坂口反应（Sakaguchi 反应）：在碱性溶液中胍基与含有 α-萘酚及次氯酸钠的物质反应生成红色物质	用于精氨酸的测定
咪唑基	波利反应（Pauly 反应）：与重氮盐化合物结合生成棕红色物质	用于组氨酸及酪氨酸的测定
巯基	亚硝基亚铁氰酸钠反应：在稀氨溶液中与亚硝基亚铁氰酸钠反应生成红色化合物	用于半胱氨酸及胱氨酸的测定
羟基	与乙酸或磷酸作用生成酯	保护丝氨酸及苏氨酸的羟基，用于蛋白质的合成

第三节　肽

一、肽的结构

肽（peptide）是 2 个或 2 个以上氨基酸通过肽键连接而成的链状化合物，也称肽链。肽键是一个氨基酸的氨基与另一个氨基酸的羧基脱去1分子水而缩合形成的酰胺键。肽链的主链上的重复结构称为肽单位，即—C_α—CO—NH—。各种肽的主链结构都一样，但侧链R基的序列不同。具体如下：

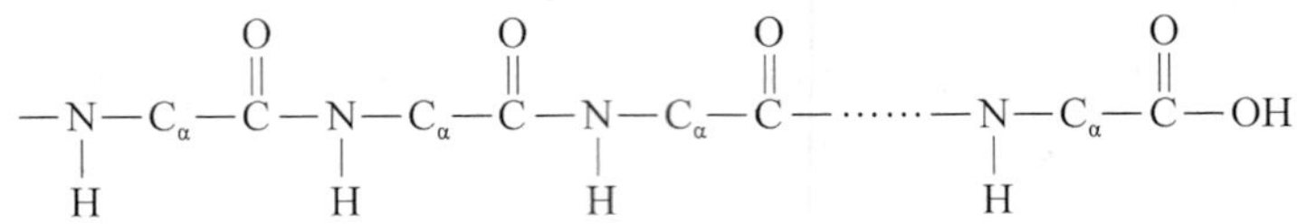

肽链主链

肽单位具有以下几个特征。

第一，由于酰胺氮上的孤对电子与相邻羰基之间的共振作用，肽键具有部分双键的性质，不能沿C—N轴自由旋转。且肽键的C—N键长为0.132nm，介于普通C—N单键（0.149nm）和C＝N双键（0.127nm）之间。

第二，—CO—NH—和与之相连的2个α-碳原子处于同一个平面内，此平面为刚性平面结构，称为肽平面或酰胺平面（图5-13）。肽平面内各原子所构成的键的键长和键角固定不变。

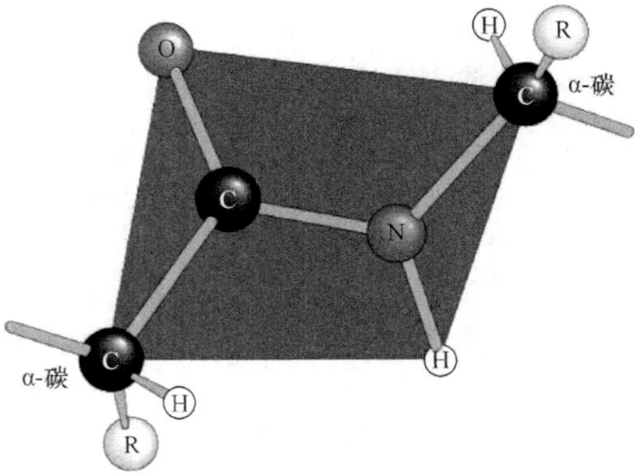

图5-13 肽平面

第三，大多数肽单位为反式构象，即羰基氧和氨基氢位于肽键两侧，这种构象有利于结构的稳定。

肽链中的每个氨基酸都参与肽键的形成，因而都不是原来完整的分子，故称为氨基酸残基。肽链的两端分别保留有游离的α-氨基和α-羧基，故这两端分别称为氨基端（N端）和羧基端（C端）。书写时，习惯将N端作为起始端，C端作为结尾端，即从左至右为从N端到C端。肽链命名可用某氨基酰某氨基酰……某氨基酸表示，也可用中文单字、英文三字母或英文单字母形式表示。例如，某肽链由半胱氨酸、甘氨酸、酪氨酸、丙氨酸和缬氨酸5个氨基酸组成，应命名为半胱氨酰甘氨酰酪氨酰丙氨酰缬氨酸，也可简写为半胱-甘-酪-丙-缬；Cys-Gly-Tyr-Ala-Val；CGYAV。

由2个氨基酸残基组成的肽称为二肽，由3个氨基酸残基组成的肽称为三肽……一般把含有几个至十几个氨基酸残基的肽链称为寡肽（oligopeptide），更长的肽链称为多肽（polypeptide）。

二、肽的性质

许多短肽在水溶液中以偶极离子形式存在。与氨基酸一样，肽也有游离α-NH_2端、游离α-COOH端及可解离的侧链R基，所以它们同样具有酸碱性质。但与游离氨基酸相比，肽链末端的游离氨基和游离羧基之间的距离较远，它们之间的静电引力较弱，所以其可离子化程度较低，肽链N端的α-氨基的pK值减小，C端的α-羧基的pK值增大，侧链R基的pK值变化不大。

每种肽都有等电点。其中小肽的计算方法与氨基酸相同，但复杂的多肽只能使用等电聚焦等手段进行测定。

肽的游离α-NH_2、α-COOH及侧链R基也可以发生与氨基酸中相应基团类似的化学反应。此外，肽还可发生一些特殊反应，如双缩脲反应。

三、生物活性肽

以游离形式存在于生物体内，且具有特殊生物学功能的小肽被称为生物活性肽。这类肽在生物体的生长发育、细胞分化、免疫防御、生殖控制、肿瘤病变及延缓衰老等方面均发挥重要作用。

（一）谷胱甘肽

还原型谷胱甘肽（glutathione，GSH）是谷氨酸、半胱氨酸和甘氨酸构成的三肽，结构式如下：

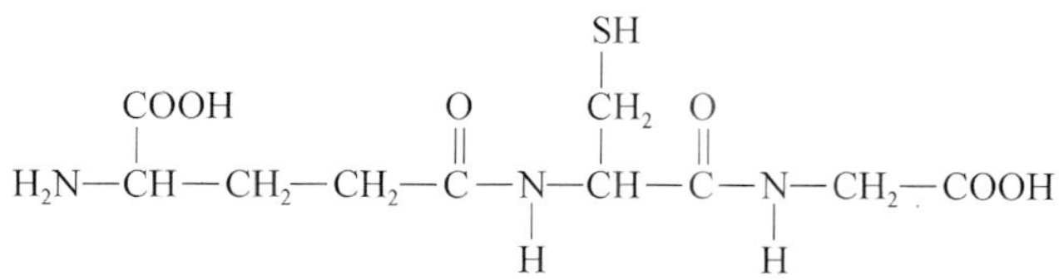

谷胱甘肽

还原型谷胱甘肽广泛存在于生物细胞中，红细胞中含量丰富。因其侧链中含有一个活泼的巯基，很容易被氧化生成氧化型谷胱甘肽（GSSG），所以它是生物体内的重要的抗氧化剂，可以保护体内蛋白质或者酶分子中巯基不被氧化，使蛋白质或酶处于活性状态。

（二）脑啡肽

脑啡肽是 1975 年英国 J. Hughes 等从猪脑组织中分离出来的一类活性肽，为五肽，它具有比吗啡更强的镇痛作用。有以下 2 种：

Tyr-Gly-Gly-Phe-Met 甲硫氨酸脑啡肽

Tyr-Gly-Gly-Phe-Leu 亮氨酸脑啡肽

（三）肽类激素

生物体内的很多激素属于肽类，如催产素具有收缩子宫和乳腺，促进排乳和催产作用，为九肽，结构如下：

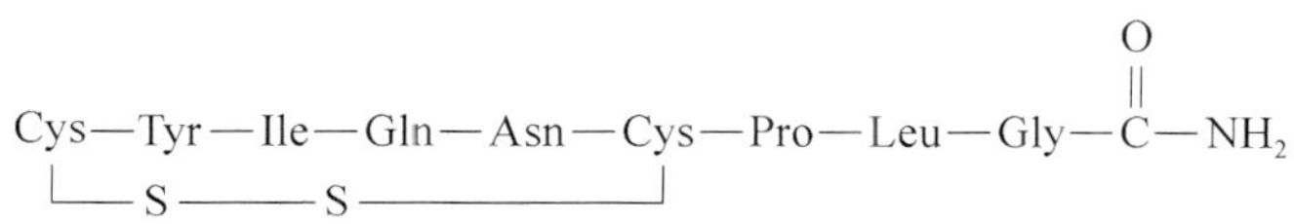

再如血管升压素具有促进血管平滑肌收缩，升高血压并减少排尿的作用。它也是九肽，结构与催产素相似，差别在于它的第 3 位氨基酸是苯丙氨酸，第 8 位氨基酸是精氨酸。

（四）抗菌肽

抗菌肽是由特定微生物产生的，能抑制细菌和其他微生物生长和繁殖的肽或肽的衍生物。这类肽中经常存在一些特殊氨基酸，或者存在一些异常的酰胺结合方式，如短杆菌肽 S、多菌素 E 和放线菌素等。

第四节　蛋白质的分子结构

蛋白质是生物大分子，可由一条或多条肽链构成。不同肽链的长度不同，肽链中氨基酸的组成和排列顺序也不相同，所以蛋白质分子的结构和功能也各不相同。为了研究方便，20 世纪 50 年代，丹麦科学家建议将蛋白质的结构分为不同的结构层次，即一级结构、二级结构、三级结构和四级结构。一级结构是指蛋白质的共价结构，也称为初级结构。二级、三级和四级结构是指蛋白质分子中的所有原子在三维空间中的排布，称为空间结构，也称为构象、立体结构、三维结构及高级结构。

一、蛋白质的共价结构

（一）一级结构的概念

蛋白质的一级结构指蛋白质多肽链中氨基酸残基的排列顺序，又称氨基酸序列。维持一级结构的化学键是肽键，为共价键，所以一级结构又称为共价结构。一级结构的书写方式与肽链的书写方式一样。

过去曾将蛋白质的一级结构等同于它的化学结构。蛋白质的化学结构包括多肽链数目、每条肽链中氨基酸数目、种类及排列顺序、链间或链内键的位置。直到 1969 年，国际纯粹与应用化学联合会（IUPAC）才规定蛋白质的一级结构特指多肽链中氨基酸残基的排列顺序。

（二）一级结构的测定

氨基酸序列测定的开拓者是英国著名的生物化学家 Sanger，他于 1953 年首次阐明了牛胰岛素的全部氨基酸序列，从而揭开蛋白质一级结构研究的序幕，他也因此获得了 1958 年的诺贝尔化学奖。

蛋白质分子一级结构的测定包括肽链数目的确定及拆分、氨基酸组成的测定、肽链 N 端和 C 端分析、肽链的部分水解和肽段分离、各肽段氨基酸序列的测定、氨基酸完整顺序的拼接及肽链中二硫键的确定等步骤。

1. 肽链数目的确定及拆分 蛋白质可由一条或多条肽链组成，因此在测定其一级结构之前，先要确定组成该蛋白质的肽链数目。根据蛋白质 N 端或 C 端残基的物质的量和蛋白质分子物质的量的关系，可以确定蛋白质分子中的肽链数目。如果蛋白质分子的物质的量与末端残基的物质的量相等，则蛋白质分子只含一条肽链。如果蛋白质分子的物质的量与末端残基的物质的量不相等，且后者是前者的倍数，则说明蛋白质分子含多条肽链。另外也可在已知蛋白质相对分子质量的情况下，采用一些拆分肽链的手段处理蛋白质。如果处理后蛋白质的相对分子质量没有改变，则说明该蛋白质由一条肽链构成。如果处理后蛋白质的相对分子质量发生改变，则说明该蛋白质由多条肽链构成。

对于含多条肽链的蛋白质，在氨基酸序列分析前，必须先将肽链拆分开。如果蛋白质的肽链间借助非共价键缔合，则可加酸或加碱改变溶液的 pH，将肽链分开；也可以使用变性剂，如 8mol/L 尿素、6mol/L 盐酸胍或高浓度盐，使肽链拆开。如果蛋白质的肽链间是通过共价键（如二硫键）缔合在一起，则常采用过甲酸氧化法或 β-巯基乙醇、二硫苏糖醇还原法断裂二硫键。

2. 氨基酸组成的测定 确定蛋白质的肽链数目后，需要将肽链分离、纯化，然后进行完全水解，测定氨基酸的种类及每种氨基酸的数量，了解氨基酸的构成情况。目前较常用的是先将蛋白质进行酸水解，然后用氨基酸自动分析仪进行测定。

3. 肽链 N 端和 C 端分析 肽链进行末端残基的鉴定，以便建立两个重要的氨基酸序列参考点。

1）N 端分析

（1）二硝基氟苯法（DNFB 法或 Sanger 法）。肽链末端的 α-NH_2 可与二硝基氟苯（DNFB）反应，生成二硝基苯衍生物，即 DNP-多肽。新生成的 DNP-多肽中苯核与氨基之间的键比肽键稳定，不易被酸水解。因此，DNP-多肽经酸水解后，只有 N 端氨基酸为黄色的 DNP-氨基酸，其余都是游离氨基酸。用乙醚抽提 DNP-氨基酸，然后用纸色谱、薄层色谱或高效液相色谱进行分离鉴定，便可知肽链的 N 端是何种氨基酸。

（2）异硫氰酸苯酯法（Edman 降解法）。肽链末端的 α-NH_2 能与异硫氰酸苯酯（PITC）作用，生成苯氨基硫甲酰衍生物（PTC-多肽）。在温和酸性条件下，末端氨基酸环化并释放出来，即苯乙内酰硫脲氨基酸（PTH-氨基酸），剩下一条完整的、缺少一个氨基酸残基的肽链（反应过程见“氨基酸的化学反应”部分）。PTH-氨基酸用乙酸乙酯抽提后，可用纸色谱或薄层色谱鉴定。氨基酸序列自动分析仪就是基于此原理设计的。

（3）丹黄酰氯法（DNS 法）。该法的原理与 DNFB 法的原理相同，只是用丹黄酰氯（DNS）代替了 DNFB，生成丹黄酰氨基酸（DNS-氨基酸）。且 DNS-氨基酸不需要抽提，可直接用纸电泳或者薄层层析鉴定。

（4）氨肽酶法。氨肽酶是一类肽链外切酶，它们能从多肽链的 N 端逐个向内切。根据不同的反应时间，测出酶水解所释放的氨基酸种类和数量，按反应时间和残基释放量绘制动力学曲线，就能知道该蛋白质的 N 端残基顺序。

2）C 端分析

（1）肼解法。肼解法是测定 C 端最常用的方法。将肽链与肼在无水条件下加热，所有肽键断裂，除 C 端氨基酸以游离氨基酸形式存在以外，其他氨基酸均转变成相应的氨基酸酰肼化物。肼解下来的氨基酸可借助 DNFB 法或 DNS 法及色谱技术进行鉴定。肼解法的反应如下：

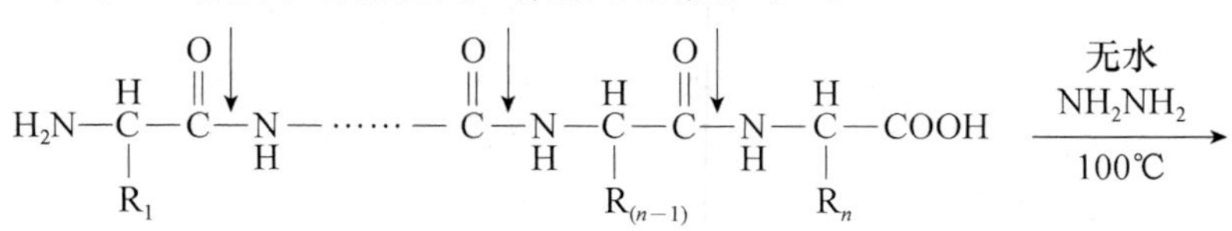

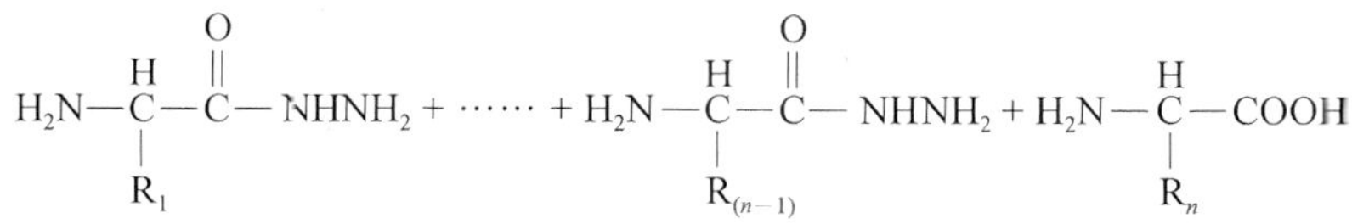

$(n-1)$ 个氨基酸酰肼　　　　C端氨基酸

（2）羧肽酶法。羧肽酶是一类肽链外切酶，它专一地从肽链的C端开始逐个降解氨基酸残基，释放出游离氨基酸。被释放的氨基酸数目与种类随反应时间而变化。根据释放的氨基酸量（物质的量）与反应时间的关系，便可以知道该肽链的C端氨基酸序列。

4. 肽链的部分水解和肽段分离　目前最常用的Edman降解法一次只能连续降解几十个氨基酸残基，而天然蛋白质分子至少含有100个残基，因此必须先将蛋白质裂解成小肽，通过凝胶过滤、凝胶电泳及高效液相色谱等方法对这些小肽进行分离纯化，然后测定小肽的氨基酸序列。为了便于后续氨基酸完整顺序的拼接，需要采用2种或2种以上的方法进行肽链裂解。目前蛋白质的裂解方法主要有酶裂解法和化学裂解法2类。

1）*酶裂解法*　酶裂解法所使用的蛋白酶一般具有专一性，可通过水解特定氨基酸所形成的肽键，将肽链断裂成若干片段。常用的蛋白酶有胰蛋白酶、胰凝乳蛋白酶（糜蛋白酶）、嗜热菌蛋白酶及胃蛋白酶等。

胰蛋白酶：该酶最为常用，只作用于肽链中赖氨酸或精氨酸的羧基端肽键。

胰凝乳蛋白酶：主要作用于苯丙氨酸、酪氨酸和色氨酸的羧基端肽键，也可作用于亮氨酸、甲硫氨酸等一些有大的非极性侧链氨基酸的羧基端肽键。

嗜热菌蛋白酶：专一性差，可作用于亮氨酸、异亮氨酸、苯丙氨酸、色氨酸、酪氨酸、缬氨酸及甲硫氨酸等疏水性强的氨基酸的羧基端肽键。

胃蛋白酶：专一性与胰凝乳蛋白酶相似，主要作用于苯丙氨酸、酪氨酸、色氨酸及亮氨酸等疏水氨基酸的羧基端肽键。

2）*化学裂解法*　化学裂解法包括溴化氰法、部分酸水解法及羟胺法等。其中，溴化氰法较为理想。此法专一性强，能专一性地切断肽链中甲硫氨酸羧基端的肽键。由于蛋白质中甲硫氨酸含量较少，故该法在肽链上的切点少，可获得较大的片段。

5. 各肽段氨基酸序列的测定　各肽段的氨基酸序列分析方法包括Edman降解法、酶解法、质谱法及气相色谱-质谱联用法等，其中最常使用的是Edman降解法。

Edman降解法最初用于N端氨基酸残基的测定。Edman试剂与N端氨基酸残基的α-氨基经过偶联、环化断裂和转化反应后，N端氨基酸脱落，生成PTH-氨基酸。通过层析等方法鉴定PTH-氨基酸的种类，就可以确定肽链中对应位置的氨基酸。重复以上步骤，通过 n 轮反应，就可确定肽段中 n 个氨基酸残基的排列顺序。

6. 氨基酸完整顺序的拼接　同一肽链进行两种不同形式的裂解，可得到两套肽段。分别确定每套肽段的氨基酸顺序后，利用肽段重叠法进行对照推断，即可确定整条肽链的氨基酸顺序。例如，某一肽链通过末端分析得到：N端残基为I，C端残基为L。用胰蛋白酶水解得到第一套肽段，测定出氨基酸顺序分别为ISRMTYAGK EAL CAFR DALK。用胰凝乳蛋白酶水解得到第二套肽段，测定出氨基酸顺序分别为TY REAL AGKDAL ISRM KCAF。利用两套肽段的氨基酸顺序彼此之间的重叠关系，得

第一套肽段：N端　ISRMTYAGK DALK CAFR EAL　C端

第二套肽段：N端　ISRM TY AGKDAL KCAF REAL　C端

推出完整肽链顺序：ISRMTYAGKDALKCAFREAL

7. 肽链中二硫键的确定　一般用胃蛋白酶水解肽链，然后将得到的一套肽段进行对角线电泳。首先将样品点样到滤纸中央的电泳原点，在第一个方向上进行电泳，肽段按其所带电荷和分子大小分离开。然后将滤纸放在发烟甲酸蒸气中熏，二硫键被氧化和拆开。将滤纸旋转90°，在相同条件下进行第二个方向上的电泳。对于大多数不含二硫键的肽段来说，迁移率不变，且位于滤纸的一条对角线上；而含二硫键的肽段，迁移率发生改变，位置偏离对角线。将这些肽段提取出来，进行氨基酸顺序分析，与已经测定的多肽链氨基酸顺序相比较，即可推断出二硫键的位置。

二、蛋白质的空间结构

（一）维持蛋白质空间结构的作用力

维持蛋白质空间结构的化学键主要是氢键、范德瓦耳斯力、疏水键和盐键（离子键）等非共价键（次级键）。此外，二硫键在稳定蛋白质的构象方面也起重要作用。

1. 氢键 氢键本质上是一种静电引力。当氢原子与电负性强的原子形成共价键时，共用电子对偏向电负性强的原子，使氢原子核在外侧裸露，氢原子显正电性。当有另一个电负性强的原子靠近时，产生正负电荷间的静电引力，这就是氢键，表示为

$$X—H\cdots Y$$

式中，X、Y 都是电负性强的原子（F、O、N、S 等）；“—”表示共价键；“…”表示氢键。X—H 在氢键形成中作为供氢体，而 Y 作为受氢体。

氢键在稳定蛋白质结构中起着极其重要的作用。肽链上的羰基氧和酰胺氢之间、主链与侧链之间、侧链与侧链之间、主链与水之间及侧链与水之间均可形成氢键，其中羰基氧和酰胺氢之间形成的氢键是维持蛋白质二级结构的主要作用力。

2. 范德瓦耳斯力 范德瓦耳斯力实质上也是静电引力，它存在于极性基团之间、极性基团和非极性基团之间及非极性基团之间。范德瓦耳斯力虽然很弱，但其分布广泛，数量巨大且具有加和性，所以是维持蛋白质三级和四级结构不可忽视的一种作用力。

3. 疏水键 疏水键是指疏水基团或者疏水分子在水溶液中为了避开水相而互相聚集在一起形成的作用力。蛋白质分子中的疏水基团主要由疏水氨基酸残基提供，它们聚集在一起会在蛋白质分子内部形成疏水核心，在稳定蛋白质三级结构方面占据突出地位。

4. 盐键 盐键又称离子键，是带相反电荷的基团之间的静电引力。在生理 pH 下，蛋白质中的酸性氨基酸残基可带负电荷，碱性氨基酸残基可带正电荷。多数情况下，这些带电荷基团分布在蛋白质分子表面，与水分子发生相互作用，形成水化层，起到稳定蛋白质构象的作用。但有时少数带相反电荷的基团也会出现在蛋白质分子内部，形成盐键。

5. 二硫键 二硫键是很强的共价键。它主要在肽链形成特定的空间结构后，由肽链内或肽链间的两个半胱氨酸残基的巯基氧化而成。二硫键不指导肽链的折叠，但它对蛋白质构象的稳定有重要作用。

（二）蛋白质分子的二级结构

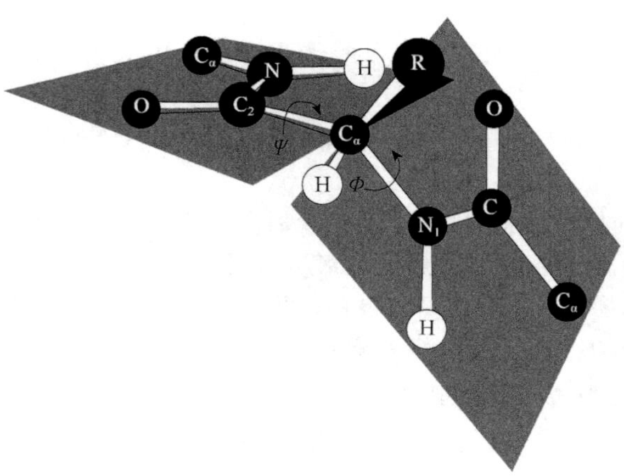

图 5-14 二面角构象图

视频 二面角

1. 肽平面与二面角 肽链主链结构实际上由一个个肽平面组成，且各平面之间通过 $C_α$ 连接。在肽链折叠为高级结构时，肽平面的 6 个原子始终保持在一个平面上。与 $C_α$ 相连的 2 个化学键（$N_1—C_α$ 和 $C_2—C_α$）是典型的单键，可以绕键轴旋转。它们旋转的结果是带动相邻的两个肽平面发生扭转，肽平面的扭转程度用二面角 $Φ$ 和 $Ψ$ 来表示，即二面角决定了相邻两个肽平面的空间位置。其中，$N_1—C_α$ 键旋转角度称为 $Φ$ 角，$C_2—C_α$ 键旋转的角度称为 $Ψ$ 角。理论上讲，$Φ$ 角和 $Ψ$ 角都可在 $-180°\sim+180°$ 范围内自由旋转，但实际上受氨基酸残基侧链和肽链中形成的氢键的影响，$Φ$ 角和 $Ψ$ 角只能在有限的范围内旋转（图 5-14）。

2. 二级结构基本类型 蛋白质的二级结构是指多肽链主链借助于氢键排列成一个方向具有周期性结构的构象。它只限于主链原子的局部空间排列，不包括与肽链其他区段的相互关系，也不包括侧链构象。二级结构的基本类型有 α 螺旋、β 折叠、β 转角和无规则卷曲等。

1）*α 螺旋* α 螺旋（图 5-15）是蛋白质中最常见且最稳定的一种二级结构。1951 年，由美国加州理工学院 Pauling 等根据 α-角蛋白的 X 射线衍射分析结果提出。

α 螺旋的结构特点：①肽链的主链围绕中心轴螺旋上升，每个螺旋周期包含 3.6 个氨基酸残基，螺距 0.54nm，每个氨基酸上升 0.15nm，每个氨基酸旋转 100°。②螺旋的稳定性靠大量氢键来维持。氢键是由第 n 个氨基酸残基的羰基氧与第 $n+4$ 个氨基酸残基的亚氨基氢之间形成的。氢键的取向与螺旋的中心轴平行。氢键的形成将肽链局部封闭成环状，环内共包含 13 个原子，所以典型的 α 螺旋可表示为 3.6_{13}。③螺旋中肽平面形成的二面角取值恒定。每一个 Φ 角等于－57°，每一个 Ψ 角等于－47°。④肽链中氨基酸残基的侧链 R 基位于螺旋外侧。⑤天然蛋白质中的 α 螺旋大多数是右手螺旋。

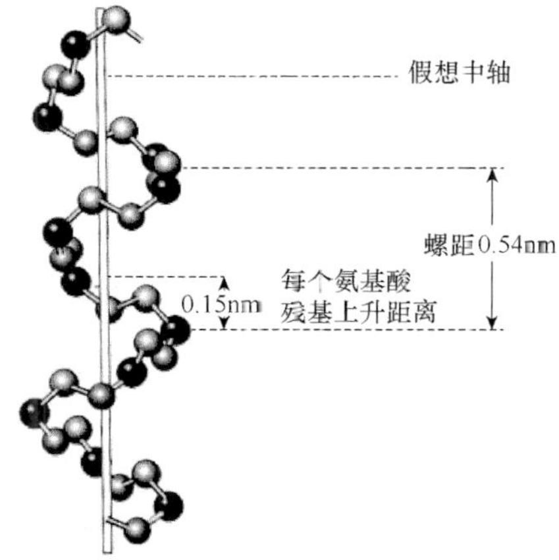

图 5-15　α 螺旋结构模型

α 螺旋的稳定性与肽链中氨基酸残基的组成和排列顺序密切相关。例如，多聚丙氨酸不带电荷且侧链 R 基小，易于形成氢键，所以在 pH 7 的水溶液中自发形成 α 螺旋；多聚赖氨酸带同种正电荷，彼此间发生静电排斥，不能形成氢键，所以在 pH 7 的水溶液中不能形成 α 螺旋；多聚异亮氨酸的侧链 R 基较大，造成空间阻碍，不能形成 α 螺旋；肽链中有脯氨酸残基时，由于其没有用来形成氢键的 H 原子，所以使 α 螺旋在此处中断或者拐弯。

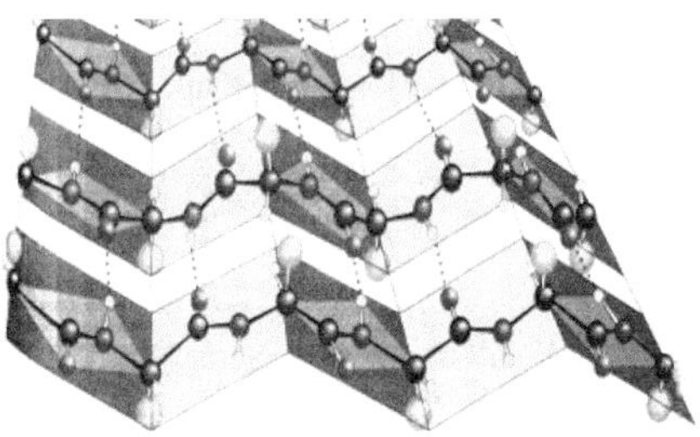
图 5-16　β 折叠结构模型

2）β 折叠　　β 折叠（图 5-16）是蛋白质分子中又一种常见的二级结构。该结构是 Pauling 等继发现 α 螺旋结构后，同年于丝蛋白中发现的。

视频
β 折叠

β 折叠的结构特点如下：①肽链几乎完全伸展。②肽链呈锯齿状，肽平面以折叠形式存在，C_{α} 位于折叠线上。③相邻肽链上的羰基氧原子与亚氨基氢原子之间形成氢键，氢键几乎与肽链垂直，是维持 β 折叠稳定性的主要作用力。④肽链中侧链 R 基在肽平面的上下交替出现。⑤β 折叠分平行式（相邻肽链是同向的）和反平行式（相邻肽链是反向的）2 种。反平行式比平行式更稳定（图 5-17）。

3）β 转角　　自然界的蛋白质大多数是球状蛋白质。而肽链必须经过弯曲、回折和重新定向过程，才能形成结实的球状结构，这种弯曲、回折部位的构象即为 β 转角，又称 β 弯曲或发夹结构（图 5-18）。

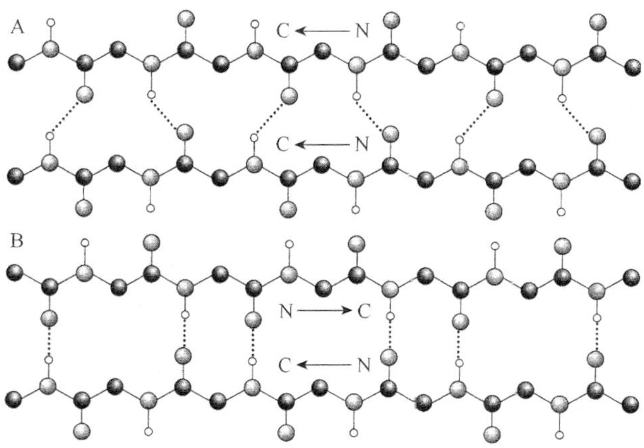

图 5-17　平行式（A）和反平行式（B）结构模型

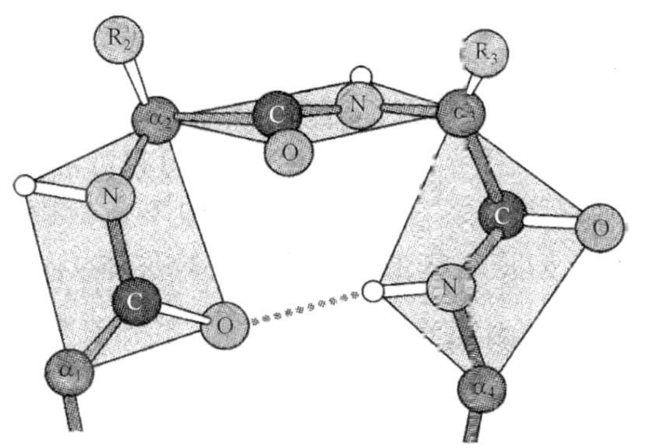

图 5-18　β 转角结构模型

β 转角的结构特点：①β 转角由肽链上 4 个连续的氨基酸残基组成，其中第 1 个氨基酸残基上的羰基氧原子与第 4 个氨基酸残基上的亚氨基氢原子之间形成氢键，维持该构象的稳定性。②β 转角广泛存在于球状蛋白质中，以改变肽链的走向。③β 转角中甘氨酸和脯氨酸出现频率较高。

4）无规则卷曲　　无规则卷曲又称自由回转，是指没有特定规律的松散肽链结构，常出现于球状蛋白质分子中。虽然无规则卷曲没有固定形式，但是在同一种蛋白质中，它也是明确而稳定的。

（三）蛋白质分子的三级结构

蛋白质的三级结构是指一条多肽链在二级结构基础上进一步卷曲折叠，构成一个不规则的特定构象，包括全部主链、侧链在内的所有的原子排布，不包括肽链间的关系。

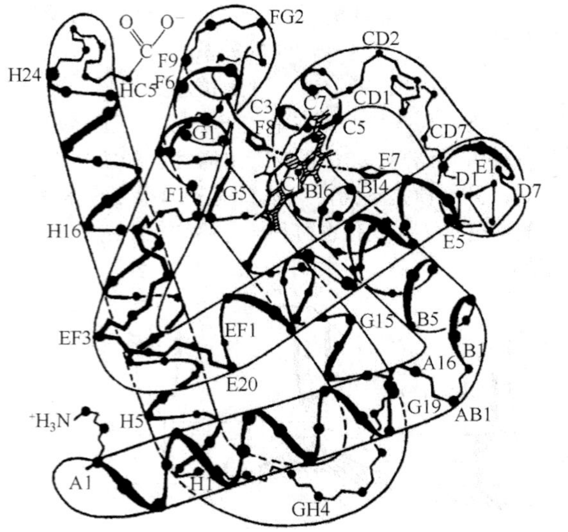

图 5-19 肌红蛋白的三级结构模型

蛋白质三级结构的特征：①大多数天然蛋白质的三级结构都是近似球形结构，其表面有一个空穴（也称裂沟、凹槽或口袋），且疏水侧链埋藏在分子内部，亲水侧链暴露在分子表面。②蛋白质三级结构的稳定性主要依靠次级键来维持，其中疏水键发挥了最重要的作用。此外，氢键、盐键、二硫键和范德瓦耳斯力也有一定作用。

例如，肌红蛋白是由 Kendrew 等用 X 射线衍射研究确定，并第一个被阐明三级结构的蛋白质（图 5-19）。它是哺乳动物肌肉中储氧的蛋白质，由一条肽链和一个血红素辅基构成。肽链由 α 螺旋和无规则卷曲共同卷曲折叠成十分紧密结实的球状结构，内部有一个可容纳 4 个 H_2O 分子的空间。极性氨基酸残基几乎全部分布于分子的表面，非极性氨基酸残基被埋在分子内部。辅基血红素（铁卟啉）处于肌红蛋白分子表面的一个洞穴内，血红素的中心的 Fe^{2+}有 6 个配位键，其中 4 个分别与卟啉环中的 4 个 N 原子结合，1 个与肽链 93 号位的 His 残基的咪唑基中的 N 原子结合，1 个处于开放状态，用来与 O_2 结合。

在二级结构和三级结构之间，还可以细化出超二级结构和结构域 2 个结构层次。

超二级结构是指蛋白质中相邻的二级结构单位（即单个 α 螺旋或 β 折叠或 β 转角）组合在一起，形成有规则的、在空间上能辨认的二级结构组合体，称为蛋白质超二级结构。常见的超二级结构有 αα、βββ、βαβ 等 3 种组合形式（图 5-20）。

结构域是指肽链在二级结构或超二级结构基础上，进一步卷曲折叠成的相对独立、近似球形的三维实体（图 5-21）。它是蛋白质三级结构的基本单元，可由 40～400 个氨基酸残基组成。对于那些相对分子质量较小、结构较简单的蛋白质来说，它的结构域就是它的三级结构。而对于那些相对分子质量较大、结构较复杂的蛋白质来说，它的三级结构往往由 2 个或多个结构域缔合而成。且结构域之间常只有一段肽链连接，形成铰链区。这段铰链具有一定的柔性。

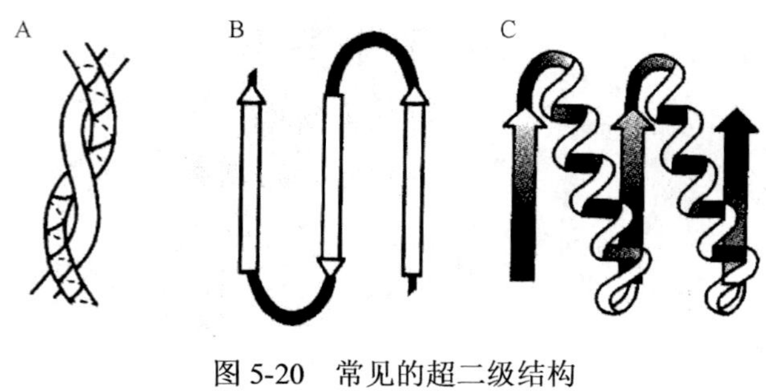

图 5-20 常见的超二级结构

A. αα；B. βββ；C. βαβ

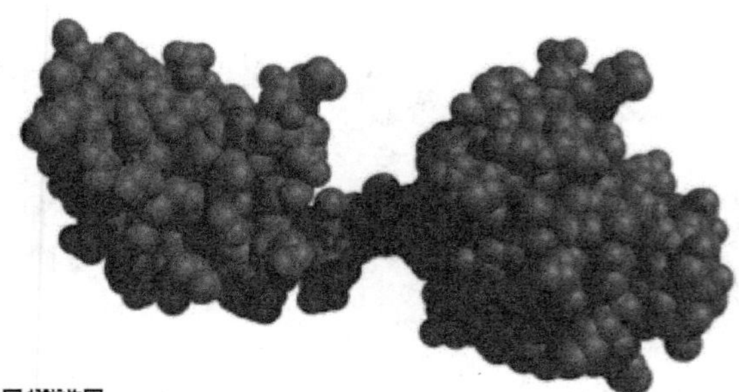

图 5-21 肌钙蛋白 C 的 2 个结构域

彩图

（四）蛋白质分子的四级结构

由多条肽链组成的蛋白质分子中，每一条肽链都独立形成三级结构，这些三级结构单位通过非共价键相互缔合成的特定空间构象，即为蛋白质的四级结构。这样的蛋白质被称为寡聚蛋白，寡聚蛋白分子中的每个三级结构单位称为一个亚基或亚单位。蛋白质的四级结构主要涉及亚基与亚基在空间上的相互关系和结合方式，不涉及亚基本身的构象。

寡聚蛋白可由 2 个到几十个亚基组成。每一个亚基一般由 1 条多肽链组成，但有的亚基本身也可由 2 条或几条多肽链组成。每个亚基单独存在时往往没有生物活性，只有各亚基共同缔合成四级结构以后，才能表现出完整的生物功能。

稳定蛋白质四级结构的化学键包括氢键、疏水作用力、范德瓦耳斯力及离子键。

具有四级结构的蛋白质在结构和功能方面的优越性体现在提高蛋白质的稳定性、提高遗传经济性和效率、使催化基团汇集在一起及产生协同效应和别构效应等方面。

最简单的具有四级结构的蛋白质是血红蛋白。血红蛋白是红细胞中运输氧气的一种蛋白质。它是由 4 条肽链（2 条 α 链和 2 条 β 链）组成的四聚体，且每条肽链结合 1 个血红素辅基（图 5-22）。其中，α 链和 β 链的一级结构与肌红蛋白差别很大，但每条肽链的三级结构都与肌红蛋白的三级结构非常相似，相似的结构性决定了它们具有相似的功能。血红蛋白的外形类似球形，4 条肽链分别在相当于四面体的 4 个角。4 条肽链靠次级键结合在一起。

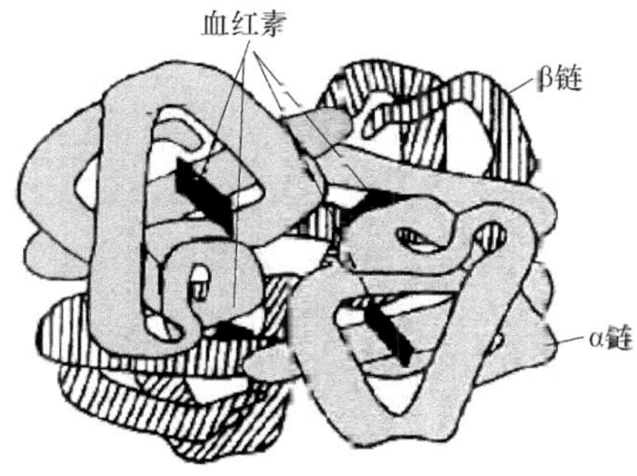

图 5-22　血红蛋白中亚基的排列

三、蛋白质结构与功能的关系

蛋白质的结构与功能之间既有相互依赖的一面，又有相互制约的一面。一般来说，蛋白质的生物学功能是它的天然构象所具有的属性，同时生物学功能的发挥又依赖于蛋白质所具有的构象。

（一）蛋白质的一级结构与功能的关系

蛋白质的一级结构决定它的空间结构，而空间结构是蛋白质发挥生物学功能所必需的。因此，从根本上来说，蛋白质实现生物学功能最终决定于它的一级结构。

1. 同功蛋白质的氨基酸种属差异和分子进化　同功蛋白质是指不同种属来源，执行相同生物学功能的蛋白质，也称同源蛋白质。这些蛋白质在一级结构上，既有明显的相似性，也存在种属差异性。所以，同功蛋白质的氨基酸组成可划分为两部分：存在于所有种属的同源蛋白质中，且排列位置不变的那部分氨基酸称为不变残基（保守残基），它们决定蛋白质的空间结构和功能；剩余部分的氨基酸对不同种属来说有较大差异，称为可变残基，它们不影响蛋白质的功能，但能体现种属差异（表 5-5）。

表 5-5　不同种属来源的胰岛素分子中部分氨基酸差异（引自张洪渊，2014）

胰岛素来源	氨基酸序列的差别			
	A_8	A_9	A_{10}	B_{30}
人	Thr	Ser	Ile	Thr
猪	Thr	Ser	Ile	Ala
牛	Ala	Ser	Val	Ala
狗	Thr	Ser	Ile	Ala
羊	Ala	Gly	Val	Ala
马	Thr	Gly	Ile	Ala
抹香鲸	Thr	Ser	Ile	Ala
兔	Thr	Ser	Ile	Thr

此外，同功蛋白质在组成上的差异也可表现生物进化中亲缘关系的远近，可反映生物系统进化树，从而辩证地阐明分子进化。例如，细胞色素 c 是广泛存在于生物体内的含铁卟啉的一种色蛋白，大多数生物的细胞色素 c 由 104 个氨基酸残基组成，比较后发现，亲缘关系越近，其氨基酸组成越相似，差异性越小；亲缘关系越远，其氨基酸组成差异越大（表 5-6）。

表 5-6 不同细胞色素 c 的氨基酸差异（与人比较）（引自张洪渊，2014）

生物名称	与人不同的氨基酸数目	生物名称	与人不同的氨基酸数目	生物名称	与人不同的氨基酸数目
黑猩猩	0	狗、驴	11	狗鱼	23
恒河猴	1	马	12	果蝇	25
兔	9	鸡	13	小麦	35
袋鼠	10	响尾蛇	14	粗糙链孢霉	43
鲸	10	海龟	15	酵母	44
牛、猪、羊	10	金枪鱼	21		

2. 同种蛋白质的氨基酸个体差异和分子病 同种蛋白质是指来源于同一种生物，具有相同生物功能的蛋白质。在同一物种的不同个体中，同种蛋白质的氨基酸序列也存在细微差异，称为个体差异。这种差异往往由基因突变引起，并会导致蛋白质分子结构的改变，进而引起多种疾病，即分子病。例如，镰状细胞贫血是最早被认识的一种分子病。该病患者由于遗传基因突变导致血红蛋白分子中 β 链上第 6 位氨基酸——谷氨酸被更换为缬氨酸，血红蛋白结构异常。在缺氧时，患者红细胞呈镰刀状，运输氧的能力减弱，引起贫血症状。β 链氨基酸序列如下：

β 链 N 端氨基酸排列顺序	1	2	3	4	5	6	7	8
Hb-A（正常人）	Val	His	Leu	Thr	Pro	Glu	Glu	Lys
Hb-S（患者）	Val	His	Leu	Thr	Pro	Val	Glu	Lys

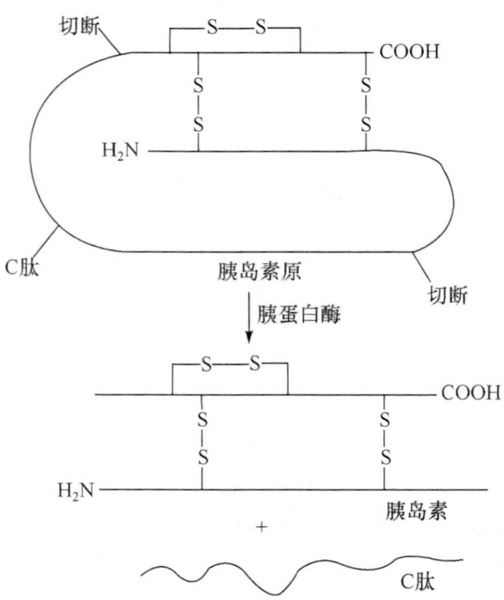

图 5-23 胰岛素原的激活

3. 一级结构的局部断裂和蛋白质激活 在某些生化过程中，蛋白质分子的部分肽链要按特定的方式先断裂，然后才能呈现生物活性。例如，许多酶（胰蛋白酶、弹性蛋白酶及胰凝乳蛋白酶等）和许多激素（胰岛素、甲状旁腺素及生长激素等）都有一个不具备活性的前体，它们需经专一性蛋白水解酶作用，切去一段肽后，才能表现活性。图 5-23 表示胰岛素原的激活过程。胰岛素原是由胰岛的 β 细胞合成的，含有 86 个氨基酸残基（人），分 A、B、C 3 段，不具备胰岛素的活性。它被胰蛋白酶作用切去 C 肽段后，变成有活性的胰岛素。

（二）蛋白质的空间结构与功能的关系

蛋白质只有具备了特定的空间结构，它才能发挥相应的生物学功能，空间结构的变化必然会导致功能的改变。

1. 变构现象 有些蛋白质在完成其生物功能时空间结构发生一定的变化，从而改变分子的性质，以适应生理功能的需要，这种现象称为变构现象或别构现象（allostery）。该现象是蛋白质表现、调节其生物学功能的一种普遍现象。

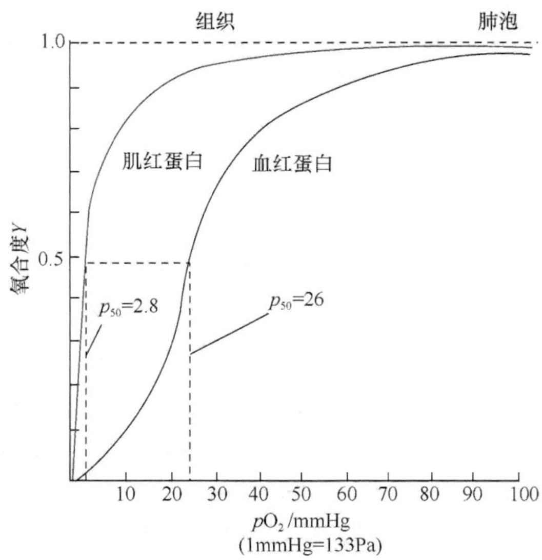

图 5-24 血红蛋白和肌红蛋白的氧合曲线

血红蛋白在完成运输氧的功能时，就有变构现象发生。血红蛋白的氧合曲线呈 S 形，不同于肌红蛋白的双曲线（图 5-24）。分析原因，主要是由血红蛋白与氧结合前后的变构现象所致。血红蛋白是四聚体蛋白，每个亚基都结合有 1 个亚铁血红素辅基，血红蛋白结合氧的能力依赖于分子中的血红素辅基。与氧结合前，血红蛋白构象对氧亲和力低。但当血红蛋白氧合后，由于铁原子移到血红素中心，引起其余 3 个亚基的构象发生一系列变化，导致亚基的重排，整个分子的构象由致密态变成松弛态，各亚基都变得适合于与氧结合，最终表现为血红蛋白与氧的亲和力急剧增强。这种血红蛋白亚基与氧结合后增强其他亚基对氧的亲和力的现象称为协同效应。蛋白质与效应物的结合引起整个蛋白质分子构象发生改变的现象就称为蛋白质的变构效应。

2. 变性作用　变性（denaturation）是指天然蛋白质受到不同理化因素的影响，氢键、离子键等次级键维系的高级结构被破坏，分子内部结构发生改变，致使生物学性质、理化性质改变。例如，高温加热后的酶丧失催化活性、强酸强碱处理下的生长激素失去促生长能力，这些都是蛋白质发生变性作用的缘故。

变性作用是蛋白质空间结构与功能统一性的另一个重要体现者，同时也是蛋白质具有的一个非常重要的性质（详见本章第五节）。

第五节　蛋白质的性质

蛋白质由氨基酸组成，所以它具有氨基酸的某些性质，如两性解离、紫外吸收、成盐及成酯等。然而作为生物大分子，蛋白质还有一些氨基酸所不具备的性质，如胶体性质、沉淀作用及变性作用等。

一、蛋白质分子的大小

蛋白质的相对分子质量很大，一般在 $6000 \sim 1 \times 10^6$ 范围内或者更大。近年发展起来的常用且简便的蛋白质相对分子质量测定方法主要是凝胶过滤法和 SDS-聚丙烯酰胺凝胶电泳法。

（一）凝胶过滤法

凝胶过滤法又称凝胶过滤层析（gel filtration chromatography）、分子筛层析（molecular sieve chromatography），该法既可以应用于蛋白质的分离纯化，又可以应用于蛋白质的相对分子质量测定。

凝胶过滤的原理是当不同分子大小的蛋白质（或者含杂质的蛋白质）流经凝胶层析柱时，大于凝胶孔径的分子由于不能进入凝胶颗粒内部，而从凝胶颗粒的间隙向下移动，并最先流出层析柱外，小于凝胶孔径的分子可以不同程度地进入凝胶颗粒的内部。这样由于不同大小的分子所经过的路径不同，大分子物质先被洗脱出来，小分子物质后被洗脱出来，达到了分离的目的（图 5-25）。

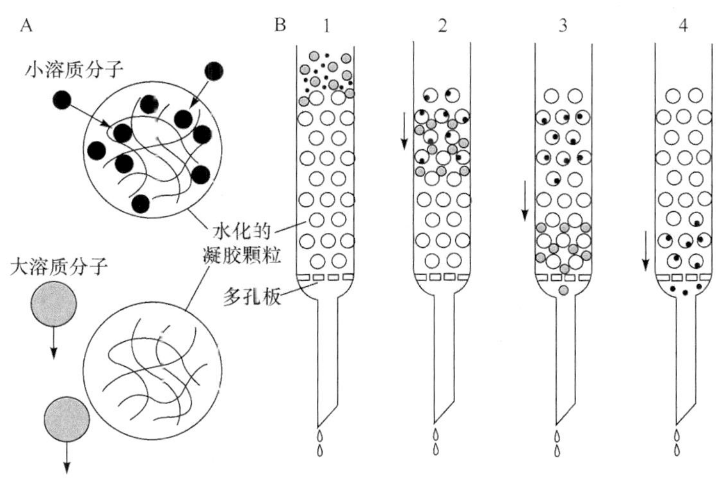

图 5-25　凝胶过滤层析分离的原理

A. 小分子由于扩散作用进入凝胶颗粒内部而被滞留，大分子被排阻在凝胶颗粒外面，在凝胶颗粒之间迅速通过；B. 1 表示蛋白质混合物上柱；2 表示开始洗脱，小分子进入凝胶颗粒内部，大分子被排阻在凝胶颗粒外面，大小分子开始分开；3 表示大小分子完全分开，大分子已开始被洗出层析柱；4 表示大分子已被完全洗脱，小分子仍在进行中

凝胶过滤是通过一定的凝胶载体来实现的，凝胶颗粒的内部是多孔的网状结构。目前常用的凝胶有交

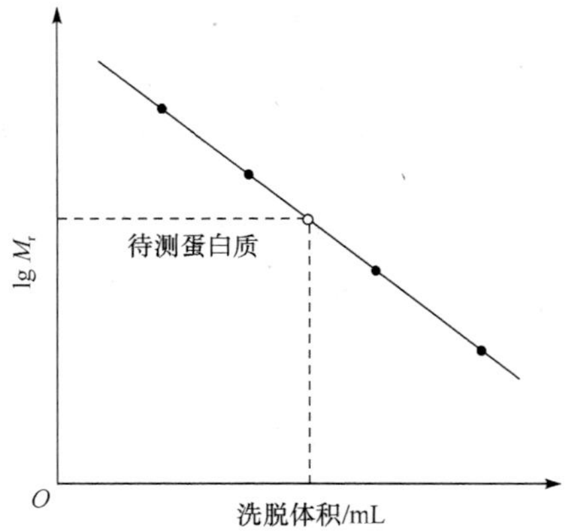

图 5-26　洗脱体积与相对分子质量之间的关系

联葡聚糖、聚丙烯酰胺凝胶和琼脂糖等。凝胶的网孔大小决定能被分离的蛋白质混合物的相对分子质量范围。例如，Sephadex G（交联葡聚糖）-75 的分级范围是 3000～8000，表示相对分子质量在此范围内的蛋白质或其他大分子能够用这种凝胶分开。

凝胶过滤法测定蛋白质的相对分子质量的具体过程如下：先用已知相对分子质量的蛋白质混合标准品进行层析。由于在层析条件完全相同的情况下，洗脱体积（从待测样品上层析柱开始到某种分子被洗脱下来为止的洗脱液体积称为该分子的洗脱体积，V_e）与相对分子质量的对数（lg M_r）之间存在线性关系（图 5-26），因此分别以 lg M_r 为纵坐标，以相应的 V_e 为横坐标作图，即可得到标准曲线。在同样的条件下测定待测蛋白的 V_e，通过标准曲线即可查得待测蛋白的相对分子质量。

（二）SDS-聚丙烯酰胺凝胶电泳

SDS-聚丙烯酰胺凝胶电泳（SDS-PAGE）是测定蛋白质相对分子质量和鉴定蛋白质纯度的常用方法。聚丙烯酰胺凝胶是由单体丙烯酰胺在交联剂甲叉双丙烯酰胺和加速剂四甲基乙二胺（TEMED）的作用下，聚合交联而成的具有三维网状结构的凝胶。改变单体丙烯酰胺的浓度或者单体丙烯酰胺与甲叉双丙烯酰胺的比例，可以得到不同孔径的凝胶。

蛋白质颗粒在聚丙烯酰胺凝胶中电泳时，它的迁移率与所带电荷、分子大小及分子形状等因素有关。如果在聚丙烯酰胺凝胶系统中加入十二烷基硫酸钠（SDS）和少量巯基乙醇，蛋白质分子的电泳迁移率则主要取决于它的分子大小，而与其所带电荷和分子形状无关。原因在于 SDS 作为一种有效的变性剂，它能破裂蛋白质分子中的氢键和疏水作用，而巯基乙醇作为一种还原剂，它能打开蛋白质分子中二硫键，故在二者存在情况下，单体蛋白质或寡聚蛋白质的亚基均处于展开状态。同时，SDS 以其烃链与蛋白质分子的侧链结合成复合体。因 SDS 是阴离子，故 SDS 与蛋白质的结合使多肽链带上大量负电荷，该电荷量远超过蛋白质分子原有的电荷量，因而掩盖了不同蛋白质间原有的电荷差别。再者，SDS-蛋白质复合体在水溶液中均为近似雪茄形的长椭圆棒状，因而掩盖了不同蛋白质间原有的分子形状差别。

SDS-聚丙烯酰胺凝胶电泳过程中，蛋白质相对分子质量越大，在凝胶中迁移时受到的阻力越大，其相对迁移率（蛋白质分子的迁移距离与指示染料的迁移距离之比）越小；蛋白质相对分子质量越小，在凝胶中迁移时受到的阻力越小，其相对迁移率越大。且蛋白质的相对迁移率与其相对分子质量的对数之间存在线性关系。因此，在测定未知蛋白质的相对分子质量时，先用已知相对分子质量的蛋白质混合标准品进行 SDS-聚丙烯酰胺凝胶电泳。然后分别以每种蛋白质相对分子质量的对数为纵坐标，以相应的相对迁移率为横坐标作图，即可得到标准曲线（图 5-27）。在同样的条件下测定待测蛋白质的相对迁移率，通过标准曲线即可查得待测蛋白质的相对分子质量。

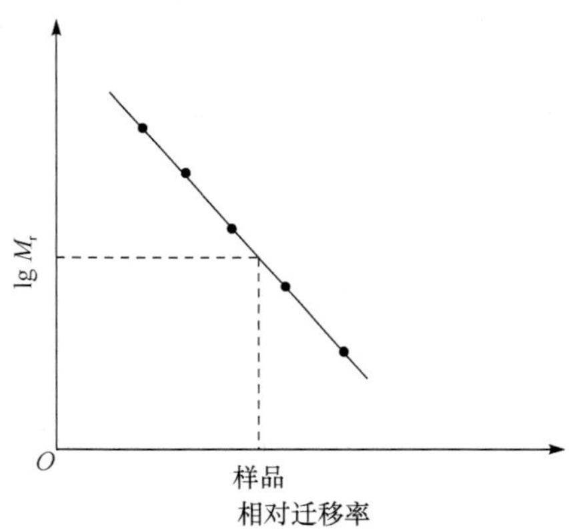

图 5-27　蛋白质相对分子质量对数与相对迁移率之间的关系

二、两性解离和等电点

蛋白质分子中除了 N 端有一个可解离的游离氨基，C 端有一个可解离的游离羧基以外，参与蛋白质组成的某些氨基酸残基的侧链 R 基也带有可解离基团，如天冬氨酸和谷氨酸的侧链羧基、赖氨酸的侧链氨基、精氨酸的侧链胍基及组氨酸的侧链咪唑基等。因此，与氨基酸一样，蛋白质也是两性电解质。蛋白质中的可解离基团主要来自氨基酸残基的侧链 R 基，且由于在蛋白质分子中受到邻近电荷的影响，这些基团的解离常数与游离氨基酸中的解离常数不完全相同。

蛋白质的可解离基团在一定 pH 范围内解离时，会使基团带上一定电荷。由于蛋白质分子中含有多个可解离基团，所以它可发生多价解离。蛋白质分子所带电荷的种类和数量由蛋白质分子中的可解离基团的种类、数目及溶液的 pH 决定。蛋白质分子的解离情况可用下式表示：

$$\underset{\substack{(pH<pI)\\ \text{阳离子}}}{\overset{\overset{+}{N}H_3}{\underset{|}{}}\!\!Pr-COOH} \underset{H^+}{\overset{OH^-}{\rightleftharpoons}} \underset{\substack{(pH=pI)\\ \text{两性离子}}}{\overset{\overset{+}{N}H_3}{\underset{|}{}}\!\!Pr-COO^-} \underset{H^+}{\overset{OH^-}{\rightleftharpoons}} \underset{\substack{(pH>pI)\\ \text{阴离子}}}{\overset{NH_2}{\underset{|}{}}\!\!Pr-COO^-}$$

由上式可以看出，当在某一 pH 时，蛋白质分子主要以两性离子形式存在，所带正、负电荷相等，净电荷为零，这时溶液的pH 称为蛋白质的等电点，以 pI 表示。处于等电点的蛋白质分子在电场中不移动；当 pH<pI 时，有利于碱性解离，不利于酸性解离，蛋白质分子带上正电荷，在电场中向负极移动；当 pH>pI 时，有利于酸性解离，不利于碱性解离，蛋白质分子带上负电荷，在电场中向正极移动。

等电点并不是蛋白质的特征常数，它受溶液 pH、离子强度等因素的影响。因此蛋白质等电点的测定需要在一定 pH、一定离子强度的溶液中进行。蛋白质在纯水中不受其他离子干扰时，使蛋白质分子所带正负电荷相等时的 pH 称为等离子点，等离子点是蛋白质的特征性常数。等电点不一定等于等离子点。

在等电点时，蛋白质的各种物理性质都发生变化，最显著的是由于蛋白质分子净电荷为零，分子间的斥力消失，双电层也被破坏，易凝结成大颗粒，因而最不稳定，溶解度最小，易沉淀析出。利用这一性质，可进行蛋白质的分离纯化。另外，此时蛋白质的导电性、黏度及渗透压等也都达到最小值。

视频
等电点

三、胶体性质

蛋白质分子直径一般在 2～20nm，属于胶体溶液质点大小范畴，所以蛋白质溶液是胶体溶液。

蛋白质溶液是稳定的胶体系统，原因在于：第一，蛋白质分子的大小在 1～100nm 范围内，这样大小的质点能在介质中不断地进行布朗运动，在动力学上是稳定的；第二，蛋白质分子表面的—NH_2、—COOH 及—OH 等亲水基团能与水分子起水化作用，使蛋白质分子表面形成一个水化层；第三，蛋白质分子表面的可解离基团在适当的 pH 条件下都带有相同的净电荷，可与其周围带相反电荷的离子形成双电层结构，将蛋白质包住。由于带的是同种电荷，蛋白质颗粒间相互排斥，不能聚集。

蛋白质作为胶体系统，具有典型的布朗运动、丁达尔现象和不能透过半透膜等特性。根据不能透过半透膜的特性，发展出透析和超滤 2 种重要的蛋白质分离纯化技术。

透析（渗析）是利用蛋白质分子不能透过半透膜的性质，使蛋白质与其他小分子物质（如无机盐、单糖等）分开的一种分离纯化技术。常用的半透膜有羊皮纸、玻璃纸、肠衣及一些合成材料等。半透膜的孔径大小不同，所选择透过和截流的分子大小也不同。透析时，将待纯化的蛋白质溶液装在半透膜制成的透析袋里，放入透析液（蒸馏水或者缓冲溶液）中。透析袋内的小分子可以顺着浓度梯度从透析袋进入透析液中，直至内外浓度相等，而蛋白质分子因不能透过半透膜，则只能留在透析袋内。通过不断更换透析液，可以将蛋白质溶液中的小分子物质含量降至最低，实现蛋白质的分离纯化（图 5-28）。

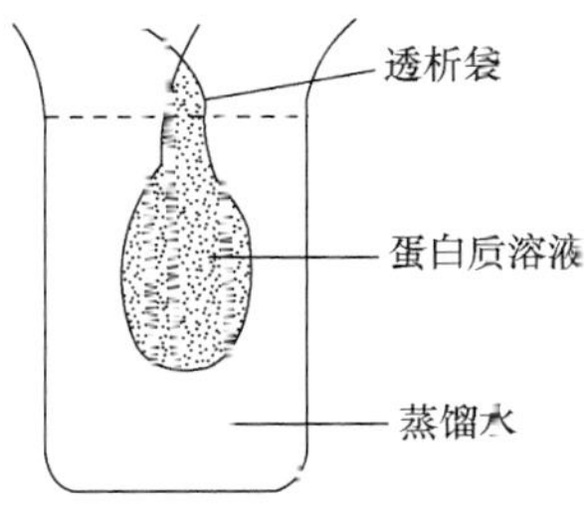

图 5-23 透析装置

超滤是利用外加压力或离心力，强行使水和其他小分子透过半透膜，而蛋白质被截流在膜内的分离纯化技术。该方法既可以用于小量样品处理，也可用于规模生产。超滤过程中使用的半透膜称为超滤膜（图 5-29）。现在市场已有加压、抽滤和离心等多种形式的超滤装置可供选用。超滤膜也有多种规格，它的孔径大小决定它所能截流的蛋白质分子的大小。

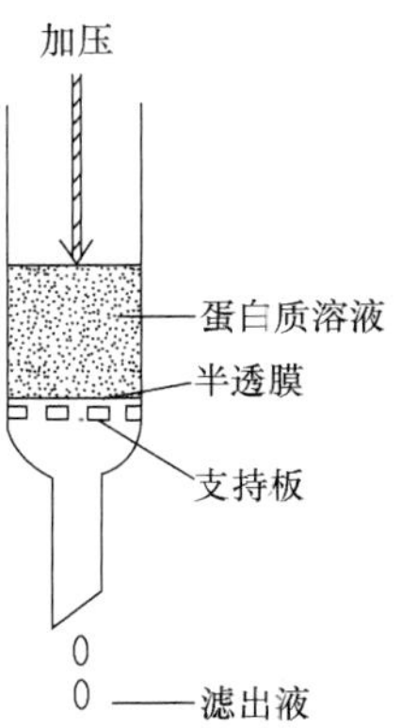

图 5-29 超滤装置

四、沉淀作用

蛋白质溶液的稳定是相对的，有条件的。一旦条件改变，它的胶体系统会被破坏，蛋白质分子相互聚集而从溶液中析出，这种现象称为蛋白质的沉淀作用。蛋白质沉淀主要是破坏蛋白质稳定的 2 个因素：水化层和双电层。沉淀蛋白质的方法有以下几种。

（一）盐析法

向蛋白质溶液中加入高浓度的中性盐，使蛋白质沉淀析出的现象称为盐析（salting out）。该法是蛋白质混合物分离纯化最常用的一种方法。常用的中性盐有硫酸铵、硫酸钠、氯化钠及氯化钾等。其中，硫酸铵在水溶液中可形成二价离子，且在水中的溶解度很大，在低温下仍以高浓度存在，因此在盐析中最为常用。

盐析现象的发生主要是高浓度的盐结合了大量的水，破坏了蛋白质的水化层，使蛋白质分子表面的疏水残基充分暴露。同时，高浓度的盐也中和了蛋白质所带的同种电荷，破坏了它的双电层，所以导致蛋白质颗粒相互聚集而沉淀。

盐析法的优点主要在于不会破坏蛋白质的生物活性。盐析过程中，不同蛋白质发生沉淀所需要的盐浓度不同。这与蛋白质的浓度、颗粒大小、亲水程度及溶液的 pH、温度等均有关。一般蛋白质溶液浓度在2%～3%较为合适。盐析时，控制溶液 pH 在蛋白质的等电点，盐析效果最好。

（二）有机溶剂沉淀法

向蛋白质溶液中加入一定量的极性有机溶剂，可使蛋白质脱去水化层，降低介电常数，增加带电质点间的相互作用，最终蛋白质颗粒凝集而沉淀。

该法常用的有机溶剂有甲醇、乙醇和丙酮等。其优点是所得蛋白质经干燥后，有机溶剂可完全除去。缺点是易导致蛋白质变性。但在低温下操作、缩短操作时间，可减慢变性速度。与盐析法一样，该法也可进行分级沉淀。

（三）重金属盐沉淀法

当溶液 pH 大于等电点时，蛋白质颗粒带负电荷，易与 Hg^{2+}、Pb^{2+}、Cu^{2+}及 Ag^{+}等重金属离子结合，生成不溶性盐而沉淀。这种方法所得蛋白质通常是变性的。

对于误食了重金属盐者，可通过大量服用牛奶或豆浆等高蛋白食物，使蛋白质与重金属盐结合形成不溶性的盐，再经催吐的方式排出体外，进行解毒。

（四）生物碱试剂和某些酸类沉淀法

当溶液 pH 小于等电点时，蛋白质颗粒带正电荷，易与生物碱试剂（如鞣酸、苦味酸及钨酸等）和某些酸（如三氯乙酸、硝基水杨酸及硝酸等）的酸根负离子结合成不溶性盐而沉淀。临床检验部门经常采用此方法除去待检样品中干扰测定的蛋白质。

（五）加热变性沉淀法

加热可以破坏蛋白质的高级结构，有规则的肽链结构被打开呈松散状，疏水基团暴露，破坏了水化层，蛋白质颗粒易聚集而沉淀。

几乎所有的蛋白质都可因加热变性而凝固，少量盐可促进蛋白质加热凝固。当蛋白质处于等电点时，由于带电荷状态发生改变，分子间无斥力存在，所以加热凝固最完全、最迅速。我国很早使用的制豆腐方法，就是将大豆蛋白的浓溶液加热，并点入少量盐卤（含 $MgCl_2$），这是成功应用加热变性沉淀蛋白质的例子。

（六）等电点沉淀法

当溶液的 pH 达到蛋白质等电点时，蛋白质分子净电荷为零，分子间排斥力消失，蛋白质分子的双电层结构被破坏，此时蛋白质易发生聚集沉淀、溶解度最小。

该法可用于不同种类蛋白质混合物的分离纯化，且所得的蛋白质不发生变性。但有些蛋白质在等电点时由于亲水性很强，不易发生沉淀或沉淀不完全。

五、变性作用

蛋白质变性的概念在“蛋白质的空间结构与功能的关系”部分已经介绍过。通过概念可知，蛋白质变性的本质是维持蛋白质空间构象的次级键被理化因素破坏，导致空间结构解体。但一级结构没有改变。

引起变性的因素有加热、紫外线、超声波、剧烈振荡或搅拌、X 射线及高压等物理因素和重金属盐、强酸、强碱、尿素、盐酸胍、三氯乙酸、钨酸及乙醇等化学因素。

变性后的蛋白质称为变性蛋白。变性蛋白与天然蛋白的主要区别有以下几点。

第一，生物学活性丧失。这是蛋白质发生变性的主要特征。由于空间结构和蛋白质的生物学功能密切相关，空间结构的轻微改变就可以导致蛋白质生物学功能的丧失，如变性后的酶催化活性丧失，变性后的抗体失去识别或结合抗原的能力等。

第二，理化性质改变。蛋白质变性后，疏水基外露，溶解度降低，分子易相互凝集形成沉淀。另外，变性后蛋白质溶液的黏度增大，扩散系数变小，结晶能力丧失，且由于色氨酸、酪氨酸和苯丙氨酸的外露，变性后的蛋白质紫外吸收增加。

第三，生物化学性质的改变。变性蛋白分子结构伸展松散，易被蛋白酶水解。

蛋白质的变性有可逆变性和不可逆变性之分。如果变性条件剧烈，蛋白质的二级结构也遭到破坏，这种变性往往是不可逆的。如果变性条件不剧烈，蛋白质三级以上结构遭到破坏，这种变性往往是可逆的。

所谓可逆变性是指在除去变性因素之后，在适宜的条件下，变性的蛋白质可以从伸展态恢复到折叠态，并恢复全部的生物活性，这种现象也称为复性（renaturation）。蛋白质的复性是一个十分复杂的过程。相对分子质量较小的蛋白质，如牛胰核糖核酸酶，在不需要其他任何物质的帮助下，仅去除变性因素后，就可使其恢复天然构象。

去除变性因素的传统方法有稀释、透析和超滤等。目前有一些新的方法诱导蛋白质复性，如分子伴侣在防止蛋白质错误折叠中起着重要作用，所以可利用分子伴侣辅助蛋白质复性。

蛋白质的变性具有一定的应用意义。例如，利用高温、高压、紫外线及高浓度有机溶剂等促进和加深蛋白质变性，达到防治病虫害、消毒和灭菌等目的。但在生产制备各酶制剂等有活性的蛋白质产品时，要防止蛋白质的变性，避免不利因素的影响。

六、颜色反应

蛋白质的颜色反应是指蛋白质的氨基酸残基侧链或者肽键等结构可与某些试剂发生反应而生成有色物质（表 5-7）。其中有些反应与氨基酸具有的颜色反应相同，而有些反应是蛋白质特有的，如最典型的双缩脲反应，即在碱性溶液中，双缩脲与硫酸铜结合，生成紫红色或红色物质，这一反应称为双缩脲反应。任何一种氨基酸都不能发生这种颜色反应，只有含 2 个或 2 个以上肽键的化合物才能发生这种颜色反应。所以它是蛋白质的特殊颜色反应，可以用于定性鉴定和定量测定蛋白质（比色波长为 540nm）。值得注意的是，二肽因含有 1 个肽键而不能发生双缩脲反应。双缩脲反应的反应式如下：

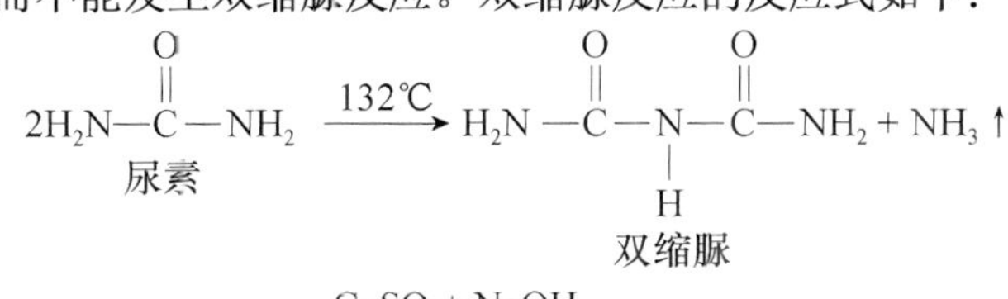

表 5-7　蛋白质的颜色反应

反应名称	试剂	颜色	反应基团	有此反应的蛋白质或氨基酸
双缩脲反应	$NaOH+CuSO_4$	紫红色	2 个以上的肽键	所有蛋白质
米伦反应（Millon 反应）	$HgNO_3$ 及 $Hg(NO_3)_2$ 混合物	红色	酚基	酪氨酸、酪蛋白
黄色反应	浓硝酸及碱	黄色	苯基	苯丙氨酸、酪氨酸
乙醛酸反应（Hopkin's Cole 反应）	乙醛酸	紫色	吲哚基	色氨酸
茚三酮反应	茚三酮	蓝色	自由氨基及羧基	α-氨基酸、所有蛋白质
酚试剂反应（Folin-Ciocalteu 反应）	碱性硫酸铜及磷钨酸磷钼酸	蓝色	酚基、吲哚基	酪氨酸、色氨酸
α-萘酚-次氯酸盐反应［坂口反应（Sakaguchi 反应）］	α-萘酚、次氯酸钠	红色	胍基	精氨酸

第六节 蛋白质分离纯化与分析测定

一、蛋白质分离纯化的一般原则

蛋白质在组织细胞中一般都是以复杂的混合物形式存在。混合物中除了含有各种蛋白质以外，还含有多糖、核酸、脂类、有机小分子及无机离子等各种杂质。分离纯化的目的是将目的蛋白质从复杂的混合物中分离出来，或者通过简单的操作除去一部分杂质，其总目标是增加单位质量蛋白质中目的蛋白质的含量（%）或生物活性（U/mg）。蛋白质的分离纯化大致可分为前处理、粗分级分离和细分级分离 3 个步骤。

（一）前处理

分离纯化某种蛋白质之前，需要根据不同的情况，选择适当的方法，将新鲜的组织或细胞破碎，使蛋白质从原来的组织或细胞中释放出来，并保持原来的天然形态，不丧失生物活性。细胞破碎后，用适当的溶剂（如缓冲液或水）抽提混合物中的目的蛋白质，经离心或过滤，除去细胞碎片。如果目的蛋白质处于某种特定的细胞器中，则需通过差速离心的方法，将该细胞器与其他物质分开。然后再破碎细胞器膜，抽提目的蛋白质至溶液中。若目的蛋白质与生物膜结合在一起，可利用超声波或去污剂使膜结构解体，从而将蛋白质抽提出来。

待处理原料不同，所选用的细胞破碎方法不同。一般动物组织和细胞可用电动捣碎机、匀浆器或超声波等进行处理破碎；植物细胞壁含有纤维素、半纤维素和果胶等物质，所以在破碎植物组织或细胞时，一般需要与石英砂和适当的提取液一起研磨破碎或用纤维素酶处理以达到破碎目的；细菌的细胞壁骨架是一个由共价键连接而成的肽聚糖囊状分子，非常坚韧，所以在破碎细菌细胞时，常采用超声波振荡、石英砂研磨、高压挤压或溶菌酶处理（分解肽聚糖）等方法。

（二）粗分级分离

经前处理得到的蛋白质溶液含有大量的杂质，常选用简便且可处理大量样品的方法（如盐析、有机溶剂沉淀、等电点沉淀、透析及超滤等），先除去其中大部分杂质，得到纯度不是很高的粗分级分离蛋白质制品。如果对产品的纯度要求不高，通过这一步骤，就可完成分离提纯的任务，如许多工业用酶，纯度不需要很高，通过超滤、有机溶剂沉淀等方法即可达到分离提取目的。如果需要得到纯度高的蛋白质，则需进一步分离纯化。

（三）细分级分离

细分级分离是在粗分级分离的基础上，对样品进一步分离纯化。常用的方法主要包括层析法（凝胶过滤层析、离子交换层析、吸附层析及亲和层析等）、电泳法（凝胶电泳、等电聚焦等）和离心法（密度梯度离心法等）。经过细分级分离，得到纯度较高的目的蛋白质溶液，可通过结晶和重结晶得到蛋白质晶体。细分级分离的特点是所用方法的分辨率较高，可基本除去杂质。但往往规模较小，处理量不大，且所用仪器设备成本较高，难以满足大规模生产的需要。

二、蛋白质分离纯化的基本方法

（一）柱层析法

1. 凝胶过滤层析 这是根据分子大小分离蛋白质混合物的最有效方法之一（详见本章第五节）。

2. 离子交换层析 离子交换层析（ion exchange chromatography，IEC）是利用不同分子所带电荷的种类和数量不同，因此与离子交换剂的结合能力不同，进而在层析过程中被洗脱的顺序不同而进行分离。

常用的离子交换剂有离子交换树脂、离子交换纤维素和离子交换凝胶。其中，离子交换树脂适用于小分子离子化合物（氨基酸、小肽等）的分离。离子交换纤维素和离子交换凝胶由于具有松散的亲水性网状结构和较大的表面积，适合于蛋白质等大分子离子化合物的分离。

离子交换凝胶是以交联葡聚糖、琼脂糖和聚丙烯酰胺等作为惰性支持物，连接上带电基团而形成的，如以交联葡聚糖为介质，可形成 DEAE-Sephadex（弱碱型）、QAB-Sephadex（强碱型）、CM-Sephadex（弱酸型）及 SE-Sephadex（强酸型）等不同种类。常见的离子交换纤维素见表 5-8。

表 5-8　常见的离子交换纤维素

种类		名称	简写	解离基团
阳离子型	强酸型	磷酸纤维素	P-纤维素	$-O-PO_3H_2$
	弱酸型	磺乙基纤维素	SE-纤维素	$-O-CH_2-CH_2-SO_3H$
		羧甲基纤维素	CM-纤维素	$-O-CH_2-COOH$
阴离子型	强碱型	三乙基氨乙基纤维素	TEAE-纤维素	$-O-CH_2-CH_2-{}^{+}N(C_2H_5)_3$
	弱碱型	二乙基氨乙基纤维素	DEAE-纤维素	$-O-CH_2-CH_2-N(C_2H_5)_2$
		氨乙基纤维素	AE-纤维素	$-O-CH_2-CH_2-NH_2$

蛋白质是两性分子，在某一特定 pH 下，不同蛋白质分子所带的电荷种类和数量各不相同，因而与离子交换剂的结合能力不同。以 DEAE-纤维素分离胃蛋白酶（pI=1.0）、胰岛素（pI=5.3）、卵清蛋白（pI=4.6）和细胞色素 c（pI=10.7）4 种蛋白质组成的混合物为例，DEAE-纤维素表面带正电荷，能吸附带负电荷的基团，是一种阴离子交换剂。若 4 种蛋白质混合溶液初始 pH 为 6.0，此时细胞色素 c 带正电荷，不能被 DEAE-纤维素吸附，在层析时最先从层析柱上被洗脱下来。另外 3 种蛋白质均因带负电荷而被吸附在层析柱上，以所带负电荷数和与 DEAE-纤维素结合的牢固程度划分，胃蛋白酶＞卵清蛋白＞胰岛素。因此，洗脱时，胰岛素先被洗脱，卵清蛋白次之，胃蛋白酶最后从层析柱上流出。洗脱时，可以采用保持洗脱剂成分一直不变的方式洗脱，也可以采用改变洗脱剂的盐浓度或（和）pH 的方式洗脱。

3．吸附层析　吸附层析（adsorption chromatography）是利用待纯化的分子和杂质分子与吸附剂之间的吸附能力和解吸性质不同，而达到分离纯化的目的。

吸附剂分为极性吸附剂和非极性吸附剂两大类。硅胶、氧化铝等属于极性吸附剂，蛋白质分子主要通过离子键、氢键等与其结合。硅胶表面有硅烷醇（Si-OH），呈微酸性，适用于分离碱性物质。氧化铝微碱性，适用于分离酸性物质。活性炭等属于非极性吸附剂，蛋白质分子主要通过疏水作用力、范德瓦耳斯力等与其结合。吸附层析的效果主要决定于吸附剂、溶剂和蛋白质性质 3 个因素。

4．亲和层析　亲和层析（affinity chromatography）是利用共价连接有特异配体的层析介质，分离蛋白质混合物中与配体特异结合的目的蛋白质。由于是利用蛋白质分子对其配体分子特有的识别能力作为分离基础，该法具有高度选择性，是从复杂混合物中纯化蛋白质的最好方法。

该法常用琼脂糖、交联葡聚糖、纤维素及聚丙烯酰胺等作为亲和层析柱的固定相，这些固定相载体具有可以与特异性配基进行偶联反应的基团。

以伴刀豆球蛋白 A 的分离纯化为例，由于该蛋白质对葡萄糖有专一性亲和吸附，因此可把葡萄糖通过适当的化学反应共价地连接到琼脂糖凝胶的载体表面。将这种多糖和载体偶联物颗粒装入一定规格的玻璃管中制成亲和色谱柱。当含有伴刀豆球蛋白 A 的提取液加到该亲和色谱柱的上部，并沿柱向下流动时，待纯化的蛋白质与其特异性配基结合而被吸附到柱上，其他蛋白质因不能与葡萄糖配基结合，将随着淋洗液流出柱外。然后采用一定的洗脱条件，如浓的葡萄糖溶液即可把该蛋白质洗脱下来，达到与其他蛋白质分离的目的（图 5-30）。

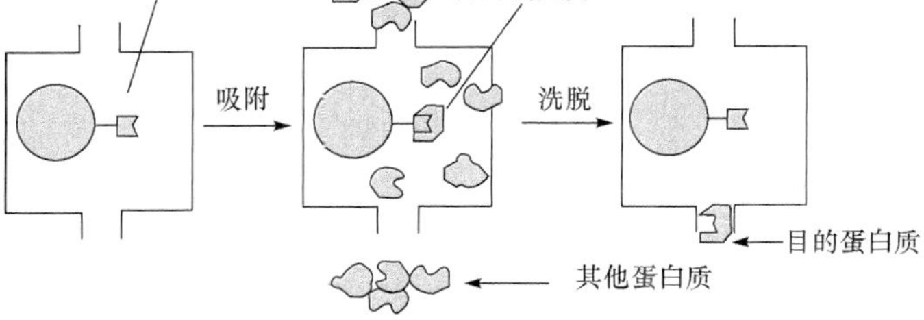

图 5-30　亲和层析原理图

（二）电泳法

电泳是溶液中带电粒子（离子）在电场中移动的现象。利用带电粒子在电场中移动速度不同而使目标分子分离的技术称为电泳技术。目前常用的分离蛋白质的电泳有 SDS-聚丙烯酰胺凝胶电泳和等电聚焦电泳。

1．SDS-聚丙烯酰胺凝胶电泳 详见本章第五节“蛋白质的性质”。

2．等电聚焦电泳 等电聚焦电泳简称等电聚焦（isoelectric focusing，IEF），是利用蛋白质分子在含有两性电解质载体的一个连续而稳定的线性 pH 梯度中进行的电泳，并根据等电点不同而分离、鉴定蛋白质的一种电泳技术。

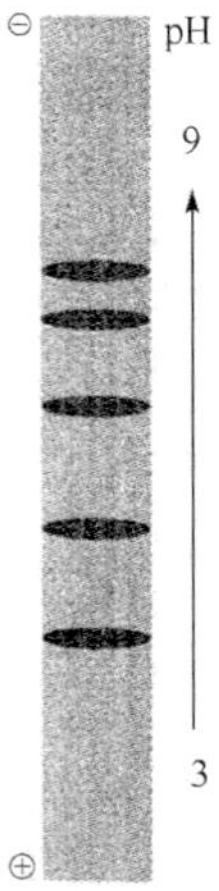

图 5-31 等电聚焦电泳示意图

采用不同的两性电解质，在电泳中可以形成不同的 pH 范围，如 pH 3～10、pH 4～6、pH 8～10 等。在等电聚焦电泳中，正极是酸性的，负极是碱性的，正负极之间形成一定范围内的 pH 梯度。当电场中蛋白质所处位置的 pH 大于它的 pI 时，分子带负电荷，向正极移动；当其所处位置的 pH 小于它的 pI 时，则分子带正电荷，向负极移动；当其所处位置的 pH 等于它的 pI 时，分子净电荷为零，在电场中不移动。当电泳结束时，不同等电点的蛋白质分子各自停留于其等电点的位置，这样不同的蛋白质分子就得以分离（图 5-31）。蛋白质在等电聚焦电泳中所处的位置与分子的大小、形状无关，只与电泳介质的 pH 梯度和蛋白质本身的等电点有关。

（三）离心法

较常采用密度梯度离心法进行蛋白质分离纯化。密度梯度离心法是指待分离物质在超离心力作用下通过某种介质提供的一个密度梯度环境，由于待分离物质中各组分在此环境中的沉降系数不同，形成各自的区带，从而达到分离的目的（图 5-32）。

通常以蔗糖为密度梯度介质，即在离心管中按照一定顺序依次加入不同浓度的蔗糖溶液，使离心管中蔗糖溶液的浓度从离心管底部到顶端逐渐减小，然后将蛋白质溶液加在梯度介质的最上层，进行超速离心，蛋白质开始发生沉降。当某种蛋白质沉降到与之密度相同蔗糖溶液中时，就不能继续往下沉降，于是在此处形成一条窄的区带。最终，不同蛋白质分子各自形成“差速区带”，进而得以分离。

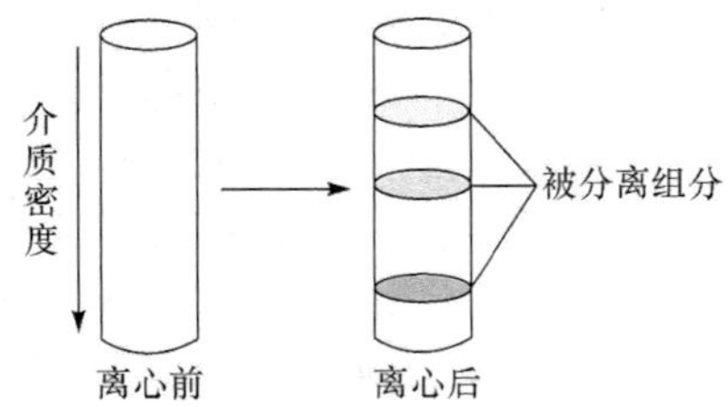

图 5-32 密度梯度离心示意图

三、蛋白质的分析测定

在蛋白质分离纯化过程中，经常需要对蛋白质进行含量测定和纯度鉴定。

（一）蛋白质含量测定

蛋白质含量测定的常用方法包括凯氏定氮法、双缩脲法、紫外吸收法、考马斯亮蓝结合法（Bradford 法）、福林-酚试剂法（Folin-酚试剂法）及 BCA 法等。这些方法在常用的生物化学实验手册中都有详细叙述。其中，凯氏定氮法是经典的标准方法，也是食品中蛋白质测定的国标规定方法；双缩脲法检测快速，但并不十分精确；紫外吸收法（280nm 处测定），操作简单，样品可以回收，但精确度不高；Bradford 法灵敏度高，能检出 1μg 蛋白质，且重复性也好；Folin-酚试剂法（Lowry 法）是最灵敏的蛋白质含量测定方法之一，此法基于 Folin-酚试剂能定量地与 Cu^+反应，Cu^+则由蛋白质的易氧化成分（如巯基、酚基）还原 Cu^{2+}而产生；BCA 法是基于 2,2′-联喹啉-4,4′-二甲酸二钠（bicinchoninic acid，BCA）试剂在碱性溶液中与 Cu^+反应，Cu^+则由蛋白质还原 Cu^{2+}而产生。BCA 法原理与 Folin-酚试剂类似，但 BCA 试剂与 Cu^+反应比 Folin-酚试剂与 Cu^+反应灵敏度更高。

（二）蛋白质纯度鉴定

蛋白质纯度鉴定常采用物理化学的方法，如电泳（等电聚焦电泳、聚丙烯酰胺凝胶电泳、SDS-聚丙烯酰胺凝胶电泳）、沉降、高效液相色谱（HPLC）等。纯的蛋白质在不同 pH 条件下电泳时，都将以单一速度移动，因此其电泳图谱只呈现一个条带。同理，纯的蛋白质在超速离心场中，应以单一的沉降速度移动，但相比电泳，其分析效果稍差。HPLC 在分析高纯度蛋白制品时，其洗脱图谱上呈现单一的对称峰。

第七节　蛋白质在食品加工和贮藏过程中的变化

食品在加工、贮藏过程中会经受加热、冷冻、干燥等物理方式和酸碱、氧化等各种化学方式的处理，这些处理会引起食品中蛋白质发生变化，其中有些变化对食品的营养价值、感官品质、质构特性及保质期是有利的，而有些变化则是不利的。

一、物理因素引起的功能性质变化

（一）热处理

热处理是最常用的食品加工方法，也是对蛋白质影响最大的处理方法，影响程度取决于热处理的时间、温度、湿度及有无氧化还原性物质等因素。

经温和的热处理（60～90℃，1h 或更短的时间）后，大多数食品蛋白质会发生变性，原来紧密的球状结构变得松散，易被消化酶作用，提高了消化率。同时，适度的热处理可以使食品中蛋白酶、脂酶、淀粉酶、脂肪氧合酶及多酚氧化酶等失活，避免食品在加工、贮藏期间产生不良色泽、气味和质构变化等。此外，适度的热处理可以破坏一些植物（如豆类、油料种子）中的蛋白质抗营养因子，提高蛋白质的消化率。

经受过度的热处理后，蛋白质会发生分解、交联及氨基酸分解、脱氨、脱硫、脱二氧化碳等反应，蛋白质的营养价值降低，甚至产生有毒有害物质。例如，高温加热畜肉、鱼，会使蛋白质发生交联，损失某些必需氨基酸，降低了它们的消化率和营养价值；高温烧烤肉类蛋白质中的色氨酸和谷氨酸残基可热解形成致癌和致突变的化合物。

（二）低温处理

低温处理是食品最常用的贮藏方法之一，主要包括冷藏（冷却）和冷冻（冻藏）2 类。

冷藏是将温度控制在稍高于冻结温度之上，使微生物生长、酶的活性及化学反应受到抑制，但此时蛋白质比较稳定，没有发生明显变化。

冷冻是将温度控制在低于冻结温度之下(一般为－18℃)。冷冻对蛋白质含量高的食品品质有重要影响。例如，肉类食品经冷冻、解冻处理后细胞被破坏，释放出来的酶可使蛋白质发生酶解，此外，蛋白质分子之间的不可逆结合代替了水和蛋白质间的结合，使蛋白质的保水性降低，质地变硬；鱼蛋白质很不稳定，冷冻和冻藏处理后肌球蛋白变性，与肌动蛋白反应，导致肉质变硬、持水性降低，这就是解冻后鱼肉变得干而强韧的原因之一。

（三）脱水处理

脱水干燥包括热风干燥、真空干燥、冷冻干燥及喷雾干燥等多种方式。食品经脱水干燥处理后，有利于贮藏和运输。但在脱水处理，尤其是过度脱水时，蛋白质的水化层被破坏，引起蛋白质分子大量聚集，同时蛋白质受到热、光和空气中氧的影响，会发生变性和氧化作用。

（四）机械处理

机械处理对食品中的蛋白质影响较大。例如，对蛋白质粉或蛋白质浓缩物充分研磨，能使之形成小的颗粒和大的比表面积，明显改善蛋白质的吸水性、溶解度、脂肪吸收能力及起泡性；在强剪切力作用下（如牛乳的均质），可使蛋白质聚集体（胶束）碎裂成亚基，改善了蛋白质的乳化能力；在空气水界面施加适当的剪切力，会引起蛋白质变性和聚集，有利于蛋白质泡沫的稳定，但是过度搅打（如过度搅打蛋清）则会引起蛋白质聚集，降低起泡力和泡沫稳定性；机械处理能促使蛋白质改变分子的定向排列、二硫键交换和蛋白质网络的形成，在面团或纤维形成过程中起着重要作用。

二、化学因素引起的功能性质变化

（一）氧化剂

食品加工过程中经常使用各种氧化剂，如用过氧化氢对牛奶进行杀菌、处理含黄曲霉毒素的谷物、改善鱼蛋白浓缩物的色泽等。

在使用氧化剂处理食品时，食品中的蛋白质也会受到影响。其中，含硫氨基酸残基和色氨酸残基对氧化反应最敏感，其次是酪氨酸和组氨酸。氨基酸的氧化主要发生在侧链 R 基。在有氧和光照的条件下，特别是在核黄素等天然光敏物存在的情况下，氧化反应最易发生。

（二）侧链修饰

对氨基酸残基进行侧链修饰（如酰化、烷基化、磷酸化、磺酸化、脱酰胺基、氧化及还原等），往往会造成氨基酸的极性及其所带电荷发生改变，这可能会导致蛋白质分子出现新的折叠、伸展和（或）与其他蛋白质分子聚集，从而使蛋白质的功能性发生改变。例如，利用乙酰化反应可以提高牛奶蛋白质的乳化性；在面筋蛋白质分子中引入磷酸或硫酸根后，提高其吸水性、胶凝性和成膜能力；在酸性环境中加热，可使麦谷蛋白中 30%的天冬酰胺和谷氨酰胺残基产生脱酰胺作用，提高蛋白质的溶解度和乳化性。

（三）共价交联

当有空气、氧化剂及氧化酶存在时，可促使蛋白质氨基酸残基中巯基氧化形成二硫键，这些反应的发生可提高面筋蛋白质的黏弹性。如果添加还原剂则会使二硫键断裂，但同时也会丧失蛋白的某些功能性质。

（四）酶处理

通过不同的酶处理后，蛋白质的功能性质会发生很大变化。例如，木瓜蛋白酶充分水解蛋白质，能提高蛋白质的溶解度，降低胶凝性、气泡性和乳化性；胰蛋白酶水解蛋白质，能改善蛋白质的表面性质；转谷氨酰胺酶通过催化转酰基反应在蛋白质的赖氨酸残基和谷氨酸残基之间形成新的共价键，改变了蛋白质分子的大小和流变学性质。

思政案例

优质蛋白食物

大豆蛋白富含人体 8 种必需氨基酸，并且比例与人体蛋白质相近，是一种高营养价值的优质蛋白。豆腐作为富含大豆蛋白的食材之一，惯常被烹饪成各种菜式出现于百姓餐桌。作为富有中国特色的一种传统食品，相传豆腐发明于西汉，淮南王在八公山炼丹时偶然以石膏点豆汁，发明了极受百姓喜爱的“豆腐”，距今已有 2000 多年的历史。这不禁让人感叹于古人的智慧，更为中国悠久的饮食文化感到自豪！现今，随着食品工业的发展和传统食品现代化工艺的革新，以葡萄糖酸内酯替代传统的石膏、卤水作凝固剂制得的内酯豆腐也逐渐进入了人们的生活。该法制得的内酯豆腐较传统豆腐产量更高、保水率更高、蛋白质流失更少，豆腐更加洁白细腻，有光泽，口感好，且保存时间更长。可见，食品科技的不断改革和创新是食品行业可持续发展的核心力量，也是当代食品人肩负的责任和担当。

本章小结

蛋白质的基本单位是氨基酸。组成蛋白质的常见氨基酸有 20 种，都是 α-氨基酸，为 *L* 构型，除甘氨酸外，均具有旋光性。氨基酸是两性电解质，不同氨基酸由于其所带的可解离基团不同，具有不同的等电点。

氨基酸的氨基和另一个氨基酸的羧基之间脱水形成肽键，氨基酸通过肽键相互连接而成的化合物称为肽，由几个至十几个氨基酸残基组成的肽链称为寡肽，更长的肽链称为多肽。

蛋白质是具有特定构象的大分子，可分为4个结构水平。一级结构指多肽链中氨基酸残基的排列顺序，主要靠肽键来维持其结构稳定性。二级结构是指多肽链主链骨架盘绕折叠所形成的有规律性的结构，不涉及侧链的构象，常见的有α螺旋、β折叠、β转角和无规则卷曲，主要靠氢键维持其结构稳定性。三级结构是在二级结构基础上形成的特定构象。四级结构是针对由多个亚基构成的蛋白质而言，其亚基在分子中的空间排布和作用方式。疏水作用是维持三、四级结构稳定的主要作用力，其次是范德瓦耳斯力、氢键、盐键及二硫键等。

蛋白质的结构与功能具有统一性。蛋白质的一级结构决定其高级结构，高级结构又是蛋白质发挥生物功能所必需的。如果蛋白质的高级结构被破坏，则其相应的功能也会随之发生改变，如变构现象和变性作用。但从根本上说，蛋白质的生物功能是由蛋白质的一级结构决定的，如果蛋白质的一级结构发生改变，蛋白质的生物功能会发生改变，如镰状细胞贫血。

蛋白质是亲水胶体，基于此，可采用透析和超滤的方法纯化蛋白质。但如果破坏蛋白质水化层和双电层，蛋白质便会沉淀析出。利用这些性质，可从某一蛋白质混合液中分离制备所需要的蛋白质。不同蛋白质具有不同的等电点，在等电点时，蛋白质的溶解度最小，可根据此特点分离蛋白质。蛋白质受到某些物理或化学因素作用，次级键被破坏，其天然构象解体，发生变性。但去除变性因素，有的蛋白质仍能恢复原来的构象和功能，称为复性。

根据蛋白质的分子大小不同、形状不同、在一定的pH条件下所带的电荷性质不同等，也可采用凝胶层析、离子交换层析及SDS-聚丙烯酰胺凝胶电泳等方法分离纯化蛋白质。

食品在加工、贮藏过程中会经受加热、冷冻、干燥等物理方式和酸碱、氧化等各种化学方式的处理，这些处理会引起食品中蛋白质发生变化，其中有些变化对食品的营养价值、感官品质、质构特性及保质期是有利的，而有些变化则是不利的。

思考题

1. 构成蛋白质的元素主要有哪几种？用凯氏定氮法测得0.5g某啤酒大麦中含氮量为8mg，那么该大麦的粗蛋白含量为多少？

2. 天然氨基酸在结构上有何特点？氨基酸是否都含有不对称碳原子？是否都具有旋光性质？写出各氨基酸的结构式及三字母缩写符号。

3. 什么是氨基酸等电点？如果某氨基酸溶于pH为7的纯水中，所得到氨基酸溶液的pH为6，那么该氨基酸的等电点大于6、等于6还是小于6？

4. 简述蛋白质的一级结构、二级结构、三级结构及四级结构的特点。

5. 简述超二级结构、结构域及三级结构的相同点和不同点。

6. 举例说明蛋白质结构与功能的关系。

7. 常用的测定蛋白质相对分子质量的方法有哪几种？分别说明其原理。

8. 蛋白质的胶体溶液稳定性与哪些因素有关？

9. 什么是蛋白质变性？其本质是什么？

10. 蛋白质的沉淀方法有哪些？

11. 简述蛋白质分离纯化的常用方法。

12. 蛋白质在加工贮藏过程中可能会发生哪些变化？

部分参考答案

第六章 核酸化学

核酸（nucleic acid）是由许多核苷酸聚合成的生物大分子化合物，是生命最基本的组成物质之一，存在于所有动物、植物及微生物细胞内。生物体内核酸常与蛋白质结合形成核蛋白。核酸是生物体的遗传物质基础，担负着生命信息的贮存与传递功能。

自然界中存在的核酸可分成两类：一类是脱氧核糖核酸（deoxyribonucleic acid，DNA）；另一类是核糖核酸（ribonucleic acid，RNA）。DNA 主要分布在细胞核内，少量存在于线粒体、叶绿体中，是绝大多数生物的遗传物质；RNA 主要分布在细胞质中，少量存在于细胞核内。RNA 是少数不含 DNA 的病毒（如烟草花叶病毒、流感病毒、SARS 病毒等）的遗传物质。

1868 年，瑞士青年科学家 Miescher 从脓细胞的细胞核中分离得到了一种含磷很高的酸性化合物，称之为核素（nuclein），即现在所指的核蛋白。Miescher 因此被认为是细胞核化学的创始人和 DNA 发现者。1889 年，Altmann 经过分离纯化得到了不含蛋白质的核酸制品后，首次提出了“核酸”（nucleic acid）的概念。核酸的发现给生物学家带来了巨大的希望，推测染色质与核素是同一种物质，可作为遗传的物质基础。但在一段时间内，核酸的研究偏离了正确的方向。Kossel 及其同事首先分离出了核酸中的腺嘌呤和胸腺嘧啶，却认为蛋白质是决定染色体功能的主要物质，Levene 提出的“四核苷酸假说”认为核酸只是一种简单的高聚物，导致早期的生物学家们对核酸的研究失去了应有的关注。直到 1944 年，Avery 进行了肺炎球菌的遗传转化实验，证明了 DNA 是遗传物质，动摇了“基因是蛋白质”的理念。1952 年，Hershey 和 Chase 采用同位素标记技术，对噬菌体的 DNA 和蛋白质外壳进行了研究，直接证实了 DNA 是主要的遗传物质。1953 年，Watson 和 Crick 提出 DNA 双螺旋结构模型，为生命科学的飞速发展奠定了基础。1981 年，Cech 经过对四膜虫的研究，发现 RNA 具有催化功能，对“酶一定是蛋白质”的传统观念是一次大的冲击。如今，核酸研究已成为生物化学与分子生物学研究核心和前沿，其研究成果改变了生命科学的面貌，也促进了生物技术的迅猛发展。伴随着功能基因组学这门学科的诞生，科学家们已将研究重心转移到整体水平上对基因组功能的研究。

第一节 核酸的化学组成

核酸的基本组成单位是核苷酸。几十个至几千万个核苷酸聚合在一起形成长链，即核酸。核酸完全降解可以释放出等摩尔量的含氮碱基、戊糖及磷酸基团，具体如下所示。

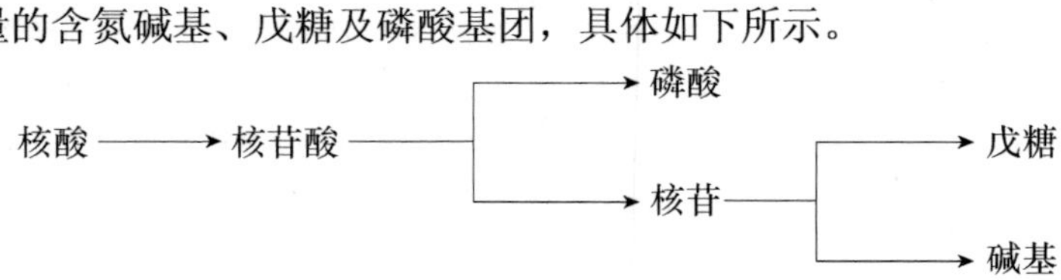

一、碱基

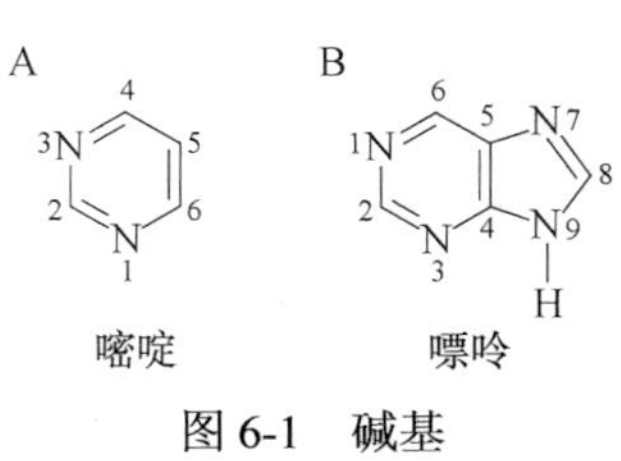

图 6-1 碱基

构成核苷酸的碱基分为嘌呤（purine）和嘧啶（pyrimidine）2 类。嘧啶是含有 2 个氮原子的六元杂环化合物，如图 6-1A 所示，嘧啶环中原子的顺序按顺时针方向进行排序。嘌呤由嘧啶环与咪唑环合并而成，嘌呤环中 9 个原子的排列顺序如图 6-1B 所示。应用 X 射线衍射分析法已证明了各种嘌呤和嘧啶的三维空间结构。嘌呤和嘧啶环很接近平面，但稍有挠折。由于含有芳香性杂环的结构，嘌呤和嘧啶均具有较强的紫外吸收光值，这个特性有利于对核酸进行定量或定性分析。

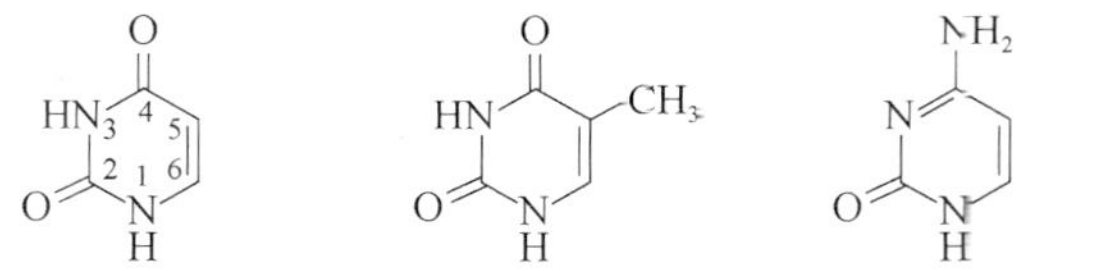

尿嘧啶 (2, 4-二氧嘧啶)　胸腺嘧啶 (2, 4-二氧-5-甲基嘧啶)　胞嘧啶 (2-氧-4-氨基嘧啶)

图 6-2 嘧啶

（一）嘧啶

核酸中含有的嘧啶碱基是胞嘧啶（2-氧-4-氨基嘧啶，C）、尿嘧啶（2,4-二氧嘧啶，U）和胸腺嘧啶（2,4-二氧-5-甲基嘧啶，T）（图 6-2）。其中，DNA 中含有胞嘧啶和胸腺嘧啶，RNA 中含有胞嘧啶和尿嘧啶。它们均在嘧啶环的第 2 位碳原子上有酮基，不同点是胞嘧啶在第 4 位碳原子上有氨基，尿嘧啶在第 4 位碳原子上有酮基，而胸腺嘧啶除了在第 4 位碳原子上有酮基外，在第 5 位碳原子上有一个甲基。

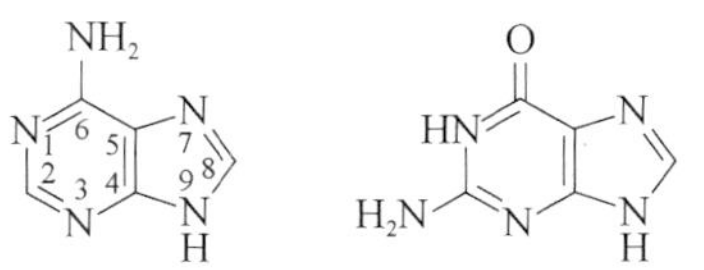

腺嘌呤 (6-氨基嘌呤)　鸟嘌呤 (2-氨基-6-氧嘌呤)

图 6-3 嘌呤

（二）嘌呤

核酸中的嘌呤主要有 2 种：腺嘌呤和鸟嘌呤。在腺嘌呤的第 6 位碳原子上有一个氨基，鸟嘌呤的第 6 位碳原子上有一个酮基，在第 2 位碳原子上有一个氨基（图 6-3）。

有酮基的嘧啶或嘌呤（胞嘧啶、尿嘧啶、胸腺嘧啶、鸟嘌呤）在溶液中可以发生酮式和烯醇式的互变异构；有氨基的嘧啶或嘌呤在溶液中可以发生氨基式和亚氨基式的互变异构（图 6-4）。

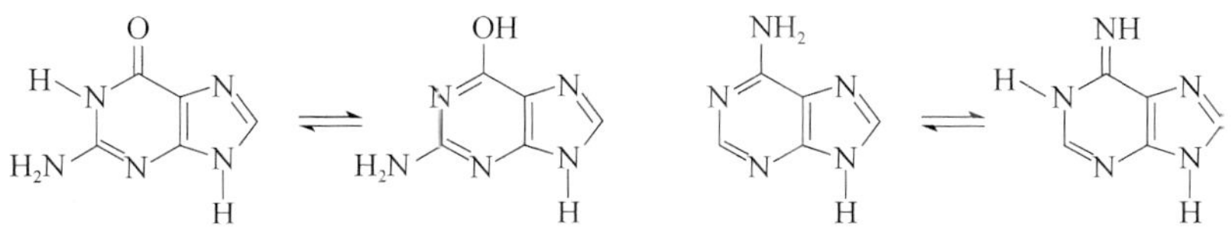

酮式 (99.99%)　烯醇式 (0.01%)　氨基式 (99.99%)　亚氨基式 (0.01%)

图 6-4 碱基互变异构的 2 种形式

（三）稀有碱基

除上述常见的碱基外，自然界中还存在着许多其他的嘧啶和嘌呤碱基，又称修饰碱基（modified base）或稀有碱基（unusual base），是上述 5 种碱基被一些化学基团（如甲基化、甲硫基化等）修饰后的衍生物。一般这些碱基在核酸中含量稀少，在各种类型的核酸中分布也不均一。例如，DNA 中的修饰碱基主要见于噬菌体 DNA，RNA 中以 tRNA 含修饰碱基最多，这些碱基在生物体内具有重要的生理功能。图 6-5 给出了部分稀有碱基的结构。

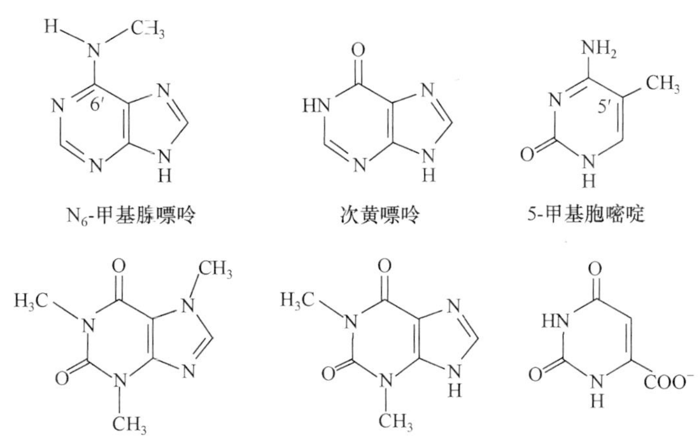

N_6-甲基腺嘌呤　次黄嘌呤　5-甲基胞嘧啶

咖啡因　茶碱　乳清酸

图 6-5 部分稀有碱基的结构图

二、戊糖

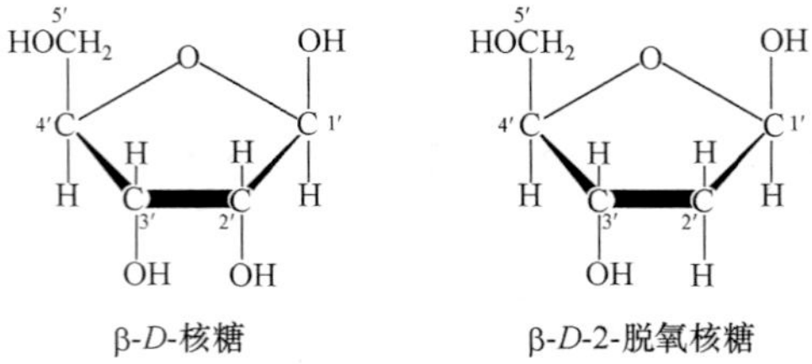

图 6-6 核糖和脱氧核糖的结构图

核酸分子中的戊糖有 2 种，RNA 分子中的戊糖为核糖（*D*-核糖），DNA 分子中的戊糖为脱氧核糖（*D*-2-脱氧核糖）（图 6-6）。核糖和脱氧核糖的主要区别就在于脱氧核糖 C2′连接的是一个氢原子，而不是羟基。出现在核苷酸中的核糖或脱氧核糖的构型都是 β 型，即异头碳上的羟基是向上的。在核苷酸中，为了和含氮碱基中原子的编号区别开来，在呋喃环上各原子编号的阿拉伯数字后需加“′”，即用 1′、2′、3′、…来表示戊糖原子的顺序。

三、核苷

碱基与戊糖通过 β-*N*-糖苷键连接形成核苷。嘌呤类核苷是由嘌呤环上的 N9 与戊糖的 C1′连接，嘧啶类核苷是由嘧啶环上的 N1 与戊糖的 C1′连接。核苷的名称都来自它们所含碱基的名称，如含有腺嘌呤的核糖核苷就称为腺嘌呤核苷，简称腺苷；含有腺嘌呤的脱氧核糖核苷就称为脱氧腺嘌呤核苷，简称脱氧腺苷；含有鸟嘌呤、胞嘧啶和尿嘧啶的核苷则分别称为鸟苷、胞苷和尿苷。图 6-7 中列出了一些主要的核糖核苷和脱氧核糖核苷的结构。

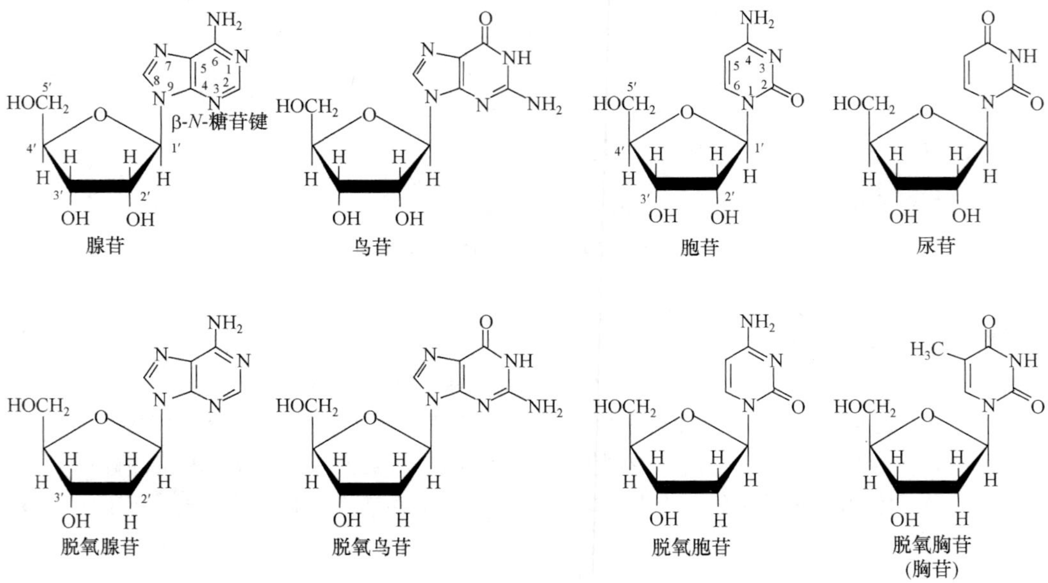

图 6-7 主要的核苷结构图

肌苷为 *D*-核糖与次黄嘌呤通过 β-糖苷键连接形成的化合物（图 6-8）。肌苷是核酸中嘌呤组分的代谢中间产物，它适用于各种原因引起的白细胞减少症、血小板减少症、各种心脏疾患、急性及慢性肝炎及肝硬化等的防治。

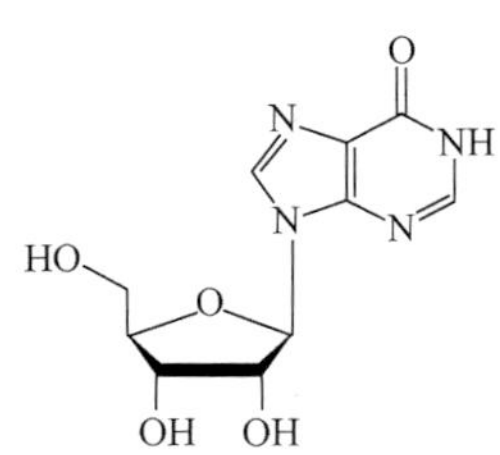

图 6-8 肌苷的结构图

四、核苷酸

核苷中戊糖的羟基和磷酸缩合而成的磷酸酯称为核苷酸。根据所含戊糖的不同，可将核苷酸分为两大类：核糖核苷酸和脱氧核糖核苷酸。

核糖核苷的糖环上在 C2′、C3′、C5′的位置含有 3 个自由羟基，能形成 2′-核糖核苷酸、3′-核糖核苷酸、5′-核糖核苷酸。脱氧核糖核苷的糖环上在 C3′、C5′含有 2 个自由羟基，能形成 3′-脱氧核糖核苷酸和 5′-脱氧核糖核苷酸。图 6-9 给出了 DNA 和 RNA 中的各种核苷酸，它们都是相应核苷的 5′-磷酸酯。在自然界中出现的核苷酸，磷酰基通常都是连接在 5′-羟基的氧原子上，因此不作特别指定时，提到的核苷酸指的都是 5′-磷酸酯。

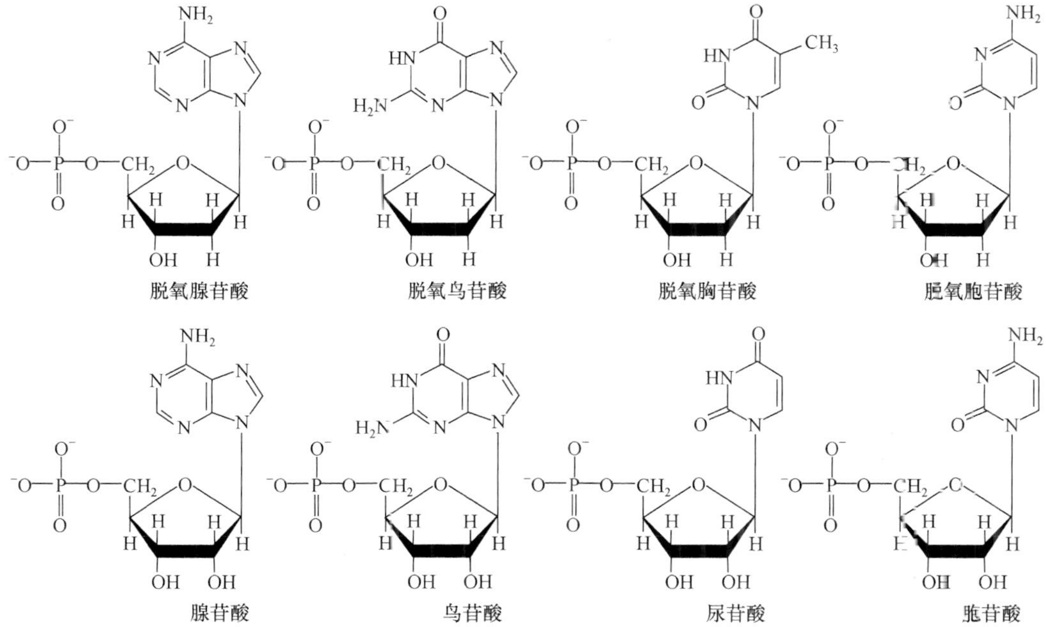

图 6-9 各种核苷酸的结构图

只含有 1 个磷酸基团的核苷酸称为核苷一磷酸（NMP，dNMP），N 表示核苷的种类。继续被磷酸化，可以产生相应的核苷二磷酸（NDP，dNDP）和核苷三磷酸（NTP，dNTP）。

5′-核苷酸是生物体内大部分游离核苷酸主要的存在形式，2′-核苷酸和 3′-核苷酸为 RNA 降解过程中重要的产物。

五、核苷酸的衍生物

细胞内游离存在的核苷酸多是 5′-核苷酸。因为含有丰富的能量，5′-核苷二磷酸（nucleoside 5′-diphosphate）和 5′-核苷三磷酸（nucleoside 5′-triphosphate）参与体内多种物质代谢过程，如腺苷三磷酸（ATP）参与糖类、蛋白质及脂肪等分解和合成代谢过程，鸟苷三磷酸（GTP）参与蛋白质的合成过程，胞苷三磷酸（CTP）参与磷脂的合成过程。图 6-10 为高能磷酸化合物 ATP 的形成过程。

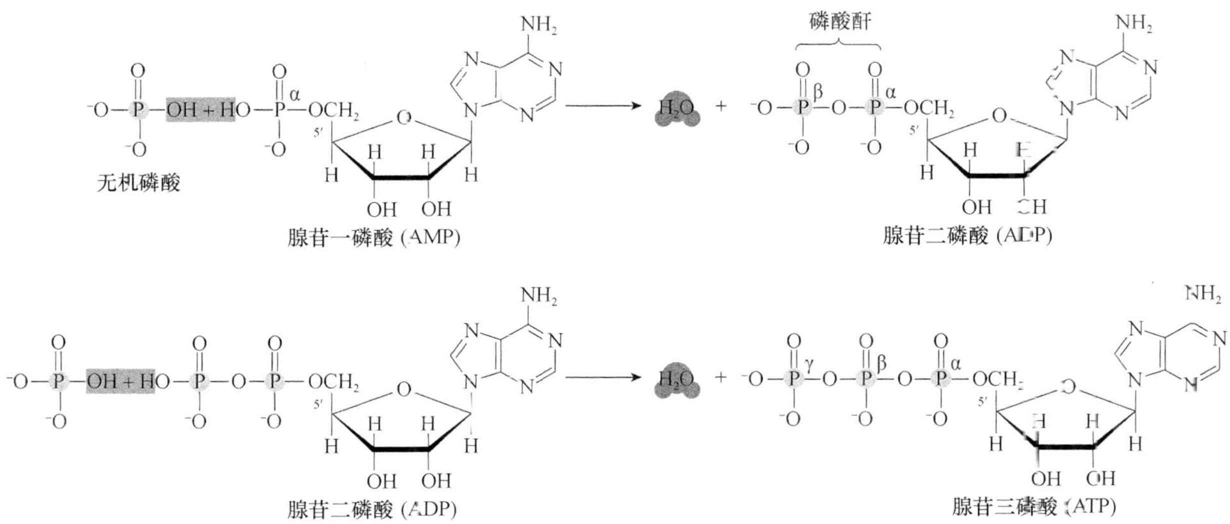

图 6-10 高能磷酸化合物的形成过程

值得注意的是体内还有一些参与代谢的辅酶与核苷酸密切相关。例如，辅酶Ⅰ（NAD^+）、辅酶Ⅱ（$NADP^+$）、辅酶 A（CoA）及黄素腺嘌呤二核苷酸（FAD）等的组成中都含有腺苷酸。核苷酸还可以形成活化形式，成为多种代谢中间物的载体，如尿苷二磷酸葡萄糖（UDP-葡萄糖）是合成糖原、糖蛋白的活性原料。此外，细菌中还有鸟苷四磷酸（ppGpp）和鸟苷五磷酸（ppGppp）的存在。ppGpp 在氨基酸匮乏、蛋白质合成降低时生成，它能抑制蛋白质合成中 rRNA 和 tRNA 的合成，防止核酸的不必要生成。

生物体内还有许多重要的核苷酸衍生物以环状结构的形式存在，作为细胞功能的调节分子和信号分子发挥作用，如环腺苷酸（cyclic adenosine monophosphate，cAMP）和环鸟苷酸（cyclic guanosine monophosphate，cGMP）可作为第二信使在信号传递过程中发挥重要作用（图 6-11）。

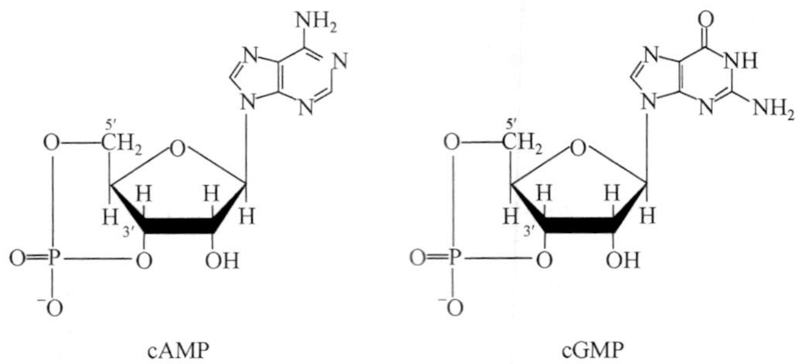

视频 cAMP

图 6-11　核苷酸衍生物 cAMP 和 cGMP 的结构图

第二节　DNA 的结构与功能

一、DNA 的一级结构

DNA 是由 4 种脱氧核糖核苷酸通过 3′,5′-磷酸二酯键连接起来的线形或环形多聚体（图 6-12A）。它的相对分子质量非常大，通常一个染色体就是一个 DNA 分子，最大的染色体 DNA 可超过 10^8bp。DNA 的一级结构就指多聚脱氧核苷酸链中的脱氧核苷酸排列顺序。由于脱氧核糖中 C2′上不含羟基，C1′又与碱基相连接，所以唯一可以形成的键是 3′,5′-磷酸二酯键，所以 DNA 是无支链的线性分子。但原核细胞染色体 DNA、质粒 DNA 及真核细胞细胞器 DNA 都是环状。

DNA 链存在两个末端，即 3′端和 5′端。3′端含游离羟基，5′端含磷酸基。DNA 的一级结构按照 5′→3′方向进行书写。图 6-12B 为竖线式缩写，其中竖线代表脱氧核糖的碳链，A、C、T、G 代表不同的碱基，P 代表磷酸基，由 P 引出的斜线一端与 C5′相连，另一端与 C3′相连。图 6-12C 为文字式缩写，p 代表磷酸基，p 在碱基左侧，表示 p 在 C5′位置上。p 在碱基右侧，表示 p 与 C3′相连。有时，多聚脱氧核苷酸链中磷酸二酯键上的 p 也可省略，而写成…pA-C-T-G…。这两种写法对 DNA 和 RNA 分子都适用。

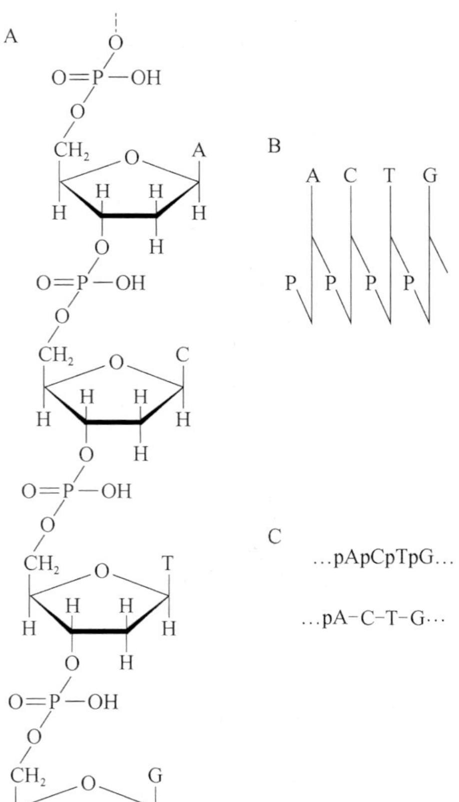

图 6-12　DNA 的一个小片段及缩写式

A. DNA 中多核苷酸链的一个小片段；B. 竖线式缩写；C. 文字式缩写

二、DNA 的空间结构

（一）DNA 的二级结构

1. 研究背景　Chargaff 等科学家在 20 世纪 40 年代测定各种生物 DNA 的碱基组成发现，DNA 碱基组成有物种特异性，不同科的 DNA 碱基组成不同；而同一种生物不同组织和器官的 DNA 碱基组成是一样的，不受生长发育、营养状况及环境条件的影响。1950 年 Chargaff 总结出 DNA 碱基组成的规律，称为"Chargaff 法则"。其主要内容如下：①DNA 的腺嘌呤和胸腺嘧啶的物质的量相等，即 A=T；②鸟嘌呤和胞嘧啶的物质的量相等，即 C=G；③嘌呤的总数等于嘧啶的总数，即 A+G=T+C。"Chargaff 法则"是 DNA 双螺旋空间结构成功提出的重要基础，同时，也为解释 DNA 中的遗传信息从亲代向子代的传递过程提供了基础。

2. DNA 双螺旋结构模型 20 世纪 50 年代，Franklin 和 Wilkins 采用 X 射线晶体衍射法来分析 DNA 纤维，并获得了高质量的衍射图谱（图 6-13）。从这张图谱可以得出 DNA 分子是由 2 条螺旋的核苷酸链构成，为进一步研究分析 DNA 的结构提供了基础。

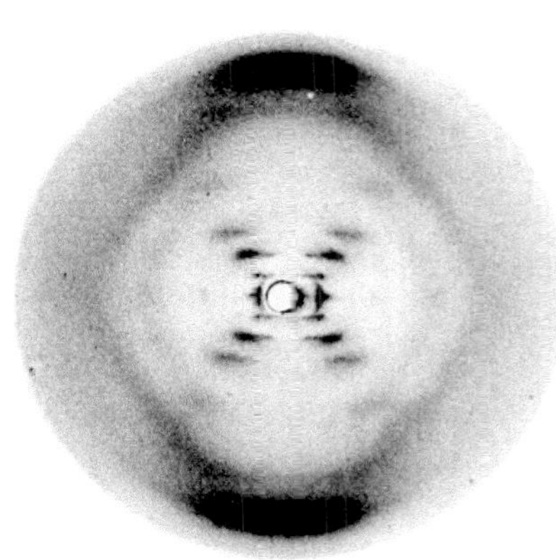

图 6-13 DNA 纤维 B 型结构的 X 射线衍射图

1953 年，Watson 和 Crick 提出了 DNA 的空间结构——双螺旋结构模型（图 6-14），该模型特征如下所述。

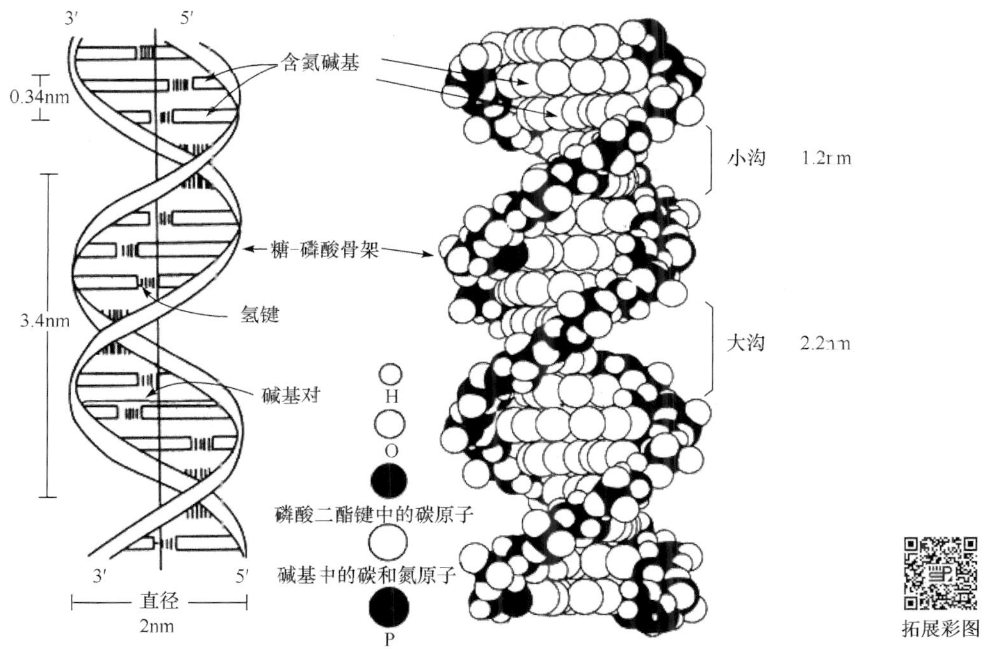

图 6-14 DNA 双螺旋结构图

（1）两条反向平行的多核苷酸链围绕同一中心轴缠绕，形成一个右手的双螺旋。一条链上的碱基通过氢键与另一条链上的碱基连接，形成碱基对。G 与 C 配对，二者之间形成 3 个氢键；A 与 T 配对，二者之间形成 2 个氢键，这种碱基之间的相互匹配称为碱基互补。因此，当一条核苷酸链的碱基确定以后，即可推知另一条互补核苷酸链的碱基序列。DNA 复制、转录及逆转录的分子基础都是碱基互补原则。

（2）两条链上的嘌呤与嘧啶碱基位于双螺旋的内侧，它们的疏水性和近似平面的环状结构使其紧密叠在一起，碱基平面与螺旋的纵轴垂直；交替的脱氧核糖和带负电的磷酸基团形成的骨架位于双螺旋的外侧，糖环的平面与纵轴平行。

（3）双螺旋的平均直径为 2nm（实测为 2.37nm），相邻碱基对的距离为 0.34nm（实测为 0.33nm），螺旋长轴的每一螺旋约含有 10（实测为 10.4）个碱基对，其螺距为 3.4nm。

（4）由于碱基对的堆积和糖-磷酸骨架的扭转，导致螺旋的表面形成两条不等宽的沟。宽的、深的沟称大沟；窄的、浅的称小沟。在这些沟内，碱基对的边缘是暴露给溶剂的，所以与特定碱基对有相互作用的分子可以通过这些沟去识别碱基对，而不必将螺旋破坏。这对于与 DNA 结合，并"读出"特殊序列的蛋白质是特别重要的。

按照上述模型，双螺旋结构对链上核苷酸排列顺序并无任何限制，因此 DNA 分子中核苷酸的排列方式可以是千变万化的，但是每一种生物的 DNA 都具有自己特异的核苷酸序列。

在生理条件下，DNA 分子是稳定的。维持 DNA 双螺旋结构稳定性的主要作用力是碱基堆积力、氢键和离子键。疏水的嘌呤碱基和嘧啶碱基避开溶剂埋于双螺旋内部而形成的碱基堆积力（范德瓦耳斯力）是使 DNA 结构稳定的最主要作用力。其次，碱基对之间的氢键也是稳定双螺旋 DNA 的力。此外，DNA 双螺旋骨架中带有负电荷的磷酸基团的静电排斥力可能造成双螺旋的不稳定，然而通过磷酸基团与阳离子（特别是 Mg^{2+}）或带正电荷的组蛋白之间形成静电作用可以降低这种排斥力。

3. DNA 双螺旋结构的多态性 上述 DNA 双螺旋结构模型为 B-DNA，它是生理条件下最稳定的构象，大多数 DNA 都是以非常类似于标准 B-DNA 构象的形式存在的。除此之外，还存在着 A-DNA 和 Z-DNA。表 6-1 列出了这 3 种类型 DNA 的结构特点。

表 6-1 A-DNA、B-DNA 和 Z-DNA 的主要结构特点

结构特点	A-DNA	B-DNA	Z-DNA
螺旋方向	右手	右手	左手
每一碱基对旋转角度	32.7°	34.6°	30.0°
每一螺旋的碱基对数	≈11.0	≈10.4	≈12.0
碱基对相对螺旋轴的倾斜角度	19.0°	1.2°	9.0°
每一碱基对沿螺旋轴上升的距离	0.23nm	0.33nm	0.38nm
螺距	2.46nm	3.40nm	4.56nm
螺旋直径	2.46nm	2.37nm	1.84nm

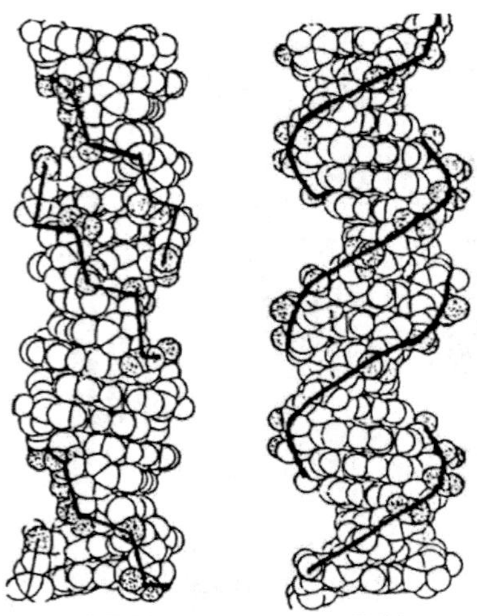

图 6-15 Z-DNA 与 B-DNA 结构模型比较

A-DNA 主要存在于含盐浓度较高的溶液环境中，它和 B-DNA 一样，两条链均以右手螺旋的形式进行盘绕。A-DNA 两条链盘绕形成的螺旋较 B-DNA 宽，每个螺旋所含的碱基对约为 11 对，B-DNA 约为 10 对。A-DNA 中，碱基对形成的平面与中心轴之间的倾角为 19°。A-DNA 的这种构象使螺旋表面存在的大沟更深，小沟较浅。

Z-DNA 与 B-DNA 构象之间存在着显著的区别（图 6-15），Z-DNA 两条链的盘绕方向为左手螺旋。每个螺旋约有 12 个碱基对，总体看起来，Z-DNA 较 B-DNA 更长一些，更瘦一些。DNA 的磷酸和戊糖形成的骨架呈之字状（由此而得名 Z-DNA）。以鸟嘌呤和胞嘧啶碱基交替出现的 DNA 链，更容易形成 Z 型 DNA。Z 型 DNA 的大沟较为平坦，而小沟较窄、较深。

1963 年，Hoogsteen 首先发现了 DNA 链三股螺旋的存在。在这种结构中，第三股链通常结合在 DNA 双螺旋中形成的大沟处，碱基与双螺旋中配对的碱基再通过氢键形成 Hoogsteen 碱基配对。常见的三股螺旋有铰链 DNA（hinged DNA，H-DNA），是位于分子内的多聚嘧啶或多聚嘌呤核苷酸通过镜像重复折叠形成的三股螺旋。H-DNA 主要位于基因表达调控的重要位点，具有重要的生物学意义。

（二）DNA 的三级结构——超螺旋结构

DNA 超螺旋结构是在二级结构基础上，进一步扭曲盘绕形成的特定构象，即超螺旋（supercoil）。当 DNA 分子在溶液中以一定构象自由存在时，双螺旋处于能量最低的状态，此为松弛态。如果使这种正常的 DNA 分子额外地多转几圈或者少转几圈，就会使双螺旋中存在张力。若 DNA 分子的两端是固定的或者是环状的，这种额外的张力不能够被释放，DNA 分子就会发生进一步扭曲，用以抵消张力。如果沿着原右手螺旋的方向使双链 DNA 一端继续旋紧（即“上劲”），DNA 会自动形成额外左手螺旋，称为正超螺旋（positive supercoil）；相反则形成额外右手螺旋，称为负超螺旋（negative supercoil）（图 6-16）。生物体内大多数 DNA 分子都是负超螺旋结构，而正超螺旋 DNA 在自然界还没有发现。负超螺旋也可以通过 DNA 的局部解旋消除。局部解旋在DNA复制和转录的起始期间是非常重要的。

真核细胞DNA分子与组蛋白结合后形成串珠状的染色质，它的基本结构单位是核小体（nucleosome），每个核小体包括2个H2A、2个H2B、2个H3、2个H4和大约200个DNA碱基对。H1、H2A、H2B、H3和H4这5种组蛋白都是碱性蛋白，因为它们含有大量的赖氨酸和精氨酸残基，所以在生理条件下都带有正电荷，促进了组蛋白与带负电荷DNA的糖-磷酸骨架结合。组蛋白形成一个有组织的八聚体蛋白质复合体，而DNA缠绕在蛋白质复合体的外面，大约缠绕1.75圈，有146个碱基对的DNA处于与组蛋白复合体紧密结合的状态，形成一个核小体核心颗粒。核心颗粒之间由双螺旋DNA连成串珠样，大约有54个碱基对长。第5个组蛋白H1既与连接DNA结合，又和核小体核心颗粒结合（图6-17）。与伸展开的B-DNA相比，DNA包装成核小体后，长度被压缩了10倍。而串珠样的核小体核心颗粒本身可以卷曲成一个螺旋管状，产生一种30nm纤维结构。这种纤维结构可以形成大的环，附着在RNA-蛋白质的支架上，进一步形成超螺旋。超螺旋还可形成附加的额外超螺旋，使得DNA一步一步地被压缩，最终形成染色体。

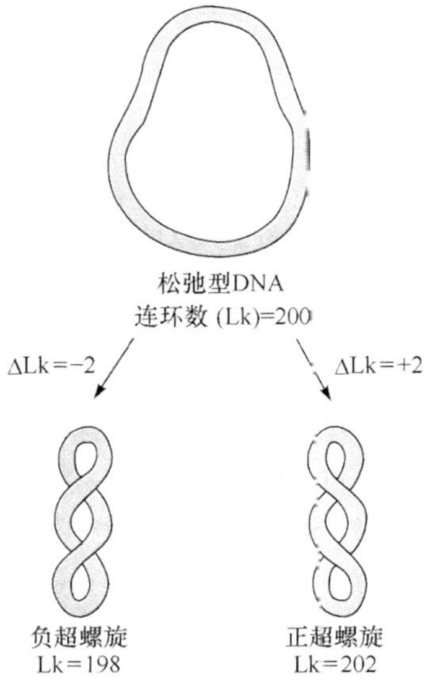

图6-16 超螺旋DNA形成图

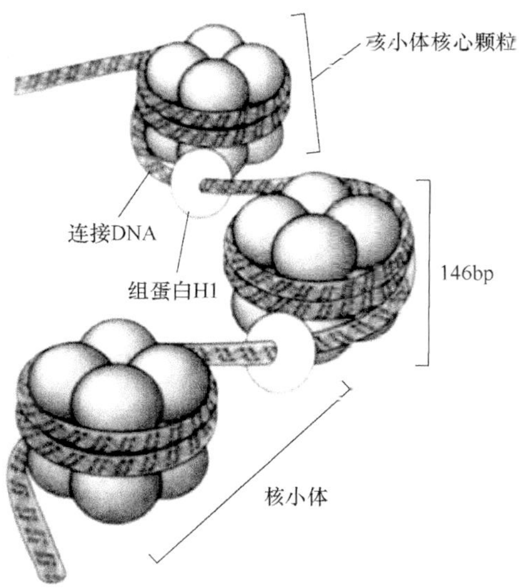

图6-17 核小体的结构

三、DNA的生物学功能

DNA是遗传物质，是遗传信息的载体。尽管细胞学的证据早就提示DNA可能是遗传物质，但直接证明DNA是遗传物质的证据来自Avery于1948年完成的细菌转化实验。间接的证据包括：①DNA分布在染色体内，是染色体的主要成分，而染色体是直接与遗传有关的；②细胞核内DNA含量十分稳定，而且与染色体数目的多少有平行关系，体细胞（双倍体）DNA含量为生殖细胞（单倍体）DNA含量的2倍；③DNA在代谢上较稳定，不受营养条件、年龄等因素影响；④可作用于DNA的一些物理因素和化学因素，如紫外线、X射线、氮芥等都可以引起遗传特性的改变。

1944年Avery等第一次证明了DNA是细菌的转化因子。这项研究在分子遗传学上有极其重要的意义。Avery从光滑型肺炎球菌（有荚膜，菌落光滑）分别提取DNA、蛋白质及多糖物质，并分别与粗糙型肺炎球菌（无荚膜，菌落粗糙）一起培养，发现只有DNA能使一部分粗糙型细菌转变成为光滑型，而且转化率与DNA的纯度有关，DNA越纯，转化率越高。若将DNA事先用脱氧核糖核酸酶降解，转化作用就不复存在。这一实验有力地说明了DNA是转化因子。这种将从一个供体菌得到的DNA通过一定途径授予另一种细菌从而使后者（受体菌）的遗传特性发生改变的作用称为转化作用（transformation）。转化作用的实质是外源DNA与受体细胞基因组间的重组，使受体细胞获得新的遗传信息。近年来已将转化作用应用于分子生物学的各个领域。

第三节 RNA的结构与功能

DNA主要存在于细胞核中，而蛋白质的合成过程主要发生在细胞质中的核糖体内，遗传信息需要从细胞核向细胞质中进行转运。20世纪50年代，研究者们发现在细胞核和细胞质中都存在RNA，而且伴随着细胞质中RNA量的增加，蛋白质合成的量也相应增加。这些发现让研究者们相信RNA具有储存和传递遗传信息的功能。

RNA通常是线性单链分子，可通过链内互补区域的配对形成局部双螺旋（二级结构），再折叠形成三级结构。

生物体内存在4类RNA，即转运RNA（tRNA）、核糖体RNA（rRNA）、信使RNA（mRNA）和小分子RNA。近年来人类发现许多不同种类的小分子RNA，其中最为重要的是干扰小RNA（siRNA）和微RNA（microRNA）。这些小分子RNA存在于所有细胞中，能够调控某些基因的表达模式，从而控制细胞的生长发育并决定细胞分化的组织类型。本节主要介绍mRNA、tRNA、rRNA。

一、mRNA

1961年，Jacob和 Monod将负责从DNA向核糖体转运遗传信息的物质称为信使RNA，也叫作mRNA。mRNA为蛋白质合成过程中氨基酸的排列顺序提供了模板。

因为非编码区的存在，mRNA分子大小差别很大，在不同组织和细胞中，种类也不一样。mRNA分子的长度主要由与其相对应的基因长度来决定。

（一）原核生物的mRNA

在原核生物中，1条mRNA分子可以编码1条或多条肽链的遗传信息。如果它携带的遗传信息编码的是1条多肽链，则称为单顺反子；如果携带的遗传信息可以编码2条或2条以上的多肽链，则称为多顺反子（图6-18）。

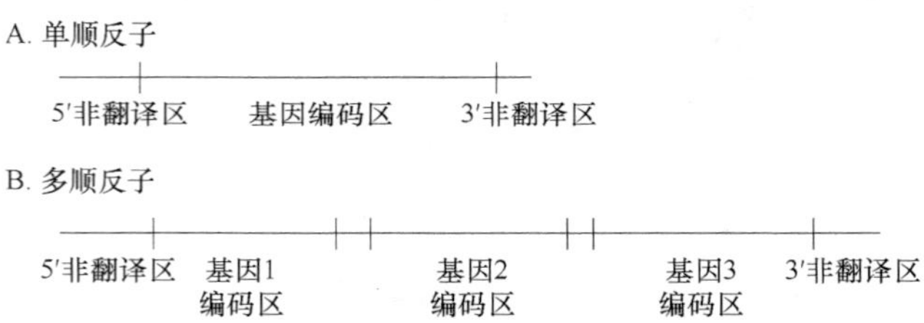

图6-18 细菌mRNA（引自朱圣庚等，2017）

原核生物mRNA的半衰期很短，这是因为原核生物基因的转录与翻译过程是紧密相连的，mRNA的降解紧随着蛋白质翻译过程发生。当一个mRNA的5′端开始降解时，其3′端的部分可能还仍在合成或者被降解。

（二）真核生物的mRNA

在真核生物中，几乎所有的mRNA均是单顺反子，只包含1个蛋白质的信息。其一级结构的通式见图6-19，依次为5′端的帽子结构、5′非翻译区、编码区、3′非翻译区、3′端多聚腺苷酸［polyadenylic acid，poly（A）］的尾巴。其中，3′端多聚腺苷酸的尾巴是指绝大多数真核细胞mRNA的3′端都具有的poly（A）尾巴序列，该尾巴序列的长度因mRNA的种类不同而变化，一般为40～200个聚腺苷酸。poly（A）是在转录后经poly（A）聚合酶［poly（A）polymerase］的作用添加上去的。poly（A）聚合酶专一作用于mRNA，对rRNA和tRNA无作用。poly（A）尾巴可能与mRNA从细胞核到细胞质的运输有关。它还可能与mRNA的半衰期有关，新生mRNA的poly（A）较长，而衰老mRNA的poly（A）较短。真核生物mRNA 5′端

图6-19 真核生物mRNA（引自朱圣庚等，2017）

连接着由 7-甲基鸟苷三磷酸（7-methylguanosine triphosphate）形成的帽子结构。在蛋白质合成过程中，帽子结构的存在可使 mRNA 免遭核酸酶的破坏，保证其稳定性。同时，有助于核糖体对 mRNA 的识别和结合，使翻译得以正确开始。

二、tRNA

tRNA 在蛋白质生物合成过程中具有转运氨基酸和识别密码子的作用。合成蛋白质的氨基酸有 20 种，每一种氨基酸都有其相应的一种或几种 tRNA。在 tRNA 的单链中有 73～94 个核苷酸，而所有种类的 tRNA 都有十分相似的二级结构和三级结构。tRNA 的二级结构都呈三叶草形（图 6-20），结构十分稳定。该结构由氨基酸臂（amino acid arm）或受体臂（acceptor arm）、二氢尿嘧啶环（dihydrouracil loop，D 环）、反密码子环（anticodon loop）、额外环（extra loop）或可变环（variable loop）和胸苷-假尿苷-胞苷环（TψC 环）等 5 个部分组成。其中，氨基酸臂含有 7 对碱基，5′端为磷酸基，3′端为 CCA—OH，可接受活化的氨基酸。D 环由 8～12 个核苷酸组成，含有 2 个二氢尿嘧啶，由 3～4 对碱基的双螺旋区构成茎。反密码子环由 7 个核苷酸组成，中间 3 个核苷酸为反密码子，可以识别 mRNA 上的密码子，其茎含 5 对碱基。额外环大小不等，故又称为可变环，常由 3～18 个核苷酸组成。TψC 环（T 环）由 7 个核苷酸组成，其茎也含 5 对碱基。

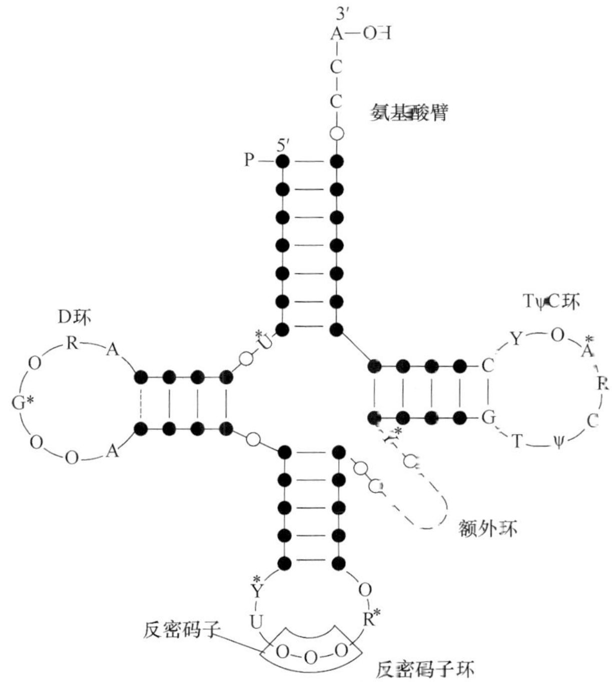

图 6-20 tRNA 三叶草形二级结构

R 表示嘌呤核苷酸；Y 表示嘧啶核苷酸；ψ 表示假尿苷；*表示修饰碱基；●表示螺旋区碱基；O 表示不配对碱基

1973～1975 年，S. H. Kim 用高分辨率（0.3nm）X 射线衍射技术分析了 tRNA 晶体，测定了酵母苯丙氨酸 tRNA 的空间结构，提出了倒 L 形的三级结构（图 6-21）。其后发现所有的 tRNA 折叠后均形成大小及三维构象相似的倒 L 形结构，氨基酸臂位于 L 形分子的一端，反密码子环则位于相反的一端，这样的结构更为紧凑稳定，还有利于携带氨基酸的 tRNA 进入核糖体的特定部位。

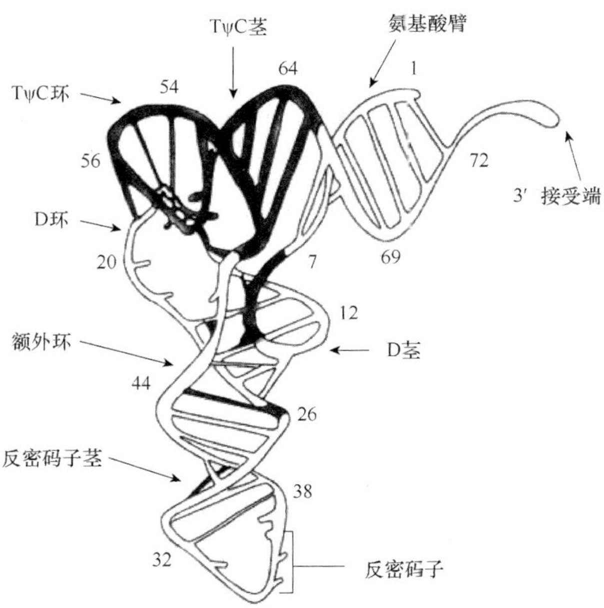

图 6-21 酵母苯丙氨酸 tRNA 的三级结构

三、rRNA

rRNA 是核糖体的组成成分，参与构成核糖体的骨架。rRNA 大约占细胞总 RNA 的 80%，是细胞内最丰富的一类 RNA，也是相对分子质量最大的一类 RNA。原核生物的 rRNA 分为 3 类：5S rRNA、16S rRNA 和 23S rRNA，5S rRNA 含有 120 个核苷酸，16S rRNA 含有 1540 个核苷酸，而 23S rRNA 含有 2900 个核苷酸。真核生物的 rRNA 分为 4 类：5S rRNA、5.8S rRNA、18S rRNA 和 28S rRNA，分别具有大约 120、160、1900 和 4700 个核苷酸。S 为沉降常数，$1S=10^{-13}s$。

目前许多 rRNA 的一级结构及由一级结构推导出来的二级结构已经阐明。rRNA 的功能研究也取得了一定的进展，如研究发现核糖体中可能是由小亚基上的 rRNA 起解码功能；大肠埃希菌 23S rRNA 能够催化肽键形成；原核生物中 16S rRNA 的 3′端具有 CCU 保守序列，在蛋白质合成过程中，这段序列保证了翻译的正确起始等。但是 rRNA 的功能仍不完全清楚。

第四节 核酸的理化性质

DNA 是生物体内遗传信息储存的工厂。对细胞来说，信息长期稳定地储存非常重要，在没有酶的催化作用下，核酸发生化学转变的速度比较缓慢，但是，如果发生了化学改变，即使很微小的变化也能引起生理功能上重大的改变。细胞发生癌变和老化就是 DNA 发生的不可逆改变的缓慢累积过程。为了更好理解核酸的功能，必须了解核酸的结构和性质，本节将讨论核酸在物理化学方面的一些性质。

一、核酸的溶解度

DNA 纯品为白色纤维状固体，RNA 为白色粉末状固体。由于两种分子在不同溶液中的溶解度有着较大的差异，因此可以利用这一性质分离 DNA 和 RNA。

DNA 和 RNA 都微溶于水，二者的钠盐在水中的溶解度较大，但不溶于乙醇、乙醚和氯仿等一般有机溶剂。DNA 和 RNA 在细胞中常以核酸-蛋白质复合体（核蛋白）形式存在，两种核蛋白在盐溶液中的溶解度不同。DNA 核蛋白在高盐的溶液中（1～2mol/L NaCl）溶解度较大，但在低盐的溶液中（0.14mol/L NaCl）溶解度较小；而 RNA 核蛋白在盐溶液中的溶解度受盐浓度的影响较小，在 0.14mol/L 的 NaCl 溶液中溶解度仍较大。因此在核酸分离提取时，常用 0.14mol/L 的 NaCl 溶液来分离提取 RNA 核蛋白和 DNA 核蛋白。

二、核酸的解离

核酸是兼性离子，既含有酸性的磷酸基团，又含有弱碱性的碱基，故可发生两性解离，具有两性性质。其解离状态随溶液的 pH 而改变，当核酸分子内的酸性解离和碱性解离相等，本身所带正电荷与负电荷相等时，此时核酸溶液的 pH 即为核酸的等电点 pI，核酸在其等电点时溶解度最小。

因为核酸分子中磷酸基团的酸性很强，而碱基呈现弱碱性，所以核酸的等电点较低，整个分子相当于多元酸。RNA 的等电点为 2～2.5，DNA 的等电点为 4～4.5。RNA 的等电点比 DNA 低的原因是 RNA 分子中核糖上 2′—OH 通过氢键促进了磷酸基上质子的解离，而 DNA 没有这种作用，所以 RNA 的等电点更低一些。利用核酸的两性解离可以通过调节核酸溶液的等电点来沉淀核酸，也可以通过电泳分离纯化核酸。

由于碱基的解离受 pH 的影响，而碱基的解离又会影响到碱基对间的氢键的稳定性。所以 pH 直接影响核酸双螺旋结构中碱基对之间氢键的稳定性。核酸在 pH 4.0～11.0 是稳定的，超过此范围便会变性。

三、核酸的紫外吸收

由于核酸中含有大量的碱基，嘌呤和嘧啶碱基都含有共轭双键系统，可吸收紫外线（240～290nm），吸收峰在 260nm 左右，因此可利用核酸的这一性质，采用紫外分光光度法对核酸的纯度及含量进行测定。纯品 DNA OD_{260}/OD_{280}＝1.8；纯品 RNA OD_{260}/OD_{280}＝2.0。样品中如含有杂质蛋白质及苯酚时，OD_{260}/OD_{280} 的值会降低。

当核酸水解成核苷酸时，溶液的紫外吸收值会增加，这是因为 DNA 双螺旋结构中的碱基紧密地堆积在一起，并埋在双螺旋内部，这会使得一些碱基吸收不到紫外线，所以游离核苷酸的紫外吸收值要比含有等物质的量核苷酸的核酸分子的紫外吸收值高，实验中利用这一特性来判断核酸的水解程度。

四、核酸的变性、复性

视频 杂文

在一定条件下，DNA 分子内碱基对之间的氢键断裂，双螺旋可以彻底解链分离成两条互补的单链，这种现象称为 DNA 变性（denaturation）。分开的两条单链还可以重新形成双螺旋 DNA，称为复性（renaturation）。两种不同来源的 DNA 在变性后的复性过程中，除可形成原有的两种 DNA 双螺旋外，DNA 单链彼此间可杂交形成杂交体。

（一）核酸的变性

通过加热可以使DNA变性，DNA变性从开始解链到完全解链是在一个相当窄的温度范围内完成的，使50%的DNA分子发生变性的环境温度称为解链温度（melting temperature，T_m）或熔解温度。可以利用260nm波长处的紫外吸收衡量DNA的变性程度。在260nm波长下，单链DNA的吸收值要比双链DNA的吸收值高12%～40%，主要是因为双链DNA中堆积碱基对之间的相互作用降低了紫外吸收。这种由核酸变性而引起紫外吸收增加的现象称为增色效应。

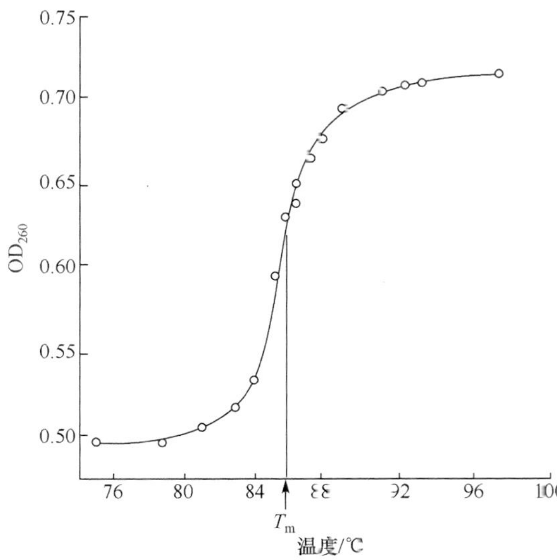

图6-22　DNA熔解曲线

吸收值变化对DNA溶液温度的曲线称为熔解曲线（图6-22）。从双螺旋到变性状态的陡变区反映了双螺旋DNA中碱基对的破坏程度。可采用紫外分光光度法（光吸收法）、圆二色谱法、层析法及旋光色散法追踪在不同变性处理的时段内，DNA分子由双链状态变为单链状态的某一理化性质的特征，来测定变性的发生过程。

影响T_m的因素有以下几点。

1. DNA的均一性　DNA的均一性包括样品DNA的组成和DNA分子的碱基组成两个方面，均一性程度越高，T_m范围越窄，这是因为在变性时氢键的断裂几乎可同时进行，故要求的变性温度更趋于一致。

2. GC含量　不同生物中GC含量为20%～80%，GC含量越高，T_m越高。

3. 有机溶剂　有机溶剂如乙醇可以降低DNA的T_m，因为有机溶剂可以降低分子内部疏水相互作用的强度。

4. 变性剂　一些变性剂如尿素、盐酸胍和甲酰胺可以通过破坏氢键降低双螺旋DNA的稳定性，使T_m下降。

5. 溶液的pH　高pH下，碱基广泛去质子而丧失形成氢键的能力，pH大于11.3时，DNA完全变性；pH低于5.0时，DNA易脱嘌呤。

（二）核酸的复性

将温度缓慢降低到T_m以下，变性DNA的两条链可以全部或部分恢复成天然的双螺旋结构，这个过程称为复性。这种DNA热溶液缓慢冷却的过程称为退火（annealing）。复性是一个缓慢的过程，因为在溶液中，互补的单链首先必须通过无规则的随机碰撞找到对方，然后以合适的取向形成碱基对。能否快速找到与DNA浓度、溶液温度和离子强度有关。有时两条单链之间非对应的某一小段碱基之间也能形成氢键，但这样会使链上的大部分碱基都不能互补，所形成的氢键都是短命的，很快会被分子的热运动所瓦解。只有当应该配对的一部分碱基（10～20bp）相互靠近，特别是富含GC的序列先形成氢键而产生一个或几个双螺旋核心时，两条单链的其余部分就会像拉链一样迅速形成双螺旋结构。复性的DNA分子不一定是原有的一对互补链，大部分复性的DNA分子都不是原配的。核酸复性时，紫外吸收降低，由于核酸复性而引起紫外吸收降低的现象称为减色效应。

影响DNA复性的因素有以下几点。

1. DNA浓度　复性的第一步是两条单链分子相互作用“成核”。这一过程进行的速度与DNA浓度的平方成正比，即溶液中DNA分子越多，相互碰撞“成核”的机会越大。

2. 溶液温度和时间　一般认为低于T_m 25℃左右的温度是复性最佳条件。复性时温度的下降必须是一个缓慢的过程，若在超过T_m的温度下迅速冷却至低温（如4℃以下），复性几乎是不可能的，因为低温下分子热运动显著减弱，相互结合的机会也随即大大减少。从热运动的角度考虑，维持在T_m以下较高温度更有利于复性。

视频
DNA
变复性

3. DNA顺序的复杂性　简单顺序的DNA分子，如多聚A和多聚U这两种单链复性时，互补碱基的配对较易实现，而复杂的 DNA 序列要实现互补，显然要比简单序列困难得多。

（三）核酸的杂化

在 DNA 的复性过程中，如果两条链的来源不同就称该 DNA 为杂化分子。DNA 杂化技术可以用来验证 DNA 的缺失、插入，还可以用来考察不同生物种类在 DNA 分子中的共同序列和不同序列，用以确定它们在进化中的关系。分别将人和小鼠的双螺旋 DNA 加热，使其完全变性，然后混合在一起，于 65℃保持数小时就会出现退火现象。很多小鼠的单链 DNA 链复性重新形成小鼠双链 DNA，同样人的单链 DNA 链重新形成人的双链 DNA。然而一些小鼠的单链 DNA 链却与人单链 DNA 链形成了杂化的双螺旋 DNA。杂化 DNA 中，一段小鼠的 DNA 链与一段人的 DNA 链形成了碱基配对区，这表明不同生物在进化上有某些联系。在多数情况下，这些能形成杂化体的 DNA 编码的蛋白质或 RNA 可能具有相同的序列（同源性）。生物之间的进化关系越接近，它们 DNA 之间的杂化就越广泛。

除 DNA 之间可以形成杂化体外，DNA 与 RNA 之间只要存在互补碱基对也能形成杂化的双螺旋 DNA-RNA。

思政案例

生命法规

DNA 双螺旋结构的特征和核酸分子杂交中的碱基配对原则是生物体遵循的生命法规。DNA 复制和 RNA 转录严格地遵循碱基配对原则，只有这样才能保证遗传信息的稳定传递，才能使生命不息，代代相传。人类活动必须遵循一定的规则，国有国法，任何人都不能凌驾于法律之上，一个合格公民一定要遵纪守法，当代青年理应成为遵纪守法的模范。南方科技大学原副教授贺建奎“基因编辑婴儿”事件，严重违背伦理道德和科研诚信，严重违反国家有关规定。我们应当引以为戒，提高自己的科研伦理观念，坚持遵纪守法、诚实守信等正确的学术思想。

本章小结

核酸是许多核苷酸聚合形成的生物大分子化合物，分为脱氧核糖核酸（DNA）和核糖核酸（RNA）。核苷酸由碱基、五碳糖和磷酸基团组成。DNA 中的五碳糖为脱氧核糖，碱基包括胸腺嘧啶、胞嘧啶、腺嘌呤和鸟嘌呤；RNA 中的五碳糖为核糖，碱基包括胞嘧啶、尿嘧啶、腺嘌呤和鸟嘌呤。

DNA 双螺旋模型是两条反向平行的多核苷酸链围绕同一中心轴缠绕，形成右手双螺旋。一条链上的碱基通过氢键与另一条链上的碱基连接，形成碱基对（碱基互补），G 与 C 配对，A 与 T 配对。DNA 复制、转录、逆转录的分子基础都是碱基互补原则。DNA 的碱基组成具有种属的特异性，但没有组织和器官的特异性。影响双螺旋结构稳定性的主要作用力是碱基堆积力、氢键和离子键。DNA 双螺旋结构进一步扭曲盘绕形成超螺旋结构，其包括正超螺旋和负超螺旋。

生物体内存在 4 类 RNA，即 tRNA、rRNA、mRNA 和小分子 RNA。RNA 分子通常都是单链的，但可回折形成局部双螺旋的二级结构，在此基础上折叠形成三级结构。RNA 有多种功能，几乎参与细胞所有生命活动。tRNA、rRNA、mRNA 参与蛋白质合成。tRNA 携带氨基酸，识别密码子，rRNA 与蛋白质组成核糖体，mRNA 传递遗传信息，给出合成蛋白质的指令。

在一定条件下，DNA 双螺旋可以彻底解旋、解链，分离成两条互补的单链，这种现象称为 DNA 变性。变性的 DNA 溶液紫外吸收会增加，称为增色效应。变性分开的两条单链经退火作用还可以重新形成双螺旋 DNA，称为复性。DNA 复性紫外吸收会随之降低，称为减色效应。两种不同来源的 DNA 在变性后复性的过程中，除可形成原有的两种 DNA 双螺旋外，DNA 单链彼此间可杂交形成杂化体。

思考题

1．区分下列各对术语：RNA/DNA、B-DNA/Z-DNA、双螺旋/超螺旋、核苷酸/核苷、嘌呤/嘧啶、碱基/稀有碱基、核酸变性/核酸复性。

2．何谓遗传物质？如何证明 DNA 是遗传物质？

3．RNA 主要有哪些种类？比较其结构和功能的特点。

4．Watson 和 Crick 的 DNA 双螺旋模型有哪些基本要点？这些特点可用来解释哪些生命现象？

5．为什么说 Watson 和 Crick 提出 DNA 双螺旋结构模型是 20 世纪最伟大的科学成就之一？

6．一段双链 DNA 包含 1000 个碱基，其组成中 GC 占 58%，那么在 DNA 的该区域中胸腺嘧啶残基占多少？

7．双螺旋 DNA 一条链的碱基序列为 5′-GCGCAATATTTCTCAAAATATTGCGC-3′，写出它的互补链。该 DNA 片段中含有什么特殊类型的序列？该双链 DNA 有能力形成另外一种结构吗？

部分参考答案

第七章 酶

酶是由生物体产生的，具有催化功能的生物催化剂。生物的生长发育、繁殖、遗传、运动及神经传导等生命活动都与酶的催化过程紧密相关。人类的疾病也大多与酶的缺乏或合成障碍有关。新陈代谢复杂而有规律的物质变化和能量变化也都是在酶催化下进行的。可以说，没有酶的参与，生命活动一刻也不能进行。因此，从酶作用的分子水平上研究生命活动的本质及其规律无疑是十分重要的。

人们对酶的认识起源于生产与生活实践。我国人民在数千年以前就开始利用酶。早在夏禹时代，人们就会酿酒；公元前 12 世纪周代已能制作饴糖和酱；2000 多年前，春秋战国时期已知用曲治疗消化不良的疾病。凡此种种都说明，虽然我们的祖先并不知道酶是何物，也无法了解其本质，但根据生产和生活的积累，已把酶利用到相当广泛的程度。西方国家 19 世纪对酿酒发酵过程进行了大量研究。1810 年，Gaylussac 发现酵母可将糖转化为乙醇；1857 年，Pasteur 认为发酵是活细胞活动的结果；1878 年，Kuhne 才给了酶一个统一的名词，把它命名为“酶”，英文名称是 enzyme，意思是“在酵母中”；1897 年，Buchner 兄弟用石英砂磨碎酵母细胞，制备了酵母细胞的抽提液，并证明此不含细胞的酵母提取液也能使糖发酵，说明发酵与细胞的活动无关，从而说明了发酵是酶作用的化学本质，为此 Buchner 获得了 1911 年诺贝尔化学奖。现已鉴定出 4000 多种酶，数百种酶已得到结晶。

近几十年来，酶学研究不断取得进展。一方面，在酶的分子水平上揭示酶和生命活动的关系，阐明酶的催化机制、遗传机制及细胞代谢调节等方面取得很大进展。另一方面，酶的应用研究得到迅速发展，酶工程已成为当代生物工程的重要支柱。利用酶的研究成果来指导有关医学实践和工农业生产，必将会为药物的开发，疾病的诊断、预防和治疗，农作物品种选育及病虫害的防治等提供理论依据和新思想、新途径。酶制剂除了已普遍用于食品、发酵、制革纺织、日用化学及医药保健等部门，酶在生物工程、化学分析、生物传感器及环保方面的应用也日益扩大。

第一节　酶的组成与分类

一、酶的化学本质

关于酶的化学本质认识经过了漫长的研究过程。1926 年，美国化学家 Sumner 从刀豆种子中提取出脲酶并得到结晶。这种结晶溶于水后，能够催化尿素分解为 CO_2 和 NH_3。通过化学实验证明该结晶是蛋白质，Sumner 也因此获得 1949 年诺贝尔化学奖。1930～1936 年，Northrop 和 Kunitz 得到胃蛋白酶、胰蛋白酶和胰凝乳蛋白酶结晶，并用相应方法证明这些结晶也是蛋白质。至此，酶是蛋白质才被人们普遍接受。

酶是蛋白质这一结论得到很多理论支持。经过物理方法和化学方法的多种分析发现，酶与蛋白质具有一些相同的特点：①酶经酸或碱水解后的最终产物是氨基酸；②酶能被蛋白酶水解而失活；③凡是使蛋白质变性的因素都可使酶变性失去催化活性；④酶是两性电解质，在不同 pH 下呈现不同的离子状态，能用电泳技术分离酶蛋白；⑤酶具有不能通过半透膜等胶体特性。以上事实表明酶在化学本质上属于蛋白质。但是，不能说所有的蛋白质都是酶，只是具有催化作用的蛋白质才称为酶。

1982 年美国 Cech 等发现四膜虫的 rRNA 前体能在完全没有蛋白质的情况下进行自我加工，推测 RNA 具有催化活性。1983 年美国 Altman 等研究发现 RNase P（由 20%蛋白质和 80%的 RNA 组成）中的 RNA 可催化 *E. coli* tRNA 的前体加工。Cech 和 Altman 各自独立地发现了 RNA 的催化活性，并命名这一类酶为核酶（ribozyme），2 人共同获得 1989 年诺贝尔化学奖。核酶也称核酸类酶、酶 RNA。核酶一词用于描述具有催化活性的 RNA，即化学本质是核糖核酸（RNA），却具有酶的催化功能。与蛋白酶相比，核酶的催化效率较低，是一种较为原始的催化酶。核酶的发现丰富了酶学内涵，对于所有酶都是蛋白质的传统观念提出了挑战。

虽然如此，现在已知的酶基本上都是蛋白质或者以蛋白质为主导核心成分。可以给酶下这样的定义：酶是由生物体产生的具有催化功能的生物催化剂。它是一类具有特殊空间构象的生物大分子，包括蛋白质和核酸等。

二、酶的催化特点

酶作为生物催化剂与一般催化剂具有一些共同性点。在化学反应前后都没有质和量的改变，且它们都只能催化热力学允许的化学反应，只能加速可逆反应的进程，都能显著地改变化学反应速率，使之加快达到平衡，但不能改变反应的平衡常数。

但酶作为由细胞所产生，受多种因素调节控制的生物催化剂，与一般催化剂相比也有不同之处。

（一）酶促反应具有很高的催化效率

酶的催化效率通常比非催化反应高 10^7～10^{20} 倍，比一般催化剂高 10^7～10^{13} 倍。许多可能需要数千年甚至于数百万年才能达到平衡的化学反应，在酶的催化下可能仅需要数秒或数分钟的时间。例如，体内每分子碳酸酐酶在 1s 内可以使 6×10^5 个 CO_2 发生水合作用，以保证细胞组织中的 CO_2 迅速进入血液，再通过肺泡及时排出。这个经酶催化的反应，要比未经催化的反应快 10^7 倍。再如刀豆脲酶催化尿素水解的反应，在 20℃ 酶催化反应的速率常数是 $3\times10^4 s^{-1}$，而尿素非催化水解的速率常数为 $3\times10^{-10}s^{-1}$。因此，脲酶催化反应的速率是非催化反应速率的 10^{14} 倍。

（二）酶促反应具有高度的专一性

所谓高度专一性是指酶对催化的反应和反应物有严格的选择性。酶往往只能催化一种或一类反应，作用于一种或一类物质。例如，胰蛋白酶专一水解赖氨酸或精氨酸羧基形成的肽键；胰凝乳蛋白酶专一水解芳香族氨基酸或带有较大非极性侧链氨基酸的羧基形成的肽键；弹性蛋白酶专一水解丙氨酸、甘氨酸及短脂肪族侧链氨基酸的羧基形成的肽键；胃蛋白酶水解芳香族或其他疏水氨基酸的羧基或氨基形成的肽键；羧肽酶水解氨基端的氨基酸残基；羧肽酶水解羧基端的氨基酸残基。根据酶对其底物分子结构选择的严格程度不同，酶的专一性可分为以下 3 种类型。

1. 绝对专一性 有些酶只能作用于特定结构的底物分子，进行一种专一的反应，生成一种特定结构的产物。这种特异性称为绝对专一性。例如，脲酶仅能催化尿素水解生成 CO_2 和 NH_3，而对尿素的各种衍生物不起作用；麦芽糖酶只作用于麦芽糖，而不作用于其他双糖；琥珀酸脱氢酶仅催化琥珀酸与延胡索酸之间的氧化还原反应；碳酸酐酶只作用于碳酸等。

2. 相对专一性 有些酶可作用于一类结构相近的底物或一种化学键，这种专一性称为“相对专一性”。例如，磷酸酶对一般的磷酸酯键都有水解作用，可水解甘油或酚与磷酸形成的酯键；脂肪酶不仅水解脂肪，也水解简单的酯；蔗糖酶不仅水解蔗糖，也水解棉子糖中的同一种糖苷键。具有相对专一性的酶作用于底物时，对链两端的基团要求程度不同，对其中一个基团要求严格，对另一个则要求不严格，这种性质称为“族专一性”或“基团专一性”。如图 7-1 所示，α-*D*-葡萄糖苷酶水解 α-糖苷键，要求 α-糖苷键的一端为 α-葡萄糖苷，而对键的另一端 R 基团则要求不严，因此它可催化各种 α-*D*-葡萄糖苷衍生物 α-糖苷键的水解。

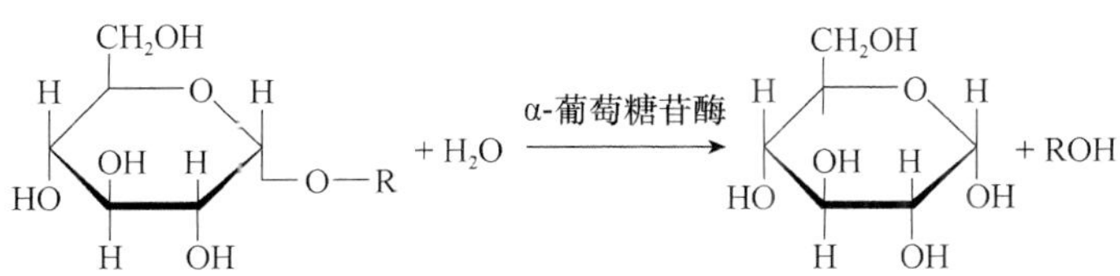

图 7-1 α-葡萄糖苷酶催化反应

有些酶只要求作用于底物一定的键，而对键两端的基团并无严格要求，这种是另一种相对专一性，称为“键专一性”。例如，酯酶催化酯键的水解，对底物中的 R 及 R′基团都没有严格的要求。

3. 立体异构专一性 底物具有立体异构体时，酶只能作用其中的一种，这种专一性称为立体异构专一性。主要分为以下 2 种形式。

1）旋光异构专一性 旋光异构专一性是指当底物具有旋光异构体时，酶只能作用于其中的一种。例如，*L*-氨基酸氧化酶只能催化 *L*-氨基酸氧化，而对 *D*-氨基酸无作用；胰蛋白酶只作用于 *L*-氨基酸残基构成的肽键或其衍生物，而不作用于 *D*-氨基酸残基构成的肽键或其衍生物；β-葡萄糖氧化酶仅能将 β-*D*-葡萄糖转变成葡糖酸，而对 α-*D*-葡萄糖不起作用。

2）几何异构专一性 几何异构专一性是指底物具有几何异构体时，酶只能作用于其中的一种。例如，琥珀酸脱氢酶只能催化琥珀酸脱氢生成反丁烯二酸（延胡索酸），而不能生成顺丁烯二酸；延胡索酸酶仅催化反丁烯二酸（延胡索酸）与苹果酸之间的裂解反应（图 7-2），对顺丁烯二酸则无作用。

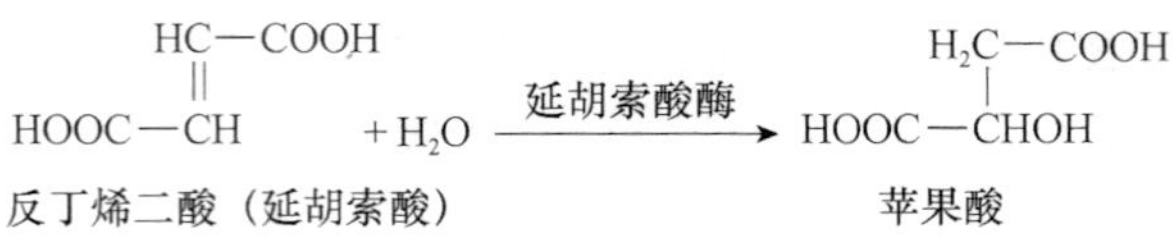

图 7-2 延胡索酸酶催化反应

（三）酶促反应具有可调节性

酶促反应受多种因素的调控，以适应机体应对不断变化的内外环境和生命活动的需要。酶活力受到调节和控制是其区别于一般催化剂的重要特征。细胞内酶的调节和控制有多种方式，主要有以下 4 种。第 1 种是变构酶通过变构调节酶的活性。体内某些代谢物可与酶的活性中心外的某个部位可逆地结合，使酶发生变构而改变其催化活性。第 2 种是通过激素调节酶的活性。激素通过与细胞膜或细胞内受体相结合而引起一系列生物学效应，以此来调节酶的活性。第 3 种是反馈抑制调节酶的活性。体内物质的分解或合成往往都是由一连串的反应组成，而催化某物质生成的第一步的酶，往往被它的终产物（P）抑制，这种抑制叫反馈抑制（图 7-3）。第 4 种是抑制剂和激活剂对酶活性的调节。酶可以受抑制剂或激活剂的作用，从而影响酶的活性。此外，酶可以通过酶的浓度、酶原的激活、酶的共价修饰及同工酶来调节酶的活性。

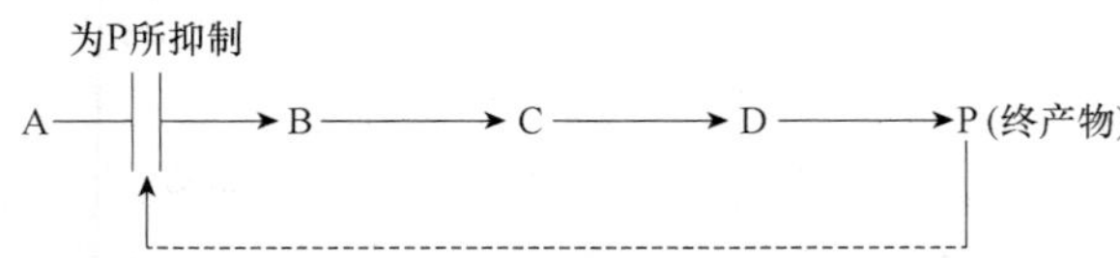

图 7-3 通过终产物可逆结合途径中的第 1 个酶进行反馈抑制

三、酶的组成

酶的相对分子质量较大，一般在一万到几十万，最大者在百万以上，一些酶的相对分子质量见表 7-1。

表 7-1 一些酶的相对分子质量

名称	相对分子质量/$\times 10^3$	氨基酸残基数	肽链数
RNA 酶 A（牛胰）	13.70	124	1
溶菌酶（鸡蛋清）	13.93	129	1
胰凝乳蛋白酶（牛胰）	21.60	291	3
已糖激酶（酵母）	102.00	800	2
RNA 聚合酶（*E. coli*）	450.00	4100	5
谷氨酸脱氢酶（牛心）	1000.00	8300	40

针对酶的化学本质是蛋白质的这一类酶来说，根据化学组成特点，可将酶分为单纯酶和结合酶 2 类。

（一）单纯酶

单纯酶仅由蛋白质构成，除蛋白质外不含其他物质，如脲酶、淀粉酶、脂肪酶及核糖核酸酶等均属此列。

（二）结合酶

结合酶除蛋白质外，还要结合一些对热稳定的非蛋白质小分子物质或金属离子。其中，前者称为酶蛋白，后者称为辅助因子。酶蛋白与辅助因子结合后所形成的复合物称为全酶，即全酶＝酶蛋白＋辅助因子。此类酶在催化反应时，一定要有辅助因子参与才起到催化作用，二者各自单独存在时，均无催化作用。

1. 辅助因子的组成及作用 辅助因子是金属离子或小分子有机化合物。金属离子是最常见的辅助因子，约 2/3 的酶含有金属离子。常见的金属离子有 K^+、Na^+、Mg^{2+}、Cu^{2+}、Zn^{2+}及 Fe^{2+}（Fe^{3+}）等。它们的作用主要是作为酶活性中心的催化基团参与催化反应、传递电子；作为连接酶和底物的桥梁，便于酶和底物密切接触；稳定酶的构象；中和阴离子，降低反应中的静电斥力等。

另一类辅助因子是小分子有机化合物，其主要作用是参与酶的催化过程，在反应中传递电子、质子或一些基团。这类物质的分子结构中常含有维生素或维生素类物质。例如，NAD^+（烟酰胺腺嘌呤二核苷酸）、$NADP^+$（烟酰胺腺嘌呤二核苷酸磷酸）、FAD（黄素腺嘌呤二核苷酸）、FMN（黄素单核苷酸）、辅酶 A 及硫辛酸等。其中 NAD^+、$NADP^+$、FAD 及 FMN 在呼吸链中起传递氢的作用，辅酶 A、硫辛酸起转移酰基基团的作用。常见酶的辅助因子见表 7-2。

表 7-2 常见酶的辅助因子

类别	酶	辅助因子	辅助因子的作用
含金属离子的辅基	酪氨酸酶、细胞色素氧化酶、漆酶、抗坏血酸氧化酶	Cu^+或 Cu^{2+}	连接作用或传递电子
	碳酸酐酶、羧肽酶、醇脱氢酶	Zn^{2+}	连接作用
	精氨酸酶、磷酸转移酶、肽酶	Mn^{2+}	连接作用
	磷酸水解酶、磷酸激酶	Mg^{2+}	
含铁卟啉辅基	过氧化物酶、过氧化氢酶、细胞色素、细胞色素氧化酶	铁卟啉	传递电子
含维生素的辅酶	多种脱氢酶	NAD^+或 $NADP^+$	传递氢
	各种黄酶	FMN 或 FAD	传递氢
	转氨酶、氨基酸脱羧酶	磷酸吡哆醛	转移氨基
	α-酮酸脱羧酶	焦磷酸硫胺素	催化脱羧基反应
	乙酰化酶等	辅酶 A	转移酰基
	α-酮酸脱氢酶系	硫辛酸	氧化脱羧
	羧化酶	生物素	传递 CO_2
其他	磷酸基转移酶	ATP	转移磷酸基
	磷酸葡萄糖变位酶	1,6-二磷酸葡萄糖	转移磷酸基
	尿苷二磷酸葡萄糖异构酶	尿苷二磷酸葡萄糖	异构化作用

2. 辅助因子的分类 根据辅助因子与酶蛋白结合的松紧程度不同，可将其分为 2 类，即辅酶和辅基。辅基是指以共价键和酶蛋白结合，不能通过透析除去的小分子有机物质，需要经过一定的化学处理才能与酶蛋白分开。例如，细胞色素氧化酶中的铁卟啉，丙酮酸氧化酶中的黄素腺嘌呤二核苷酸都属于辅基。另外，一些酶以金属离子作为辅助因子，如羧肽酶、黄嘌呤氧化酶等。这些金属离子在提取过程中不易丢失，也属于辅基。辅酶是指与酶蛋白结合得比较松弛的小分子有机物质，通过透析方法可以除去，如辅酶Ⅰ和辅酶Ⅱ等。有些酶也以金属离子作为辅助因子，但金属离子与酶的结合不甚紧密，如己糖激酶、肌酸激酶等，这些金属离子属于辅酶。

辅酶和辅基两者的区别在于它们与酶蛋白结合的牢固程度，但这并无严格的界限。每一种需要辅酶（或辅基）的酶蛋白往往只能与一特定的辅酶（或辅基）结合，即酶蛋白对辅酶（或辅基）有一定的选择性，当结合另一种辅酶（或辅基）就不具酶活力。当用透析法除去酶的辅酶时，酶活力下降。

因生物体内的辅酶（或辅基）数目有限，同时体内的酶种类繁多，故同一种辅酶（或辅基）往往可以与多种不同的酶蛋白结合而表现出多种不同的催化作用，如 3-磷酸甘油醛脱氢酶、乳酸脱氢酶都需要辅酶Ⅰ，但各自催化不同的底物脱氢。这说明脱氢酶的辅酶部分决定酶催化的专一性。

四、酶的分类

（一）根据酶蛋白分子的特点分类

酶和一般蛋白质一样，具有一、二、三级乃至四级结构。根据酶蛋白的分子特点，可将酶分为以下 3 类。

1．单体酶　单体酶是指仅具有三级结构的酶，一般是由 1 条肽链组成，如限制性核酸内切酶Ⅲ、牛胰核糖核酸酶、溶菌酶及羧肽酶 A 等。但有的单体酶由多条肽链组成，如胰凝乳蛋白酶由 3 条肽链组成，肽链间二硫键相连构成一个共价整体。单体酶种类较少，相对分子质量为 $1.3\times10^4\sim3.5\times10^4$。

2．寡聚酶　寡聚酶是指由 2 个或 2 个以上亚基组成的酶，这些亚基可以是相同的，也可以是不相同的。绝大部分寡聚酶含偶数亚基，但个别寡聚酶含奇数亚基。寡聚酶的相对分子质量一般大于 3.5×10^4。大多数寡聚酶，其聚合形式是活性型，解聚形式是失活型。相当数量的寡聚酶是调节酶，在代谢调控中起重要作用。例如，限制性核酸内切酶Ⅱ是多亚基酶，相对分子质量为 $2.0\times10^4\sim1.0\times10^5$，是基因工程中简单的工具酶，它既有内切酶的活性，又有修饰酶的活性，切断位点在识别序列周围 25～30bp，酶促反应除需 Mg^{2+}外，也需要 ATP 供给能量。

3．多酶复合体　多酶复合体是指由几种不同功能的酶借助非共价键彼此聚合形成的酶。有一些多酶复合体在进化过程中由于基因的融合而形成，一般难以分离。多酶复合体相对分子质量很高，一般催化连锁反应，如脂肪酸合成酶复合体由 7 种酶和 1 个酰基载体蛋白质构成，相对分子质量为 2.2×10^5。

（二）根据催化反应类型分类

目前国际生物化学与分子生物学联盟（International Union of Biochemistry and Molecular Biology，IUBMB）的命名委员会（Nomenclature Committee，最初名称为 Enzyme Commission）共收录了 7400 多种酶，并于 2018 年 8 月发布消息，根据酶反应的类型，在原来 6 大类酶的基础上，增加易位酶作为第 7 大类酶。其分类及排序如下。

1．氧化还原酶类　氧化还原酶类是指催化底物进行氧化还原反应的酶类，包括转移电子、氧的反应和分子氧参与的反应。常见的氧化还原酶包括脱氢酶、氧化酶、还原酶、过氧化物酶、加氧酶及羟化酶等。其催化的反应通式如下：

$$A\cdot 2H+B \rightleftharpoons A+B\cdot 2H$$

这类酶需要辅酶Ⅰ（NAD^+）或辅酶Ⅱ（$NADP^+$）作为氢供体或氢受体起传递氢的用，如乳酸脱氢酶（EC1.1.1.27）以 NAD^+为辅酶，催化乳酸氧化成丙酮酸。

2．转移酶类　转移酶类是指催化底物之间进行某些基团（如乙酰基、甲基、氨基、磷酸基等）的转移或交换的酶类。常见的转移酶包括甲基转移酶、氨基转移酶、乙酰转移酶、转硫酶、转醛酶、转酮酶及激酶等。其催化的反应通式如下：

$$A\cdot X+B \rightleftharpoons A+BX$$

例如，谷丙转氨酶（EC2.6.1.2）属于转移酶类中的转氨基酶。该酶需要磷酸吡哆醛为辅基，使谷氨酸上的氨基转移到丙酮酸上，丙酮酸成为丙氨酸，而谷氨酸成为 α-酮戊二酸。

3．水解酶类　水解酶类是指催化底物发生水解反应的酶类。常见的水解酶包括淀粉酶、蛋白酶、脂肪酶、磷酸酶、磷脂酶、硫酯酶及糖苷酶等。其催化的反应通式如下：

$$A\cdot B+HOH \longrightarrow AOH+BH$$

例如，磷酸二酯酶（EC3.1.4.1）催化磷酸酯键水解。

4．裂合酶类　裂合酶类是指催化从底物（非水解）移去一个基团，并留下双键的反应或其逆反应的酶类。常见的裂合酶包括脱羧酶、碳酸酐酶、醛缩酶、合酶及裂解酶等。其催化的反应通式如下：

$$A\cdot B \rightleftharpoons A+B$$

例如，醛缩酶（EC2.1.2.7）可催化 1,6-二磷酸果糖成为磷酸二羟丙酮及 3-磷酸甘油醛，是糖代谢过程中的一个关键酶。

5．异构酶类　异构酶类是指催化各种同分异构体、几何异构体或旋光异构体之间相互转化的酶类。常见的异构酶包括差向异构酶、表构酶及消旋酶等。其催化的反应通式如下：

$$A \rightleftharpoons B$$

例如，6-磷酸葡萄糖异构酶（EC5.3.1.9）可催化 6-磷酸葡萄糖转变成 6-磷酸果糖。

6．连接酶类　连接酶类是指催化 2 分子底物合成为 1 分子化合物，同时偶联有 ATP 的磷酸键断裂释能的酶类。常见的连接酶包括合成酶、羧化酶及连接酶等。其催化的反应通式如下：

$$A+B+ATP \longrightarrow A\cdot B+ADP+Pi$$

$$A+B+ATP \longrightarrow A \cdot B+AMP+PPi$$

式中，Pi 表示无机磷；PPi 表示焦磷酸。

7. 易位酶类 易位酶类是指能够催化离子或分子跨越生物膜或在生物膜内进行移动的酶类，又称转位酶。有代表性的易位酶包括 ATP 合酶、NADH-CoQ 还原酶（复合体Ⅰ）及细胞色素 c 氧化酶（复合体Ⅳ）等。

五、酶的命名及编号

（一）习惯命名法

1961 年以前使用的酶的名称都是以习惯沿用的，称为习惯名。习惯命名法所定的名称较短，使用起来方便，也便于记忆，主要依据以下 2 个原则。

1. 根据酶作用的底物命名 根据酶所催化的底物不同而进行命名，如催化水解淀粉的酶叫淀粉酶，催化水解蛋白质的酶叫蛋白酶；根据酶对底物的切割位置不同而进行命名，如淀粉酶分为 α-淀粉酶、β-淀粉酶，核酸酶分为核酸内切酶和核酸外切酶；有时还可根据酶的不同来源加以区别，如胃蛋白酶、胰蛋白酶，细菌淀粉酶及牛胰核糖核酸酶等。

2. 根据酶催化反应的性质及类型命名 根据酶所催化的反应的性质及其类型进行命名，如水解酶、转移酶、氧化酶等。有的酶结合上述 2 个原则来命名，如琥珀酸脱氢酶是催化琥珀酸脱氢反应的酶；乳酸脱氢酶是催化乳酸脱氢变为丙酮酸的酶；草酰乙酸脱羧酶是催化草酰乙酸脱去羧基变为丙酮酸的酶。

（二）系统命名法

习惯命名法缺乏科学性和系统性，易产生“一酶多名”或“一名多酶”的现象，国际生物化学协会酶学委员会于 1961 年提出了新的系统命名和分类原则。

系统命名法以酶所催化的整体反应为基础，规定每种酶的名称应当明确标明酶的底物和催化反应的性质。如果一种酶催化两个底物起反应，应在它们的系统名称中包括两种底物的名称，并以“：”将其隔开。若底物之一是水时，可将水略去不写，系统命名法举例见表 7-3。

表 7-3 酶国际系统命名法举例

习惯名称	系统名称	催化的反应
乙醇脱氢酶	乙醇：NAD^+氧化还原酶	乙醇＋$NAD^+ \rightleftharpoons$ 乙醛＋NADH＋H^+
谷丙转氨酶	丙氨酸：α-酮戊二酸氨基转移酶	丙氨酸＋α-酮戊二酸 $\rightleftharpoons$ 谷氨酸＋丙酮酸
脂肪酶	脂肪：水解酶	脂肪＋$H_2O \longrightarrow$ 脂肪酸＋甘油

（三）酶的系统编号

国际生物化学与分子生物学联盟的命名委员会根据各种酶催化反应的类型，把酶分为 7 大类，根据底物中被作用的基团或键的特点，又将其细分为亚类、亚亚类及特定的数字编号，数字间由“.”隔开，前边冠以“EC”标志。这种系统命名原则及系统编号是相当严格的，一种酶只可能有一个统一的名称和一个编号。一切新发现的酶，都能按此系统得到适当的编号。从酶的编号可了解到该酶的类型和反应性质。例如，乳酸脱氢酶的系统编号如图 7-4 所示。

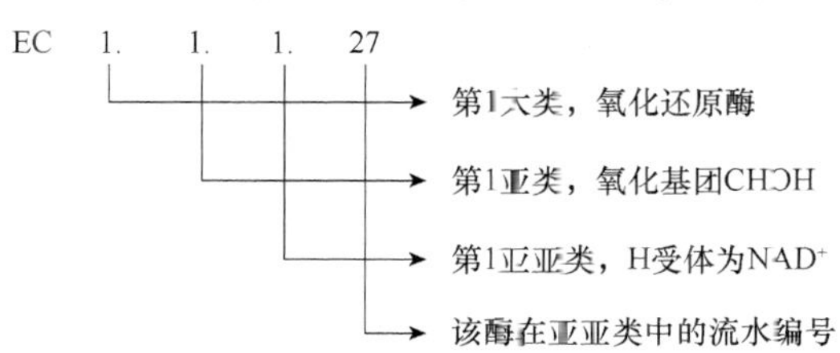

图 7-4 乳酸脱氢酶系统编号

思政案例

酶化学本质的确定

James Batcheller Sumner
（1887～1955）

在阐明酶的化学本质过程中，美国科学家 Sumner 功不可没。虽然作为一个左撇子，17 岁在一次事故中截去左前臂，但 Sumner 身残志坚，通过努力，在左臂残缺的情况下，先后获得硕士及博士学位，并于 1917 年开始从刀豆中分离和纯化脲酶。他起初并不成功，甚至受到很多人的质疑和嘲笑，但他并未因此放弃。5 年后，1922 年的一天他大胆尝试，改变以往用水、甘油和乙醇提取脲酶的方法，改用 30%的丙酮，他将一些提取液放在显微镜下观察，发现液体中长出许多小晶体，离心收集这些晶体，发现它们有很高的脲酶活性，且纯度增加了 700～1400 倍，这是其他纯化方法难以比拟的。由此，Sumner 的确分离出了脲酶，以后他做了一系列令人信服的实验，证明脲酶是蛋白质。1946 年，Sumner 和发现胃蛋白酶的 Northrop 一起荣获诺贝尔化学奖。

科学研究之路，道阻且长，行则将至。我们须知任何成果的获得都不是轻而易举的，“千淘万漉虽辛苦，吹尽狂沙始到金”。面对困难，面对质疑，面对一切未知，我们要有坚定执着的科研信念，不断研究，积极探索，坚定追寻；我们要有专注的科研精神，不畏艰辛，目光长远，勤于思考。从困难中寻求突破，从研究中寻求创新，从危机中寻求希望，拼搏奋进，终有收获。

第二节　酶的结构与功能的关系

一、酶的一级结构与催化功能的关系

（一）必需基团

视频 活性中心、必需基团

酶分子中氨基酸残基侧链由不同的化学基团组成，但它们并非全部都与酶的活性直接相关。大部分氨基酸残基并不与底物接触，而只有酶分子一定部位的少数几个功能基团才与酶催化作用有关。酶分子中与酶活性密切相关的氨基酸残基的侧链基团称为必需基团。常见的必需基团有丝氨酸残基的羟基、组氨酸残基的咪唑基、半胱氨酸残基的巯基、天冬氨酸残基和谷氨酸残基的侧链羧基等。必需基团多数位于酶的活性中心，直接与底物结合，或直接参与催化底物，它在活性中心的位置和取向决定酶催化活性的高低。少数必需基团位于活性中心以外，它们可以稳定酶的分子构象，对催化活性起间接作用。活性中心内外的必需基团如被修饰，将会影响酶的催化活性。Koshland 将酶分子中的氨基酸残基分为以下 4 类。

1. 接触残基　接触残基是直接与底物接触的基团，它们参与底物的化学转变，是活性中心的主要必需基团。这些基团中，有的能与底物结合，称为结合基团，有的会作用于底物的某些化学键，参与底物的反应，称为催化基团。在有的酶分子中，也有同时兼备这两种功能的基团。

2. 辅助残基　辅助残基既不直接与底物结合，也不催化底物的化学反应，但对接触残基的功能有促进作用。它可促进结合基团对底物的结合，促进催化基团对底物的催化反应。它也是活性中心不可缺少的组成部分。

3. 结构残基　结构残基中的侧链基团是活性中心以外的必需基团，它们与酶的活性不发生直接关系，但它们可稳定酶分子的构象，特别是稳定酶活性中心的构象，因而对酶的活性也是不可缺少的基团，只是起间接作用而已。

4. 非贡献残基　除了上述 3 类必需基团外，酶分子的其他所有残基，对酶的活性“没有贡献”，也称为非必需残基。这些残基对酶活性的发挥不起作用，它们可以被其他氨基酸残基取代，甚至可以去掉，都不会影响酶的催化活性，那么，这些残基是不是多余的呢？据目前所知，它们可能在系统发育的物种专一性方面、免疫方面，或者在体内的运输、转移、分泌、防止蛋白酶降解等方面起着一定作用。如果没有这些残基，酶的寿命、酶在细胞内的分布等会受到限制。事实上已逐渐发现一些多功能酶，即一种酶能够催化两种以上的不同反应，这些非贡献残基有可能是其新的活力类型的活性中心。因而从整体上看，它们对酶的活性并不是没有贡献。

（二）酶原激活

1. 酶原激活的本质 有些酶如消化系统中的胃蛋白酶、胰蛋白酶、胰凝乳蛋白酶、羧肽酶及弹性蛋白酶等以无活性的前体形式合成和分泌，然后输送到特定的部位。当体内需要时，这些酶的前体在一定条件下水解掉一个或几个短肽，致使其构象发生改变，进而转化成相应的酶，表现酶的活性。这种最先分泌出来的，不具催化活性的酶的前体称作酶原。某种物质作用于酶原使之转变成有活性的酶的过程称为酶原的激活。酶原激活的本质是切断酶原分子中特异肽键或去除部分肽段后有利于酶活性中心的形成或暴露的过程。

例如，胰蛋白酶原进入小肠后，在 Ca^{2+}存在下受肠激酶的激活，第 6 位赖氨酸残基与第 7 位异亮氨酸残基之间的肽键被切断，水解掉一个六肽，分子的构象发生改变，形成酶的活性中心，从而成为有催化活性的胰蛋白酶。消化管内蛋白酶原的激活具有级联反应性质，胰蛋白酶原被肠激酶激活后，生成的胰蛋白酶除了可以自身激活外，还可进一步激活胰凝乳蛋白酶原、羧肽酶原 A 和弹性蛋白酶原，从而加速对食物的消化过程（图 7-5）。

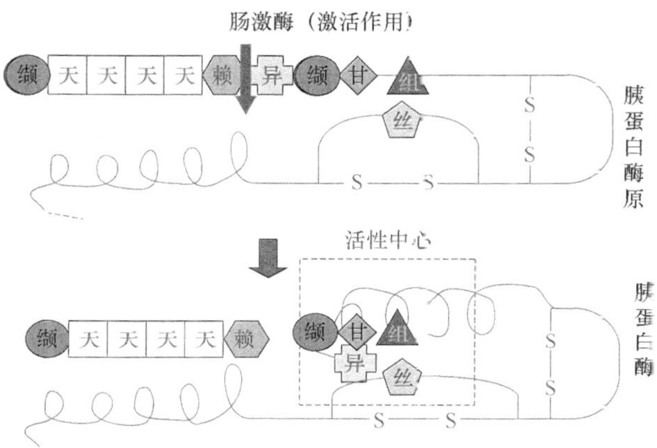

图 7-5 胰蛋白酶原激活过程（引自魏民等，2020）

彩图

又如，凝血系统的激活具有典型的级联反应性质，在正常情况下，血浆中大多数凝血因子基本上是以无活性的酶原形式存在，只有当组织或血管内膜受损后，无活性的酶原才能转变为有活性的酶，从而触发一系列的级联式酶促反应。只要少数凝血因子被激活，便可通过瀑布式的放大作用，迅速使大量的凝血酶原转化为凝血酶，引发快速而有效的血液凝固。最终导致可溶性的纤维蛋白原转变为稳定的纤维蛋白多聚体，网罗血小板等形成血凝块。纤维蛋白溶解系统也是如此。

2. 酶原激活的生理意义 酶原激活有着重要的生理意义，一方面它保证合成酶的细胞本身不受蛋白酶的消化破坏。例如，消化管内的各种蛋白酶以酶原形式分泌，它们在特定的生理条件和规定的部位受到激活并发挥其生理作用，这有利于保护消化器官本身不受酶的水解破坏。另一方面，酶原还可以视为酶的贮存形式。例如，凝血酶类以酶原形式在血液循环中运行，一旦组织或血管内膜受损后便及时地转化为有活性的酶，激活凝血因子，发挥其对机体的保护作用。

特定肽键的断裂所导致的酶原激活在生物体内广泛存在，它们也是生物体的一种重要的调控酶活性的方式。如果酶原的激活过程发生异常，将导致一系列疾病的发生。出血性胰腺炎的发生就是由于蛋白酶原在未进小肠时就被激活，激活的蛋白酶水解自身的胰腺细胞，导致胰腺出血、肿胀。

（三）共价修饰

应用一些化学试剂可与某些氨基酸侧链基团发生结合、氧化或还原等反应，生成共价修饰物，使酶分子的一些基团发生结构和性质的变化。不同氨基酸的侧链基团用不同的修饰剂，同一侧链基团可用几种修饰剂修饰。常用于修饰氨基酸的修饰剂有顺丁烯二酸酐（即琥珀酸酐）、乙酸酐、二硝基氟苯等；用于修饰组氨酸咪唑基的有溴丙酮、二乙基焦磷酸盐及光氧化；修饰精氨酸的胍基常用丙二醛、2,3-丁二酮或环己二酮；修饰半胱氨酸的巯基用碘乙酸、对氯汞苯甲酸、磷碘苯甲酸等；修饰丝氨酸羟基常用二异丙基氟磷酸。

此外，根据酶分子的某些基团被修饰后的酶活性的变化，可进行必需基团的鉴定。如果酶被修饰后不失活，表明被修饰的氨基酸侧链基团不是必需基团。如果修饰后酶完全失活，表明它是酶活性中心的必需基团。如果酶部分失活，说明该氨基酸侧链基团可能位于结合部位，而非催化中心，或为活性中心外的必需基团。

二、酶的高级结构与催化功能的关系

（一）活性中心

酶的催化作用有赖于酶分子的一级结构及高级结构的完整性，但酶的高级结构决定酶的催化活性和催化机制，即在酶活性的表现上，高级结构甚至比一级结构更为重要，因为只有高级结构才能形成酶的活性中心。

1. 活性中心的组成 通常把酶分子上必需基团比较集中并构成一定空间构象、与酶的活性直接相关的结构区域称为酶的活性中心或者活性部位。酶的活性中心只是酶分子中的很小部分，其中的必需基团在一级结构上可能相距很远，但在空间结构上彼此靠近，组成具有特定空间结构的区域，能和底物特异地结合并将底物转化为产物。常见的必需基团有—NH_2、—COOH、—SH、—OH 和咪唑基等，它们可来自酶分子多肽链的不同部位。常见酶活性中心的氨基酸残基见表 7-4。

表 7-4　常见酶活性中心的氨基酸残基

酶	氨基酸残基数	活性部位的氨基酸残基
核糖核酸酶 A	124	His_{12}、His_{119}、Lys_{41}
溶菌酶	129	Asp_{52}、Glu_{35}
胰凝乳蛋白酶	241	His_{57}、Asp_{102}、Ser_{195}
胰蛋白酶	223	His_{57}、Asp_{102}、Ser_{195}
弹性蛋白酶	240	His_{57}、Asp_{102}、Ser_{195}
胃蛋白酶	348	Asp_{32}、Asp_{215}
HIV-Ⅰ蛋白酶	99×2（二聚体）	Asp_{25}、Asp_{25}
木瓜蛋白酶	212	Cys_{25}、His_{159}
枯草杆菌蛋白酶	275	His_{64}、Ser_{221}、Asp_{32}
碳酸酐酶	259	His_{94}—Zn—His_{96} | His_{119}
羧肽酶 A	307	Arg_{127}、Glu_{270}、Tyr_{248}
醇脱氢酶	374×2（二聚体）	Ser_{48}、His_{51}

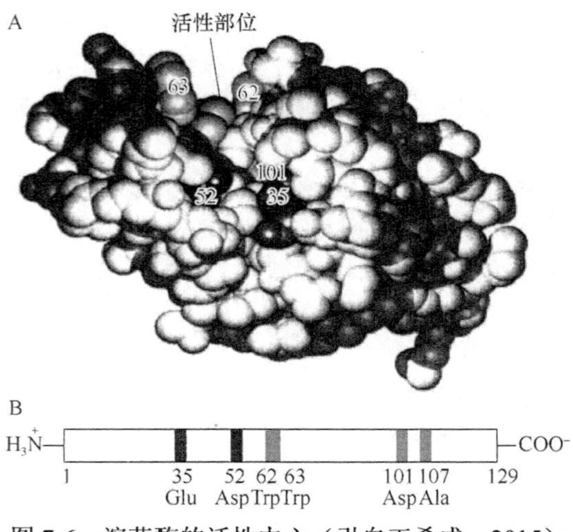

图 7-6　溶菌酶的活性中心（引自王希成，2015）

A. 溶菌酶活性部位裂缝的球形结构，包括 35 位、52 位、101 位及 62 位和 63 位氨基酸残基（107 位残基没有给出）；B. 处于活性部位的各个残基在一级序列中的排序

酶的活性中心是酶分子中具有三维结构的区域，形如裂缝或凹陷。此裂缝或凹陷由酶的特定空间构象所维持，深入酶分子内部，其多为氨基酸残基的疏水基团组成的疏水环境，形成疏水“口袋”。如图 7-6 溶菌酶的活性中心所示，活性中心为一裂缝，包括直接参与催化作用的在一级序列相距很远，但在活性部位相距很近的 35 位 Glu 和 52 位 Asp 两个关键氨基酸残基。此外，还包括裂缝入口处 62 位的 Trp 和 63 位的 Trp，以及 101 位的 Asp 和 107 位的 Ala 等氨基酸残基。

2. 活性中心外的必需基团 酶分子中还有一些必需基团不参与活性中心的组成，但为维持酶活性中心应有的空间构象和（或）作为调节剂的结合部位所必需，这些基团是酶活性中心外的必需基团（图 7-7），但它们可稳定酶分子的构象，特别是稳定酶活性中心的构象，因而对酶的活性也是不可缺少的基团。

3. 活性中心的特点 酶的活性中心由结合部位和催化部位组成。前者负责与底物结合，决定酶的专一性，后者参与催化，决定酶的催化能力，即断裂底物旧的化学键，形成新的化学键。但也有某些基团可能兼而有之，活性中心一般具有以下特征。

1）活性中心是一个三维实体 活性中心通常由若干个在一级结构上并不相邻的氨基酸残基组成。构成活性中心的氨基酸残基和辅助因子的所有原子都精确有序地排列在一起，其独特的三维实体结构乃是整个酶分子正确折叠后的必然产物（图 7-8）。

彩图

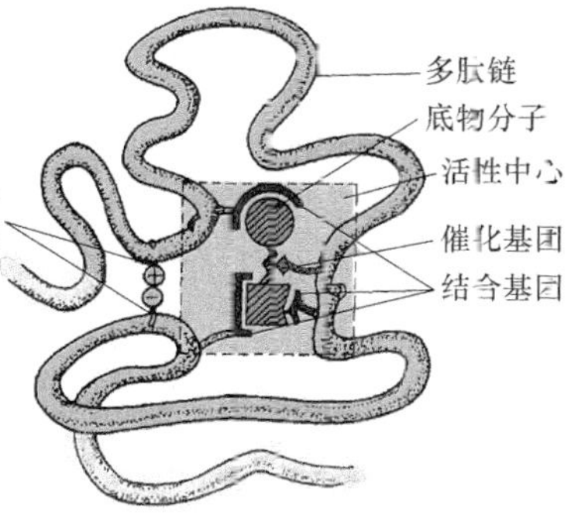

图 7-7 酶的活性中心与活性中心外的必需基团

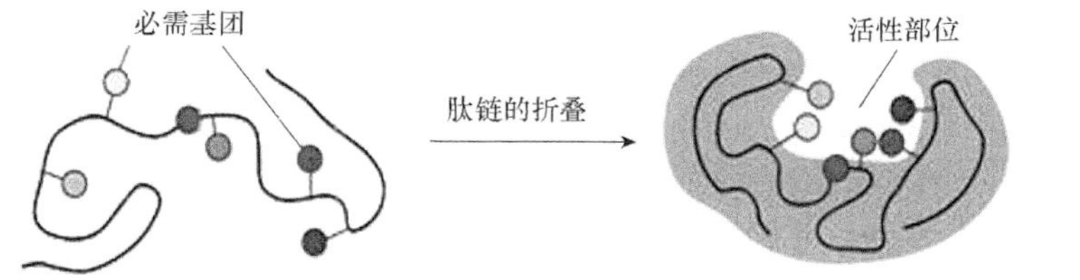

彩图

图 7-8 酶活性中心的形成（引自魏民等，2020）

2）活性中心体积较小 活性中心体积较小，通常只占整个酶分子体积的 1%～2%。酶分子上的大多数氨基酸残基并不与底物接触，但它们作为结构支架，有助于活性中心三维结构的形成和稳定。

3）活性中心位于酶分子表面的裂缝内 活性中心位于酶分子表面的一个裂隙（也称空穴、口袋、凹陷）内。该裂缝内多为疏水氨基酸残基，少量为亲水氨基酸残基。活性中心如此设计的目的是把降低酶催化活性的溶剂（水）排除在外，防止副反应的发生。实际上，除非作为底物，水分子通常被排除在活性中心之外，而底物分子在进入活性中心之前则需要去溶剂化。

4）活性中心的催化部位由亲水氨基酸残基组成 活性中心的疏水氨基酸侧链是惰性的，不能参与催化反应，只能参与底物的结合。迄今为止，在被研究过的酶中，有超过 65%的酶活性中心含有 His、Cys、Asp、Arg 或 Glu。这 5 种氨基酸残基都是亲水氨基酸残基，它们出现的频率是 His＞Cys＞Asp＞Arg＞Glu。

5）活性中心的其他特征 酶与底物结合涉及多重次级键，包括氢键、疏水键、离子键及范德瓦耳斯力。但有的酶在催化反应的过程中，会与底物暂时形成共价键，进行所谓的共价催化。在一定程度上，底物结合的特异性取决于活性中心和底物之间的结构互补性。过渡态理论表明活性中心与底物过渡态的互补性要好于与底物的互补性。活性中心的构象不是固定不变的，而是具有一定的柔性。

4. 单纯酶与结合酶的活性中心 对于单纯酶来说，活性中心由一些氨基酸残基的侧链基团组成，同时还包括某些氨基酸残基的主链骨架上的基团。对于需要辅助因子的结合酶来说，辅助因子是活性中心的组成部分，辅酶或辅基上的某一结构往往也是活性部位的组成部分。

（二）酶的高级结构与酶活性的关系

酶活性中心的形成要求酶分子具有一定的空间构象，酶分子的空间结构中应有亲水区（常是酶蛋白表面）、疏水区（常是酶蛋白内部）和酶与底物相结合的“通道”。因此，活性中心外的酶蛋白空间结构对于酶的催化功能来说可能是次要的，但绝不是毫无意义的，它们至少为酶活性中心的形成提供了结构基础。因此，酶活性中心与酶分子空间构象的完整性之间是辩证统一的关系。当外界物理、化学因素破坏了酶的空间结构时，就可能影响酶活性中心的特定结构，进一步会影响酶活力。

只要酶分子保持一定的空间构象，使活性中心必需基团的位置保持相对恒定，即便一级结构中个别氨基酸肽键断裂，乃至某些区域的小片段去除，也不会影响酶的活性。如图 7-9 所示，在牛胰核糖核酸酶（RNase Ⅰ）拆合实验中发现，牛胰核糖核酸酶的活性中心第 12 位和第 119 位均为组氨酸，它们在一级结构中相距 107 个氨基酸，但在高级结构中相距很近，这两个氨基酸和赖氨酸构成了酶的活性中心。将牛胰核糖核酸酶的第 20 位丙氨酸与第 21 位丝氨酸之间的肽键断裂，此酶便被水解为两个肽段。这两个肽段单独存在时都没有活性，但将二者以 1∶1 的比例混合时，即使第 20 位丙氨酸与第 21 位丝氨酸之间的肽键并未恢复，但由于两个肽段之间的氢键作用，使第 12 位和第 119 位的组氨酸在空间上相互靠近而重新形成了活性中心，牛胰核糖核酸酶也可恢复催化能力。

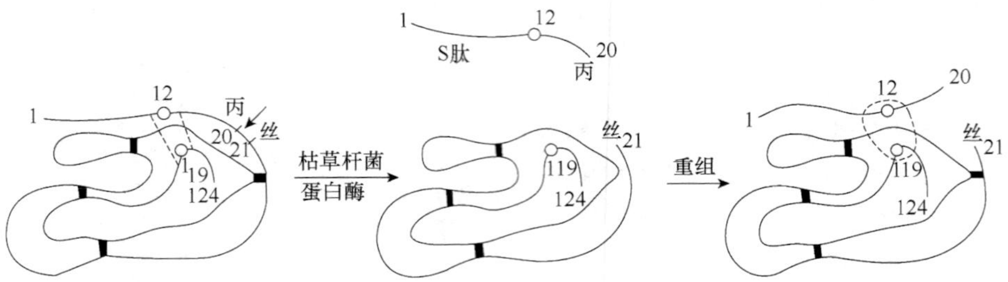

图 7-9 牛胰核糖核酸酶分子的切断与重组（引自张洪渊，2016）

（三）同工酶

1．同工酶的特点 同工酶指由不同基因编码的多肽链，或由同一基因转录生成的不同 mRNA 所翻译出的不同多肽链组成的蛋白质。它们是一类催化相同的化学反应，但酶蛋白的分子结构、理化性质和免疫学性质各不相同的一类酶。同工酶的活性部位相似，且具有相同的功能相关基团，这一组酶可以结合相同的底物，催化相同的反应，但一级结构和高级结构的差异又赋予了它们不同的理化性质、免疫性能和调控性能。它们存在于生物的同一种族或同一个体的不同组织，甚至在同一组织、同一细胞的不同细胞器中，使不同的组织、器官和不同的亚细胞结构具有不同的代谢特征。这为利用同工酶来诊断不同器官的疾病提供了理论依据。

2．乳酸脱氢酶同工酶 至今已知的同工酶已不下几十种，如己糖激酶、乳酸脱氢酶等，其中以乳酸脱氢酶（lactate dehydrogenase，LDH）研究得最为清楚。人和脊椎动物组织中，LDH 的亚基有骨骼肌型（M 型）和心肌型（H 型）之分，两型亚基的氨基酸组成不同，这是由不同基因所决定的。2 种亚基以不同比例组成的四聚体存在 5 种 LDH 形式，即 H_4（LDH_1）、H_3M_1（LDH_2）、H_2M_2（LDH_3）、H_1M_3（LDH_4）和 M_4（LDH_5），5 种 LDH 中的 M、H 亚基比例各异，决定了它们理化性质的差别。由于不同组织器官合成这 2 种亚基的速率不同和 2 种亚基之间聚合情况不同，LDH 同工酶在不同组织器官中的种类、含量和分布比例不同，这使不同的组织、细胞具有不同的代谢特点。图 7-10 说明了不同组织中各种 LDH 所含的量不同，心肌中以 LDH_1 及 LDH_2 的量较多，而骨骼肌及肝中以 LDH_5 和 LDH_4 为主。

不同组织中 LDH 同工酶谱的差异与组织利用乳酸的生理过程有关。运动时，骨骼肌产生的乳酸随血液运输到心肌被利用，成为心肌的主要能源。心脏是以氧化代谢为主的组织，可以有效地利用乳酸。心肌中 LDH_1 含量高，而 LDH_1 对乳酸的米氏常数（K_m）小，可使乳酸脱氢氧化成丙酮酸，有利于心肌从乳酸氧化中取得能量。相反，骨骼肌中 LDH_5 含量高，而 LDH_5 对乳酸的 K_m 大，可使丙酮酸还原为乳酸，这与肌肉在无氧酵解中取得能量的生理过程相适应（图 7-11）。

图 7-10 不同组织中 LDH 同工酶的电泳图谱（引自张洪渊，2016）

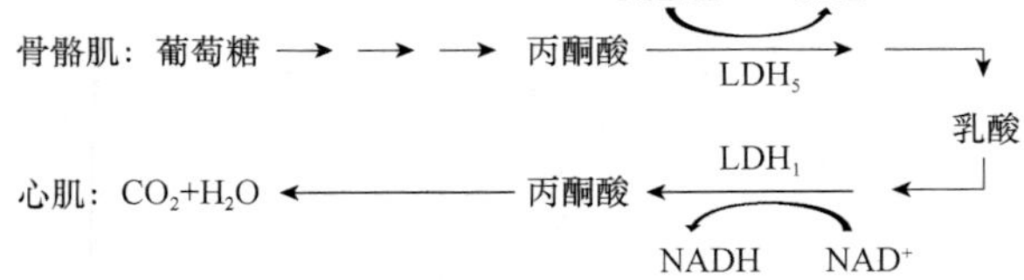

图 7-11 LDH_5 和 LDH_1 不同的功能

同工酶的测定已应用于临床诊断。由于 LDH 同工酶在组织器官中存在分布差异，因此当组织病变时 LDH 同工酶释放入血，导致血清 LDH 同工酶谱发生变化。故临床常用血清 LDH 同工酶谱分析来诊断疾病。正常血清 LDH_2 的活性高于 LDH_1，心肌梗死时，心肌细胞受损，导致 LDH_1 释放，血清 LDH_1 水平升高。肝病时 LDH_5 活性升高。

（四）别构酶

别构酶指通过酶分子非催化部位与化合物可逆地非共价结合后发生构象变化来改变酶的活性，这类酶称别构酶或变构酶。别构酶往往属于具有四级结构的多亚基寡聚酶。该类酶分子除具有活性中心的催化位点外，还具有活性中心外的别构位点。别构位点是结合别构剂的位置，当别构剂结合到别构位点后，可诱导或稳定住酶分子的某种构象，使酶的活性中心对底物的结合与催化作用受到影响，从而调节酶的反应速率和代谢过程，此效应称为酶的别构效应。

多数别构酶处于代谢途径的开端，而别构酶的别构剂往往是一些生理性小分子及该酶作用的底物或该代谢途径的中间产物或终产物。因此，别构酶的催化活性受细胞内底物浓度、代谢中间物或终产物浓度的调节。终产物抑制该途径中的别构酶称反馈抑制，说明一旦细胞内终产物增多，它作为别构抑制剂抑制处于代谢途径起始的酶，及时调整该代谢途径的速度，以适应细胞生理机能的需要。别构酶在细胞物质代谢上的调节中发挥重要作用，故别构酶又称调节酶。

第三节　酶催化反应的机制

一、酶促反应的本质

在一个化学反应体系中，因为各个分子所具有的能量高低不同，每一瞬间并非全部反应物分子都能进行反应，只有那些具有较高能量，处于活化态的分子即活化分子才能在分子碰撞中发生化学反应。反应物中活化分子越多，则反应速率越快。在一定温度下，1mol 底物全部进入活化态所需要的自由能称为活化能，单位为 kJ/mol。反应所需的活化能愈高，相对的活化分子数就愈少，反应速率就愈慢。

视频
酶促反应本质

酶和一般催化剂一样，加速反应的作用都是通过降低反应活化能实现的。活化能也就是底物分子从初态转变到过渡态所需的能量。过渡态分子的结构介于底物和产物之间，不稳定，容易转变成产物或返回为底物。酶通过与底物特异地结合，使底物形成活泼的过渡态，进而转化为产物。由于酶与底物的特异结合是释能反应，释放的结合能是降低活化能的主要能量来源，使底物只需较少的能量便可进入过渡态（图 7-12）。

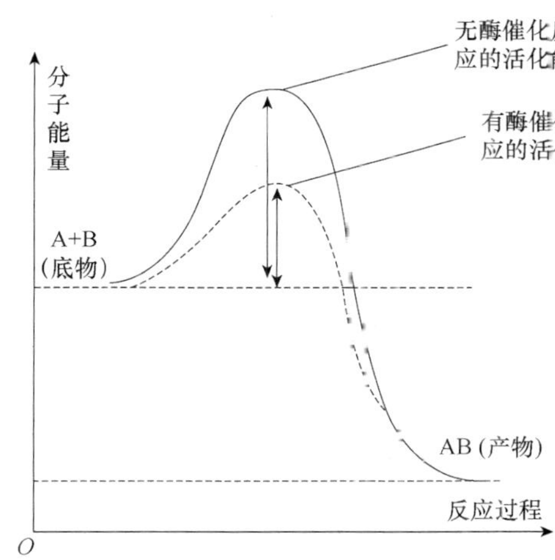

图 7-12　酶促反应活化能的改变
（引自张洪渊，2015）

例如，在没有催化剂存在的情况下，过氧化氢分解过程中，非催化过程所需活化能为 754kJ/mol；用无机物液态钯作催化剂时，所需活化能为 489kJ/mol；当用过氧化氢酶催化时，活化能只需 84kJ/mol。再如，无催化剂时蔗糖水解所需活化能为 13 398kJ/mol；用 H^+ 作催化剂时所需活化能为 1047kJ/mol；用蔗糖酶作催化剂时活化能只需 394kJ/mol。由此可见，酶作为催化剂比一般催化剂更显著地降低活化能，催化效率更高。

二、中间产物学说

酶之所以能降低活化能，加速化学反应，可用目前公认的中间产物学说解释。中间产物学说也称复合物学说，在酶促反应中，酶首先和底物结合成不稳定的中间产物（ES），然后再生成产物（P），并释放出酶。反应式为 $S+E=ES\longrightarrow E+P$。酶的活性中心与底物定向结合生成 ES 复合物是酶催化作用的第一步。定向结合的能量来自酶活性中心功能基团与底物相互作用时形成的多种非共价键，如离子键、氢键、疏水键，也包括范德瓦耳斯力。它们结合时产生的能量称为结合能。这就不难理解各个酶与自己底物的结合有选择性。

若酶只与底物互补生成ES复合物，不能进一步促使底物进入过渡状态，那么酶的催化作用不能发生。因为酶与底物生成ES复合物后，尚需通过酶与底物分子间形成更多的非共价键，生成酶与底物的过渡状态复合物，才能完成酶的催化作用。实际上在上述非共价键生成的过程中，底物分子由原来的基态转变成过渡状态，即底物分子成为活化分子，这为底物分子进行化学反应所需基团的组合排布、瞬间不稳定电荷的生成及其他转化等提供了条件。当酶与底物生成ES复合物并进一步形成过渡状态时，这过程已释放较多的结合能，现知这部分结合能可以抵消部分反应物分子活化所需的活化能，从而使原先低于活化能阈值的分子也成为活化分子，于是加速化学反应的速率。

三、酶作用专一性的机制

（一）锁钥学说

关于酶作用专一性的假说之一，早在1894年Fischer就根据酶作用的高度专一性，提出了锁钥学说，又称为“模板”理论。这一学说认为酶与底物结合方式可用锁钥结合（或多点结合）假设作解释。该假说认为底物和酶在结构上有严密的互补关系，两者的结合方式正如一把钥匙只能开一把锁一样，底物分子或底物分子的一部分专一地契入酶的活性中心部位，使得底物分子与酶分子上有催化效能的必需基团间具有紧密互补的关系，从而实现酶与底物的专一性结合（图7-13）。倘若底物分子在结构上有微小的改变，就不能契合到酶活性中心，也就不能被作用。该学说强调，只有固定的底物才能契入与它互补的酶表面，两者的特异结合是酶进行催化作用的基础。这一学说同时意味着酶分子活性部位具有严密的刚性结构。

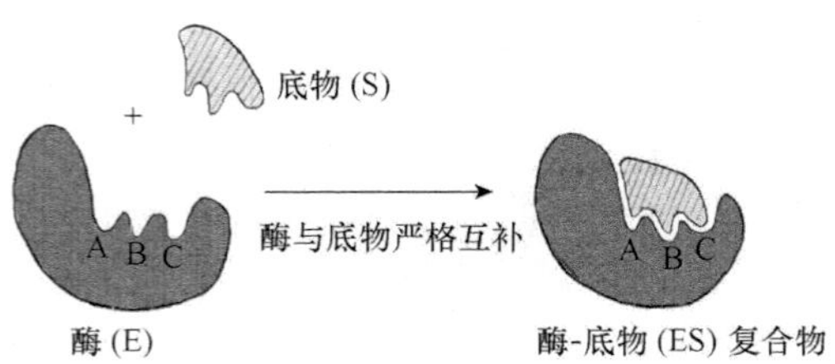

图7-13　酶和底物结合的锁钥学说

但是锁钥学说有较大的局限性，不能解释酶的可逆反应。如果酶的活性中心是锁钥学说中的锁，那么这种结构不可能既适合于可逆反应的底物，又适合于可逆反应的产物，很难解释酶活性部位的结构与底物和产物的结构都非常吻合，因此锁钥学说把酶的结构看成固定不变是不切实际的，与大量实验结果不相吻合。

（二）诱导契合学说

1958年，Koshland提出了诱导契合学说，最终取代了锁钥学说的地位。该学说认为酶分子活性中心的结构并非与底物的结构互相吻合，且酶的活性中心是柔软的而非刚性的。当底物与酶分子靠近时，可诱导酶活性中心的构象发生有利于底物结合的变化，有关的各个基团达到正确的排列和定向，这种方式如同一只手伸进手套之后，才诱导手套的形状发生变化一样，从而使酶和底物契合而结合成中间复合物，并引起底物发生反应（图7-14）。反应结束当产物从酶上脱落下来后，酶的活性中心又恢复了原来的构象。

后来，科学家对羧肽酶等进行了X射线衍射研究，研究的结果有力地支持了这个学说。可以说，诱导契合学说较好地解释了酶作用专一性。

例如，己糖激酶催化ATP上的磷酸基团转移到葡萄糖分子的6号位羟基上（图7-15），由于水分子与葡萄糖分子上都有羟基，二者都可以进入己糖激酶的活性中心，但己糖激酶以葡萄糖分子为磷酸受体的反

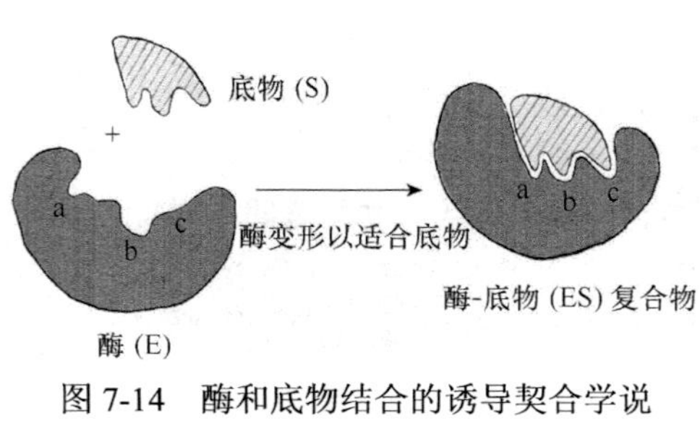

图7-14　酶和底物结合的诱导契合学说

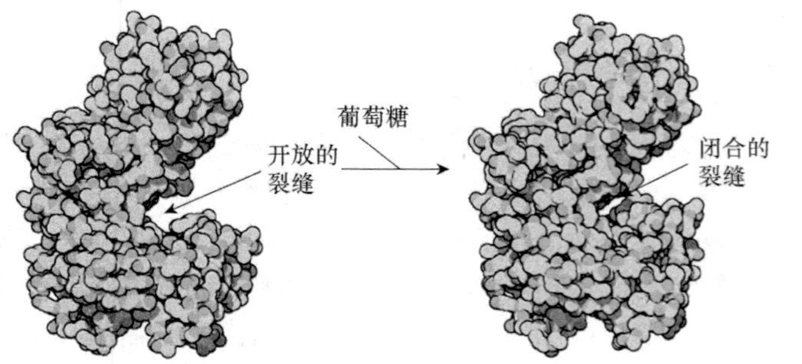

图7-15　己糖激酶的诱导契合（引自杨荣武，2018）

应速率是在水中反应速率的 10^5 倍。这是因为葡萄糖分子进入酶的活性中心以后，能够诱导活性中心的构象发生变化，使活性中心的催化基团处于合适的位置而更好地进行催化，而水分子缺乏诱导酶变形的化学侧链基团。

（三）"三点附着"模型

对于酶为什么能够区分一对对映异构体，或者一个假手性 C 上 2 个相同的基团，需要用酶与底物的"三点附着"模型进行解释。该模型认为，底物在活性中心有 3 个结合点，只有当这 3 个结合点都匹配的时候，酶才会催化相应的反应。一对对映异构体底物虽然基团相同，但空间排列不同，这就可能出现其中一种与酶结合的时候，无法保证三点都互补匹配，酶也就不能作用于它。

以催化三羧酸循环第二步反应的顺乌头酸酶为例（图 7-16）。该酶的底物是柠檬酸，其分子中有 2 个—CH_2—COOH 基团，一个来自草酰乙酸，另一个来自乙酰 CoA。这 2 个—CH_2—COOH 基团在我们看来没有什么区别，但在酶"眼里"却是不同的。正因为如此，顺乌头酸酶在催化反应的时候，只会将羟基催化转移给来自草酰乙酸的—CH_2—COOH，而绝对不会转移给来自乙酰 CoA 的—CH_2—COOH。

"三点附着"模型不但可用来解释酶的立体专一性，而且可以解释其他非酶蛋白质作用的立体专一性。例如，脑细胞中的一种氨基酸受体只能与 *L*-氨基酸结合，对 *D*-氨基酸没有作用。

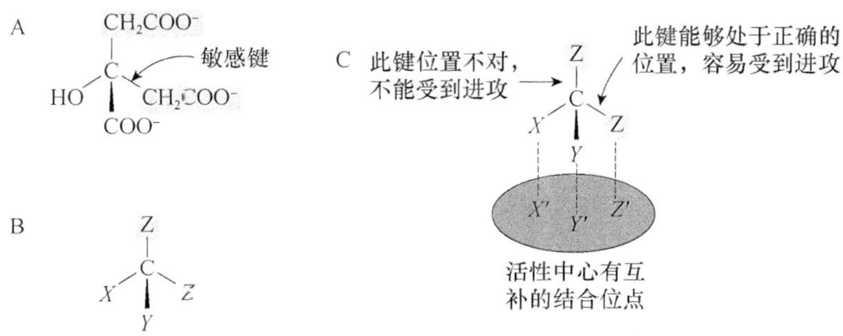

图 7-16 酶与底物结合的"三点附着"模型（引自杨荣武，2018）

A. 柠檬酸结构；B. 柠檬酸结构示意图；C. 柠檬酸的"三点附着"模型

四、酶作用高效性的机制

（一）邻近效应和定向效应

酶促反应过程是指由于酶的特殊结构及功能，使参加反应的底物分子能正确结合于酶的活性部位，作用基团互相邻近并定向，分子间反应变为分子内反应的过程。这一过程中包括 2 种效应：邻近效应和定向效应（图 7-17），它们能使底物正确定位于酶的活性中心。

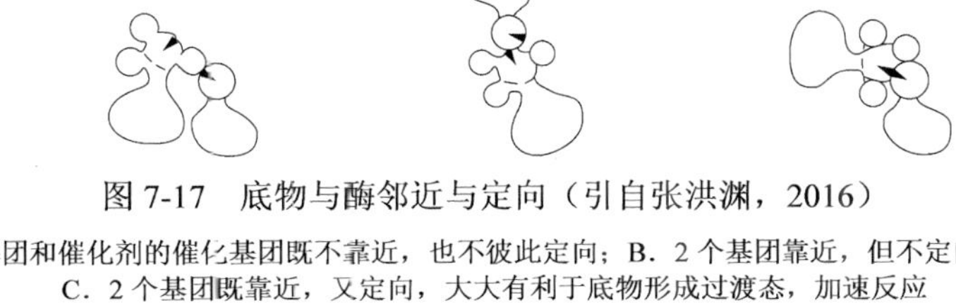

图 7-17 底物与酶邻近与定向（引自张洪渊，2016）

A. 反应物的反应基团和催化剂的催化基团既不靠近，也不彼此定向；B. 2 个基团靠近，但不定向，还是不利于反应；C. 2 个基团既靠近，又定向，大大有利于底物形成过渡态，加速反应

邻近效应是指酶将底物富集且固定在活性中心附近，且反应基团相互邻近的一种效应。酶与底物结合形成中间产物时，由于酶具有对底物较高的亲和力，游离的底物集中于酶活性中心区域，使活性中心区域的底物浓度得以极大提高，并同时使反应基团之间相互靠近，增加自由碰撞概率，在这种局部的高浓度下，反应速率显著提高。

定向反应是指底物在酶活性中心定向结合，以及底物的反应基团与酶活性中心的催化基团之间正确取位和严格定向的效应。在酶活性中心内，催化基团与底物反应基团之间，形成了正确的定向排列，分子轨道以正确方位相互交叠，按正确的方向相互作用形成中间产物，反应方式由分子间反应转变成分子内反应，从而降低了底物的活化能，提高了反应速率。定向效应缩短了底物与催化基团间的距离，提高反应速率 10^8 倍。

（二）底物形变

当酶遇到其专一性底物时，酶中某些基团或离子可以使底物分子内敏感键中的某些基团的电子云密度增高或降低，产生“电子张力”，使敏感键的一端更加敏感，底物分子发生形变，比较接近它的过渡态，降低了反应活化能，使反应易于发生。因此，酶与底物结合时，不仅酶的构象发生改变，同时底物分子也发生形变（图 7-18），从而形成互相契合的酶-底物复合物，进一步转换成过渡态，大大增加了酶促反应速率。

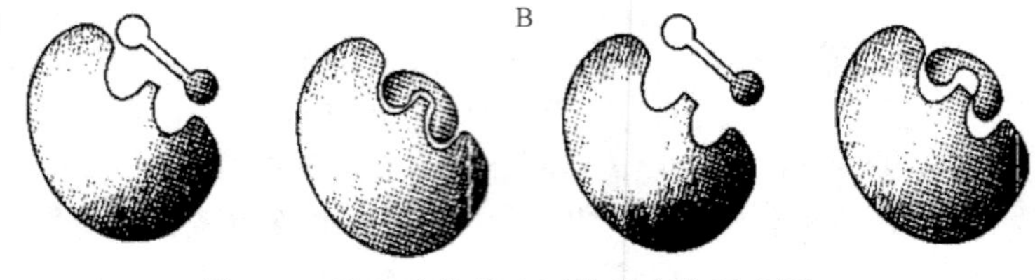

图 7-18　酶和底物结合时构象变化示意图

A．底物分子发生形变；B．底物分子和酶都发生形变

（三）酸碱催化

视频
酸碱催化

酸碱催化是通过瞬时地向反应物提供质子或从反应物接受质子以稳定过渡态，加速反应的一类催化机制。酶是两性解离的蛋白质，酶活性中心有些基团可以作为质子的供体（酸），有些基团则可以成为质子的受体（碱）。这些基团参与质子的转移，可使反应速率提高 10^2～10^5 倍。酸碱催化作用是有机反应中常见的催化机制之一。

很多酶的活性部位同时存在几种参与酸碱催化作用的功能基团，如氨基、羧基、巯基、酚羟基及咪唑基。它们能在近中性 pH 的范围内，作为质子的供体或受体，参与酸碱催化反应。具有酸碱催化作用的酶有很多，如溶菌酶、牛胰核糖核酸酶、牛胰凝乳蛋白酶等。在生物化学中，这类反应有羰基的加成作用、酮基和烯醇的互变异构、肽和酯的水解，以及磷酸和焦磷酸参与的反应等。酶分子中可以作为广义酸、碱的基团见表 7-5。

表 7-5　酶分子中的广义酸和广义碱

氨基酸残基	广义酸（质子供体）	广义碱（质子受体）
Glu，Asp	R—COOH	R—COO^-
Lys，Arg	R—NH_3^+	R—NH_2
Cys	R—SH	R—S^-
His	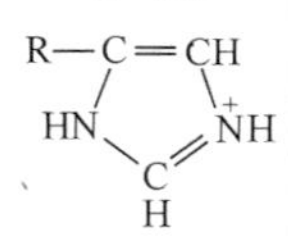	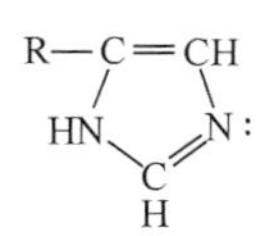
Ser	R—OH	R—O^-
Tyr	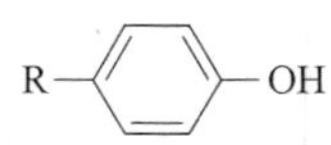	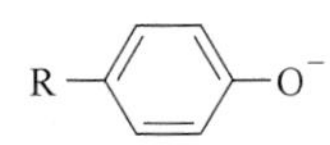

影响酸碱催化反应速率的因素有 2 个。

第一个因素是酸碱的强度。在这些功能基团中咪唑基是最有效、最活泼的一个催化功能基团，它的解离常数约为 6.0，也就是说在接近于生物体液 pH（中性）的条件下，有一半以酸形式存在，另一半以碱形式存在，即咪唑基既可以作为质子供体，又可以作为质子受体，在酶促反应中发挥作用。

第二个因素是功能基团提供质子或接受质子的速度。咪唑基提供或接受质子的速度十分迅速，且提供质子或接受质子的速度几乎相等。因此，组氨酸是许多酶活性中心的结构成分。

由于酶分子中存在多种提供质子或接受质子的功能基团，因此酶的酸碱催化效率比一般酸碱催化剂高得多。例如，肽键在无酶存在下进行水解时需要高浓度的酸或碱，在高温下长时间（10～24h）的作用，而以胰凝乳蛋白酶作为酸碱催化剂时，在常温、中性 pH 下很快就可使肽键水解。

（四）共价催化

共价催化是指酶催化底物发生反应的过程中，酶活性中心的极性基团与底物结合，形成活性很高的过渡态共价中间产物，使反应所需的活化能大大降低，从而有效地加速酶催化的化学反应。根据酶活性中心的极性基团对底物作用的方式不同，共价催化可分为亲核催化和亲电催化。

1. 亲核催化 亲核催化指酶活性中心的亲核基团提供一对电子，与底物分子中缺少电子而具有部分正电荷的碳原子形成共价键，从而产生不稳定的共价中间物。形成的共价中间物在随后步骤中被水分子或第二种底物攻击给出所需的产物。共价亲核催化也在辅酶产生的亲核中心观察到。

酶分子中最常见的 3 种亲核基团分别为丝氨酸的羟基、半胱氨酸的巯基和组氨酸的咪唑基。底物的亲电中心包括磷酰基、酰基和糖基等。

2. 亲电催化 亲电催化指酶活性中心上的亲电子基团，如—NH_3^+、Fe^{2+}等，从底物分子的亲核原子上夺取一对电子，形成共价键，从而产生不稳定的共价中间物。亲电催化作用中，催化剂和底物的作用与亲核催化相反。

酶分子亲电子基团可以由亲核碱基被质子化的共轭酸提供，也可以由酶中非蛋白组成的辅助因子提供，其中金属阳离子是很重要的一类。

现已知 100 多种酶在催化过程中形成共价中间物，表 7-6 列举了一些典型的例子。底物与酶分子中亲核基团分别形成酰基-丝氨酸、酰基-半胱氨酸、磷酸-丝氨酸、磷酸-组氨酸和希夫碱。

表 7-6 几种酶的共价催化

亲核基团	实例	共价中间物
Ser（—OH）	丝氨酸蛋白酶	脂酰化酶
Cys（—SH）	半胱氨酸蛋白酶	脂酰化酶
Asp（—COO^-）	ATP 酶	磷酸化酶
Lys（ε—NH_2）	乙酰乙酸脱羧酶	希夫碱
His（咪唑基）	磷酸甘油酸变位酶	磷酸化酶
Tyr（—OH）	谷氨酰胺合成酶	腺苷酸环化酶

（五）微环境的影响

酶的稳定性除了受分子组成和结构影响外，还与其所处的微环境有关。通常酶处于天然细胞或体液环境中较为稳定，但酶工程主要研究离体操作环境，失去了细胞内的稳定环境，如氧化还原势、结合蛋白、折叠酶、分子伴侣、稳定因子及膜保护作用等有利因素，而温度、光、pH、机械作用、离子浓度、表面活性剂及变性剂等不稳定因素却大大增加（表 7-7）。一旦环境作用超过临界水平，就可能改变各种作用力平衡的方向，破坏相对稳定的空间结构，造成酶不稳定或失活。因此，酶所处的微环境对其活性发挥及维持其稳定性尤为关键。

表 7-7 微环境影响酶分子稳定性的因素（改自王希成，2015）

不稳定部位	不稳定机制	微环境因素
酶分子（氨基酸侧链）	氧化、还原、脱酰胺、消旋、异构化等	辐射、光照、空气（氧）、高温、极端 pH 等
肽键	水解	酸、碱、污染蛋白质、杂菌
非共价键	疏水相互作用、氢键、离子键、范德瓦耳斯力等被破坏	有机溶剂、变性剂、重金属离子、表面活性剂、pH、温度、压力、电磁场、机械作用、吸附等
辅酶或辅基	脱离	螯合剂、透析、加热等
亚基	解离	极端 pH、高温或低温
酶分子	聚合、沉淀	加热、变性剂、机械作用、压力等

酶分子表面有一个裂缝，而活性部位就位于疏水环境的裂缝中。化学基团的反应活性和化学反应的速率在非极性介质与水性介质有显著差别。这是由于非极性环境中的介电常数较水介质的介电常数低，在非极性环境中两个带电基团之间的静电作用比在极性环境中显著增高。当底物分子与酶活性部位结合后就被埋没在疏水环境中，这使得底物分子与催化基团之间的作用力比在极性环境的作用力要强得多。因此，酶活性中心的疏水微环境大大有利于酶的催化作用。

上面讨论了与酶高催化效率有关的几个因素，必须指出上述诸因素，不是同时在一个酶中起作用，也不是一种因素在所有的酶中起作用。更可能的情况是对不同的酶，起主要作用的因素不同，各自都有其特点，不同的酶可能分别受一种或几种因素的影响。

思政案例

酶制剂在医药领域的应用

生物体内的抗氧化酶，如超氧化物歧化酶（SOD）、过氧化物酶（POD）、过氧化氢酶（CAT）、谷胱甘肽过氧化物酶（GPX）等能清除自由基或阻断自由基参与的氧化反应。在医药领域应用时，这些酶可以避免由于体内自由基过多而对机体组织脏器和免疫功能造成伤害，同时起到抗氧化、抗衰老的作用。但就自由基而言，并非完全有害无益，在一定程度上它又可以助力传递维持生命活力的能量，同时起到杀灭细菌和排除毒素等作用。因此，辩证地看待问题，分析事物的两面性，合理认知事物本身兼具的利弊，就一定能够找寻到事物本身于我们有价值的那一部分，从而可以更有效地获取外界的助力。

第四节 酶促反应动力学

一、酶促反应速率与活力单位

（一）酶活力与酶促反应速率

所谓酶活力指酶催化一定化学反应的能力，也称为酶活性。其大小可以用在一定条件下所催化的某一化学反应的速率来表示。因此，酶活力的测定问题实际上是测定酶所催化的化学反应速率的问题。反应速率越快，说明酶活力越高；反应速率越慢，说明酶活力越低。与一般的化学反应一样，酶促反应速率可用单位时间内底物的减少量（$-d[S]/dt$）或产物的增加量（$d[P]/dt$）来表示。但是在酶催化反应过程中，随着时间的延长，底物的减少量或产物的增加量并不是和时间一直保持线性关系，而是会出现向下的弯曲，即反应速率随时间的延长出现降低的现象，如图 7-19 所示。

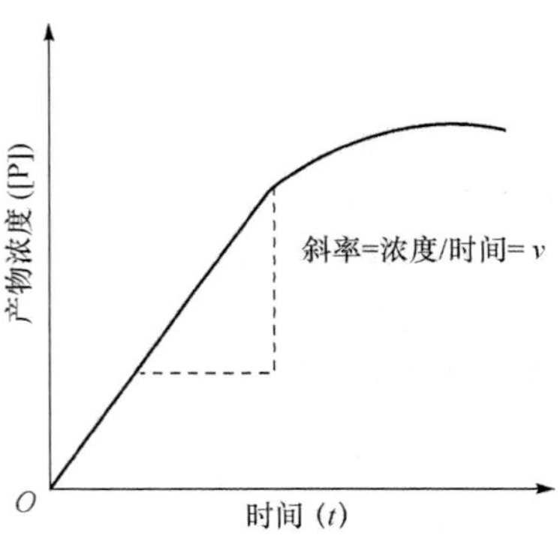

图 7-19 酶促反应的速率曲线

从图 7-19 可知，反应速率只在最初一段时间内保持恒定。随着反应时间的延长，酶促反应速率出现降低的现象。下降的原因有以下几种：①底物浓度降低减缓正反应的进行。②产物浓度增高致使逆反应加强。③产物浓度增高抑制了酶的催化活性。④反应过程中酶部分失活。因此，一般规定在某一条件下（恒温、使用缓冲溶液）用反应的初速率来表示酶活力。要真实反映出酶活力的大小，就应该在产物生成量与酶反应时间成正比的这一段时间内进行速率的测定，此速率称为初速率。一般在底物浓度变化在起始浓度的 5%以下的速率为初速率的近似值，此时初速率与酶的活力是呈正比例的关系。

应该指出的是，在测定酶活力时，要求底物浓度要足够大，这样，整个反应对底物来说是零级反应，而对酶来说是一级反应，这样测得的速率就可以比较可靠地反映酶的活力。在酶的催化反应中，应注意 pH、离子强度、温度、抑制剂、激活剂或酶本身的部分失活等复杂因素的影响。为了准确测定酶活力，这些影响都必须加以控制。

（二）酶活力单位

酶活力单位简称酶单位（unit），是衡量酶活力大小的尺度，它反映在规定条件下，酶促反应在单位时间（s、min 或 h）内生成一定量（mg、μg、μmol 等）的产物或消耗一定数量的底物所需的酶量。例如，α-淀粉酶的活力单位规定为每小时催化 1g 可溶性淀粉液所需要的酶量，也有用每小时催化 1mL 2%的可溶性淀粉液所需要的酶量定义为 1 个酶单位。

为使各种酶活力单位标准化，1961 年国际生物化学学会酶学委员会及国际纯粹与应用化学联合会临床化学委员会提出采用统一的“国际单位”（IU）来表示酶活力。规定为在最适反应条件（温度 25℃）下，每分钟内催化 1 微摩尔（μmol）底物转化为产物所需的酶量为 1 个酶活力单位，即 1IU＝1μmol/min。

（三）酶的比活力与酶的纯度

同一种酶采用不同的酶活力测定方法所得到的酶活力单位数是不同的。即使是同一种酶活力测定方法，如采用的实验条件（温度、pH、缓冲液等）不同，所测得的酶活力单位数也有差异。酶活力单位仅解决单位的定义问题，不能直接表示酶制剂的相对酶活力，因此人们常用比活力来表示酶制剂的相对酶活力。比活力是酶学研究及生产中经常使用的数据。比活力大小可用来比较单位质量或单位体积中酶蛋白的催化能力。这样酶的有效含量就可以用每克酶制剂或每毫升酶制剂含有多少酶单位来表示，即 U/mL 或 U/mg。

酶的比活力也可以代表酶的纯度，根据酶学委员会的规定，酶的比活力可以用来比较每单位重量酶蛋白的催化能力，比活力越高，说明酶纯度越高。

二、底物浓度对酶促反应速率的影响

（一）底物浓度与反应速率的关系

1903 年 Henri 做蔗糖酶水解蔗糖实验，研究底物浓度与反应速率的关系。当酶浓度不变时，可以测出一系列不同底物浓度下的反应速率，以反应速率对底物浓度作图，可得到图 7-20 曲线。

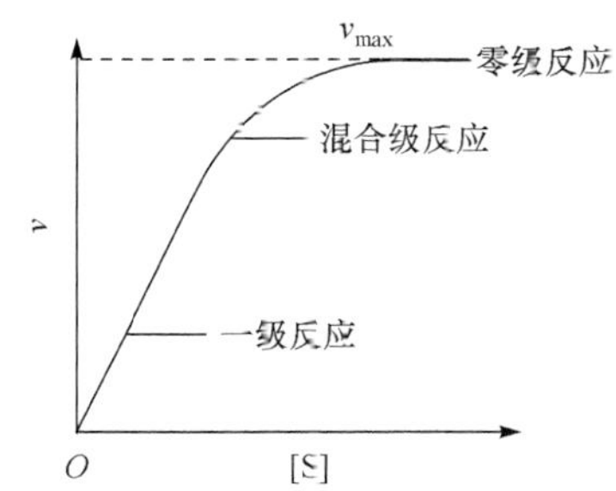

图 7-20　底物浓度对酶促反应速率的影响

图 7-20 的曲线可分为三段，当底物浓度较低时，反应速率与底物浓度的关系成正比，表现为一级反应。随着底物浓度的增加，反应速率不再按正比升高，反应表现为混合级反应。当底物浓度达到相当高时，底物浓度对反应速率影响变小，最后反应速率与底物浓度的增加几乎无关，反应达到最大速率（v_{max}），表现为零级反应。中间产物学说也可以解释底物浓度对酶促反应速率的影响。在酶浓度恒定条件下，当底物浓度很小时，酶未被底物饱和，这时反应速率取决于底物浓度。随着底物浓度变大，ES 生成也越多，而反应速率取决于 ES 的浓度，故反应速率也随之增高。当底物浓度相当高时，溶液中的酶全部被底物饱和，溶液中没有多余的酶，虽增加底物浓度也不会有更多的中间复合物生成，因此酶促反应速率与底物浓度增加无关，反应达到最大反应速率（v_{max}）。需要指出的是只有酶催化反应才有这种饱和现象，与此相反，非催化反应无此饱和现象。图 7-21 显示了酶促反应过程中各种物质的浓度变化曲线。

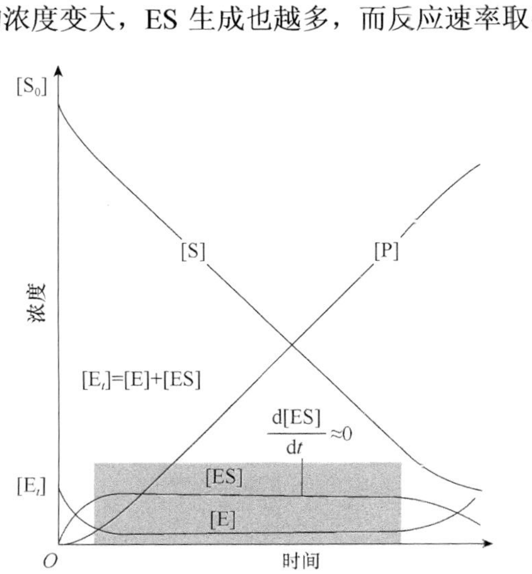

图 7-21　酶促反应过程中各种物质浓度的变化曲线

（二）米氏方程

为了解释上述现象，并说明酶促反应速率与底物浓度之间的关系，1913 年 Michaelis 和 Menten 提出了酶促反应速率和底物浓度关系的数学方程式，即著名的米曼氏方程式，简称米氏方程。

$$v=\frac{v_{max}[S]}{K_m+[S]}$$

式中，v_{max}表示最大反应速率；［S］表示底物浓度；K_m表示米氏常数；v表示在不同［S］时的反应速率。当底物浓度很低（$[S] \ll K_m$）时，$v = v_{max}[S]/K_m$，反应速率与底物浓度成正比。当底物浓度很高（$[S] \gg K_m$）时，$v = v_{max}$反应速率达最大速率，再增加底物浓度也不再影响反应速率。

米氏方程式的推导基于这样的假设：反应是单底物反应；测定的反应速率为初速率，即反应刚刚开始，产物的生成量极少，逆反应可不予考虑；［S］超过［E］，［S］的变化在测定初速率的过程中可忽略不计。根据中间产物理论，酶促反应可按下列两步进行：

$$E + S \underset{}{\overset{k_S}{\rightleftharpoons}} ES \xrightarrow{k_{cat}} P + E$$

式中，E 表示酶；S 表示底物；ES 表示中间复合体；P 表示产物；k_S表示 ES 的解离平衡常数，即第一步反应中正向速率常数 k_1 和逆向速率常数 k_{-1} 之比 k_1/k_{-1}；k_{cat}表示催化常数，即第二步中的正向速率常数 k_2。

根据平衡态模型 S 转变成 P 的总速率应由限速反应（模型中第二步）决定，因此产物生成速率 $v = k_{cat}[ES]$。［ES］在实验中不易测定，需要找出容易测定的其他参数（如某些常数和已知的［S_0］等）来代替它。为此利用第一步反应（快速平衡）中 ES 解离成 E 和 S 的解离常数 $k_S = \frac{k_{-1}}{k_1} = \frac{[E][S]}{[ES]}$，则 $[ES] = \frac{[E][S]}{k_S}$。

将酶促反应守恒公式 $[ES] = [E_t] - [E]$ 代入上式得

$$[ES] = \frac{([E_t] - [ES])[S]}{k_S}$$

经整理得 $[ES] = \frac{[E_t][S]}{k_S + [S]}$，代入 $v = k_{cat}[ES]$ 得

$$v = \frac{k_{cat}[E_t][S]}{k_S + [S]}$$

这里 $k_{cat}[E_t]$ 具有特殊的意义。当底物浓度［S］高至使所有酶分子都被饱和时，则 $[ES] = [E_t]$，初速率 v_0 将达到最大值 v_{max}，用数学式可表示为

$$\lim_{[S]\to\infty} v_0 = \frac{k_{cat}[E_t][S]}{k_S + [S]} = k_{cat}[E_t] = v_{max}$$

因此，$v = \frac{k_{cat}[E_t][S]}{k_S + [S]}$ 也可写成

$$v = \frac{v_{max}[S]}{K_m + [S]}$$

1．米氏常数 当酶促反应处于 $v = \frac{1}{2}v_{max}$ 时，$K_m = [S]$。因此，K_m 值等于酶促反应速率为最大反应速率一半时的底物浓度（单位：mol/L），是酶的特征性常数。一些酶的米氏常数如表 7-8 所示。

表 7-8 一些酶的米氏常数

酶名称	底物	K_m/（mol/L）
蔗糖酶	蔗糖	2.8×10^{-2}
蔗糖酶	棉子糖	35×10^{-2}
α-淀粉酶	淀粉	6×10^{-4}
麦芽糖酶	麦芽糖	2.1×10^{-1}
脲酶	尿素	2.5×10^{-2}
己糖激酶	葡萄糖	1.5×10^{-4}
己糖激酶	果糖	1.5×10^{-3}
胰凝乳蛋白酶	*N*-苯甲酰酪胺酰胺	2.5×10^{-3}
胰凝乳蛋白酶	*N*-甲酰酪胺酰胺	1.2×10^{-2}
胰凝乳蛋白酶	*N*-甲酰酪胺酰胺	3.2×10^{-2}

续表

酶名称	底物	K_m（mol/L）
过氧化氢酶	H_2O_2	2.5×10^{-2}
琥珀酸脱氢酶	琥珀酸盐	5×10^{-7}
丙酮酸脱氢酶	丙酮酸	1.3×10^{-3}
乳酸脱氢酶	丙酮酸	1.7×10^{-5}
碳酸酐酶	H_2CO_3	9×10^{-3}

2．米氏常数的意义

1）*米氏常数是酶的特征性常数之一*　每一种酶都有它的 K_m 值。K_m 值只与酶的结构和所催化的底物有关，与酶的浓度无关。各种酶的 K_m 值范围很广，大致在 10^{-6}～10^{-2}mol/L。对于同一底物，不同的酶有不同的 K_m 值；多底物反应的酶对其众底物的 K_m 值也各不相同。

2）*K_m 可以表示酶与底物的亲和能力*　同一种酶有几种底物就有几个 K_m 值，其中 K_m 值最小的底物一般称为该酶的最适底物或天然底物。不同的底物有不同的 K_m 值，这说明同一种酶对不同底物的亲和力不同。一般用 $1/K_m$ 近似地表示酶对底物亲和力的大小，$1/K_m$ 愈大，表示酶对该底物的亲和力愈大，酶促反应愈易于进行。

3）*判断正、逆两向反应的催化速率*　催化可逆反应的酶，对正、逆两向的 K_m 值常常是不同的。通过这些 K_m 值的大小及细胞内正、逆两向的底物浓度，可以大致推测该酶催化正、逆两向反应的效率。如一个反应的正、逆方向由同一个酶催化，则 K_m 较小的那个方向反应的催化效率较高。

4）*了解酶的底物在体内具有的浓度水平*　一般来说，作为酶的天然底物，它在体内的浓度水平接近它的 K_m 值。因为如果 $[S]_{体内}\ll K_m$，那么 $v\ll v_{max}$，大部分酶处于浪费状态。相反，$[S]_{体内}\gg K_m$，那么 v 始终接近于 v_{max}，则这种底物浓度失去其生理意义，也不符合实际情况。

5）*计算一定速率下的底物浓度*　由 K_m 值及米氏方程可求出要达到规定反应速率的底物浓度，或根据已知底物浓度求出反应速率。

3．K_m 值的求法（双倒数作图法）　K_m 值和 v_{max} 值可以通过作图法求取。底物浓度曲线是矩形双曲线，其图形为渐进线，很难准确地测得 K_m 值和 v_{max} 值。过高的底物浓度不仅不易测得 v_{max} 值，在实验中还会出现很多困难。若将米氏方程式进行变换，由曲线作图改为直线作图，便可容易地用图解法准确求得 K_m 值和 v_{max} 值。

双倒数作图法又称为林贝氏作图法，是最常见的作图法。它将米氏方程式等号两边取倒数，所得到的双倒数方程式称作林贝氏方程式。

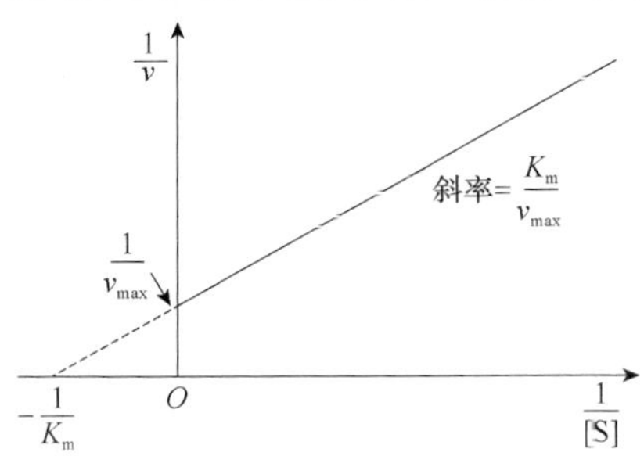

图 7-22　双倒数作图法

将米氏方程两边取倒数，改写为

$$\frac{1}{v}=\frac{K_m}{v_{max}}\times\frac{1}{[S]}+\frac{1}{v_{max}}$$

$\frac{1}{v}$ 对 $\frac{1}{[S]}$ 作图，得一直线，如图 7-22 所示。其纵轴上的截距为 $\frac{1}{v_{max}}$，横轴上的截距为 $-\frac{1}{K_m}$。此作图法除用于求取 K_m 值和 v_{max} 值外，还可用于判断可逆性抑制反应的性质。

三、酶浓度对酶促反应速率的影响

在酶促反应体系中，当底物浓度大大超过酶的浓度，酶被底物饱和时，反应速率达最大速率。此时，反应速率和酶浓度成正比（图 7-23）。从米氏方程可知，当 $[S]\gg[E]$ 时，式中 K_m 可以忽略不计，其关系式可简化为 $v=k_3[E]$。k_3 为酶促反应速率常数。

四、pH 对酶促反应速率的影响

酶的活力受环境 pH 的影响。在一定 pH 下，酶表现出最大催化活力，此时的 pH 称为该酶的最适 pH。

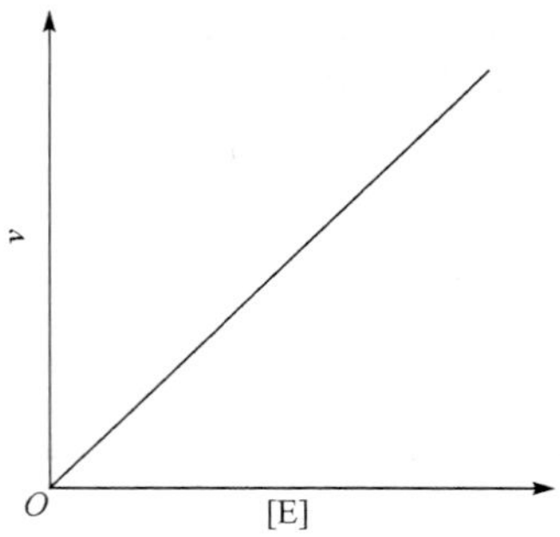

图 7-23 酶浓度对反应速率的影响

各种酶在一定条件下都有其特定的最适 pH。高于或低于此 pH，酶活力降低，远离最适 pH 时还会导致酶变性失活（图 7-24）。

最适 pH 是酶的特性之一，但酶的最适 pH 不是一个常数。它受底物种类和浓度、缓冲液种类和浓度等许多因素影响，因此在测定酶活性时，应选用适宜的缓冲液以保持酶活性的相对恒定。大多数酶的最适 pH 在 5～8，动物体内酶的最适 pH 多在 6.5～8.0，植物及微生物内的酶最适 pH 多在 4.5～6.5。但也有例外，如胃蛋白酶的最适 pH 为 1.5，碱性磷酸酶最适 pH 为 9.5，精氨酸酶最适 pH 为 9.7。

虽然多数酶的 pH-酶活性曲线为钟罩形。但有的酶并非如此，如胃蛋白酶和胆碱酯酶为钟形的一半，而木瓜蛋白酶对应的酶促反应速率在 pH 4～10 不受 pH 改变的影响，始终保持不变（图 7-25）。

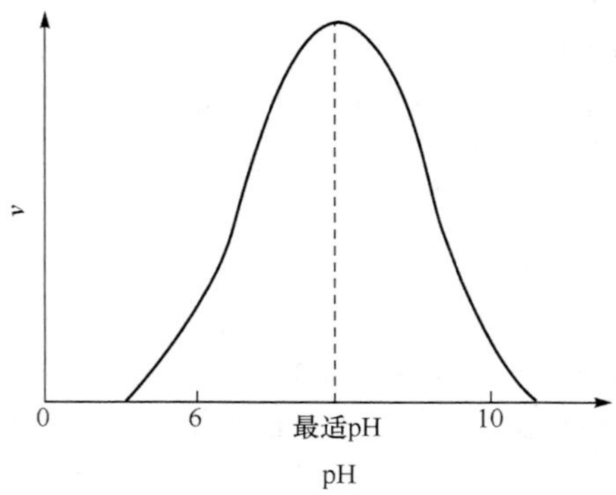

图 7-24 pH 对酶促反应速率的影响

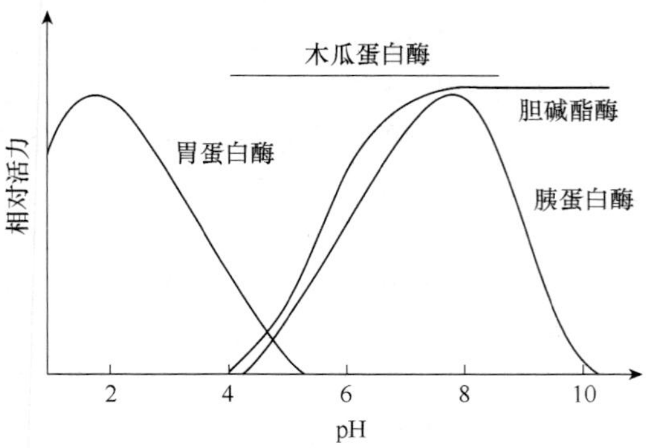

图 7-25 4 种酶的 pH-酶活性曲线

pH 影响酶活力的原因可能主要有以下 2 个方面。

一方面，pH 影响酶的结构。强酸或强碱可以使酶的空间结构破坏，引起酶构象的改变，酶活性丧失。pH 也可以影响维持酶分子空间结构的有关基团解离，从而影响酶活性部位的构象，进而影响酶的活性。

另一方面，pH 影响了体系的解离状态。pH 影响底物的解离状态，或者使底物不能和酶结合，或者结合后不能生成产物；也影响酶分子活性部位上有关基团的解离，从而影响与底物的结合或催化；也可能影响到中间复合物 ES 的解离状态，不利于催化生成产物；也可能影响辅酶（如 ATP、NAD^+、辅酶 A 等）的解离，从而影响酶对底物的亲和力。

五、温度对酶促反应速率的影响

温度与大多数化学反应的速率有关，酶促反应也不例外。如果在不同温度条件下进行某种酶促反应，然后将测得的反应速率相对于温度作图，即可得到图 7-26 所示的钟罩形曲线。从图中可以看出在较低的温度范围内，酶促反应速率随温度升高而增大。但超过一定温度后，反应速率反而下降。在某一温度下，反应速率达到最大值，这个温度通常就称为该酶的最适温度。每种酶在一定的条件下都有其最适温度，来自不同生物体内的酶，最适温度也不同，一般温血动物体内的酶最适温度为 35～40℃；植物体内的酶最适温度稍高，通常在 40～50℃；微生物中的酶最适温度差别则较大，如用于进行聚合酶链反应的 *Taq*DNA 聚合酶的最适温度可高达 72℃，生活在温泉中的细菌体内的酶最适温度甚至可以达到水的沸点。

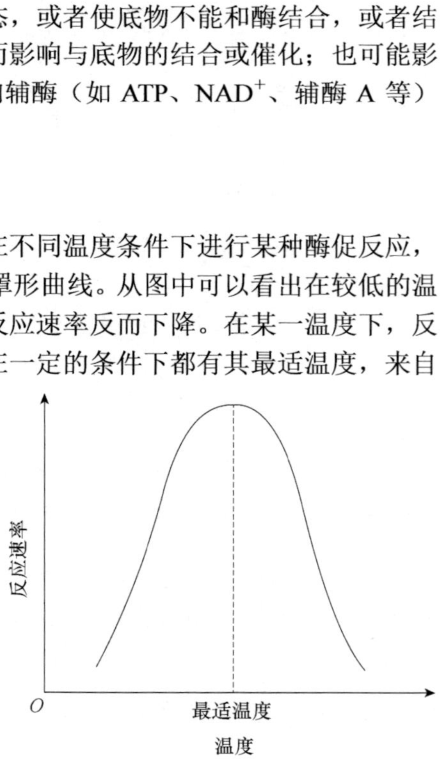

图 7-26 温度对酶促反应速率的影响

温度对酶促反应速率的影响表现在 2 个方面：一方面，当温度升高时，反应速率加快。反应体系的温度低于最适温度时，温度加快反应速率这一效应起主导作用，反应温度提高 10℃，其反应速率与原来反应速率之比称为反应的温度系数，用 Q_{10} 表示，对大多数酶来讲温度系数 Q_{10} 多为 2，即温度每升高 10℃，酶反应速率为原反应速率的 2 倍。另一方面，升高温度同时也增加酶变性的机会。随着温度升高，酶蛋白逐渐变性而失活，导致酶反应速率下降。酶所表现的最适温度是这两种影响的综合结果。在酶反应的最初阶段，酶蛋白的变性尚未表现出来，因此反应速率随温度升高而增加。但高于最适温度时，酶蛋白变性逐渐突出，反应速率随温度升高的效率将逐渐为酶蛋白变性效应所抵消，反应速率迅速下降。

但应注意的是，酶的最适温度并不是酶的特征性物理常数。它不仅受酶的纯度、底物、激活剂及抑制剂等因素的影响，也与酶促反应时间有关。若酶促反应时间长，温度使酶蛋白变性随时间累加，则测得的最适温度偏高；若酶促反应时间短，引起酶蛋白变性少，则测得的最适温度偏低。酶对温度的稳定性与其存在形式有关，酶的固体状态比在酶溶液中对温度的耐受力更高。大多数酶在干燥的固体状态下比较稳定，酶的冰冻干粉置冰箱可保存数月，甚至更长时间；而酶溶液则必须保存于冰箱内，一般不宜超过两周。

六、激活剂对酶促反应速率的影响

凡能使酶由无活性变为有活性或使酶活性增加的物质称为酶的激活剂。激活剂的激活作用机制通常认为有 3 种：①与酶分子肽链上的侧链基团相结合，稳定酶催化作用所需的构象。②作为底物（或辅酶）与酶蛋白之间联系的桥梁。③可能作为辅酶或辅基的一个组成部分，协助酶的催化作用。一般说，这 3 种功能相互间存在着协同作用。

激活剂大多为金属离子，包括金属离子 K^+、Na^+、Ca^{2+}、Mg^{2+}、Zn^{2+}及 Fe^{2+}等，也包括一些无机阴离子 Cl^-、Br^-、I^-、CN^-、P^{3-}等。例如，Mg^{2+}是多数激酶及合成酶的激活剂，Cl^-是唾液淀粉酶的激活剂。

大多数金属离子激活剂对酶促反应是不可缺少的，这类激活剂称为必需激活剂。它们与酶、底物或酶底物复合物结合参加反应，但不转化为产物。例如，己糖激酶催化的反应中，Mg^{2+}与底物 ATP 结合生成 Mg^{2+}-ATP，后者作为酶的真正底物参加反应。有些激活剂对于酶的催化活性不是必需的，即便没有激活剂的存在，酶仍有一定的催化活性，这类激活剂称为非必需激活剂。非必需激活剂通过与酶或底物或酶-底物复合物结合，提高酶的催化活性，如 Cl^-是唾液淀粉酶的非必需激活剂。许多有机化合物激活剂也属于此列。

激活剂对酶的作用具有一定的选择性，即一种激活剂对某种酶起激活作用，而对另一种酶可能起抑制作用，如 Mg^{2+}对脱羧酶有激活作用而对肌球蛋白腺苷三磷酸酶却有抑制作用；Ca^{2+}则相反，对前者有抑制作用，但对后者却起激活作用。有时离子之间有拮抗作用，如 Ca^{2+}能抑制 Mg^{2+}激活的酶。有时金属离子之间也可相互替代，如 Mg^{2+}作为激酶的激活剂可被 Mn^{2+}代替。另外，金属离子对于同一种酶，可因浓度不同而起不同的作用，如对于 $NADP^+$合成酶，当 Mg^{2+}浓度为（5～10）$\times10^{-3}$mol/L 时起激活作用，但当浓度升高为 30×10^{-3}mol/L 时则酶活力下降；若用 Mn^{2+}代替 Mg^{2+}，则在 1×10^{-3}mol/L 起激活作用，高于此浓度，酶活力下降，不再有激活作用。

有些小分子有机化合物可作为酶的激活剂，如半胱氨酸、还原型谷胱甘肽等还原剂对某些含巯基的酶有激活作用，可使酶中二硫键还原成巯基，从而提高酶活性。木瓜蛋白酶和 3-磷酸甘油醛脱氢酶都属于巯基酶，在它们分离纯化过程中，往往需加上述还原剂，以保护巯基不被氧化。一些金属螯合剂［如乙二胺四乙酸（EDTA）］等能除去重金属离子对酶的抑制，也可视为酶的激活剂。

七、抑制剂对酶促反应速率的影响

视频
酶促反应与抑制剂类型

（一）抑制作用的概念

某些物质能够降低酶的活性，使酶促反应速率减慢。但不同物质降低酶活性的机理不同，可分为下列 3 种情况。

1. 抑制作用 抑制作用指酶的必需基团（包括辅助因子）的性质受到某种化学物质的影响而发生阻断或改变，导致酶活性降低或丧失。这时酶蛋白一般并未变性，有时可用物理或化学方法使酶恢复活性。能引起酶抑制作用的物质称为抑制剂。抑制剂对酶有一定的选择性，即一种抑制剂只能引起某一类或某几类酶的活力降低或丧失，不像变性剂那样几乎可使所有酶都丧失活性。

2. 失活作用 失活作用指酶蛋白分子受到一些物理或化学因素的影响后破坏了次级键，部分或全部改变了酶分子的空间构象，从而引起酶活性的降低或丧失，这是酶蛋白变性的结果。因此，凡是蛋白质变性剂均可使各种酶失活，变性剂对酶没有选择性。

3. 去激活作用 某些酶（金属激活酶）只有在金属离子存在下才能很好地表现其活性。若用金属螯合剂去除金属离子会引起这些酶活性的降低或丧失。例如，用 EDTA 去除二价金属离子（如 Mg^{2+}、Mn^{2+} 等）后，可降低某些肽酶或激酶的活性。EDTA 等去激活剂并不与酶直接结合，而是通过去除金属离子而间接地影响酶的活性。由于这些金属离子大多是酶的激活剂，所以将这类对酶活性的影响称为去激活作用，以区别抑制作用。

抑制作用一般分为不可逆抑制作用和可逆抑制作用两种。

（二）不可逆抑制作用

抑制剂以共价键与酶活性中心的功能基团结合，使酶的活性丧失，而且不能用透析、超滤等物理的方法再使酶恢复活性，这种抑制作用称为不可逆抑制作用。由于被抑制的酶分子受到不同程度的化学修饰，故不可逆抑制也就是酶的修饰抑制。

农药敌百虫、敌敌畏等有机磷化合物能特异地与胆碱酯酶活性中心丝氨酸残基的羟基结合，使酶失活。低浓度的重金属离子（如 Hg^+、Ag^+等）及 As^{3+}也可与酶分子的巯基结合，使酶失活。上述这些物质对酶的抑制作用均属不可逆抑制作用。

（三）可逆抑制作用

可逆抑制作用指抑制剂通过非共价键与酶和（或）酶–底物复合物可逆性结合，使酶活性降低或消失，采用透析或超滤等方法可将抑制剂除去。下面介绍 3 种常见的可逆抑制作用。

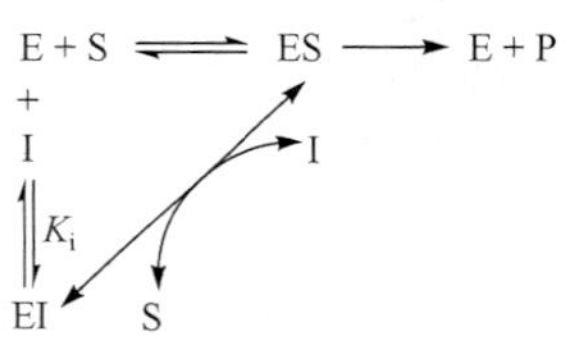

图 7-27 酶的竞争性抑制作用

1. 竞争性抑制作用 竞争性抑制作用指抑制剂（I）与底物结构极为相似，从而能与底物分子竞争性地结合到酶的活性中心，阻碍酶与底物结合形成中间产物，从而抑制酶的催化作用。由于酶的活性部位不能同时结合底物和抑制剂，因而在底物和抑制剂之间产生竞争，形成一定的平衡关系。由于抑制剂和酶的结合是可逆的，抑制程度取决于抑制剂与酶的相对亲和力和与底物浓度的相对比例。这种抑制作用可以通过增加底物浓度而解除。竞争性抑制作用的反应式如图 7-27 所示。

酶和抑制剂结合形成的复合物 EI 不能转化为产物 P。按米氏方程的推导方法衍化出竞争性抑制剂、底物和反应速率之间的动力学关系如下：

$$v=\frac{v_{max}[S]}{K_m\left(1+\frac{[I]}{K_i}\right)+[S]}$$

$$\frac{1}{v}=\frac{K_m}{v_{max}}\left(1+\frac{[I]}{K_i}\right)\frac{1}{[S]}+\frac{1}{v_{max}}$$

式中，K_i表示抑制常数，即酶抑制剂复合物的解离常数。

有不同浓度抑制剂存在时，以$\frac{1}{[S]}$对$\frac{1}{v}$作图，可得图 7-28。

由图 7-28 可知，无论竞争性抑制剂的浓度如何，各直线在纵轴上的截距均为 $1/v_{max}$，与无抑制剂时相同。这说明酶促反应 v_{max} 不因竞争性抑制剂的存在而改变。竞争性抑制剂存在时，从横轴截距量得的 K_m 值（称为表观 K_m 值）大于无抑制剂存在时的 K_m 值，这说明竞争性抑制作用使酶的表观 K_m 值增大。

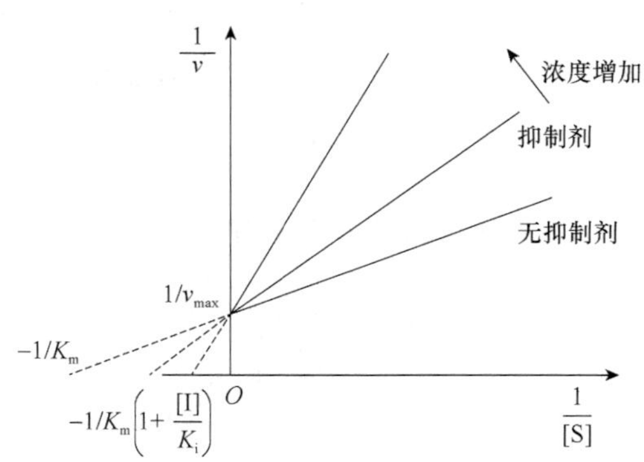

图 7-28 酶的竞争性抑制动力学曲线

磺胺类药物是竞争性抑制作用的典型代表。对磺胺类药物敏感的细菌在生长繁殖时，不能直接利用环境中的叶酸，而是在菌体内二氢叶酸合成酶催化下，以对氨基苯甲酸为底物合成二氢叶酸。二氢叶酸是核苷酸合成过程中的辅酶之一——四氢叶酸的前体。磺胺类药物的化学结构与对氨基苯甲酸相似，是二氢叶酸合成酶的竞争性抑制剂，可抑制二氢叶酸合成，因此造成细菌核苷酸与核酸合成受阻而影响其生长繁殖。人类能直接利用食物中的叶酸，则核酸合成不受磺胺类药物的干扰。根据竞争性抑制的特点，服用磺胺类药物时必须保持血液中药物的高浓度，以发挥其有效的竞争性抑制作用。

2. 非竞争性抑制作用 非竞争性抑制作用的特点是底物和抑制剂同时与酶结合，两者没有竞争作用。酶与抑制剂结合后，还可以与底物结合：EI＋S→ESI；酶与底物结合后，也可以与抑制剂结合：ES＋I→ESI。但是中间的三元复合物不能进一步分解为产物，因此酶活力降低。这类抑制剂与酶活性部位以外的基团相结合，其结构与底物无共同之处，这种抑制作用不能用增加底物浓度来解除抑制，故称非竞争性抑制。例如，亮氨酸是精氨酸酶的一种非竞争性抑制剂，某些重金属离子（Ag^+、Cu^{2+}、Hg^+等）对酶的抑制作用也属于非竞争性抑制。典型的非竞争性抑制作用的反应式如图 7-29 所示。

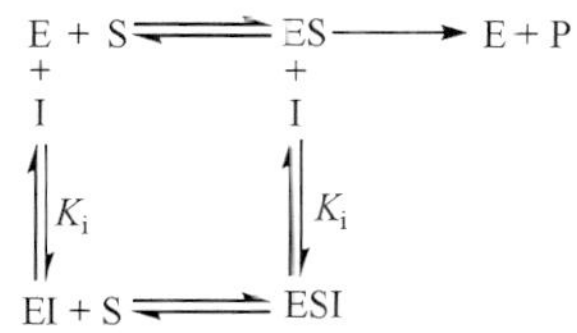

图 7-29 酶的非竞争性抑制作用

按照米氏方程的推导方法，得出酶促反应速率、底物浓度和抑制剂之间的动力学关系为

$$v=\frac{v_{max}[S]}{\left(1+\frac{[I]}{K_i}\right)(K_m+[S])}$$

其双倒数方程式是

$$\frac{1}{v}=\frac{K_m}{v_{max}}\left(1+\frac{[I]}{K_i}\right)\frac{1}{[S]}+\frac{1}{v_{max}}\left(1+\frac{[I]}{K_i}\right)$$

以 $\frac{1}{[S]}$ 对 $\frac{1}{v}$ 作图，可得图 7-30。

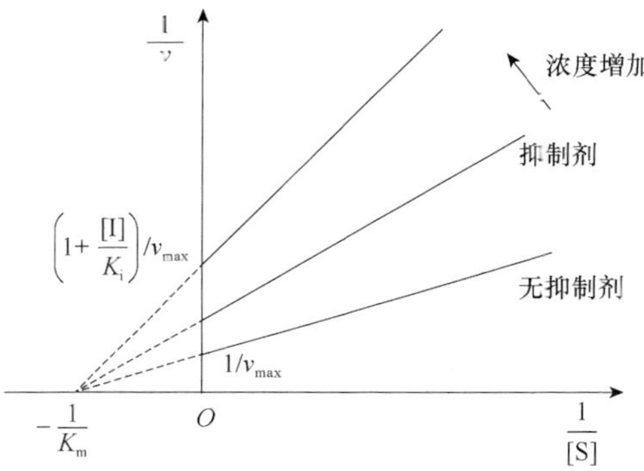

图 7-30 酶的非竞争性抑制作用动力学曲线

由图 7-30 可知，非竞争性抑制作用的图形是具有各种不同斜率的直线，抑制剂浓度增加时各直线在纵轴上的截距均增大，这说明酶促反应的 v_{max} 因抑制剂的存在而降低，降低的幅度与抑制剂的浓度相关。无论抑制剂的浓度如何，各直线在横轴上的截距均与无抑制剂时相同，这说明非竞争性抑制作用不改变酶促反应的表观 K_m 值。

3. 反竞争性抑制作用 反竞争性抑制作用中的抑制剂与上述 2 种抑制作用的抑制剂不同，仅与酶和底物形成的中间产物（ES）结合，使中间产物 ES 的量下降。这样，既减少从中间产物转化为产物的量，也同时减少从中间产物解离出游离酶和底物的量。这种抑制作用称为反竞争性抑制作用。有人证明，*L*-Phe、*L*-Arg 等多种氨基酸对碱性磷酸酶的作用是反竞争性抑制；肼类化合物抑制胃蛋白酶，氰化物抑制芳香硫酸酯酶的作用也属于反竞争性抑制。反竞争性抑制作用的反应式如图 7-31 所示。

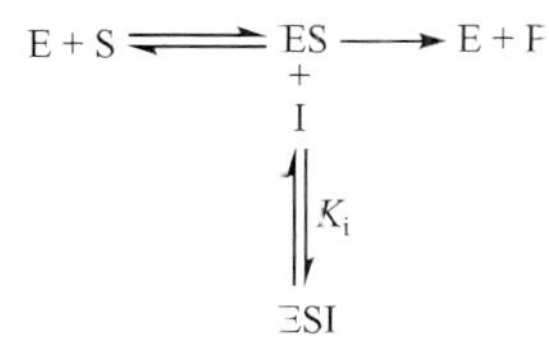

图 7-31 酶的反竞争性抑制作用

反竞争性抑制作用的反应速率方程为

$$v=\frac{v_{max}[S]}{K_m+\left(1+\frac{[I]}{K_i}\right)[S]}$$

其方程两边取双倒数，得到方程为

$$\frac{1}{v}=\frac{K_m}{v_{max}}\frac{1}{[S]}+\frac{1}{v_{max}}\left(1+\frac{[I]}{K_i}\right)$$

以 $\frac{1}{[S]}$ 对 $\frac{1}{v}$ 作图，可得图 7-32。

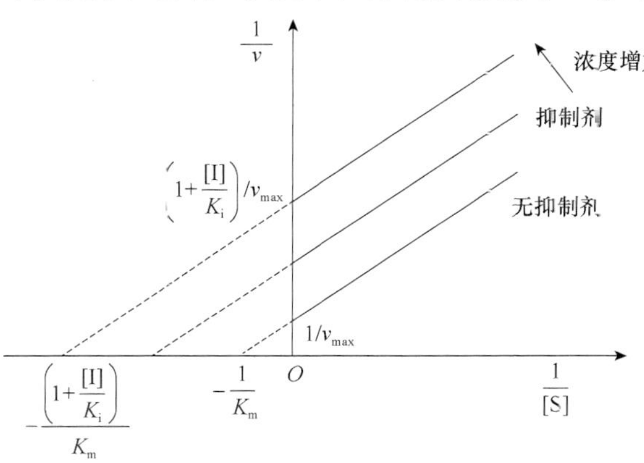

图 7-32 酶的反竞争性抑制作用动力学曲线

由图 7-32 可知，反竞争抑制作用同时降低反应的 v_{max} 和表观 K_m 值。

各种可逆抑制作用对酶促反应的影响见表 7-9。

表 7-9　酶促反应与抑制剂的关系

类型	反应式	速率方程	v_{max}	K_m
无抑制剂	$E+S \rightleftharpoons ES \longrightarrow E+P$	$v=\dfrac{v_{max}[S]}{K_m+[S]}$	v_{max}	K_m
竞争性抑制	$E+S \rightleftharpoons ES \longrightarrow E+P$ $E+I \rightleftharpoons EI$	$v=\dfrac{v_{max}[S]}{K_m\left(1+\dfrac{[I]}{K_i}\right)+[S]}$	不变	增大
非竞争性抑制	$E+S \rightleftharpoons ES \longrightarrow E+P$ $E+I \rightleftharpoons EI$ $ES+I \rightleftharpoons ESI$	$v=\dfrac{v_{max}[S]}{\left(1+\dfrac{[I]}{K_i}\right)(K_m+[S])}$	减小	不变
反竞争性抑制	$E+S \rightleftharpoons ES \longrightarrow E+P$ $ES+I \rightleftharpoons ESI$	$v=\dfrac{v_{max}[S]}{K_m+\left(1+\dfrac{[I]}{K_i}\right)[S]}$	减小	减小

第五节　酶在食品工业中的应用

酶制剂在提高食品生产效率和产量、改进产品风味和质量等方面有着其他催化剂无法替代的作用。它的开发和利用代表着食品添加剂应用技术的先进程度。随着酶制剂在食品应用领域不断扩大，酶制剂的发展也逐步从单一酶向复合酶过渡，新的固定化酶、基因工程酶等新制剂也不断得到应用。

一、酶在淀粉加工中的应用

淀粉工业应用酶制剂已有数十年的历史，淀粉加工用酶是酶制剂最大的市场。随着现代生物技术及酶工程技术的发展与应用，各种淀粉酶品种不断更新，水解性能和耐热性能不断提高，促进了淀粉酶行业的快速发展。淀粉可以通过酶水解作用生成糊精、低聚糖、麦芽糊精及葡萄糖等产物，这些产物又可以进一步转化为其他产物。

（一）利用淀粉酶制糖

淀粉糖是指以淀粉或淀粉质为原料，经酶法、酸法或酸酶法加工制成的液、固态产品。我国淀粉糖产品种类丰富，液态淀粉糖以果葡糖浆、麦芽糖浆和葡萄糖浆为主，固态淀粉糖则以结晶葡萄糖、麦芽糊精为主。

淀粉糖的生产原料是淀粉，来源于含淀粉的主要农作物，如玉米、小麦、木薯、马铃薯等。淀粉糖系列产品按成分组成大致可分为葡萄糖、麦芽糖浆、麦芽糊精、麦芽低聚糖及果葡糖浆等。由于不同淀粉原料在结构上存在差异，且不同淀粉糖的结构也不相同，因此水解淀粉生产不同淀粉糖时需要各种不同类型、水解特性各异的酶共同参与。目前，淀粉糖生产中所用的酶主要有α-淀粉酶、β-淀粉酶、葡萄糖淀粉酶、普鲁兰酶、异淀粉酶、环糊精葡萄糖基转移酶、转葡萄糖苷酶及葡萄糖异构酶等。不同类型淀粉糖的生产过程及使用的酶如图 7-33 所示。

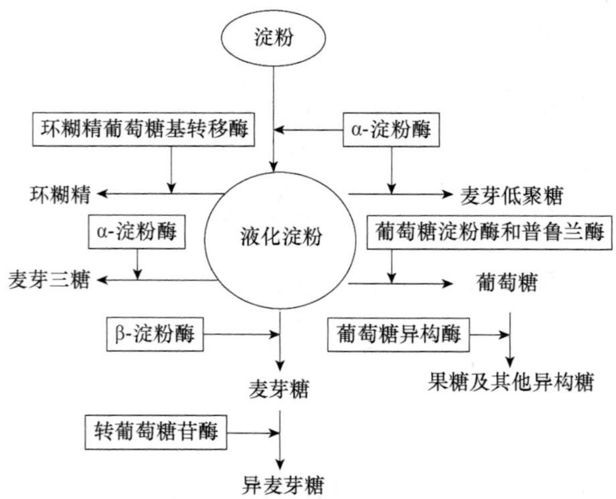

图 7-33　淀粉糖的生产过程（改绘自江正强等，2018）

（二）生产食品添加剂

以淀粉为原料，通过不同的淀粉酶还可以生产出饴糖、麦芽糊精、麦芽糖浆、高麦芽糖、麦芽糖、麦芽糖醇及果糖等甜味剂。

面包在贮存过程中会发生老化，导致面包硬化和新鲜风味丧失，通常需要加入一些添加剂来改良面包品质和延缓面包老化。一般真菌α-淀粉酶在中温弱酸条件（30～50℃，pH 4.5～5.5）具有高酶活力，适合应用于面包加工中。具有一定耐热性的真菌 α-淀粉酶更适合用于面包加工，如嗜热杜邦菌（*Thermomyces dupontii*）的α-淀粉酶成功实现在毕赤酵母中表达，酶活高达 38314 U/mL。

糊精是淀粉的低级程度水解产物，广泛应用于食品增稠剂、填充剂和洗手剂等。糊精和麦芽糊精可用酸法和酶法生产，现在大多采用酶法水解的方法生产。环糊精是由 6～12 个葡萄糖单位以 α-1,4 糖苷键连接而成的环状结构的一类化合物，能吸附各种小分子物质，起到稳定、缓解、乳化、提高溶解度及分散度等作用，在食品工业中有广泛用途。一般采用嗜碱芽孢杆菌 BGT 的常用菌株 N-227 生产 β-环糊精，可使用木薯淀粉、马铃薯淀粉、甘薯淀粉及可溶性淀粉为原料，转化率高达 35%～40%。

二、酶在乳品加工中的应用

酶在乳品中的应用由来已久。很久以前，人们就利用皱胃酶（凝乳酶）来生产干酪。近几年，随着酶学研究的进一步深入，酶在乳品中的应用也扩展到了更广的领域。总体来说，当前在乳制品生产中最常用、最重要的几种酶为蛋白酶（主要为凝乳酶）、乳糖酶、乳过氧化物酶及脂肪酶等。

（一）用于干酪生产，提高干酪品质

干酪是以乳与乳制品为原料，加入一定量的乳酸菌和凝乳酶使乳中蛋白质凝固后，排除乳清，再经一定时间的成熟而制成的一种发酵乳制品。在干酪的生产和成熟期间，酶对其组织结构、风味和营养价值的提高起了非常重要的作用。

干酪生产中所添加的酶为凝乳酶，作用就是促进乳蛋白的凝固，提高产品的得率。动物凝乳酶是干酪生产中应用最早的一类酶，用它生产的干酪在风味、质地和产量等方面都优于其他酶类。传统干酪生产中应用的小牛皱胃酶含 75%～95%的纯凝乳酶和 5%～25%的胃蛋白酶。由于纯凝乳酶比胃蛋白酶有较高的凝乳特性，在干酪成熟期间蛋白质分解较弱，不会因蛋白质过度分解产生苦味，因此，干酪生产商都喜欢选择使用含纯凝乳酶较高的皱胃酶。在干酪成熟过程中，酪蛋白在乳酸菌胞内酶和胞外酶的作用下降解，凝乳酶只能将乳蛋白分解至多肽，而乳酸菌蛋白分解酶可将乳蛋白和肽类分解为氨基酸，氨基酸降解可生成多种风味化合物，因此对干酪的风味和硬度的形成至关重要。

蛋白酶和脂肪酶加速干酪成熟并可用于生产酶改性干酪，在不损失其风味的前提下，减少真正干酪成分的使用量而使制品具更浓郁的香味。微生物蛋白酶是目前最有开发潜力的一种凝乳酶。全世界干酪生产所使用酶中微生物蛋白酶占 20%左右。由于微生物繁殖速度快、周期短、可大量工业化生产，这类酶越来越受到人们的重视。微生物凝乳酶具有相对较高的蛋白质水解活性，对干酪的成熟和风味形成具有一定的促进作用。因此，选用合适的微生物凝乳酶对于提升干酪的品质具有重要的应用价值。淀粉芽孢杆菌凝乳酶能够提升羊奶干酪持水力和成熟前期的弹性、咀嚼性及内聚性，促进了苯丙氨酸、天冬氨酸、异亮氨酸、甲硫氨酸、丝氨酸及风味物质的生成，缩短了羊奶干酪的成熟期，对羊奶干酪的品质提升起到了促进作用。

脂肪酶在霉菌催熟干酪中可用于风味改良，意大利干酪中脂肪酶的使用是辛辣和刺激味的来源。脂肪酶在乳品中的应用主要是在干酪生产中，用于加速干酪的成熟。现在的干酪生产一般都同时添加蛋白酶和脂肪酶，以促进干酪的成熟，使干酪产生出其特有的风味，还可以缩短成熟时间，提高生产效率。脂肪酶还可以用于奶油，以增加奶油的风味，如米曲霉的脂肪酶加入奶油中可以产生切达干酪的特征香味。

（二）乳糖酶促进乳制品的消化吸收

乳糖酶又称 β-*D*-半乳糖苷酶，其作用是将乳糖分解成半乳糖和葡萄糖，用于乳制品中可提高乳酪制品的消化性、提高乳清制品的利用率、减少浓缩奶制品中乳糖结晶等。世界成年人的 2/3 以上，特别是发展中国家，都表现为不同程度的肠内乳糖缺乏的状态，即乳糖不耐症，食用奶制品时会产生肠胃疼痛和腹泻等临床症状。用乳糖酶处理乳使乳糖分解成单糖，可以提高乳和乳制品如冰淇淋和酸乳酪等的消化利用率。目前针对乳糖不耐症人群的解决方法主要是食用低乳糖或无乳糖乳制品，或者摄入乳制品时服用外源乳糖酶或益生菌。利用乳糖酶水解牛乳中的乳糖是生产低乳糖或无乳糖乳制品更普遍的工艺技术。

乳糖酶广泛存在于扁桃、杏、桃、苹果等植物和大肠埃希菌、乳酸杆菌、酵母菌、霉菌等微生物及幼

小哺乳动物的小肠中。乳糖酶工业生产的方法主要是微生物发酵法。目前，安全且合法的乳糖酶微生物来源或供体主要有脆壁克鲁维酵母、黑曲霉、米曲霉、乳克鲁维酵母、巴斯德毕赤酵母、地衣芽孢杆菌、两歧双歧杆菌等。目前已将乳糖酶固定化，固定化乳糖酶不仅对酸、碱的耐受能力增强，而且热稳定性大大提高，同时可以反复使用、缩短周期，显著降低了成本。美国、日本和意大利等国已有相当规模工业化生产的固定化乳糖酶，为乳糖酶在乳品工业中的应用开辟了广阔的前景。

（三）用于乳清再利用及生产果葡糖浆

乳清是加工干酪及干酪素的副产品，世界年生产量约 9×10^7t。其中，一半用于生产乳糖和乳清蛋白，另一半当废水排放，不仅造成浪费，而且污染环境。大量的乳清可用于生产乳清粉，而小产量的则往往浪费掉。乳清中含乳清蛋白、乳糖、矿物质和维生素等营养成分，其中乳清蛋白是完全蛋白。用乳糖酶水解乳清，使其中 4.5%的乳糖水解成半乳糖和葡萄糖，甜度可达到蔗糖的 65%～80%，溶解度增加 3～4 倍，称为乳清糖浆。乳清糖浆可以代替卵蛋白和蔗糖，用于面包、月饼、蛋糕、乳脂糖的加工，使产品风味和外观质量大大改善。此外还可以用于制作乳清饮料、乳清酒和格瓦斯等。

乳糖酶还可以用于半乳果葡糖浆的制造。从乳清中得到的乳糖，经乳糖酶水解形成半乳糖和葡萄糖的混合液，称为半乳糖葡萄糖糖浆。若再经葡萄糖异构酶将其中的葡萄糖异构化生成果糖，则称为半乳果葡糖浆，其甜度与等浓度的蔗糖相当。这种糖浆主要代替蔗糖作甜味剂，用于各种点心、饮料、罐头食品及冰淇淋、雪糕等加工，效果很好。

三、酶在果蔬加工中的应用

酶在果蔬加工中的应用主要体现在改善果蔬类产品的质量、风味、色泽，提高产品的生产效率和延长产品的保鲜和贮藏期。果蔬类产品中应用到的酶类主要有半纤维素酶、果胶酶、纤维素酶、柚苷酶、花青素酶、橙皮苷酶、葡萄糖氧化酶及葡萄糖苷酶等，分别用于果汁、罐头、果酒等产品的加工和保鲜。

（一）用于果汁澄清，提高果汁品质

大多数果蔬材料中不同程度地含有纤维素。在果蔬加工过程中，为了使植物组织软化膨润，一般采用加热蒸煮、酸碱处理等方法，但会造成果蔬香味和维生素的损失。用纤维素酶进行处理可避免上述缺点，同时可简化工艺，使植物组织软化膨松，提高其消化性，改善口感，提高果汁的出汁率，促进其澄清，还可以提高可溶性固形物含量。例如，在无囊衣橘瓣罐头生产中，用纤维素酶处理可促进橘子脱囊衣；在果汁加工中可促进果汁的提取和澄清；在保鲜蔬菜加工中可加速脱水。

在果汁制备过程中，用果胶酶处理有助于压榨和提取汁液，在进行沉降、过滤和离心时，能促进凝聚沉淀物的分离，使果汁澄清。工业上常用的是黑曲霉、文氏曲霉或根霉所产生的果胶酶。除了果胶酶外，还有纤维素酶和半纤维素酶等也对加快果汁澄清速度、缩短果汁处理时间具有重要作用。纤维素酶、木瓜蛋白酶和淀粉酶等一般作为混合酶，起到共同酶解的作用。

用柚苷酶处理橘汁，可以除去橘汁中带苦味的柚苷。加黑曲霉橙皮苷酶于橘汁中，可以将不溶性的橙皮苷分解成水溶性橙皮素，从而使橘汁澄清，也脱去了苦味。用葡萄糖氧化酶和过氧化氢酶处理橘汁，可以除去橘汁中的 O_2，从而使橘汁在贮藏期间保持原有的色和香味。在制造橘子罐头时，用黑曲霉所产生的纤维素酶、半纤维素酶和果胶酶的混合酶处理橘瓣，可以从橘瓣上除去囊衣。酸性果胶裂解酶在果蔬汁加工行业应用十分广泛，原因在于其最适 pH 与大多数果汁天然 pH 接近，都为酸性。尤其与来源于米曲霉（最适 pH 8.5）和黄曲霉（最适 pH 8.0）的果胶裂解酶相比，重组酸性果胶裂解酶的最适 pH 5.0，接近大多数果汁的天然 pH，且在 pH 3.0～6.5 的范围内非常稳定。此外，重组酸性果胶裂解酶对橙汁、苹果汁和葡萄汁均表现出良好的澄清作用，且酶的添加量较少。

（二）用于果蔬的防腐保鲜

包装食品在贮藏中变质的主要原因是氧化和褐变，许多食品的变质都与氧有关。葡萄糖氧化酶在食品保鲜与包装中突出的作用是除氧。生鲜食品容易发生腐败，所以常常需要一定的防腐措施。溶菌酶可以水解细菌细胞壁肽聚糖的糖苷键，导致细菌自溶死亡，并且溶菌酶在含食盐、糖等的溶液中较稳定，耐酸和

耐热性强，故非常适用于各种食品的防腐保鲜。

四、酶在酒类酿造中的应用

（一）改善啤酒加工工艺，提高生产效率

随着中国啤酒市场的不断发展和变化，越来越多的啤酒生产厂商逐步认识到酶制剂在提高啤酒质量，降低生产成本和改进生产效率方面的作用，从而推动了酶制剂在啤酒工业上的应用。消费者对啤酒质量的要求是新鲜、清爽、低热量、泡沫丰富、口味纯正、清澈透明。而在啤酒酿造中应用酶制剂，可以协助实现上述要求。高温淀粉酶可以保证辅料的收率，保证糖化的正常进行，灵活糖化工艺，提高糖化过程生产运作的稳定性，更好地利用麦芽中基本的酶，提高大米使用量，使啤酒口感更清爽。提高啤酒发酵度（干啤酒的生产）的高效淀粉糖化酶可把原料淀粉和糊精分解成为葡萄糖，一般方法的生产效率不到70%，使用这一方法可以提高到80%。

啤酒的生产与酶的作用关系密切，传统啤酒糖化是利用大麦发芽所产生的内源性酶类实现物质转化。小麦等粮食作物作为原料用于啤酒的酿造，而α-淀粉酶、糖化酶、木聚糖酶、β-葡聚糖酶、葡萄糖氧化酶等在其中发挥着重要的作用。在大麦发芽过程中，由于呼吸使大麦中的淀粉损耗很大，很不经济。因此，啤酒厂常用大麦、大米、玉米等作为辅助原料来代替一部分大麦芽。但是这样做引起淀粉酶、蛋白酶和葡聚糖酶的不足，使淀粉糖化不充分，蛋白质和葡聚糖降解不足，从而影响了啤酒的风味和产率。在工业生产中，使用微生物的淀粉酶、中性蛋白酶和葡聚糖酶等酶制剂来处理上述原料，可以补偿原料中酶活力不足的缺陷。上述原料糖化时，添加糖化酶，可以增加发酵度，缩短糖化时间。

部分啤酒用酶的种类、来源及作用如表7-10所示。不同酶在啤酒酿造过程中发挥着不同的作用。α-淀粉酶和糖化酶主要水解原料中的淀粉成分，使淀粉液化生成能够被微生物利用的可发酵性糖。蛋白酶、木聚糖酶主要用于水解原料中的蛋白质和多糖，防止其聚集沉淀影响最终的啤酒过滤速度，提高啤酒的生产效率。葡萄糖氧化酶能够去除啤酒中的溶解氧和瓶颈氧，防止啤酒氧化变质，起到抗氧化、保鲜和防褐变的作用，同时还能够改善啤酒口味，提高啤酒澄清度与风味稳定性，延长啤酒的保存期。

表7-10 用于啤酒酿造的部分酶及其来源和作用效果（引自江正强等，2018）

酶类	来源	作用效果
α-淀粉酶	枯草芽孢杆菌、解淀粉芽孢杆菌	用于辅料液化
糖化酶	黑曲霉、米曲霉	增加可发酵性糖
蛋白酶	黑曲霉、放线菌、地衣芽孢杆菌	增加氨基酸、改善麦芽质量、加快过滤速度
β-葡聚糖酶	枯草芽孢杆菌、地衣芽孢杆菌	改善过滤速度
α-乙酰脱羧酶	枯草芽孢杆菌	减少双乙酰
β-淀粉酶	植物提取	增加可发酵性糖

在啤酒酿造工业中，为了达到改善麦汁的组成和啤酒风味等目的都添加了酶制剂。双乙酰是啤酒发酵中重要的风味物质，双乙酰浓度极稀时具有奶香味，但含量超过一定量时即有馊饭味。因此，双乙酰含量的高低可视为判断啤酒发酵是否成熟、评定啤酒品质好坏的一个重要因素。采用含有蛋白酶的复合酶制剂应用于啤酒生产过程中的糖化或发酵，可以极大限度地水解糊精成葡萄糖，提高啤酒的最终发酵度，降低啤酒热量，加速啤酒成熟，控制啤酒中双乙酰含量。

此外，在啤酒巴氏灭菌前，加入木瓜蛋白酶或菠萝蛋白酶、霉菌酸性蛋白酶处理啤酒，可以防止啤酒混浊，延长保存期。用糖化酶代替麸曲制造白酒、黄酒，可以提高出酒率，节约粮食，简化设备等。

（二）提高果酒及白酒品质

在葡萄酒生产过程中，已广泛应用酶制剂，主要应用的酶有果胶酶和蛋白酶。果胶酶用于果酒生产，不仅可以提高葡萄汁和葡萄酒的产率，有利于过滤和澄清，而且可以提高产品质量，如使用果胶酶后，葡萄中单宁的抽出率降低，使酿制的白葡萄酒风味更佳；在红葡萄酒酿制过程中使用果胶酶，可提高色素的抽提率，还有助于酒的老熟，增加酒香。在葡萄酒酿造过程中还使用蛋白酶，以使酒中存在的蛋白质水解，防止出现蛋白质浑浊，使酒体清澈透明。除了葡萄酒以外，在其他果酒如桃酒、荔枝酒等的生产过程中，

也可以采用酶法处理，以提高产率和产品质量。

在低度酒中添加 20mg/kg 的溶菌酶不仅对酒的风味无任何不良影响，还可防止产酸菌的产生，同时受酒类澄清剂的影响较小，是低度酒类较好的防腐剂，如日本就把溶菌酶用于清酒的防腐。

五、酶在肉、蛋、鱼类加工中的应用

（一）酶在肉类加工中的应用

在肉制品加工业中，酶主要用于改善组织结构、嫩化肉类和转化低值蛋白质。涉及的酶类主要有蛋白酶、羧肽酶及谷氨酰胺转氨酶。

老牛、老母猪的肌肉由于其结缔组织中胶原蛋白的机械强度很大，烹煮时不易软化，因而难以嚼碎。用木瓜蛋白酶、菠萝蛋白酶、米曲霉蛋白酶等酶制剂可以水解胶原蛋白，从而使肌肉嫩化。工业上嫩化瘦肉的方法有 2 种：一种是宰杀前，肌注酶溶液于动物体；另一种是将酶制剂涂抹于肌肉片的表面，或者用酶溶液浸肌肉。在肉品加工中，常用蛋白酶分解肌肉结缔组织的胶原蛋白，起到软化肉的作用。

复合蛋白酶可使肌肉嫩滑，使肉制品鲜嫩可口。羧肽酶能够专一性地从肽链 C 端开始逐个水解释放出游离氨基酸。谷氨酰胺转氨酶用于鲜肉处理，可以通过催化蛋白质分子间发生交联，改善蛋白质的凝胶性、持水性等。如果用该酶生产重组肉时，它不仅可将碎肉粘连在一起，还可以将各种非肉蛋白交联到肉蛋白上，明显改善肉制品的口感、风味、组织结构及营养成分。

（二）酶在蛋制品中的应用

酶在蛋制品加工中的主要作用是改善组织、嫩化蛋品及转化不可食用蛋白质为可食用蛋白质等。用葡萄糖氧化酶去除禽蛋中含有的微量葡萄糖是酶在蛋品加工中的一项重要用途。葡萄糖的醛基具有活泼的化学反应性，它能与氨基酸的氨基发生反应，产生褐变，损害食品的外观和风味。为了防止这种劣变的发生，必须将蛋品中所含有的葡萄糖除去。过去采用酵母发酵或自然发酵法除糖，但耗费时间长，品质不易保证。用葡萄糖氧化酶处理蛋品，除糖效率高，周期短，产品质量好，而且还可改善环境卫生。

（三）酶在鱼类加工中的应用

利用蛋白酶水解废弃的动物血、杂鱼及碎肉中的蛋白质，然后抽提其中的蛋白质，以供食用或者用作饲料，这是开发蛋白质资源的有效措施。其中，以杂鱼的利用最为瞩目。其色泽、外观、味道欠佳，不能食用，用蛋白酶水解的方法使杂鱼中蛋白质溶解，经过抽提、浓缩、干燥，从而制成含氮量高、富含多种维生素的产品。鱼类加工业中，蛋白酶可用于不能食用的鱼及边角料加工生产鱼油、鱼肉及鱼溶解物。另外，在鱼类生产中，酶也用于鱼类去膜、去皮（如虾）、去除内脏（如蛤）及发酵的助剂等。此外，用酸性蛋白酶在中性 pH 时处理解冻鱼类，可以祛除鱼腥味。海产品及水产品如虾、鱼和蛤蜊等在含甘氨酸、溶菌酶和食盐的溶液中浸渍 5min 后沥干，在 5℃保存 9d 后无异味、无色泽变化。

六、酶在面包与焙烤食品加工中的应用

在崇尚天然追求健康的背景下，全世界生产焙烤类食品使用的酶制剂正逐年增加。使用酶制剂可使面包更柔软，抑制淀粉老化，延长保存期。现在面包厂为了改善揣好的生面团中各种成分的性质，使用了各种酶制剂，主要是淀粉酶、蛋白酶、半纤维素酶、葡萄糖氧化酶及抗坏血酸氧化酶等。

在面制品中添加不同的酶能够明显改善其品质。例如，在制作馒头的面团中添加淀粉酶或木聚糖酶，不仅能够提高馒头的比体积（体积与质量之比）和高径比（高度与直径之比）、增加馒头的白度，而且还能够延缓馒头的老化。制作面条时，在面团中添加葡萄糖氧化酶或脂肪氧合酶，能够将面粉中的面筋蛋白的—SH 氧化成—S—S—，有助于面筋蛋白之间交联形成蛋白质网络结构，增强面团的筋力。在面团中添加谷氨酰胺转氨酶同样能够催化面筋蛋白交联形成网络结构，起到上述类似的效果。在面包面团中添加 α-淀粉酶、木聚糖酶、脂肪酶或葡萄糖氧化酶能够起到改善面团的加工特性和稳定性、改善面包瓤的组织结构和增大面包的比体积的效果，而在面团中添加麦芽糖淀粉酶，则可以将面团中的淀粉部分水解生成小分子的糊精，起到防止淀粉和面筋之间相互反应而产生老化的作用。制作饼干时，在面团中添加天冬酰胺酶能

够减少饼干在烘烤过程中丙烯酰胺的生成量，提高饼干的安全品质。此外，在面团中添加中性蛋白酶能够水解部分面筋蛋白，降低面团的筋力，从而提高饼干的可塑性。

由淀粉酶、木聚糖酶、葡萄糖氧化酶及脂肪酶等组成的发酵面食专用复合酶制剂已经广泛用于面食加工中。例如，面包制作过程中加入酶制剂，使原料的耐搅拌性增强，面团光滑、柔软，有效缩短发酵时间，提高耐醒发能力，入炉后有较好的膨胀效果，内部细腻、气孔均匀，面包芯洁白、柔软、富有弹性，口味醇香，体积大，冷却后不易收缩，有效地延长了面包的老化周期及货架期。

在制作面包等糕点时，面团中的酵母依靠面粉本身淀粉酶和蛋白酶的作用所生成的麦芽糖和氨基酸来进行繁殖和发酵。如果酶活力不高或陈旧面粉制作面包时，发酵力差，烤制的面包体积小，色泽差，即使向面包中补加葡萄糖或蔗糖，效果也不理想。如果使用酶活力高的面粉来发酵制造面包，则气孔细而分布均匀，体积大、弹性好、色泽佳。因此，欧美各国都把淀粉酶活力作为面粉质量指标之一。为了保证面团的质量，一般添加淀粉酶来调节麦芽糖生成量，使 CO_2 产生和面团气体保持力相平衡；添加蛋白酶来促进面筋软化，增强延伸性，减少揉面时间和动力，从而改善发酵效果。

小麦面粉中含有蛋白酶、脂肪酶和脂肪氧化酶。内源的小麦蛋白酶对面筋蛋白无活力，因而对面团的性能影响不大。加入外源蛋白酶（如米曲霉菌蛋白酶）则可改善面筋的弹性和质构，相应地面包体积增加。在发酵阶段使用蛋白酶可以减少 30%的面团混合时间，在降低投入情况下使面团获得更好的延伸性。在面包生产中若使用经过乳糖酶处理过的乳粉，则可改善乳粉在焙烤中的功能，使乳糖水解生成葡萄糖和半乳糖，而葡萄糖为酵母提供碳源，半乳糖则在面包皮的颜色及面包的风味形成中起作用。此外，内源的或以脱脂大豆粉的形式加入面团中的脂肪氧化酶有漂白面粉中的天然色素（如叶黄素）的作用。

纤维素酶、半纤维素酶、溶菌酶能水解细菌的细胞壁，从而起到有效的杀菌、保鲜作用。若在面包、蛋糕的制作工艺中添加纤维素酶、半纤维素酶、溶菌酶，并配合必要的加工卫生、包装工艺，保质期可提高百倍。

本章小结

酶是由活细胞产生的生物催化剂，除了具有一般催化剂的特性外，还具有高效性、专一性、酶活力可调节性等特点。酶的结构和功能具有多样性。酶的本质不仅是蛋白质，也发现有 RNA（核酶）。

根据酶分子组成不同，可将其分为单纯酶和结合酶。结合酶由酶蛋白和辅助因子两部分构成，前者决定酶对底物的专一性，后者决定酶所催化反应的性质或类别。辅助因子包括辅酶和辅基，其化学性质是维生素及铁卟啉衍生物和金属离子。在反应中辅助因子起着传递电子、氢原子、基团等作用。根据酶蛋白的特点不同，可将其分为单体酶、寡聚酶和多酶复合体。根据酶的催化反应类型不同，可将其分为七大类，这也是酶学委员会赋予各种酶编号的基础。

酶分子中与其活性直接相关的初级结构是酶的必需基团，高级结构是酶活性中心。酶的活性中心占酶分子的一小部分，由必需基团构成，其分子构象的改变会直接影响酶的催化活性。同时在酶的活性中心外也存在着必需基团，活性中心外必需基团的改变会影响活性中心的变化，进而对酶的催化能力有调节作用。酶的活性也可通过酶分子的多种结构变化而加以调节（调节酶）。催化相同反应的酶可以有不同的结构（同工酶），而具有同种结构的酶可以有几种不同的功能（多功能酶）。通过切除一段肽段，可进行酶原激活。

酶的高效性和专一性这两大特点已有不同的学说来加以解释。酶可以通过降低反应活化能来加快化学反应速率，体现高效性，中间产物学说可以很好地解释这一机制。邻近效应和定向效应、底物形变、酸碱催化、共价催化及微环境的影响决定了酶促反应高效性的机制。酶对底物具有专一性。根据对底物要求的不同分为绝对专一性、相对专一性、立体异构专一性等类别，诱导契合学说可以很好地解释这一机制，其中核心是酶与底物在结构上具有可塑互补性。

酶催化反应的能力称为酶活力。一个酶制剂的活力大小用活力单位表示，其纯度用比活力表示。

酶促反应速率与各种影响因素的关系称为酶促反应动力学。其中底物的影响称为基本动力学，用米氏方程描述，其中 K_m 为米氏常数，是一个重要的酶学参数，在实践中有许多用途。此外，温度、pH、酶浓度、激活剂及抑制剂等对酶促反应速率也具有较大影响，尤其是抑制剂的影响，具有重要的生理意义和实践意义。

食品工业领域是酶制剂主要的应用领域之一，在淀粉加工、乳品工业、果蔬加工、酒类酿造等食品行业的广泛而深入的应用，必将提升相关产业技术水平，促进新产品开发，提高产品质量，产生巨大的社会、经济和生态效益。

思考题

1．判断下列说法是否正确，如果不正确，请说明原因。

（1）所有结合酶都含有辅酶或辅基。

（2）酶的活性中心由必需基团构成，必需基团仅构成酶的活性中心。

（3）当酶的米氏常数 K_m 越大，说明其与底物的亲和能力越强。

（4）测定酶活力时，应在酶促反应的初速率时进行。

（5）竞争性抑制剂既可以同酶结合，也可以同酶和底物结合的复合物结合。

2．称取 25mg 蛋白酶粉配成 25mL 酶溶液，从中取出 0.1mL 酶液，以酪蛋白为底物，用 Folin 比色法测定酶活力，得知每小时产生 1500μg 酪氨酸，另取 2mL 酶液用凯氏定氮法测得蛋白氮为 0.2mg（每分钟产生 1μg 酪氨酸的酶量规定为 1 个活力单位）。根据以上数据，求出：

（1）1mL 酶液中所含的蛋白质量及活力单位。

（2）比活力。

（3）1g 酶制剂的总蛋白质含量及总活力。

3．酶的哪些特殊结构特征与酶的催化能力有关？其空间结构有何特点？

4．影响酶催化能力的因素有哪些？各因素如何影响酶的催化能力？

5．举例说明酶在食品工业上有哪些应用？

部分参考答案

第八章 维生素与辅酶

人们对维生素的认识来源于医药实践和科学试验，中国唐代医学家孙思邈曾经指出，用动物肝防治夜盲症，用谷皮汤熬粥防治脚气病。现在我们知道，肝脏多含维生素 A，所以可防治维生素 A 缺乏引发的夜盲病；谷皮中多含维生素 B，可以防治维生素 B 缺乏引发的脚气病。1890 年荷兰医生 Eijkman 的实验鸡群中暴发了多发性神经炎，表现与脚气病极为相似。1897 年，Eijkman 证明该病是由于用白米喂养而引起的，将丢弃的米糠放回到饲料中就可治愈。他认为米糠中有一种“保护因素”可对抗食物中过量的糖。后来 Grijns 证明米糠含有一种营养因素，并首先提出营养缺乏症这个概念。英国的 Hopkins 于 1906 年发现，大鼠饲以纯化的饲料，包括蛋白质、脂肪、糖类和矿物质后，不能存活；如果在纯化饲料中增加极微量的牛奶后，大鼠能正常生长。Hopkins 得出结论，正常膳食中除蛋白质、脂肪、糖类和矿质外，还有必需的食物辅助因子，即维生素。1913 年，美国的生物化学家 Mendel 和 Osborne，McCollum 和 Davis 发现维生素 A 和维生素 B 后，其他维生素被陆续发现。

第一节 概　述

一、维生素的概念

维生素是维持人体正常生理功能和生命活动所必需的一类微量的低分子有机化合物。维生素种类繁多、性质各异，通常具有以下共同特点：①维生素或其前体都在天然食物中存在，但是没有一种天然食物含有人体所需的全部维生素。②在体内不提供能量，一般也不是机体的组成成分。③参与机体正常生理功能，需要量极少，通常以毫克，甚至以微克计，但是绝对不可缺少。④一般不能在体内合成，或合成的量少，不能满足机体需要，必须经常由食物供给。

二、维生素的生理功能

维生素都是小分子有机物，从化学结构来看，各种维生素并没有相似之处，但它们在体内所起的作用，以及多数生物不能自行合成这一点是相同的，故归入同一类。有的维生素，如脂溶性维生素在体内可直接对某些代谢起调节作用。而多数维生素是通过转变成酶的辅酶（辅基）对代谢起调节作用，如表 8-1 所示。

表 8-1　各种维生素的辅酶（辅基）形式及主要功能（改自马霞等，2020）

维生素		辅酶（或辅基）			
名称	化学名称	名称	符号或结构式	生理功能	作用机理
维生素 B_1	硫胺素	焦磷酸硫胺素	TPP	α-酮酸脱羧酶的辅酶 转酮醇酶的辅酶	转羟乙基 转二羟乙基
维生素 B_2	核黄素	黄素单核苷酸 黄素腺嘌呤二核苷酸	FMN FAD	需氧脱氢酶的辅酶 不需氧脱氢酶的辅酶	传递氢
维生素 PP	烟酸 烟酰胺	烟酰胺腺嘌呤二核苷酸或辅酶Ⅰ 烟酰胺腺嘌呤二核苷酸磷酸或辅酶Ⅱ	NAD^+或 CoⅠ $NADP^+$或 CoⅡ	不需氧脱氢酶的辅酶	传递氢

续表

维生素		辅酶（或辅基）			
名称	化学名称	名称	符号或结构式	生理功能	作用机理
	泛酸	4′-磷酸泛酰巯基乙胺 辅酶 A	4′-P-PaSH CoA-SH	ACP 的辅基 丙酮酸脱氢酶系的辅酶	转移酰基
维生素 B_6	吡哆素	磷酸吡哆醛	H—C=O | P	转氨酶的辅酶	转移氨基
		磷酸吡哆胺	H—C=NH_2 | P	氨基酸脱羧酶的辅酶	脱羧基
	叶酸	四氢叶酸	CoF、THF	一碳单位代谢的辅酶	转移一碳单位
维生素 H	生物素			羧化酶的辅酶	传递 CO_2
维生素 B_{12}	钴胺素	辅酶 B_{12} 甲基钴胺素		变位酶的辅酶 甲基转移酶的辅酶	氢原子重排 甲基转移
维生素 C	抗坏血酸			抗氧化剂，促进胶原及黏多糖合成	
维生素 A	视黄醇、视黄醛	视黄醛		维持正常视觉和上皮组织健康	
维生素 D	钙化醇		1,25-$(OH)_2$-D_3	促进钙磷代谢和成骨作用	
维生素 E	生育酚			抗氧化作用和抗不育作用	
维生素 K				促进凝血因子合成	

三、维生素的命名

维生素都是小分子有机化合物。它们在化学结构上无共同性，有脂肪族、芳香族、脂环族、杂环和甾类化合物等。维生素由 vitamin 一词翻译而来，其名称一般是按发现的先后，在“维生素”（简式用 V 表示）之后加上 A、B、C、D 等拉丁字母来命名。有的维生素是多种维生素混合存在，便又在拉丁字母右下方注以 1、2、3 等数字加以区别，如维生素 B_1、维生素 B_2、维生素 B_6 及维生素 B_{12} 等。

四、维生素的分类

维生素的种类很多，化学结构各不相同，有的是胺，有的是酸，有的是醇或醛，有的则属于固醇类。因此，维生素不能按照化学结构来分类，通常根据维生素的溶解性进行分类，可将维生素分为水溶性维生素和脂溶性维生素。

（一）水溶性维生素

水溶性维生素指溶于水的维生素，包括 B 族维生素（维生素 B_1、维生素 B_2、烟酸、维生素 B_6、叶酸、维生素 B_{12}、泛酸、生物素等）和维生素 C。除了维生素 B_{12} 外，水溶性维生素在体内储存量很少，因此必须经常通过食物供给。

（二）脂溶性维生素

脂溶性维生素指不溶于水而溶于脂肪及有机溶剂中（如苯、乙醚及氯仿等）的维生素，包括维生素 A、维生素 D、维生素 E、维生素 K。它们在食物中常与脂类共存，其吸收与肠道中的脂类密切相关。维生素 A 的活性形式是 11-顺视黄醛，参与视紫红质的合成，与暗视觉有关。此外，它还参与糖蛋白的合成。维生素 D 为类固醇衍生物，1,25-二羟维生素 D_3 是其活性形式，用于调节钙磷代谢，促进新骨的钙化。维生素 E 是体内最重要的抗氧化剂，与动物生殖功能有关，还可促进血红素的合成。维生素 K 与肝合成凝血因子Ⅱ、Ⅶ、Ⅸ和Ⅹ有关。它是谷氨酰羧化酶的辅助因子，参与凝血因子前体转变为活性凝血因子。

第二节　水溶性维生素与辅酶

水溶性维生素在生物体内通过形成辅酶而发挥对物质代谢的影响。这类辅酶在肝脏内含量最丰富。与脂溶性维生素不同，进入体内的多余水溶性维生素及其代谢产物均自尿中排出，体内不能多储存。因此，水溶性维生素一般无毒性，但摄入量太大时也会引起中毒。如果水溶性维生素摄入不足，易出现缺乏症。

一、维生素 B_1 与焦磷酸硫胺素

（一）维生素 B_1 的结构和活性形式

维生素 B_1 又名硫胺素或抗神经炎素，是第一个被发现的维生素，动物和人不能合成，只能从食物中获取，主要存在于酵母、瘦肉、豆类和种子外皮（如米糠）及胚芽中。它在酸性溶液中很稳定，但在碱性溶液中易被氧化而失去活性。维生素 B_1 易被小肠吸收，入血后主要在肝及脑组织中经硫胺素焦磷酸激酶的催化生成焦磷酸硫胺素（TPP）（图 8-1）。TPP 是维生素 B_1 的活化形式，占体内硫胺素总量的 80%。

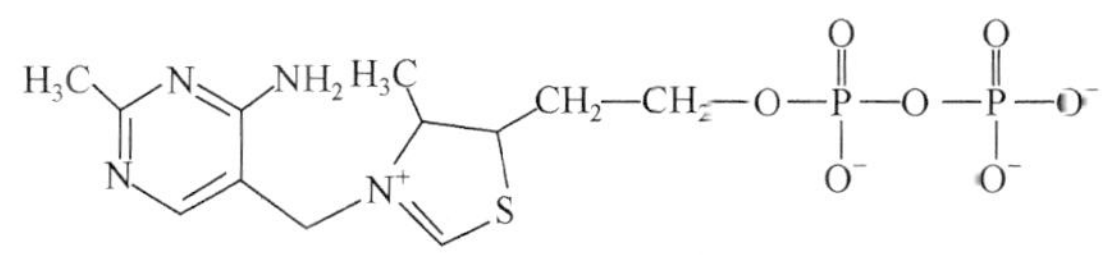

图 8-1　焦磷酸硫胺素的结构

（二）维生素 B_1 的生理功能

维生素 B_1 在糖类和氨基酸的分解代谢中具有重要地位。TPP 作为 α-酮酸氧化脱羧酶（如丙酮酸脱氢酶复合体、α-酮戊二酸脱氢酶）的辅酶参与糖类的分解代谢。反应中 TPP 噻唑环上的硫和氮原子间的碳原子易释放 H^+，形成碳负离子。后者与 α-酮酸的羧基结合，诱导其脱羧。在细胞质基质的磷酸戊糖途径中，TPP 作为转酮醇酶的辅酶，参与转酮醇作用。TPP 还可作为氨基酸代谢中支链氨基酸代谢脱氢酶的辅酶，在反应中噻唑环上的碳负离子直接作为亲核试剂参与催化反应。此外，维生素 B_1 参与乙酰辅酶 A 的生物合成，还抑制胆碱酯酶活性。

维生素 B_1 缺乏时，α-酮酸脱羧与磷酸戊糖途径障碍、神经组织供能不足及神经细胞膜髓鞘磷脂合成受阻，导致慢性末梢神经炎和其他神经肌肉变性病变。同时糖代谢中间产物丙酮酸和乳酸在血液中堆积，造成手足麻木、四肢无力、外周神经炎症状，严重者可发生浮肿、心力衰竭，临床称为脚气病。

二、维生素 B_2 与黄素辅酶

（一）维生素 B_2 的结构和活性形式

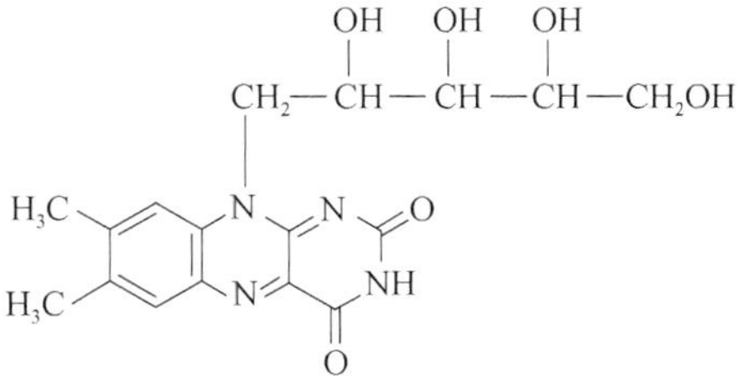

图 8-2　维生素 B_2 的结构

维生素 B_2 又名核黄素，其异咯嗪环上的第 1 位和第 10 位氮原子与活泼的双键连接，这 2 个氮原子可反复接受或释放氢，因而具有可逆的氧化还原性（图 8-2）。还原型核黄素及其衍生物呈黄色，于 450nm 处有吸收峰。核黄素虽然对热稳定，但对紫外线敏感，易降解为无活性的产物。

奶与奶制品、肝、蛋类及肉类等是维生素 B_2 的丰富来源。核黄素主要在小肠上段通过转运蛋白主动吸收。吸收后的核黄素在小肠黏膜黄素激酶的催化下转变成黄素单核苷酸（FMN），后者在焦磷酸化酶的催化下进一步生成黄素核苷酸类物质（FAD），二者均是维生素 B_2 的活性型（图 8-3）。

（二）维生素 B_2 的生理功能

FMN 和 FAD 是体内氧化还原酶（如脂酰 CoA 脱氢酶、琥珀酸脱氢酶、黄嘌呤氧化酶等）的辅基，通过氧化态和还原态的互变，促进底物脱氢或起传递氢的作用。它们参与氧化呼吸链、脂肪酸和氨基酸的氧化及三羧酸循环，促进糖、脂肪和蛋白质代谢。

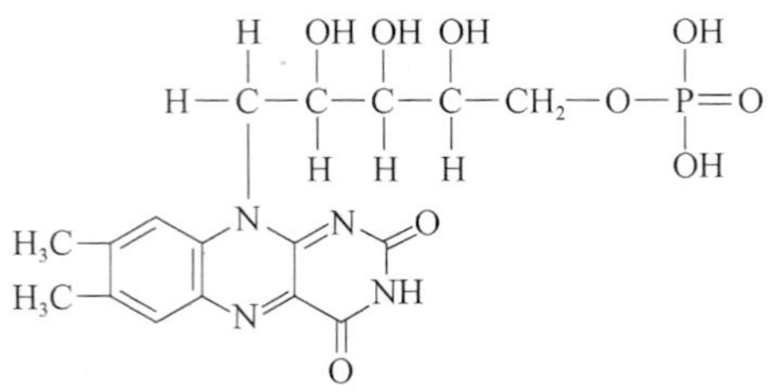

黄素单核苷酸（FMN）

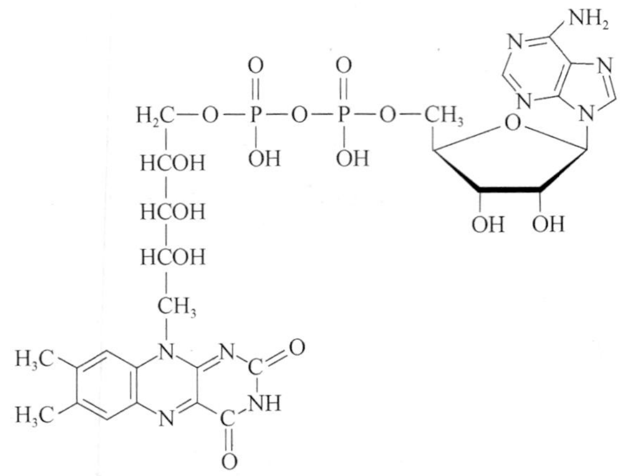

黄素腺嘌呤二核苷酸（FAD）

图 8-3 FMN 和 FAD 的结构

维生素 B_2 能促进机体正常的生长发育，维护皮肤和黏膜的完整性，还可激活维生素 B_6，促进色氨酸形成烟酸。维生素 B_2 还具有抑制脂质过氧化、参与药物代谢、参与体内铁的吸收和储存等作用。

维生素 B_2 缺乏时，可引起口角炎、唇炎、阴囊炎、眼睑炎等。用光照疗法治疗新生儿黄疸时，在破坏皮肤胆红素的同时，核黄素也可同时遭到破坏，引起新生儿维生素 B_2 缺乏症。过量维生素 B_2 可随尿液排出，因其是黄绿色的荧光色素，所以尿液呈现黄色。

三、维生素 PP 与辅酶Ⅰ、辅酶Ⅱ

（一）维生素 PP 的结构和活性形式

维生素 PP 包括烟酸和烟酰胺，两者均属吡啶衍生物（图 8-4）。

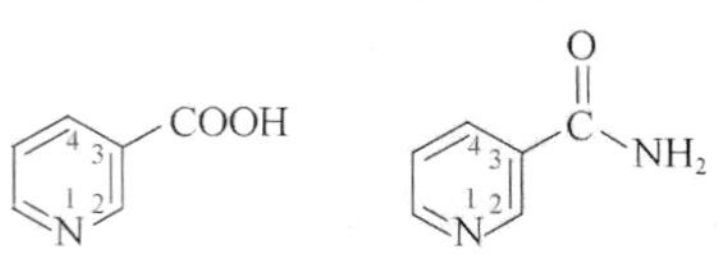

图 8-4 烟酸（吡啶-3-羧酸）、烟酰胺（吡啶-3-酰胺）的结构

维生素 PP 广泛存在于自然界。食物中的维生素 PP 均以烟酰胺腺嘌呤二核苷酸（NAD^+）或烟酰胺腺嘌呤二核苷酸磷酸（$NADP^+$）的形式存在（图 8-5）。二者在小肠内被水解生成游离的维生素 PP，并被吸收。运输到组织细胞后，维生素 PP 再与腺嘌呤、核糖、磷酸形成 NAD^+（辅酶Ⅰ）和 $NADP^+$（辅酶Ⅱ）。辅酶Ⅰ和辅酶Ⅱ是维生素 PP 的活性形式。

（二）维生素 PP 的生理功能

辅酶Ⅰ和辅酶Ⅱ是体内多种不需氧脱氢酶的辅酶，在氧化还原反应中起到传递氢的作用，在代谢中起非常重要的作用，特别是参与葡萄糖的酵解、脂类代谢、丙酮酸代谢、戊糖合成及高能磷酸键的形成等。此外，大剂量的烟酸能降低血液中三酰甘油、总胆固醇、低密度脂蛋白含量和升高高密度脂蛋白含量，有利于改善心血管功能。烟酸还是葡萄糖耐量因子的重要组分，具有增强胰岛素功能的作用。

维生素 PP 缺乏可引发癞皮病，主要表现为皮炎、腹泻及痴呆。因此，维生素 PP 又称抗癞皮病维生素。

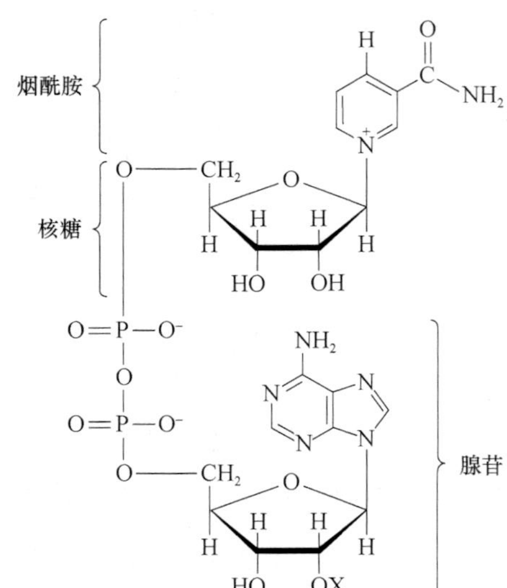

图 8-5 NAD^+、$NADP^+$的结构

X＝H 烟酰胺腺嘌呤二核苷酸（NAD^+）；X＝PO_3^{2-} 烟酰胺腺嘌呤二核苷酸磷酸（$NADP^+$）

四、泛酸与辅酶 A

（一）泛酸的结构和活性形式

泛酸又称遍多酸，由二甲基羟丁酸和 β-丙氨酸组成（图 8-6），因广泛存在于动、植物组织中而得名。

泛酸在肠内被吸收后，经磷酸化并与半胱氨酸反应生成4-磷酸泛酰巯基乙胺，后者是辅酶A（CoA或CoA-SH）及酰基载体蛋白质的组成部分（图8-7），即泛酸在体内的活性形式是辅酶A。

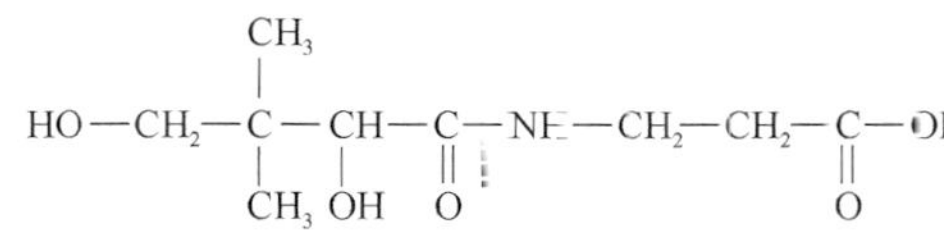
图8-6　泛酸的结构

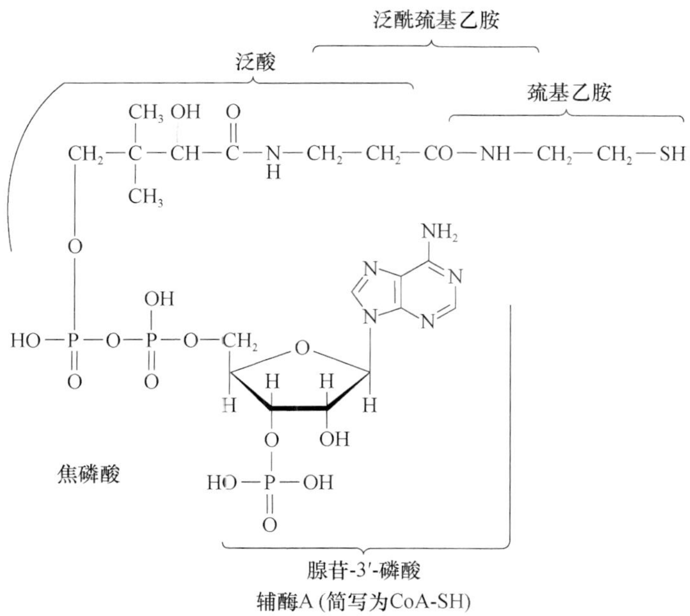

图8-7　辅酶A（CoA）的结构

（二）泛酸的生理功能

在体内，CoA及酰基载体蛋白质（ACP）构成酰基转移酶的辅酶，它通过自身的巯基接受和放出酰基，起着转移酰基的作用，广泛参与糖、脂类、蛋白质代谢及肝的生物转化作用。约有70种酶需CoA及ACP。泛酸广泛存在于动植物食品中，并且肠内细菌也能合成泛酸供人体利用，故很少见有缺乏症。

五、维生素B_6与磷酸吡哆素

（一）维生素B_6的结构和活性形式

维生素B_6包括吡哆醇、吡哆醛和吡哆胺（图8-8），它广泛分布于动物肝脏、肉类、全麦、坚果、豆类、蛋黄及酵母等动植物食品。体内约80%的维生素B_6以磷酸吡哆醛的形式存在于肌肉中，并与糖原磷酸化酶相结合。维生素B_6的磷酸酯在小肠碱性磷酸酶的作用下水解，以脱磷酸的形式吸收。维生素B_6体内活性型为磷酸吡哆醛和磷酸吡哆胺，即在羟甲基处结合磷酸。

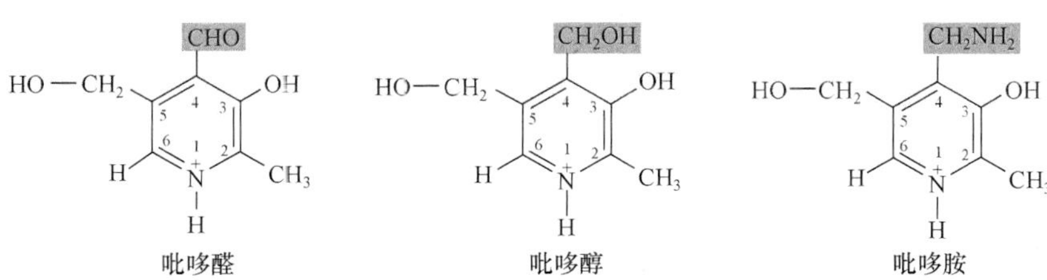

图8-8　吡哆素的结构

（二）维生素B_6的生理功能

磷酸吡哆醛是体内百余种酶的辅酶，参与氨基酸脱氨与转氨作用、鸟氨酸循环、血红素的合成及糖原分解等，在代谢中发挥着重要作用。磷酸吡哆醛也是谷氨酸脱羧酶的辅酶，增进大脑抑制性神经递质γ-氨基丁酸的生成。此外，磷酸吡哆醛还是血红素合成的限速酶δ-氨基-γ-酮戊酸（ALA）合酶的辅酶。

维生素 B_6 缺乏时，表现口舌炎、抑郁，小儿出现代谢异常、惊厥等，还可影响血红素合成，造成低血色素小细胞性贫血和血清铁增高。此外，磷酸吡哆醛可以将类固醇激素受体复合物从 DNA 中移去，终止这些激素的作用。

六、维生素 B_7

（一）维生素 B_7 的结构

维生素 B_7 又称为生物素、维生素 H，由一个脲基环和一个带有戊酸侧链的噻吩环组成（图 8-9）。它广泛分布于酵母、肝、蛋类、花生、牛奶及鱼类等食品中，人体肠道细菌也能合成。生物素为无色针状结晶体，耐酸而不耐碱，氧化剂及高温可使其失活。

生物素是体内多种羧化酶的辅基，在羧化酶全酶合成酶的催化下与羧化酶蛋白中赖氨酸残基的ε-氨基以酰胺键共价结合，形成生物胞素残基，羧化酶则转变成有催化活性的酶（图 8-10）。

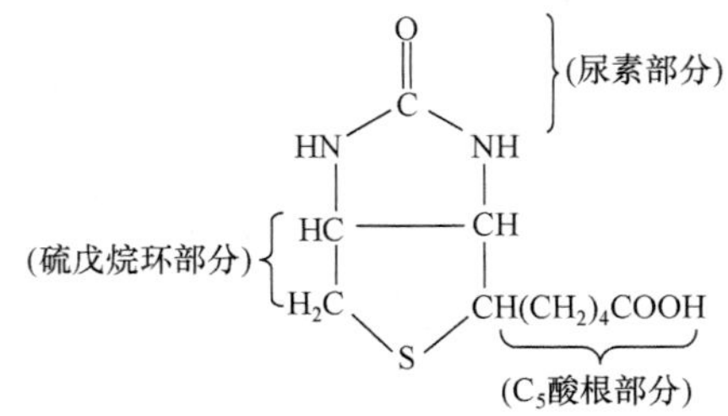

图 8-9 维生素 B_7 的结构

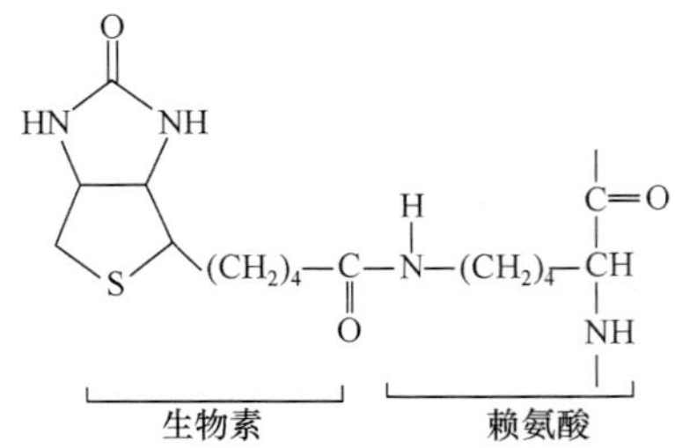

图 8-10 生物胞素的结构

（二）维生素 B_7 的生理功能

生物素作为丙酮酸羧化酶、乙酰 CoA 羧化酶等的辅基，参与 CO_2 固定过程。近年的研究证明，生物素除了作为羧化酶的辅基外，还有其他重要的生理作用。现已鉴定，人基因组中含有 2000 多个依赖生物素的基因。生物素参与细胞信号转导和基因表达。生物素还可使组蛋白生物素化，从而影响细胞周期、转录和 DNA 损伤的修复。

生物素的来源极为广泛，很少出现缺乏症。新鲜鸡蛋中有一种抗生物素蛋白，它能与生物素结合而不能被吸收。蛋清加热后这种蛋白质因遭破坏而失去作用。长期使用抗生素可抑制肠道细菌生长，也可能造成生物素的缺乏，主要症状是疲乏、恶心、呕吐、食欲不振、皮炎及脱屑性红皮病。

七、叶酸与四氢叶酸

（一）叶酸的结构和活性形式

叶酸又称蝶酰谷氨酸，因绿叶中含量十分丰富而得名。叶酸由蝶酸和谷氨酸结合而成，而蝶酸由 2-氨基-4-羟基-6-甲基蝶啶和对氨基苯甲酸构成（图 8-11）。

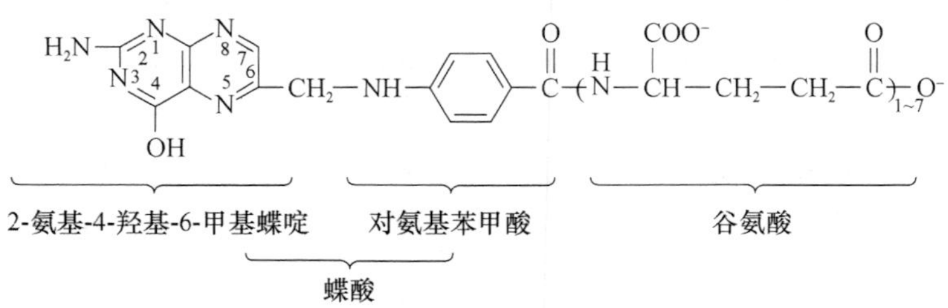

图 8-11 叶酸的结构

食物中的叶酸在小肠被水解，生成蝶酰单谷氨酸。后者易被小肠吸收，在小肠黏膜上皮细胞二氢叶酸还原酶的作用下，生成叶酸的活性型——5,6,7,8-四氢叶酸（THF或辅酶F），结构如图8-12所示。含单谷氨酸的甲基四氢叶酸是四氢叶酸在血液循环中的主要形式。在体内各组织中，四氢叶酸主要以多谷氨酸形式存在。

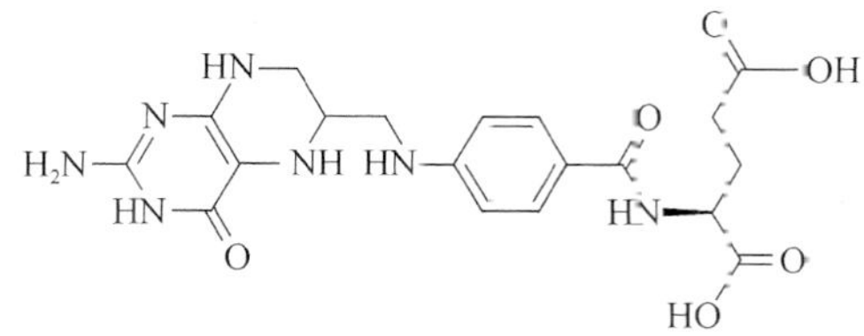

图 8-12 四氢叶酸的结构

（二）叶酸的生理功能

四氢叶酸是体内一碳单位转移酶的辅酶，分子中 N^5、N^{10} 是一碳单位的结合位点。此一碳单位可来自氨基酸，如组氨酸（亚氨甲基）、甲硫氨酸（甲基）、丝氨酸（羟甲基）及甘氨酸（甲酰基）等。叶酸对DNA、RNA和蛋白质的生物合成都有重要作用，为各种细胞分裂、增殖和组织生长所必需。

叶酸缺乏时，DNA合成受到抑制，骨髓幼红细胞合成减少，细胞分裂速度降低，细胞体积变大，造成巨幼红细胞贫血。抗癌药物甲氨蝶呤和氨蝶呤因其结构与叶酸相似，能抑制二氢叶酸还原酶的活性，使四氢叶酸合成减少，进而抑制体内胸腺嘧啶核苷酸的合成，起到抗癌作用。

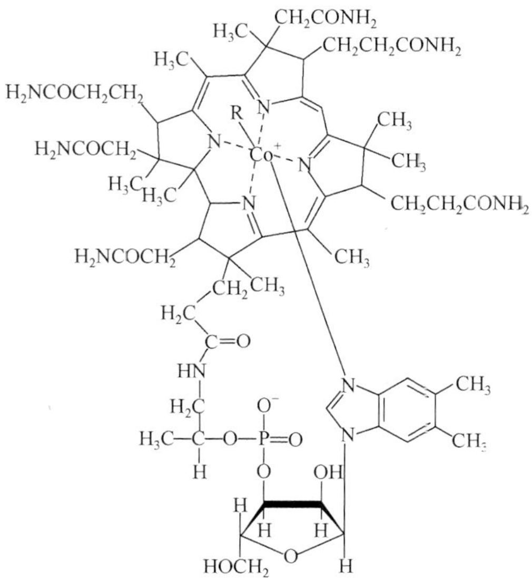

图 8-13 维生素 B_{12} 的结构

八、维生素 B_{12} 及其辅酶

（一）维生素 B_{12} 的结构和活性形式

维生素 B_{12} 又称钴胺素，是唯一含金属元素的维生素，由微生物合成，酵母和动物肝含量丰富，不存在于植物。维生素 B_{12} 在体内的主要存在形式有氰钴胺素、羟钴胺素、甲钴胺素和5′-脱氧腺苷钴胺素。后两者是维生素 B_{12} 的活性形式（图8-13）。

（二）维生素 B_{12} 的生理功能

维生素 B_{12} 影响一碳单位代谢。甲基钴胺素是甲基转移酶（如甲硫氨酸合成酶）的辅酶，该酶以 N^5-CH_3-FH_4 为甲基供体，催化同型半胱氨酸甲基化生成甲硫氨酸。另外，维生素 B_{12} 还影响脂肪酸的合成。5′-脱氧腺苷钴胺素是 *L*-甲基丙二酰 CoA 变位酶的辅酶，可催化琥珀酰-4-磷酸泛酰巯基乙胺 CoA 的生成。

B_{12} 缺乏时，N^5-CH_3-FH_4 上的甲基不能转移出去，一是引起甲硫氨酸合成减少，二是影响四氢叶酸的再生，一碳单位的代谢受阻，造成核酸合成障碍，导致巨幼红细胞贫血，即恶性贫血。另外，维生素 B_{12} 缺乏，可造成脂肪酸合成异常，神经髓鞘变性退化，导致神经系统疾病。

九、硫辛酸

（一）硫辛酸的结构

硫辛酸化学名为6,8-二硫辛酸，简称硫辛酸，为含硫八碳脂肪酸，在6、8位上有二硫键相连（C_6 和 C_8 上的氢原子被二硫键取代）。6、8位上巯基脱氢为氧化型硫辛酸（2个硫原子通过二硫键相连），加氢变成还原型称为二氢硫辛酸（二硫键还原为巯基）（图8-14）。硫辛酸因具有与维生素相似的功能，也称类维生素。

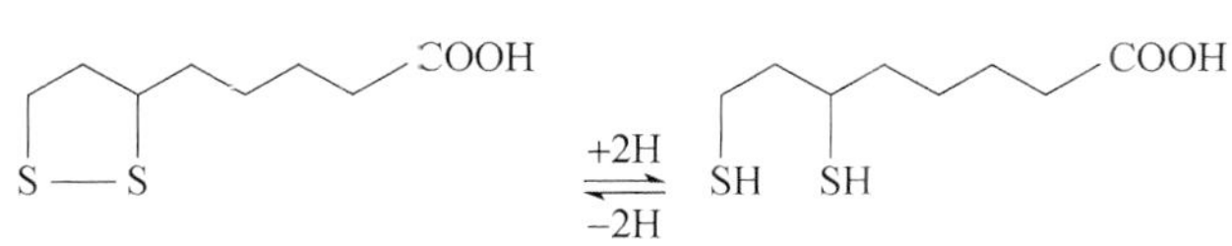

硫辛酸（氧化型） 二氢硫辛酸（还原型）

图 8-14 硫辛酸的结构

（二）硫辛酸的生理功能

硫辛酸可作为辅酶参与机体内的物质代谢，起到传递氢和转移酰基的作用(即作为氢载体和酰基载体)。例如，在丙酮酸脱氢酶复合体和α-酮戊二酸脱氢酶复合体中，硫辛酸可以接受酰基与丙酮酸的乙酰基，形成一个硫酯键，然后将乙酰基转移到辅酶A分子的硫原子上。形成辅基的二氢硫辛酸可再经二氢硫辛酸脱氢酶（需要NAD^+）氧化，重新生成氧化型硫辛酸。此外，硫辛酸具有抗氧化性，可保护巯基酶免受重金属离子的毒害，还具有极高的保健功能和医用价值，如抗脂肪肝和降低血浆胆固醇。

十、维生素C

（一）维生素C的结构

维生素C又称*L*-抗坏血酸，是一种己糖内酯，含有6个酸性多羟基化合物，有*D*型和*L*型，只有*L*型具有生理功能（图8-15）。维生素C呈酸性，对热不稳定，其分子中C_2和C_3羟基可以氧化脱氢生成脱氢抗坏血酸。后者亦可接受氢再还原成抗坏血酸。

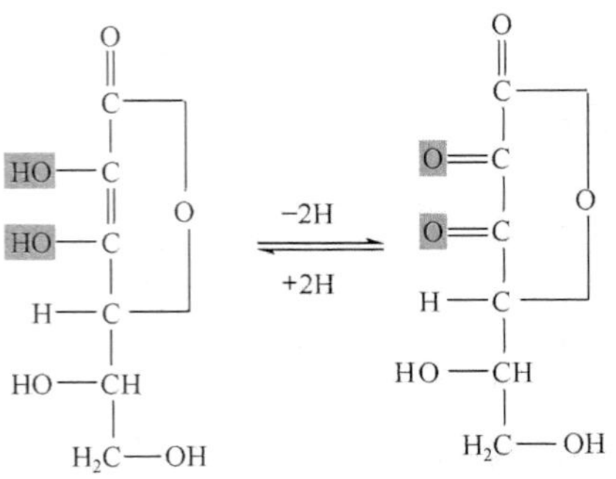

图8-15 维生素C的结构

（二）维生素C的生理功能

维生素C具有保护巯基的作用，它可使巯基酶的SH保持还原状态。维生素C在谷胱甘肽还原酶作用下，将氧化型谷胱甘肽（GSSG）还原成还原型（GSH）。还原型GSH能清除细胞膜的脂质过氧化物，起到保护细胞膜的作用。

维生素C是维持体内含酮羟化酶和含铁羟化酶活性必不可少的辅助因子。在含酮羟化酶催化的反应中，Cu^+被氧化生成Cu^{2+}，后者在维生素C的专一作用下，再还原为Cu^+。胶原蛋白的合成需要维生素C参加。维生素C是胆汁酸合成的限速酶——7α-羟化酶的辅酶，参与将40%的胆固醇正常转变成胆汁酸。此外，肾上腺皮质类固醇合成过程中的羟化作用也需要维生素C参与。体内肉碱合成过程需要2个依赖维生素C的羟化酶。

维生素C缺乏时，可导致坏血病，表现为毛细血管脆性增强、易破裂、牙根腐烂、牙齿松动骨折及创伤不易愈合等。

思政案例

维生素B_{12}的合成

人类研究维生素B_{12}的历史持续了一百多年。维生素B_{12}分子含有181个原子，空间结构呈毛毡状，结构非常复杂，性质脆弱，在强酸、强碱、高温作用下都会分解，给合成带来很大难度。20世纪60年代初，哈佛大学的Woodward研究团队和瑞士联邦理工学院联合探索维生素B_{12}的全合成研究。研究人员采取先合成维生素B_{12}的各个局部，然后拼接起来的方法，历经11年，先后有来自14个国家的110多位研究人员参与了维生素B_{12}的合成研究工作。在完成了1100多个独立的化学反应之后，1972年，维生素B_{12}的实验室合成终于宣告完成。随后由于人工合成维生素B_{12}成本昂贵，人们转向微生物发酵的方法制备。1993年，维生素B_{12}的生物合成途径被完整阐明，维生素B_{12}实现工业化生产。

科学研究需要团队协作，共同攻坚克难。团队协作是一种可贵的能力，不仅能激发出不可思议的潜力，而且可以成就无限可能。

本章小结

维生素是维持生物体正常生长发育和代谢所必需的一类微量有机物，不能完全由机体合成，必须由食物供给。通常根据其溶解性质分为脂溶性维生素和水溶性维生素两大类。水溶性维生素包括维生素B_1、维生素B_2、维生素

B_6、维生素 B_{12}、烟酸、泛酸、生物素、叶酸、硫辛酸和维生素 C；脂溶性维生素包括维生素 A、维生素 D、维生素 E、维生素 K。

水溶性维生素以辅酶和辅基的形式存在，参与物质代谢。维生素 B_1 的活性形式是焦磷酸硫胺素（TPP），它是丙酮酸氧化脱羧酶多酶复合体的辅酶，也是胞质溶胶磷酸戊糖途径中转酮酶的辅酶；维生素 B_2 的活性形式是 FAD 和 FMN，烟酰胺的活性形式是 NAD^+ 和 $NADP^+$，它们均是许多脱氢酶的辅酶；泛酸的活性形式是 CoA，它是酰基转移酶的辅酶；维生素 B_6 的活性形式是磷酸吡哆醛，它是氨基酸代谢中转氨酶及脱羧酶的辅酶；生物素是几种羧化酶的辅酶，包括乙酰 CoA 羧化酶和丙酮酸羧化酶；叶酸的活性形式是四氢叶酸，它是一碳单位转移酶的辅酶；维生素 B_{12} 的活性形式是甲基钴胺素和辅酶 B_{12}，它们是甲基转移酶和变位酶的辅酶；硫辛酸分为氧化型和还原型两种类型，起到传递氢和转移酰基的作用；维生素 C 可参与体内氧化还原反应，起抗氧化剂的作用，还参与体内多种羟化反应。

思考题

1．什么是维生素？请列举脂溶性维生素与水溶性维生素的种类。
2．维生素具有哪些特点？通过何种方式参与体内代谢反应。
3．生物体内起到传递氢作用的辅酶是什么？主要参与哪类化学反应，请举例说明。
4．列举水溶性维生素与辅酶的关系及其主要生物学功能。

第二篇

生物大分子的体内代谢及调节

第九章 生物氧化

生物体通过新陈代谢维持生命活动，新陈代谢包括物质代谢与能量代谢。物质代谢过程中伴随着能量的释放、转移、贮存和利用。在自然界中，植物通过光合作用将光能转变为化学能，并贮存于合成的有机化合物中。不能直接利用光能的微生物和摄取食物的动物则利用光合植物产生的有机化合物，在体内经过氧化分解转化为化学能。生物体摄入营养物质（如食物中糖类、脂肪和蛋白质等）后，在体内经过分解（氧化分解）生成 H_2O 和 CO_2，同时释放能量。

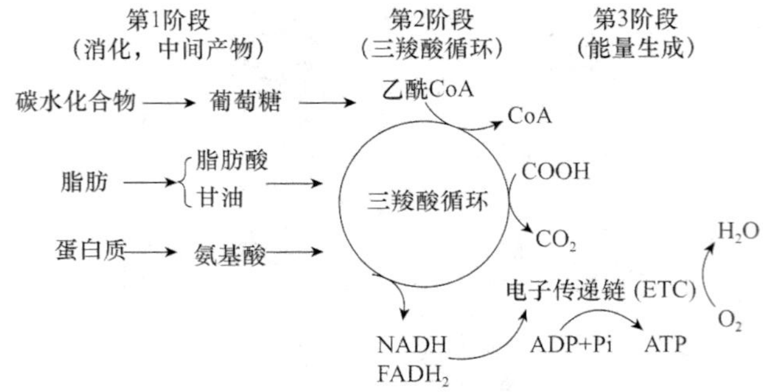

图 9-1 食物氧化的 3 个阶段

体内营养物质氧化分解，释放能量主要分为 3 个阶段：第 1 阶段，营养物质在胃肠道内被消化，由大分子转变成小分子，如蛋白质被分解成氨基酸。第 2 阶段，消化产物被吸收，经分解产生共同代谢中间产物，如乙酰 CoA，进一步进入共同氧化途径——三羧酸循环，并最终氧化为 CO_2，此过程中产生 NADH 和 $FADH_2$。第 3 阶段，NADH 和 $FADH_2$ 经电子传递链（electron transfer chain，ETC）又称呼吸链，传递给氧生成水，同时伴随能量的逐级释放（图 9-1）。

第一节 概 述

生物体内物质的氧化在细胞线粒体内、外均可进行，其氧化过程各不相同。在线粒体内供能物质的氧化主要表现为细胞内 O_2 的消耗和 CO_2 的释放，同时伴有 ATP 的生成。而在线粒体外，如在内质网、过氧化物酶体、微粒体等发生的氧化反应主要对底物进行氧化修饰、转化等，不伴有 ATP 的生成，与代谢物或药物、毒物的生物转化有关。

一、生物氧化的概念

糖类、脂肪和蛋白质等有机物质在体内进行氧化分解，最终生成 CO_2 和 H_2O，并释放大量能量的过程称为生物氧化（biological oxidation）。其中一部分能量可使 ADP 磷酸化生成 ATP，供生命活动之需，其余能量以热能形式释放，用于维持体温恒定。因其发生在细胞内，又称为细胞呼吸（cellular respiration）。

二、生物氧化的基本过程和方式

化学上定义氧化反应失去电子，还原反应得到电子。因此，氧化分子（电子供体）与还原分子（电子受体）在反应中总是相互偶联。真核生物的生物氧化主要发生在线粒体，原核生物则发生在细胞膜上。生物氧化遵循氧化还原反应的一般规律（脱氢、加氧、失电子），体内最常见的方式是脱氢和失电子反应。

（一）加氧酶催化氧分子直接加入底物

加氧酶参与许多代谢物的合成和降解。催化反应分为两步：第一步，氧与酶活性中心结合。第二步，结合的氧被还原或转移至底物。加氧酶分为双加氧酶和单加氧酶。双加氧酶将氧分子中的 2 个氧原子加入底物，如尿黑酸氧化酶。反应通式如下：

$$A + O_2 \longrightarrow AO_2$$

单加氧酶，又称混合功能氧化酶、羟化酶，仅将分子氧的 1 个氧原子加入底物，另一个氧原子被还原生成水，反应中需要电子供体或共底物（ZH_2）参与，如苯丙氨酸羟化酶、酪氨酸羟化酶。反应通式如下：

$$A-H+O_2+ZH_2 \longrightarrow A-OH+H_2O+Z$$

（二）不能利用氧作为氢受体的脱氢反应

体内常见的氧化方式是失去质子（H^+）和电子（e^-）。底物脱氢主要有 2 种方式：直接脱氢和加水脱氢。直接脱氢指从底物分子上直接脱下 2 个氢原子，是生物氧化的主要方式。加水脱氢指底物与水分子结合，在底物分子中加入 1 个来自水的氧原子。例如，

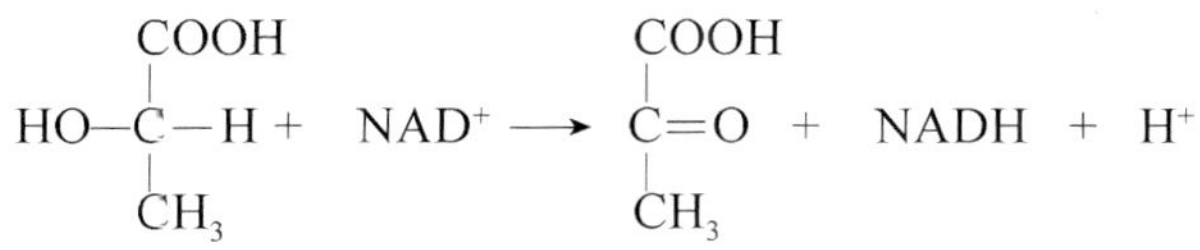

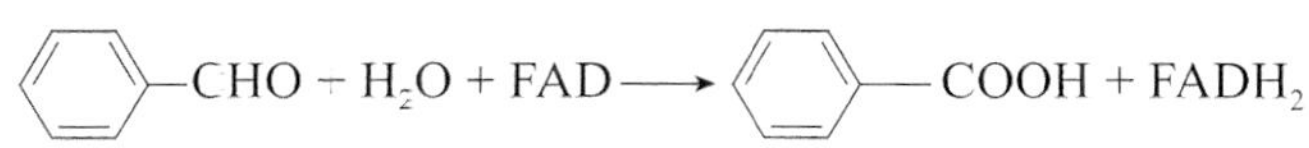

苯甲醛　　　　　　　苯甲酸

（三）失电子反应

从底物分子中脱下电子，例如，

$$Fe^{2+} \rightleftharpoons Fe^{3+}+e^-$$

三、生物氧化的特点

物质在体内的生物氧化和体外的氧化（如燃烧）的化学本质相似，都遵循氧化还原的一般规律，在耗氧量、终产物和能量释放等方面均相同，但是体内生物氧化因反应环境、条件不同而有其自身特点。

（1）在生理条件下，细胞内发生的酶促反应需要在 37°C 左右、常压、pH 近似中性的溶液介质中发生。

（2）体内 CO_2 主要是通过有机酸脱羧反应生成，区别于体外 C 和 O_2 直接反应生成。

（3）多步反应、能量逐级释放，大部分用于形成高能化合物［主要是腺苷三磷酸（ATP）］，适合能量的有效利用，减少对机体的损害，区别于体外燃烧瞬间释放大量光和热。

（4）H_2O 的产生方式是底物脱下的氢经呼吸链逐步传递给氧，区别于体外燃烧 H_2 与 O_2 的直接反应。

第二节　呼　吸　链

真核需氧生物主要通过细胞内三羧酸循环和氧化磷酸化产能，发生场所主要在线粒体。在线粒体中，代谢物（糖、脂肪酸、氨基酸）脱下来的高能电子经过内膜一系列中间传递体，最终传递给末端电子受体，此过程伴随着能量的逐级释放，这种由一系列电子传递体构成的链状复合体称为电子传递链（ETC），由于此过程与细胞呼吸相关，又称其为呼吸链（respiratory chain），主要功能是偶联氧化磷酸化，产生 ATP。

一、呼吸链的组成

（一）呼吸链的基本组成成分

线粒体呼吸链由一系列氧化还原传递体组成，各个组分按氧化还原电位的增加而排列在线粒体内膜上，其中传递氢的酶或辅酶称为递氢体，传递电子的酶或辅酶称为电子传递体，两者均有传递电子的作用（$2H \rightleftharpoons 2H^++2e^-$），包括黄素脱氢酶类、烟酰胺脱氢酶类、铁硫蛋白类、细胞色素类及泛醌。除泛醌外，其他组分都是结合蛋白，通过其辅基氧化型和还原型的互变反应传递电子。

1. 烟酰胺为辅酶的脱氢酶类　烟酰胺脱氢酶类（nicotinamide dehydrogenase）属于烟酸的衍生物包括烟酰胺腺嘌呤二核苷酸（nicotinamide adenine dinucleotide，NAD^+，辅酶Ⅰ）与烟酰胺腺嘌呤二核苷酸磷酸（nicotinamide adenine dinucleotide phosphate，$NADP^+$，辅酶Ⅱ）。NAD^+或 $NADP^+$分子中烟酰胺的氮原子为五价，能接受电子成为三价氮。其对位的碳原子也比较活泼，能进行可逆加氢与脱氢反应。NAD^+

和 $NADP^+$虽然结构相似，但功能各异。NAD^+一般参与能量代谢和分解代谢中的氧化反应，如三羧酸循环和脂肪酸β-氧化；而 $NADP^+$主要参与合成代谢中的还原反应，如脂肪酸和胆固醇的合成。

在脱氢酶的作用下，NAD^+接受来自底物的 H^+和电子，被还原成 $NADH+H^+$，电子中和辅酶上的正电荷分子。随后 NADH 离开酶的活性中心，进入呼吸链，留下的 H^+和电子再次与脱氢酶结合，重复传递，往返于代谢物与呼吸链间，循环再生利用（图 9-2）。

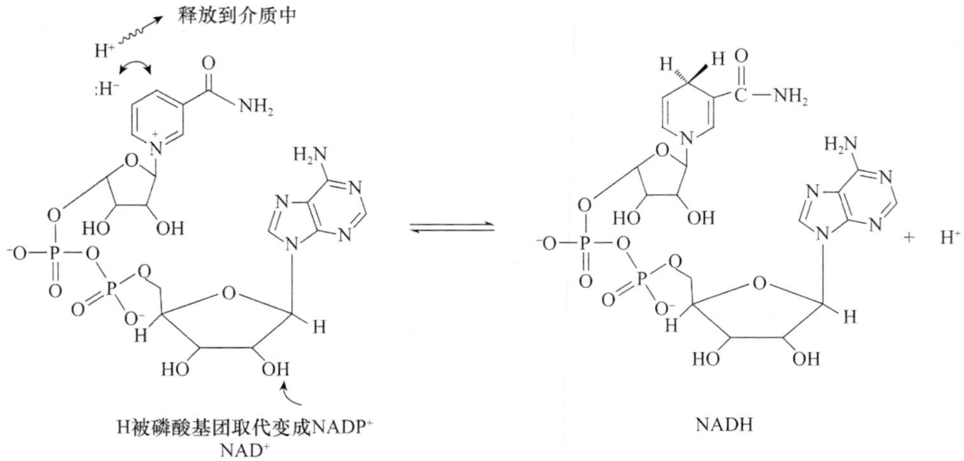

图 9-2 NAD^+与 NADH 的相互转变

2．黄素及黄素偶联的脱氢酶类 黄素脱氢酶类（flavin dehydrogenase）以黄素单核苷酸（flavin mononucleotide，FMN）或黄素腺嘌呤二核苷酸（flavin adenine dinucleotide，FAD）作为辅基，催化氧化还原反应。FMN 和 FAD 来源于维生素 B_2，其异咯嗪环中的 N1 和 N10 在接受 1 个 H^+和 1 个电子时形成 FMNH·和 FADH·，接受 2 个 H^+和 2 个电子转变为还原型 $FMNH_2$ 和 $FADH_2$，进而发挥传递氢和电子的作用（图 9-3）。FMN 是 NADH 脱氢酶的辅基，它与酶蛋白紧密结合，不作为可扩散的共底物。FMN 与琥珀酸脱氢酶偶联，则作为一种可扩散的共底物。

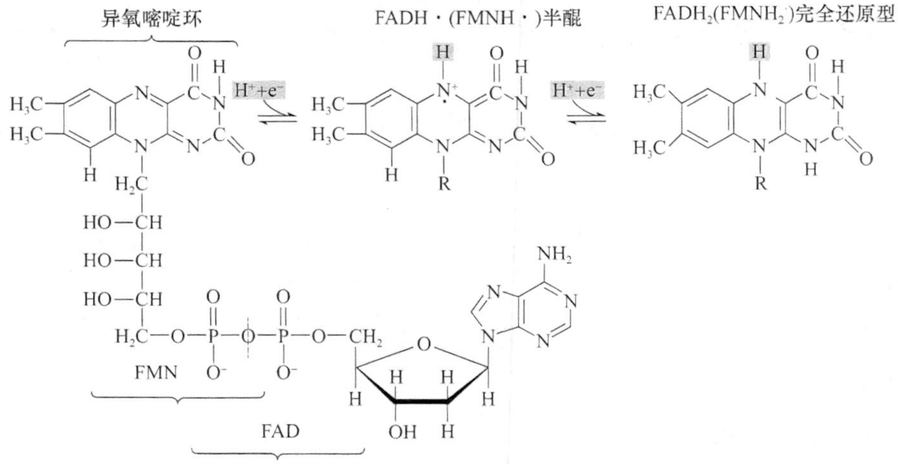

图 9-3 氧化型和还原型 FAD 和 FMN

3．辅酶 Q 辅酶 Q（coenzyme Q，CoQ）是一类脂溶性醌类化合物，因广泛存在于生物界，且植物辅酶 Q 与动物辅酶 Q 的结构相似，所以又名泛醌（ubiquinone，UQ）。其分子中苯环 C6 上含有一条由多个异戊二烯单位构成的侧链，具有较强的疏水作用，故局限于线粒体内膜，可在脂质双分子层内自由移动。不同来源的 CoQ 的侧链长度是不同的。下标（n）表示异戊二烯单位数。例如，CoQ_6 或 CoQ_{10} 分别含有 6 个或 10 个异戊二烯单位。哺乳动物侧链异戊二烯数目为 10，写作 CoQ_{10}，简称为 Q_{10}。在呼吸链中泛醌可以根据电子传递体（单或双）的不同，分步传递来自 $FMNH_2$ 或 $FADH_2$ 的电子。UQ 能够接受 1 个电子和

1 个质子还原成半醌型泛醌，再接受 1 个电子和 1 个质子还原成二氢泛醌，后者也可脱去 2 个电子和 2 个 H^+ 被氧化为泛醌（图 9-4），然后电子转移到细胞膜上。

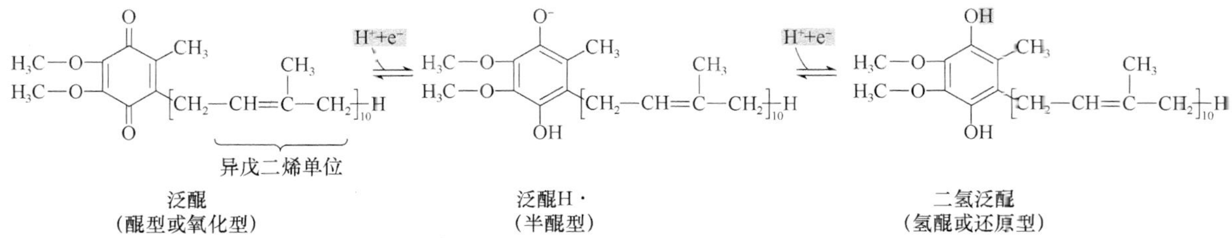

图 9-4 泛醌的结构及氧化还原反应

4．铁硫蛋白类 铁硫蛋白（iron-sulfur protein，Fe-S）位于线粒体内膜，其分子中心含有铁硫中心（iron-sulfur center，Fe-S center）。铁硫中心是非血红素铁离子与无机硫原子或蛋白质上的半胱氨酸（Cys）残基 SH 相互结合，且主要以单个 Fe 离子与 4 个半胱氨酸残基的 SH 相连接，或以 Fe_2S_2 和 Fe_4S_4 的形式存在。铁硫蛋白通过 Fe^{3+} 和 Fe^{2+} 的转变传递电子，属于单电子传递体（图 9-5）。在复合体Ⅰ、Ⅱ、Ⅲ中，铁硫蛋白的氧化还原电位较低，常与其他传递氢（或电子）的载体结合参与电子传递。

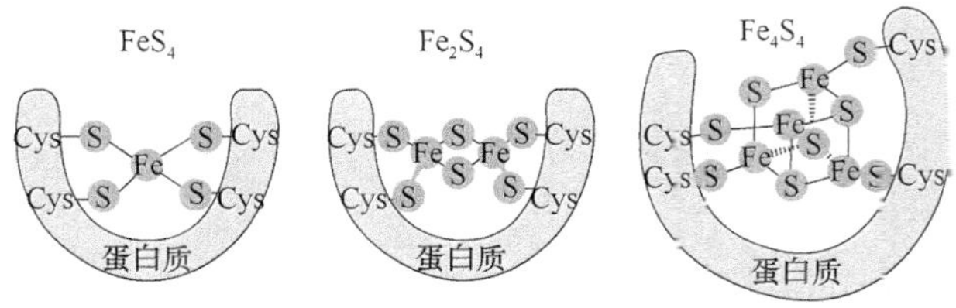

图 9-5 铁硫中心结构示意图

5．细胞色素类 细胞色素（cytochrome，Cyt）是一类以铁卟啉（血红素）为辅基的整合蛋白质，位于线粒体内膜（细胞色素 c 除外），是电子传递链的终端。其吸收光谱具有特殊的颜色，利用辅基中 Fe^{2+} 和 Fe^{3+} 的互变传递电子，属于递电子体。

在线粒体中，根据细胞色素在还原状态下的吸收光谱和卟啉结构类型不同，可划分为 Cyt a、Cyt b、Cyt c 三类及不同的亚类（表 9-1），其所含的血红素辅基分别称为血红素 a、b、c（图 9-6）。Cyt b 含有 Cyt b_{560}（位于复合体Ⅱ）和 Cyt b_{562}、Cyt b_{566}（位于复合体Ⅲ），后者在 562nm 或 566nm 处有最大吸收峰，可以接受 Fe-S 中 Fe^{2+} 的电子，使铁卟啉辅基上的 Fe^{2+} 转变为 Fe^{3+}。呼吸链中 Cyt a 含有 Cyt a_3，因为二者不易分开，通常写成 Cyt aa_3。细胞色素 c 是周边蛋白质，位于线粒体内膜外侧，含有 Cyt c 和 Cyt c_1（位于复合体Ⅲ）。Cyt b、Cyt c、Cyt c_1 分子的铁卟啉辅基中的铁原子分别与卟啉环和蛋白质形成 6 个配位键。Cyt aa_3 的铁原子形成 5 个配位键，还保留 1 个配位键，将电子传递给氧，后者与线粒体基质中的 H^+ 结合形成水。

表 9-1 各种还原型细胞色素主要的光吸收峰

细胞色素	波长/nm		
	α	β	γ
a	600	无	439
b	562	532	429
c	550	521	415
c_1	554	524	418

参与呼吸链电子传递的细胞色素是单电子传递体，通过血红素中的铁离子化合价的转变，按照以下顺序传递电子：

$$\text{Cyt b}\rightarrow\text{Cyt c}_1\rightarrow\text{Cyt c}\rightarrow\text{Cyt aa}_3\rightarrow O_2$$

Cyt aa_3 因将 Cyt c 中的电子传递给 O_2，又被称为细胞色素 c 氧化酶（cytochrome c oxidase），是呼吸链传递的终端。参与该电子传递的还有铜离子（Cu^+、Cu^{2+}）。细胞色素 c 氧化酶含有 Cyt a 和 Cyt a_3 及 O_2 结合位点。一个完整的 O_2 分子，必须接受 4 个电子才能被还原成 2 个 H_2O 分子。细胞色素 c 氧化酶对 O_2 的亲和力比肌红蛋白（含血红素的）高，因此，O_2 从红细胞中的血红蛋白传给肌红蛋白，再传递给细胞色素氧化酶，最终被还原生成 H_2O。

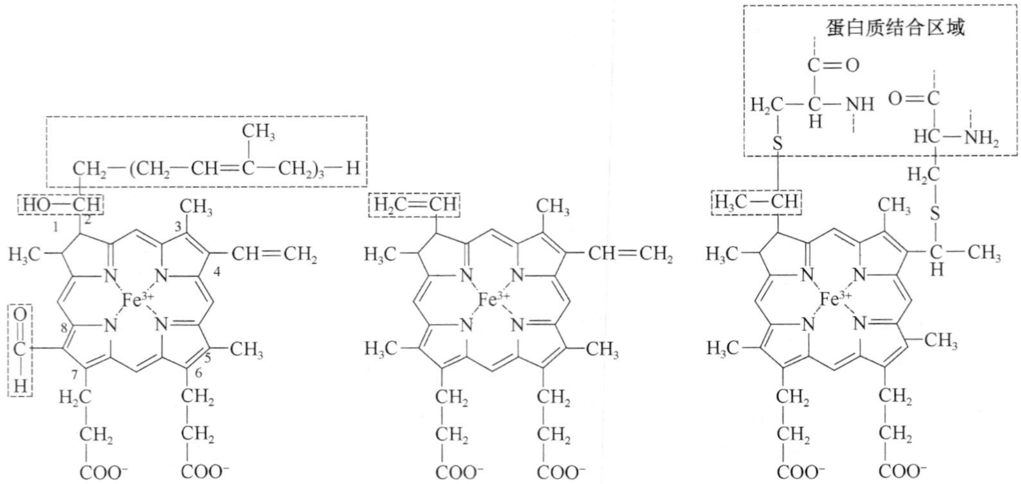

血红素a辅基　血红素b辅基　血红素c辅基

图 9-6　细胞色素上的血红素结构

虚线框出的是结构不同之处

（二）呼吸链中各组分的排列顺序

线粒体是真核细胞生成 ATP 的主要部位，代谢物（如糖和脂类代谢）生成的 NADH 和 $FADH_2$ 在线粒体呼吸链中通过连续的酶促反应被氧化，逐步释放能量，用于产生 ATP 和热能。呼吸链主要由位于线粒体内膜上的 4 种复合体（Ⅰ、Ⅱ、Ⅲ、Ⅳ）按照氧化还原电位由低向高的顺序和方向排列而成（图 9-7）。人线粒体呼吸链各复合体由酶、金属离子、辅酶或辅基组成（表 9-2），电子的传递主要通过以下 3 种方式：①经 NADH，以 1 个氢负离子（H^-）的形式传递 2 个电子和 1 个质子；②经 FMN 和 CoQ，以 $H^+ + e^-$ 的形式传递 1 个电子和 1 个质子；③电子（e^-）直接转移，如在细胞色素、Fe-S 和 Cu 间的传递。

表 9-2　人线粒体呼吸链复合体特点

复合体	酶成分	分子质量/kDa	酶含亚基数目	辅酶或辅基	结合位点
Ⅰ	NADH 脱氢酶	850	43	FMN，Fe-S	NADH（基质），CoQ（脂质）
Ⅱ	琥珀酸脱氢酶	140	4	FAD，Fe-S	琥珀酸（基质），CoQ（脂质）
Ⅲ	CoQ-细胞色素 c 还原酶	250	11	血红素，Fe-S	Cyt c（膜间隙）
Ⅳ	细胞色素 c 氧化酶	162	13	血红素，Cu_A，Cu_B	Cyt c（膜间隙）

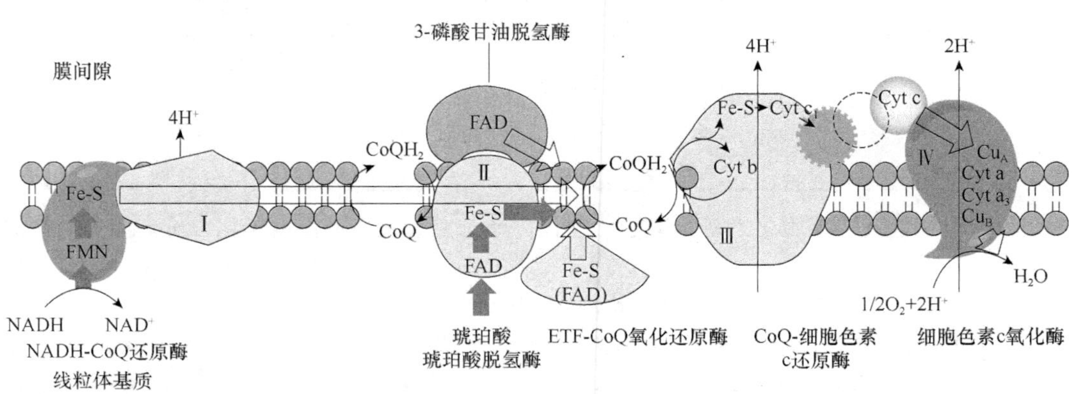

图 9-7　呼吸链各复合体在线粒体内膜上排列顺序和定位

ETF．电子传递黄素蛋白

1．复合体Ⅰ　复合体Ⅰ又称 NADH-CoQ 还原酶或 NADH 脱氢酶，是呼吸链的主要入口。该复合体构象呈现 L 形，一端突出在线粒体基质中，包括黄素蛋白（FMN 和 Fe-S 作为辅基）、铁硫蛋白（含 Fe-S

辅基），可结合基质中的 NADH；嵌于内膜的疏水部分含有 Fe-S 辅基。

当电子对从 NADH 流向复合体Ⅰ时，黄素蛋白辅基 FMN 接受 2 个电子和 2 个 H^+，生成 $FMNH_2$。经过 Fe-S 传递给 CoQ，形成 $CoQH_2$。CoQ 含有柔性脂溶性长臂，能够在线粒体内膜上自由移动，作为电子载体在复合体间募集、传递电子（图 9-8）。电子传递开始于双电子供体（NADH），流经几个单电子传递体（Fe-S），FMN 充当双电子和单电子传递体之间的纽带。1 对电子流过复合体Ⅰ，有 4 个 H^+泵出线粒体基质进入膜间隙。

2．复合体Ⅱ　复合体Ⅱ又称琥珀酸-CoQ 还原酶（succinate-coenzyme Q reductase）或琥珀酸脱氢酶（三羧酸循环中），复合体Ⅱ含有 4 条多肽链，以 FAD、3 个 Fe-S 和 Cyt b 为辅基，其功能是将来自 $FADH_2$ 的电子转移至 CoQ（通过 $Cytb_{560}$ 和 Fe-S）和将其还原为 $CoQH_2$，后者参与复合体Ⅲ的还原（图 9-9）。

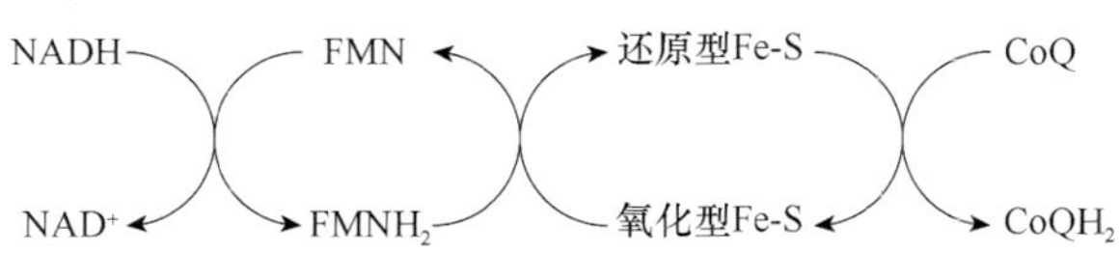

图 9-8　复合体Ⅰ中电子传递顺序

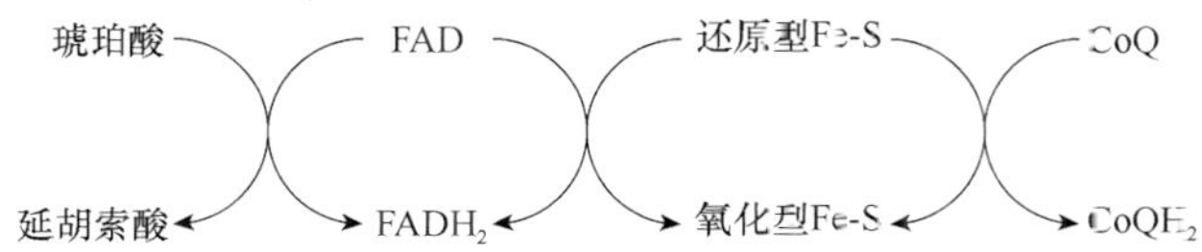

图 9-9　复合体Ⅱ中电子传递顺序

由于琥珀酸-CoQ 还原酶氧化底物时绕过了复合体Ⅰ，直接交给 CoQ，所以没有释放出足够的能量来充当质子泵，无质子离开线粒体基质。故 $FADH_2$ 作为底物仅产生 1.5 个 ATP，而 $NADH_2$ 作为底物产生 2.5 个 ATP。以 FAD 为辅基将电子传递给 CoQ 的 3 种酶是琥珀酸脱氢酶、脂酰 CoA 脱氢酶、3-磷酸甘油脱氢酶。

3．复合体Ⅲ　复合体Ⅲ又称 CoQ-细胞色素 c 还原酶，该复合体由铁硫蛋白、含有血红素辅基的 Cyt b（b_{562}，b_{566}）、Cyt c_1 组成。CoQ 收集来自于复合体Ⅰ和Ⅱ的氢，还原成 $CoQH_2$，穿梭进入复合体Ⅲ后，将电子传递给 Cyt c 蛋白（图 9-10）。由于 CoQ 是双电子传递体，可将 2 个电子传递给 CoQ-细胞色素 c 还原酶，而 Cyt c 是单电子传递体，只能接受 1 个电子，因此，复合体Ⅲ主要通过 Q 循环（Q cycle）的方式将电子从 $CoQH_2$ 传递给 Cyt c（图 9-11）。Q 循环发生在双电子载体泛醌（还原型）和单电子载体 Cyt b 的低电位血红素 b_L 和高电位血红素 b_H 及 Cyt c_1 和 Cyt c 之间，导致线粒体基质侧获取 2 个质子，并且当 1 对电子通过复合体Ⅲ传递到 Cyt c 时释放 4 个质子到线粒体膜间隙。复合体Ⅲ有 2 个结合 CoQ 的

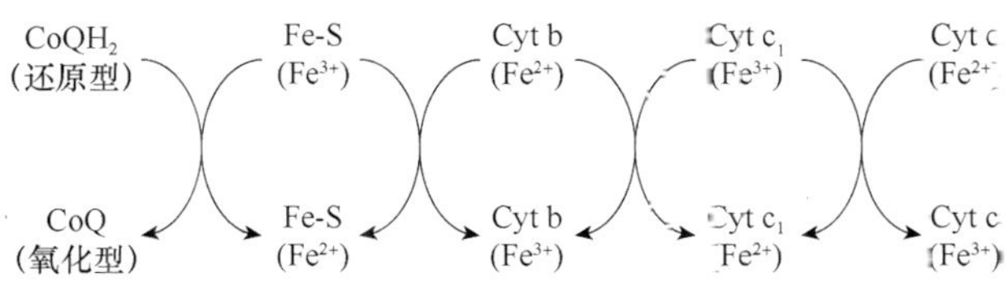

图 9-10　复合体Ⅲ中电子传递顺序

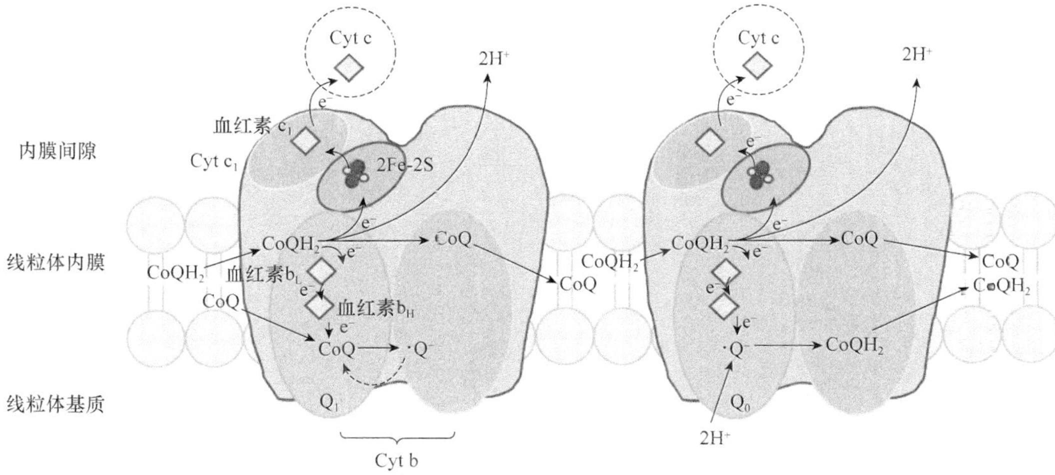

图 9-11　Q 循环（改绘自 Nelson et al., 2021）

彩图

图中箭头表明电子通过复合体Ⅲ的路径。在第一阶段（左），CoQ 在线粒体基质侧变为半醌阴离子，后者接受另一个电子。在第二阶段（右），半醌转化成 $CoQH_2$。与此同时，在内膜间隙，有 2 个 $CoQH_2$ 被氧化成 CoQ，每个 CoQ 分子释放出 2 个质子（共计 4 个质子）进入膜间隙。每个 $CoQH_2$ 给出 1 个电子经过 Cyt c_1，另一个电子通过 Cyt b 靠近基质侧的 CoQ 分子，分两步还原成 $CoQH_2$。每个 CoQ 消耗从基质侧传递的 2 个质子参与还原反应。还原型的 Cyt c_1 每次传递给 Cyt c 1 个电子，最终传递至复合体Ⅳ

位点：Q_0 和 Q_1。$CoQH_2$ 在 Q_0 位点被氧化后，2 个电子经 2 种路径传递。第一种路径：1 个电子传递路径为 Fe-S→Cyt c_1→Cyt c。还原型 CoQH（·Q^-）半醌接着将另一个电子转移至 Cyt b 低电位的 b_L 血红素，接着传递给高电位血红素 b_H。血红素 b_H 位于线粒体基质的 Q_1 位点，将氧化型 CoQ 还原成 CoQH 半醌，这个过程不断重复。第二种路径：另一分子 $CoQH_2$ 经过上述途径，将 1 个电子经过细胞色素还原酶的铁硫蛋白，再经过 Cyt c_1 传递给 Cyt c，这个 $CoQH_2$ 的另一个电子又使它形成一个新的半醌阴离子·Q^-，这个半醌阴离子上的电子经过血红素 b_L 传递给血红素 b_H。这次 b_H 上的电子传递给第一路径形成的那个半醌阴离子·Q^-，这就使这个半醌阴离子转变成了 $CoQH_2$。

总之，2 个 $CoQH_2$ 参与电子传递，使 2 个 Cyt c 还原，此过程中又产生 1 个新的 $CoQH_2$ 分子。因此，1 个 $CoQH_2$ 分子净传递 2 个电子给 2 分子的 Cyt c。因为 H^+ 消耗反应发生在线粒体基质，而 H^+ 释放发生在膜间隙，Q 循环驱动形成 H^+ 浓度梯度，用于 ATP 的合成。Cyt c 是水溶性球状蛋白质，与线粒体外膜的外表面输送结合，不包含在上述复合体中，Cyt c 从复合体Ⅲ中的 Cyt c_1 获得电子传递到复合体Ⅳ。

4. 复合体Ⅳ 复合体Ⅳ又称细胞色素 c 氧化酶（cytochrome c oxidase），是呼吸链电子传递最终受体。其将来自复合体Ⅲ的电子经过细胞色素 c 传递给 O_2，形成水。复合体Ⅳ包含 13 个亚基、2 个细胞色素（Cyt a、Cyt a_3）和 2 个铜中心（2 个 Cu_A 和 1 个 Cu_B）。Cyt a 与 Cu_A 配对，Cyt a_3 与 Cu_B 配对，形成聚簇（Fe-Cu 中心）。在电子转移过程中，Cu_A 接受 Cyt c 中的 4 个电子，再将电子传递给 Cyt a_3-Cu_B 聚簇，使 Cu^{2+} 转变成 Cu^+，Fe^{3+} 转变成 Fe^{2+}，最终将电子交给 O_2，形成 2 分子 H_2O（图 9-12）。此过程中 2 个 H^+ 从线粒体内膜基质被泵出到细胞质侧。在被还原过程中，O_2 与 Cyt a_3 和 Cu 紧密结合，直到完全被还原成 H_2O 才被释放。

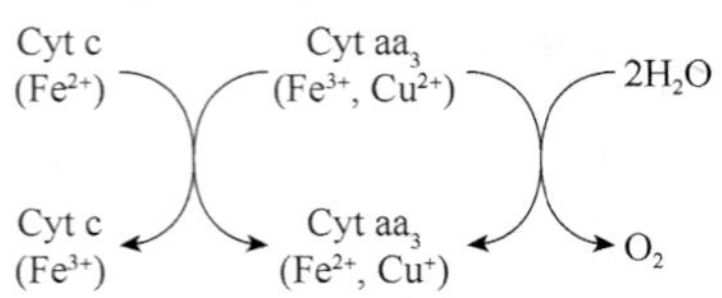

图 9-12 复合体Ⅳ中电子传递顺序

二、线粒体内两条重要的呼吸链

呼吸链各个组分的排列顺序由综合氧化还原电位测定、各成分吸收光谱分析、特异性抑制剂阻断分析及在体外将呼吸链拆分重组进行结构分析等实验共同确认。在真核细胞中，根据代谢物上脱下的 H^+ 与电子的传递过程不同，主要分为 NADH 和 $FADH_2$ 两条呼吸链，分别由复合体Ⅰ、Ⅲ、Ⅳ组成和复合体Ⅱ、Ⅲ、Ⅳ组成。这两条呼吸链定位于线粒体内膜，CoQ 则位于这两条呼吸链的交汇点上。部分代谢途径产物进入呼吸链的电子传递顺序如图 9-13 所示。

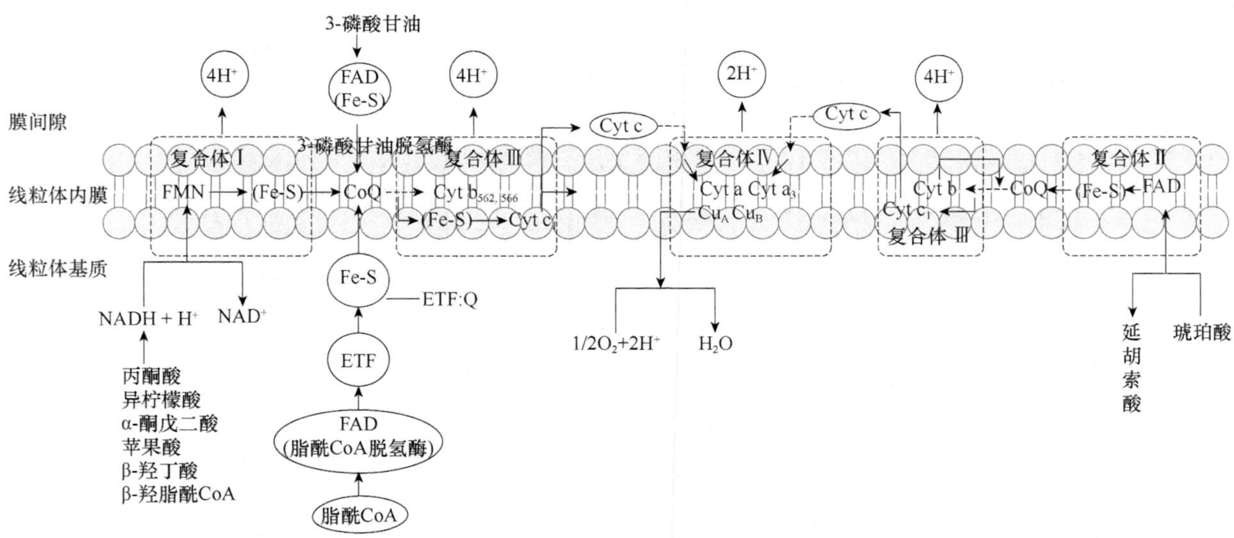

动画
呼吸链

图 9-13 体内重要代谢产物的电子传递顺序（改绘自 Rodwell et al., 2015）

ETF. 电子传递黄素蛋白；Q. 辅酶 Q

（一）NADH 呼吸链

以 NAD^+ 为辅酶的脱氢酶，如乳酸脱氢酶、苹果酸脱氢酶等（表 9-3），催化代谢物脱下的 2H（H^+＋e^-），被 NAD^+ 接受生成 NADH＋H^+。在 NADH-CoQ 还原酶的催化下，将电子经复合体Ⅰ（FMN→Fe-S）传递给 CoQ，

生成 $CoQH_2$。$CoQH_2$ 解离成 $2H^+$ 和 $2e^-$，经过复合体Ⅲ（Cyt b_{562}→Cyt b_{566}→Fe-S→Cyt c_1）传递给复合体Ⅳ（Cu_A→Cyt aa_3→Cu_B），最后传递给 O_2 生成 O^{2-}，后者与游离的 $2H^+$ 结合生成 H_2O，此过程释放的能量为 2.5 ATP。

（二）琥珀酸（$FADH_2$）呼吸链

以 FAD 为辅基的黄素蛋白酶类，如琥珀酸脱氢酶、3-磷酸甘油脱氢酶等（表 9-3），催化代谢物脱下的 2H（$H^+ + e^-$）交给 FAD 生成 $FADH_2$，电子经过复合体Ⅱ（FAD→Fe-S→Cyt b_{560}）传递给 CoQ，再经过复合体Ⅲ和复合体Ⅳ，最终传递给 O_2 生成 H_2O。由于 $FADH_2$ 在 Fe-S 协助下将 H^+ 与电子直接传给 CoQ，因此缺少 NADH 氧化呼吸链中 FMN 参与递氢过程，故该过程释放能量为 1.5 ATP。

表 9-3 常见的 FAD 和 NAD^+ 偶联的脱氢酶

酶	催化反应	细胞定位
NAD^+ 偶联		
丙酮酸脱氢酶	丙酮酸→乙酰 CoA	线粒体
异柠檬酸脱氢酶	异柠檬酸→α-酮戊二酸	线粒体
苹果酸脱氢酶	苹果酸→草酰乙酸	线粒体
α-酮戊二酸脱氢酶	α-酮戊二酸→琥珀酰 CoA	线粒体
乳酸脱氢酶	乳酸→丙酮酸	细胞质
FAD 偶联		
琥珀酸脱氢酶	琥珀酸→延胡索酸	线粒体
脂酰 CoA 脱氢酶	脂酰 CoA→烯脂酰 CoA	线粒体
3-磷酸甘油脱氢酶	3-磷酸甘油→磷酸二羟丙酮	线粒体

三、线粒体外氧化

（一）线粒体内膜的转运蛋白

线粒体的基质与细胞质之间有线粒体内、外膜相隔。线粒体内膜上的跨膜转运蛋白具有交换扩散功能，可对阴离子（如 OH^-）与阳离子（如 H^+）进行及时交换，在保持电位和渗透平衡基础上，摄取和输出电离代谢物，最终保证生物氧化和线粒体基质内物质代谢的顺利进行。

1. 线粒体内膜运输系统 线粒体内膜可自由透入不带电的小分子，如 O_2、H_2O、CO_2、NH_3、未解离状态的 3-羟基丁酸、乙酰乙酸、乙酸及较多可溶性脂质等；长链脂肪酸通过肉碱转运系统被运输到线粒体中；丙酮酸含有特殊载体，利用 H^+ 从线粒体外到线粒体内进行同向转移；二羧酸盐、三羧酸盐阴离子（如苹果酸、柠檬酸）和氨基酸需要特异性运输系统（表 9-4）。

表 9-4 线粒体膜内部的转运蛋白对代谢物的转运

转运蛋白	进入线粒体	出线粒体
ATP-ADP 转位酶	ADP^{3-}	ATP^{4-}
磷酸盐转运蛋白	$H_2PO_4^- + H^+$	
二羧酸转运蛋白	HPO_4^{2-}	苹果酸
α-酮戊二酸转运蛋白	苹果酸	α-酮戊二酸
天冬氨酸-谷氨酸转运蛋白	谷氨酸	天冬氨酸
单羧酸转运蛋白	丙酮酸	OH^-
三羧酸转运蛋白	苹果酸	柠檬酸
碱性氨基酸转运蛋白	鸟氨酸	瓜氨酸
肉碱转运蛋白	脂酰肉碱	肉碱

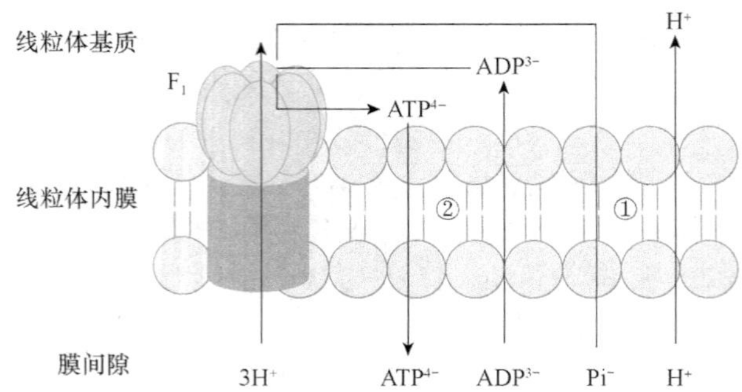

图 9-14 ATP、ADP 及磷酸（Pi）的转运

（改绘自 Rodwell et al.，2015）

2. ATP-ADP 转位酶 ATP-ADP 转位酶位于线粒体内膜，又名腺苷酸移位酶，可将 ATP^{4-} 运输至线粒体外利用，ADP^{3-} 运回线粒体内产生 ATP，用以维持线粒体腺苷酸水平的基本平衡（图 9-14）。此过程中，从线粒体基质每输出 4 个负电荷，转运入 3 个 H^+，跨膜电化学梯度（质子动力）有利于 ATP 的输出。简单地说胞质溶胶中的 Pi^- 和 H^+ 经磷酸盐转运蛋白同向转运到线粒体基质侧，所以每合成 1 分子 ATP 时，各有 1 分子 ADP^{3-} 和 ATP^{4-} 的转运，同时 $H_2PO_4^-$ 和 H^+ 也发生了转运，相当于 1 个 H^+ 作为原料转入线粒体基质侧。而 ATP 合酶驱动 1 分子 ATP 的生成则需要 3 个 H^+ 回流到基质侧。因此，生成 1 分子 ATP 共需要 4 个 H^+ 回流到线粒体基质侧。按此计算方式，1 对电子经 NADH 呼吸链传递可向胞质溶胶侧泵出 10 个 H^+，生成 2.5（10/4）个 ATP；而 1 对电子经琥珀酸呼吸链传递可向胞质溶胶侧泵出 6 个 H^+，生成 1.5（6/4）个 ATP。

（二）细胞质中 NADH 的氧化

在真核生物中，呼吸链的主要功能是再生 NAD^+ 用于糖酵解。在有氧条件下，线粒体内 NADH 因带有腺嘌呤核苷酸，负电性强，进出线粒体不需转运体协助，生成后直接参加呼吸链氧化过程。而细胞质中的 NADH 不能自由通过线粒体内膜转运，必须通过特殊的机制在胞质溶胶和线粒体基质间转运 H^+ 和电子，再经呼吸链氧化。机体主要通过 α-磷酸甘油穿梭（α-glycerola-phosphate shuttle）和苹果酸–天冬氨酸穿梭（malate-aspartate shuttle）两种转运机制发挥作用。

1. α-磷酸甘油穿梭系统 α-磷酸甘油穿梭系统主要在骨骼肌、脑等组织细胞中比较活跃，在骨骼肌中尤为突出。代谢物脱氢生成的 NADH＋H^+，在细胞质中 3-磷酸甘油脱氢酶（NAD^+ 为辅酶）的催化下，将磷酸二羟丙酮还原为 3-磷酸甘油（步骤①）。后者通过线粒体外膜进入膜间隙，再由线粒体内膜上 3-磷酸甘油脱氢酶（FAD 为辅基）催化脱氢，再生成磷酸二羟丙酮和 $FADH_2$（步骤②），这个过程包括 FAD 还原成 $FADH_2$，再将电子传递至 CoQ（步骤③），就像线粒体内 NADH 转移电子到辅酶 CoQ 一样。再生后的磷酸二羟丙酮穿出线粒体，返回到细胞质（步骤④）（图 9-15）。通过 α-磷酸甘油穿梭可将胞质 NADH 转移到线粒体 $FADH_2$，进入呼吸链，生成 1.5 个 ATP 分子。

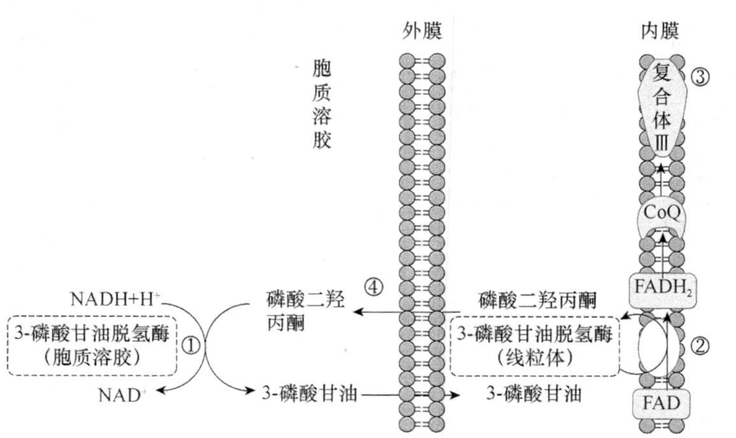

图 9-15 α-磷酸甘油穿梭途径

视频
磷酸甘油穿梭

2. 苹果酸–天冬氨酸穿梭系统 苹果酸–天冬氨酸穿梭系统主要在肝、肾和心肌等器官和组织比较活跃。首先，在细胞质中，NADH 苹果酸脱氢酶同工酶（辅酶为 NAD^+）将草酰乙酸还原成苹果酸（步骤①），后者通过线粒体内膜上的 α-酮戊二酸/苹果酸转运体（Ⅰ）运输至线粒体基质，经三羧酸循环中的苹果酸脱氢酶（辅酶为 NAD^+）重新被氧化生成草酰乙酸和 NADH＋H^+，NADH 进入呼吸链进行氧化磷酸化（步骤

②），生成 2.5 个 ATP 分子。线粒体基质中产生的 NADH 又被复合体 Ⅰ 氧化（步骤③）。因为草酰乙酸不能穿过内膜，在谷草转氨酶催化下，与谷氨酸反应生成天冬氨酸（步骤④），后者经天冬氨酸-谷氨酸转运蛋白（Ⅱ）跨膜转运出。进入细胞质后，天冬氨酸在谷草转氨酶催化下重新生成草酰乙酸（步骤⑤），开始新的循环（图 9-16）。由于发生氨基转移，这个过程需要 α-酮戊二酸被连续转运出线粒体，谷氨酸被不断输送进来。这种平衡是由两种交换蛋白对底物选择的特异性决定。该穿梭途径可逆，可将 H^+ 和电子从线粒体基质转移至胞质溶胶。

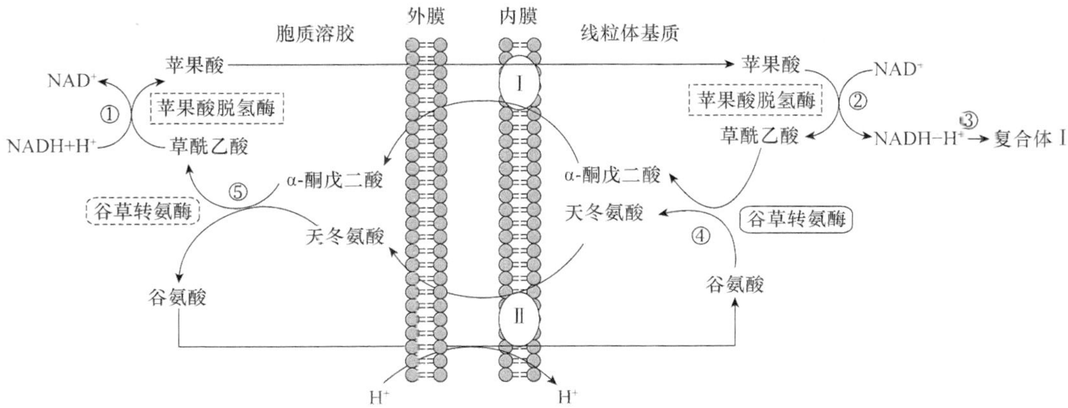

图 9-16　苹果酸-天冬氨酸穿梭途径

Ⅰ. α-酮戊二酸转运蛋白；Ⅱ. 天冬氨酸-谷氨酸转运蛋白

第三节　生物氧化中能量的生成及利用

生物体利用营养物质代谢获得的能量，主要以生物氧化形式逐级、有序地释放。其中约 60%转化为热能维持体温及散失于环境中，其余以化学能的形式参与高能生物分子（如 ATP）生成，作为能量储备，以便机体需要时（如运动、分泌、吸收、神经传导等）分解释放，供机体生理活动利用。从外源性能量储存到内源性能量利用，ATP 在自由能的传递中起着核心作用。

一、高能键及高能化合物

在物质代谢过程中容易水解并能在水解过程中释放出大量自由能的分子总称为高能化合物。生物体释放、储存和利用能量的载体以高能磷酸化合物为主，如 ATP、磷酸肌酸。高能化合物水解时，断裂一个化学键，能释放出 20.9kJ/mol 以上的自由能，此键被称为高能键，用“～”表示。几种常见的高能化合物见表 9-5。

表 9-5　常见的高能化合物

高能化合物名称	高能键类型	高能键水解后的产物	高能键水解的 $\Delta G^{0\prime}$/（kJ/mol）
磷酸烯醇式丙酮酸	磷氧键	丙酮酸＋Pi	−62
1,3-二磷酸甘油酸	磷氧键	3-磷酸甘油酸＋Pi	−49.6
磷酸肌酸	氮磷键	肌酸＋Pi	−43.3
乙酰磷酸	磷氧键	乙酸＋Pi	−43.3
ATP	磷氧键	ADP＋Pi/AMP＋2Pi	−35.7
琥珀酰 CoA	硫酯键	琥珀酸＋CoA	−33.9
PPi	磷脂键	2Pi	−33.6
尿苷二磷酸葡萄糖	磷氧键	尿苷二磷酸（UDP）＋葡萄糖	−31.9
乙酰 CoA	硫酯键	乙酸＋CoA	−31.5
S-腺苷甲硫氨酸	甲硫键	腺苷＋Met	−25.6

二、ATP 的生成

生物体通过生物氧化合成 ATP 的方式有两种，一种为底物水平磷酸化，另一种是呼吸链磷酸化，也称氧化磷酸化。氧化磷酸化是机体产生 ATP 的主要形式。

（一）底物水平磷酸化

在分解代谢过程中，底物脱氢或脱水反应，引起分子内部能量重新排布，直接将高能代谢物分子中的能量转移至 ADP 磷酸化而生成 ATP 的过程，称为底物水平磷酸化（substrate-level phosphorylation）。反应通式如下：

$$X\sim P + ADP \longrightarrow XH + ATP$$

式中，X～P 表示底物在氧化过程中所形成的高能磷酸化合物。

底物水平磷酸化是发酵中通过生物氧化获取能量的唯一方式。底物水平磷酸化和氧的存在与否无关，在 ATP 生成中没有氧分子参与，也不经过呼吸链传递电子。

（二）氧化磷酸化／呼吸链磷酸化

氧化磷酸化（oxidative phosphorylation）指代谢物脱下的氢（$NADH+H^+$或 $FADH_2$）经呼吸链传递到分子氧形成水的过程中所释放的能量，驱动 ADP 磷酸化生成 ATP 的过程，即呼吸链的电子传递与 ADP 磷酸化相偶联的过程。真核生物氧化磷酸化过程在线粒体内膜上进行，原核生物在细胞膜上进行。

1. 氧化磷酸化偶联部位 电子在呼吸链中按顺序逐步传递，并释放自由能。所释放自由能用来形成 ATP 的电子传递部位称为偶联部位（coupling site）。呼吸链上的电子传递与氧化磷酸化偶联有两层含义：第一，电子在呼吸链上的传递时必发生氧化磷酸化；第二，只有发生氧化磷酸化，电子才能在呼吸链上进行传递。因此，当用抑制剂阻断呼吸链时，氧化磷酸化就被抑制。反之，当氧化磷酸化被抑制后，电子就无法正常地在呼吸链上传递。呼吸链的 4 个复合体中，复合体Ⅰ、Ⅲ、Ⅳ是偶联部位，主要依据如下。

1）P/O 值　P/O 值是指物质氧化过程中，每消耗 1mol 氧原子所需无机磷的物质的量（或 ADP 物质的量），即生成 ATP 的物质的量。实验表明，β-羟丁酸脱氢反应通过 NADH 氧化呼吸链，测得 P/O 值为 2.4～2.8，说明每传递一对电子给 1 个氧原子需要消耗 2.5 分子的磷酸，因此 NADH 氧化呼吸链可能存在 3 个 ATP 生成部位（表 9-6）。而琥珀酸脱氢时，测得 P/O 值接近 1.5，说明 $FADH_2$ 呼吸链可能存在 2 个 ATP 生成部位。

表 9-6　离体线粒体实验测得的一些底物的 P/O 值

底物	呼吸链中顺序	P/O 值	合成 ATP 数目
β-羟丁酸	$NAD^+ \to FMN \to CoQ \to Cyt \to O_2$	2.4～2.8	2.5
琥珀酸	$FAD \to CoQ \to Cyt \to O_2$	1.7	1.5
抗坏血酸	$Cyt\ c \to Cyt\ aa_3 \to O_2$	0.88	1
Cyt c	$Cyt\ aa_3 \to O_2$	0.61～0.68	1

根据 NADH 与 $FADH_2$ 呼吸链 P/O 值的差异，可以推测在 NADH 与 CoQ 之间（复合体Ⅰ）存在 1 个生成 ATP 的部位。体外加入抗坏血酸底物可直接通过呼吸链的 Cyt c 传递电子进行氧化，其 P/O 值接近 1，因此推测在 CoQ 和 Cyt c 之间（复合体Ⅲ）存在另外一个生成 ATP 的部位。因此利用不同的抑制剂阻断呼吸链（图 9-17），并通过不同底物 P/O 值的测定，可以确定复合体Ⅰ、Ⅲ、Ⅳ存在氧化磷酸化的偶联部位，用于生成 ATP。

2）自由能变化　总能量在恒温或恒压下可做功的部分称为自由能（free energy，G）。根据热力学公式，pH 7.0 时标准自由能变化（ΔG）与氧化还原电位（ΔE，标准氧化还原电位表示物质对电子的亲和力）之间的关系如下：

$$\Delta G = nF\Delta E$$

式中，n 为传递电子数；F 为法拉第常数［96.5kJ/（mol·V）］。

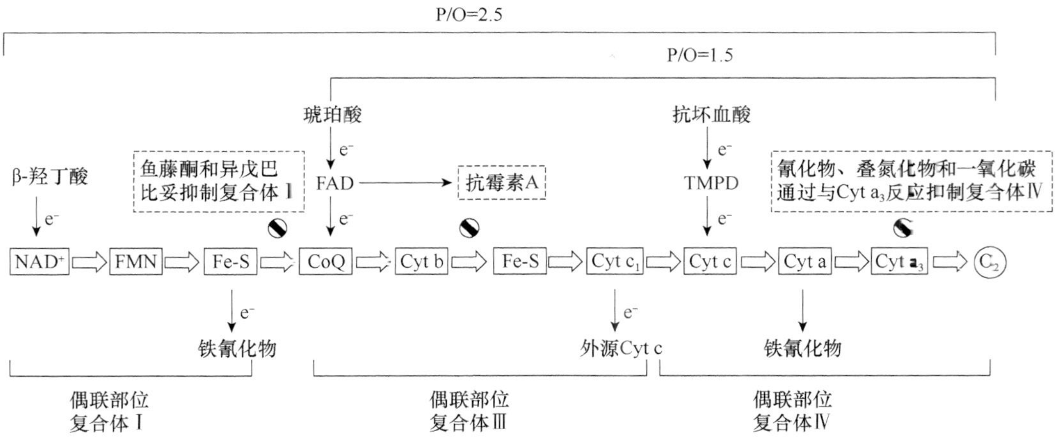

图 9-17 “偶联部位”的实验鉴定

TMPD．四甲基-*p*-亚苯基二胺

视频
底物水平磷酸化与氧化磷酸化的区别

在呼吸链中三个部位：从 NAD^+→CoQ、CoQ→Cyt c、Cyt aa_3→O_2，氧化还原电位差分别为 0.36V、0.19V、0.58V，经推算，自由能变化分别为−69.5kJ/mol、−36.7kJ/mol、−112kJ/mol（分别对应于复合体Ⅰ、Ⅲ、Ⅳ的电子传递），而生成 ATP 需能 30.5kJ/mol。可见以上 3 处均能提供足够生成 ATP 所需要的能量。然而偶联部位并非代表单个复合体是直接产生 ATP 的部位，而是指电子传递释放的能量，能满足 ADP 磷酸化生成 ATP 的需要。

2．呼吸链和相关电子载体的标准氧化还原电位 $E^{\ominus\prime}$值表示物质失去电子的能力，其值越小，代表还原性越强，越容易失去电子而被氧化。反之，其值越大，氧化性越强，越容易得到电子而被还原。因此呼吸链中各种组分的排列顺序是由低 $E^{\ominus\prime}$向高 $E^{\ominus\prime}$依次排列。呼吸链和相关电子载体的标准氧化还原电位见表 9-7。

表 9-7 呼吸链和相关电子载体的标准氧化还原电位

氧化还原（半反应）	$E^{\ominus\prime}$/V
$NAD^+ + H^+ + 2e^- \longrightarrow NADH$	−0.320
$NADP^+ + H^+ + e^- \longrightarrow NADPH$	−0.324
NADH 脱氢酶（FMN）$+ 2H^+ + 2e^- \longrightarrow$ NADH 脱氢酶（$FMNH_2$）	−0.300
$CoQ + 2H^+ + 2e^- \longrightarrow CoQH_2$	0.045
Cyt b（Fe^{3+}）$+ e^- \longrightarrow$ Cyt b（Fe^{2+}）	0.077
Cyt c_1（Fe^{3+}）$+ e^- \longrightarrow$ Cyt c_1（Fe^{2+}）	0.220
Cyt c（Fe^{3+}）$+ e^- \longrightarrow$ Cyt c（Fe^{2+}）	0.254
Cyt a（Fe^{3+}）$+ e^- \longrightarrow$ Cyt a（Fe^{2+}）	0.290
Cyt a_3（Fe^{3+}）$+ e^- \longrightarrow$ Cyt a_3（Fe^{2+}）	0.350
$1/2O_2 + 2H^+ + 2e^- \longrightarrow H_2O$	0.817

（三）氧化磷酸化偶联的机制

1．化学渗透学说 1961 年，英国生物化学家 Peter Mitchell 提出的化学渗透假说（chemiosmotic hypothesis）对氧化磷酸化的机制做了合理的解释。该假说认为：①电子经过呼吸链时释放能量，通过复合体的质子泵供能，将 H^+从线粒体基质转运至线粒体膜间隙；②由于 H^+不能自由穿过线粒体内膜返回基质，从而形成跨线粒体内膜的 H^+电化学梯度（H^+浓度梯度和跨膜电位差），以此存储电子传递释放的能量；③H^+的电化学梯度驱动 H^+从线粒体膜间隙顺浓度梯度回流至线粒体基质、释放储存的势能，用于驱动 ADP 与 Pi 反应生成 ATP（图 9-18）。

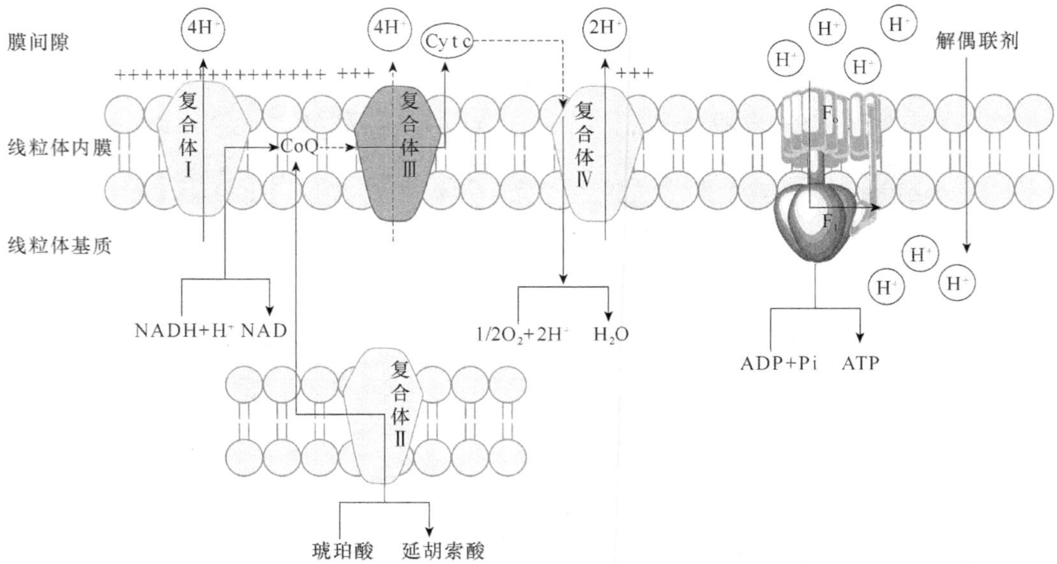

图 9-18 氧化磷酸化的化学渗透假说（改绘自 Rodwell et al., 2015）

化学渗透假说目前已被广泛接受，因为它能对下列现象做出合理的解释：①ATP 合成依赖于完整的线粒体内膜进行氧化磷酸化；②线粒体内膜对 H^+、OH^-、K^+、Cl^-是不通透的；③电子传递导致 H^+从线粒体内膜转运出，因此产生 H^+梯度增加；④增加线粒体内膜通透性的化合物（如 2,4-二硝基酚），允许呼吸链的电子继续传递，但会消除电化学梯度，抑制 ATP 合成，也就是电子传递与磷酸化解偶联。相反，增加线粒体内膜外侧的酸度，能够促进 ATP 的生成。

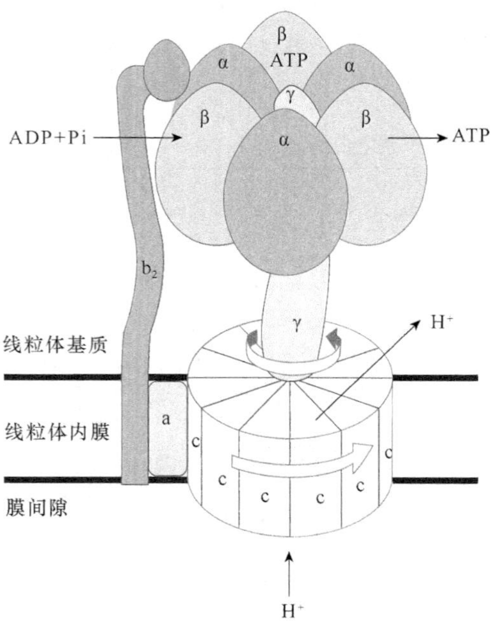

图 9-19 ATP 合酶
（改绘自 Rodwell et al., 2015）

2．ATP 合酶 跨越线粒体膜的质子驱动力被 ATP 合酶（ATP synthase）利用合成 ATP。该酶又称复合体Ⅴ（complex Ⅴ）或 F_1F_o-ATP 酶，位于线粒体内膜的基质侧，主要由 F_o（疏水跨膜蛋白）和 F_1（亲水周边蛋白质）两个功能部分组成，形成许多颗粒状突起。F_o 由 $a_1b_2c_{9\sim12}$ 亚基组成，通过 c 亚基的 61 位关键天冬氨酸残基的羧基端结合质子。c 亚基与疏水内膜接触而发生转动，质子梯度的势能迫使天冬氨酸残基的羧基端释放质子，这样质子从线粒体膜间隙侧转移至线粒体基质侧，因此 F_o 具有质子通道的作用。而 F_1 主要由 $\alpha_3\beta_3\gamma\delta\varepsilon$ 亚基复合体和寡霉素敏感蛋白（oligomycin sensitivity conferring protein，OSCP）组成，其功能基团单位是 αβ，具有催化生成 ATP 的能力（图 9-19），当 H^+顺浓度梯度经 F_o 回流时可驱动 ATP 的生成。

1977 年 Paul Delos Boyer 提出 ATP 的结合变构机制（binding-change mechanism），该学说能正确解释 ATP 合酶的工作机制。即 β 亚基有 3 种构象：开放型（open，O）无活性，与 ATP 亲和力低；疏松型（loose，L）无活性，可与 ADP 和 Pi 底物疏松结合；紧密型（tight，T）有催化 ATP 合成的活性，可紧密结合 ATP。当 γ 亚基转动时，会依次接触 3 组 aβ 单元中的 β 亚基，其相互作用导致 β 亚基的构象发生周期性循环变化，ADP 和 Pi 底物结合于 L 型的 β 亚基，质子流能量驱动合酶的转子部分进行转动，使该 β 亚基变构为 T 型，用于合成 ATP，再次转动使 β 亚基变构为 O 型，释放出 ATP（图 9-20）。注意结合变构机制中的“结合”指的是质子与 c 亚基的结合，而“变构”指的是 β 亚基的构象变化。质子流能量用于驱动 β 亚基构象按顺序改变，分别结合 ADP 和 Pi，合成的 ATP 可从活性中心释放，而在 β 亚基的活性中心是疏水的，合成 ATP 与水解 ATP 是可逆进行的，反应的实际自由能 $\Delta G=2.2\text{kJ/mol}$，与合成 ATP 的标准自由能不同（$\Delta G^{0\prime}=-30.5\text{kJ/mol}$）。

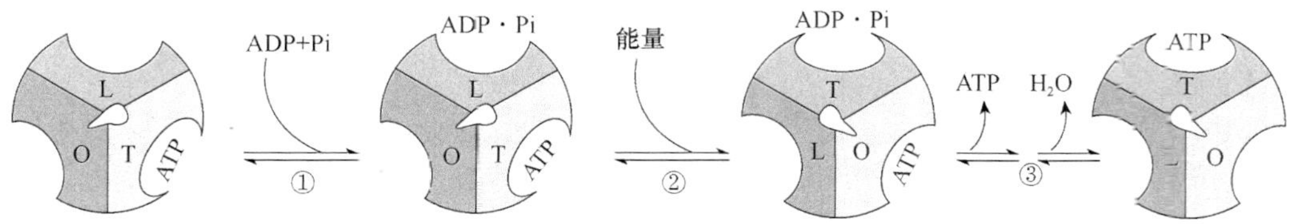

图 9-20 ATP 合酶合成 ATP 的能量依赖性结合变构机制（改绘自 Donald et al., 2011）

①ADP 和 Pi 结合到 L 位点；②发生耗能的构象改变，结合位点 L 转化为 T，T 转化为 O，O 转化为 L；③ATP 在 T 位点合成并从 O 位点释放

（四）影响氧化磷酸化的因素

1. ADP 的调节 ATP 是机体能量的主要来源，主要通过氧化磷酸化产生，而机体的能量状态决定氧化磷酸化的速率，即可以通过感应 ADP/ATP 值来调节各代谢途径的速率。当机体利用 ATP 增多，ADP 浓度增高，ADP 激活糖酵解、三羧酸循环及脂肪酸氧化等途径中的关键酶而激发营养物质的氧化，促进 NADH 和 $FADH_2$ 的生成，进而加快氧化磷酸化的速率；反之，ADP 不足，ATP 浓度比较高，ATP 抑制糖酵解、三羧酸循环及脂肪酸氧化等途径中的关键酶，物质氧化速率减慢，NADH 和 $FADH_2$ 的生成减少，氧化磷酸化速率减慢。这种调节作用可使 ATP 的生成速率适应生理需要。

2. 抑制剂 氧化磷酸化过程受到许多化学因素的作用，能够阻断氧化磷酸化的化合物称为抑制剂。根据其对呼吸链的作用机理不同可分为呼吸链抑制剂、氧化磷酸化抑制剂和解偶联剂三大类（图 9-21）。

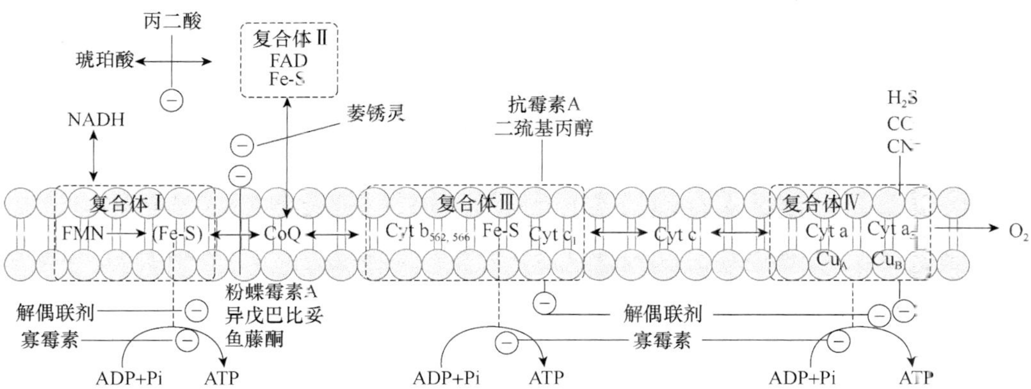

图 9-21 特异的药物、化学试剂及抗生素作用于呼吸链的抑制位点（㊀）

（改绘自 Rodwell et al., 2015）

1）呼吸链抑制剂 呼吸链抑制剂能够结合电子传递链中某一位点，阻断电子向下游转移，进而抑制氧化磷酸化。鱼藤酮（rotenone）、粉蝶霉素 A（piericidin A）、异戊巴比妥（amobarbital）可与复合体Ⅰ中的铁硫蛋白结合，从而阻断电子传递。抗霉素 A（antimycin A）、二巯基丙醇（dimercaptopropanol）能够抑制复合体Ⅲ中电子从 Cyt b 向 Cyt c_1 传递。

经典毒物 CO、CN^- 及 H_2S 能抑制复合体Ⅳ中 Cyt c 氧化酶中的电子流动，与 Cyt aa_3 的铁卟啉结合形成复合物，抑制细胞色素氧化酶的活性，阻断电子由 Cyt aa_3 向 O_2 的传递。这类抑制剂的特点是抑制了电子传递，在刚开始作用时，磷酸化可以进行，但是一旦电子传递停止，质子将不再从基质侧泵入膜间隙，磷酸化也会逐渐减慢，直至停止，因为膜间隙不再有足够的质子从 ATP 合酶回流至基质侧。

2）氧化磷酸化抑制剂 氧化磷酸化抑制剂对电子传递和 ADP 磷酸化均有抑制作用，如寡霉素（oligomycin）。这种聚酮类抗生素通常与 ATP 合酶 F_o 亚基上的寡霉素敏感蛋白质结合，阻止质子从 ATP 合酶 F_o 质子通道回流，进而抑制 ATP 生成。此时由于线粒体内膜两侧电化学梯度增高，影响呼吸链质子泵的功能，因而抑制了电子传递。

3）解偶联剂（uncoupler） 解偶联剂能够使电子传递与磷酸化解偶联，即只有氧化过程而没有磷酸化作用。以羰基氰-*p*21-三氟甲氧基（carbonylcyanide-*p*21-trifluoromethoxy）、缬氨霉素（valinomycin）和二硝基酚（dinitrophenol，DNP）为代表。解偶联剂的基本作用机制是不直接作用于电子传递体或 ATP 合酶，而是使呼吸链传递电子过程中泵出的 H^+ 不经 ATP 合酶的 F_o 质子通道回流，而通过线粒体内膜中其他途径返回线粒体基质，从而消除跨膜的质子浓度梯度或电位梯度，使 ATP 的生成受到抑制，以电化学梯度储存的能量以热能形式释放。

呼吸链调节失控时，耗氧量增加，导致大量 NADH 被氧化。因此，摄入解偶联剂可以消耗代谢物产生的大部分能量，并以热能形式释放。除了药物，人体内还有天然存在的解偶联剂，如解偶联蛋白（uncoupling protein，UCP）存在于棕色脂肪组织线粒体内膜中，在内膜上形成质子通道，H^+可经此通道返回线粒体基质中，同时释放热能，有利于新生儿保暖和动物冬眠。

三、能量的利用、转化和储存

细胞内多数生物大分子间以非共价键连接，通常无法承受能量骤然变化的化学反应。因此代谢反应能量的释放通常是逐步、有序进行的。细胞中能量一般储存在高能化合物中，后者是含有磷酸键或者硫酯键的化合物，水解时能释放较大自由能，通常其释放的标准自由能 $\Delta G^{0\prime}$大于 25kJ/mol。将水解时释放能量较多的磷酸酯键，称为高能磷酸键，用"～P"符号表示。ATP 属于典型的高能磷酸化合物，能够为细胞提供可直接利用的能量。其分子末端有 3 个磷酸基团，β 和 γ 酸酐键为水解位点，可分别水解下末端磷酸基团和焦磷酸，水解时的自由能变化 $\Delta G^{0\prime}$分别为－30.5kJ/mol 和－45.6kJ/mol。另外，在代谢反应过程中，如果消耗 ATP 生成 AMP 和焦磷酸，焦磷酸很容易被细胞内的焦磷酸酶进一步水解生成无机磷酸，所以此时等价于消耗 2 个高能磷酸键。

作为磷酸基团共同中间传递体，ATP 发挥着能量携带者和转运者的作用，故被称为生物界的"能量货币"。然而，ATP 并不是能量储存者，生物体内有许多合成反应所需能量并非直接来自 ATP，如糖类合成所需的能量物质为 UTP，磷脂合成则需 CTP，而蛋白质合成需要 GTP。这些能量物质的合成一般不能从物质氧化过程中直接生成，只能在核苷二磷酸激酶的催化下，由核苷二磷酸从 ATP 中获得～P 而生成。例如，

$$\text{ATP}+\text{UDP} \rightleftharpoons \text{ADP}+\text{UTP}$$

$$\text{ATP}+\text{GDP} \rightleftharpoons \text{ADP}+\text{GTP}$$

$$\text{ATP}+\text{CDP} \rightleftharpoons \text{ADP}+\text{CTP}$$

当体内 ATP 消耗过多（如肌肉剧烈收缩）时，ADP 累积，在腺苷酸激酶（adenylate kinase）催化下由 ADP 转变成 ATP 被利用。此反应是可逆的，当 ATP 需要量降低时，AMP 从 ATP 中获得～P 生成 ADP。

$$\text{ADP}+\text{ADP} \rightleftharpoons \text{AMP}+\text{ATP}$$

以高能磷酸键形式储存能量的物质称为"磷酸原"，在脊椎动物中以磷酸肌酸（creatine phosphate，CP）形式存在。ATP 可将～P 转移给肌酸生成磷酸肌酸，作为肌肉和脑组织中能量的一种贮存形式。当机体 ATP 不足，ADP 过量时，磷酸肌酸将～P 转移给 ADP，生成 ATP。ATP 的水解放能反应可以和细胞内吸能的反应偶联起来，共同完成合成代谢，如肌肉收缩、物质的吸收、分泌及运输等生理生化过程。由此可见，生物体内能量的贮存和利用都以 ATP 为中心（图 9-22）。

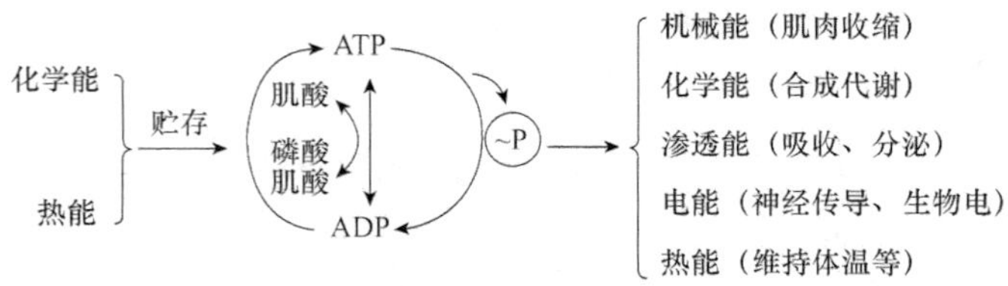

图 9-22 能量的产生、转移及利用

思政案例

氰化物中毒

家畜中毒通常因喂食大量富含生氰糖苷的饲料如高粱、玉米幼苗等而引起氰化物中毒，原因是生氰糖苷通过酯解酶和瘤胃发酵作用产生氢氰酸，氢氰酸与细胞色素 c 氧化酶中血红素 a_3 的 Fe^{3+} 结合，抑制呼吸链的电子传递，使线粒体呼吸和能量生成停止，细胞迅速死亡。如果能够及时诊断出氰化物中毒，可以给予多种亚硝酸盐，将血红蛋白中的 Fe^{2+}氧化成 Fe^{3+}，从而将氧合血红蛋白转化为高铁血红蛋白，进而通过形成高铁血红蛋白-氰化物复合物竞争细胞色素 c 氧化酶中血红素 a_3 与氰化物的结合。但另一方面，医学上氢氰酸却可用来止咳。传统中医理论中通过服用小量杏仁可止咳，其原理就是杏仁在体内分解产生微量氰氢酸，对呼吸中枢有轻微抑制作用，使呼吸运动趋于安静，从而有镇咳平喘的效果。因此，在生活中我们要善于从辩证角度看待问题，运用矛盾的对立统一思想，发现问题，分析并解决问题。

本章小结

生物氧化主要是指糖类、脂肪、蛋白质等有机物质在体内进行氧化分解，最终生成 CO_2 和 H_2O，并释放大量能量的过程。真核生物的生物氧化主要在线粒体内膜上进行，用去垢剂处理线粒体内膜，可得到呼吸链的 4 种功能复合体，即复合体Ⅰ、复合体Ⅱ、复合体Ⅲ和复合体Ⅳ，从而得到两条不同的呼吸链：NADH 呼吸链和 $FADH_2$ 呼吸链。氧化磷酸化是生成 ATP 的主要方式，即除底物磷酸化外，代谢物脱下的 H^+ 和电子经呼吸链中多种递氢体和递电子体的传递，最终与 O_2 结合生成 H_2O，释放的能量用于 ADP 磷酸化生成 ATP。

NADH 呼吸链存在 3 个偶联部位，生成 2.5 分子 ATP；$FADH_2$ 呼吸链存在 2 个偶联部位，生成 1.5 分子 ATP。细胞质中生成的 NADH 不能直接进入线粒体，必须经 α-磷酸甘油穿梭系统或苹果酸-天冬氨酸穿梭系统进入线粒体后才能进行氧化，分别生成 1.5 分子或 2.5 分子 ATP。呼吸链抑制剂、解偶联剂和氧化磷酸化抑制剂对氧化磷酸化均有抑制作用。生物体内能量的转化、贮存和利用都以 ATP 为中心。在肌肉和脑组织中，磷酸肌酸可作为 ATP 高能磷酸键的贮存形式。

思考题

1．生物氧化有何特点？比较体内氧化和体外氧化的异同。
2．何谓高能化合物？体内 ATP 有哪些生理功能？
3．比较两条呼吸链的异同。
4．常见呼吸链抑制剂有哪些？它们的作用机制是什么？
5．生物氧化和磷酸化是怎样偶联的？
6．细胞质中 NADH 的 H^+ 如何生成 H_2O？

部分参考答案

第十章 糖类代谢

糖是一类化学本质为多羟醛或多羟酮及其衍生物的有机化合物。在人体内糖的主要形式是葡萄糖（glucose，Glc）和糖原（glycogen，Gn）。葡萄糖是糖在血液中的运输形式，在机体糖代谢中占据主要地位；糖原是葡萄糖的多聚体，包括肝糖原、肌糖原和肾糖原等，是糖在机体内的储存形式。葡萄糖与糖原都能在体内氧化提供能量。

食物中的糖是机体中糖的主要来源，被人体摄入经消化成单糖吸收后，经血液运输到各组织细胞进行合成代谢和分解代谢。机体内糖的代谢途径主要有葡萄糖的无氧氧化、有氧氧化、磷酸戊糖途径、糖异生、糖原合成与分解，以及其他己糖代谢等。本章重点介绍葡萄糖在机体中主要代谢的途径、生理意义及其调节。

第一节 糖类的消化与吸收

一、糖类的消化

食物中的糖主要是植物淀粉和动物糖原等多糖，同时也包含大量的纤维素。除此之外，还包括双糖，如蔗糖、乳糖、麦芽糖等；单糖，如葡萄糖、果糖等。多糖及双糖由于分子大，不能通过细胞膜，所以在被生物体利用之前，都必须经过酶作用降解成单糖才能进入分解代谢途径。糖类主要的消化部位在小肠，少量在口腔。

食物中的糖类以淀粉为主。唾液和胰液中都有 α-淀粉酶，可水解淀粉分子内的 α-1,4 糖苷键。由于食物在口腔停留的时间很短，所以淀粉消化主要在小肠内进行。在胰液的 α-淀粉酶作用下，淀粉被水解为麦芽糖、麦芽三糖、含分支的异麦芽糖、由 4～9 个葡萄糖残基构成的 α-极限糊精（α-limit dextrin），其中前两者约占 65%，后两者约占 35%。寡糖的进一步消化在小肠黏膜刷状缘进行。α-葡萄糖苷酶（包括麦芽糖酶）水解没有分支的麦芽糖和麦芽三糖。α-极限糊精酶（包括异麦芽糖酶）可水解 α-1,4 糖苷键和 α-1,6 糖苷键，将 α-极限糊精和异麦芽糖水解成葡萄糖。小肠黏膜细胞还含有蔗糖酶和乳糖酶等，分别水解蔗糖和乳糖。糖类被消化成单糖后才能在小肠被吸收。

淀粉分为直链淀粉和支链淀粉，直链淀粉由 300～400 个葡萄糖构成，支链淀粉由上千个葡萄糖构成，每 24～30 个残基中有一个分支。水解淀粉的酶主要有以下两种。

α-淀粉酶（EC3.2.1.1）：又称 α-1,4 糖苷键水解酶，是一种内切型淀粉酶，广泛分布于哺乳动物的消化道中，以随机作用方式切断淀粉、糖原分子内部的 α-1,4 糖苷键，产物主要是糊精及少量麦芽糖、葡萄糖。最适底物是含 5 个葡萄糖的寡糖。

β-淀粉酶（EC3.2.1.2）：又称淀粉 1,4-麦芽糖苷酶，是一种外切型淀粉酶，广泛存在于高等植物（大麦、小麦、甘薯、豆类）中。此外，某些微生物也能产生 β-淀粉酶（如一些芽孢杆菌，但生产量较低），可以从淀粉、糖原的非还原端依次切断 α-1,4 糖苷键，水解产物主要为麦芽糖和 β-极限糊精，由于产物发生瓦尔登翻转，构型由 α 型转为 β 型，所以被称为 β-淀粉酶。

二、糖类的吸收

食物中的糖类被消化为单糖后，主要的吸收部位是小肠上段。在小肠中，单糖首先被小肠绒毛上皮细胞吸收，再经过基底膜-侧膜顺浓度转运至细胞间隙，最后通过毛细管进入血液，经门静脉进入肝脏。其中，一部分转变为肝糖原，其余则经肝静脉进入血液循环，运输至全身各组织器官进行代谢。在吸收过程中也有少量单糖经淋巴系统而进入血液循环。

葡萄糖在小肠的吸收过程如图 10-1 所示。葡萄糖从小肠腔转运进入小肠绒毛上皮细胞的过程需要钠-葡萄糖协同转运载体 1（sodium-dependent glucose transporter 1，SGLT1）的参与。SGLT1 顺浓度差将 Na^+

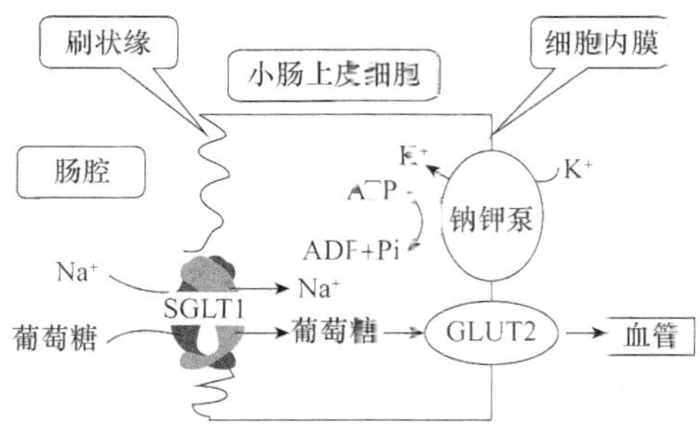

图 10-1　葡萄糖在小肠的吸收过程

转入细胞的同时，将葡萄糖逆浓度协同转运进入上皮细胞，每进入 2 个 Na^+可以带入 1 个葡萄糖（glucose，G），这个过程不直接消耗 ATP。小肠上皮细胞内过多的 Na^+需要钠钾泵（Na^+,K^+-ATPase）利用 ATP 提供能量，从小肠上皮细胞的基底侧被泵出小肠上皮细胞外，从而降低小肠上皮细胞内 Na^+浓度，维持刷状缘两侧 Na^+的浓度梯度，使葡萄糖能够不断地被转运。从这个角度上说，SGLT1 的葡萄糖转运过程是间接耗能的，该跨膜运输方式为主动运输。葡萄糖转运载体 2（glucose transporter type 2，GLUT2）也是小肠吸收葡萄糖的主要运载体，其转运葡萄糖是双向性的，既可以将葡萄糖转运至细胞内，也可以将细胞内的葡萄糖转运出去，其方向取决于细胞内外的葡萄糖浓度。当餐前小肠肠腔葡萄糖浓度很低时，GLUT2 的量也相对很低。此时，基底膜上的 GLUT2 从血液中转运葡萄糖来维持肠上皮细胞的能量需要。进餐后，肠腔葡萄糖浓度迅速升高会诱导 GLUT2 在刷状缘膜处上调，与 SGLT1 共同参与葡萄糖的吸收，且 GLUT2 对葡萄糖的转运不消耗能量，也不会给肠细胞增加由于 SGLT1 转运带来的离子和渗透负担。当上皮细胞内葡萄糖浓度升高，葡萄糖又在 GLUT2 的协助下顺浓度由上皮细胞内转运至细胞间隙（该过程不消耗 ATP，属于载体介导的协助扩散），继而进入葡萄糖浓度相对较低的血液中，从而完成小肠对葡萄糖的吸收。

思政案例

二氧化碳人工合成淀粉

从古至今，种植农业作物来获取淀粉是人类的传统生存模式，与其说靠天吃饭，不如说我们是靠植物在生存。不依赖植物的光合作用来合成淀粉，是科学家长期以来的梦想。

2021 年 9 月 24 日，中国科学院天津工业生物技术研究所马延和研究员及科研团队在《科学》（*Science*）杂志发表一篇题为“Cell-free chemoenzymatic starch synthesis from carbon dioxide”的研究论文。该论文提出了一种颠覆性的淀粉制备方法，不依赖植物光合作用，以二氧化碳、电解产生的氢气为原料，成功生产出淀粉。该研究成功实现了无需任何植物，直接利用二氧化碳合成淀粉分子的全过程，在国际上首次实现在实验室中从二氧化碳到淀粉分子的全合成。

人工淀粉合成途径（artificial starch anabolic pathway，ASAP），由 11 个核心反应组成。通过使用无机催化剂将二氧化碳还原为甲醇，再通过酶转化为三碳和六碳糖单位，最后转化为聚合淀粉。如果未来二氧化碳人工合成淀粉的系统过程成本能够降低到与农业种植相比具有经济可行性，将会节约 90%以上的耕地和淡水资源，避免农药、化肥等对环境的负面影响，推动形成可持续的生物基社会，提高人类粮食安全水平。同时，最新研究成果实现在无细胞系统中用二氧化碳和电解产生的氢气合成淀粉的化学-生物法联合的人工淀粉合成途径（ASAP），为推进“碳达峰”和“碳中和”目标实现的技术路线提供一种新思路。

第二节　糖类的无氧氧化

生物体内糖类的分解代谢分为无氧代谢和有氧代谢。在无氧条件下，细胞分解单糖生成多种代谢中间产物，且在不同的细胞中及不同的环境条件下，这些代谢中间产物进一步转化成各种不同的产物。在有氧条件下，糖类可以被彻底氧化为 CO_2 和 H_2O，为细胞的合成代谢和其他生命活动提供大量的能量，同时有氧代谢途径中的中间产物是细胞合成各种非糖物质的主要碳骨架来源。

一、糖酵解的反应过程及能量变化

糖类的无氧代谢是指在无氧或缺氧的情况下，葡萄糖或糖原在细胞质中发生一系列酶促反应最终生成乳酸，并伴有少量 ATP 生成的过程。由于该过程与酵母使糖类生醇发酵的过程基本相似，因此又称为糖酵解（glycolysis）。在无氧或缺氧的情况下，生物体各组织细胞均可进行糖酵解，尤以肌肉组织、红细胞、皮肤和肿瘤组织中进行得旺盛。

发酵和酵解是糖类无氧代谢的两种主要形式，在分解代谢中，这两种途径的主要代谢步骤是相同的。发酵的起始物质是葡萄糖，酵解的起始物质是葡萄糖或糖原。从葡萄糖生成丙酮酸的过程，两种途径是相同的，其后由丙酮酸转变为乙醇，称为发酵；由丙酮酸还原为乳酸，则称为酵解。发酵和酵解均在细胞质中进行。

（一）糖酵解的反应过程

糖酵解途径的阐明是许多科学家连续工作的结果。1875 年，法国著名科学家 Pasteur 发现了葡萄糖在无氧条件下可被酵母分解生成乙醇的现象。1897 年，德国的 Hans 和 Edward 兄弟发现发酵作用可在不含细胞的酵母液中进行。用抽提液替代完整的活细胞，为发酵的研究带来了新纪元，使新陈代谢变成了可以认识的化学过程，从而打开了现代生物化学发展的大门。1905 年，Harden 和 Young 在实验中证明了无机磷酸的作用，阐明了磷酸盐参与发酵过程中间产物的形成，而没有磷酸盐会直接阻碍发酵作用的进行。他们还发现，酵母液透析后无发酵能力。1940 年，德国生物化学家 Embden、Meyerhof 和 Parnas 阐明了糖酵解的整个途径，并发现肌肉中也存在着与酵母发酵十分相似的代谢过程。为了纪念 3 位对糖酵解的贡献，糖酵解途径又称 Embden-Meyerhof-Parnas 途径（EMP 途径）。此过程是动物、植物、微生物细胞中葡萄糖分解的共同代谢途径。

糖酵解反应的底物一般是葡萄糖。葡萄糖在已糖激酶（hexokinase）的作用下形成 6-磷酸葡萄糖，经过一系列酶促反应生成丙酮酸，全过程在细胞质中进行，参与糖酵解反应的各种酶都存在于细胞质中。糖酵解途径从葡萄糖到丙酮酸共 10 步反应，可人为地分成三个阶段。

1．第一阶段 糖的活化：葡萄糖生成 1,6-二磷酸果糖。

反应 1：葡萄糖磷酸化形成 6-磷酸葡萄糖。葡萄糖进入细胞后发生磷酸化反应，生成 6-磷酸葡萄糖。磷酸化后的葡萄糖不能自由通过细胞膜而逸出细胞。催化此反应的是已糖激酶（hexokinase，HK），需要 Mg^{2+}作为激活剂。反应式如下：

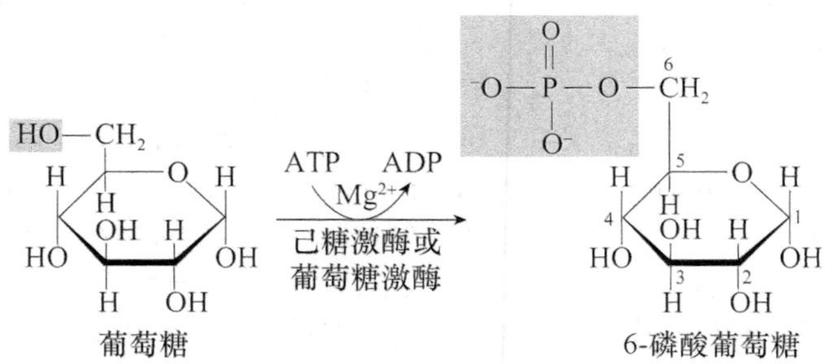

反应涉及葡萄糖第 6 位碳原子的磷酸化作用，这是葡萄糖代谢的第一个限速步骤（rate-limiting step），所谓限速步骤是指在反应过程中推动整个代谢途径进行的化学反应。从 ATP 转移磷酸基团到受体上的酶称为激酶。所谓激酶是催化高能磷酸基团在 ATP 与其他物质间相互转移的酶，此酶属转移酶类。这个反应的 $\Delta G^{0\prime}=-16.7$kJ/mol，基本是一个不可逆的反应。已糖激酶是从 ATP 转移磷酸基团到各种六碳糖如葡萄糖、果糖等上的酶，是糖酵解过程中的第一个关键酶。而葡萄糖激酶是一种诱导酶，可以经葡萄糖的诱导作用而合成。激酶都需要 Mg^{2+}作为激活剂。

反应 2：6-磷酸葡萄糖异构化成 6-磷酸果糖。这是由磷酸己糖异构酶催化的醛糖与酮糖间的异构反应。6-磷酸葡萄糖转变为 6-磷酸果糖是需要 Mg^{2+}参与的可逆反应。反应式如下：

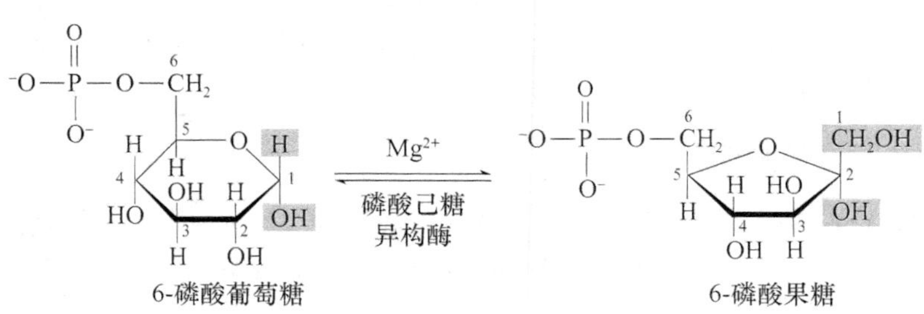

反应 3：6-磷酸果糖磷酸化生成 1,6-二磷酸果糖。这是糖酵解途径的第二个磷酸化反应。由磷酸果糖激酶催化，需要 ATP 和 Mg^{2+}，倾向于生成 1,6-二磷酸果糖（fructose-1,6-bisphosphate，F-1,6-BP），$\Delta G^{0'}=-14.2kJ/mol$。磷酸果糖激酶-1（phosphofructokinase-1，PFK-1）是一个典型的四聚体变构酶。此步反应是糖酵解途径的第 2 个限速步骤。反应式如下：

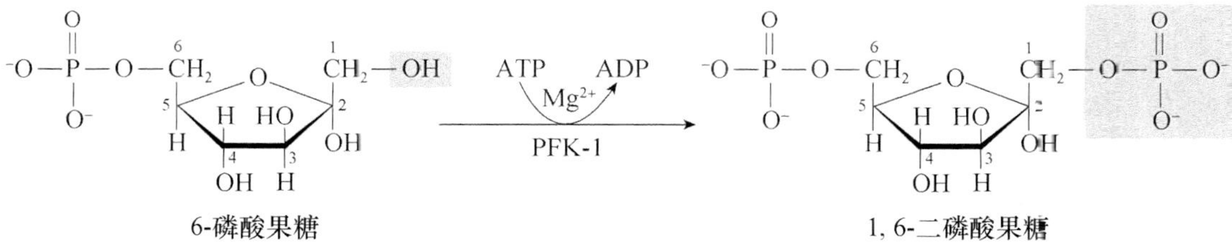

PFK-1 是糖酵解过程中的第二个关键酶，是糖酵解过程中最主要的限速酶。

2．第二阶段 糖的裂解：二磷酸己糖裂解为 2 分子磷酸丙糖。

反应 4：1,6-二磷酸果糖裂解成磷酸二羟丙酮和 3-磷酸甘油醛。此反应由醛缩酶（aldolase）催化，是可逆反应。醛缩酶的命名来源于上述反应的逆反应（醇醛缩合作用）。在动物体内，醛缩酶有 3 种同工酶，分为 A 型、B 型、C 型。A 型主要存在于肌肉中，B 型主要存在于肝中，而 C 型主要存在于脑中。反应式如下：

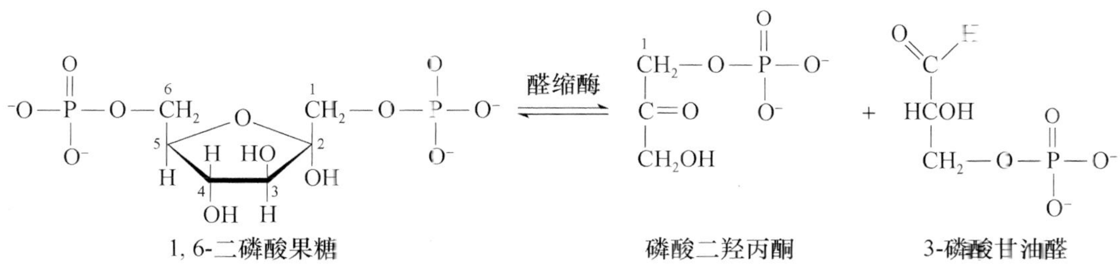

反应 5：磷酸二羟丙酮与 3-磷酸甘油醛的异构化。磷酸二羟丙糖的异构化反应由磷酸丙糖异构酶催化，是一个吸收能量的反应，且是可逆反应。反应的平衡偏向左，但由于在后面的反应中 3-磷酸甘油醛被不断利用，使之浓度降低，反应仍向右进行，趋向生成醛糖。反应式如下：

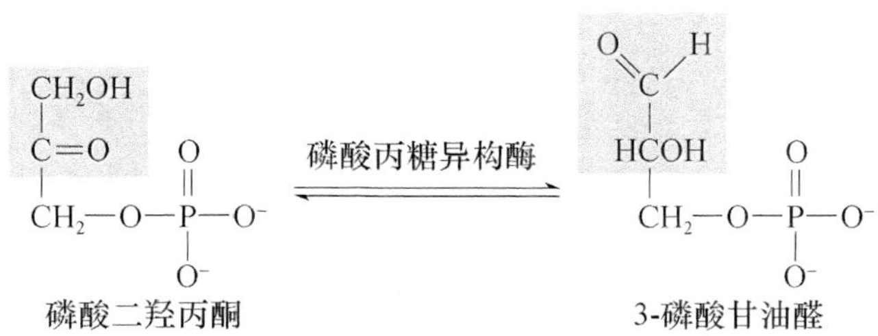

磷酸丙糖异构酶催化的反应速率很快，任何加速其催化效率的措施都不能再提高反应速率。其结构是由 8 股平行 β 折叠链环抱构成一个中心核，在 8 股 β 折叠链周围环绕着与每条 β 折叠链相对应的 α 螺旋链，β 折叠链与 α 螺旋链之间以无规则的卷曲肽链相连接。

上述 5 步反应为酵解途径中的耗能阶段，1 分子葡萄糖的代谢消耗了 2 分子 ATP，产生了 2 分子 3-磷酸甘油醛。而在以后的 5 步反应中，磷酸丙糖转变为丙酮酸，总共生成 4 分子 ATP，为能量的释放和贮存阶段。

反应 6：3-磷酸甘油醛脱氢氧化成为 1,3-二磷酸甘油酸。该反应中由 3-磷酸甘油醛的醛基氧化成羧基及羧基的磷酸化均由 3-磷酸甘油醛脱氢酶催化。该酶是一种巯基酶，以 NAD^+为辅酶接受氢和电子，它的半胱氨酸残基的—SH 是活性部位。重金属离子和烷化剂如碘乙酸能抑制该酶的活性。反应式如下：

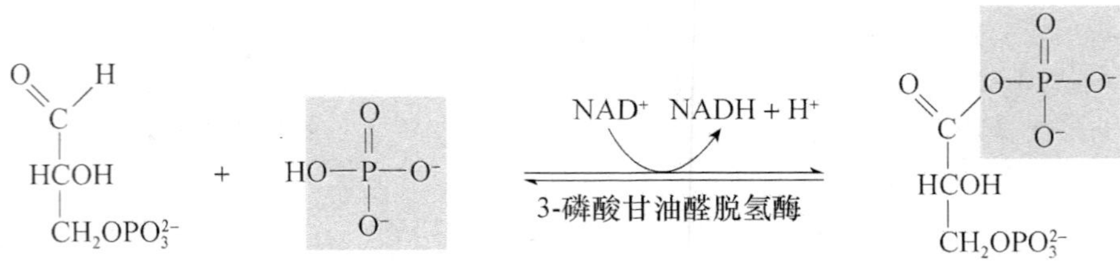

3-磷酸甘油醛　　无机磷酸　　1, 3-二磷酸甘油酸

反应 7：1,3-二磷酸甘油酸将磷酸基团转移至 ADP 生成 ATP 和 3-磷酸甘油酸。磷酸甘油酸激酶（phosphoglycerate kinase）催化 1,3-二磷酸甘油酸的磷酸基团从羧基转移到 ADP，形成 ATP 和 3-磷酸甘油酸，反应需要 Mg^{2+}。此反应是一个产能的可逆反应，是糖酵解途径过程中第一次产生 ATP 的反应，属于底物水平磷酸化反应，需要消耗 1 分子 ADP。反应式如下：

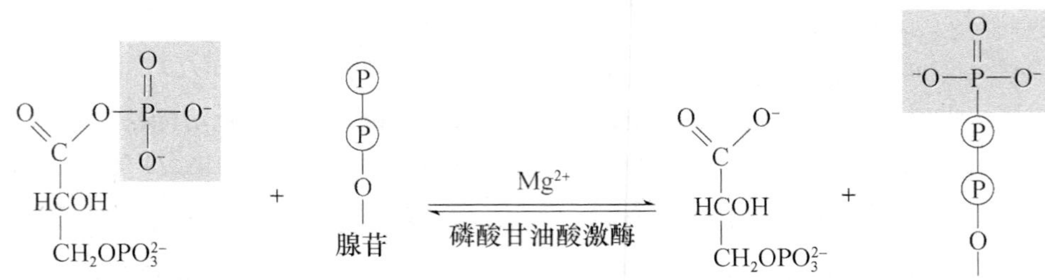

1, 3-二磷酸甘油酸　　ADP　　3-磷酸甘油酸　　ATP

反应 8：3-磷酸甘油酸转变成 2-磷酸甘油酸。该步反应由磷酸甘油酸变位酶（phosphoglyceromutase）催化将磷酸基团从 3-磷酸甘油酸的 C3 转移到 C2，这步反应是可逆反应。反应式如下：

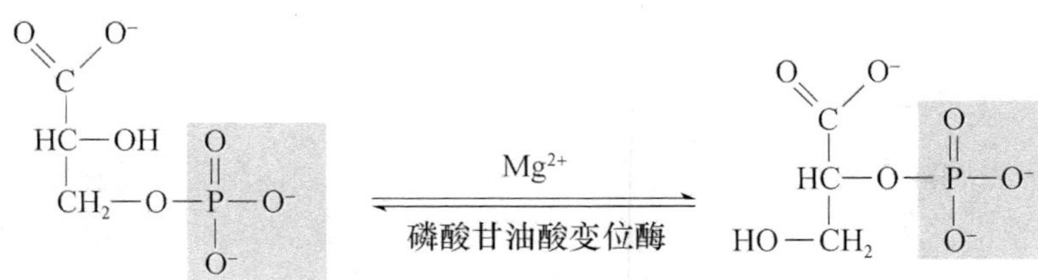

3-磷酸甘油酸　　2-磷酸甘油酸

磷酸甘油酸变位酶需要 Mg^{2+}作为辅助因子，其与磷酸基团结合的残基是酶活性部位中第八位的组氨酸。

反应 9：2-磷酸甘油酸脱水形成磷酸烯醇式丙酮酸。该步反应由烯醇化酶（enolase）催化，将 2-磷酸甘油酸脱水生成磷酸烯醇式丙酮酸。尽管这个反应的标准自由能改变比较小，但改变时可引起分子内部的电子重排和能量重新分布，形成了一个高能磷酸键，这就为下一步反应做了准备。该反应是可逆反应。烯醇化酶是一个二聚体，需要 Mg^{2+}或 Mn^{2+}作为辅助因子。其活性可被 F^-抑制。反应式如下：

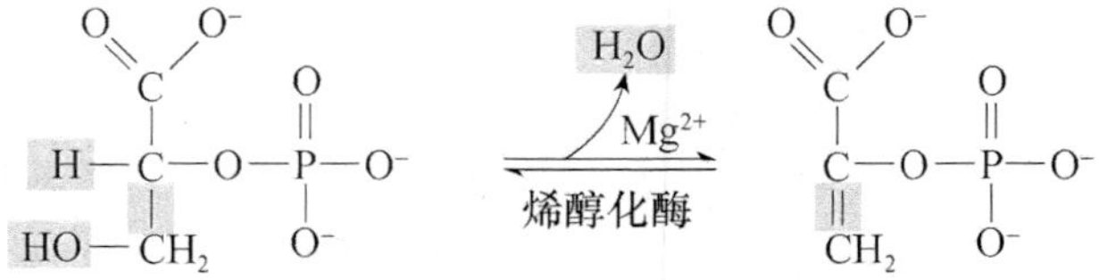

2-磷酸甘油酸　　磷酸烯醇式丙酮酸

3．第三阶段　丙酮酸的生成。

反应 10：磷酸烯醇式丙酮酸将高能磷酸基团转移给 ADP 形成 ATP 和烯醇式丙酮酸。酵解途径的最后一步反应由丙酮酸激酶催化，丙酮酸激酶的作用需要 K^+、Mg^{2+}、Mn^{2+}参与。反应最初生成烯醇式丙酮酸，但烯醇式迅即非酶促转变为酮式。在胞内这个反应是放能的不可逆反应。反应式如下：

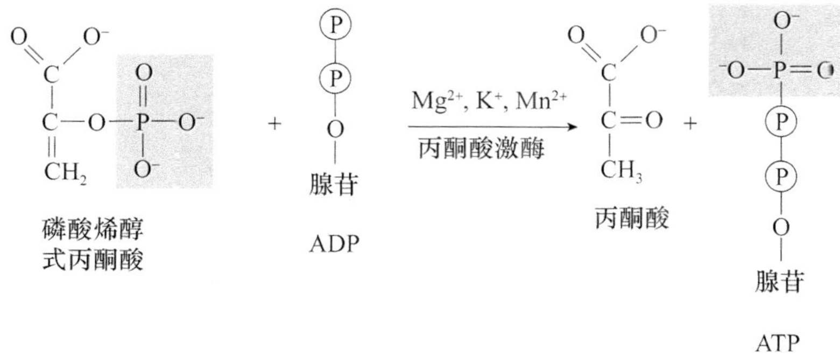

丙酮酸激酶是一个变构酶，需要 K^-、Mg^{2+}、Mn^{2+}作为辅助因子。该反应是糖酵解途径过程中第二次产生 ATP 的反应，属于底物水平的磷酸化反应，也是糖酵解途径的第 3 个限速步骤。然后烯醇式丙酮酸迅速发生分子重排，转变成丙酮酸。

烯醇式丙酮酸 $\longleftrightarrow$ 丙酮酸

糖酵解的总反应式为

葡萄糖＋2NAD$^+$＋2ADP＋Pi $\longrightarrow$

2 丙酮酸＋2H_2O＋2NADH＋2H^+＋2ATP

10 步反应总结如图 10-2 所示。

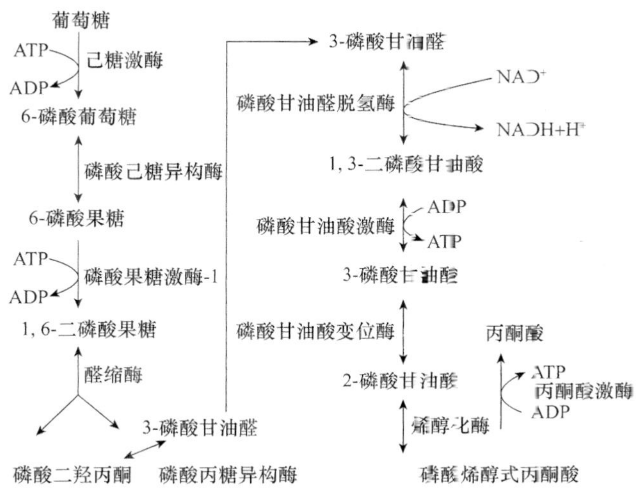

图 10-2 糖酵解 10 步反应

（二）糖酵解的能量化学计量

糖酵解的特点是全部反应过程无氧参与。据测定，1 分子葡萄糖经糖酵解产生 2 分子丙酮酸，并放出 197kJ 的能量，其中生物体以 ATP 的形式捕获了 61kJ 的能量，相当于 2 分子的 ATP，即净生成 2 分子 ATP，其余的以热的形式散失掉或在生化变化过程中损失掉。在糖酵解过程中，ATP 的消耗和产生如表 10-1 所示。

表 10-1 糖酵解中 ATP 的消耗和产生

反应步骤	ATP 的消耗或产生（＋号代表产生，一号代表消耗）
葡萄糖→6-磷酸葡萄糖	−1
6-磷酸果糖→1,6-二磷酸果糖	−1
2（1,3-二磷酸甘油酸→3-磷酸甘油酸）	+1×2
2（磷酸烯醇式丙酮酸→丙酮酸）	+1×2
合计	+2

二、丙酮酸的去路

糖酵解过程中生成的丙酮酸和还原型辅酶都不是最终代谢产物。它们的去路因不同条件和不同生物而异，在有氧条件和无氧条件下其代谢的最终产物也有所不同。无氧条件下，丙酮酸有两条去路，即生成乙醇和乳酸。有氧条件下，丙酮酸在线粒体中的氧化可分为两个阶段：丙酮酸氧化为乙酰 CoA 和乙酰 CoA 的乙酰基部分经过三羧酸循环氧化为 CO_2。

（一）生成乙醇

酵母和有些微生物及植物细胞在无氧的条件下将丙酮酸转变为乙醇和 CO_2，该过程被称为乙醇发酵。该过程包含两个步骤：第一步丙酮酸脱羧，此反应由丙酮酸脱羧酶（pyruvate decarboxylase）催化，脱羧生成乙醛；第二步乙醛在乙醇脱氢酶（ethanol dehydrogenase）催化下被 NADH 还原形成乙醇。

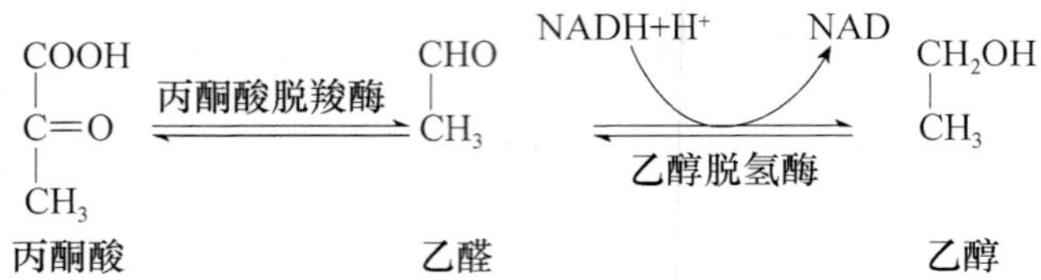

（二）生成乳酸

厌氧乳酸菌在无氧条件下、动物（包括人）在剧烈运动时或由于呼吸循环系统障碍而发生供氧不足时，缺氧的细胞必须用糖酵解产生的 ATP 分子暂时满足对能量的需要。为了使 3-磷酸甘油醛继续氧化，必须提供氧化型 NAD^+。丙酮酸可在乳酸脱氢酶（lactate dehydrogenase）的作用下，作为 NADH 的受氢体，使细胞在无氧条件下重新生成 NAD^+，同时丙酮酸的羰基被还原，生成乳酸，该过程被称为乳酸发酵（图 10-3）。

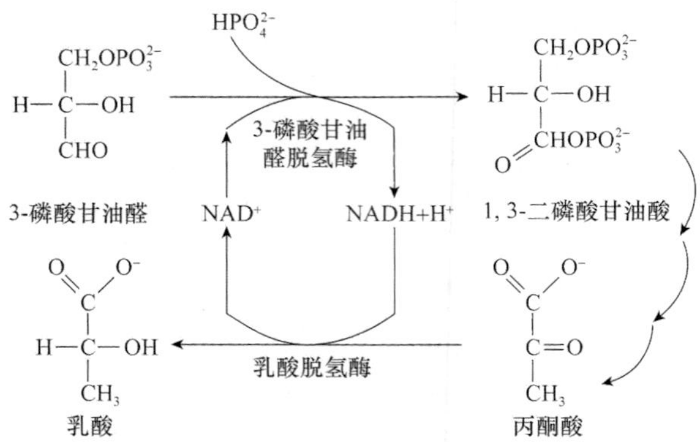

图 10-3 丙酮酸还原为乳酸使无氧酵解持续进行

（三）有氧条件下丙酮酸的去路

丙酮酸在线粒体中的氧化可分为两个阶段：丙酮酸氧化为乙酰 CoA 和乙酰 CoA 的乙酰基部分经过三羧酸循环氧化为 CO_2。

三、其他单糖进入糖酵解途径

多糖（淀粉、糖原）主要是以磷酸解产物 1-磷酸葡萄糖形式经 6-磷酸葡萄糖进入糖酵解途径。二糖（蔗糖、麦芽糖、乳糖等）水解为相应的单糖进入糖酵解途径。除葡萄糖外，果糖、半乳糖等也可以通过不同的方式进入糖酵解途径。

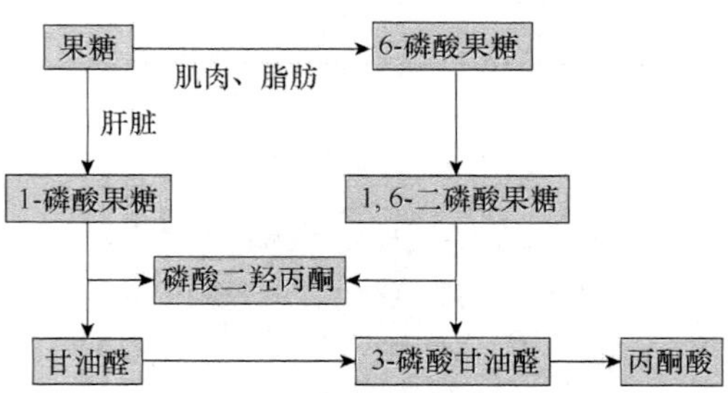

图 10-4 果糖进入糖酵解的途径

（一）果糖

果糖可通过肝脏和肝外组织（肌肉和脂肪）代谢转变为糖酵解的中间产物，然后进入糖酵解途径（图 10-4）。

1．果糖在肌肉和脂肪中的分解代谢 在肌肉和脂肪组织中，果糖在己糖激酶的催化下直接生成 6-磷酸果糖，进入糖酵解途径。该反应需 ATP 提供磷酸基团，也需 Mg^{2+} 的参与。

2．果糖在肝脏中的分解代谢 在肝脏组织中，果糖利用 1-磷酸果糖途径代谢。在果糖激酶的作用下，使 C1 位磷酸化，生成 1-磷酸果糖。该反应需消耗 ATP，也需 Mg^{2+}或 Mn^{2+}。然后，1-磷酸果糖被醛缩酶裂解为磷酸二羟丙酮和甘油醛。最后，磷酸二羟丙酮直接进入糖酵解途径，而甘油醛则在丙糖激酶的催化下形成 3-磷酸甘油酸而进入糖酵解途径。

（二）半乳糖

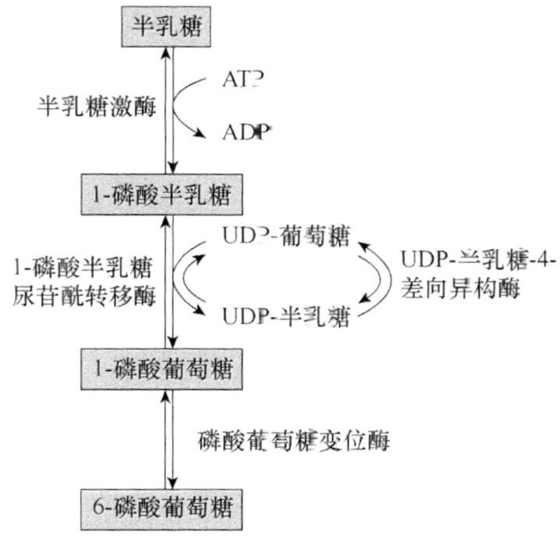

图 10-5 半乳糖进入糖酵解的途径

半乳糖在半乳糖激酶作用下，使 C4 位磷酸化，生成 1-磷酸半乳糖。1-磷酸半乳糖和尿苷二磷酸葡萄糖［UDP-葡萄糖（UDPG）］在 1-磷酸半乳糖尿苷酰转移酶（galactose-1-phosphate uridylyltransferase）催化作用下生成 1-磷酸葡萄糖和 UDP-半乳糖。在生长阶段，UDP-半乳糖也可由 1-磷酸半乳糖在 UDP-半乳糖焦磷酸化酶催化下，消耗 UTP 而生成。UDP-半乳糖在 UDP-半乳糖-4-差向异构酶（UDP-galactose-4-epimerase）作用下生成 UDP-葡萄糖。UDP-葡萄糖经焦磷酸化酶作用生成 1-磷酸葡萄糖。1-磷酸葡萄糖在磷酸葡萄糖变位酶的催化下生成 6-磷酸葡萄糖，然后进入糖酵解途径（图 10-5）。

（三）甘露糖

甘露糖需经过两步反应形成 6-磷酸果糖后进入糖酵解途径。首先，甘露糖在己糖激酶的催化下形成 6-磷酸甘露糖，然后在 6-磷酸甘露糖异构酶（mannose-6-phosphate isomerase）的催化下，形成 6-磷酸果糖进入糖酵解途径。

四、糖酵解的生理意义

糖酵解是从低等生物到高等生物都普遍存在的无氧呼吸途径，是一种在生物进化中被保留下来的古老代谢方式。在生命进化的初期，地球缺氧，生物主要依靠该途径获取能量来维持生命。现在，该途径也广泛存在于生物中，起积极辅助作用。

首先，通过糖酵解途径，生物机体或组织可获得缺氧条件下所需的能量。1 分子葡萄糖进入糖酵解途径可净生成 2 分子 ATP。ATP 是高能化合物，可用于生物合成反应、运动、发光等生命活动中。在厌氧生物中，糖酵解是主要的能量来源。而在高等生物中，由于其以有氧呼吸进行代谢，糖酵解仅起辅助作用，可适应缺氧条件下的短暂能量供应。例如，农作物在涝害时，由于缺氧而抑制有氧呼吸，糖酵解途径便起积极作用。

其次，通过糖酵解途径形成很多中间产物，可为其他代谢提供原料。例如，6-磷酸葡萄糖可作为磷酸戊糖途径的底物；磷酸二羟丙酮可转变成磷酸甘油，从而与脂肪合成联系起来；磷酸烯醇式丙酮酸可以合成四碳二羧酸，作为其他代谢的中间产物，也可沿糖酵解逆转合成六碳糖和多糖，还可以用于合成芳香族氨基酸；丙酮酸可经转氨作用形成丙氨酸，与氨基酸和蛋白质代谢联系起来。

五、糖酵解的调节

在一个代谢途径中，各种酶所催化的反应对整个代谢途径所起的作用不是等同的。在物质代谢的整个反应链中，某一步反应常常决定整个反应链的速度，这一步反应称为限速步骤或关键步骤，催化此步反应的酶称为限速酶（rate-limiting enzyme）或关键酶。多种调节因素可通过作用于限速酶实现对代谢途径的调控。

糖酵解代谢途径有 3 个关键酶，即磷酸果糖激酶、己糖激酶和丙酮酸激酶。

（一）磷酸果糖激酶

1. ATP/AMP 的调节 ATP 是磷酸果糖激酶的别构抑制剂，该酶对 ATP 有两种结合位点，具有高亲和力的底物结合部位和低亲和力的抑制剂结合部位。当 ATP 的浓度高时，它结合到酶的别构部位而降低酶活力；当 ATP 浓度低时，它与酶的活性部位结合，同时高浓度的 AMP 与酶的别构部位结合，解除 ATP 的抑制作用。

2. 柠檬酸的调节 磷酸果糖激酶受柠檬酸的别构抑制，后者是糖类有氧分解的中间产物。糖酵解的作用不只是能在无氧的情况下提供能量，也能为生物合成提供碳骨架。柠檬酸对磷酸果糖激酶的抑制作用正具有这种意义。高浓度的柠檬酸意味着有丰富的生物合成前体存在，葡萄糖无需为提供合成前体而分解。

3．2,6-二磷酸果糖的调节　2,6-二磷酸果糖是磷酸果糖激酶的别构激活剂，由磷酸果糖激酶催化 6-磷酸果糖，使其 C2 位磷酸化而形成，又可被 2,6-磷酸果糖酯酶水解生成 6-磷酸果糖，这两种催化活性相反的酶集中在同一条肽链上，是一种双功能酶。6-磷酸果糖加速 2,6-二磷酸果糖的合成并抑制其降解，因此当 6-磷酸果糖水平高时，可导致高浓度 2,6-二磷酸果糖的形成，而 2,6-二磷酸果糖又进一步激活磷酸果糖激酶。

4．H^+的调节　磷酸果糖激酶被 H^+抑制。因此，当 pH 明显下降时，糖酵解速度降低，这可以防止在缺氧的条件下形成过量乳酸而导致中毒。

（二）己糖激酶

己糖激酶是一个变构酶。它的活性受其本身反应产物的抑制。当细胞内 6-磷酸葡萄糖浓度高时，己糖激酶的活性立即受到抑制，因而阻止了葡萄糖的磷酸化反应，直到过剩的 6-磷酸葡萄糖被代谢所消耗，己糖激酶活性才得以恢复。

（三）丙酮酸激酶

6-磷酸果糖和 1,6-二磷酸果糖是丙酮酸激酶的变构激活剂，而 ATP 是它的变构抑制剂。此外，丙氨酸、乙酰 CoA 和脂肪酸也是它的抑制剂。丙酮酸激酶通过两种方式调节活性：一种是共价修饰，即磷酸化后失去活性。另一种是聚合与解聚：这个酶有二聚体和四聚体两种形式，通常两者保持动态平衡。此酶也通过二聚体与四聚体的互变来调节活性的高低。当底物或上述酵解中间产物激活剂存在时，平衡倾向于形成四聚体，此时酶的活力升高，K_m 值减小。而上述抑制因子则可稳定二聚体的构象，使酶的活力降低，K_m 值增大。

第三节　糖类的有氧氧化

糖类的有氧氧化（aerobic oxidation）是指在氧供应充足的条件下，六碳己糖生成丙酮酸后，进一步氧化脱羧生成乙酰辅酶 A，然后经三羧酸循环和氧化磷酸化彻底氧化生成 CO_2 和 H_2O 并产生 ATP 的整个过程。它是机体的主要供能方式。

一、糖有氧氧化的反应过程

视频 葡萄糖有氧氧化

有关糖类有氧分解的知识，早期研究都是以动物肌肉为实验材料获得的。研究人员观察到切碎的鸽子肌肉糜呼吸旺盛，在有氧的条件下不但没有乳酸的积累，也没有丙酮酸的累积，说明丙酮酸可能是有氧分解过程中的一个中间产物。用丙酮酸与肌肉组织一起在有氧条件下保温，丙酮酸可以被彻底氧化，生成 CO_2 和 H_2O。因此，认为葡萄糖或糖原的有氧分解也依照糖酵解途径进行，也可认为有氧呼吸是无氧呼吸的继续。葡萄糖有氧氧化过程首先在细胞质内进行，之后丙酮酸在线粒体中进行彻底氧化。

动画 有氧循环

（一）葡萄糖氧化生成丙酮酸

这一阶段和糖的无氧酵解过程一样，涉及的关键酶也相同。反应在细胞质中进行。

（二）丙酮酸氧化脱羧生成乙酰辅酶 A（乙酰 CoA）

糖酵解生成的丙酮酸可穿过线粒体膜进入线粒体内膜，然后在丙酮酸脱氢酶复合体的催化下脱氢脱羧，生成乙酰 CoA（图 10-6）。丙酮酸脱氢酶复合体包括 3 种酶和 6 种辅助因子，其中 3 种酶分别为丙酮酸脱氢酶、二氢硫辛酰胺转乙酰酶和二氢硫辛酰胺脱氢酶；6 种辅助因子分别为焦磷酸硫胺素（TPP）、辅酶 A（CoA-SH）、FAD、NAD^+、硫辛酸和 Mg^{2+}。共包含 5 步反应，具体如下。

1. 羟乙基-TPP 的生成　在有 TPP、Mg^{2+}参与下，丙酮酸经丙酮酸脱氢酶作用脱羧形成羟乙基- TPP。TPP 噻唑环上的 N 与 S 之间活泼的碳原子可释放出 H^+，而成为碳负离子，攻击丙酮酸的羰基碳，形成丙酮酸-TPP 加成物，然后发生脱羧反应，产生 CO_2，同时形成羟乙基-TPP。

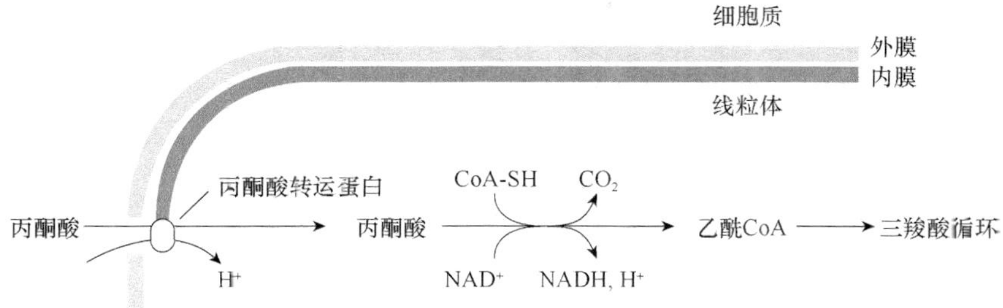

图 10-6 丙酮酸进入线粒体后脱羧生成乙酰 CoA（引自辛嘉英，2021）

2. 乙酰二氢硫辛酰胺的生成 羟乙基被二氢硫辛酰胺转乙酰酶氧化成乙酰基，并转移到氧化型硫辛酸上，形成乙酰二氢硫辛酰胺。

3. 乙酰 CoA 的生成 乙酰二氢硫辛酰胺在二氢硫辛酰胺转乙酰酶的催化下，生成乙酰 CoA 和二氢硫辛酰胺。

4. 硫辛酰胺的生成 二氢硫辛酰胺和 FAD 在二氢硫辛酰胺脱氢酶作用下，生成硫辛酰胺和 $FADH_2$。

5. NADH＋H^+的生成 二氢硫辛酰胺脱氢酶将 $FADH_2$ 上的氢转移给 NAD^+，生成 NADH。至此，准备阶段反应完成。

丙酮酸脱氢酶复合体是个有组织的多酶复合体，位于线粒体膜上。复合体中的酶分子通过非共价键联系在一起，催化一个连续反应，即酶复合体中一个酶促反应形成的产物立刻被复合体中下一个酶作用。图 10-7 是丙酮酸脱氢酶复合体的反应机制。

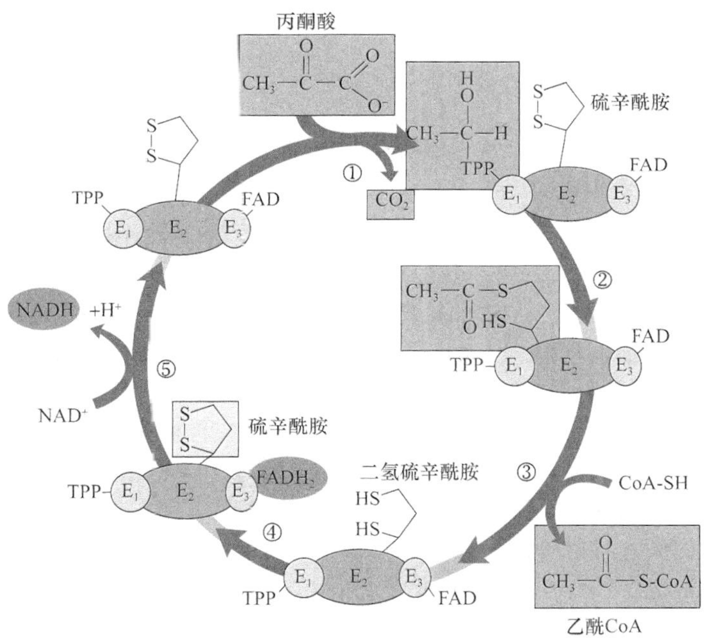

彩图

图 10-7 丙酮酸脱氢酶复合体的反应机制（引自魏民等，2020）

①在 E_1 催化下，丙酮酸与 TPP 作用脱羧形成羟乙基-TPP；②E_2 催化羟乙基-TPP，使羟乙基被氧化成乙酰基，同时将乙酰基转移给硫辛酰胺形成乙酰二氢硫辛酰胺；③在 E_2 催化下，乙酰基转移给 CoA 形成乙酰 CoA；④E_3 使被还原的二氢硫辛酰胺重新氧化，并将 H 传给其辅基 FAD，生成 $FADH_2$；⑤$FADH_2$ 将 NAD^+ 还原成 NADH

E_1. 丙酮酸脱氢酶；E_2. 二氢硫辛酰胺转乙酰酶；E_3. 二氢硫辛酰胺脱氢酶

视频
丙酮酸脱氢酶复合体反应机制

（三）三羧酸循环的反应过程

1937 年，Krebs 通过总结大量的实验结果提出了三羧酸循环（tricarboxylic acid cycle，TAC）假说，在微生物、植物和动物组织中均证明有三羧酸循环的存在。它不仅是糖代谢的重要途径，还是脂肪、蛋白质分解的最终途径。为了纪念 Krebs 在阐明三羧酸循环中所做的重要贡献，这一循环又称为 Krebs 循环。1953 年，Krebs 因该研究成果获得了诺贝尔生理学或医学奖。

在无氧条件下，葡萄糖经过分解形成丙酮酸，并进一步分解为乙醇或乳酸。但在有氧条件下，葡萄糖的分解不仅仅停留在形成丙酮酸，而是继续进行有氧分解，最后生成 CO_2 和 H_2O，并放出大量能量。在这个循环中因含有三羧酸的有机酸，如柠檬酸、异柠檬酸、顺乌头酸、草酰琥珀酸，所以叫作三羧酸循环。因为循环以乙酰 CoA 与草酰乙酸缩合成含有三个羧基的柠檬酸开始，所以又称柠檬酸循环（citric acid cycle）。三羧酸循环在细胞的线粒体中进行，因此，在细胞质中形成的丙酮酸需运输进入线粒体后才能进入该循环。

动画

三羧酸循环

三羧酸循环反应过程是从乙酰 CoA 开始的，由八步反应构成，每步反应分述如下。

1．乙酰 CoA 与草酰乙酸缩合成柠檬酸 乙酰 CoA 在柠檬酸合酶（citrate synthase）的催化下，与草酰乙酸缩合成柠檬酸（citric acid）。乙酰 CoA 中的高能硫酯键分解以提供能量。该反应为不可逆反应，是三羧酸循环中第一个可调控的限速步骤。反应式如下：

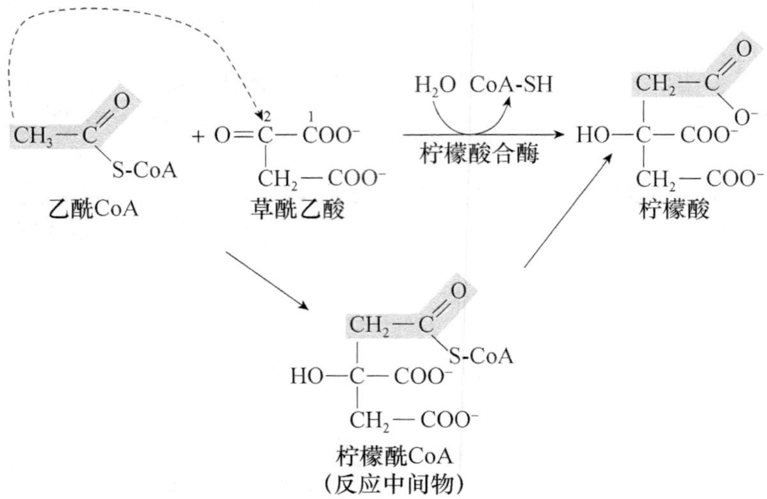

柠檬酸合酶起初称为柠檬酸缩合酶。在催化过程中，草酰乙酸先与酶结合。此酶是由两个亚基构成的二聚体。由每个亚基的两个结构域构成一个深的裂缝，其中含有一个草酰乙酸结合位点。当酶与草酰乙酸结合后，其较小的那个结构域随即发生 18°的转向（相对于较大的结构域），造成酶分子的裂缝合拢，同时又暴露出与乙酰 CoA 的结合部位。这一现象是一个典型的由于底物与酶结合而诱导产生的“诱导契合”模型。柠檬酸合酶催化的反应属于醛醇-克莱森酯缩合反应。

2．柠檬酸异构化形成异柠檬酸 柠檬酸异构化形成异柠檬酸是为了适应柠檬酸进一步氧化的需要。因为柠檬酸是一个叔醇化合物，它的羟基所处的位置妨碍柠檬酸进一步氧化，所以柠檬酸通过失水形成顺乌头酸，然后再加水到顺乌头酸这一不饱和的中间产物上，把羟基从原来的位置转移到相邻的碳原子上，从而形成异柠檬酸。异柠檬酸是可以氧化的仲醇。柠檬酸在顺乌头酸酶（aconitase）的催化下转变为顺乌头酸，脱去 1 分子 H_2O，继续再将脱下的 H_2O 加进去，转变为异柠檬酸。该反应为可逆反应，反应式如下：

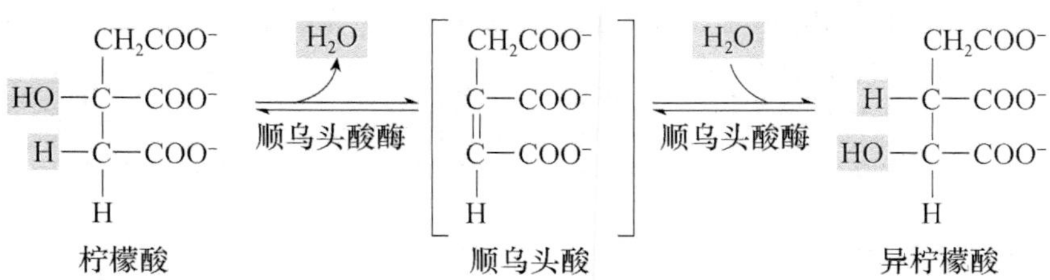

3．异柠檬酸氧化形成 α-酮戊二酸（第一次氧化脱羧） 异柠檬酸在 NAD^+ 存在下，经异柠檬酸脱氢酶（isocitrate dehydrogenase）催化先脱氢生成草酰琥珀酸（oxalosuccinic acid）中间产物，再脱去羧基形成 α-酮戊二酸（α-ketoglutarate）、$NADH+H^+$ 和 CO_2，此反应为 β-氧化脱羧，也是三羧酸循环中两次

氧化脱羧反应中的第一个反应。氧化中间产物是一个不稳定的酮酸，即草酰琥珀酸。异柠檬酸的氧化脱羧反应式如下：

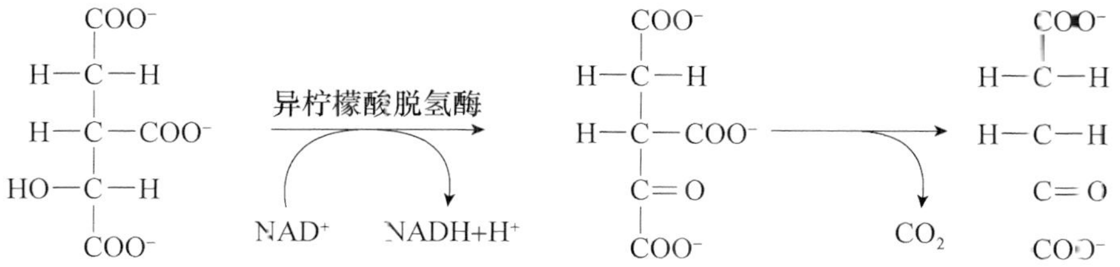

异柠檬酸　　草酰琥珀酸　　α-酮戊二酸

在高等动物及大多数微生物中发现异柠檬酸脱氢酶实际有两种，一种以 NAD^+为辅酶，另一种以 $NADP^+$为辅酶。前者只存在于线粒体中，需要有 Mg^{2+}或 Mn^{2+}激活。后者存在于线粒体和细胞质中。该反应为不可逆反应，是三羧酸循环中第二个可调控的限速步骤。

4. α-酮戊二酸氧化、脱羧生成琥珀酰 CoA（第二次氧化脱羧） 在α-酮戊二酸脱氢酶系（α-ketoglutarate dehydrogenase system）（含 3 种酶和 6 种辅助因子，涉及 5 步反应）的催化下，α-酮戊二酸转变为琥珀酰辅酶 A（succinylcoenzyme A）。该反应为不可逆反应，是三羧酸循环中第三个可调控的限速步骤。反应式如下：

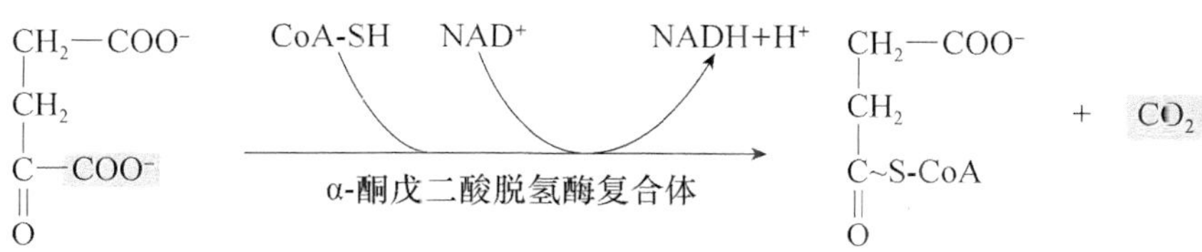

α-酮戊二酸　　琥珀酰CoA

α-酮戊二酸脱氢酶系和丙酮酸脱氢酶复合体极其相似，也是一个多酶复合体，由α-酮戊二酸脱氢酶、二氢硫辛酰胺转琥珀酰酶、二氢硫辛酰胺脱氢酶组成。这里的二氢硫辛酰胺脱氢酶实际上与丙酮酸脱氢酶复合体中的二氢硫辛酰胺脱氢酶是相同的。由于α-酮戊二酸脱氢酶系是一个复合体，又称为α-酮戊二酸脱氢酶复合体，也简称为α-酮戊二酸脱氢酶。

5. 琥珀酰 CoA 转变为琥珀酸 琥珀酰 CoA 在 GDP 和 P I 的参与下，经琥珀酰 CoA 合成酶（succinyl-CoA synthetase）或称琥珀酰硫激酶的催化，生成琥珀酸、GTP 和 CoA。在哺乳动物中，先生成 GTP，再生成 ATP，在细菌和其他高等生物中可直接生成 ATP。这是三羧酸循环中唯一的一次直接生成高能磷酸键的底物水平磷酸化反应。该反应为可逆反应，反应式如下：

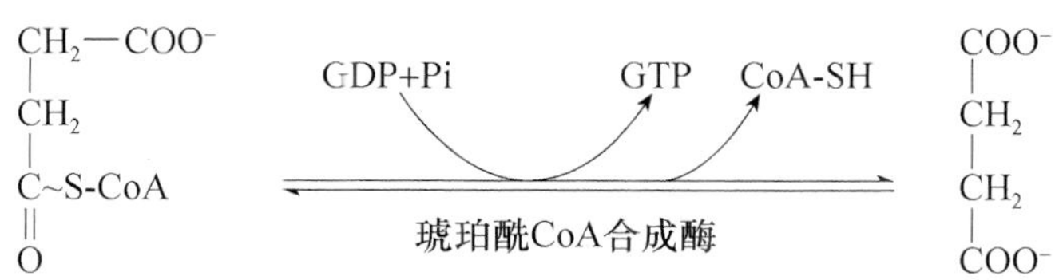

琥珀酰CoA　　琥珀酸

6. 琥珀酸脱氢生成延胡索酸 琥珀酸在琥珀酸脱氢酶（succinate dehydrogenase）的催化下进行脱氢，生成延胡索酸（fumarate）。该反应为可逆反应，反应式如下：

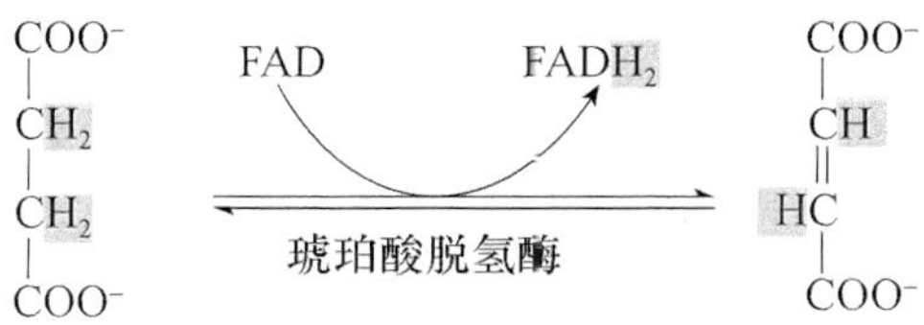

琥珀酸　　延胡索酸

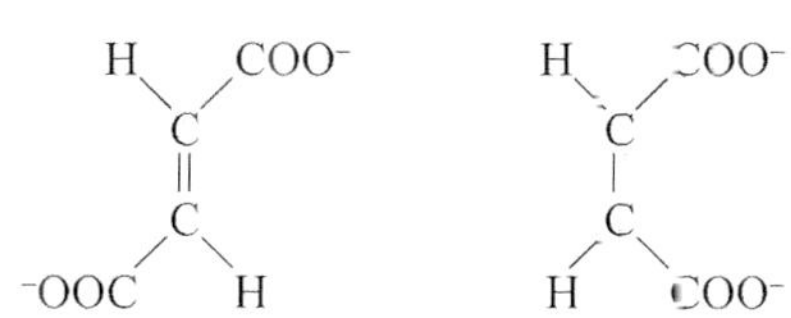

延胡索酸　　马来酸

琥珀酸脱氢酶由两个亚基组成，含有铁硫中心和共价结合的 FAD，来自琥珀酸的电子通过 FAD 和铁硫中心，然后进入呼吸链。该酶结合在线粒体内膜上，是三羧酸循环中唯一与线粒体内膜结合的酶，而其他三羧酸循环的酶都是存在于线粒体基质中的。

7．延胡索酸水合生成 *L*-苹果酸 延胡索酸在延胡索酸酶（fumarase）催化下水合形成苹果酸（malic acid）。该反应为可逆反应，反应式如下：

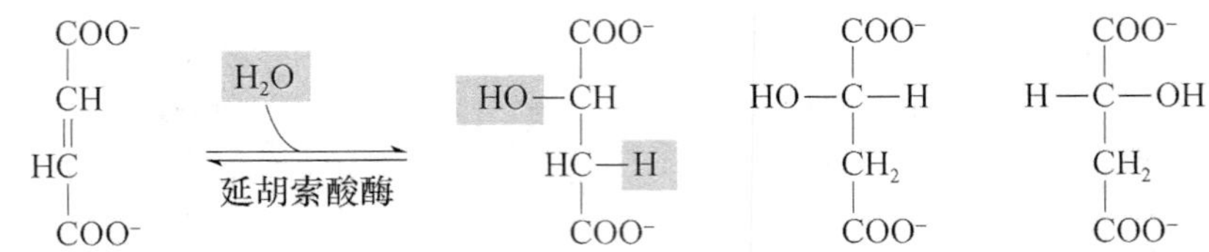

延胡索酸　　*L*-苹果酸　　*L*-苹果酸　　*D*-苹果酸

延胡索酸酶仅对反丁烯二酸双键起作用，而对顺丁烯二酸（马来酸）则无催化作用，因而是高度立体特异性的。

8．苹果酸氧化重新形成草酰乙酸（三羧酸循环的最后一步反应） 苹果酸在苹果酸脱氢酶（malate dehydrogenase）的催化下被氧化脱氢转变成草酰乙酸（oxaloacetic acid）。该反应为可逆反应，反应式如下：

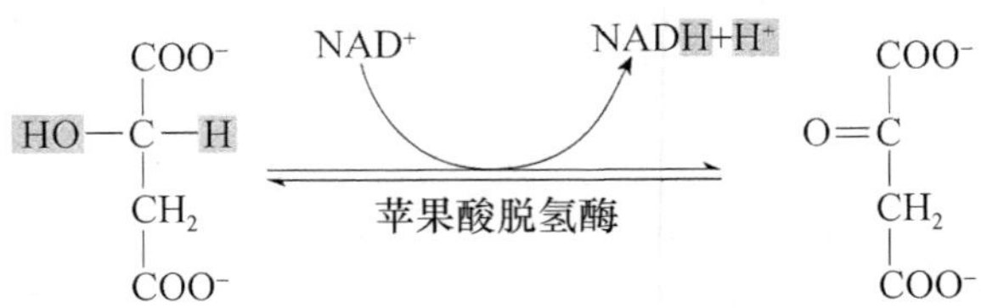

L-苹果酸　　草酰乙酸

这一步反应是再生成草酰乙酸，完成三羧酸循环的最后一个步骤。*L*-苹果酸的羟基氧化形成羰基。催化这个反应的酶称为苹果酸脱氢酶，它的辅酶为 NAD^+，接受氢成为 $NADH+H^+$。至此，完成了三羧酸循环过程。由于草酰乙酸的重新生成，它可继续与另 1 分子的乙酰 CoA 作用，再次生成柠檬酸，重复以上各步反应。在细胞内草酰乙酸不断地被用于柠檬酸合成，故这一可逆反应向生成草酰乙酸的方向进行。图 10-8 为三羧酸循环全过程示意图。三羧酸循环总反应式为

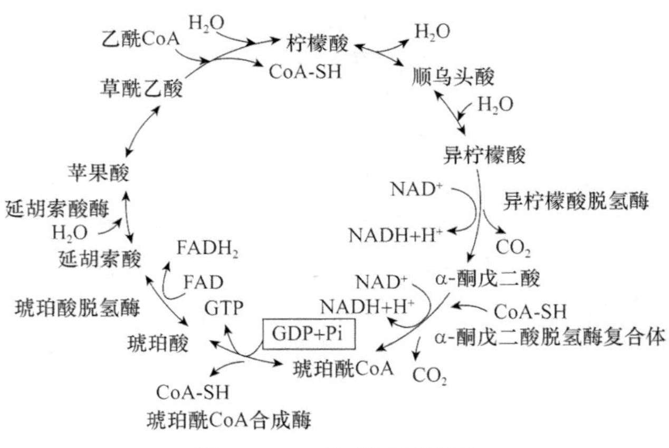

图 10-8　三羧酸循环过程

$$乙酰\ CoA+2H_2O+3NAD^++FAD+GDP+Pi \longrightarrow 2CO_2+3NADH+3H^++FADH_2+GTP+CoA\text{-}SH$$

思政案例

琥珀酸脱氢酶

琥珀酸脱氢酶（succinate dehydrogenase，SDH），黄素酶类，属于细胞色素氧化酶，是三羧酸循环中唯一一个整合于膜上的多亚基酶，在真核生物中，结合于线粒体内膜，在原核生物中整合于细胞膜上，其是连接氧化磷酸化与电子传递的枢纽之一，可为真核细胞线粒体和多种原核细胞需氧和产能的呼吸链提供电子，为线粒体的一种标志酶。作为膜内酶，琥珀酸脱氢酶与具有脂双层结构的线粒体膜结合得比较紧密，很难溶解下来，而且其一旦离开膜后，暴露在空气中会很快失活，因此其提纯难度很大。

1950年我国著名生物化学家王应睐、邹承鲁、汪静英等开展对膜蛋白琥珀酸脱氢酶的研究。经过反复实验，最后以正丁醇抽提法成功地把琥珀酸脱氢酶从鼠肝组织线粒体膜上溶解下来，得到了高纯度的水溶性琥珀酸脱氢酶，其活力比同期国外报道者高出1倍以上，从而奠定了我国在琥珀酸脱氢酶研究领域的领先地位。

二、糖有氧氧化过程的能量变化（三羧酸循环产生的ATP）

从三羧酸循环途径可以看出：每循环一次，1分子乙酰CoA经两步脱羧反应脱去2个碳原子，生成2分子CO_2；每循环一次，发生4步脱氢反应，其中3步是以NAD^+为电子受体，1步以FAD为电子受体，即形成3分子$NADH+H^+$和1分子$FADH_2$；每循环一次，消耗2分子H_2O，其中1分子用于合成柠檬酸，另1分子用于合成苹果酸。

三羧酸循环中4步脱氢反应产生的$NADH+H^+$和$FADH_2$可传递给呼吸链产生ATP。除三羧酸循环外，其他代谢途径中生成的$NADH+H^+$或$FADH_2$也可经呼吸链传递生成ATP。$NADH+H^+$的氢传递给氧时，可生成2.5个ATP，$FADH_2$的氢被氧化时只能生成1.5个ATP，加上底物水平磷酸化生成的1个ATP，乙酰CoA经三羧酸循环彻底氧化分解共生成10个ATP。若从丙酮酸脱氢反应开始计算，共产生12.5分子ATP。1mol的葡萄糖彻底氧化生成CO_2和H_2O可净生成$5+2\times12.5$或$7+2\times12.5$，即30mol或32molATP，具体见表10-2。

表10-2 葡萄糖有氧氧化生成的ATP

	反应步骤	辅酶	最终获得ATP
第一阶段	葡萄糖→6-磷酸葡萄糖		−1
	6-磷酸果糖→1,6-二磷酸果糖		−1
	2（3-磷酸甘油醛→1,3-二磷酸甘油酸）	2NADH	3或5
	2（1,3-二磷酸甘油酸→3-磷酸甘油酸）	2NADH	2
	2（烯醇式丙酮酸→丙酮酸）		2
第二阶段	2（丙酮酸→乙酰CoA）		5
	2（异柠檬酸→α-酮戊二酸）	2NADH	5
	2（α-酮戊二酸→琥珀酰CoA）	2NADH	5
第三阶段	2（琥珀酰CoA→琥珀酸）		2
	2（琥珀酸→延胡索酸）	$2FADH_2$	3
	2（苹果酸→草酰乙酸）	2NADH	5
总计			30或32

三、糖有氧氧化的生理意义

（一）为细胞提供能量

糖有氧氧化的主要功能是提供能量。糖在有氧条件下彻底氧化释放出的总能量远远大于糖类的无氧酵解，机体内大多数组织细胞均通过此途径氧化供能。1分子葡萄糖彻底有氧氧化生成30（或32）分子ATP，生成的ATP数目远远多于糖的无氧酵解生成的ATP数目。氧化所产生的能量可用于机体代谢的各个方面，如生物合成、物质主动运输、运动、生物发光等。

巴斯德效应（Pasteur effect）可用三羧酸循环形成大量能量的事实加以解释。早在1860年，巴斯德发现如果在厌氧条件下向高速酵解的酵母培养体系中通入氧气，则葡萄糖消耗的速度急剧下降，所积累的乳酸也迅速消失。将这种由消耗氧气而导致的葡萄糖消耗减少，乳酸堆积终止的现象称为巴斯德效应。这是因为在供氧充足的条件下，葡萄糖进行有氧氧化，产生大量的ATP，在高能荷情况下，ATP反馈抑制6-磷酸果糖激酶和丙酮酸激酶，使6-磷酸果糖和6-磷酸葡萄糖增加，后者为己糖激酶抑制剂，从而使葡萄糖的利用减少。

（二）三羧酸循环是机体代谢的枢纽

糖类的有氧代谢也是机体内其他物质（如甘油、氨基酸、脂肪酸）氧化的共同通路。同时，它的许多中间产物又是体内合成其他物质的原料。三羧酸循环把细胞内糖类、脂肪、蛋白质及氨基酸等的代谢有机地联系起来。

三羧酸循环是绝大多数生物体的主要分解代谢途径，同时也是提供大量自由能的重要代谢系统。在三羧酸循环中，α-酮戊二酸是合成谷氨酸、谷氨酰胺、脯氨酸、羟脯氨酸及精氨酸的前体物质；草酰乙酸是合成天冬氨酸、天冬酰胺、赖氨酸、苏氨酸、甲硫氨酸及异亮氨酸的前体物质；延胡索酸是酪氨酸、苯丙氨酸代谢的产物，因而糖类代谢与蛋白质代谢联系起来。三羧酸循环中的琥珀酰 CoA 是合成叶绿素和血红素的前体物质；乙酰 CoA 是用于合成脂肪的原料；脂肪氧化后变成乙酰 CoA 进入三羧酸循环；乙酰 CoA 又能经乙醛酸途径转变成琥珀酸，通过糖异生作用合成葡萄糖等其他糖类，因而糖类代谢与脂类代谢联系起来。由此可见，三羧酸循环是联系各类物质代谢的枢纽。

另外，三羧酸循环也为一些物质的生物合成提供了前体分子，因此它在物质的合成代谢中也发挥重要作用。例如，草酰乙酸是合成天冬氨酸的前体，α-酮戊二酸是合成谷氨酸的前体。一些氨基酸还可通过此途径转化成糖类。因此，三羧酸循环的中间产物必须补充与更新。如果三羧酸循环的中间产物被利用，则可通过代谢支路加以补充，以维持三羧酸循环的正常运转，如丙酮酸羧化支路可回补草酰乙酸等。

（三）三羧酸循环的产物可以得到最经济的利用

例如，能量的利用、中间产物的利用等。三羧酸循环中产生的 CO_2 部分被用于某些物质的生物合成。

四、糖有氧氧化的调节

（一）柠檬酸合酶的调控

柠檬酸合酶催化草酰乙酸和乙酰 CoA 合成柠檬酸。由于由乙酰 CoA 游离出 CoA 是放能反应（$\Delta G^{0\prime}=-31$kJ/mol），以致平衡趋于生成柠檬酸的方向。此酶控制三羧酸循环的入口，受多种调控。该酶是一个变构酶，当体内 ATP 含量较高时，抑制酶的活力。此外，NADH、脂酰 CoA、琥珀酰 CoA 及柠檬酸对该酶都有抑制作用。这步酶促反应是三羧酸循环的限速步骤。

（二）异柠檬酸脱氢酶的调控

异柠檬酸脱氢酶是一个变构调节酶，它的活性受 ADP 变构激活，ADP 可增强酶与底物的亲和力。该酶与异柠檬酸、Mg^{2+}、NAD^+、ADP 的结合有相互协同作用。与 NAD^+、ADP 的作用相反，NADH、ATP 对该酶起变构抑制作用。在能荷低的情况下｛能荷＝［ATP］＋1/2［ADP］/（［ATP］＋［ADP］＋［AMP］）｝，NAD^+的含量升高，不仅有利于异柠檬酸脱氢酶发挥作用，对其他需要以 NAD^+为辅助因子的酶促反应也有推动作用。异柠檬酸脱氢酶所具有的这些性质使它在三羧酸循环中起到调节作用。

（三）α-酮戊二酸脱氢酶复合体的调控

α-酮戊二酸脱氢酶复合体催化 α-酮戊二酸氧化脱羧生成琥珀酰 CoA。当琥珀酰 CoA 和 NADH 浓度较高时，抑制该酶的活性。同时其活性也受细胞内过量 ATP 的抑制。

（四）丙酮酸脱氢酶复合体的调控

丙酮酸脱氢酶复合体受别构效应及共价修饰两种方式的调节，该酶复合体的反应产物乙酰 CoA、NADH 和 ATP 对酶有反馈抑制作用，且这种抑制可被长链脂肪酸所加强。进入三羧酸循环的乙酰 CoA 减少，使 AMP、CoA、NAD^+累积，丙酮酸脱氢酶复合体被别构激活。Ca^{2+}对丙酮酸脱氢酶复合体有激活作用。同时，丙酮酸脱氢酶复合体可被丙酮酸脱氢酶激酶磷酸化，这种共价修饰使酶蛋白变构失活。而丙酮酸脱氢酶磷酸酶可使其去磷酸恢复活性。乙酰 CoA、NADH 和 ATP 除对丙酮酸脱氢酶复合体有直接的抑制作用外，还可通过增强丙酮酸脱氢酶激酶的活性而使其失活。

（五）ATP、ADP 和 Ca^{2+}对三羧酸循环的调节

机体活动增加总要消耗更多的 ATP。与 ATP 水解相伴随的是 ADP 浓度的增加。ADP 是异柠檬酸脱氢

酶的变构促进剂，可增加该酶对底物的亲和力。机体活动处于静息状态时，ATP 的消耗下降，浓度上升，对该酶产生抑制效应。

Ca^{2+}在机体内的生物功能是多方面的，它对三羧酸循环也间接地起着重要作用。它刺激糖原的降解，启动肌肉收缩，还对许多激素的信号起中介作用。在三羧酸循环中它对丙酮酸脱氢酶、异柠檬酸脱氢酶和α-酮戊二酸脱氢酶都有激活作用。

肝脏中三羧酸循环不仅在提供能量中起重要作用；由于肝功能的多样性（它能合成机体所需要的多种物质，包括葡萄糖、脂肪酸、胆固醇、氨基酸及卟啉类等），它还有为其他代谢提供中间产物的作用。因此，尽管各种组织中三羧酸循环的调控机制是相同的，但肝中三羧酸循环受到的调控关系显得更为错综复杂。

第四节 磷酸戊糖途径

在生物体内，葡萄糖除通过糖酵解、三羧酸循环进行分解外，还存在另一条氧化分解途径，即磷酸戊糖途径（pentose phosphate pathway，PPP），又称戊糖支路（pentose shunt）、磷酸己糖支路（hexose monophosphate shunt，HMS）或磷酸葡萄糖氧化途径。该途径在细胞基质中进行，反应将葡萄糖氧化分解生成五碳糖、CO_2、无机磷酸和 NADPH。

磷酸戊糖途径的发现是从糖酵解过程的观察中开始的。向供研究糖酵解用的组织匀浆中加入碘乙酸、氰化物等抑制物，葡萄糖的利用仍将进行。1931 年，Warburg 等发现了 6-磷酸葡萄糖脱氢酶和 6-磷酸葡萄糖酸脱氢酶，这些酶促使葡萄糖走向糖酵解外的未知途径。1951 年，Scott 和 Cohen 最早分离得到 5-磷酸核糖。1953 年，Dickens 总结了前人对磷酸戊糖途径的研究成果，发表在英国的医学杂志 *British Medical Bulletin* 上。

一、磷酸戊糖途径的反应过程

磷酸戊糖途径的反应分为两个阶段：氧化阶段和非氧化阶段，反应共分 8 步。氧化阶段包括六碳糖脱羧生成五碳糖，并使 $NADP^+$还原形成 $NADPH+H^+$。非氧化阶段包括 5-磷酸核酮糖通过差向异构和异构形成 5-磷酸木酮糖和 5-磷酸核糖，再通过转酮基反应和转醛基反应，将磷酸戊糖途径与糖酵解联系起来，并使 6-磷酸葡萄糖再生。磷酸戊糖途径是一个比较复杂的代谢途径：6 分子葡萄糖经磷酸戊糖途径可以使 1 分子葡萄糖转变为 6 分子 CO_2。磷酸戊糖途径的过程见图 10-9。

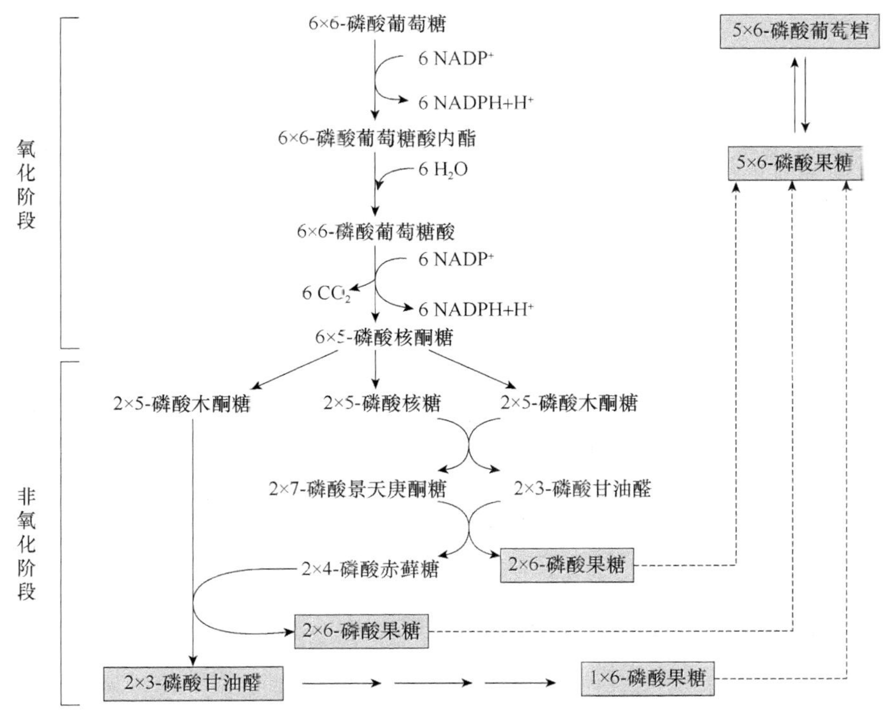

图 10-9 磷酸戊糖途径（引自魏民等，2020）

（一）氧化阶段

氧化阶段共包括3步反应。

1．6-磷酸葡萄糖脱氢反应 6-磷酸葡萄糖脱氢酶以 $NADP^+$ 为辅酶，催化6-磷酸葡萄糖脱氢生成6-磷酸葡萄糖酸内酯。

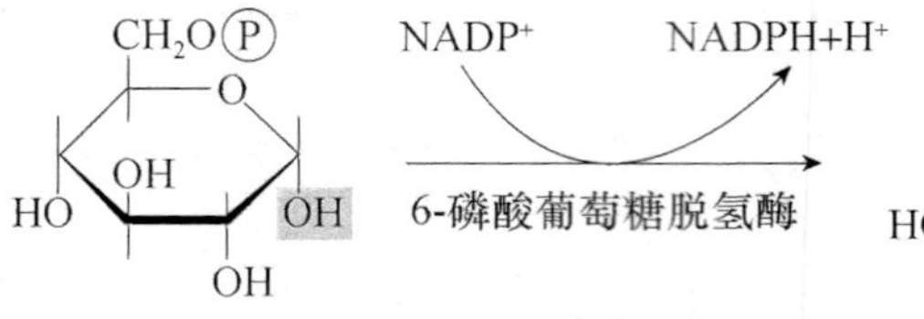

6-磷酸葡萄糖　　6-磷酸葡萄糖酸内酯

2．6-磷酸葡萄糖酸的生成反应 6-磷酸葡萄糖酸内酯在内酯酶的水解作用下生成6-磷酸葡萄糖酸。

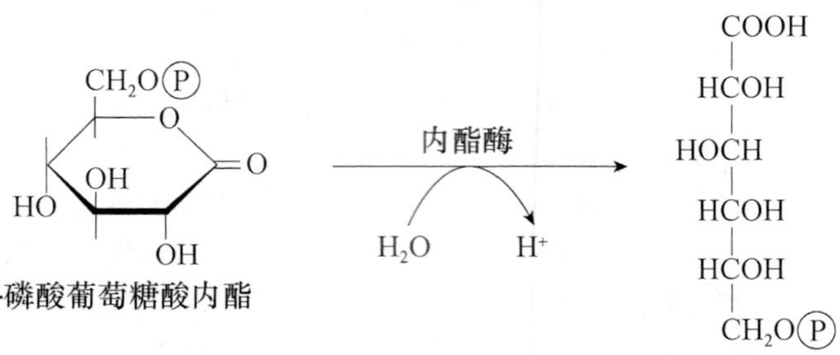

6-磷酸葡萄糖酸内酯　　6-磷酸葡萄糖酸

3．5-磷酸核酮糖的生成反应 6-磷酸葡萄糖酸脱氢酶催化6-磷酸葡萄糖酸脱氢并脱羧，生成5-磷酸核酮糖，再次以 $NADP^+$ 作为氢的受体。

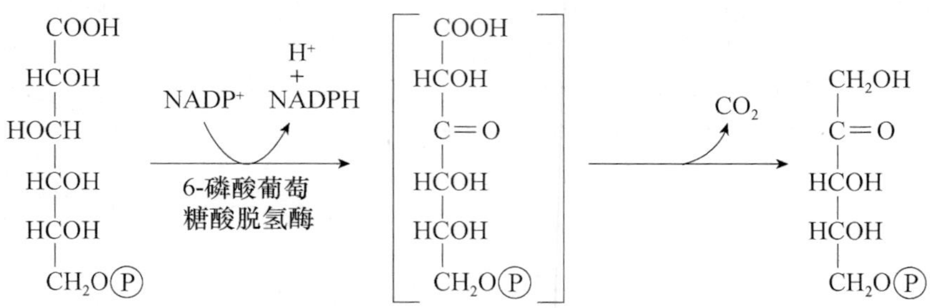

6-磷酸葡萄糖酸　　3-酮-6-磷酸葡萄糖酸　　5-磷酸核酮糖

（二）非氧化阶段

1．5-磷酸核酮糖的异构化 5-磷酸核酮糖经磷酸戊糖异构酶作用形成5-磷酸核糖；经差向异构酶形成5-磷酸木酮糖。反应式如下：

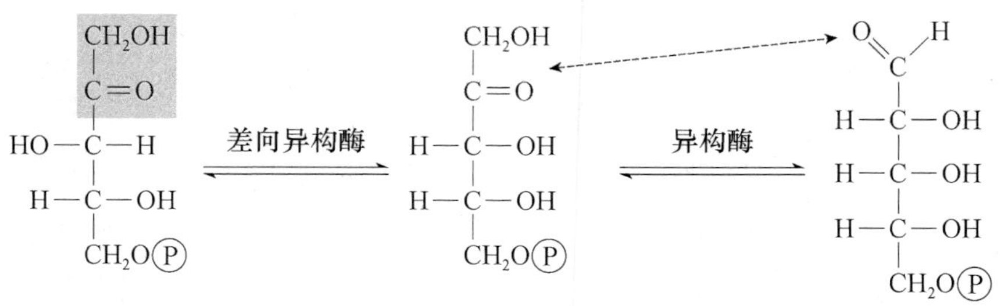

5-磷酸木酮糖　　5-磷酸核酮糖　　5-磷酸核糖

2．转酮基反应 5-磷酸木酮糖经转酮酶的作用，将二碳单位转移到5-磷酸核糖上，形成3-磷酸甘油醛和7-磷酸景天庚酮糖。反应式如下：

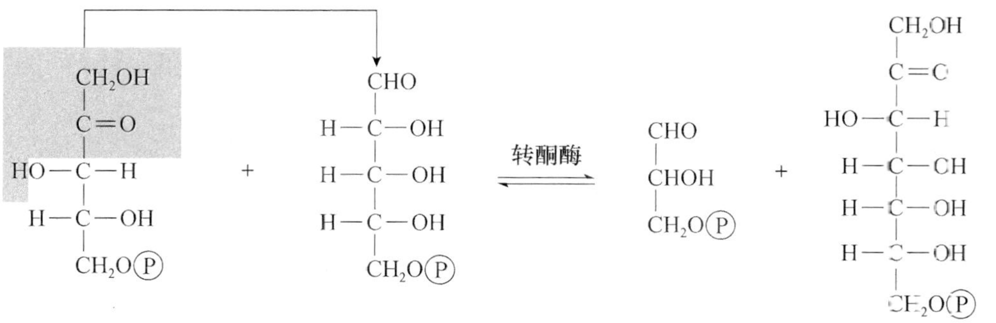

5-磷酸木酮糖　5-磷酸核糖　3-磷酸甘油醛　7-磷酸景天庚酮糖

3．转醛基反应　7-磷酸景天庚酮糖经转醛酶的作用，将三碳单位转移到3-磷酸甘油醛上，形成4-磷酸赤藓糖和6-磷酸果糖。反应式如下：

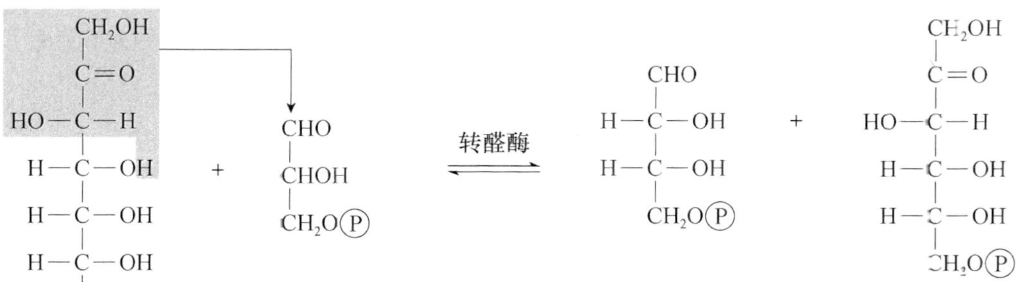

7-磷酸景天庚酮糖　3-磷酸甘油醛　4-磷酸赤藓糖　6-磷酸果糖

4．转酮基反应　4-磷酸赤藓糖和5-磷酸木酮糖经转酮酶的作用转移二碳单位，形成3-磷酸甘油醛和6-磷酸果糖。反应式如下：

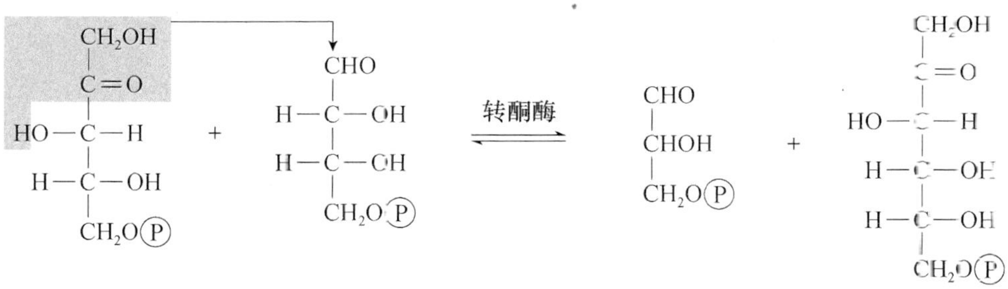

5-磷酸木酮糖　4-磷酸赤藓糖　3-磷酸甘油醛　6-磷酸果糖

5．异构化反应　6-磷酸果糖经异构化形成6-磷酸葡萄糖。反应式如下：

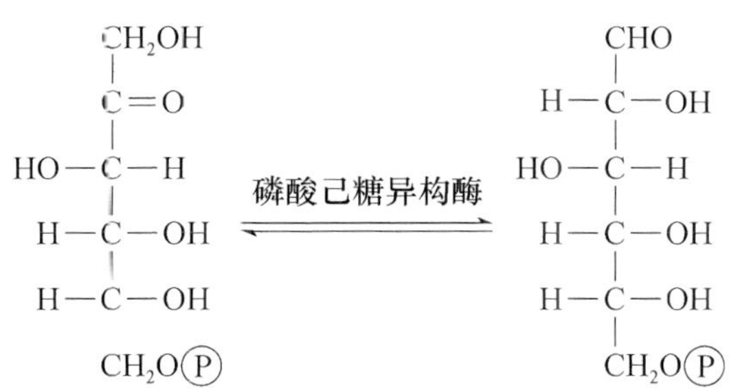

6-磷酸果糖　6-磷酸葡萄糖

（三）磷酸戊糖途径的化学计量和特点

1．磷酸戊糖途径的化学计量　磷酸戊糖途径的总反应式为

6×6-磷酸葡萄糖＋12$NADP^+$＋7H_2O⟶5×6-磷酸葡萄糖＋6CO_2＋12NADPH＋12H^+＋Pi

6 分子 6-磷酸葡萄糖循环一圈变成 5 分子 6-磷酸葡萄糖，净结果是 1 分子 6-磷酸葡萄糖彻底氧化成 CO_2 和 H_2O，在这个过程中，净产生 12 分子的 NADPH，为细胞的各种合成反应提供还原剂。

2．磷酸戊糖途径的特点

1）物质代谢　磷酸戊糖途径第 1、第 3 步为氧化反应（脱氢），产生能量物质，其他各步均为异构和移换反应，没有能量变化。

2）能量代谢　若以 3 分子 6-磷酸葡萄糖参与此途径代谢，每分子 6-磷酸葡萄糖经二次脱氢，一次脱羧，共生成 3 分子磷酸戊糖。然后，3 分子磷酸戊糖经异构、转酮及转醛反应最后生成 2 分子 6-磷酸果糖和 1 分子 3-磷酸甘油醛，也就是 1 分子的 6-磷酸葡萄糖产生 6 分子的 NADPH＋H^+和 1 分子 3-磷酸甘油醛。那么 2 分子的 6-磷酸葡萄糖产生 12 分子的 NADPH＋H^+和 2 分子 3-磷酸甘油醛，其中 2 分子 3-磷酸甘油醛可以通过糖异生过程变成 6-磷酸葡萄糖进入糖酵解途径。1 分子的 6-磷酸葡萄糖净产生 12 分子的 NADPH＋H^+，30 分子的 ATP。

葡萄糖的氧化分解主要是通过糖酵解、三羧酸循环的氧化过程，但在特殊情况下，如干旱、低温、受伤、病害等逆境条件下，葡萄糖也可以通过磷酸戊糖途径进行氧化，这个途径是需氧氧化途径，在细胞的胞质里进行。然后进入糖酵解途径，可继续进行葡萄糖分解代谢。

二、磷酸戊糖途径的生理意义

（一）为核酸的生物合成提供核糖

核糖是核酸和游离核苷酸的组成成分。体内的核糖并不依赖从食物摄入，可以从葡萄糖通过磷酸戊糖途径生成。葡萄糖既可经 6-磷酸葡萄糖脱氢、脱羧的氧化反应产生磷酸核糖，也可通过酵解途径的中间产物 3-磷酸甘油醛和 6-磷酸果糖经过前述的基团转移反应而生成磷酸核糖。这两种方式的相对重要性因物种而异。人类主要通过氧化反应生成核糖。肌肉组织内缺乏 6-磷酸葡萄糖脱氢酶，磷酸核糖靠基团转移反应生成。

（二）提供 NADPH 作为供氢体参与多种代谢反应

NADPH 与 NADH 不同，它携带的氢不通过呼吸链氧化以释出能量，而是参与许多代谢反应，发挥不同的功能。

1．NADPH 是体内许多合成代谢的供氢体　例如，机体合成非必需氨基酸时，先由 α-酮戊二酸与 NADPH 及 NH_3 生成谷氨酸，谷氨酸可与其他 α-酮戊二酸进行转氨基反应而生成相应的氨基酸。

2．NADPH 参与体内羟化反应　有些羟化反应与生物合成有关。例如，由鲨烯合成胆固醇，由胆固醇合成胆汁酸、类固醇激素等。有些羟化反应则与生物转化有关。

3．NADPH 用于维持谷胱甘肽的还原状态　谷胱甘肽（GSH）是一个三肽，2 分子 GSH 可以脱氢氧化成为 GSSG，而后者可在谷胱甘肽还原酶作用下，被 NADPH 重新还原成为还原型谷胱甘肽。还原型谷胱甘肽是体内重要的抗氧化剂，可以保护一些含—SH 的蛋白质或酶免受氧化剂，尤其是过氧化物的损害。在红细胞中还原型谷胱甘肽更具有重要作用，它可以保护红细胞细胞膜蛋白质的完整性。

三、磷酸戊糖途径的调节

6-磷酸葡萄糖脱氢酶是磷酸戊糖途径的第一个酶，是限速酶，其活性决定 6-磷酸葡萄糖进入该途径的流量。摄取高糖饮食，尤其在饥饿后进食时，肝脏内 6-磷酸葡萄糖脱氢酶含量明显增加，以适应脂肪酸合成 NADPH＋H^+的需要。6-磷酸葡萄糖脱氢酶活性的快速调节，主要受 NADPH＋H^+/$NADP^+$值的影响，因此，磷酸戊糖途径受 NADPH＋H^+与 $NADP^+$的比值控制。其比值升高，磷酸戊糖途径被抑制，反之则被激活。NADPH 既是它的产物，又是它的强竞争性抑制剂，如果细胞内的 NADPH 浓度高，磷酸戊糖途径就会受到抑制。

第五节　糖异生作用

糖异生作用是由非糖物质合成葡萄糖的过程，这些非糖物质包括乳酸、丙酮酸、三羧酸循环中间产物、大部分氨基酸的碳骨架及甘油等。糖异生作用对人体尤为重要，因为脑和红细胞几乎仅依赖葡萄糖作为它们的能量来源。机体通过糖异生补充血糖的主要器官是肝脏，肾脏在正常情况下糖异生的能力只有肝脏的1/10，长期饥饿时肾脏的糖异生能力可增强。在饥饿期间，葡萄糖的形成主要是通过糖异生作用，特别是利用蛋白质降解的氨基酸和脂肪分解的甘油进行糖异生。在运动期间，脑和骨骼肌所要求的血糖水平由肝脏利用肌肉产生的乳酸异生成葡萄糖来维持。高等植物糖异生过程主要发生在油料种子萌发时，它将脂肪酸氧化产物和甘油转化为糖类。

一、糖异生途径

糖异生途径大部分是利用糖酵解的逆反应。但在糖酵解中，由己糖激酶、磷酸果糖激酶和丙酮酸激酶催化的反应是不可逆的，这3个步骤必须用其他酶使其逆转，因此糖异生并不是糖酵解的简单逆转。实现糖酵解3步不可逆步骤逆转的反应过程如下。

（一）丙酮酸转变成磷酸烯醇式丙酮酸

1. 丙酮酸转变成草酰乙酸 丙酮酸在丙酮酸羧化酶（pyruvate carboxylase）的作用下形成草酰乙酸，该反应需消耗ATP。反应式如下：

$$丙酮酸+CO_2+ATP\xrightarrow{丙酮酸羧化酶}草酰乙酸+ADP+H_3PO_4$$

丙酮酸羧化酶是一个含生物素的酶，需乙酰CoA作为辅助因子。丙酮酸羧化酶分布于线粒体中，在细胞质中由乳酸或磷酸烯醇式丙酮酸形成的丙酮酸均需进入线粒体才能起作用。

2. 草酰乙酸转变成磷酸烯醇式丙酮酸 草酰乙酸在磷酸烯醇式丙酮酸羧激酶的作用下转变成磷酸烯醇式丙酮酸，进入糖酵解逆转过程。反应式如下：

$$草酰乙酸+GTP\xrightarrow{磷酸烯醇式丙酮酸羧激酶}磷酸烯醇式丙酮酸+CO_2+GDP$$

磷酸烯醇式丙酮酸羧激酶在人体的线粒体及胞质中均有存在，但主要存在于胞质中（人体内此酶在胞质和线粒体内的分布比值为67∶33）。存在于线粒体中的磷酸烯醇式丙酮酸羧激酶可直接催化草酰乙酸脱羧生成磷酸烯醇式丙酮酸，磷酸烯醇式丙酮酸从线粒体转运到细胞质；而存在于细胞质中的磷酸烯醇式丙酮酸羧激酶，首先要使不能自由进出线粒体内膜的草酰乙酸从线粒体转运到细胞质中，才能进行催化。故线粒体中生成的草酰乙酸可经苹果酸-天冬氨酸穿梭作用转运出线粒体或经线粒体中苹果酸脱氢酶催化还原成苹果酸后出线粒体（苹果酸、天冬氨酸都能自由进出线粒体内膜），再在胞质中苹果酸脱氢酶的催化下转变成草酰乙酸。丙酮酸羧化酶和磷酸烯醇式丙酮酸羧激酶均是糖异生的关键酶。

上述由丙酮酸羧化酶和磷酸烯醇式丙酮酸羧激酶催化丙酮酸形成磷酸烯醇式丙酮酸的代谢途径称为丙酮酸羧化途径（pyruvate carboxylation pathway）。

（二）1,6-二磷酸果糖转变为6-磷酸果糖

1,6-二磷酸果糖经果糖-1,6-二磷酸酶催化转变为6-磷酸果糖。反应式如下：

$$1,6\text{-}二磷酸果糖\xrightarrow{果糖\text{-}1,6\text{-}二磷酸酶}6\text{-}磷酸果糖$$

（三）6-磷酸葡萄糖水解为葡萄糖

6-磷酸葡萄糖经葡萄糖-6-磷酸酶催化转变成葡萄糖。反应式如下：

$$6\text{-}磷酸葡萄糖\xrightarrow{葡萄糖\text{-}6\text{-}磷酸酶}葡萄糖$$

上述3步迂回措施实际上是由不同的酶绕过了糖酵解中3个不可逆的反应，使丙酮酸或草酰乙酸等中间产物能很好地转化为葡萄糖。除丙酮酸和草酰乙酸外，其他物质，如丙氨酸或天冬氨酸等，可通过转化为丙酮酸和草酰乙酸再进一步合成葡萄糖。它们的转化过程如图10-10所示。

二、糖异生的生理意义

糖异生是糖类合成代谢中的一条重要途径，其生物学意义主要有以下几方面。

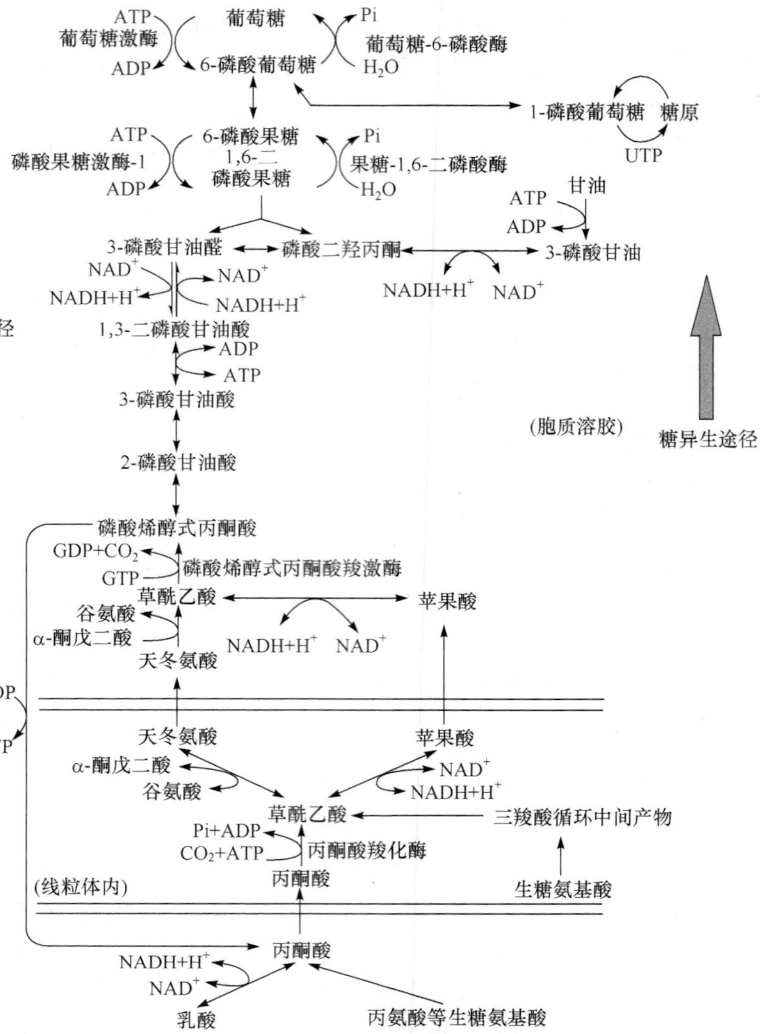

图 10-10 糖异生途径（引自辛嘉英，2021）

视频
糖异生

（一）糖异生可将非糖物质转化为糖类

生物体内的非糖物质，如有机酸、脂肪、氨基酸及蛋白质等通过糖异生作用增加了糖类物质的来源，为糖类的供应和能量的转化提供新的途径。例如，哺乳动物的大脑和神经组织、红细胞及肾髓质等都以葡萄糖作为唯一的能源物质。当外源糖类的供应缺乏时，通过糖异生作用使体内糖类的供应得到保障。植物在种子萌发期间贮存的非糖营养物质通过糖异生作用转化为糖类，除补充能源供应外，还为纤维素等的合成提供原料，满足植物的生长需求。

（二）沟通糖类、脂肪及蛋白质之间的代谢

糖类分解代谢的中间产物可通过糖异生途径转化成脂肪或氨基酸等物质。脂肪和氨基酸等物质可通过糖异生途径转化为糖类。非糖物质通过糖异生转化为糖类，可以此实现糖类、脂肪及蛋白质之间的相互转化，达到物质代谢的沟通和平衡。

（三）动物的乳酸代谢出路

动物通过糖异生重新利用乳酸具有特殊意义。动物机体肌肉剧烈运动时由于供氧不足而缺乏能量，促使糖酵解加速，进而产生大量的乳酸。乳酸是代谢盲路，只有通过糖异生重新转化为葡萄糖才能再利用，若积累过多会产生肌肉酸痛，严重时则引起代谢性酸中毒。肌肉等组织不能进行糖异生，乳酸可经血液运至肝进行糖异生，生成葡萄糖后再经血液返回肌肉等需糖类较多的组织中，这一循环称 Cori 循环。

（四）有利于维持酸碱平衡

长期饥饿时，肾脏糖异生作用增强，有利于维持酸碱平衡。因长期禁食或饥饿后造成代谢性酸中毒，此时体液 pH 降低，促进肾小管中磷酸烯醇式丙酮酸羧激酶的合成，从而使糖异生作用增强。另外，当肾脏中因糖异生作用而导致α-酮戊二酸减少时，可促进谷氨酰胺脱氨生成谷氨酸的反应及谷氨酸的脱氨反应。而肾小管细胞将 NH_3 分泌入管腔中，与原尿中 H^+结合，降低原尿 H^+的浓度，有利于排氢保钠作用的进行，对防止酸中毒有重要作用。

（五）某些微生物的生存方式

大多数生物以糖类作为主要的能源物质，但也有些不依赖糖类的微生物由于长期生存在无糖条件下，则必须以糖异生的方式将非糖物质合成糖类，以维持生存。

三、糖异生的调节

动物糖异生作用的调控主要包括一些效应物和激素等信息物质对糖异生途径中调节酶的调控。对于植物的糖异生调节还了解不多。

（一）酶的别构调节

糖异生途径中的 4 个关键调节酶分别为丙酮酸羧化酶、磷酸烯醇式丙酮酸羧激酶、果糖-1,6-二磷酸酶和葡萄糖磷酸酯酶。

丙酮酸羧化酶作为一种别构酶存在于线粒体中，乙酰 CoA 是正效应物。此酶催化丙酮酸产生草酰乙酸。当能量供应充足时，三羧酸循环减慢，导致乙酰 CoA 积累，从而激活丙酮酸羧化酶，启动糖异生途径。当能量供应不足时，三羧酸循环加快，乙酰 CoA 减少，丙酮酸羧化酶活性随之降低，抑制糖异生途径。ADP 抑制丙酮酸羧化酶，使得草酰乙酸的含量减少，ADP 进一步抑制磷酸烯醇式丙酮酸羧激酶，磷酸烯醇式丙酮酸的含量也减少，从而促进糖酵解。果糖-1,6-二磷酸酶的正效应物为 ATP，果糖-1,6-二磷酸酶受到 AMP 和 2,6-二磷酸果糖的强烈抑制。但 2,6-二磷酸果糖的抑制作用比较复杂，受激素的调控。磷酸烯醇式丙酮酸羧激酶存在于胞质溶胶中，也是调节酶，活性受 GTP 反馈调节。

（二）糖异生与糖酵解的联合调节

1. 磷酸果糖激酶和果糖-1,6-二磷酸酶的调节 2,6-二磷酸果糖是糖酵解和糖异生的共同效应物（调节物），起促进糖酵解而抑制糖异生作用，值得关注的是 2,6-二磷酸果糖的生成和降解受不同激素的影响。

2,6-二磷酸果糖（F-2,6-BP）是磷酸果糖激酶-1（PFK-1）的强力正效应物，可消除 ATP 对 PFK-1 的抑制，同时又是果糖-2,6-二磷酸酶的强力负效应物。2,6-二磷酸果糖与 1,6-二磷酸果糖都来自 6-磷酸果糖的磷酸化。磷酸果糖激酶-2（PFK-2）催化 6-磷酸果糖转化为 2,6-二磷酸果糖。果糖-2,6-二磷酸酶催化 2,6-二磷酸果糖水解为 6-磷酸果糖。

具有特别意义的是磷酸果糖激酶-2 与果糖-2,6-二磷酸酶是同一个酶分子，相对分子质量为 53 000，差别只在于一个丝氨酸残基的磷酸化与否，这种酶称前后酶或双功能酶。酶分子的磷酸化状态具有果糖二磷酸酶活性，而脱磷酸化状态具有激酶活性。

当激素等信息物质传递到细胞表面后，与受体结合，引发蛋白激酶活化，使该双功能酶执行果糖-2,6-二磷酸酶活性，催化 2,6-二磷酸果糖转变为 6-磷酸果糖。当另一种信息物质作用于细胞时，引发蛋白磷酸酶活化，使该双功能酶执行磷酸果糖激酶-2 的活性，将 6-磷酸果糖转变成 2,6-二磷酸果糖。双功能酶通过磷酸化与去磷酸化的共价修饰来调节 2,6-二磷酸果糖的浓度，从而调节糖异生和糖酵解的相互消长和平衡，不至于导致糖酵解和糖异生同时进行（图 10-11）。

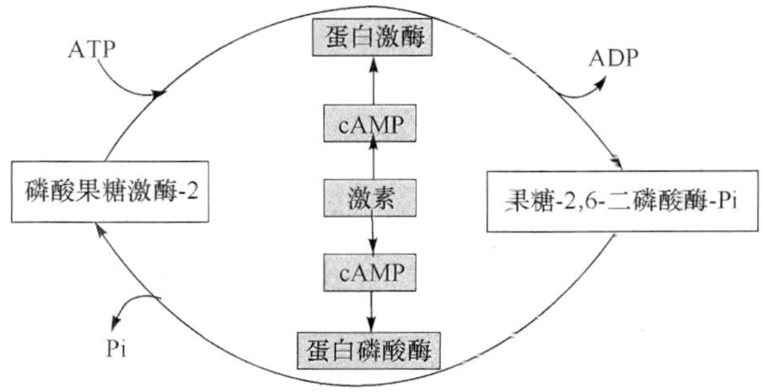

图 10-11 磷酸果糖激酶与果糖-2,6-二磷酸酶的转化

调节双功能酶的激素主要是胰高血糖素和胰岛素。当饥饿时，血糖浓度过低，胰高血糖素水平升高，被细胞膜受体接收，引发受体联动，通过一种 G 蛋白激活膜内侧的腺苷酸环化酶，使 ATP 环化为 cAMP。cAMP 作为第二信使激活蛋白激酶，使蛋白质发生磷酸化，双功能酶具有果糖二磷酸酶活性，2,6-二磷酸果糖被水解，消除对糖异生的抑制，加速葡萄糖的合成，增加血糖浓度。当饱食状态下，血糖浓度较高，胰高血糖素水平降低，胰岛素水平升高，同样使细胞膜另一受体联动，在细胞内产生另一种信息物质，激活蛋白磷酸酶，使蛋白质脱磷酸化，双功能酶具有激酶活性，结果使 2,6-二磷酸果糖浓度增加，抑制糖异生作用，促进糖酵解过程，从而降低血糖浓度。

2．丙酮酸激酶、丙酮酸羧化酶和磷酸烯醇式丙酮酸羧激酶的调节 高水平的 ATP 和丙氨酸抑制丙酮酸激酶，因此当 ATP 和生物合成的中间产物充足时，糖酵解被抑制，同时高水平的乙酰 CoA 活化丙酮酸羧化酶有助于糖异生作用的进行；反之，当细胞的供能状态低迷时，高水平的 ADP 抑制丙酮酸羧化酶和磷酸烯醇式丙酮酸羧激酶的活性，关闭糖异生作用，糖酵解作用开始。1,6-二磷酸果糖可激活丙酮酸激酶，当糖酵解加速时，丙酮酸激酶的活性相应提高。

在饥饿期间，为了保证脑和肌肉的血糖供应，肝中的丙酮酸激酶受到抑制，限制了糖酵解的进行。因胰高血糖素分泌到血液并激活 cAMP 的级联效应，导致丙酮酸激酶因磷酸化而失活。

3．Cori 循环 人体（或动物）经历剧烈运动，在氧有限的条件下，糖酵解过程中 NADH 的生成超过呼吸链氧化它再生 NAD^+的能力，于是在肌肉中，由糖酵解产生的丙酮酸被乳酸脱氢酶转化为乳酸，该反应使 NAD^+再生，以保证糖酵解的继续进行，并产生 ATP。生成的乳酸随血液流入肝，在这里扩散到肝细胞内，被乳酸脱氢酶氧化为丙酮酸，经糖异生作用生成葡萄糖，新生成的葡萄糖被释放回血液中。这种循环过程称为 Cori 循环。

第六节 糖原的分解与合成

糖原是人体及动物的营养贮藏性多糖，俗称动物淀粉。有些微生物也以糖原作为贮藏营养。糖原作为葡萄糖储备的生物学意义在于当机体需要葡萄糖时，它可以迅速被利用以供急需，而脂肪则不能。

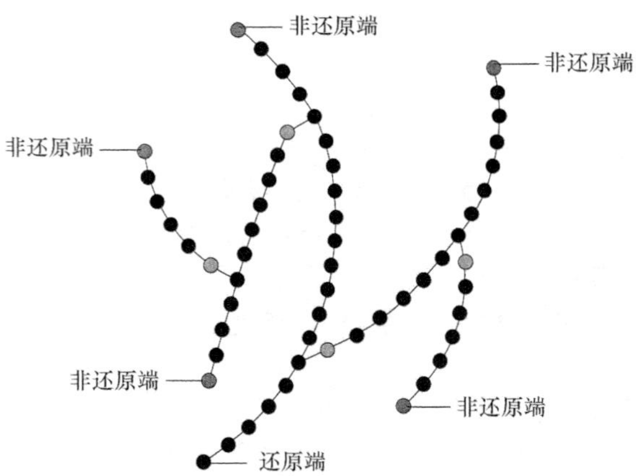

图 10-12 糖原分子的结构示意图

一、糖原的分解

糖原（glycogen）是动物体内糖类的贮藏形式，主要贮藏在肝脏和骨骼肌中。糖原的分子结构与支链淀粉相似，主要由 *D*-吡喃葡萄糖通过 α-1,4 糖苷键连接组成糖链，并通过 α-1,6 糖苷键连接产生支链。糖原分子中分支比支链淀粉更多，平均每间隔 12 个 α-1,4 糖苷键连接的葡萄糖就是一个分支点。糖原的相对分子质量范围从几百万至几千万。糖原的结构及其连接方式如图 10-12 和图 10-13 所示。

糖原分解（glycogenolysis）指糖原分解为葡萄糖的过程，习惯上通常是指肝糖原分解成葡萄糖的过程，也称为糖原的磷酸解。糖原合成及分解反应都是从糖原分支的非还原端开始的，但分别由两组不同的酶催化。糖原的分解代谢也分为三个阶段，是非耗能过程。

（一）糖原被磷酸解为 1-磷酸葡萄糖

糖原可被糖原磷酸化酶作用进行磷酸解，每次生成 1-磷酸葡萄糖和少一个葡萄糖的糖原。

$$\text{糖原（}n\text{ 个残基）}+\text{Pi}\xrightarrow{\text{糖原磷酸化酶}}\text{糖原（}n-1\text{ 个残基）}+\text{1-磷酸葡萄糖}$$

糖原磷酸化酶只能水解某些 α-1,4 糖苷键，并不能作用糖原分子分支部分的 α-1,6 糖苷键。而且，对于与分支点相距 3 个葡萄糖残基的 α-1,4 糖苷键，糖原磷酸化酶同样无能为力，因此糖原的磷酸解还需要糖

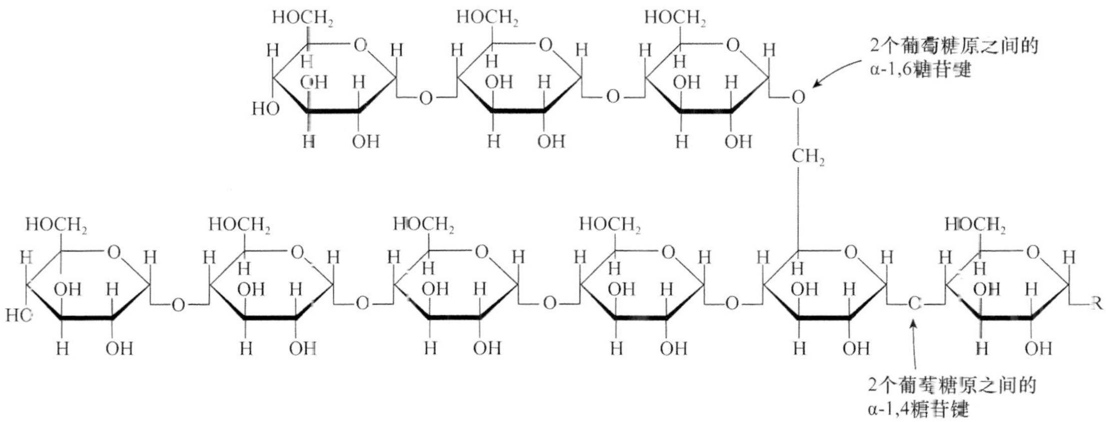

图 10-13 糖原分子的连接方式图

原脱支酶的帮助。糖原脱支酶是一种双功能酶，它催化糖原脱支的两个反应。一种功能是 4-α-葡聚糖基转移酶活性，即将糖原上四葡聚糖支链上的三葡聚糖基转移到酶蛋白上，然后再交给同一糖原分子或相邻糖原分子末端具有 4-羟自由基的葡萄糖残基上，生成 α-1,4 糖苷键，结果直链延长 3 个葡萄糖，而 α-1,6 糖苷键分支处只留下 1 个葡萄糖残基。然后在糖原脱支酶的另一功能，即 1,6-葡萄糖苷酶活性催化下，这个葡萄糖残基被水解脱下，成为游离的葡萄糖。在糖原磷酸化酶与糖原脱支酶的协同和反复作用下，糖原可以完全磷酸解。

（二）1-磷酸葡萄糖异构为 6-磷酸葡萄糖

经糖原磷酸化酶磷酸解生成的 1-磷酸葡萄糖在磷酸葡萄糖变位酶的催化下转变为 6-磷酸葡萄糖。该反应是可逆反应。

$$\text{1-磷酸葡萄糖} \xrightleftharpoons{\text{磷酸葡萄糖变位酶}} \text{6-磷酸葡萄糖}$$

（三）6-磷酸葡萄糖水解为葡萄糖

1-磷酸葡萄糖在磷酸葡萄糖变位酶的催化下转变为 6-磷酸葡萄糖后，肝及肾中含有 6-磷酸葡萄糖酶，使 6-磷酸葡萄糖水解变成游离葡萄糖，释放到血液中，维持血糖浓度的相对恒定。

$$\text{6-磷酸葡萄糖} \xrightarrow{\text{6-磷酸葡萄糖酶（肝、肾）}} \text{葡萄糖}$$

二、糖原的合成

糖原合成（glycogenesis）是由葡萄糖合成糖原的过程，在糖原合酶的催化下活化形式的葡萄糖与引物分子（未降解完全的糖原分子或糖原素）合成糖原，糖原的合成主要在肝细胞和肌细胞中进行。

（一）糖原直链的合成

葡萄糖首先磷酸化为 6-磷酸葡萄糖，后者再转变为 1-磷酸葡萄糖。1-磷酸葡萄糖在尿苷二磷酸葡萄糖焦磷酸化酶作用下，与尿苷三磷酸（UTP）反应生成尿苷二磷酸葡萄糖（UDP-葡萄糖，UDPG）和焦磷酸（PPi），焦磷酸的水解推动糖原可逆反应单向进行到底。尿苷二磷酸葡萄糖是葡萄糖的活化形式。在糖原合酶作用下，将葡萄糖基转移给糖原引物的非还原端，形成 α-1,4 糖苷键。糖原引物是细胞内较小的糖原分子，游离的葡萄糖不能作为尿苷二磷酸葡萄糖的葡萄糖基受体。该酶只能催化形成 α-1,4 糖苷键，不能形成 α-1,6 糖苷键（图 10-14，图 10-15）。

（二）糖原分支的合成

在糖原合酶作用下，糖链只能延长，不能形成分支。当糖链延长到超过 11 个葡萄糖残基后，糖原分支酶（branching enzyme）可将约 7 个葡萄糖基的一段糖链转移至邻近糖链上，以 α-1,6 糖苷键相连，形成分支（图 10-16）。

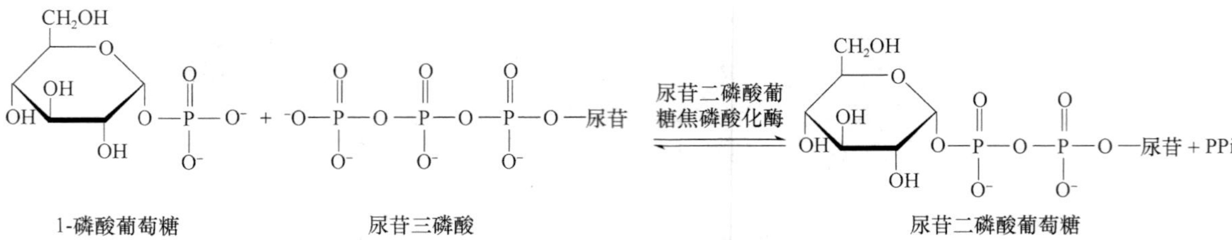

图 10-14 尿苷二磷酸葡萄糖的形成

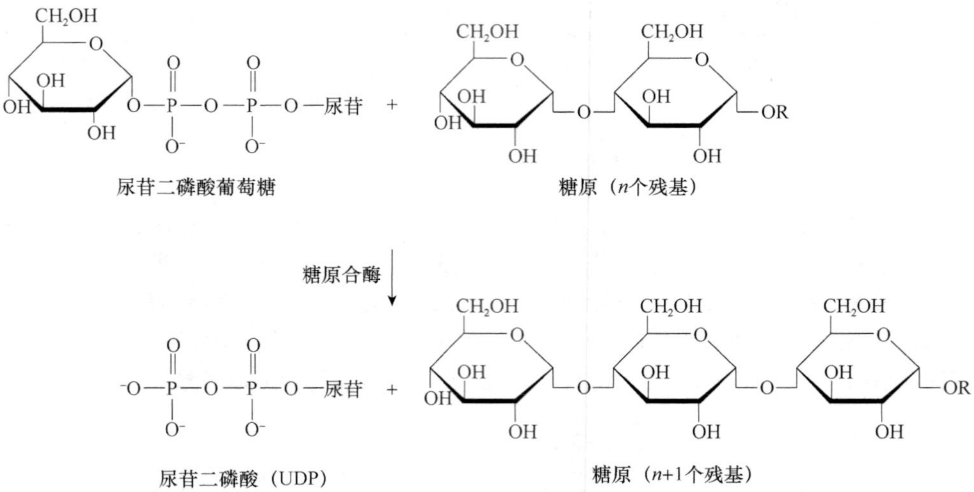

图 10-15 α-1,4 糖苷键的形成

糖原的分解与合成均在分支的非还原端进行，多分支的形成可以提高糖原合成与分解的速度，同时增加糖原的水溶性。糖原合成过程总结如图 10-17 所示。

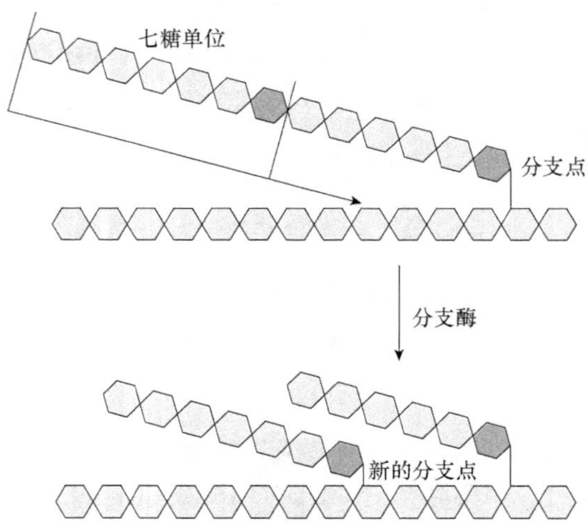

图 10-16 糖原合成过程中分支酶的作用

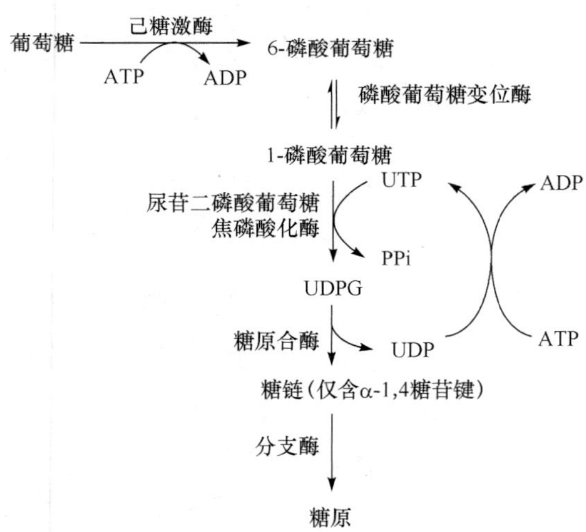

图 10-17 糖原合成过程

三、糖原代谢的调节

在肝脏中糖原合成与糖原分解主要是为了维持血糖浓度的相对恒定，糖原合成和分解的平衡主要受肾上腺素的调节；在肌肉中糖原的合成与分解主要是为肌肉贮存能量和提供 ATP，糖原合成和分解的平衡受胰高血糖素、胰岛素等激素的调节。糖原分解途径中的糖原磷酸化酶和糖原合成途径中的糖原合酶分别是这两条途径的调节点，它们均受到别构与共价修饰双重调节，糖原磷酸化酶和糖原合酶的活性不会同时被激活或同时抑制，其活性高低决定糖原代谢的方向。

（一）糖原磷酸化酶活性的调节

体内肾上腺素和胰高血糖素可通过 cAMP 连锁级联放大，构成一个调节糖原合成与分解的控制系统。在肌肉剧烈运动时，糖原磷酸化酶的活性受到肾上腺素的调节。肾上腺素通过信号转导系统使 cAMP 的浓度提高，激活蛋白激酶 A（protein kinase A，PKA），使无活性的糖原磷酸化酶激酶 b（phosphorylase kinase b）磷酸化成为有活性的糖原磷酸化酶激酶 a（phosphorylase kinase a）。糖原磷酸化酶激酶 a 进一步使无活性的糖原磷酸化酶 b（glycogen phosphorylase b）成为有活性的糖原磷酸化酶 a（glycogen phosphorylase a），促进糖原分解。这种酶的共价化学修饰，构成一组连续的、级联式（cascade）的酶激活过程，各级反应不仅都可被调节，而且有放大效应。这种调节机制有利于机体针对不同生理状况作出反应。此外，当肌肉剧烈运动时，肌糖原分解增加，该过程还涉及另外两个别构调节机制。一个是 Ca^{2+}的别构调节，另一个是 AMP 和 ATP 的别构调节。Ca^{2+}作为肌肉运动的信号，它结合并别构激活糖原磷酸化酶激酶 b 使其具有活性，促进无活性的糖原磷酸化酶 b 转变为有活性的糖原磷酸化酶 a。AMP 在剧烈运动的肌肉中积聚，别构激活糖原磷酸化酶；当 ATP 足够时，ATP 和别构位点结合，使糖原磷酸化酶失活。

在肝脏中，糖原磷酸化酶的活性调节主要受胰高血糖素调节。当血糖浓度降低到一定程度，通过分泌胰高血糖素激活腺苷酸环化酶，催化生成 cAMP，进一步激活蛋白激酶 A 使磷酸化酶激酶 b 转化为磷酸化酶激酶 a，催化无活性的糖原磷酸化酶 b 转变为有活性的糖原磷酸化酶 a，促使肝糖原分解成葡萄糖释放到血液中，达到升血糖目的。在肝脏中糖原磷酸化酶的活性也存在着别构调节机制。但此时别构调节剂是葡萄糖而不是 AMP。当血糖浓度升高时，葡萄糖进入肝细胞并和糖原磷酸化酶 a 的别构位点结合，使糖原磷酸化酶 a 构象发生变化，将分子上磷酸化的丝氨酸残基暴露给糖原磷酸化酶 a 磷酸酶发生水解，糖原磷酸化酶 a 脱磷酸成无活性的糖原磷酸化酶 b。

（二）糖原合酶活性的调节

糖原合酶也分为 a、b 两种形式。糖原合酶 a 具有活性。糖原合酶 a 被磷酸化转变成无活性的糖原合酶 b。在磷蛋白磷酸酶（phosphoprotein phosphatase）的作用下，无活性的糖原合酶 b 脱磷酸转变为有活性的糖原合酶 a。糖原磷酸化酶和糖原合酶的活性在磷酸化与去磷酸化作用下相互调节，一个酶被激活，另一个酶活性被抑制，两个酶不会同时被激活或同时被抑制。糖原磷酸化酶激酶 a、糖原磷酸化酶 a 和糖原合酶 b，它们的脱磷酸均由磷蛋白磷酸酶催化。磷蛋白磷酸酶可与其磷酸化的抑制物结合而失去活性，以保证糖原磷酸化酶激酶 a、糖原磷酸化酶 a 和糖原合酶 b 维持磷酸化的状态。因此 cAMP 激活蛋白激酶 A，不仅促进糖原磷酸化酶激酶 b 磷酸化成为糖原磷酸化酶激酶 a、糖原磷酸化酶 b 磷酸化成为糖原磷酸化酶 a，又通过磷蛋白磷酸酶抑制剂的磷酸化，达到抑制磷蛋白磷酸酶对糖原磷酸化酶激酶 a、糖原磷酸化酶 a 和糖原合酶 b 脱磷酸化的目的，最终促进糖原分解，抑制糖原合成。

第七节　其他糖类的合成

一、淀粉的生物合成

淀粉的合成与糖原的合成很相似，也需要寡聚葡萄糖引物，引物为至少含 4 个葡萄糖基的糖链，以提供非还原端的 C4 位—OH。淀粉的合成分为两步，首先合成直链淀粉，然后合成更为复杂的支链淀粉。

（一）直链淀粉的合成

催化淀粉中 α-1,4 糖苷键形成的酶为淀粉合酶，葡萄糖的供体是腺苷二磷酸葡萄糖（ADPG）和尿苷二磷酸葡萄糖（UDPG），近年来认为高等植物合成淀粉的主要途径是以 ADPG 为葡萄糖的供体。ADPG（UDPG）可将葡萄糖转移到受体引物上，引物可以是小分子的葡聚糖，也可以是淀粉分子。反应式如下：

$$ADPG（UDPG）+引物（葡萄糖_n）\xrightarrow{淀粉合酶}引物（葡萄糖_{n+1}）+ADP（UDP）$$

（二）支链淀粉的合成

支链淀粉除含有 α-1,4 糖苷键外，还含有 α-1,6 糖苷键。因此，支链淀粉的合成是在淀粉合酶和 α-1,4 葡聚糖分支酶（原称 Q 酶）共同作用下完成的。淀粉合酶催化葡萄糖以 α-1,4 糖苷键结合，α-1,4 葡聚糖分支酶可以从直链淀粉的非还原端拆开一个低聚糖片段，并将其转移到毗邻的直链片段的某个残基上，以 α-1,6 糖苷键与之相连，即形成一个分支（图 10-18）。

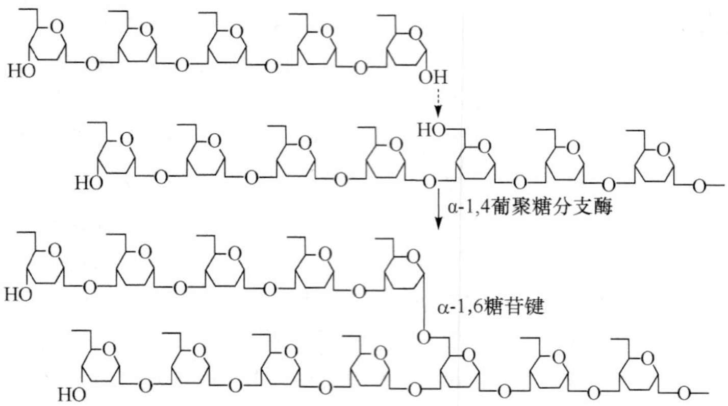

图 10-18　支链淀粉的合成

二、纤维素的生物合成

纤维素的合成与蔗糖、淀粉、糖原等一样都是通过糖核苷酸作为葡萄糖供体的。在一些植物中，糖基供体是尿苷二磷酸葡萄糖（UDPG），如棉花；而在另一些植物中，糖基供体是鸟苷二磷酸葡萄糖（GDPG），如玉米、茄子、绿豆、豌豆等。细菌细胞中合成纤维素时，葡萄糖供体只能是 UDPG。纤维素合成时，催化 β-1,4 糖苷键形成的酶为纤维素合成酶，与此同时，需要一段由 β-1,4 糖苷键连接的葡聚糖作为引物。纤维素合成反应过程可以表示为葡萄糖核苷二磷酸上的葡萄糖残基加在引物葡聚糖链上，使引物葡聚糖链加长一个葡萄糖单位，直至形成一个长链的纤维素大分子。

$$GDPG+葡萄糖_n\xrightarrow{纤维素合成酶}葡萄糖_{n+1}+GDP$$

三、蔗糖的生物合成

蔗糖是高等植物光合作用的主要产物，也是植物体中糖类的主要运输形式，蔗糖更是重要的食品原料。蔗糖的合成可通过蔗糖合酶和磷酸蔗糖合酶两种途径完成。

（一）蔗糖合酶途径

蔗糖合酶（sucrose synthase）又称 UDPG 转移酶（UDPG transferase），它催化 UDPG 与果糖反应合成蔗糖，反应式如下：

$$UDPG+果糖\xrightarrow{蔗糖合酶}UDP+蔗糖$$

（二）磷酸蔗糖合酶途径

磷酸蔗糖合酶（sucrose phosphate synthase）或称为蔗糖磷酸合酶，普遍存在于植物的光合组织中。其催化 UDPG 与 6-磷酸果糖合成磷酸蔗糖，然后经磷酸蔗糖酶水解生成蔗糖，反应式如下：

$$UDPG+6\text{-}磷酸果糖\xrightarrow{磷酸蔗糖合酶}磷酸蔗糖+UDP$$

$$磷酸蔗糖+H_2O\xrightarrow{磷酸蔗糖酶}蔗糖+Pi$$

该合成途径主要在胞质中进行，是蔗糖生物合成的主要途径。磷酸蔗糖合酶的活性较高，平衡常数有利于蔗糖的合成，且植物光合组织中磷酸蔗糖合酶的含量丰富。因此，一般认为磷酸蔗糖合酶途径是蔗糖合成的主要途径。

四、乳糖的合成

乳糖是哺乳动物乳汁中的糖分，由半乳糖和葡萄糖以β-糖苷键相连。乳糖的合成要利用活化的半乳糖，即尿苷二磷酸半乳糖，它的来源与半乳糖分解代谢途径中其来源相同。生成的尿苷二磷酸半乳糖在乳糖合酶的催化下，将半乳糖基转移给葡萄糖生成乳糖（图 10-19）。

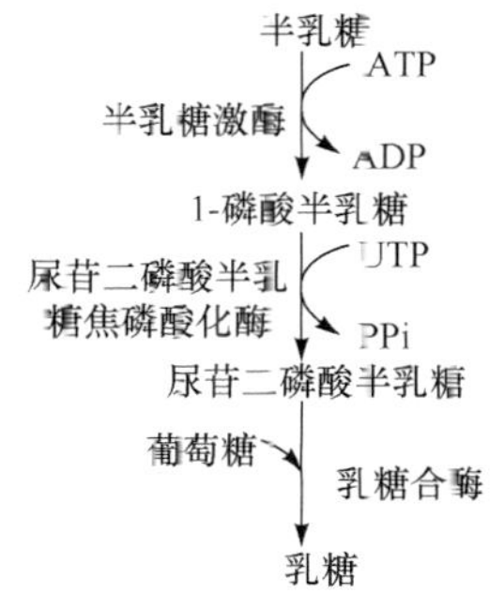

图 10-19 乳糖的合成过程

第八节 糖代谢各途径间的联系

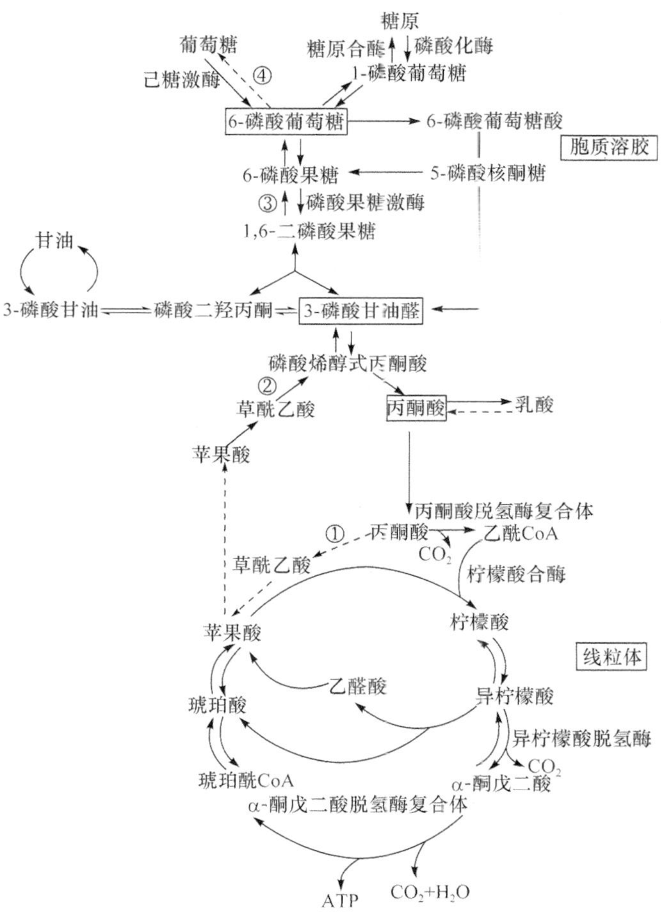

图 10-20 糖类代谢各途径间的联系（引自谢达平，2011）

①、②、③、④是糖异生作用的关键反应

糖类在生物体内的代谢途径主要有糖酵解、糖类的有氧氧化、磷酸戊糖途径、糖异生、糖原的分解与合成等，这些代谢途径的生理功能不同。有的是释放能量的分解过程，有的是消耗能量的合成过程。它们通过共同的代谢中间产物相互联系和沟通，形成一个整体（图 10-20）。

糖类代谢的第一个交汇点是 6-磷酸葡萄糖，它沟通所有糖类代谢途径。通过 6-磷酸葡萄糖实现了葡萄糖与糖原之间的相互转变，而且各种非糖物质（乳酸、甘油）都要经过它异生为葡萄糖。在糖类的分解代谢中，葡萄糖或糖原要先转变为 6-磷酸葡萄糖，再进入糖酵解、有氧氧化或磷酸戊糖途径。

糖类代谢的第二个交汇点是 3-磷酸甘油醛，它是糖酵解和有氧氧化的中间产物，也是磷酸戊糖途径的中间产物。

糖类代谢的第三个交汇点是丙酮酸，它是糖类有氧与无氧代谢的分界点。在无氧的条件下，葡萄糖经酵解转变为丙酮酸，在不同生物体内进一步转变为乳酸或乙醇。在有氧的条件下，丙酮酸转变为乙酰 CoA，再进入三羧酸循环彻底氧化为 CO_2 和 H_2O。另外，丙酮酸还经草酰乙酸异生为葡萄糖。它也是其他许多非糖物质异生的必经之路。

此外，磷酸戊糖途径沟通了五碳糖与六碳糖之间的代谢，而其他单糖进入葡萄糖酵解途径沟通了六碳糖之间的代谢。

总之，糖类代谢的各条途径虽然是分别叙述的，但它们是相互联系、紧密制约的关系。并且不仅糖类代谢要利用这些途径，蛋白质、脂肪等的代谢也要通过丙酮酸、乙酰 CoA 及三羧酸循环中间产物与糖类沟通。因此，糖类代谢途径是物质代谢的基础与纽带，通过对糖类代谢的调节，可以实现对生物整体的代谢调控。

本章小结

糖类代谢包括分解代谢和合成代谢。动物和大多数微生物所需的能量，主要是由糖类的分解代谢提供。另外，糖类及其分解的中间产物，可为生物体合成其他类型的生物分子，如氨基酸、核苷酸和脂肪酸等提供碳源或碳链骨架。

糖类的分解代谢主要有 3 个途径：糖酵解、有氧氧化及磷酸戊糖途径。糖酵解是无氧条件下葡萄糖生成丙酮酸并释放能量的过程，全部反应过程在胞质中进行，其中有 3 步不可逆反应，催化这 3 步反应的酶分别为己糖激酶、磷酸果糖激酶和丙酮酸激酶，它们是糖酵解 3 个调控位点的关键酶。其中最主要的是磷酸果糖激酶，它是一变构酶，受柠檬酸和 ATP 抑制。糖酵解的生理意义在于为机体迅速提供能量，几乎每一个生命细胞都能进行糖酵解。但是在不同的生物体内，产物丙酮酸分解的情况不同。在动物体内，缺氧时丙酮酸生成乳酸叫乳酸发酵。在酵母菌体内，丙酮酸继续氧化成乙醇叫酒精发酵。

有氧氧化包括 3 个阶段：葡萄糖生成丙酮酸，丙酮酸生成乙酰 CoA，乙酰 CoA 彻底氧化分解生成 H_2O 和 CO_2，并释放出大量能量。实际上无论在有氧还是无氧的条件下，葡萄糖都会生成丙酮酸。只不过在无氧的条件下，葡萄糖氧化成乳酸（或乙醇）。而在有氧的条件下，丙酮酸可进一步氧化成乙酰 CoA。然后乙酰 CoA 进入三羧酸循环，彻底氧化分解。三羧酸循环是联系糖类、脂肪、蛋白质三大物质代谢的枢纽，也是三大物质彻底氧化分解的最终途径。该途径有 3 步不可逆反应，催化这 3 步反应的酶分别为柠檬酸合酶、异柠檬酸脱氢酶和 α-酮戊二酸脱氢酶复合体，它们是三羧酸循环 3 个调控位点的关键酶。绝大多数组织细胞通过糖的有氧氧化途径获得能量，此代谢过程在胞质溶胶和线粒体内进行。

磷酸戊糖途径是糖氧化分解代谢途径的一条旁路代谢途径。该旁路途径的起始物是 6-磷酸葡萄糖，重要的中间代谢产物是 5-磷酸核糖和 $NADPH+H^+$。整个代谢途径在胞质中进行。关键酶是 6-磷酸葡萄糖脱氢酶。磷酸戊糖途径是体内生成 $NADPH+H^+$的主要代谢途径，也是体内生成 5-磷酸核糖的唯一代谢途径。

糖的合成代谢主要指动物体内的糖异生和糖原合成。糖异生并不是糖酵解的简单逆转，必须绕过糖酵解的 3 步不可逆步骤。从丙酮酸到磷酸烯醇式丙酮酸需经过两次膜障和两次能障，膜障指从胞质溶胶进入线粒体，再从线粒体出来到胞质溶胶；能障指丙酮酸羧化酶、磷酸烯醇式丙酮酸羧激酶催化的反应需耗能。从 1,6-二磷酸果糖到 6-磷酸果糖由果糖-1,6-二磷酸酶催化完成。6-磷酸葡萄糖到葡萄糖由葡萄糖-6-磷酸酶催化完成。其他物质异生成葡萄糖只需转变成糖类代谢中间产物，即可沿糖异生途径生成葡萄糖。糖异生的原料主要来自生糖氨基酸、甘油和乳酸，其生理意义在于在饥饿情况下维持血糖浓度的相对恒定，回收乳酸分子中的能量和维持体内酸碱平衡。

糖原是由许多葡萄糖分子聚合而成的带有分支的高分子多糖类化合物。糖原的合成与分解代谢主要发生在肝、肾和肌肉组织细胞的胞质中。糖原的合成代谢可分为 3 个阶段。第一阶段，葡萄糖生成 UDPG。第二阶段，在糖原合酶催化下，UDPG 所带的葡萄糖残基通过 α-1,4 糖苷键与原有糖原分子的非还原端相连，使糖链延长。第三阶段，当直链长度达 12 个葡萄糖残基以上时，在分支酶的催化下，将距末端 6～7 个葡萄糖残基组成的寡糖链由 α-1,4 糖苷键转变为 α-1,6 糖苷键，使糖原出现分支，同时非还原端增加。糖原合酶是糖原合成的关键酶。糖原的分解代谢也可分为三个阶段，是一非耗能过程。首先糖原在糖原磷酸化酶催化下生成 1-磷酸葡萄糖，此阶段需脱支酶协助。接下来 1-磷酸葡萄糖异构成 6-磷酸葡萄糖。最后 6-磷酸葡萄糖在肝和肾中形成葡萄糖或进行进一步代谢。糖原合成与分解的生理意义在于调节血糖浓度、贮存能量和利用乳酸。

思考题

1．什么是三羧酸循环？它有何特点和生物学意义？
2．糖酵解、糖有氧氧化、磷酸戊糖途径的主要生理意义是什么？
3．糖酵解和发酵有何异同？糖酵解过程需要哪些维生素或维生素衍生物参与？
4．简述糖异生与糖酵解过程的关系。
5．为什么说三羧酸循环是糖、脂肪和蛋白质三大物质代谢的共通路径？
6．为什么糖酵解途径中产生的 NADH 必须被氧化成 NAD^+才能被循环利用？

部分参考答案

第十一章 脂类代谢

脂类是生物体内一类不溶于水，易溶于有机溶剂的重要的有机化合物，在生物体内除了作为储能物质，还是生物膜及脑神经组织细胞的重要组成成分。脂类主要包括脂肪（三酰甘油）和类脂（糖脂、磷脂、固醇类及脂蛋白等）。由于脂类的主要成分是脂肪酸，所以脂类代谢实际上是指脂肪酸的分解代谢和生物合成。

本章主要介绍脂类的消化、吸收及转运，脂肪的分解代谢与合成代谢，类脂的代谢及脂代谢的调节。

第一节 脂类的消化、吸收及转运

食物中摄入的脂类物质主要包括三酰甘油（也称脂肪或甘油三酯），此外还包括少量的磷脂、胆固醇及胆固醇酯等。通常说的油脂即指连接着脂肪酸的三酰甘油，它是植物和动物细胞中的主要脂类物质。脂类物质不溶于水，必须乳化后才能被进一步地消化吸收。

一、脂类的消化

食物被摄入后，在胃中被消化成酸性食物糜，在食物糜中脂类的刺激下胆囊和胰腺分别分泌出胆汁及胰液，然后进入十二指肠。胆汁的成分复杂，但胆汁中没有消化酶存在，主要是靠胆汁酸盐参与脂类的消化和吸收。胆汁酸盐是一种较强的乳化剂，可充分乳化三酰甘油和胆固醇酯等疏水的脂类物质，并将它们分散成细小的微粒散布在水中，从而增加消化酶与脂类成分接触的表面积，有利于脂类的消化；同时胆汁酸盐还可激活胰脂肪酶（pancreatic lipase），促进三酰甘油的水解。

（一）三酰甘油的消化

三酰甘油的消化需要脂肪酶（lipase）的作用。唾液中无消化脂肪的酶，故脂肪在口腔里不被消化；胃液中虽含有少量的脂肪酶，但脂肪酶只有在中性 pH 条件下才具有活性，而成年人胃液的 pH 为 1～2，不适于脂肪酶发挥作用，因此脂肪在成人胃中不能被消化。婴儿时期胃酸浓度较低，胃液 pH 在 5 左右，而且乳汁中的脂肪已经乳化，故脂肪在婴儿胃中可少量被消化。

胰液中含有多种脂类水解酶，食物糜进入十二指肠后，脂类物质在水解酶的作用下，被代谢分解。胰脂肪酶可特异水解三酰甘油的 1、3 位酯键，产生 2 分子脂肪酸（fatty acid）和 1 分子 2-单酰甘油（2-monoglyceride）；后者可进一步水解为甘油和脂肪酸。胰脂肪酶对三酰甘油的水解作用需要辅脂酶（colipase）的参与。辅脂酶是一种分子量较小的蛋白质，本身不具脂肪酶活性，但具有与胰脂肪酶和脂肪结合的结构域，可以促进胰脂肪酶悬浮在脂肪微滴的水油界面上，从而增加胰脂肪酶的活性，促进三酰甘油的水解。

（二）磷脂和胆固醇酯的消化

在人和动物的胰液中还含有磷脂酶 A_2（phospholipase A_2，PLA_2）及胆固醇酯酶（cholesterol esterase）。磷脂酶 A_2 是一种能水解甘油磷脂分子上 C2 位酰基的水解酶，可水解磷脂产生溶血磷脂和脂肪酸。它也是花生四烯酸、前列腺素及血小板活化因子等生物活性物质生成的限速酶。胆固醇酯酶可水解胆固醇酯产生胆固醇和脂肪酸。

二、脂类的吸收

脂类水解产生的单酰甘油、脂肪酸、胆固醇及溶血磷脂等这些消化产物又与胆汁酸盐结合，进一步乳化生成更小的、极性更大的混合微团，其穿过小肠黏膜细胞表面的水屏障，在十二指肠下段及空肠上段以不同方式被小肠黏膜细胞所吸收。吸收的消化产物需在小肠黏膜细胞中加工成可运输形式，才能经由淋巴系统进入血液循环。

（一）三酰甘油消化产物的吸收

约有 50%的三酰甘油水解为脂肪酸和单酰甘油后，即被小肠黏膜细胞吸收；约有 40%的三酰甘油经脂肪酶的作用可完全水解为脂肪酸和甘油，甘油溶于水，与其他水溶性物质一起进入肠黏膜，脂肪酸虽不溶于水，但能与胆盐按一定比例结合，形成可溶于水的复合物，从而使脂肪酸也可透过肠黏膜细胞；少量未水解的三酰甘油经胆汁酸盐乳化为脂肪微滴后被直接吸收。

进入肠黏膜细胞后，甘油及小于 C_{12} 的中、短链脂肪酸可经门静脉直接进入血液循环；而长链脂肪酸（C_{12}～C_{26}）先转化成脂酰辅酶 A（脂酰 CoA），在光面内质网脂酰 CoA 转移酶的作用下，与单酰甘油结合重新生成三酰甘油。三酰甘油再与糙面内质网上合成的载脂蛋白及磷脂、胆固醇结合形成乳糜微粒，再经淋巴管进入血液循环，最后被其他细胞所摄取利用。肠黏膜细胞中由单酰甘油合成脂肪的途径称为单酰甘油途径（图 11-1）。

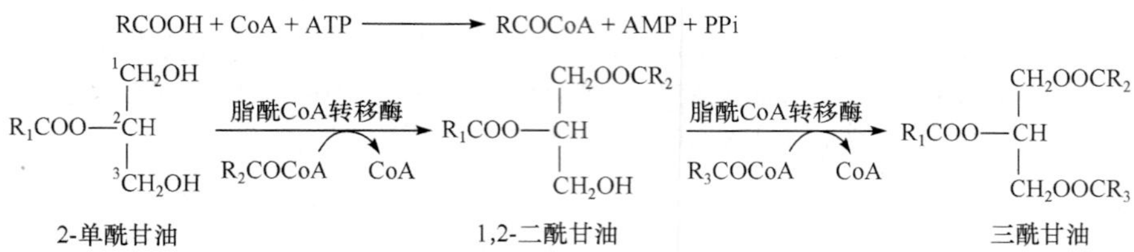

图 11-1 单酰甘油途径

（二）类脂的吸收

在胆盐的协助下，肠内约有 25%的磷脂可直接被吸收进入肝中，但大部分磷脂仍是水解后被吸收。吸收后的磷脂水解产物，在肠壁重新合成完整的磷脂分子，再进入血液分布于全身。胆固醇作为脂溶性物质，需借助胆盐的乳化作用才能在肠内被吸收。吸收后的胆固醇约有 2/3 在肠黏膜细胞内经酶的催化又重新酯化成胆固醇酯，然后进入淋巴管。因此，淋巴液和血液循环中的胆固醇大部分以胆固醇酯的形式存在。

而未被吸收的三酰甘油和类脂会进入大肠被肠道微生物分解成各种组分，并被微生物利用。胆固醇被还原生成粪固醇而排出体外。

三、脂类的转运

脂类在体内的运输都是通过血液循环进行的。脂类水解生成的甘油溶于水，可以直接由血液运输，而游离脂肪酸、磷脂、胆固醇等不溶于水，必须与血浆中的载脂蛋白结合形成具有亲水性的血浆脂蛋白才能运输。

（一）血脂

血浆中所含的脂类统称为血脂，包括三酰甘油、磷脂、胆固醇、胆固醇酯、游离脂肪酸等。血脂的含量取决于其来源和去路。血脂的主要来源有外源性脂类和内源性脂类，外源性脂类主要来自食物；内源性脂类主要来自肝细胞、脂肪细胞，以及其他组织细胞合成后释放进入血液的脂类。血脂的去路主要包括：被组织细胞氧化分解提供能量；进入脂库被贮存；构成生物膜；转变为其他物质等。正常成人血脂含量变化范围较大，膳食、年龄、性别、职业及代谢等对其有显著影响。正常人空腹血脂含量参考值范围如下：三酰甘油 0.11～17mmol/L、总胆固醇 2.6～6.5mmol/L、游离脂肪酸 0.195～0.805mmol/L。健康状况也会影响血脂变化，血脂含量的测定在临床上具有重要意义。

（二）血浆脂蛋白

血浆脂蛋白不是单一的分子形式，其脂类和蛋白质的组成有很大的差异，密度、颗粒大小、相对分子质量、表面电荷及免疫原性等也极不均一。血浆脂蛋白一般具有类似的结构，呈球状，在颗粒表面是极性分子，如蛋白质、磷脂，故具有亲水性；非极性分子，如三酰甘油、胆固醇酯则藏于其内部。

视频 血浆脂蛋白

通常利用密度梯度超速离心法可将血浆脂蛋白分为4种类型：乳糜微粒（chylomicron，CM）、极低密度脂蛋白（very low density lipoprotein，VLDL）、低密度脂蛋白（low density lipoprotein，LDL）和高密度脂蛋白（high density lipoprotein，HDL）。

1．乳糜微粒 乳糜微粒密度极低，颗粒最大，直径约为500nm，脂类含量高达98%，蛋白质含量少于2%。乳糜微粒由小肠黏膜细胞吸收食物脂类（主要是三酰甘油）合成，经乳糜导管、胸导管到血液。乳糜微粒主要的代谢功能是将外源性三酰甘油转运至脂肪、心脏和肌肉等肝外组织而利用，同时将食物中外源性胆固醇转运至肝脏。由于乳糜微粒的颗粒半径较大，能使光散射而呈现乳浊，这就是饱餐后血清混浊的原因。

2．极低密度脂蛋白 极低密度脂蛋白主要在肝脏内生成，主要成分是肝细胞利用糖和脂肪酸（来自脂肪动员或乳糜微粒残余颗粒）自身合成的三酰甘油、肝细胞合成的载脂蛋白及少量磷脂和胆固醇及其酯。小肠黏膜细胞也能生成少量极低密度脂蛋白，极低密度脂蛋白进入血液后，会被脂肪壁的脂蛋白脂肪酶水解，产物被肝外组织利用。极低密度脂蛋白密度很低，脂类含量占85%～90%。它是运输内源性三酰甘油的主要形式。

3．低密度脂蛋白 低密度脂蛋白由极低密度脂蛋白转变而来。低密度脂蛋白中主要脂类是胆固醇及胆固醇酯，其在血液中可被肝及肝外组织细胞表面存在的载脂蛋白受体识别，通过此受体介导，吞入细胞内，与溶酶体融合，胆固醇酯水解为胆固醇及脂肪酸。这种胆固醇除可参与细胞生物膜的生成之外，还对细胞内胆固醇的代谢具有重要的调节作用。低密度脂蛋白可将肝脏合成的内源性胆固醇运到肝外组织，保证组织细胞对胆固醇的需求。临床上，对血浆中低密度脂蛋白的增多较为关注，因为它的增多会导致胆固醇总量的增多。如果低密度脂蛋白结构不稳定，则胆固醇很容易在血管壁沉着而形成斑块，这就是动脉粥样硬化的病理基础。

4．高密度脂蛋白 高密度脂蛋白在肝脏和小肠中生成，是一类不均一的脂蛋白，可分成若干亚族。高密度脂蛋白中的载脂蛋白含量很高，脂类以磷脂为主。高密度脂蛋白分泌入血后，可摄取血液中肝外细胞释放的过量的游离胆固醇，卵磷脂-胆固醇酰基转移酶（lecithin-cholesterol acyltransferase, LCAT）将卵磷脂上的脂肪酸残基转移到胆固醇上生成胆固醇脂，然后再将这些胆固醇脂运输到肝。肝将过量的胆固醇转化为胆汁酸，这样可防止胆固醇在血中聚积，防止动脉粥样硬化。

第二节 脂肪的分解代谢

脂肪（三酰甘油）是动物体内重要的贮能物质，脂肪的分解代谢是机体能量的重要来源。脂肪分子中，氢原子所占的比例比糖分子中要高得多，而氧原子所占比例相对较少。因此，同样质量的脂肪和糖，在完全氧化生成二氧化碳和水时，脂肪所释放的能量要比糖多。脂肪的氧化必须有充分的氧供应才能进行，这和糖在无氧条件下也能进行分解（糖酵解）是不同的。动物体内各组织细胞，除了成熟的红细胞外，几乎都具有分解脂肪的能力；脂库中贮存的脂肪也经常有一部分会被水解。

一、脂肪的水解

当机体缺乏能量时，贮存在脂肪细胞中的脂肪会被脂肪酶（lipase）逐步水解，生成为甘油和游离脂肪酸并释放进入血液，再进一步被其他组织氧化利用，这一过程也称为脂肪动员。脂肪动员的第一步是使三酰甘油水解成二酰甘油和脂肪酸，催化该反应的酶是脂肪酶；第二步是二酰甘油在二酰甘油脂肪酶催化作用下水解成单酰甘油和游离脂肪酸；第三步是单酰甘油在单酰甘油脂肪酶催化作用下最终水解成甘油和3分子游离脂肪酸，反应过程如图11-2所示。甘油和游离脂肪酸可被吸收，进入肝脏进一步代谢。

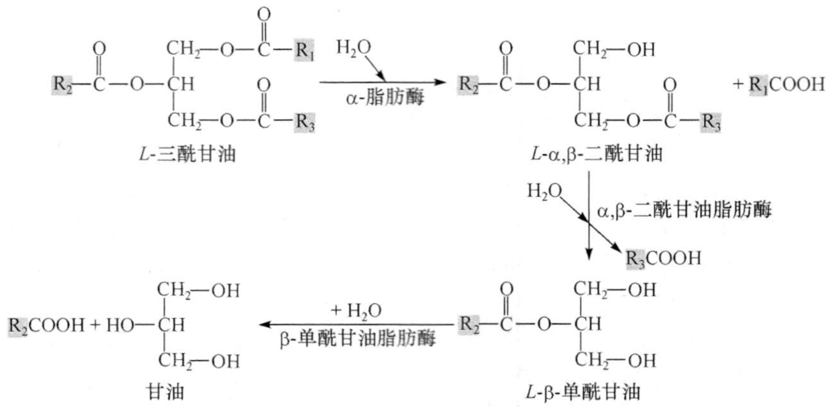

图 11-2 三酰甘油在脂肪酶催化下的水解反应

以上反应过程中，脂肪酶是脂肪动员的限速酶，可受多种激素调控，故被称为激素敏感性脂肪酶（hormone-sensitive lipase, HSL）。机体通过激素依赖 cAMP-蛋白激酶系统对 HSL 的作用，实现对脂肪动员的调控。当机体处于禁食、饥饿或兴奋状态时，肾上腺素、胰高血糖素等分泌增加，激活脂肪细胞膜上的腺苷酸环化酶，使细胞内 cAMP 的浓度增加，从而激活脂肪酶而增强脂肪动员。胰高血糖素、肾上腺素、促肾上腺皮质激素和促甲状腺素都可促进脂肪动员，故称为脂解激素。进食后胰岛素分泌增加，因其能降低脂肪细胞中的 cAMP 浓度，故能抑制脂肪酶的活性，这是胰岛素能减少脂肪动员的一个原因。胰岛素、前列腺素及烟酸等具有抑制脂肪动员、对抗脂解激素的作用，被称为抗脂解激素。正常人因血液中胰岛素和胰高血糖素等保持平衡，故脂肪的贮存和动员也处于动态平衡。

二、甘油的分解代谢

脂肪水解产生的甘油可被甘油激酶磷酸化，但在脂肪细胞和骨骼肌细胞中，甘油激酶的活性很低，这两种组织利用甘油的能力很弱。而甘油易溶于水，可通过血液运输至肝、肾、肠等组织中加以利用。这三种组织的激酶中，肝脏的甘油激酶活性很高，可催化甘油转变为 3-磷酸甘油，而后在磷酸甘油脱氢酶的作用下，生成磷酸二羟丙酮（图 11-3），磷酸二羟丙酮可以同 3-磷酸甘油醛自由转化，再通过 3-磷酸甘油醛进入糖异生作用转变为糖或经糖酵解途径氧化分解。

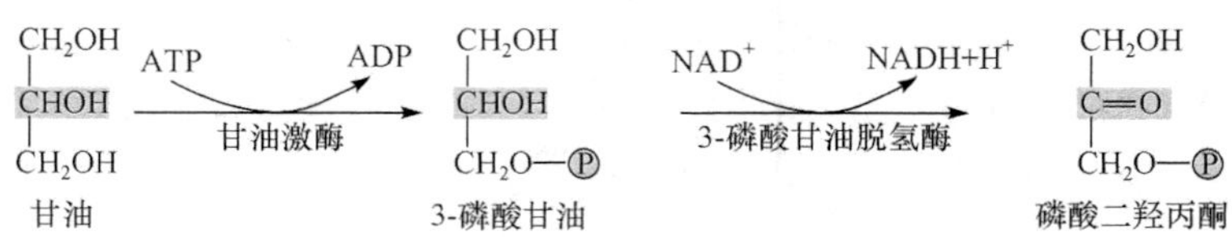

图 11-3 甘油的分解代谢

由于甘油只占整个脂肪分子中很小一部分，所以脂肪氧化提供的能量主要还是来自脂肪酸分解。

三、脂肪酸的分解代谢

脂肪酸是哺乳动物重要的能源物质，在氧气充足的条件下，脂肪酸在体内可彻底氧化分解成 CO_2 和 H_2O，并释放大量能量，以 ATP 的形式为机体供能。游离脂肪酸穿越脂肪细胞和毛细血管内皮细胞与血浆清蛋白结合后，以扩散的方式由血液运送至全身，主要在心、肝、骨骼肌等组织中被摄取利用。除脑组织外，大多数组织均能氧化脂肪酸，其中以肝和肌肉最为活跃。

（一）饱和脂肪酸的β-氧化作用

脂肪酸在体内氧化分解代谢的最主要途径为β-氧化作用，由 Knoop 在 1904 年首次提出，该途径的每次循环反应是从脂肪酸的羧基端氧化水解一个二碳化合物。由于这种氧化作用在脂肪酸的β位碳原子进行，故称为β-氧化作用，整个氧化过程是在线粒体基质中进行的。β-氧化作用并不是一步完成的，而是要经过活化、转运，然后再进入氧化过程。

1. 脂肪酸的活化 脂肪酸进入细胞后，首先被转化为化学上更富有反应性的形式，这个阶段被称为脂肪酸的活化，反应由脂酰 CoA 合成酶催化，利用 Mg^{2+} 与 ATP 提供的能量，与辅酶 A（CoA-SH，CoA）反应后形成脂酰 CoA（图 11-4）。脂肪酸的活化在线粒体外的胞质中进行，内质网和线粒体外膜上含有脂酰 CoA 合成酶。

$$\underset{\text{脂肪酸}}{CH_3-(CH_2)_nCOOH} + \underset{\text{辅酶A}}{CoA\text{-}SH} \xrightarrow[\text{脂酰CoA合成酶}]{ATP \quad Mg^{2+} \quad AMP} \underset{\text{脂酰CoA}}{CH_3-(CH_2)_n-CO\sim S\text{-}CoA} + \underset{\text{焦磷酸}}{PPi}$$

图 11-4　脂肪酸的活化

脂肪酸活化生成的脂酰 CoA 中含有高能硫酯键，增加了脂肪酸的水溶性和代谢活性。而脂肪酸活化反应由 ATP 供能，产生 AMP 和焦磷酸（PPi），焦磷酸在无机磷酸酶作用下进一步被水解。故活化 1 分子脂肪酸，实际上消耗了 2 个高能磷酸键。细胞中含有不同的脂酰 CoA 合成酶，它们对短的（$<C_6$）、中等长度的（$C_6 \sim C_{12}$）、长的（$>C_{12}$）和更长的（$>C_{16}$）碳链的脂肪酸具有催化的特异性。

2. 脂酰 CoA 的跨膜转运　脂肪酸的活化在胞质中进行，但催化脂肪酸氧化的酶系却存在于线粒体基质内，故活化的脂酰 CoA 必须先进入线粒体才能氧化。脂酰 CoA 本身不能自由通过线粒体内膜，因此需要一个穿梭转运系统将线粒体外脂酰 CoA 转运到线粒体基质。活化的脂酰 CoA 首先在位于线粒体外膜上的肉碱脂酰转移酶Ⅰ（carnitine acyl-transferase Ⅰ）的作用下，与肉碱结合生成脂酰肉碱。脂酰肉碱通过肉碱-脂酰肉碱转位酶穿过线粒体的内膜进入线粒体内基质中，接着再在肉碱脂酰转移酶Ⅱ的作用下，脂酰肉碱与线粒体基质中的 CoA 结合，重新产生脂酰 CoA，并释放肉碱，最后肉碱经肉碱-脂酰肉碱转位酶协助，又回到线粒体膜间隙中，准备进行下一轮转运，整个转运过程如图 11-5 所示。整体上看，穿梭系统是将细胞质中的酰基转运到了线粒体基质中。

动画
肉碱穿梭

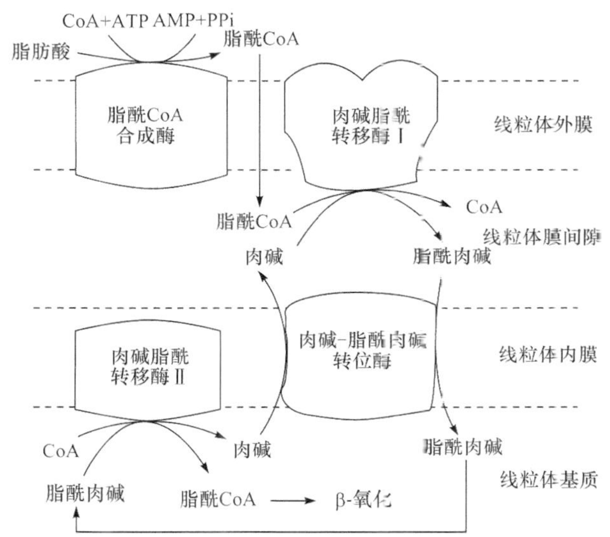

图 11-5　脂酰 CoA 的跨膜转运过程（改绘自周春燕，2018）

脂酰 CoA 的转运过程是脂肪酸分解代谢的限速步骤，肉碱脂酰转移酶Ⅰ的活性直接影响脂肪酸的转运速度。在饥饿、高脂低糖膳食或患糖尿病的状况下，机体主要靠脂肪酸氧化供能，肉碱脂酰转移酶Ⅰ活性增加。相反，高糖低脂膳食时，肉碱脂酰转移酶Ⅰ活性受抑制，脂肪酸氧化减少。

思政案例

左旋肉碱

肉碱在脂肪代谢中起着重要的作用，它被形象地称为“脂肪的搬运工”，可以把无法进入线粒体的长链脂肪酸搬运进去代谢掉。肉碱有左旋肉碱和右旋肉碱之分，我们人体内的主要是左旋肉碱。

左旋肉碱（*L*-carnitine），又称 *L*-肉碱或音译卡尼丁，是一种类氨基酸，在人体内的重要性与维生素、矿物质相当。人体自身不能合成左旋肉碱，主要来源是红色肉类，其中以羊肉含量较高。左旋肉碱有很多功效，多项研究发现：其可以防止肌肉流失，提高运动耐力，放大脂肪燃烧的效率，促进减重，促进大脑功能并能控制血糖。2003 年左旋肉碱被国际肥胖健康组织认定为最安全无副作用的减肥营养补充品。左旋肉碱不会抑制食欲，也不会导致腹泻，更加不会引起身体乏力，算是安全的减肥辅助产品。但是过量使用左旋肉碱，仍存在一些轻微的副作用，主要表现在胃肠功能紊乱方面，如每天使用超过 5g，可能会导致一过性腹泻，停止使用后会逐渐消失。另外，肝病、肾病患者要谨慎服用，因为它会促进脂肪的代谢，加大肾脏和肝脏的负担。所以，左旋肉碱不是速效减肥药，要想达到减脂效果，必须要有正确健康的运动习惯和合理的饮食并辅以适当的减肥营养补充品。

3．β-氧化的过程 脂酰 CoA 进入线粒体基质后，在线粒体脂肪酸氧化酶系作用下进行 β-氧化循环。原脂酰 CoA 的 α、β 碳原子被断开，释放出 1 分子乙酰 CoA，而原脂酰 CoA 转变为少了 2 个碳原子的脂酰 CoA。β-氧化包括 4 个基本反应：第一次氧化脱氢反应、加水反应、第二次氧化脱氢反应和硫解反应。

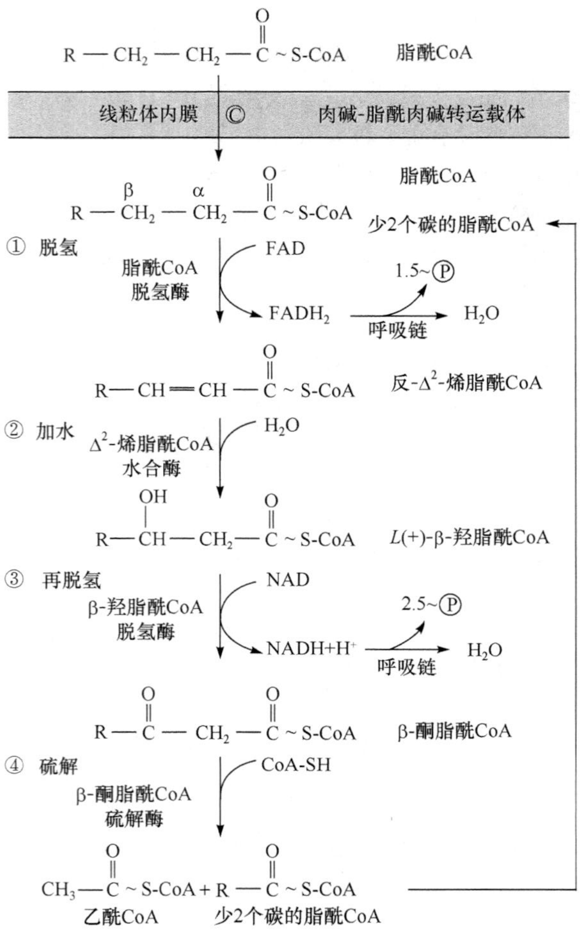

图 11-6 脂肪酸的 β-氧化

1）脱氢 在脂酰 CoA 脱氢酶（acyl-CoA dehydrogenase）的催化下，脂酰 CoA 的 C2 和 C3 碳原子（即 α 和 β 碳）各脱下 1 个氢原子，在 α 和 β 碳之间形成 1 个双键，生成反-Δ^2-烯脂酰 CoA，脱下的 2 个氢原子由脂酰 CoA 脱氢酶的辅酶 FAD 接受生成 $FADH_2$。

2）加水 反-Δ^2-烯脂酰 CoA 在 Δ^2-烯脂酰 CoA 水合酶（enoyl CoA hydratase）的催化下，在 α 和 β 碳之间的双键上加上 1 分子水，但由于该酶催化的立体特异性，只催化 *L*-异构体的生成，故只生成 *L*（＋）-β-羟脂酰 CoA。

3）再脱氢 在 β-羟脂酰 CoA 脱氢酶（*L*-β-hydroxyacyl CoA dehydrogenase）催化下，*L*（＋）-β-羟脂酰 CoA 的 C_3（β 位）上的羟基脱氢氧化成 β-酮脂酰 CoA，同时脱氢酶的辅酶 NAD^+接受氢被还原成 NADH＋H^+。

4）硫解 β-酮脂酰 CoA 在 β-酮脂酰 CoA 硫解酶［简称硫解酶（thiolase）］催化下，α 和 β 位之间被 1 分子 CoA-SH 硫解，产生 1 分子乙酰 CoA 和比原来脂酰 CoA 少了 2 个碳原子的脂酰 CoA。该反应步骤被称为硫解是因为有巯基参与，反应类似于水参与的水解反应。

以上 4 步反应都是可逆反应，但由于第四步硫解是高度放能反应，从而使整个 β-氧化过程朝着脂降解的方向进行。少了 2 个碳的脂酰 CoA 再作为底物重复上述 1）～4）反应，每次降解下一个二碳单位，反复进行，直至成为二碳的乙酰 CoA（含偶数碳的脂肪酸）或三碳的丙酰 CoA（含奇数碳的脂肪酸），具体反应过程见图 11-6。

偶数碳脂肪酸经 β-氧化，最终全部生成乙酰 CoA，如果以十六碳软脂酸为例，经 β-氧化后的总反应方程式为

软脂酰 CoA＋7CoA-SH＋7FAD＋7NAD^+＋7H_2O $\longrightarrow$ 8 乙酰 CoA＋7$FADH_2$＋7NADH＋7H^+

4．脂肪酸 β-氧化的能量计算 脂肪酸 β-氧化生成的乙酰 CoA 都进入三羧酸循环，而且 β-氧化和三羧酸循环生成的所有 $FADH_2$ 和 NADH 都经过呼吸链彻底氧化生成 CO_2 和 H_2O，并产生大量能量。

1 分子软脂酸经过 7 轮上述的 β-氧化循环，转变成 8 分子的乙酰 CoA、7 分子 $FADH_2$、7 分子 NADH＋H^+。由于 β-氧化发生在线粒体内，还原型辅酶可以直接进入电子传递链。经过电子传递链和氧化磷酸化，1 分子 $FADH_2$ 氧化生成 1.5 分子 ATP；1 分子 NADH＋H^+氧化生成 2.5 分子 ATP。另外每分子乙酰 CoA 经过三羧酸循环、电子传递链和氧化磷酸化可以生成 10 分子 ATP（3 分子 NADH＋H^+、1 分子 $FADH_2$、1 分子 GTP）。所以 1 分子软脂酰 CoA 经 β-氧化、三羧酸循环、电子传递链完全氧化产生的能量为

7 $FADH_2$	7×1.5＝10.5 ATP
7 NADH＋H^+	7×2.5＝17.5 ATP
8 乙酰 CoA	8×10＝80 ATP
总计	108 ATP

此外，由于脂肪酸的活化阶段，软脂酸活化为软脂酰 CoA 消耗 1 分子 ATP 中的 2 个高能磷酸键的能量，因此净生成的能量为 108－2＝106 个 ATP。

将葡萄糖氧化与脂肪酸氧化产生的能量作比较，1 分子葡萄糖氧化成 CO_2 和 H_2O，可以产生 30（或 32）分子 ATP，不过葡萄糖分子只含有 6 个碳，如果是 16 个碳应当生成（16/6）×30（或 32）＝80（或 85.3）ATP，产生的 ATP 只是 16 碳软脂酸氧化生成能量的 74%（或 79%）。所以脂肪酸中单个碳的氧化要比糖分子中的单个碳氧化提供更多的能量，这主要是因为糖中的碳已经被部分氧化了。

思政案例

脂肪酸“产能观”

俗语有云“先有付出，后有回报”，脂肪酸的氧化供能功能也遵循着这样的道理。脂肪酸进行β-氧化之前，首先要经过活化，然后转运至线粒体中后才进入氧化产能过程。脂肪酸的活化，实际上就是一个先耗能的过程。脂肪酸的活化反应由脂酰 CoA 合成酶催化，利用 ATP 水解提供能量，ATP 水解后产生 AMP 和焦磷酸（PPi），焦磷酸在无机磷酸酶作用下进一步被水解。故活化 1 分子脂肪酸，实际上消耗了 2 个高能磷酸键。

虽然每个脂肪酸在氧化产能之前要先消耗 2 个高能磷酸键，但与其后续氧化代谢所产生的能量总数相比，就显得微不足道了。对 1 分子软脂酸来说，其彻底氧化可以产生 108 分子 ATP，如此看来真是应了唐朝诗人李绅的诗句“春种一粒粟，秋收万颗子”，真可谓是耗能少、产能多，小付出、大回报了。

（二）不饱和脂肪酸的氧化

在生物体内，大约有一半以上的脂肪酸残基是不饱和脂肪酸，即分子中含有一个或多个双键。不饱和脂肪酸的氧化途径与饱和脂肪酸的氧化途径基本相似，但饱和脂肪酸 β-氧化产生的反-Δ^2-烯脂酰 CoA 的双键是反式；而天然存在的不饱和脂肪酸的双键大都是顺式（*cis*）构型，不能被烯脂酰 CoA 水合酶作用，所以还需另外的酶来参与催化。

1. 单不饱和脂肪酸的β-氧化 对于单不饱和脂肪酸来说，无论不饱和双键在什么位置，它们开始都能以β-氧化方式降解，经过连续的β-氧化过程，会产生顺-Δ^3-烯脂酰 CoA 或顺-Δ^2-烯脂酰 CoA 的中间产物。但是顺-Δ^3-烯脂酰 CoA，其 C3 和 C4 之间的双键妨碍反式 Δ^2 双键的形成，所以需经线粒体 Δ^3 顺→Δ^2 反烯脂酰 CoA 异构酶催化，转变成反-Δ^2-烯脂酰 CoA 才能进行 β-氧化；而顺-Δ^2-烯脂酰 CoA 虽然可以发生加水反应，但生成的却是 *D*（－）-β-羟脂酰 CoA，需经线粒体 *D*（－）-β-羟脂酰 CoA 表构酶催化，将右旋异构体转变成 β-氧化所需的 *L*（＋）-β-羟脂酰 CoA，才能沿 β-氧化途径继续氧化分解（图 11-7）。

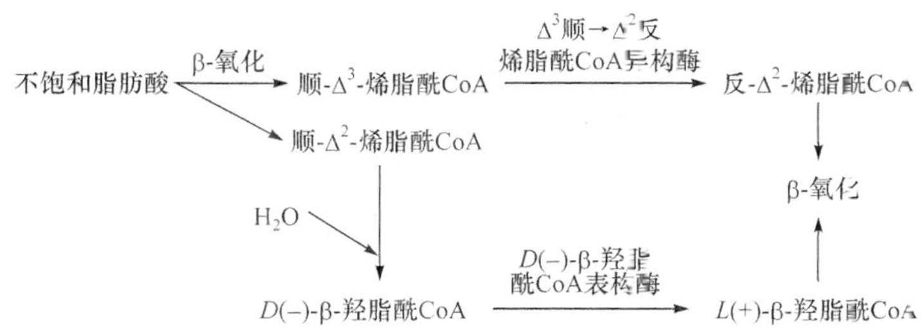

图 11-7 单不饱和脂肪酸的β-氧化过程

不饱和脂肪酸与含有相同碳原子数的饱和脂肪酸比较，由于分子内氢原子数目少，通过氧化呼吸链传递的电子数目少，因而氧化产生的 ATP 数目也相对少一些。

2. 多不饱和脂肪酸的 β-氧化 多不饱和脂肪酸也可经 β-氧化而被降解，但氧化过程除需要异构酶外，还需要另一个还原酶，即 2,4-二烯脂酰 CoA 还原酶（2,4-dienoyl-CoA reductase）的参与。以亚油酸为例，亚油酸是十八碳二烯酸（含有 2 个双键），具有顺-Δ^9,顺-Δ^{12} 构型。亚油酸首先在胞质溶胶中被活化形成亚油酰 CoA，然后经肉碱转运系统转运到线粒体内被氧化，氧化过程如图 11-8。

首先进行三轮 β-氧化过程，生成 3 分子乙酰 CoA 和顺-Δ^3,顺-Δ^6-十二烯脂酰 CoA；后者经烯脂酰 CoA 异构酶催化生成反-Δ^2,顺-Δ^6-十二烯脂酰 CoA。经一轮 β-氧化后生成顺-Δ^4-十烯脂酰 CoA，然后经过酰基 CoA 脱氢酶催化生成反-Δ^2,顺-Δ^4-十烯脂酰 CoA。这个产物在 NADPH＋H^+和 2,4-二烯脂酰 CoA 还原酶的作用下生成反-Δ^3-十烯脂酰 CoA，再经烯脂酰 CoA 异构酶作用生成反-Δ^2-十烯脂酰 CoA，重新进入 β-氧化，最终 1 分子亚油酸降解为 9 分子乙酰 CoA。2,4-二烯脂酰 CoA 还原酶已从肝脏中纯化获得，其需要 NADPH 作为辅酶。

（三）奇数碳脂肪酸的β-氧化作用

自然界中发现的脂肪酸大多数是偶数碳脂肪酸，但在许多植物、微生物等生物体内还存在奇数碳脂肪酸。哺乳动物组织中奇数碳脂肪酸比较少见，但在反刍动物如牛、羊中，奇数碳脂肪酸氧化提供的能量可占它们所需能量的 25%。奇数碳脂肪酸也像偶数碳脂肪酸一样进行 β-氧化，但最后 β-氧化的硫解反应产物中除了乙酰 CoA 外，还有丙酰 CoA，丙酰 CoA 可以通过一系列酶催反应转化为琥珀酰 CoA（图 11-9）。

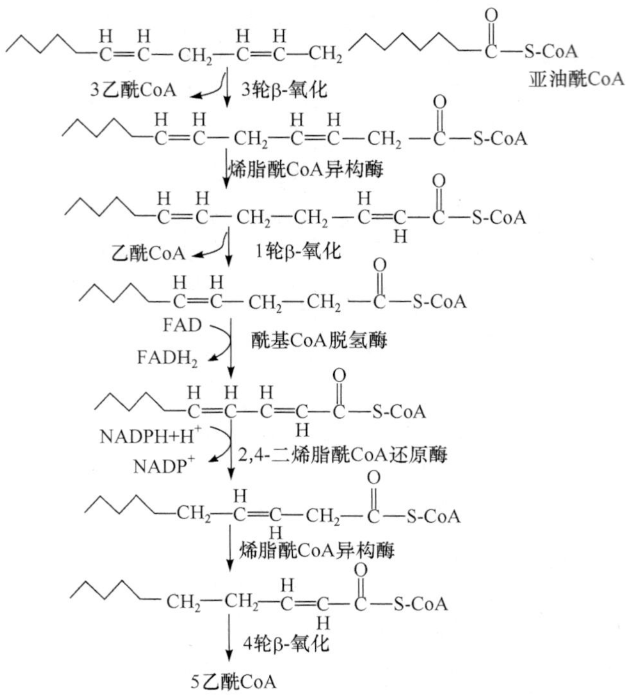

图 11-8 多不饱和脂肪酸的 β-氧化过程

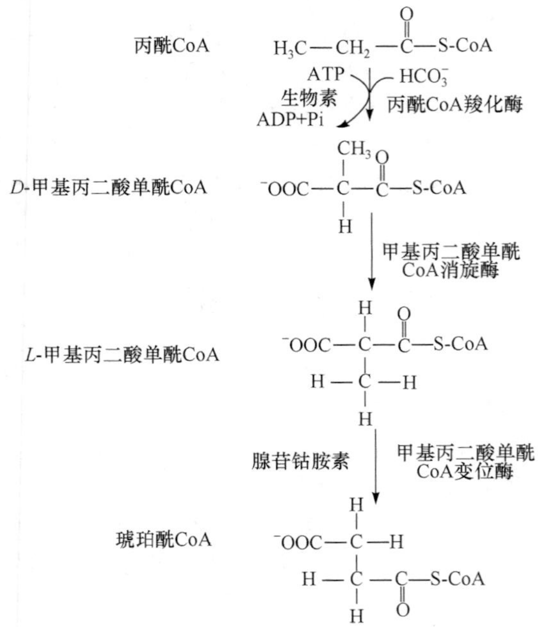

图 11-9 丙酰 CoA 转化为琥珀酰 CoA

首先丙酰 CoA 在丙酰 CoA 羧化酶（propionyl-CoA carboxylase）（以生物素作为辅基）的催化下结合 HCO_3^- 形成 *D*-甲基丙二酸单酰 CoA，甲基丙二酸单酰 CoA 消旋酶（methylmalonyl-CoA racemase）催化 *D*-甲基丙二酸单酰 CoA 转化为它的 *L*-异构体，最后在甲基丙二酸单酰 CoA 变位酶（methylmalonyl-CoA mutase）（腺苷钴胺素为辅酶）催化下形成琥珀酰 CoA。生成的琥珀酰 CoA 又可转换成草酰乙酸，由于草酰乙酸可用作糖异生的底物，因此来自奇数碳脂肪酸的丙酰基可以净转化为葡萄糖。此外异亮氨酸、缬氨酸和甲硫氨酸氧化降解时也会产生丙酰 CoA，它也会遵循以上的代谢途径。

（四）脂肪酸的其他氧化方式

β-氧化是脂肪酸分解代谢中最重要的而且占比例最大的途径，除此之外，人们在生物体内还发现了脂肪酸的一些其他氧化方式，这些氧化方式对某些生物的脂类代谢是不可缺少的。

1．脂肪酸的 α-氧化 脂肪酸的 α-氧化是指脂肪酸在一些酶的催化下，其 α 碳原子发生氧化，结果生成 1 分子 CO_2 和比原来少 1 个碳原子的脂肪酸。这种代谢途径发生在某些因 β-碳被封闭（如连有甲基）而无法进行 β-氧化的脂肪酸中，如植烷酸（phytanic acid）的代谢。

植烷酸是膳食中的一个重要的组成成分，它存在于反刍动物的脂肪及某些食品中。由于在 C3 位上有一个甲基取代基，因此植烷酸不属于 β-氧化的第一步反应的脂酰 CoA 脱氢酶的底物。植烷酸降解的第一步是由另一个线粒体酶来实现的，即植烷酸 α-羟化酶（phytanic acid α-hydroxylase）。反应是在植烷酸的 α 位发生羟基化。羟基化的中间体进一步脱羧，形成降植烷酸（pristanic acid）和 CO_2（图 11-10）。降植烷酸经活化形成降植烷酰 CoA，因 C3 位已不存在甲基，即可进行正常的 β-氧化。对于人类，如若缺欠 α-氧化系统，即造成体内植烷酸的积聚，会导致外周神经炎类型的运动失调及视网膜炎等症状。

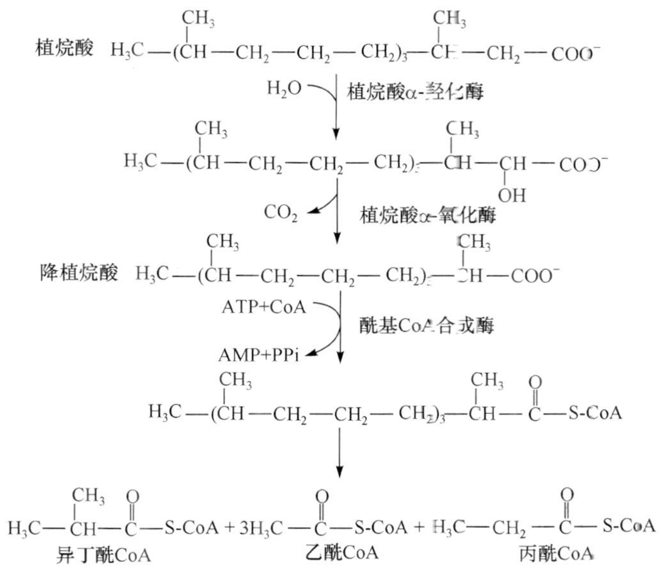

图 11-10 植烷酸 α-氧化后产物进入 β-氧化

2. 脂肪酸的 ω-氧化 脂肪酸的 ω-氧化作用是一种较少见的脂肪酸氧化途径，脂肪酸在混合功能氧化酶等酶（羧化酶、脱氢酶、NADPH＋H^+、细胞色素 P450 等）的催化下，其 ω 碳（远离羧基端的末端甲基碳）原子发生氧化，经 ω-羟基脂肪酸、ω-醛基脂肪酸，最后氧化生成 α,ω-二羧酸，其反应如下：

$$CH_3(CH_2)_nCOOH \xrightarrow{\omega\text{-氧化}} HOOC(CH_2)_nCOOH \longrightarrow \beta\text{-氧化}$$

生成的 α,ω-二羧酸可转运至线粒体，从分子两端任何一侧进行 β-氧化降解，最后生成琥珀酰 CoA。所得琥珀酰 CoA 可直接进入三羧酸循环，彻底氧化成二氧化碳和水。此种氧化形式在鼠肝脏微粒体和细菌中均有发现。

（五）酮体的代谢

脂肪酸在肌肉、心肌等许多肝外组织中，能够被彻底氧化生成二氧化碳和水。但在肝脏中，脂肪酸 β-氧化产生的乙酰 CoA，除进入三羧酸循环彻底氧化生成 ATP 外，其余的乙酰 CoA 还有另外一条去路，形成乙酰乙酸（acetoacetate）、β-羟丁酸（β-hydroxybutyrate）及丙酮（acetone），这三者统称为酮体（ketone body）。酮体是脂肪酸在肝脏氧化分解时特有的代谢中间产物，是肝脏输出能量的一种形式。

1. 酮体的合成 脂肪酸 β-氧化产生的乙酰 CoA 是酮体合成的主要原料，酮体的合成分几步进行，整个过程如图 11-11 所示。

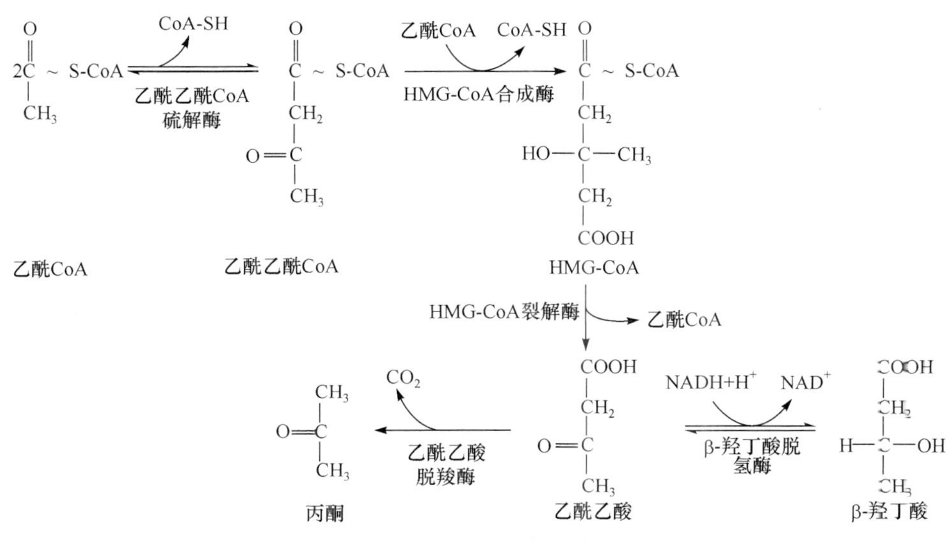

图 11-11 酮体的合成过程

1）乙酰乙酰 CoA 的生成 2 分子的乙酰 CoA 在乙酰乙酰 CoA 硫解酶（thiolase）的催化作用下缩合，脱去 1 分子 CoA-SH，生成乙酰乙酰 CoA。

2）β-羟甲基戊二酸单酰 CoA（HMG-CoA）的生成　乙酰乙酰 CoA 在 HMG-CoA 合成酶的作用下，再与 1 分子乙酰 CoA 缩合生成 HMG-CoA，同时释出 1 分子 CoA-SH。

3）乙酰乙酸的生成　HMG-CoA 在 HMG-CoA 裂解酶的作用下，催化裂解生成乙酰乙酸和乙酰 CoA。

4）β-羟丁酸的生成　乙酰乙酸在线粒体内膜 β-羟丁酸脱氢酶作用下，被催化还原成 β-羟丁酸。还原所需的氢由 $NADH+H^+$提供，还原速率由 $NADH/NAD^+$的值决定，当比值高时，易形成 β-羟丁酸。

5）丙酮的生成　少量乙酰乙酸还可在乙酰乙酸脱羧酶的作用下脱羧生成丙酮，乙酰乙酸也可缓慢地自发脱羧生成丙酮。对于健康的人，由乙酰乙酸脱羧形成丙酮的量是极微少的。

肝脏线粒体内含有各种合成酮体的酶，尤其是 HMG-CoA 合成酶（酮体合成的关键酶），因此，生成酮体是肝脏特有的功能。但肝脏氧化酮体的酶活性很差，不能分解酮体。因此，肝脏所产生的酮体需通过血液运输到肝外组织，进一步氧化分解。HMG-CoA 是酮体生成的中间产物，也是合成胆固醇的中间产物。由于上述反应都是可逆的，因此，HMG-CoA 是脂肪酸、酮体及胆固醇代谢的共同中间产物，故它在脂类代谢中具有重要意义。

酮体是机体正常、有用的代谢物，在正常情况下，乙酰 CoA 顺利进入三羧酸循环，脂肪酸的合成作用也正常进行。肝脏中乙酰 CoA 的浓度不会增高，所以肝中累积的酮体很少。血液中酮体浓度相对恒定，大致在 20～50mg/L，尿液中检查不出酮体。

视频
酮尿症

但在长期饥饿、进食高脂低糖食物或患病（如糖尿病）的状况下，人体内可产生大量的乙酰乙酸，其原因是饥饿状态和胰岛素水平过低都会耗尽体内糖的贮存。肝外组织不能从血液中获取充分的葡萄糖，为了取得能量，肝中的糖异生作用就会加速，肝和肌肉中的脂肪酸氧化也同样加速。脂肪酸氧化加速产生出大量的乙酰 CoA，致使酮体生成增加，造成酮体堆积，从而引起血中酮体水平积累升高。由于酮体主要成分是酸性的物质，其大量积存的结果常导致动物酸碱平衡失调，严重时还会造成酮症酸中毒（ketoacidosis），此时称为酮血症（ketonemia）。血中酮体升高超过肾阈值时，酮体则随尿排出，引起酮尿症（ketonuria）。血液或尿中的酮体过高都可导致昏迷，有时甚至死亡。另外，酮体中的丙酮有挥发性和特殊气味，可经呼吸道排出，这也是有些糖尿病患者呼出的气体有腐烂水果味道的原因。

2. 酮体的利用　肝外许多组织，尤其是肾、心肌、骨骼肌及脑组织等，具有很强的利用酮体的酶系，如琥珀酰 CoA 转硫酶、乙酰乙酰 CoA 硫解酶及乙酰乙酸硫激酶等，它们都可以催化酮体转化成乙酰 CoA，乙酰 CoA 再进入三羧酸循环彻底氧化分解，释放能量。酮体的利用包括以下几步。

1）乙酰乙酰 CoA 的生成　乙酰乙酰 CoA 在体内有两种生成方式，分别是通过乙酰乙酸硫激酶和琥珀酰 CoA 转硫酶催化形成，如图 11-12 所示。

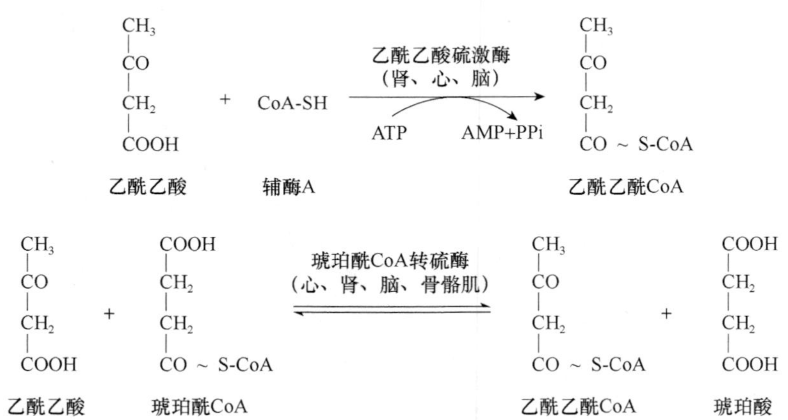

图 11-12　乙酰乙酰 CoA 的生成过程

心、肾及脑的线粒体内含有乙酰乙酸硫激酶，可以利用 ATP 直接活化乙酰乙酸，生成乙酰乙酰 CoA。心、肾、脑及骨骼肌线粒体中还含有高活性的琥珀酰 CoA 转硫酶，此酶在琥珀酰 CoA 存在时，可以使乙酰乙酸活化，生成乙酰乙酰 CoA 和琥珀酸。

2）乙酰乙酰 CoA 的硫解　心、肾、脑及骨骼肌线粒体中含有乙酰乙酰 CoA 硫解酶，能使乙酰乙酰 CoA 被硫解，生成 2 分子乙酰 CoA，乙酰 CoA 进入三羧酸循环氧化分解（图 11-13）。

3）β-羟丁酸的还原　β-羟丁酸在β-羟丁酸脱氢酶的催化下，脱氢生成乙酰乙酸；然后再转变成乙酰 CoA 进入三羧酸循环被氧化分解。

4）丙酮的利用　部分丙酮则在一系列酶催化下转变成丙酮酸或乳酸，或以尿液的形式排出体外。

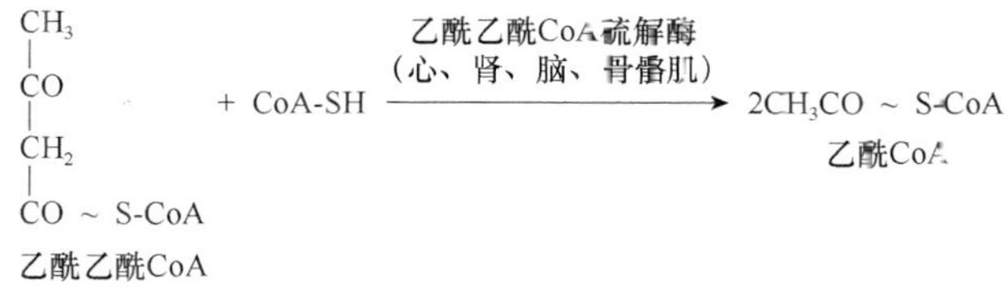

图 11-13　乙酰乙酰 CoA 的硫解

酮体可以被很多组织利用，包括中枢神经系统，但肝脏和红细胞除外，因为红细胞中没有线粒体，而肝脏中缺少激活酮体的酶。心肌和肾脏优先利用乙酰乙酸。脑在正常代谢时主要利用葡萄糖供给能量，但在糖源供应不足或糖利用出现障碍时，酮体可以替代葡萄糖被大脑所利用，此时脑组织 75%的主要能源来自酮体。

第三节　脂肪的合成代谢

从食物中摄入的脂肪酸及机体合成的脂肪酸，大多以酯化的形式储存在体内，如三酰甘油、胆固醇酯等。其中三酰甘油主要储存在脂肪组织中，是机体能量的储存形式，在禁食、饥饿时供机体能量所需。脂肪组织、肝脏和小肠是体内合成脂肪的主要部位，其他许多组织如肾脑、肺、乳腺等组织也都能合成脂肪。合成脂肪的原料是磷酸甘油和脂肪酸，主要由糖代谢提供，合成过程在细胞质中进行。脂肪的生物合成可以分为三个阶段：磷酸甘油的生物合成，脂肪酸的生物合成，脂肪的生物合成。

一、磷酸甘油的生物合成

磷酸甘油是高等动物合成脂肪所必需的前体，生物体内磷酸甘油有两个来源（图 11-14）：一是糖酵解的中间产物——磷酸二羟丙酮在 3-磷酸甘油脱氢酶（glycerol-3-phosphate dehydrogenase）作用下被还原为磷酸甘油，反应中 NADH＋H^+作为氢供体被氧化为 NAD^+；二是甘油的磷酸化，即甘油在甘油激酶的催化下，与 ATP 作用生成磷酸甘油。由于脂肪组织中缺乏有活性的甘油激酶，因此脂肪组织中的磷酸甘油都来自糖代谢。

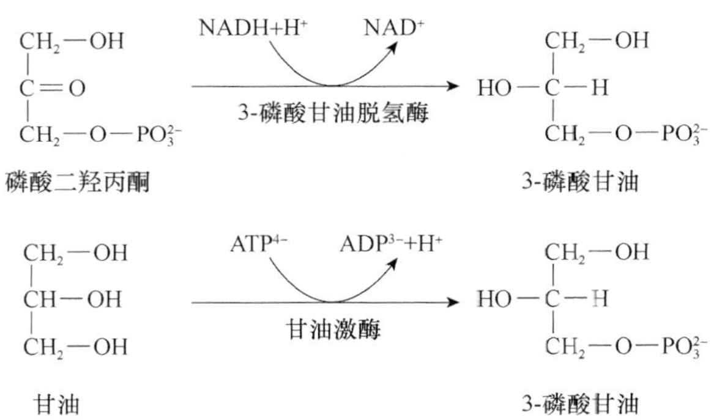

图 11-14　磷酸甘油的生物合成途径

二、脂肪酸的生物合成

哺乳动物的肝、脑、肾、肺及脂肪等多种组织细胞的胞质溶胶中均存在脂肪酸合酶系，因此这些组织都可以合成脂肪酸，其中以肝脏合成脂肪酸的能力最强。但肝脏合成的脂肪酸酯化后主要参与低密度脂蛋白形成并转运出肝脏，故正常情况下肝细胞中无脂肪存储。

脂肪酸的合成过程复杂，合成的原料是乙酰 CoA，主要来自糖酵解生成的丙酮酸，同时还需要多种酶和载体蛋白参加。脂肪酸的合成可分为饱和脂肪酸的从头合成、脂肪酸碳链的延长和不饱和脂肪酸的合成三大主要部分。

（一）饱和脂肪酸的从头合成

1. 乙酰 CoA 的转运与活化　真核生物中的脂肪酸生物合成发生在细胞质中，而脂肪酸合成的原料乙酰 CoA 全部在线粒体基质中产生，且乙酰 CoA 不能穿过线粒体内膜进入细胞质中去，所以要借助柠檬酸转运系统（citrate transport system）把乙酰 CoA 转运至细胞质中（图 11-15）。

丙酮酸氧化产生的乙酰 CoA 与丙酮酸羧化产生的草酰乙酸，在柠檬酸合酶作用下缩合生成柠檬酸，柠檬酸通过线粒体内膜上的载体转运至胞质溶胶，然后在胞质中由柠檬酸裂解酶催化裂解，重新生成乙酰 CoA 和草酰乙酸。此时胞质中生成的乙酰 CoA 用于合成脂肪酸，而草酰乙酸在苹果酸脱氢酶催化下，还原成苹果酸。苹果酸在苹果酸酶的催化下氧化脱羧生成丙酮酸。丙酮酸可再通过线粒体内膜上的载体转运至线粒体内重新羧化生成草酰乙酸，后者再与乙酰 CoA 缩合成柠檬酸。

整个过程反复循环，乙酰 CoA 便可不断地从线粒体内转运至胞质中。柠檬酸转运系统是个耗能的过程，转运 1 分子乙酰 CoA 需要消耗 2 分子的 ATP。

2．丙二酸单酰 CoA 的合成　脂肪酸的合成起始于乙酰 CoA 转化成丙二酸单酰 CoA，该步反应在乙酰 CoA 羧化酶（acetyl-CoA carboxylase）的催化作用下实现，是脂肪酸合成的重要步骤。乙酰 CoA 羧化酶是脂肪酸合成过程中的限速酶。其辅基是生物素，Mn^{2+}为激活剂，反应机制类似于丙酮酸羧化酶。HCO_3^-在 ATP 参与下与生物素形成羧基生物素，羧基再被转移给乙酰 CoA，形成丙二酸单酰 CoA（图 11-16）。

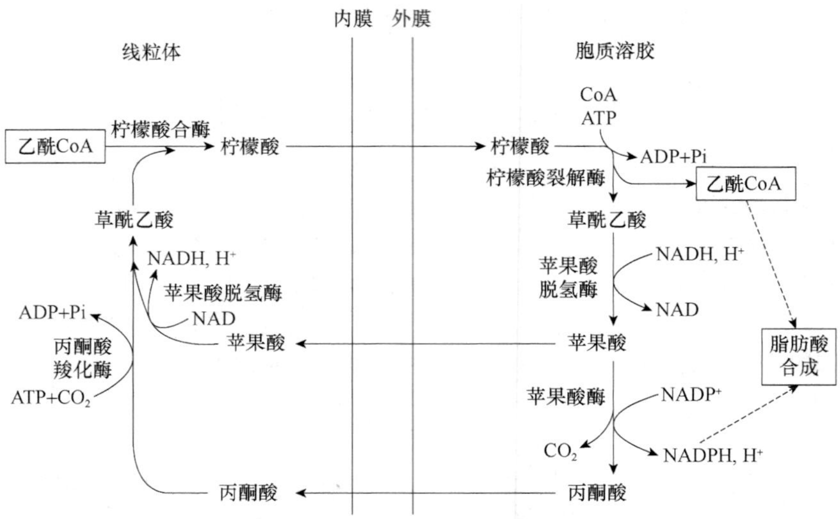

图 11-15　柠檬酸转运系统（改绘自朱圣庚等，2017）

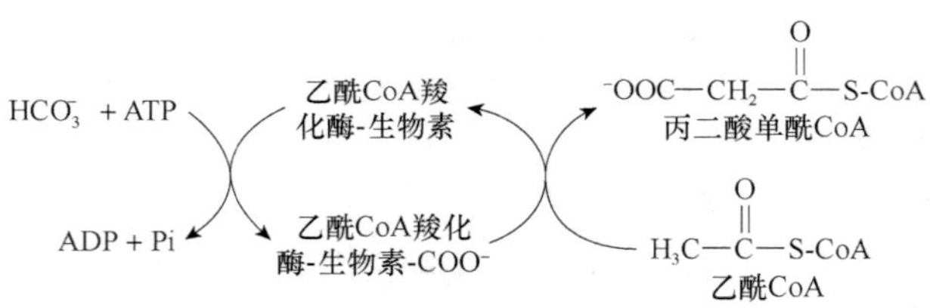

图 11-16　丙二酸单酰 CoA 的合成

3．脂肪酸合成的加成反应　脂肪酸合成过程需要 7 种酶的催化作用，不同生物体内 7 种酶的排布有所不同。在真核生物体内，这 7 种酶活性结构区和 1 个相当于酰基载体蛋白质（acyl carrier protein，ACP）的结构区均在同一条多肽链上（相对分子质量为 26 万），这个蛋白属多功能酶，由一个基因编码。两条完全相同的多肽链（亚基）首尾相连组成的二聚体，构成活性的脂肪酸合酶（fatty acid synthase）。而原核生物如大肠埃希菌，脂肪酸合成过程是由 7 种不同的酶共同催化完成的，其中除硫酯酶外，其他 6 种酶与 1 个 ACP 分子组成脂肪酸合酶多酶复合体。ACP 是一种对热稳定的蛋白质，相对分子质量约为 9500，其 36 位的丝氨酸残基的羟基通过磷酸酯键与其辅基 4-磷酸泛酰巯基乙胺相连。

脂肪酸合成过程以乙酰 CoA 为起点，由丙二酸单酰 CoA 在羧基端逐步添加二碳单位，合成出不超过 16C 的脂酰基，最后脂酰基被水解成游离的脂肪酸，反应过程如下。

1）负载　乙酰 CoA 的乙酰基在乙酰 CoA-ACP 转酰基酶（acetyl-CoA-ACP transacylase）催化下，转移到 ACP 中央的巯基上，生成乙酰-ACP。然后乙酰-ACP 中的乙酰基再转移到 β-酮脂酰-ACP 合酶上。丙二酸单酰 CoA 在丙二酸单酰 CoA-ACP 转酰基酶（malonyl-CoA-ACP transacylase）催化下，丙二酸单酰基被转移到 ACP 上，生成丙二酸单酰-ACP。反应式如下：

$$\underset{\text{乙酰CoA}}{CH_3CO\sim S\text{-}CoA} + ACP \xrightleftharpoons{\text{乙酰CoA-ACP转酰基酶}} \underset{\text{乙酰-ACP}}{CH_3CO\sim S\text{-}ACP} + CoA\text{-}SH$$

$$\underset{\text{丙二酸单酰CoA}}{HOOCCH_2CO\sim S\text{-}CoA} + ACP \xrightleftharpoons{\text{丙二酸单酰CoA-ACP转酰基酶}} \underset{\text{丙二酸单酰-ACP}}{HOOCCH_2CO\sim S\text{-}ACP} + CoA\text{-}SH$$

2）缩合　在β-酮脂酰-ACP合酶（β-ketoacyl-ACP synthase）催化下，连接在β-酮脂酰-ACP合酶上的乙酰基转移到丙二酸单酰-ACP上，形成乙酰乙酰-ACP，并释放出1分子CO_2。反应式如下：

$$\underset{\text{乙酰ACP}}{CH_3CO\sim S\text{-}ACP} + \underset{\text{丙二酸单酰-ACP}}{HOOCCH_2CS\text{-}ACP} \xrightarrow[\beta\text{-酮脂酰-ACP合酶}]{H^+ \quad ACP+CO_2} \underset{\text{乙酰乙酰-ACP}}{CH_3COCH_2CO\sim S\text{-}ACP}$$

3）还原　在β-酮脂酰-ACP还原酶（β-ketoacyl-ACP reductase）催化下，乙酰乙酰-ACP的β羰基被还原成羟基，生成*D*-β-羟丁酰-ACP，NADPH为该酶的辅酶。反应式如下：

$$\underset{\text{乙酰乙酰-ACP}}{CH_3COCH_2CO\sim S\text{-}ACP} \xrightarrow[NADPH+H^+ \quad NADP^+]{\beta\text{-酮脂酰-ACP还原酶}} \underset{D\text{-}\beta\text{-羟丁酰-ACP}}{CH_3\underset{OH}{\underset{|}{C}}HCH_2CO\sim S\text{-}ACP}$$

4）脱水　在β-羟脂酰-ACP脱水酶（β-hydroxyacyl-ACP dehydratase）催化下，*D*-β-羟丁酰-ACP的α、β碳原子间脱水生成反丁烯酰-ACP。反应式如下：

$$\underset{D\text{-}\beta\text{-羟丁酰-ACP}}{CH_3\underset{OH}{\underset{|}{C}}HCH_2CO\sim S\text{-}ACP} \xrightarrow[H_2O]{\beta\text{-羟脂酰-ACP脱水酶}} \underset{\text{反丁烯酰-ACP}}{CH_3\overset{H}{\overset{|}{C}}=\underset{H}{\underset{|}{C}}CO\sim S\text{-}ACP}$$

5）还原　在β-烯脂酰-ACP还原酶（β-enoyl-ACP reductase）催化下，反丁烯酰-ACP被还原成丁酰-ACP，NADPH为该酶的辅酶。至此，生成延长了2个碳单位的丁酰-ACP。反应式如下：

$$\underset{\text{反丁烯酰-ACP}}{CH_3CH=CHCO\sim S\text{-}ACP} \xrightarrow[NADPH+H^+ \quad NADP^+]{\beta\text{-烯脂酰-ACP还原酶}} \underset{\text{丁酰-ACP}}{CH_3CH_2CH_2CO\sim S\text{-}ACP}$$

如此反复进行2）～5）的合成过程，每一个循环碳链延伸一个二碳单位。但起始底物是已经加长了2个碳的酰基-ACP，每一轮都有一个新的丙二酸单酰CoA分子参与，直至生成含有不超过16碳的脂酰-ACP为止。

6）脂酰基水解　当脂酰基延长到一定程度（不超过16碳）后，在硫酯酶的作用下，脂酰-ACP水解即可生成脂肪酸和ACP。反应式如下：

$$\text{脂酰-ACP}+H_2O \xrightarrow{\text{硫酯酶}} \text{脂肪酸}+ACP$$

合成软脂酸的总反应可表示如下:

$$CH_3COS\text{-}CoA + 7HOOCCH_2COS\text{-}CoA + 14(NADPH + H^+) \longrightarrow CH_3(CH_2)_{14}COOH + 7CO_2 + 6H_2O + 8CoA\text{-}SH + 14NADP^+$$

（二）脂肪酸碳链的延长

脂肪酸合成的最常见产物是软脂酸（16碳），而合成比软脂酸碳链更长的脂肪酸时，则需要通过其他的途径。在哺乳动物的线粒体和内质网中，有两条脂肪酸延长途径：一条是线粒体脂肪酸延长途径，另一条是内质网脂肪酸延长途径。

1．线粒体脂肪酸延长途径　线粒体脂肪酸延长途径存在于动物的线粒体中。线粒体基质中含有催化脂肪酸延长的酶系，按照与脂肪酸β-氧化逆反应相似的过程使软脂酸的碳链延长，只是第4个酶——烯脂酰CoA还原酶代替了β-氧化过程中的脂酰CoA脱氢酶，最后一步还原反应中的辅酶是NADPH。

以此方式，每一轮反应使脂肪酸碳链新增加2个碳原子，一般可以延长至24或26碳脂肪酸，不过仍以硬脂酸生成最多。

2．内质网脂肪酸延长途径　动、植物都存在内质网延长系统，反应过程与脂肪酸从头合成相似。在内质网中含有催化脂肪酸延长酶系，以丙二酸单酰CoA作为二碳单位的供体，NADPH供氢，通过缩合、加氢、脱水及再加氢等反应，使脂肪酸碳链逐步延长。不同之处在于反应中脂酰基不是以 ACP 为载体，而是连接在 CoA-SH 上，此途径可以合成 24 碳的脂肪酸，不过还是以合成硬脂酸为主。

（三）不饱和脂肪酸的合成

生物体内存在大量的不饱和脂肪酸，最主要的如棕榈油酸、油酸、亚油酸、亚麻酸、花生四烯酸等。脂肪酸的去饱和，即在脂肪酸中引入双键的反应，主要发生在内质网，是由脱饱和酶（desaturase）催化的氧化反应，反应需要 O_2 和 NAD（P）H 参与。

动物细胞中的脱饱和酶可催化远离脂肪酸羧基端的第 9 个碳的去饱和，动物组织中棕榈油酸（16∶1，Δ^9）和油酸（18∶1，Δ^9）是两种常见的不饱和脂肪酸。而 9 碳以上的去饱和则只有植物中的脱饱和酶才能催化，如亚油酸（18∶2，$\Delta^{9,12}$）和亚麻酸（18∶3，$\Delta^{9,12,15}$）。因为人和其他哺乳动物缺乏在脂肪酸第 9 位碳原子以上位置引入双键的酶系，必须从植物中获得亚油酸和亚麻酸，因此这两种脂肪酸被称为营养必需脂肪酸。

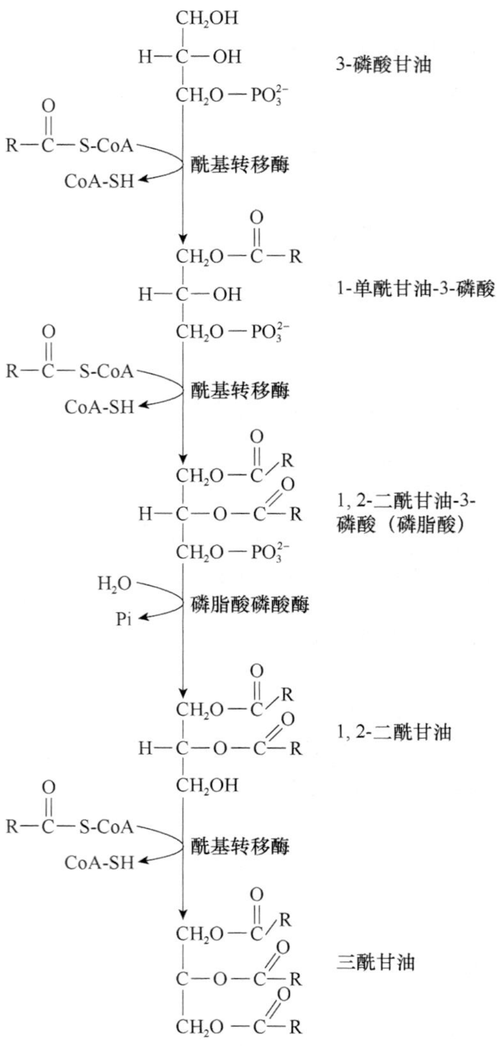

图 11-17 二酰甘油途径

三、脂肪的生物合成

在动物体内，脂肪（即三酰甘油）可在小肠、肝脏和脂肪组织等部位中合成，合成途径主要有两条：单酰甘油途径和二酰甘油途径。

1. 单酰甘油途径 单酰甘油途径是小肠黏膜上皮细胞合成三酰甘油的主要途径。小肠黏膜细胞利用食物消化吸收的脂肪酸，在 ATP、Mg^{2+} 和 CoA-SH 存在的条件下，由内质网脂酰 CoA 合成酶催化生成脂酰 CoA。在内质网脂酰 CoA 转移酶的作用下，脂酰 CoA 再与从食物消化吸收的单酰甘油反应，生成二酰甘油，最终生成三酰甘油，此途径见图 11-1。

2. 二酰甘油途径 二酰甘油途径是肝细胞及脂肪细胞合成三酰甘油的主要途径。葡萄糖酵解途径生成的磷酸二羟丙酮经还原生成 3-磷酸甘油，3-磷酸甘油在酰基转移酶的作用下，依次加上 2 分子脂酰 CoA 生成磷酸甘油二酯，也称磷脂酸。磷脂酸在磷脂酸磷酸酶的作用下，水解脱去磷酸生成 1,2-二酰甘油。然后在酰基转移酶催化下，再加上 1 分子脂酰基，即生成三酰甘油（图 11-17）。

第四节 类脂的代谢

类脂是指生物体内，除脂肪外的所有脂类，主要包括磷脂、鞘脂、糖脂、脂蛋白、类固醇及固醇等。类脂是构成生物膜的主要成分，也可以转化成体内重要的生物活性物质，参与细胞间识别、细胞信号转导等活动，还可以构成血浆脂蛋白。由于类脂种类很多，本节仅以甘油磷脂和胆固醇为例，介绍这两种类脂在生物体内的代谢。

一、甘油磷脂的代谢

甘油磷脂种类繁多，体内更新快，它们都是具有亲水性和疏水性的兼性分子，水解后都产生磷酸和脂肪酸。甘油磷脂是细胞膜、细胞器膜的主要组成部分。

（一）甘油磷脂的分解代谢

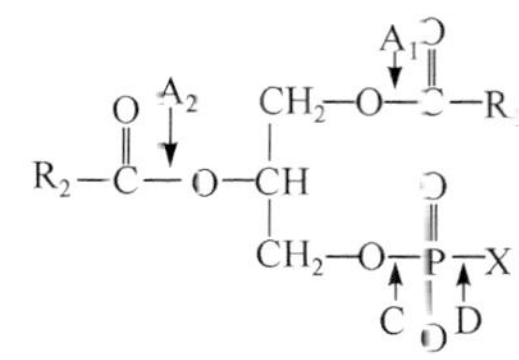

图 11-18 各磷脂酶作用的酯键

甘油磷脂在生物体内，经磷脂酶（phospholipase）催化，可被水解为甘油、脂肪酸、磷酸和各种氨基醇（如胆碱、乙醇胺、丝氨酸）等。磷脂酶分四类，即磷脂酶 A_1、A_2、C 和 D，它们分别作用于不同的酯键，形成不同的产物，图 11-18 为各磷脂酶作用的位点。

磷脂的水解产物可以进一步分解：甘油可进一步氧化分解成二氧化碳和水；乙醇胺也可在体内完全氧化；胆碱经氧化和脱甲基生成甘氨酸，脱下的甲基可用于其他化合物的合成。另外，水解得到的胆碱、胆胺或磷酸胆碱、磷酸胆胺等也可以参与磷脂的再合成。

（二）甘油磷脂的合成代谢

与脂肪的合成不同，全身各组织细胞的内质网均含有合成磷脂的酶系，因此各组织均能合成甘油磷脂，其中以肝、肾及肠等组织最为活跃。

磷脂合成所需的原料包括磷酸、甘油、脂肪酸、胆碱、胆胺，以及丝氨酸、肌醇等。其中除脂肪酸、甘油主要由葡萄糖转化而来外；多不饱和脂肪酸只能由食物供应；胆碱可由食物供给，亦可在体内合成。蛋白质分解所产生的甘氨酸、丝氨酸及甲硫氨酸可作为合成乙醇胺、胆碱的原料。

甘油磷脂的合成途径在生成磷脂酸之前是相同的，都是利用二酰甘油途径先合成磷脂酸，如图 11-17 前三步反应，然后磷脂酸在磷脂酸磷酸酶催化下去磷酸，生成 1,2-二酰甘油。乙醇胺和胆碱要活化形成胞苷二磷酸（CDP）-乙醇胺和 CDP-胆碱的形式，才能和 1,2-二酰甘油进一步反应。乙醇胺和胆碱分别在乙醇胺激酶和胆碱激酶的作用下生成磷酸乙醇胺和磷酸胆碱；磷酸乙醇胺和磷酸胆碱分别在胞苷三磷酸（CTP）：磷酸乙醇胺胞苷转移酶、CTP: 磷酸胆碱胞苷转移酶的作用下与 CTP 反应，再生成 CDP-乙醇胺和 CDP-胆碱（图 11-19）。

在磷酸胆碱转移酶催化下，1,2-二酰甘油与 CDP-胆碱生成磷脂酰胆碱；在磷酸乙醇胺转移酶催化下 1,2-二酰甘油与 CDP-乙醇胺反应生成磷脂酰乙醇胺（图 11-20）。

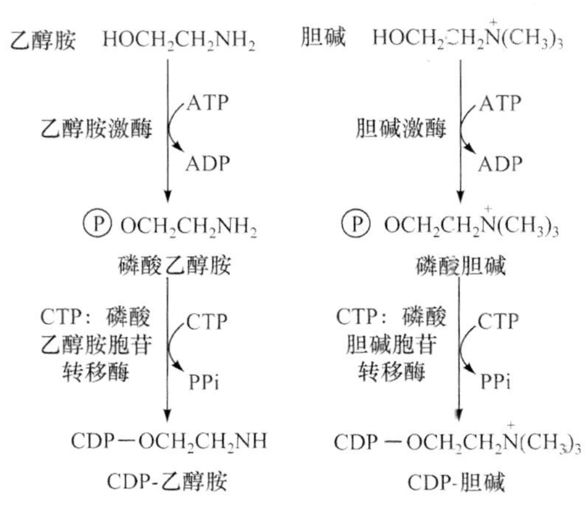

图 11-19 CDP-乙醇胺和 CDP-胆碱的合成

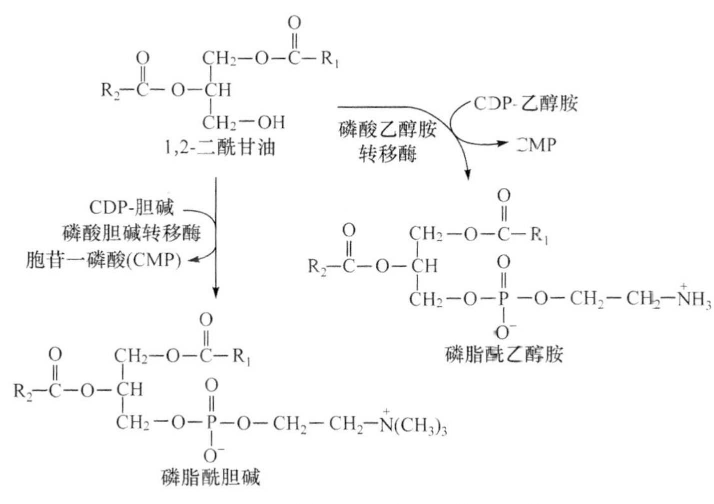

图 11-20 磷脂酰胆碱和磷脂酰乙醇胺的合成

二、胆固醇的代谢

胆固醇是一种具有羟基的固醇类化合物，其基本结构为环戊烷骈多氢菲。人体内的胆固醇，一部分来自动物性食物，称为外源性胆固醇，另一部分由体内各组织细胞合成，称为内源性胆固醇。

（一）胆固醇的生物合成

除成年动物脑组织和成熟红细胞外，几乎全身各组织均可合成胆固醇，肝脏的合成能力最强，占总量的 70%～80%，小肠内的合成量约为 10%。胆固醇合成酶系存在于胞质及光面内质网膜上，因此胆固醇的合成主要在细胞的胞质及内质网中进行。乙酰 CoA 是合成胆固醇的起始原料，每转运 1 分子乙酰 CoA，由柠檬酸裂解成乙酰 CoA 时需要消耗 1 分子 ATP。每合成 1 分子胆固醇需要 18 分子乙酰 CoA、36 分子 ATP 及 16 分子 NADPH+H^+。乙酰 CoA 及 ATP 主要来自线粒体中糖的有氧氧化及脂肪酸的β-氧化，NADPH+H^+主要来自胞质中的磷酸戊糖途径。胆固醇的合成过程极其复杂，有近 30 步酶促反应，大致分为三个阶段。

1．甲羟戊酸的合成 在细胞质中，2 分子乙酰 CoA 在乙酰乙酰硫解酶的作用下首先缩合成乙酰乙酰 CoA，然后再与 1 分子乙酰 CoA 缩合生成羟甲基戊二酸单酰 CoA（HMG-CoA）。HMG-CoA 是合成胆固醇的重要中间产物，其利用磷酸戊糖途径中产生的 NADPH 提供氢，在内质网上 HMG-CoA 还原酶的作用下，被还原成甲羟戊酸。HMG-CoA 还原酶是合成胆固醇的限速酶，因此，这步反应也是胆固醇生物合成的限速步骤。

2．鲨烯的合成 甲羟戊酸在胞质中一系列酶的催化作用下，经磷酸化、脱羧及脱羟基等酶促反应生成活泼的异戊烯焦磷酸（isopentenyl pyrophosphate, IPP）（5 碳化合物）和二甲基丙烯焦磷酸酯（dimethylallyl pyrophosphate, DPP）（5 碳化合物）。然后 IPP 和 DPP 合成二甲基辛二烯醇焦磷酸酯（geranyl pyrophosphate, GPP）。GPP 与另 1 分子 IPP 缩合成三甲基十二碳三烯焦磷酸酯，又称法尼焦磷酸（farnesyl pyrophosphate，FPP）（15 碳化合物）。最后，由 2 分子 FPP 脱去 2 分子焦磷酸，再缩合、还原生成鲨烯（30 碳六烯化合物）。

3．胆固醇的生成 鲨烯再经环化、氧化、脱羧及还原等步骤，最终生成含有 27 个碳原子的胆固醇。

（二）胆固醇在体内的代谢转化

胆固醇在体内虽然不能彻底氧化生成 CO_2 和 H_2O，也不能提供能量，但它可以转化成多种重要的生理活性物质，起着参与或调节机体物质代谢的作用。

1．转化为胆汁酸 人体内约 80%的胆固醇在肝细胞内转变为胆汁酸，胆汁酸在胆汁中以钠盐或钾盐的形式储存称为胆盐。胆盐可以帮助油脂的消化和脂溶性维生素的吸收，同时也是体内胆固醇最重要的排泄途径。

2．转化为 7-脱氢胆固醇 7-脱氢胆固醇是一种固醇类物质，存在于动物皮肤内的皮脂腺及其分泌物中，在人体内可由胆固醇转化而成。7-脱氢胆固醇是维生素 D_3 的前体，经血液循环运送至皮肤，再经紫外线照射可转变为维生素 D_3。维生素 D_3 本身没有活性，需经肝、肾的代谢转化才能生成有活性的 1,25-二羟维生素 D_3。1,25-二羟维生素 D_3 具有显著的调节钙、磷代谢的活性，能促进钙磷的吸收，有利于骨骼的生成。

3．转化为类固醇激素 在体内一些内分泌腺中，胆固醇可以合成类固醇激素。例如，肾上腺的皮质细胞可以分别合成雄性激素、氢化可的松及睾酮；睾丸间质细胞、卵巢的卵泡内膜细胞和黄体也可以利用胆固醇合成睾酮、雌二醇和黄体酮这些性激素，它们对调节生理功能和诱发病理改变起重要作用。

4．转化为胆固醇酯 在肝、肾上腺皮质和小肠等组织中，胆固醇与脂酰 CoA 在脂酰 CoA 胆固醇酰基转移酶作用下，生成胆固醇酯。

胆固醇在人体内不能彻底氧化，部分胆固醇可由肝脏细胞分泌到胆管，随胆汁进入肠道，或者在肠腔通过肠黏膜脱落进入肠中。入肠后，胆固醇一部分被肠肝循环重新吸收进入血液，一部分在肠道被细菌作用还原为粪固醇，随粪便排出体外。

第五节 脂代谢的调节

机体可以通过神经及激素的作用调节脂类的新陈代谢，改变脂类合成代谢和分解代谢的强度，以适应机体的需要，其中以激素对脂类代谢的调节最为明显。

一、激素对脂类代谢的调节

对脂类代谢影响较大的激素有胰岛素、肾上腺素、生长激素、胰高血糖素、促肾上腺皮质素、甲状腺素及前列腺素等。这些激素中，除了胰岛素、前列腺素抑制脂肪动员和脂解作用外，其他激素对脂肪分解都起促进作用。

当机体禁食、饥饿、肌肉锻炼耗能过多时，肾上腺素、去甲肾上腺素、肾上腺皮质激素等分泌增加，并作用于脂肪细胞胞膜上相应受体，从而激活腺苷酸环化酶。活化的腺苷酸环化酶催化 ATP 生成 cAMP。细胞内 cAMP 浓度升高再激活蛋白激酶 A，蛋白激酶 A 使脂肪细胞胞质内的三酰甘油脂肪酶磷酸化而被活化，进而水解三酰甘油。这些激素对三酰甘油脂肪酶起正调节作用，称为脂解激素。肾上腺素、去甲肾上腺素促进脂肪水解作用很快，其延迟期仅为数秒；生长激素促进脂肪水解作用较慢，延迟期为 2～3h；甲状腺素促进脂肪水解延迟期为 4～6h。

而与此相反，胰岛素和前列腺素能抑制腺苷酸环化酶，从而抑制 cAMP 形成，进而抑制脂肪动员水解，对三酰甘油脂肪酶起负调节作用，故被称为抗脂解激素。胰岛素除了能抗脂肪分解外，还具有刺激脂肪合成的作用，主要体现在两方面：一是促进脂肪酸合成，机体此时糖酵解速度加快，为脂合成提供原料；二是增强有关合成脂肪的酶的活性，如刺激乙酰 CoA 羧化酶的活性。

二、脂肪酸代谢的调节控制

（一）脂肪酸分解的调节控制

脂肪酸氧化的速度很大程度上取决于脂肪的分解速度，组织利用脂肪酸的速度取决于脂肪酸的浓度。长链脂肪酸必须经过活化生成脂酰 CoA，再通过肉碱脂酰转移酶Ⅰ转运，才能进入线粒体内膜氧化。细胞内燃料分子含量高时，丙二酸单酰 CoA 含量丰富，它对肉碱脂酰转移酶Ⅰ有抑制作用，脂酰 CoA 不能跨膜进入线粒体基质内氧化，这时脂肪酸的分解就会受到抑制。另外机体内糖含量充足，代谢会产生大量的还原性辅酶 NADH 和乙酰 CoA，NADH 会抑制羟脂酰 CoA 脱氢酶，乙酰 CoA 抑制硫解酶，脂肪酸的分解也会受到抑制。

（二）脂肪酸合成的调节控制

当机体内糖含量高而脂肪酸含量低时，脂肪酸合成速度加快。机体可通过小分子效应物调节脂肪代谢中的酶活力，控制脂肪酸的合成。其中，最重要的效应物是细胞中的柠檬酸。柠檬酸可刺激乙酰 CoA 羧化酶的活性，加速丙二酸单酰 CoA 的形成。当细胞处于高能状态时，乙酰 CoA 和 ATP 含量丰富，抑制异柠檬酸脱氢酶的活性，使柠檬酸浓度升高，乙酰 CoA 羧化酶活性提高，这会促进丙二酸单酰 CoA 大量合成，从而加速脂肪酸的合成。

乙酰 CoA 羧化酶还可以通过共价修饰调节脂肪酸的合成。该酶被磷酸化时，失去活性；去磷酸化时，活性又会恢复。当血糖浓度低时，胰高血糖素分泌，与肝细胞质膜上的受体结合导致级联催化反应，最终激活蛋白激酶，蛋白激酶可使乙酰 CoA 羧化酶磷酸化而失活，从而减少丙二酸单酰 CoA 的合成，使脂肪酸合成停止。胰岛素作用与其正好相反，当血糖升高时，胰岛素分泌，经过级联反应，最终促使乙酰 CoA 羧化酶去磷酸化，促使脂肪酸合成。

三、胆固醇代谢的调节控制

胆固醇的合成和摄入与其分解和排出之间保持着平衡。外源胆固醇输入高时，一般肝细胞可以抑制自身胆固醇的合成。其作用机制是饮食中摄入的胆固醇对羟甲基戊二酸单酰 CoA 还原酶活性有反馈抑制作用。长期禁食状态，内源底物供给不足，会使胆固醇合成下降。但羟甲基戊二酸单酰 CoA 还原酶含量会增加，此时重新进食，机体合成胆固醇的能力提高，胆固醇的合成增加，以维持体内胆固醇含量的稳定。

脂类代谢失调会引起多种疾病，如肥胖症、结石症、酮血症、血管硬化、高脂血症及动脉粥样硬化等。这些疾病防治的主要原则是控制饮食、配合药物治疗以调节机体恢复正常的脂类代谢。

本章小结

小肠是人体脂类消化吸收的场所，食物中的脂类物质被消化吸收后经门静脉或淋巴进入血液循环。血浆中有由三酰甘油、磷脂、胆固醇及其酯和载脂蛋白组成的血浆脂蛋白。

脂肪是机体重要的储能物质。组织中的脂肪酶可将脂肪水解为甘油和游离脂肪酸。肝、肾、肠等组织利用甘油激酶将甘油转变为 3-磷酸甘油，3-磷酸甘油可在磷酸甘油脱氢酶的作用下，生成磷酸二羟丙酮，进入糖异生作用转变为糖或循糖酵解途径氧化分解。

脂肪酸是人及哺乳动物主要的能源物质，在氧气供给充足的条件下，脂肪酸在体内彻底氧化分解成CO_2和H_2O，并释放大量能量，以ATP的形式供机体利用。脂肪酸的分解代谢主要是β-氧化。脂肪酸首先活化成脂酰CoA，以脂酰肉碱的形式穿膜运送进入线粒体，然后脱氢、加水、再脱氢、硫解完成β-氧化的过程。不饱和脂肪酸在它的β-氧化途径中，需有更多的酶（异构酶）参加反应。奇数碳原子的脂肪酸在最后的一步循环后，生成乙酰CoA及丙酰CoA。β-氧化产生的乙酰CoA在肝脏及肾脏细胞中还有另外一条去路，即形成乙酰乙酸、*D*-β-羟丁酸和丙酮，合称为酮体。

脂肪酸合成过程中，乙酰CoA是碳原子的唯一来源，其来自糖的氧化分解或氨基酸的分解。在哺乳动物体内，脂肪酸生物合成的酶几乎都在一个酶复合体内，经缩合、还原、脱水、还原反应，每一循环脂肪链延长两个碳原子，如此循环反复进行，生成了16个碳的软脂酰-ACP，再由软脂酰-ACP水解生成软脂酸。细胞质中的脂肪酸合酶只能合成16个碳的软脂酸，更长脂肪酸的合成需要通过对软脂酸加工，使碳链延长来完成。在哺乳动物体内存在线粒体脂肪酸延长途径和内质网脂肪酸延长途径。不饱和脂肪酸的合成，需要脂酰CoA去饱和酶催化参与。

脂肪的合成代谢有两种途径：单酰甘油途径和二酰甘油途径。甘油磷脂经磷脂酶催化，可被水解为甘油、脂肪酸、磷酸和各种含氮化合物（如胆碱、乙醇胺、丝氨酸）等。甘油磷脂的合成代谢采用二酰甘油途径。胆固醇的合成过程复杂，大致分为三个阶段：甲羟戊酸的合成、鲨烯的合成和胆固醇的合成。胆固醇在体内不能彻底分解，其支链可被氧化，使胆固醇转化成多种类胆固醇化合物。

机体通过神经及激素调节脂类代谢，改变合成代谢和分解代谢的强度，以适应机体的需要。对脂类代谢影响较大的激素有胰岛素、肾上腺素、生长激素、胰高血糖素、促肾上腺皮质素、甲状腺素、前列腺素等。

思考题

1．脂类物质如何在体内进行消化吸收？

2．肉碱脂酰转移酶在脂肪酸氧化中有何作用？

3．脂肪酸可由乙酰CoA和丙二酰CoA装配成，在脂肪酸合成酶系催化的反应中，如果用14C标记乙酰CoA的两个碳原子，并加入过量的丙二酰CoA，如果所合成的软脂酸只有两个碳位被标记，问被标记的部位是C1和C2，还是C15和C16？为什么？

4．试说明酮尿症的生化机制。

5．脂肪酸合成中的碳链延长在线粒体和内质网中的机制有何不同？

6．奇数碳脂肪酸是如何进行分解代谢的？

7．若食物中只含有肉、蛋和蔬菜，会不会发生脂肪酸缺乏症？

8．1mol硬脂酸（18碳）经β-氧化生成多少乙酰CoA？彻底氧化为CO_2和H_2O时净生成多少ATP？

9．试比较脂肪酸合成和脂肪酸β-氧化的异同。

10．试说明柠檬酸转运系统的作用机制和功能。

部分参考答案

第十二章 氨基酸和核苷酸的代谢

氨基酸是蛋白质的基本组成单位，其在体内的代谢包括合成代谢和分解代谢两个方面。合成代谢主要是合成多肽、蛋白质或转变成其他含氮化合物；分解代谢主要是通过脱氨基作用生成氨和α-酮酸。大部分氨最终经鸟氨酸循环合成尿素，随尿液排出。α-酮酸可进一步转变为糖或脂质，或经氨基化再合成某些非必需氨基酸，亦可进入三羧酸循环彻底氧化分解并提供能量。本章重点介绍氨基酸的分解代谢。

核苷酸是核酸的基本组成单位，其在体内的代谢也包括合成代谢和分解代谢两个方面。与氨基酸不同的是，核苷酸主要由自身合成，因此不属于营养必需物质，不需要从食物中摄取核苷酸类物质进行补充。本章重点介绍核苷酸的合成代谢。

第一节　蛋白质的消化吸收

蛋白质是构成组织细胞的主要成分，是生命的物质基础。人体每日需要摄入足够量的蛋白质才能维持机体正常的生理活动。但蛋白质是一类生物大分子，且食物蛋白质具有免疫原性，需经过胃肠道的消化，分解为小分子的氨基酸，才能被机体吸收利用，避免引起机体的过敏和毒性反应。

一、蛋白质的消化

食物蛋白质的消化、吸收是体内氨基酸的主要来源。食物蛋白质在消化道不同部位由不同来源的蛋白酶催化水解，其中小肠是主要的消化部位。

（一）胃的消化

食物蛋白质的消化由胃开始。胃黏膜主细胞可分泌胃蛋白酶原（pepsinogen），经盐酸激活后，转变为有活性的胃蛋白酶（pepsin），胃蛋白酶又可反过来激活胃蛋白酶原，完成自催化作用（autocatalysis）。胃蛋白酶的特异性较差，主要水解由芳香族氨基酸、甲硫氨酸及亮氨酸形成的肽键。食物蛋白质经胃蛋白酶的作用水解为多肽及少量氨基酸。

（二）小肠的消化

蛋白质消化的主要场所是小肠。食物在胃内停留时间较短，随即进入小肠。小肠内有胰腺和肠黏膜细胞分泌的多种蛋白酶和肽酶。

1．胰腺分泌的蛋白酶　胰腺分泌的蛋白酶统称胰酶，分为内肽酶（endopeptidase）和外肽酶（exopeptidase）两大类。内肽酶特异性地水解肽链内部的肽键，如胰蛋白酶（trypsin）水解碱性氨基酸羧基端的肽键；胰凝乳蛋白酶（chymotrypsin，糜蛋白酶）水解芳香族氨基酸羧基端的肽键；弹性蛋白酶（elastase）主要水解脂肪族氨基酸羧基端的肽键。外肽酶主要包括羧肽酶（carboxypeptidase）和氨肽酶（aminopeptidase），可逐个水解肽链羧基端或氨基端的肽键，得到游离氨基酸。羧肽酶中的羧肽酶A主要水解除赖氨酸、精氨酸和脯氨酸以外的氨基酸组成的末端肽键；羧肽酶B主要水解碱性氨基酸组成的末端肽键。

2．肠黏膜细胞分泌的蛋白酶　肠黏膜细胞分泌的蛋白酶包括肠激酶（enterokinase）和寡肽酶（oligopeptidase）。肠激酶是十二指肠黏膜细胞分泌的一种蛋白水解酶，它可以从胰蛋白酶原的氨基端水解掉 1 分子六肽，使其转变为有活性的胰蛋白酶。胰蛋白酶又进一步激活胰凝乳蛋白酶原、弹性蛋白酶原和羧肽酶原。胰蛋白酶也可发生微弱的自身激活作用。食物蛋白质经多种胰酶水解后，生成的产物中约 1/3 为氨基酸，2/3 为寡肽。寡肽可在小肠黏膜细胞产生的两种寡肽酶：氨肽酶和二肽酶（dipeptidase）的作用下继续水解。氨肽酶从寡肽氨基端逐个水解肽键，肽链逐渐缩短直至变为二肽，二肽再由二肽酶水解最终生成氨基酸。

二、蛋白质的吸收

食物蛋白质经消化水解成氨基酸和寡肽后，主要在小肠内通过主动转运机制被吸收。小肠黏膜细胞膜上存在转运氨基酸和寡肽的载体蛋白（carrier protein），又称转运蛋白（transporter）。转运蛋白与氨基酸或寡肽及 Na^+形成三联体，转运到细胞内之后 Na^+由钠泵排出细胞，此过程需要消耗 ATP。根据氨基酸和寡肽结构的不同，其转运需要借助不同的转运蛋白。目前已知至少有 7 种转运蛋白参与氨基酸和寡肽的吸收过程，包括酸性氨基酸转运蛋白、碱性氨基酸转运蛋白、中性氨基酸转运蛋白、亚氨基酸转运蛋白、β-氨基酸转运蛋白、二肽转运蛋白及三肽转运蛋白等。当某些氨基酸共用同一转运蛋白时，由于结构上有一定的相似性，这些氨基酸在吸收过程中存在竞争作用。除小肠黏膜细胞以外，氨基酸还可通过肾小管细胞和肌细胞等细胞膜上的转运蛋白进行吸收。

第二节　氨基酸的代谢

体内组织蛋白质降解产生的氨基酸及自身合成的非必需氨基酸属于内源性氨基酸，与食物蛋白质经消化而被吸收的外源性氨基酸不分彼此，分布于体内各处，共同参与代谢，称为氨基酸代谢库（amino acid metabolic pool）。以下着重介绍氨基酸的分解代谢。

一、氨基酸脱氨基作用

动画
转氨和联合脱氨

脱氨基作用是氨基酸分解代谢的主要反应。脱氨基作用可发生在体内大多数组织中。脱氨基作用的方式主要包括转氨基、氧化脱氨基、联合脱氨基等。

（一）转氨基作用

转氨基作用（transamination）是指在氨基转移酶（aminotransferase）或称转氨酶（transaminase）的催化下，可逆地将一个氨基酸的α-氨基转移给一个α-酮酸，结果是氨基酸脱去氨基生成相应的α-酮酸，而原来的α-酮酸接受氨基后转变为另一种氨基酸。不同氨基酸的转氨基作用由不同的氨基转移酶催化，但每一种氨基转移酶都需要磷酸吡哆醛作为辅基。反应式如下：

转氨基作用是完全可逆的，因此它既是氨基酸的分解代谢过程，又是非必需氨基酸合成的重要途径。除苏氨酸、赖氨酸、脯氨酸外，大多数编码氨基酸均可发生转氨基作用。

体内大多数氨基转移酶优先利用谷氨酸作为氨基的供体，或以α-酮戊二酸作为氨基的受体。例如，两种重要的氨基转移酶，丙氨酸转氨酶（alanine transaminase，ALT）又称谷丙转氨酶（glutamic pyruvate transaminase，GPT），天冬氨酸转氨酶（aspartate transaminase，AST）又称谷草转氨酶（glutamic oxaloacetate transaminase，GOT）。

氨基转移酶广泛存在于体内各组织中，尤以肝和心肌含量最为丰富。在正常情况下，肝细胞中 ALT 活性最高，心肌细胞中 AST 活性最高，血清中两者活性很低。当组织受损时，细胞膜通透性增加或细胞破裂，血清氨基转移酶活性显著升高。例如，急性肝炎患者血清 ALT 活性明显上升，心肌梗死患者血清 AST 活性显著升高。因此，临床上可据此作为相关组织器官疾病的诊断和预后的参考指标之一。

（二）氧化脱氨基作用

氧化脱氨基作用是指氨基酸在酶的催化下，氧化脱氢、水解脱氨，生成游离氨和α-酮酸的反应。*L*-谷氨酸脱氢酶在肝、肾和脑等组织中广泛存在，且能以较高速率催化 *L*-谷氨酸氧化脱氨生成α-酮戊二酸和氨，是参与氨基酸氧化脱氨基作用的主要酶。该酶存在于哺乳动物的线粒体基质中，以 NAD^+ 或 $NADP^+$ 为辅酶，属于不需氧脱氢酶。反应式如下：

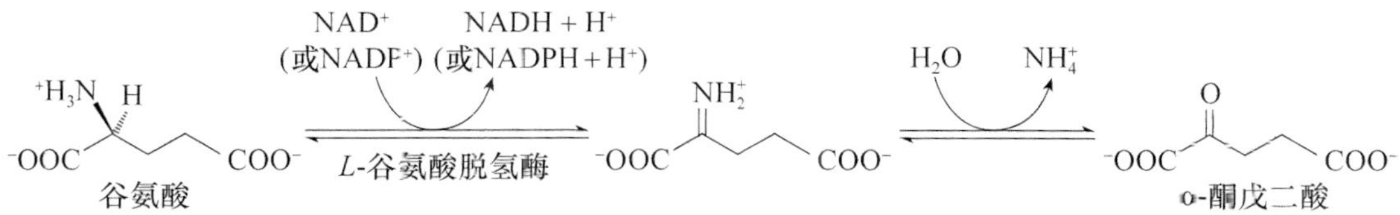

（三）联合脱氨基作用

氨基酸的转氨基作用虽然普遍存在，但只是将分子中的氨基转移给其他α-酮酸，并没有真正实现脱氨基的目的。若将各种氨基酸首先在氨基转移酶的作用下，将氨基转移给α-酮戊二酸生成 *L*-谷氨酸，再由 *L*-谷氨酸脱氢酶将氨基脱去，就可把氨基酸的氨基转变成游离的氨。反应式如下：

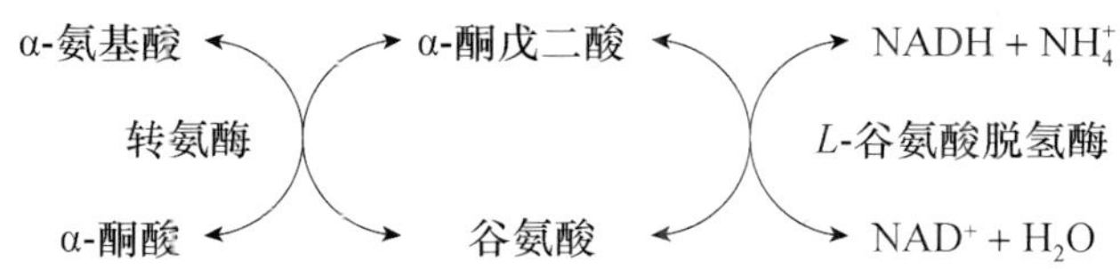

这种将转氨基作用与 *L*-谷氨酸氧化脱氨基作用相结合的方式称为转脱氨基作用（transdeamination），又称联合脱氨基作用。联合脱氨基由氨基转移酶和谷氨酸脱氢酶联合催化，这些酶在体内广泛存在，因此联合脱氨基是体内氨基酸脱氨基的主要方式。联合脱氨基反应可逆，其逆过程又是体内合成非必需氨基酸的主要途径。

二、氨基酸的脱羧基作用

部分氨基酸还可在氨基酸脱羧酶（amino acid decarboxylase）的催化下发生脱羧基作用（decarboxylation），生成相应的胺类和 CO_2。反应式如下：

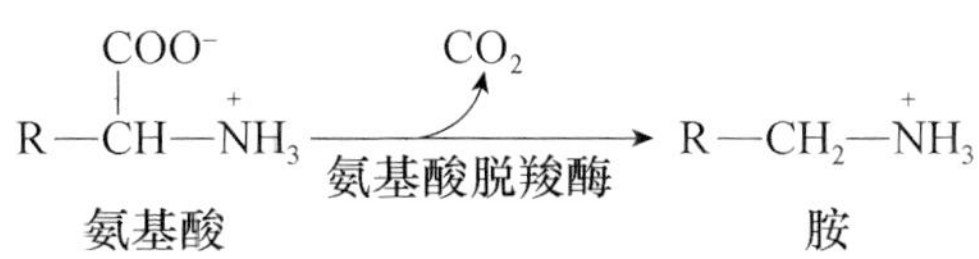

不同的氨基酸脱羧基作用需要特异的氨基酸脱羧酶催化，但辅酶均为磷酸吡哆醛。体内胺类物质含量虽低，但具有重要的生理功能。下面列举几种氨基酸脱羧基产生的重要胺类物质。

（一）γ-氨基丁酸

谷氨酸经 *L*-谷氨酸脱羧酶催化，脱去羧基生成γ-氨基丁酸（γ-aminobutyric acid，GABA）。*L*-谷氨酸脱羧酶在脑组织中活性很高，因而脑中 GABA 含量较高。GABA 是一种重要的抑制性神经递质，对中枢神经系统的信号传导有抑制作用。

（二）5-羟色胺

色氨酸先由色氨酸羟化酶催化生成 5-羟色氨酸，再经芳香族氨基酸脱羧酶催化脱去羧基生成 5-羟色胺（5-hydroxytryptamine，5-HT）。在脑组织中，5-HT 也是一种抑制性神经递质，与调节睡眠、体温、镇痛等有关；在外周组织，5-HT 具有强烈的血管收缩作用，可刺激平滑肌收缩；此外，5-HT 还参与生物节律、神经系统、生殖系统及免疫系统等功能调节。

（三）组胺

组氨酸经组氨酸脱羧酶催化脱去羧基生成组胺（histamine）。组胺具有强烈的血管舒张作用，可增加毛细血管通透性，引起血压下降；也可使平滑肌收缩，引起支气管痉挛导致哮喘；还可作为一种兴奋性神经递质，调控觉醒和睡眠、情感和记忆等功能。

（四）多胺类

鸟氨酸、赖氨酸和甲硫氨酸等经脱羧基作用生成腐胺（putrescine）、尸胺（cadaverine）、亚精胺（spermidine）和精胺（spermine）等含多个氨基的化合物，统称为多胺（polyamine）。多胺通过参与染色质组装促进细胞增殖。在生长旺盛的组织，如胚胎、再生肝和肿瘤组织等，鸟氨酸脱羧酶活性较强，多胺含量较高。因此，临床常把患者血液或尿液中多胺的含量作为肿瘤诊断和预后的辅助指标。

胺类物质大多活性较高，如果体内生成过多，将导致神经或心血管等系统的功能紊乱。但体内广泛存在的胺氧化酶，可催化胺类氧化为醛，再进一步氧化成羧酸，最终氧化分解为 CO_2 和 H_2O 或随尿排出，从而避免胺类蓄积。胺氧化酶属于黄素蛋白，在肝中活性最高。

三、氨的代谢

体内代谢产生的氨及消化道吸收的氨进入血液，形成血氨。氨对动物组织具有毒性，脑组织尤为敏感，因而正常人血氨浓度极低，一般不超过 60μmol/L。除一小部分被用于合成含氮化合物外，大部分氨主要在肝中合成尿素后随尿排出体外。

（一）氨的来源

1. 氨基酸脱氨基作用和胺类分解产氨 氨基酸脱氨基作用产生的氨是体内氨的主要来源。胺类分解也可以产氨。此外，嘌呤、嘧啶的分解也产生少量氨。

2. 肠道内腐败和尿素分解产氨 肠道有两个产氨方式，即蛋白质和氨基酸经肠道细菌腐败作用产氨及肠道尿素经细菌尿素酶水解产氨。肠道产氨量较多，每天约为 4g，其中 90%来自尿素的水解。肠道内产生的氨主要在结肠吸收入血。

3. 肾小管上皮细胞泌氨 肾小管上皮细胞内的谷氨酰胺在谷氨酰胺酶的催化下水解生成谷氨酸和氨，这部分氨通常分泌到肾小管管腔中与 H^+结合生成 NH_4^+，经肾脏排泄。酸性尿有利于肾小管细胞的排氨，碱性尿则抑制氨的分泌，导致氨重吸收入血，成为血氨的另一个来源。

（二）氨的去路

1. 合成尿素 由肝合成尿素，经肾排出体外，是体内氨的最主要去路，占总排出氮的 80%～95%（每日约 450mmol，约合每年 10kg）。

2. 合成非必需氨基酸及其他含氮化合物 氨可通过联合脱氨基作用的逆反应生成某些非必需氨基酸，少量氨还可用于合成嘌呤、嘧啶等其他含氮化合物。

3. 合成谷氨酰胺 在脑和肌肉等组织中，部分氨与谷氨酸合成谷氨酰胺运输到肾，水解产生 NH_3，在酸性环境中以 NH_4^+形式排出体外（每日约 40mmol）。

（三）氨的转运

氨具有毒性，各组织产生的氨必须以无毒的形式经血液运输到肝合成尿素，或运至肾以铵盐的形式排出体外。丙氨酸和谷氨酰胺是血液中氨转运的两种主要形式。

1. 丙氨酸-葡萄糖循环 骨骼肌中的氨主要经丙氨酸-葡萄糖循环（alanine-glucose cycle）运送到肝。骨骼肌中的氨基酸通过两步转氨基反应将氨基转移给丙酮酸生成丙氨酸，丙氨酸经血液运到肝。在肝中，丙氨酸通过联合脱氨基作用生成丙酮酸，并释放出氨。氨用于合成尿素，丙酮酸可经糖异生途径生成葡萄糖。葡萄糖由血液输送到骨骼肌，沿糖酵解途径转变成丙酮酸，后者再接受氨基而生成丙氨酸。丙氨酸和葡萄糖周而复始地转变，完成氨在骨骼肌和肝之间的转运，故将这一途径称为丙氨酸-葡萄糖循环（图 12-1）。经此循环，既实现了骨骼肌中氨的无毒转运，又得以使肝为肌肉活动提供能量。

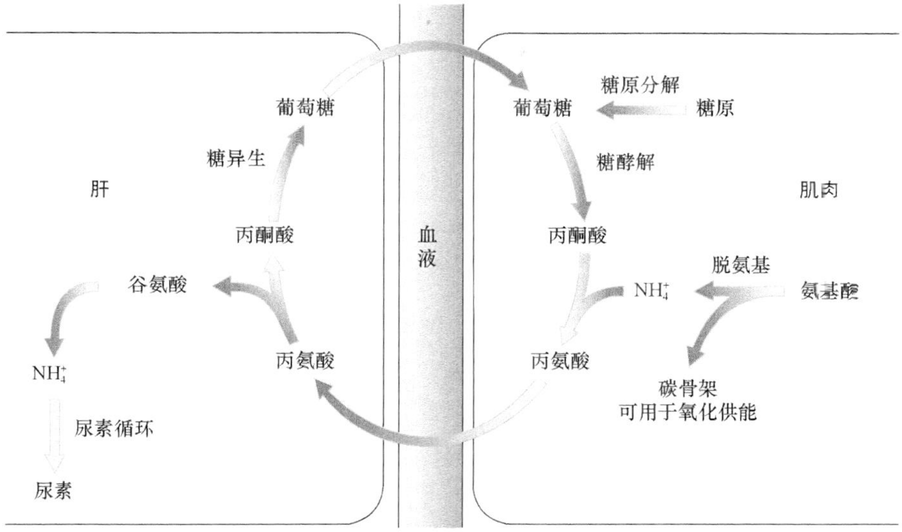

图 12-1 丙氨酸-葡萄糖循环（引自 Berg et al.，2012）

2．谷氨酰胺的运氨作用 在脑和肌肉组织中产生的游离氨与谷氨酸在谷氨酰胺合成酶（glutamine synthetase）的催化下生成谷氨酰胺，经血液运输到肝或肾，再由谷氨酰胺酶（glutaminase）的催化水解成谷氨酸及氨。生成的氨可在肝脏合成尿素，或在肾脏与 H^+结合成 NH_4^+，随尿排出体外。反应式如下：

$$\text{谷氨酸} + NH_3 \xrightarrow[\text{谷氨酰胺合成酶}]{ATP \quad ADP+Pi} \text{谷氨酰胺}$$

$$\text{谷氨酰胺} + H_2O \xrightarrow{\text{谷氨酰胺酶}} \text{谷氨酸} + NH_3$$

（四）尿素的生成

正常情况下体内的氨主要在肝中合成尿素，只有少部分氨在肾以铵盐形式随尿排出。肝是氨的主要解毒器官。

1．鸟氨酸循环学说 1932 年，德国学者 Krebs 和 Henseleit 首次提出了尿素合成的鸟氨酸循环（ornithine cycle）学说：在肝脏中，鸟氨酸与氨及 CO_2 结合生成瓜氨酸，然后瓜氨酸再接受 1 分子氨生成精氨酸，最后精氨酸水解产生尿素和鸟氨酸，后者又进入下一轮循环，称为尿素循环（urea cycle）。因循环反应中鸟氨酸的重要性，尿素循环又称为鸟氨酸循环。

2．尿素合成过程 尿素合成的反应过程共有五步，前两步发生在线粒体，后三步在胞质溶胶中进行，反应均不可逆。

1）氨甲酰磷酸的合成 在 Mg^{2+}、ATP 及 *N*-乙酰谷氨酸（*N*-acetyl glutamic acid，AGA）存在时，氨和 CO_2 可在氨甲酰磷酸合成酶Ⅰ（carbamoyl phosphate synthetaseⅠ，CPS-Ⅰ）的催化下合成氨甲酰磷酸（carbamoyl phosphate）。反应式如下：

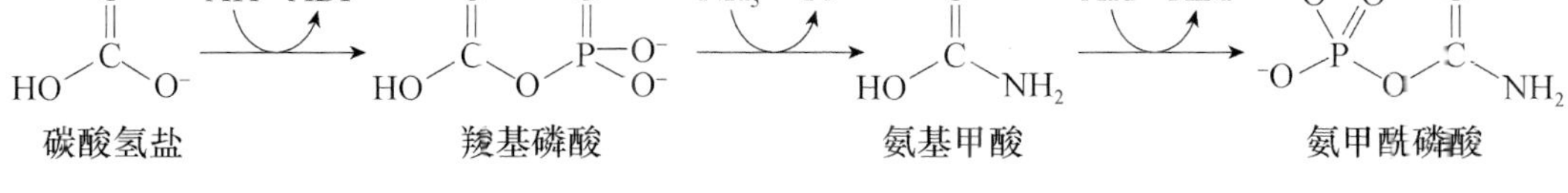

CPS-Ⅰ是鸟氨酸循环过程中的关键酶。AGA 是此酶的变构激活剂，可诱导 CPS-Ⅰ的构象发生改变，进而增加酶与 ATP 的亲和力。CPS-Ⅰ和 AGA 都存在于肝细胞线粒体中。此反应消耗 2 分子 ATP。

2）瓜氨酸的合成 氨甲酰磷酸在鸟氨酸氨甲酰基转移酶（ornithine carbamoyl transferase，OCT）催化下，将氨甲酰基转移给鸟氨酸，生成瓜氨酸和磷酸。OCT 也存在于肝细胞线粒体中。瓜氨酸在线粒体合成后即被转运到细胞质。反应式如下：

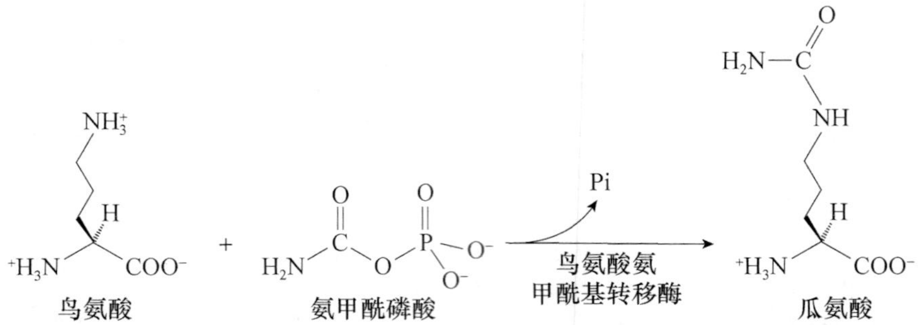

3）精氨酸代琥珀酸的合成　在 ATP 与 Mg^{2+}存在时，瓜氨酸在精氨酸代琥珀酸合成酶（argininosuecinate synthetase）催化下与天冬氨酸发生缩合反应，生成精氨酸代琥珀酸（argininosuecinate）。反应式如下：

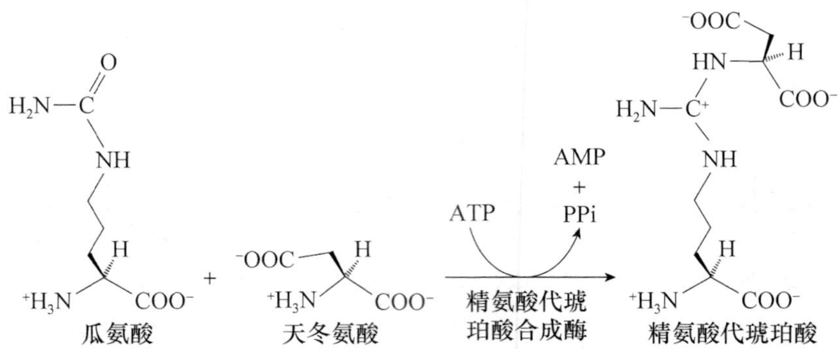

天冬氨酸提供了尿素中的第二个氮原子。精氨酸代琥珀酸合成酶也是鸟氨酸循环过程中的关键酶。这是一步高耗能的反应，ATP 被裂解为 AMP 和 PPi，PPi 又在焦磷酸酶的催化下迅速水解为无机磷酸，因此该反应实际上消耗了 2 个高能磷酸键。

4）精氨酸代琥珀酸裂解　精氨酸代琥珀酸在精氨酸代琥珀酸裂解酶（argininosuccinase）催化下生成精氨酸和延胡索酸。反应式如下：

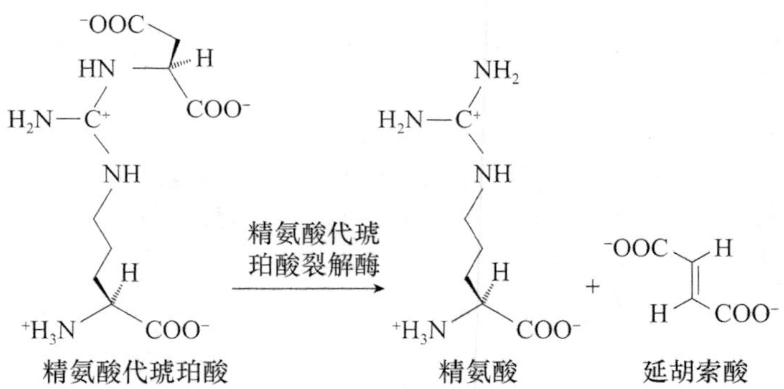

延胡索酸可经三羧酸循环变为草酰乙酸，后者与谷氨酸进行转氨作用又可变回天冬氨酸。而谷氨酸的氨基可来自其他氨基酸与α-酮戊二酸的转氨基作用。因此，体内多种氨基酸的氨基可通过天冬氨酸的形式参与尿素的合成。通过延胡索酸和天冬氨酸，可将鸟氨酸循环、三羧酸循环和转氨基作用相互联系起来（图 12-2）。

5）尿素的生成　精氨酸在精氨酸酶催化下生成尿素和鸟氨酸。反应式如下：

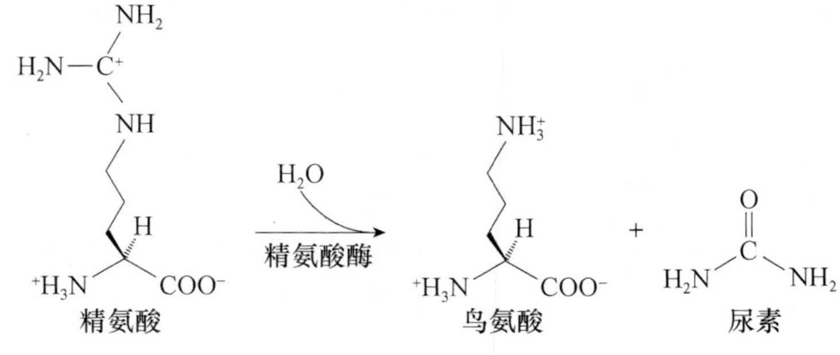

鸟氨酸通过线粒体内膜上载体的转运又进入线粒体中，重新参与瓜氨酸的合成。如此反复，完成鸟氨酸循环。尿素作为代谢终产物排出体外。

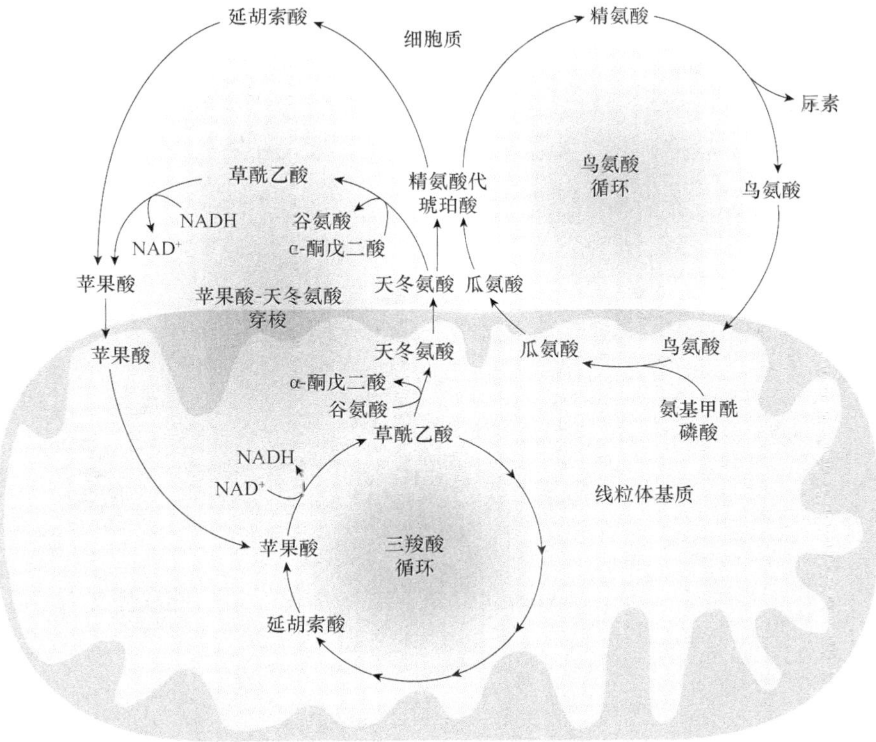

图 12-2 鸟氨酸循环与三羧酸循环的联系（引自 Nelson et al.，2021）

综上，尿素合成的总反应式为

$$CO_2 + NH_4^+ + 3ATP + 天冬氨酸 + 2H_2O \longrightarrow 尿素 + 2ADP + Pi + AMP + PPi + 延胡索酸$$

即每产生 1 分子尿素，需消耗 1 分子 CO_2、2 分子氨（包括 1 分子游离氨和 1 分子天冬氨酸提供的氨基）、3 分子 ATP（共消耗 4 个高能键）。

四、α-酮酸的代谢

氨基酸脱氨基后生成的 α-酮酸主要有以下 3 条代谢途径。

（一）氧化供能

α-酮酸在体内可以转化为乙酰 CoA、丙酮酸或草酰乙酸，经三羧酸循环彻底氧化为 CO_2，产生的还原当量经呼吸链生成水，同时释放能量，以满足生理活动需求。因此，氨基酸也是一类能源物质，但一般情况下氧化供能并非其主要功能。

（二）合成非必需氨基酸

体内的一些营养非必需氨基酸可由相应的 α-酮酸氨基化而生成。例如，丙酮酸、草酰乙酸、α-酮戊二酸经氨基化分别转变为丙氨酸、天冬氨酸和谷氨酸。这些 α-酮酸既可来自氨基酸的脱氨基作用，也可来自糖类代谢和三羧酸循环的产物。

（三）转变成糖类及脂类

α-酮酸在体内还可转变成糖或脂。根据氨基酸转化产物的不同，可分为生糖氨基酸、生酮氨基酸及生糖兼生酮氨基酸。

1. 生糖氨基酸 某些氨基酸脱氨后生成的 α-酮酸能在代谢过程中转变为丙酮酸、α-酮戊二酸、琥珀酰 CoA、延胡索酸或草酰乙酸，它们可作为糖异生的前体转变为葡萄糖，这些氨基酸称为生糖氨基酸（glucogenic amino acid）。包括甘氨酸、丙氨酸、苏氨酸、丝氨酸、缬氨酸、组氨酸、精氨酸、脯氨酸、半胱氨酸、甲硫氨酸、天冬氨酸、天冬酰胺、谷氨酸、谷氨酰胺（图 12-3）。

2．生酮氨基酸 亮氨酸和赖氨酸在分解过程中转变为乙酰 CoA 或乙酰乙酰 CoA，这两种物质可在肝中转变为酮体，称为生酮氨基酸（ketogenic amino acid）（图 12-3）。

3．生糖兼生酮氨基酸 还有一些氨基酸如异亮氨酸、苯丙氨酸、色氨酸和酪氨酸，其代谢产物中部分可转变为葡萄糖，部分可转变为酮体，称为生糖兼生酮氨基酸（glucogenic and ketogenic amino acid）（图 12-3）。

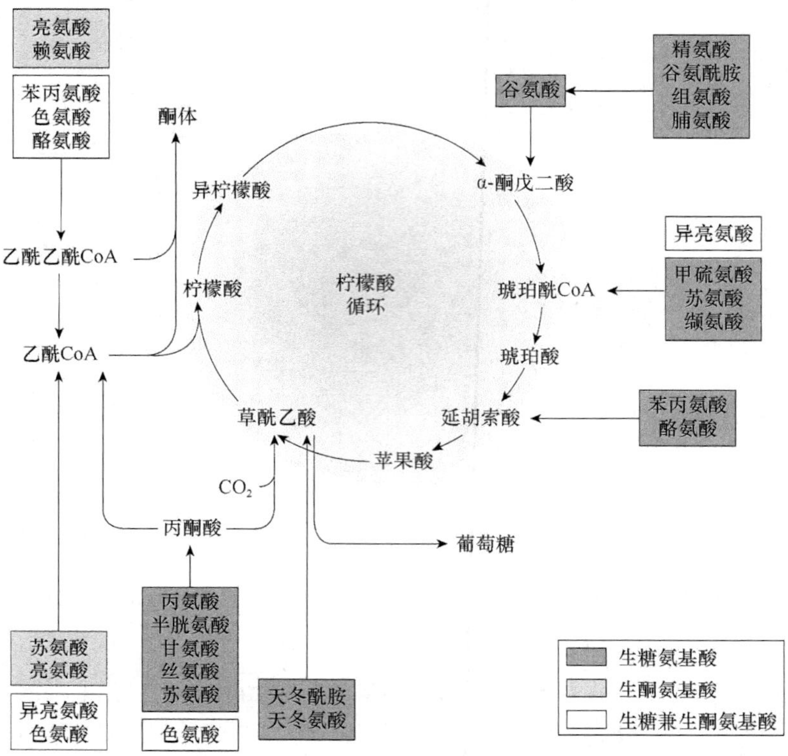

图 12-3 氨基酸转变为糖或酮体（改绘自 Nelson et al.，2021）

由此可见，氨基酸的代谢与糖和脂类的代谢密切相关。三羧酸循环是物质代谢的总枢纽，通过它可使糖类、脂肪酸及氨基酸完全氧化，氨基酸可转变为糖和脂质，糖也可以转变为脂质和多数非必需氨基酸的碳骨架部分，从而实现三大类物质代谢的统一。

第三节 个别氨基酸的代谢

氨基酸代谢除脱氨基和脱羧基等共有代谢途径外，因其侧链不同，有些氨基酸还存在特殊的代谢途径，并具有重要的生理意义。

一、一碳单位

部分氨基酸在体内分解代谢过程中产生的含有一个碳原子的活性基团，称为一碳单位（one carbon unit）。体内重要的一碳单位主要有甲基（$—CH_3$）、亚甲基（$—CH_2—$）、次甲基（$—CH=$）、甲酰基（—CHO）及亚氨甲基（—CH=NH）等。它们主要来自丝氨酸、甘氨酸、组氨酸及色氨酸的分解代谢。此外，苏氨酸通过间接转变为甘氨酸也可以产生一碳单位。一碳单位是一类化学基团，不能游离存在，需由四氢叶酸（FH_4）作为载体参与代谢。一碳单位由氨基酸生成的同时即结合在四氢叶酸的 N5、N10 位上。四氢叶酸的结构图如下：

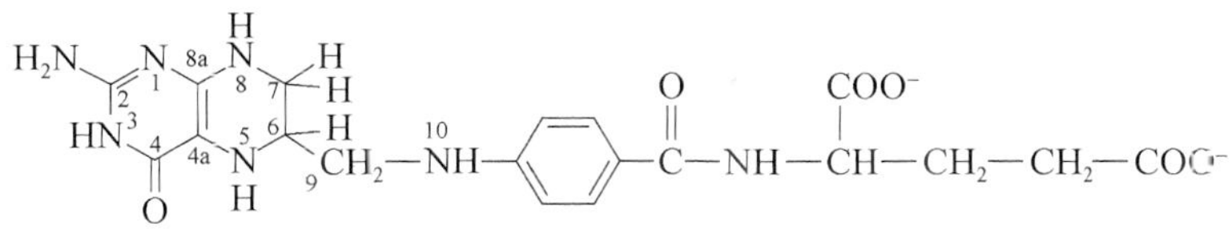

四氢叶酸

一碳单位的主要功能是参与核苷酸的合成。例如，N^{10}-甲酰四氢叶酸为嘌呤碱基的合成提供 C2 和 C8，N^5, N^{10}-亚甲基四氢叶酸为脱氧胸腺嘧啶核苷酸的合成提供 C5 位的甲基。另外，N^5-甲基四氢叶酸可通过甲硫氨酸循环传递甲基，参与体内重要甲基化合物的合成。

二、甘氨酸及丝氨酸的代谢

甘氨酸代谢主要通过三条途径：①甘氨酸在丝氨酸羟甲基转移酶催化下转化为丝氨酸，丝氨酸羟甲基转移酶需要磷酸吡哆醛和四氢叶酸（N^5, N^{10}-亚甲基四氢叶酸）作为辅酶；②甘氨酸在甘氨酸合酶催化下完全分解为二氧化碳和氨，这是甘氨酸在动物细胞中的主要去路；③甘氨酸还可以被 *D*-氨基酸氧化酶转化为乙醛酸（图 12-4）。

丝氨酸在丝氨酸羟甲基转移酶的作用下，将羟甲基转移给四氢叶酸，重新生成 N^5, N^{10}-亚甲基四氢叶酸和甘氨酸。丝氨酸还可在丝氨酸脱水酶的催化下进一步脱水脱氨生成丙酮酸（图 12-4）。

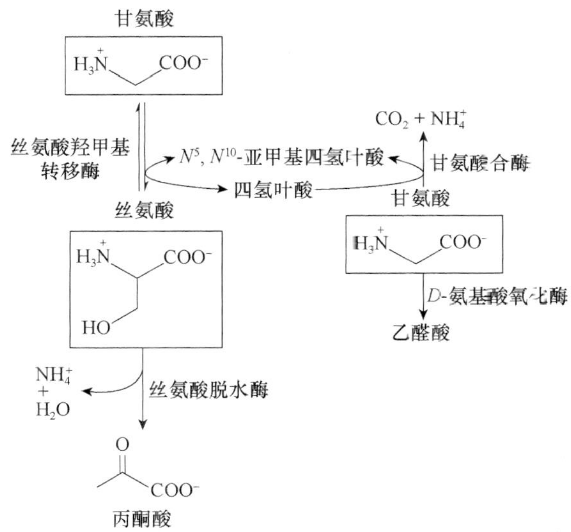

图 12-4 甘氨酸及丝氨酸代谢

三、芳香族氨基酸的代谢

芳香族氨基酸包括苯丙氨酸、酪氨酸和色氨酸。酪氨酸可由苯丙氨酸羟化生成。苯丙氨酸和色氨酸为营养必需氨基酸。

（一）苯丙氨酸羟化为酪氨酸

正常情况下，苯丙氨酸的主要代谢途径是在苯丙氨酸羟化酶（phenylalanine hydroxylase）的作用下生成酪氨酸。反应式如下：

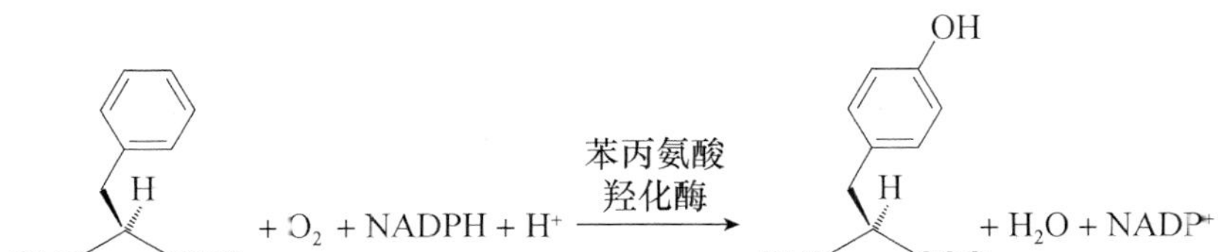

苯丙氨酸　　酪氨酸

苯丙氨酸羟化酶是一种单加氧酶，其辅酶是四氢生物蝶呤，催化的反应不可逆，因而酪氨酸不能变为苯丙氨酸。当先天性缺乏苯丙氨酸羟化酶时，苯丙氨酸不能正常地转变成酪氨酸，转而经转氨基作用生成苯丙酮酸，后者进一步转变成苯乙酸、苯乳酸等衍生物。大量的苯丙酮酸及部分衍生物可由尿排出，称为苯丙酮尿症（phenylketonuria，PKU）。苯丙酮酸及其衍生物的堆积对中枢神经系统有毒性，使大脑发育障碍，患儿智力低下。

视频 苯丙酮尿症

（二）酪氨酸合成儿茶酚胺和黑色素

在神经组织或肾上腺髓质，酪氨酸在酪氨酸羟化酶的作用下生成 3,4-二羟苯丙氨酸（3,4-dihydroxy phenylalanine，DOPA），又称多巴。多巴在芳香族氨基酸脱羧酶（又称多巴脱羧酶）的催化下转变成多巴胺（dopamine）。多巴胺再经多巴胺-β-羟化酶催化生成去甲肾上腺素（norepinephrine），后者经苯乙醇胺-*N*-

甲基转移酶催化，接受*S*-腺苷甲硫氨酸提供的甲基，转化为肾上腺素（epinephrine）（图 12-5）。

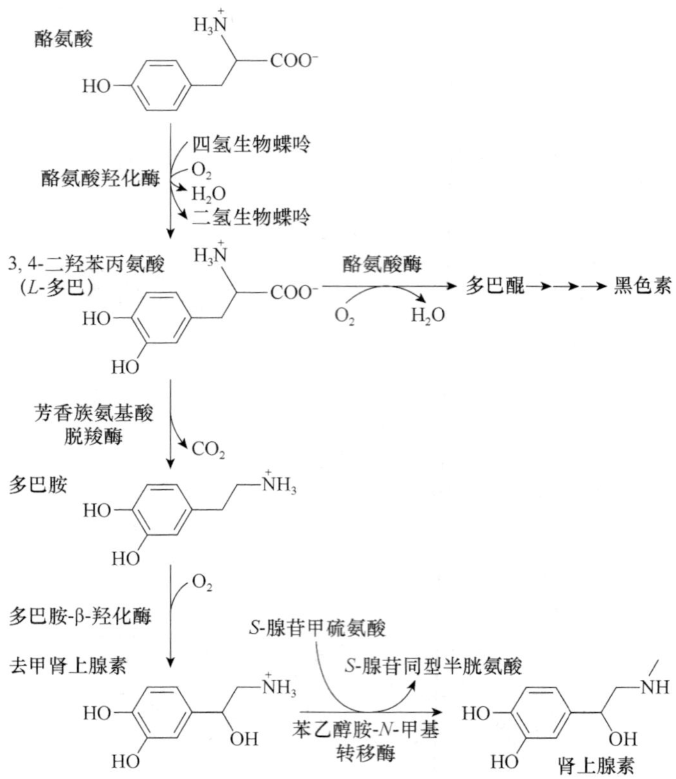

图 12-5 酪氨酸合成儿茶酚胺和黑色素

视频 酪氨酸代谢

多巴胺、去甲肾上腺素及肾上腺素统称为儿茶酚胺（catecholamine），即含邻苯二酚的胺类。酪氨酸羟化酶以四氢生物蝶呤作为辅助因子，是儿茶酚胺合成的关键酶，受终产物儿茶酚胺的反馈调节。儿茶酚胺是重要的生物活性物质，其中多巴胺的生成不足是帕金森病（Parkinson disease）发生的重要原因。

在皮肤、毛囊等的黑色素细胞中，酪氨酸在酪氨酸羟化酶催化下生成多巴，后者经酪氨酸酶氧化生成多巴醌，再经一系列反应最终合成黑色素（melanin），成为这些组织中的色素来源（图 12-5）。当人体先天性缺乏酪氨酸酶时，黑色素合成障碍，毛发、皮肤等组织色素缺少而呈白色的现象，称为白化病（albinism）。患者对阳光敏感，易患皮肤癌。

（三）苯丙氨酸和酪氨酸氧化分解

苯丙氨酸羟化生成酪氨酸后，酪氨酸可在酪氨酸转氨酶（tyrosine transaminase）的催化下脱去氨基生成对羟基苯丙酮酸，后者进一步氧化、脱羧生成尿黑酸（homogentisic acid）。尿黑酸再经尿黑酸氧化酶催化生成马来酰乙酰乙酸，再异构为延胡索酰乙酰乙酸，最终水解为延胡索酸和乙酰乙酸，两者可分别进入糖异生和酮体代谢途径。反应式如下：

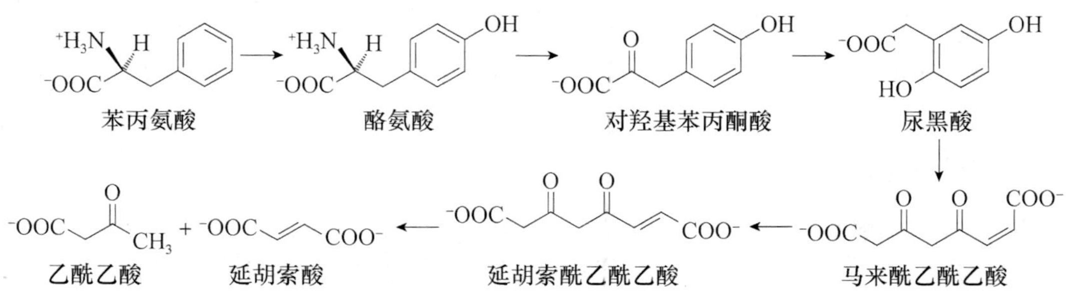

当先天性缺乏尿黑酸氧化酶时，尿黑酸的分解受阻，大量尿黑酸随尿排出，被氧化后呈黑色，称为尿黑酸尿症（alkaptonuria）。患者的骨等结缔组织也有广泛的黑色物质沉积。

（四）色氨酸氧化分解

色氨酸除生成 5-羟色胺外，还可经多种加氧酶催化分解产生丙氨酸和乙酰乙酸，两者可分别进入糖异生和酮体代谢途径，故色氨酸也是一种生糖兼生酮氨基酸。此外，色氨酸还可转变为烟酸，但合成量很少，不能满足机体的需要，仍需从食物中摄取。

四、含硫氨基酸的代谢

含硫氨基酸包括甲硫氨酸、半胱氨酸和胱氨酸，这三种氨基酸的代谢相互联系。甲硫氨酸可以转变为半胱氨酸和胱氨酸，半胱氨酸和胱氨酸之间也可以相互转变，但这二者均不能转变为甲硫氨酸，因此甲硫氨酸属于必需氨基酸。

（一）甲硫氨酸的代谢

甲硫氨酸除了作为蛋白质合成的原料外，还可在甲硫氨酸循环中传递甲基，参与体内许多重要甲基化合物的合成。

甲硫氨酸与 ATP 作用生成 *S*-腺苷甲硫氨酸（*S*-adenosylmethionine，SAM），此反应由腺苷转移酶（adenosyltransferase）催化。SAM 中的甲基称为活性甲基，故 SAM 称为活性甲硫氨酸。SAM 是体内最重要的甲基直接供体，在甲基转移酶（methyltransferase）作用下可将甲基转移至另一种物质，使其甲基化（methylation）（图 12-6）。例如，DNA 碱基、组蛋白、RNA 核糖 2′-羟基及 mRNA 5′-帽子的甲基化由 SAM 提供甲基。

SAM 转出甲基后生成 *S*-腺苷同型半胱氨酸（*S*-adenosylhomocysteine，SAH），后者脱去腺苷进一步转变成同型半胱氨酸（homocysteine）。同型半胱氨酸在 N^5-甲基四氢叶酸转甲基酶（又称甲硫氨酸合成酶，辅酶是维生素 B_{12}）催化下，接受 N^5-甲基四氢叶酸提供的甲基，重新生成甲硫氨酸，形成一个循环过程，称为甲硫氨酸循环（methionine cycle）（图 12-6）。

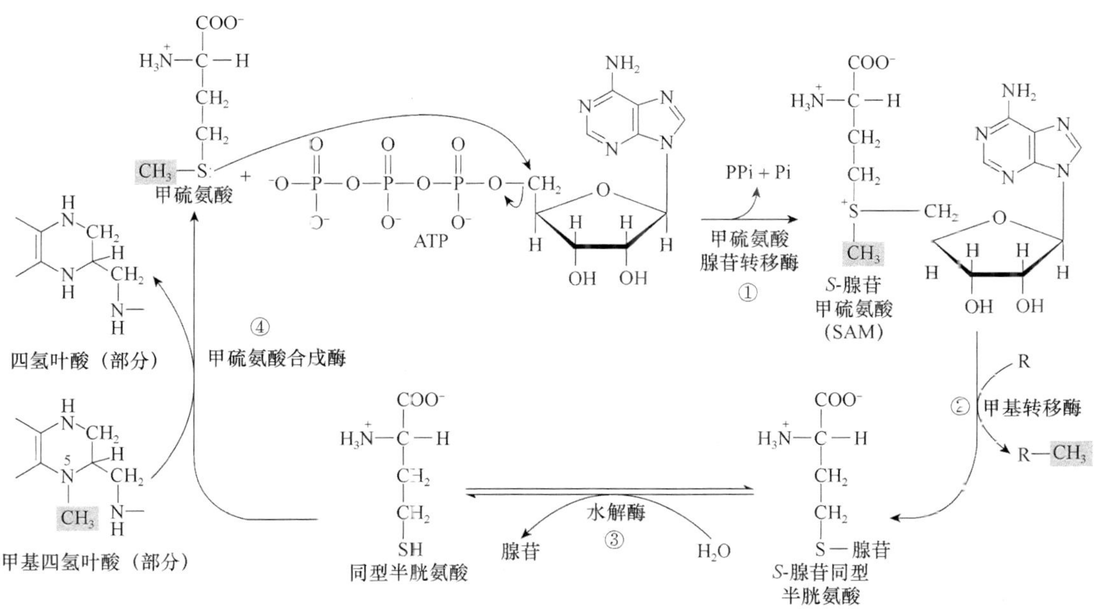

图 12-6　甲硫氨酸循环

此循环的生理意义是由 N^5-甲基四氢叶酸提供甲基生成甲硫氨酸，再通过 SAM 参与体内广泛存在的甲基化反应。由此，N^5-甲基四氢叶酸可看成是体内甲基的间接供体。尽管此循环可以生成甲硫氨酸，但同型半胱氨酸只能由甲硫氨酸转变而来，体内不能合成，因此甲硫氨酸必须由食物提供，自身无法合成。

（二）半胱氨酸代谢

半胱氨酸可生成多种含硫的生物活性物质。

1. 与胱氨酸互变 半胱氨酸含有巯基（—SH），2 分子半胱氨酸可以通过巯基的脱氢氧化转化为以二硫键（—S—S—）相连的胱氨酸。反之，胱氨酸的二硫键又可断裂还原，重新生成 2 分子半胱氨酸。反应式如下：

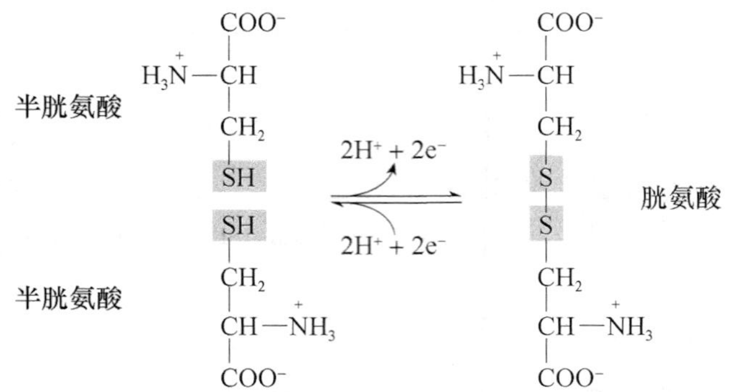

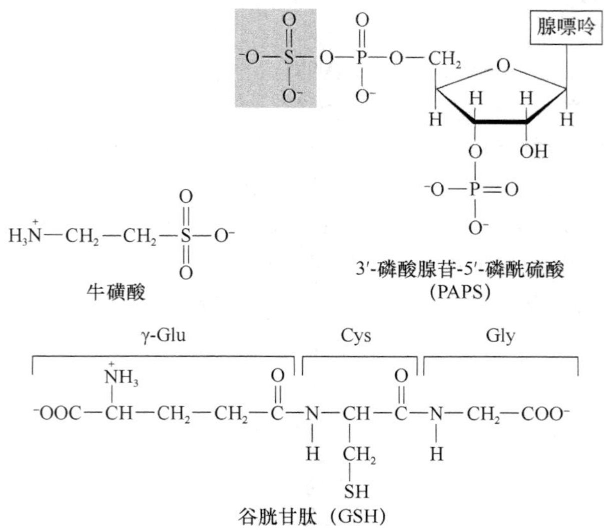

图 12-7 半胱氨酸生成的含硫活性物质

2. 氧化脱羧生成牛磺酸 半胱氨酸首先氧化生成磺基丙氨酸，再经磺基丙氨酸脱羧酶催化脱羧生成牛磺酸（图 12-7）。牛磺酸是结合胆汁酸的组成成分之一。

3. 氧化分解生成活性硫酸根 含硫氨基酸氧化分解均可以产生硫酸根，半胱氨酸是体内硫酸根的主要来源。半胱氨酸可氧化脱硫、脱氨基生成丙酮酸、氨和硫酸。体内的硫酸根一部分以无机盐形式随尿排出，另一部分与 ATP 反应生成 3′-磷酸腺苷-5′-磷酰硫酸（3′-phospho-adenosine-5′-phosphosulfate，PAPS），即活性硫酸根（图 12-7）。PAPS 性质活泼，可提供硫酸根参与合成硫酸软骨素、硫酸角质素和肝素等黏多糖，进而与蛋白质结合形成蛋白聚糖。

4. 合成还原型谷胱甘肽 还原型谷胱甘肽（GSH）是由谷氨酸、半胱氨酸和甘氨酸合成的三肽（图 12-7）。GSH 中的巯基具有还原性，是体内重要的抗氧化剂，可保护体内许多蛋白质分子的巯基、血红素亚铁免遭氧化，也可清除活性氧及其他氧化剂。

第四节 核苷酸的分解代谢

核苷酸是核酸的基本结构单位。核苷酸根据碱基组成不同，分为嘌呤核苷酸和嘧啶核苷酸。这两种核苷酸的代谢均包括分解代谢和合成代谢。体内核苷酸的分解代谢类似于食物中核苷酸的消化过程。核苷酸在核苷酸酶的作用下水解成核苷和磷酸，核苷经核苷磷酸化酶作用磷酸解成自由的碱基及核糖-1-磷酸。嘌呤和嘧啶碱可进一步被分解而排出体外。

一、嘌呤核苷酸的分解代谢

视频 嘌呤代谢

在核苷酸酶催化下，腺嘌呤核苷酸（腺苷一磷酸，AMP）、次黄嘌呤核苷酸（肌苷一磷酸，IMP）及鸟嘌呤核苷酸（鸟苷一磷酸，GMP）分别水解释放磷酸，生成腺苷、肌苷和鸟苷。腺苷在腺苷脱氨基酶的作用下也可转化为肌苷。肌苷在嘌呤核苷磷酸化酶的作用下水解生成核糖-1-磷酸和次黄嘌呤。次黄嘌呤在黄嘌呤氧化酶（xanthine oxidase）的作用下先氧化成黄嘌呤，再转变成尿酸（uric acid）。鸟苷在嘌呤核苷磷酸化酶的作用下生成鸟嘌呤。鸟嘌呤在鸟嘌呤脱氨基酶的作用下水解脱去氨基后变成黄嘌呤，最终同样由黄嘌呤氧化酶催化转变为尿酸（图 12-8）。

尿酸是人体嘌呤碱分解的最终产物，由肾排泄。由于尿酸的水溶性小，当体内尿酸浓度过高时，以尿酸盐结晶的形式沉积于关节、软骨组织等，出现关节肿痛等表现，即为痛风。引起痛风的原因可能是进食高嘌呤食物、嘌呤核苷酸分解增多（如先天性代谢缺陷、白血病等）及尿酸排泄障碍（如肾功能减退等）。

二、嘧啶核苷酸的分解代谢

嘧啶碱的分解代谢主要在肝中进行。与嘌呤分解代谢所产生的终产物尿酸不同，嘧啶分解代谢的终产物均易溶于水。胞嘧啶核苷酸（胞苷一磷酸，CMP）、尿嘧啶核苷酸（尿苷一磷酸，UMP）的终产物 β-丙氨酸和脱氧胸腺嘧啶核苷酸（脱氧胸苷一磷酸，dTMP）的终产物 β-氨基异丁酸可直接随尿排出，也可进一步分别转化为乙酰 CoA 或琥珀酰 CoA 进入糖代谢途径。摄入富含 DNA 食物的人及经放射线治疗或化学治疗后的患者的尿中 β-氨基异丁酸排出量增多（图 12-9）。

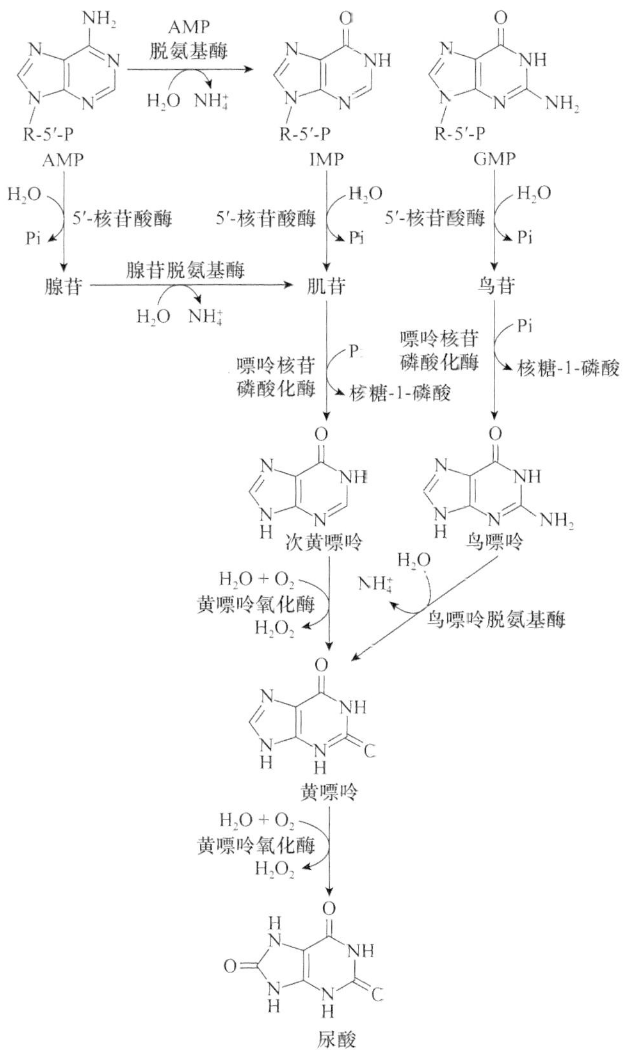

图 12-8 嘌呤核苷酸的分解代谢

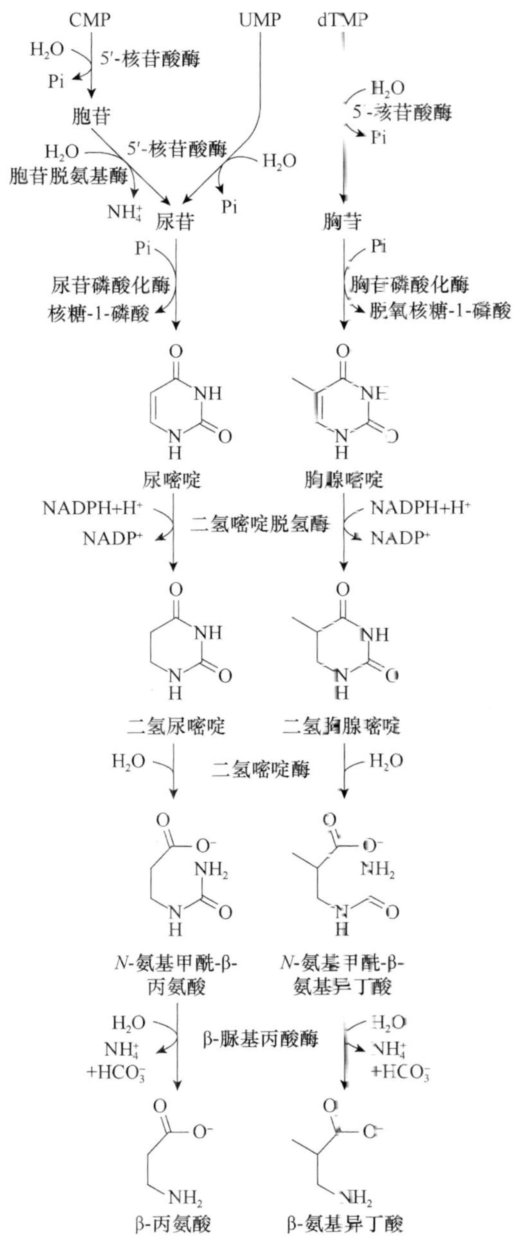

图 12-9 嘧啶核苷酸的分解代谢

第五节 核苷酸的合成代谢

核苷酸可来自食物核酸的消化吸收，但主要由机体自身合成。嘌呤核苷酸和嘧啶核苷酸在体内的合成受到严格的调控，并由反馈调节机制加以协调，以确保合成的时间和数量适合不同的生理需求。它们在体内的合成均有两条途径，即从头合成（*de novo* synthesis）途径和补救途径（salvage pathway）。

一、嘌呤核苷酸的合成代谢

生物体内细胞利用磷酸核糖、氨基酸、一碳单位及 CO_2 等简单物质为原料，经过一系列酶促反应合成嘌呤核苷酸，称为从头合成途径；利用体内游离的嘌呤或嘌呤核苷，经过简单的反应过程合成嘌呤核苷酸，称为补救途径。一般情况下，前者是嘌呤核苷酸合成的主要途径。

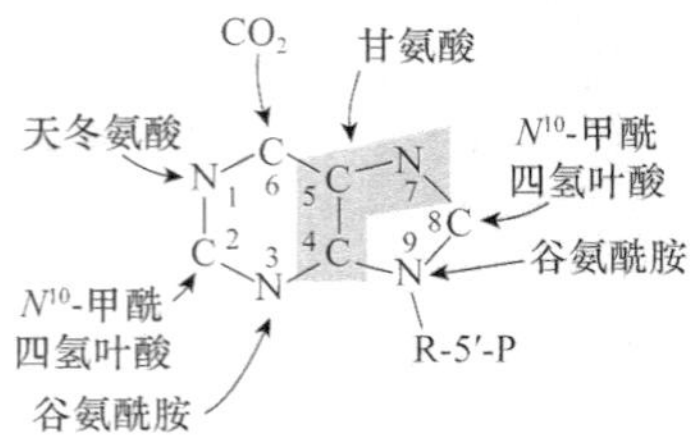

图 12-10 嘌呤合成中各原子的来源

（一）嘌呤核苷酸的从头合成

嘌呤核苷酸的从头合成主要在肝、小肠和胸腺的细胞质中进行，其过程是从核糖-5-磷酸起始，逐步合成嘌呤环。嘌呤环的 N1 由天冬氨酸提供，C2 和 C8 来源于 N^{10}-甲酰四氢叶酸，N3 和 N9 来源于谷氨酰胺的酰胺基，C4、C5 和 N7 均由甘氨酸提供，C6 来源于 CO_2（图 12-10）。

嘌呤核苷酸的从头合成分为两个阶段：首先合成 IMP，然后 IMP 再转变成 AMP 和 GMP。

1．IMP 的合成 在磷酸核糖焦磷酸合成酶（phosphoribosyl pyrophosphate synthetase）的催化下，核糖-5-磷酸（磷酸戊糖途径中产生）与 ATP 提供的焦磷酸结合生成 5-磷酸核糖-1-焦磷酸（5-phosphoribosyl-1-pyrophosphate，PRPP）。反应式如下：

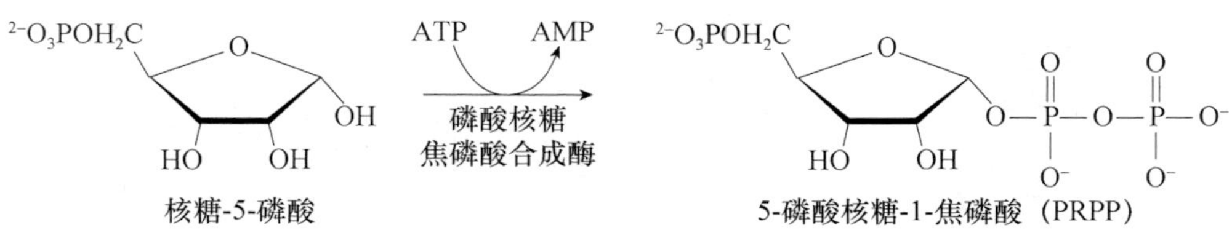

在谷氨酰胺-PRPP 酰胺转移酶（glutamine-PRPP amidotransferase）催化下，谷氨酰胺提供酰胺基取代 PRPP 上的焦磷酸形成 5-磷酸核糖胺（5-phospho-β-*D*-ribosylamine，PRA）。该反应是嘌呤核苷酸从头合成的限速步骤。反应式如下：

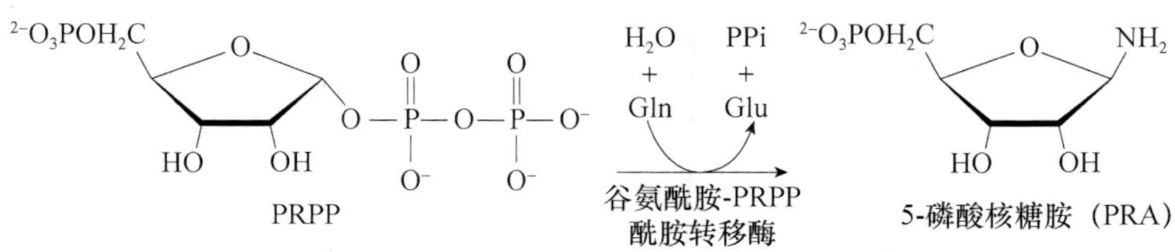

PRA 再经过 8 步反应生成 IMP（图 12-11）。

2．AMP 和 GMP 的生成 IMP 是嘌呤核苷酸合成的重要中间产物，其在一系列酶促反应下可以进一步转变成 AMP 和 GMP。

1）AMP 的生成 IMP 与天冬氨酸在腺苷酸代琥珀酸合成酶的作用下生成腺苷酸代琥珀酸（adenylosuccinate），此反应消耗 1 分子 GTP；腺苷酸代琥珀酸再经腺苷酸代琥珀酸裂解酶的作用裂解为延胡索酸和 AMP（图 12-12）。

2）GMP 的生成　IMP 在次黄苷酸脱氢酶催化下，加水脱氢生成黄苷酸（xanthosine monophosphate，XMP）；XMP 在黄苷酸-谷氨酰胺酰胺转移酶的催化下，接受谷氨酰胺提供的氨基生成 GMP（图 12-12）。

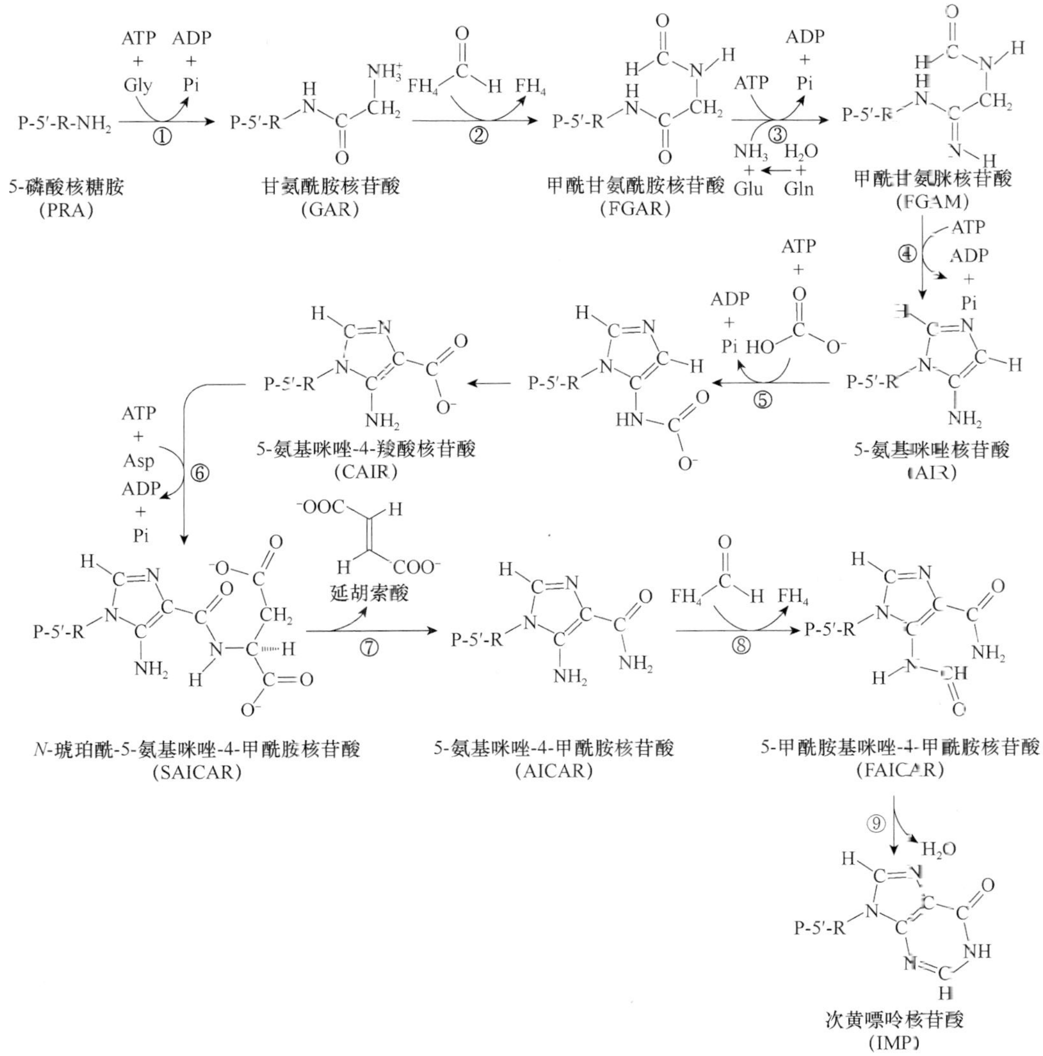

彩图

图 12-11　IMP 的合成

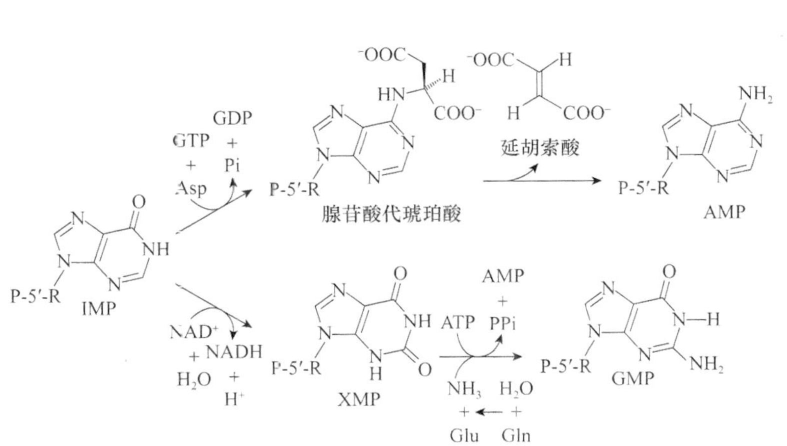

彩图

图 12-12　AMP 和 GMP 的生成

3．ATP 和 GTP 的生成 AMP 和 GMP 在各自的核苷一磷酸激酶的催化下，接受 ATP 的磷酸基分别生成 ADP 和 GDP。GDP 再经核苷二磷酸激酶的催化生成 GTP，ADP 则通过底物水平磷酸化或氧化磷酸化生成 ATP。反应式如下：

$$\mathrm{GMP} \xrightarrow[\mathrm{ATP}\ \to\ \mathrm{ADP}]{\text{鸟苷酸激酶}} \mathrm{GDP} \xrightarrow[\mathrm{ATP}\ \to\ \mathrm{ADP}]{\text{核苷二磷酸激酶}} \mathrm{GTP}$$

$$\mathrm{AMP} \xrightarrow[\mathrm{ATP}\ \to\ \mathrm{ADP}]{\text{腺苷酸激酶}} \mathrm{ADP} \xrightarrow{\text{底物水平磷酸化/氧化磷酸化}} \mathrm{ATP}$$

（二）嘌呤核苷酸的补救途径

嘌呤核苷酸的补救途径主要在脑、骨髓等组织中进行。该途径是在酶的催化下机体直接利用现有的嘌呤或嘌呤核糖核苷合成嘌呤核糖核苷酸的过程。补救途径比较简单，与从头合成途径相比，能量消耗较少。补救途径主要涉及以下两种机制。

1．利用嘌呤合成嘌呤核苷酸 在腺嘌呤磷酸核糖转移酶（adenine phosphoribosyltransferase，APRT）催化下，PRPP 分子的磷酸核糖转移给腺嘌呤生成 AMP；在次黄嘌呤-鸟嘌呤磷酸核糖转移酶（hypoxanthine-guanine phosphoribosyl transferase，HGPRT）催化下，PRPP 分子中的磷酸核糖分别转移给鸟嘌呤或次黄嘌呤生成 GMP 或 IMP。反应式如下：

$$\text{腺嘌呤} + \mathrm{PRPP} \xrightarrow{\mathrm{APRT}} \mathrm{AMP} + \mathrm{PPi}$$

$$\text{鸟嘌呤} + \mathrm{PRPP} \xrightarrow{\mathrm{HGPRT}} \mathrm{GMP} + \mathrm{PPi}$$

$$\text{次黄嘌呤} + \mathrm{PRPP} \xrightarrow{\mathrm{HGPRT}} \mathrm{IMP} + \mathrm{PPi}$$

2．利用嘌呤核苷合成嘌呤核苷酸 人体内只有腺苷激酶，因此利用嘌呤核苷补救合成嘌呤核苷酸的反应只有腺苷激酶催化腺苷与 ATP 反应生成 AMP。 反应式如下：

$$\text{腺嘌呤核苷} + \mathrm{ATP} \xrightarrow{\text{腺苷激酶}} \mathrm{AMP} + \mathrm{ADP}$$

二、嘧啶核苷酸的合成代谢

体内嘧啶核苷酸的合成也包括两条途径，即从头合成和补救途径。

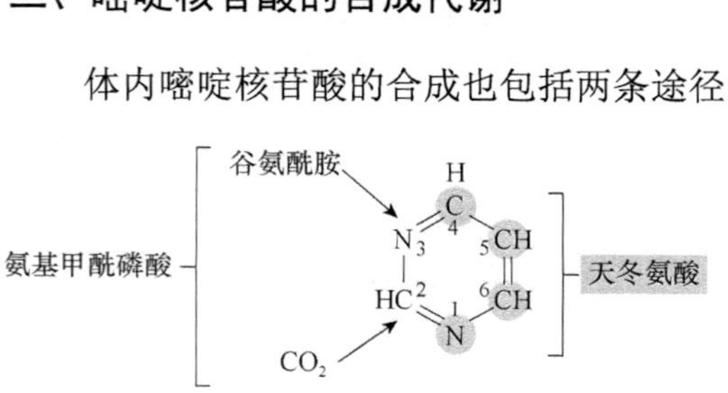

图 12-13 嘧啶合成中各原子的来源

（一）嘧啶核苷酸的从头合成

嘧啶核苷酸的从头合成主要在肝的细胞质和线粒体内进行。PRPP 提供磷酸核糖，天冬氨酸、CO_2 和谷氨酰胺是嘧啶环合成的原料。其中，嘧啶环的 N1、C4、C5 和 C6 来源于天冬氨酸，C2 由 CO_2 提供，N3 来源于谷氨酰胺的酰胺基（图 12-13）。

嘧啶核苷酸的从头合成首先由谷氨酰胺、CO_2 和天冬氨酸合成嘧啶环，然后与 PRPP 提供的磷酸核糖结合生成乳清酸核苷酸（orotidine-5′-monophosphate，OMP），再进一步转化为尿苷一磷酸（UMP）及胞苷三磷酸（CTP）。

1. UMP 的合成　在氨甲酰磷酸合成酶Ⅱ（carbamoyl phosphate synthetase Ⅱ，CPS-Ⅱ）催化下，谷氨酰胺与 CO_2 及 ATP 反应生成氨甲酰磷酸。该反应是嘧啶核苷酸从头合成的限速步骤（图 12-14）。CPS-Ⅱ存在于细胞质，是一种别构酶，可受 UMP 的别构抑制和 PRPP 的别构激活。氨甲酰磷酸通过 3 步反应合成含嘧啶环的乳清酸。乳清酸再与 PRPP 缩合并脱羧生成 UMP（图 12-14）。

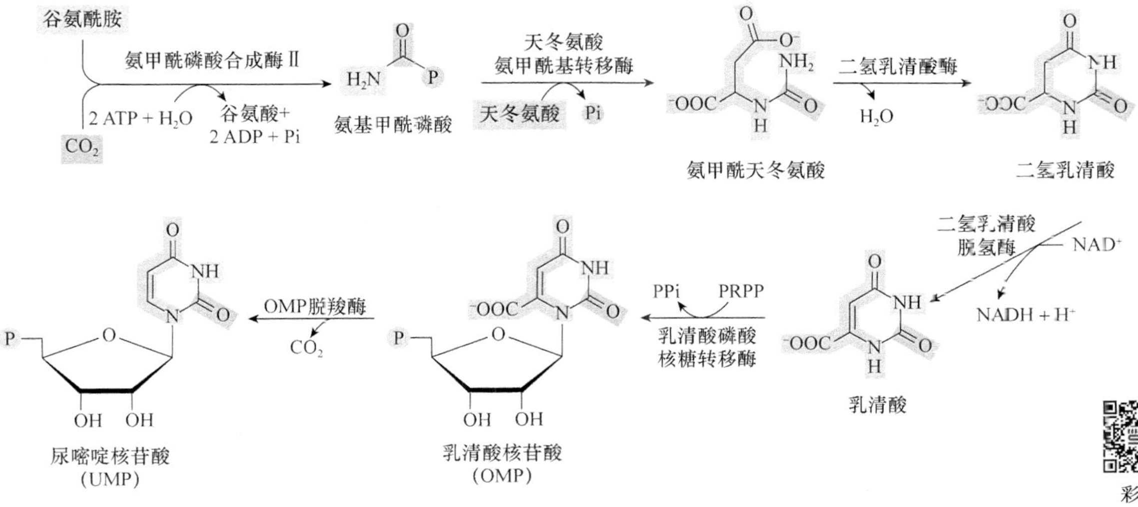

彩图

图 12-14　UMP 的合成

2. UTP 和 CTP 的合成　UMP 依次在尿苷酸激酶、核苷二磷酸激酶催化下，与 ATP 反应磷酸化生成 UDP、UTP。UTP 又可在 CTP 合成酶催化下，接受谷氨酰胺提供的氨基转变为 CTP，此反应也消耗 1 分子 ATP（图 12-15）。

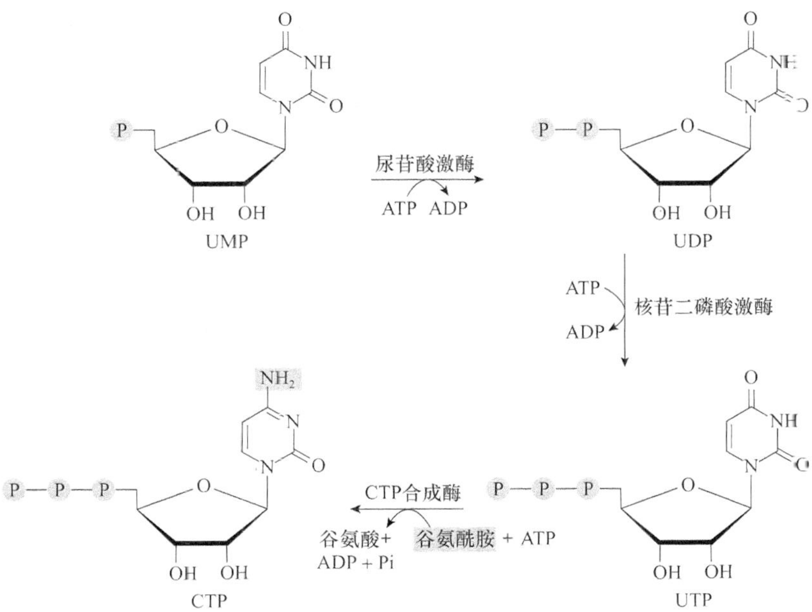

图 12-15　UTP 和 CTP 的合成

（二）嘧啶核苷酸的补救途径

细胞也可直接利用现有的嘧啶或嘧啶核苷酸进行嘧啶核苷酸的补救合成。嘧啶磷酸核糖转移酶是参与嘧啶核苷酸补救合成的主要酶，催化的反应如下：

$$\text{嘧啶} + \text{PRPP} \xrightarrow{\text{嘧啶磷酸核糖转移酶}} \text{磷酸嘧啶核苷} + \text{PPi}$$

嘧啶磷酸核糖转移酶实际上和乳清酸磷酸核糖转移酶是同一种酶，可利用尿嘧啶、胸腺嘧啶及乳清酸作为底物，催化嘧啶核苷酸的合成，但对胞嘧啶不起作用。

尿苷激酶也是一种补救合成酶。在尿苷激酶催化下，尿苷可接受 ATP 提供的磷酸基生成 UMP。

三、脱氧核糖核苷酸的合成代谢

DNA 主要由四种脱氧核糖核苷酸组成。除脱氧胸苷一磷酸（deoxythymidine monophosphate，dTMP）是由脱氧尿苷一磷酸（deoxyuridine monophosphate，dUMP）转变而来以外，体内其他脱氧核糖核苷酸的合成是在核苷二磷酸（nucleoside diphosphate，NDP）水平上直接还原而成的。

（一）脱氧核糖核苷酸的生成

在核糖核苷酸还原酶（ribonucleotide reductase，RR）催化下，NDP 加氢脱水，转变为脱氧核苷二磷酸（deoxynucleoside diphosphate，dNDP）。dNDP 再经核苷二磷酸激酶催化，与 ATP 反应生成脱氧核苷三磷酸（deoxynucleoside triphosphate，dNTP）。

将核苷二磷酸中的核糖还原为脱氧核糖需要 1 对氢原子，这对氢原子以硫氧还蛋白（thioredoxin）作为载体由 $NADPH+H^+$供给。在核糖核苷酸还原酶催化下，还原型硫氧还蛋白所含巯基可将 NDP 还原为 dNDP，其氧化型（含有二硫键）在硫氧还蛋白还原酶（thioredoxin reductase，TR）（FAD 为辅助因子）的催化下被 $NADPH+H^+$重新还原，由此构成一个复杂的酶体系（图 12-16）。

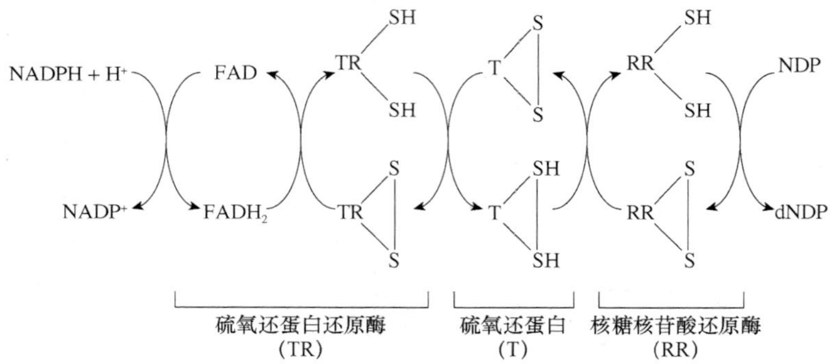

图 12-16 核糖核苷酸还原酶催化 NDP 生成 dNDP

（二）dTMP 的生成

dTMP 由 dUMP 经甲基化而生成。在胸苷酸合酶（thymidylate synthase）催化下，dUMP 接受 N^5,N^{10}-亚甲基四氢叶酸提供的甲基转化为 dTMP，同时生成的二氢叶酸又可在二氢叶酸还原酶、丝氨酸羟甲基转移酶的作用下实现 N^5,N^{10}-亚甲基四氢叶酸的再生（图 12-17）。细胞中的 dUMP 有三种来源：①dUTP 二磷酸酶对 dUTP 的去磷酸化生成 dUMP；②dCTP 脱氨生成 dUTP，后者再被 dUTP 二磷酸酶转化为 dUMP；③脱氧尿苷经胸苷激酶磷酸化生成 dUMP（图 12-18）。

dTMP 可经胸苷酸激酶、核苷二磷酸激酶的磷酸化最终生成 dTTP，作为 DNA 合成的原料（图 12-18）。

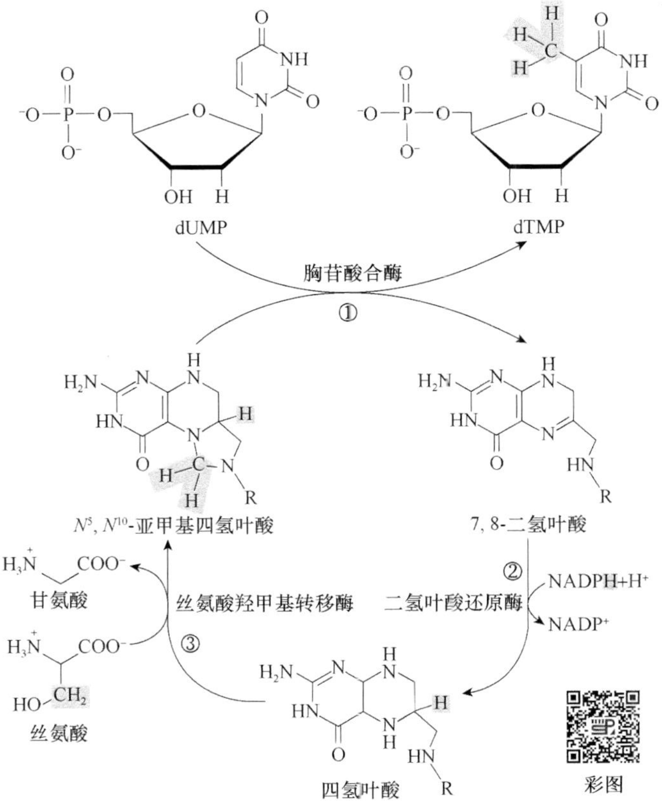

图 12-17　dTMP 的生成

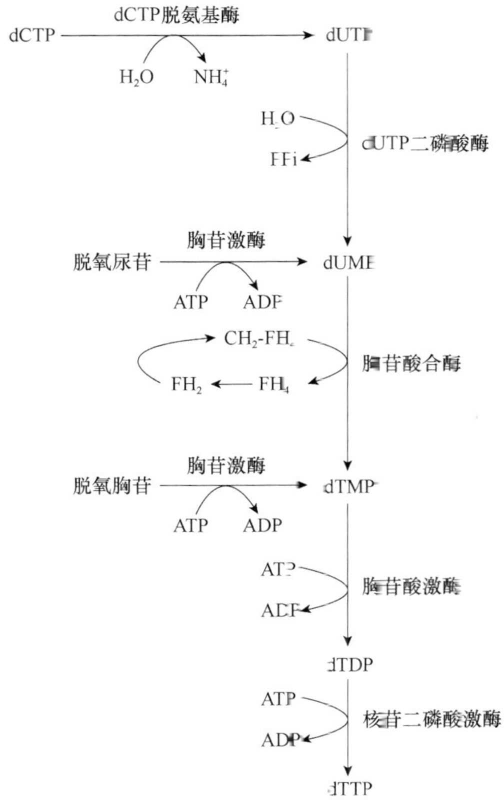

图 12-18　dUMP 的来源及 dTTP 的生成

思政案例

核苷酸抗代谢物的研究历程

Hitchings 和 Elion 成长于大萧条时期，他们选择科学和医学职业的决定最终将他们带到了同一个实验室，在那里他们创新了药物的探索和设计观念，实现了科学的飞跃。

Hitchings 和 Elion 基于对基本生化和生理过程的理解，将传统的试错法转向了合理的药物设计，并设计出具有特定分子结构的新分子。他们使用该技术创造了会干扰细胞中脱氧核糖核酸（DNA）合成，并中断细胞生长的化合物。同时，他们证明了正常人体细胞、癌细胞、原虫动物、细菌和病毒之间核酸代谢的差异，在此基础上开发了一系列药物，可以阻断癌细胞和有害生物体中的核酸合成，而不会损害正常的人体细胞。多年来，Hitchings 和 Elion 的研究理念为开发针对多种疾病的新药奠定了基础。为表彰其药物治疗原理的发现对药物研发的重要指导意义，Hitchings 和 Elion 共同获得了 1988 年的诺贝尔生理学或医学奖。

本章小结

氨基酸在体内的代谢包括合成代谢和分解代谢两个方面。脱氨基作用是氨基酸分解代谢的主要反应。氨基酸通过转氨基、氧化脱氨基和联合脱氨基等方式脱去氨基，生成游离的氨和相应的 α-酮酸。转氨基作用与 L-谷氨酸氧化脱氨基作用相结合的联合脱氨基作用是体内氨基酸脱氨基的主要方式，其逆过程又是体内合成非必需氨基酸的主要途径。

氨是有毒物质。体内的氨以丙氨酸和谷氨酰胺的形式运往肝或肾。正常情况下体内的氨大部分在肝中合成尿素，是氨代谢的主要去路。少部分氨在肾以铵盐形式随尿排出。α-酮酸可彻底氧化分解并提供能量，可经氨基化生成营养非必需氨基酸，也可转变成糖或脂质。

某些氨基酸还存在特殊的代谢途径，如甘氨酸、丝氨酸等可在体内分解产生一碳单位，由四氢叶酸作为载体传递，主要用于嘌呤和嘧啶核苷酸的合成。芳香族氨基酸代谢中，苯丙氨酸可经羟化作用转变为酪氨酸，后者可进一步生成甲状腺激素、儿茶酚胺、黑色素等重要活性物质。含硫氨基酸代谢产生的活性甲基，参与体内重要含甲基化合物的合成。

核苷酸在体内的代谢主要包括分解代谢和合成代谢。核苷酸水解除去磷酸及核糖，产生的碱基可进一步分解。嘌呤在人体内分解代谢的终产物为尿酸，黄嘌呤氧化酶是这个代谢过程的重要酶。嘌呤代谢异常，尿酸生成过多可引发痛风。嘧啶分解生成的β-丙氨酸或β-氨基异丁酸可直接随尿排出或进一步代谢。

体内嘌呤核苷酸和嘧啶核苷酸的合成均有两条途径：从头合成和补救途径。从头合成途径是利用磷酸核糖、氨基酸、一碳单位和 CO_2 等简单物质合成核苷酸的过程，主要在肝进行，是核苷酸合成的主要途径。补救途径实际上是体内现有碱基或核苷的重新利用，主要在脑与骨髓中进行。除 dTMP 是由 dUMP 甲基化转变而来，体内脱氧核苷酸由各自相应的核苷二磷酸还原生成。

思考题

1．为什么转氨基作用常以α-酮戊二酸为氨基受体？
2．氨在血液中是如何以无毒的形式运输的？
3．谷氨酸参与的代谢途径有哪些？
4．鸟氨酸循环有何特点？
5．氨甲酰磷酸合成酶Ⅰ和Ⅱ有何异同？
6．嘌呤核苷酸与嘧啶核苷酸的从头合成途径有何异同？
7．体内的核苷酸是如何相互转变的？

部分参考答案

第十三章　核酸和蛋白质的生物合成

DNA 是生物遗传的主要物质基础。生物机体的遗传信息以密码的形式编码在 DNA 分子上，并通过 DNA 的复制（replication）由亲代传递给子代。在后代的生长发育过程中，遗传信息自 DNA 转录（transcription）给 RNA，然后翻译（translation）成特异的蛋白质，以执行各种生命功能，使后代表现出与亲代相似的遗传性状，即遗传信息的表达（expression）。

第一节　中 心 法 则

自 1958 年 Crick 提出中心法则的理论以来，中心法则经历了半个多世纪的检验和发展。中心法则曾经为分子生物学的建立奠定基础，也是现代生物学最基本、最重要的规律之一。

1957 年，Crick 提出在 DNA 与蛋白质之间，RNA 可能是中间体。1958 年他又提出，在作为模板的 RNA 同把氨基酸携带到蛋白质肽链的合成之间可能存在着一个中间受体。根据这些推论，Crick 提出了著名的连接物假说，讨论了核酸中碱基顺序同蛋白质中氨基酸顺序之间的线性对应关系，详细阐述了中心法则。1958 年 Weiss 及 Hurwitz 等发现依赖于 DNA 的 RNA 聚合酶；1961 年 Hall 和 Spiegelman 用 RNA-DNA 杂交证明 mRNA 与 DNA 序列互补，逐步阐明了 RNA 转录合成的机制。与此同时，认识到蛋白质是通过接受 RNA 的遗传信息而合成的。20 世纪 50 年代初 Zamecnik 等在形态学和分离亚细胞组分实验中发现微粒体（microsome）是细胞内蛋白质合成的部位；1957 年 Hoagland、Zamecnik 及 Stephenson 等分离出 tRNA，并对它们在合成蛋白质中转运氨基酸的功能提出了假设；1961 年 Brenner 等观察到在蛋白质合成过程中 mRNA 与核糖体的结合；1961 年 Jacob 和 Monod 证明在 DNA 与蛋白质之间的中间体是 mRNA。1965 年 Holley 首次测出了酵母丙氨酸 tRNA 的一级结构；特别是在 60 年代 Nirenberg、Ochoa 及 Khorana 等几组科学家的共同努力下破译了 RNA 上编码合成蛋白质的遗传密码，随后研究表明这套遗传密码在生物界具有通用性，从而认识了蛋白质翻译合成的基本过程。随着遗传密码的破译，到 20 世纪 60 年代基本上揭示了蛋白质的合成过程。这样就得到了中心法则最初的基本形式。

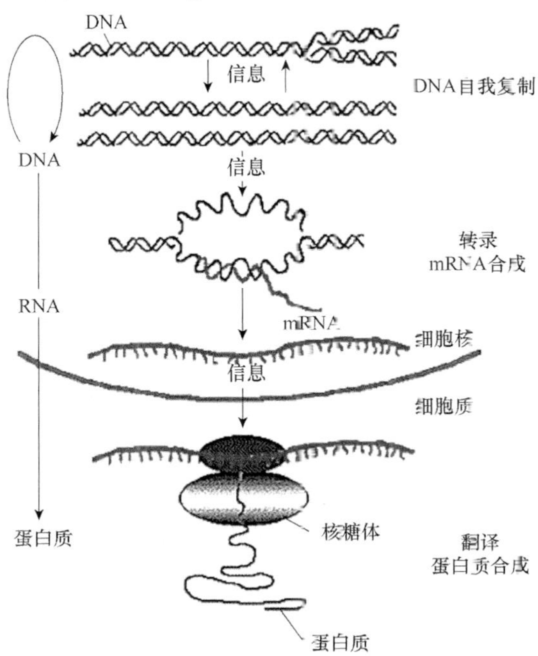

图 13-1　中心法则

Crick 在提出中心法则时，把中心法则的公式表述为“DNA→RNA→蛋白质”。并且认为中心法则的一个基本特征是遗传信息流是从核酸到蛋白质的单向信息传递，而且这种单向信息流是永远不可逆的。然而，通过 1960～1970 年这 11 年的研究，Temin 和 Baltimore 等发现并证实了逆转录酶的存在，使逆转录现象得到了公认。这样中心法则就得到了修正。1970 年 Temin 和 Baltimore 也从鸡肉瘤病毒颗粒中发现以 RNA 为模板合成 DNA 的逆转录酶，进一步补充和完善了遗传信息传递的中心法则。

上述重要发现共同建立了以中心法则为基础的分子遗传学基本理论体系，因此，如图 13-1 所示，中心法则是指遗传信息从 DNA 传递给 RNA，再从 RNA 传递给蛋白质的转录和翻译的过程，以及遗传信息从 DNA 传递给

DNA 的复制过程。这是所有有细胞结构的生物所遵循的法则。在某些病毒中的 RNA 自我复制（如烟草花叶病毒等）和在某些病毒中能以 RNA 为模板逆转录成 DNA 的过程（某些致癌病毒）是对中心法则的补充。RNA 的自我复制和逆转录过程，在病毒单独存在时是不能进行的，只有寄生到寄主细胞中之后才发生。

第二节 DNA 的生物合成

原核生物每个细胞只含有一个染色体，真核生物每个细胞常含有多个染色体。在细胞增殖周期的一定阶段，整个染色体组都将发生精确的复制，随后以染色体为单位将复制的基因组分配到两个子代细胞中。细胞内存在极为复杂的系统，以确保 DNA 复制的正确进行，并纠正可能出现的误差。

一、DNA 的半保留复制理论

DNA 由两条螺旋盘绕的多核苷酸链所组成，两条链通过碱基对之间的氢键连接在一起，所以这两条链是互补的。一条链上的核苷酸排列顺序决定了另一条链上的核苷酸排列顺序。由此可见，DNA 分子的每一条链都含有合成它的互补链所必需的全部遗传信息。Watson 和 Crick 在提出 DNA 双螺旋结构模型时即推测在复制过程中首先碱基间氢键需破裂，并使双链解开，然后每条链可作为模板在其上合成新的互补链（图 13-2）。在此过程中，每个子代分子的一条链来自亲代 DNA，另一条链则是新合成的，这种方式称为半保留复制（图 13-3）。这是双链 DNA 普遍的复制机制。

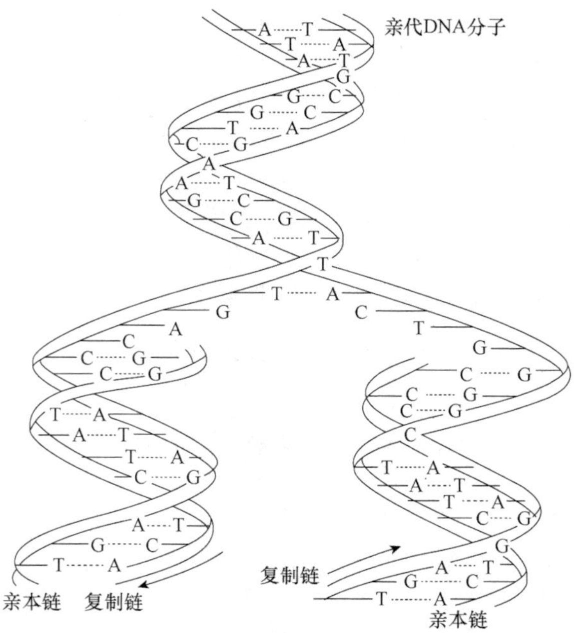

图 13-2 Watson 和 Crick 提出的 DNA 双螺旋复制模型

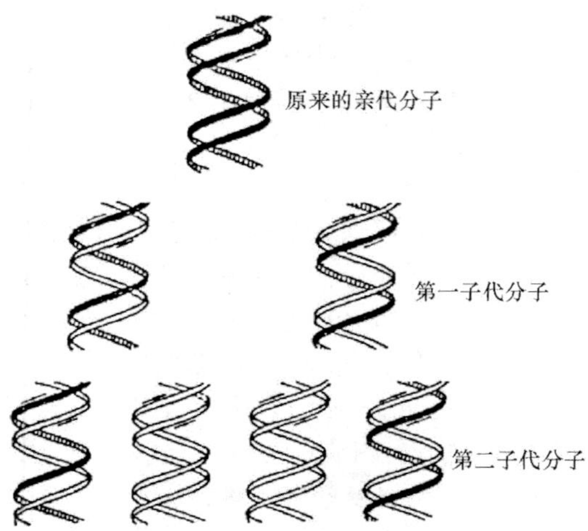

图 13-3 DNA 的半保留复制

1963 年 Cairns 用放射自显影（autoradiography）的方法第一次观察到完整的正在复制的大肠埃希菌染色体 DNA。他将 ^{3}H-脱氧胸苷标记大肠埃希菌 DNA，然后用溶菌酶把细胞壁消化掉，使完整的染色体 DNA 释放出来，铺在一张透析膜上，在暗处用感光乳胶覆盖于干燥的膜表面，放置若干星期。在这期间 ^{3}H 由于放射性衰变而放出 β 粒子，使乳胶曝光生成银粒。显影以后银粒黑点轨迹勾画出 DNA 分子的形状，黑点数目代表了 ^{3}H 在 DNA 分子中的密度。把显影后的片子放在光学显影镜下就可以观察到大肠埃希菌染色体的全貌。借助这种方法，Cairns 阐明了大肠埃希菌染色体 DNA 是一个环状分子，并以半保留的方式进行复制（图 13-4）。

二、参与 DNA 复制的酶

DNA 由脱氧核糖核苷酸聚合而成。与 DNA 聚合反应有关的酶包括 DNA 聚合酶、DNA 连接酶、引物酶、解链酶、单链结合蛋白及 DNA 旋转酶等。

（一）DNA 的聚合反应和聚合酶

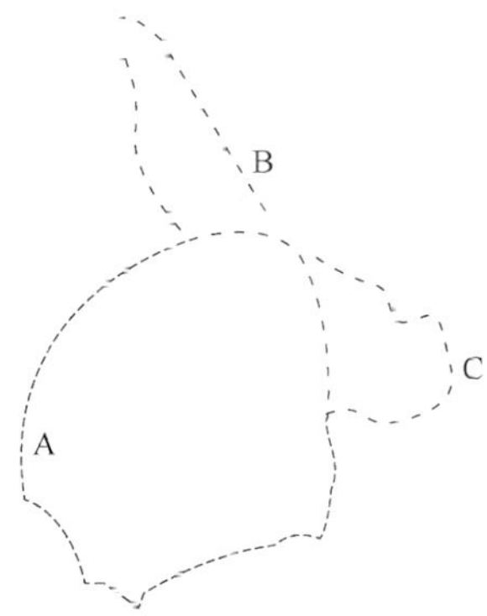

图 13-4　复制中的大肠埃希菌染色体放射自显影图

A. 两股链都被标记的双链；B. 仅一条链被标记的双链；C. 非复制部分

1. DNA 的聚合反应　在有适量 DNA 和镁离子存在时，DNA 聚合酶能催化 4 种脱氧核糖核苷三磷酸（dATP、dGTP、dCTP 及 dTTP）合成 DNA，所合成的 DNA 具有与天然 DNA 同样的化学结构和物理化学性质。在 DNA 聚合酶催化的 DNA 链延长反应中，DNA 链的游离 3′-OH 对进入的脱氧核糖核苷三磷酸 α-磷原子发生亲核攻击，从而形成 3′,5′-磷酸二酯键，并脱下焦磷酸（图 13-5）。形成磷酸二酯键所需要的能量来自 α-磷酸基与 β-磷酸基之间高能键的裂解。聚合反应是可逆的，但随后焦磷酸的水解可推动反应的完成。DNA 链由 5′向 3′方向延长。DNA 聚合酶只能催化脱氧核糖核苷酸加到已有核酸链的游离 3′-OH 上，而不能使脱氧核糖核苷酸自身发生聚合，即 DNA 聚合酶需要引物链（primer strand）的存在。

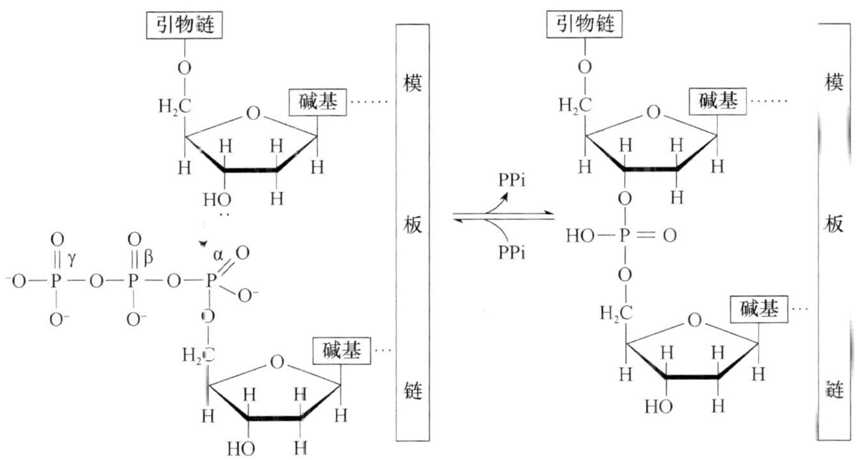

图 13-5　DNA 聚合酶催化的链延长反应

此外，DNA 聚合酶催化的反应按模板的指令（instruction）进行。只有当进入的核苷酸碱基能与模板链的碱基形成 Watson-Crick 类型的碱基对时，才能在该酶催化下形成磷酸二酯键。因此，DNA 聚合酶是一种模板指导的酶。

综上所述，DNA 聚合酶的反应特点：①以 4 种脱氧核糖核苷三磷酸作底物；②反应需要接受模板的指导；③反应需要有引物 3′-OH 存在；④DNA 链的延长方向为 5′→3′；⑤产物 DNA 的性质与模板相同。这就表明了 DNA 聚合酶合成的产物是模板的复制物。

2. 大肠埃希菌 DNA 聚合酶　大肠埃希菌中共含有 5 种不同的 DNA 聚合酶，分别称为 DNA 聚合酶Ⅰ、Ⅱ、Ⅲ、Ⅳ和Ⅴ。

1）DNA 聚合酶Ⅰ　DNA 聚合酶Ⅰ是一个多功能酶。它可以催化以下的反应：①以单链 DNA 作为模板，4 种脱氧核苷三磷酸作为底物，与模板 DNA 链互补的一段具有 3′-OH 端的低聚脱氧核苷酸为引物，按照 5′→3′方向（DNA 聚合酶活性）合成与模板 DNA 链互补的 DNA 链。此外，反应需要 Mg^{2+}、Mn^{2+}；②由 3′端水解 DNA 链（3′→5′核酸外切酶活性）；③由 5′端水解 DNA 链（5′→3′核酸外切酶活性）；④由 3′端使 DNA 链发生焦磷酸解；⑤无机焦磷酸盐与脱氧核糖核苷三磷酸之间的焦磷酸基交换。焦磷酸解是聚合反应的逆反应，焦磷酸交换反应则是由前两个反应连续重复多次引起的。因此，DNA 聚合酶Ⅰ兼有聚合酶、3′→5′核酸外切酶和 5′→3′核酸外切酶的活性。且 DNA 聚合酶Ⅰ的 5′→3′核酸外切酶活性只作用于双链

DNA 的碱基配对部分，从 5′端水解下核苷酸或寡核苷酸。

2）DNA 聚合酶Ⅱ和Ⅲ　DNA 聚合酶Ⅱ和Ⅲ均具有 5′→3′DNA 聚合酶活性，催化反应所需要的条件也与 DNA 聚合酶Ⅰ基本相同，只是所需引物为 RNA。另外，DNA 聚合酶Ⅱ和Ⅲ均具有 3′→5′核酸外切酶活性，无 5′→3′外切酶活性。且 DNA 聚合酶Ⅱ不是复制酶，而是一种修复酶。

DNA 聚合酶Ⅲ是由多个亚基组成的蛋白质，是大肠埃希菌细胞内真正负责重新合成 DNA 的复制酶（replicase）。

3）DNA 聚合酶Ⅳ和Ⅴ　DNA 聚合酶Ⅳ和Ⅴ于 1999 年被发现。在 DNA 受到较严重损伤时，可诱导产生这两个酶。它们涉及 DNA 的易错修复（error-prone repair）。虽然其修复缺乏准确性（accuracy），出现高突变率，致使许多细胞死亡，但至少可以克服复制障碍，使某些突变的细胞得以存活。

（二）DNA 连接酶

DNA 连接酶（DNA ligase）催化双链 DNA 切口处的 5′-磷酸基和 3′-OH 生成磷酸二酯键。但不能将两条游离的 DNA 链连接起来。该酶催化的连接反应需要供给能量。大肠埃希菌和其他细菌的 DNA 连接酶以烟酰胺腺嘌呤二核苷酸（NAD^+）作为能量来源，动物细胞和噬菌体的连接酶则以腺苷三磷酸（ATP）作为能量来源（图 13-6）。

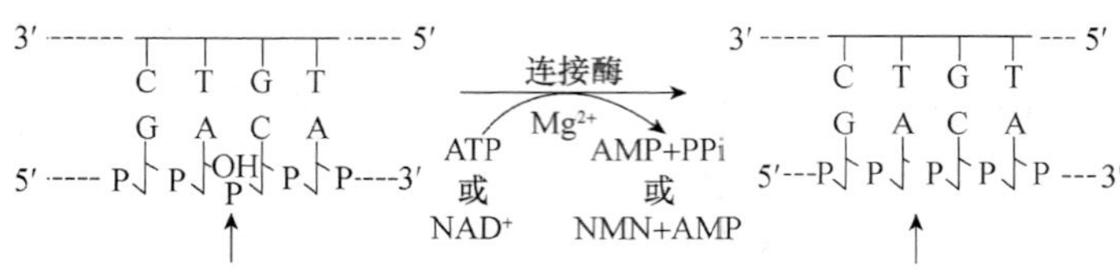

图 13-6　DNA 连接酶催化的反应

（三）引物酶

引物酶又称引发酶（primase）。细胞内的 DNA 复制需要引物，引物酶可合成 6～10 个碱基的 RNA 引物，提供游离 3′-OH，DNA 聚合酶再催化 dNTP 加到引物的 3′-OH 端。

（四）解链酶

解链酶将 DNA 两条链解开，解链酶沿着模板链的 5′→3′方向随着复制叉（replication fork）的前进而移动，它能通过水解 ATP 获得能量，以解开双链 DNA。

（五）单链结合蛋白

复制叉上的解链酶沿双链 DNA 前进，产生单链区。大量的单链结合蛋白（single-strand-binding protein，SSB）与单链区结合，阻止复性和保护单链 DNA 不被核酸酶降解。SSB 以四聚体的形式存在于复制叉处，待单链复制后才脱下来，重新循环。SSB 只保持单链的存在，不起解旋作用。

（六）DNA 旋转酶

DNA 旋转酶属拓扑异构酶，可引入负超螺旋，消除复制叉前进时带来的扭曲张力。拓扑异构酶分两类：拓扑异构酶Ⅰ和拓扑异构酶Ⅱ，广泛存在于原核生物和真核生物中。拓扑异构酶Ⅰ使 DNA 的一条链发生断裂和再连接，反应无需供给能量，主要集中在活性转录区，与转录有关。拓扑异构酶Ⅱ使 DNA 的两条链同时断裂和再连接，当它引入超螺旋时需要由 ATP 供给能量。它主要分布在染色质骨架蛋白和核基质部分，与复制有关。

三、DNA 复制的过程

（一）DNA 的复制起点和复制方式

1. DNA 的复制起点　基因组能独立进行复制的单位称为复制子（replicon）。每个复制子都含有控制复制起始的起点（origin）。复制是在起始阶段进行控制，一旦复制开始，它即继续下去，直到整个复制子完成复制或复制受阻。

原核生物的染色体和质粒、真核生物的细胞器 DNA 都是环状双链分子。它们都在一个固定的起点开始复制，复制方向大多是双向的（bidirectional），即形成两个复制叉或生长点（growing point），分别向两侧进行复制；也有一些是单向的（unidirectional），只形成一个复制叉或生长点（图 13-7）。通常复制是对称的，两条链同时进行复制；有些则是不对称的，一条链复制后再进行另一条链的复制。DNA 在复制叉处两条链解开，各自合成其互补链，在电子显微镜下可以看到形如眼的结构，环状 DNA 的复制眼形成希腊字母 θ 形结构（图 13-8）。

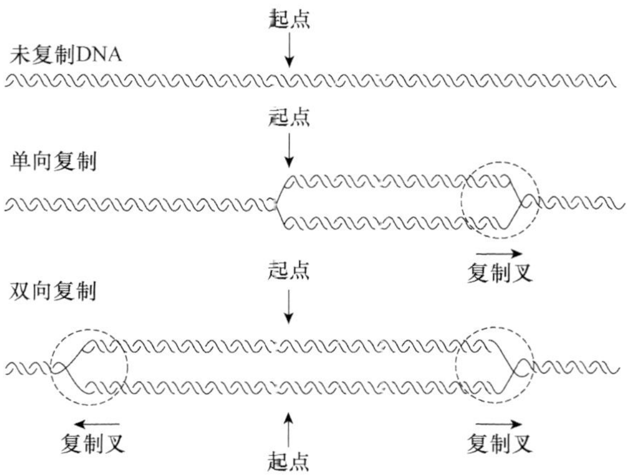

图 13-7　DNA 的双向或单向复制

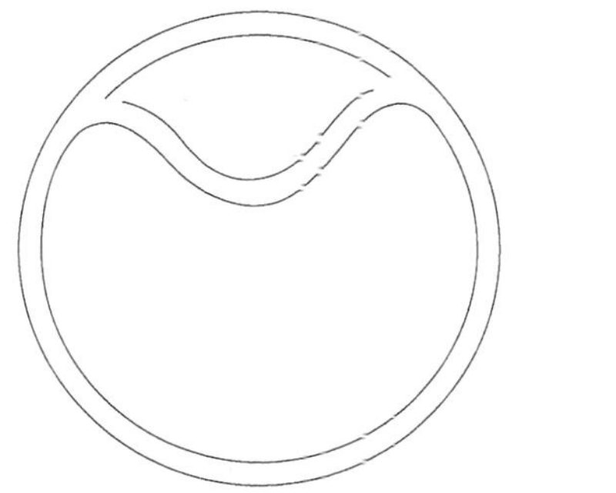

图 13-8　环状 DNA 的复制眼形成 θ 形结构

动画
DNA
复制机制

真核生物染色体 DNA 是线性双链分子，含有许多复制起点，因此是多复制子（multireplicon）。病毒 DNA 有多种多样，或是环状分子，或是线性分子，或是双链，或是单链。每一个病毒基因组 DNA 分子是一个复制子，它们的复制方式也多种多样：双向的或单向的；对称的或不对称的。有些病毒线性 DNA 分子在侵入细胞后可转变成环状分子，而另一些线性 DNA 分子的复制起点在末端。

2．DNA 的半不连续复制　在生物体内，DNA 的两条链都能作为模板，同时合成出两条新的互补链。DNA 分子的两条链反向平行，一条链的走向为 5′→3′，另一条链为 3′→5′。但已知 DNA 聚合酶的合成方向都是 5′→3′，而不是 3′→5′。这就很难理解，DNA 在复制时两条链如何能够同时作为模板合成其互补链。为了解决这个矛盾，日本学者冈崎等提出了 DNA 的半不连续复制（semidiscontinuous replication）模型，认为 3′→5′走向合成的 DNA 实际上是由许多 5′→3′方向的 DNA 片段连接起来的（图 13-9）。

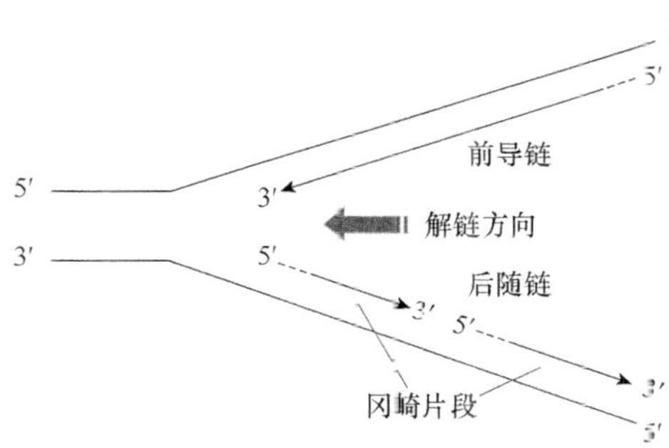

图 13-9　DNA 的半不连续复制

视频
半不连续复制

1968 年，冈崎等用 ^{3}H-脱氧胸苷标记噬菌体 T_4 感染的大肠埃希菌，然后通过碱性密度梯度离心法分离标记的 DNA 产物，发现短时间内首先合成的是较短的 DNA 片段，接着出现较大的分子，最初出现的 DNA 片段长度约为 1000 个核苷酸，一般称为冈崎片段（Okazaki fragment）。之后的研究进一步证明，DNA 的不连续合成不只限于细菌，真核生物染色体 DNA 的复制也是如此。细菌的冈崎片段长度为 1000～2000 个核苷酸，相当于一个顺反子（cistron），即基因的大小；真核生物的冈崎片段长度为 100～200 个核苷酸，相当于一个核小体 DNA 的大小。冈崎等最初的实验不能判断 DNA 链的不连续合成只发生在一条链上，还是两条链都如此。对冈崎片段进行测定，结果测得的数量远超过新合成 DNA 的一半，似乎两条链都是不连续的。后来发现这是由于尿嘧啶取代胸腺嘧啶掺入 DNA 所造成的假象。DNA 中的尿嘧啶可被尿嘧啶-DNA 糖苷酶（uracil-DNA glycosidase）切除，随后该处的磷酸二酯键断裂，在此过程中也会产生一些类似冈崎片段的 DNA 片段。用缺乏糖苷酶的大肠埃希菌变异株（ung^-）进行实验时，DNA 的尿嘧啶将不再被切除，新合成 DNA 大约有一半放射性标记出现于冈崎片段中，另一半直接进入长的 DNA 链。由此可见，当 DNA 复制时，一条链是连续的，另一条链是不连续的，因此称为半不连续复制。

以复制叉向前移动的方向为标准，一条模板链是3′→5′走向，在其上DNA能以5′→3′方向连续合成，称为前导链（leading strand）；另一条模板链是5′→3′走向，在其上DNA也是从5′→3′方向合成，但是与复制叉移动的方向正好相反，所以随着复制叉的移动，形成许多不连续的片段，最后连成一条完整的DNA链，该链称为后随链（lagging strand）。

用大肠埃希菌提取液进行DNA合成实验表明，冈崎片段的合成除需要4种脱氧核糖核苷三磷酸外，还需要4种核糖核苷三磷酸（ATP、GTP、CTP和UTP）。此外，冈崎片段的合成需要RNA引物。RNA引物是在DNA模板链的一定部位合成，并互补于DNA链，合成方向也是5′→3′，催化该反应的酶称为引物酶，又称引发酶。引物的长度通常为几个核苷酸至10多个核苷酸，DNA聚合酶Ⅲ可在其上聚合脱氧核糖核苷酸，直至完成冈崎片段的合成。RNA引物的消除和缺口的填补是由DNA聚合酶Ⅰ来完成的。最后由DNA连接酶将冈崎片段连成长链。

（二）DNA的复制过程与复制体变化

大肠埃希菌染色体DNA的复制过程可分为三个阶段：起始、延伸和终止。其间的反应和参与的酶与辅助因子各有不同。在DNA合成的生长点即复制叉上，分布着各种各样与复制有关的酶和蛋白质因子，它们构成的多蛋白复合体称为复制体（replisome）。DNA复制的阶段通过其复制体结构的变化来表现。

1．复制的起始 大肠埃希菌的复制起点称为*oriC*，由245个碱基对构成，其序列和控制元件在细菌复制起点中十分保守。关键序列在于两组短的重复：3个13bp的序列和4个9bp序列（图13-10）。

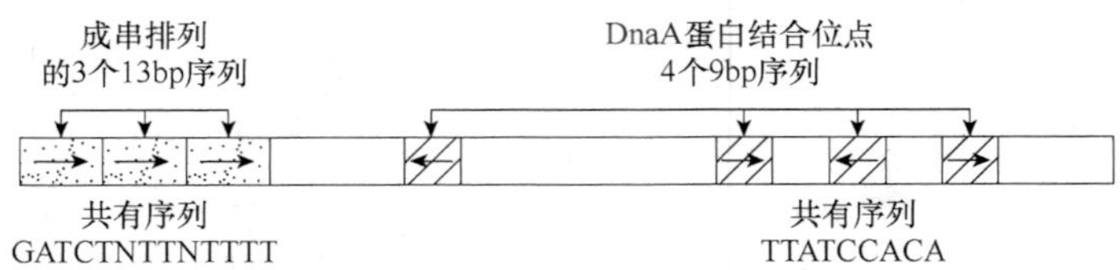

图13-10 大肠埃希菌复制起点成串排列的重复序列

复制起点上4个9bp重复序列为DnaA蛋白的结合位点，20～40个DnaA蛋白各带一个ATP结合在此位点上，并聚集在一起，DNA缠绕其上，形成起始复合物（initiation complex）。HU蛋白是细菌的类组蛋白，可与DNA结合，促使双链DNA弯曲。受其影响，邻近3个成串富含AT的13bp序列被变性，成为开链复合物（open complex），所需能量由ATP供给。DnaB（解旋酶）六聚体随即在DnaC帮助下结合于解链区（unwound region），借助水解ATP产生的能量沿DNA链5′→3′方向移动，解开DNA的双链，此时构成前引发复合物（prepriming complex）。DNA双链的解开还需要DNA旋转酶（拓扑异构酶Ⅱ）和SSB。前者可消除解旋酶产生的拓扑张力，后者保护单链并防止恢复双链。复制的起始要求DNA呈负超螺旋，并且起点附近的基因处于转录状态。这是因为DnaA只能与负超螺旋的DNA相结合。

2．复制的延伸 复制的延伸阶段同时进行前导链和后随链的合成。这两条链合成的基本反应相同，并且都由DNA聚合酶Ⅲ催化。但两条链的合成也有差别，前者持续合成，后者分段合成，因此参与的蛋白质因子也有不同。复制起点解开后形成两个复制叉，即可进行双向复制。前导链的合成通常是连续进行的。先由引物酶（DnaG蛋白）在起点处合成一段RNA引物，该引物一般比冈崎片段的引物略长一些，为10～60个核苷酸。随后DNA聚合酶Ⅲ即在引物上加入脱氧核糖核苷酸。前导链的合成与复制叉的移动保持同步。

后随链的合成是分段进行的，需要不断合成冈崎片段的RNA引物，然后由DNA聚合酶Ⅲ加入脱氧核糖核苷酸。后随链合成的复杂性在于如何保持它与前导链合成的协调一致。由于DNA的两条互补链方向相反，为使后随链能与前导链被同一个DNA聚合酶Ⅲ的不对称二聚体所合成，后随链必须绕成一个突环（loop）。合成冈崎片段需要DNA聚合酶Ⅲ不断与模板脱开，然后在新的位置又与模板结合。

3．复制的终止 两个复制叉在终止区相遇而停止复制，复制体解体，其间仍有50～100bp未被复制。其后两条亲代链解开，通过修复方式填补空缺。此时两环状染色体互相缠绕，成为连锁体（catenane）。此连锁体在细胞分裂前必须解开，否则将导致细胞分裂失败，细胞可能因此死亡。大肠埃希菌分开连锁体需要拓扑异构酶Ⅳ（属于类型Ⅱ拓扑异构酶）的参与。该酶每次催化可以使 DNA 两链断开和再连接，因而使两个连锁的闭环双链 DNA 彼此解开。

（三）真核生物 DNA 的复制

真核生物染色体有多个复制起点。酵母的复制起点称为自主复制序列（autonomously replicating sequence，ARS），或复制因子（replicator）。其 ARS 元件大约为 150bp，含有几个基本的保守序列。单倍体酵母有 16 个染色体，其基因组约有 400 个复制因子。在复制起点上有一个由 6 个蛋白质组成、相对分子质量约为 400 000 的起始点识别复合体（origin recognition complex，ORC）。它与 DNA 的结合需要 ATP。

真核生物 DNA 的复制速度比原核生物慢。细菌 DNA 复制叉的移动速度为 50 000bp/min，哺乳类动物复制叉移动速度实际仅 1000～3000bp/min，相差 20～50 倍，然而哺乳类动物的复制子只有细菌的几十分之一，所以从每个复制单位而言，复制所需时间在同一数量级。真核生物与原核生物染色体 DNA 的复制还有一个明显的区别：真核生物染色体在全部复制完成之前，起点不再重新开始复制；而在快速生长的原核生物中，起点可以不断重新发动复制。真核生物在快速生长时，往往采用更多的复制起点。例如，黑腹果蝇的早期胚胎细胞中相邻两复制起点的平均距离为 7.9kb，培养的成体细胞中复制起点的平均距离为 40kb，说明成体细胞只利用一部分复制起点。

真核生物有多种 DNA 聚合酶。从哺乳动物细胞中分出的 DNA 聚合酶多达 15 种，主要有 5 种，分别以 α、β、γ、δ、ε 来命名。它们的性质列于表 13-1。真核生物 DNA 聚合酶和细菌 DNA 聚合酶的基本性质相同，均以 4 种脱氧核糖核苷三磷酸为底物，需 Mg^{2+}激活，聚合时必须有模板和引物 3′-OH 存在，链的延伸方向为 5′→3′。

表 13-1 哺乳动物的 DNA 聚合酶*

	DNA 聚合酶 α（Ⅰ）	DNA 聚合酶 β（Ⅳ）	DNA 聚合酶 γ（M）	DNA 聚合酶 δ（Ⅲ）	DNA 聚合酶 ε（Ⅱ）
定位	细胞核	细胞核	线粒体	细胞核	细胞核
亚基数目	4	1	2	4	4
外切酶活性	无	无	3′→5′外切酶	3′→5′外切酶	3′→5′外切酶
引物合成酶活性	有	无	无	无	无
功能	引物合成	修复	线粒体 DNA 复制和修复	核 DNA 复制和修复	核 DNA 复制和修复

*酵母相应 DNA 聚合酶以括弧内罗马数字和 M 表示

四、DNA 的损伤与修复

DNA 在复制过程中可能产生错配。DNA 重组、病毒基因的整合常常会局部破坏 DNA 的双螺旋结构。某些物理化学因子，如紫外线、电离辐射和化学诱变剂等也能作用于 DNA，破坏 DNA 的碱基、糖或磷酸二酯键。然而在一定条件下，生物机体能使其 DNA 的损伤得到修复。目前已知细胞对 DNA 损伤的修复系统有 5 种：错配修复（mismatch repair）、直接修复（direct repair）、切除修复（excision repair）、重组修复（recombination repair）及易错修复（error-prone repair）。

（一）错配修复

DNA 的错配修复需分辨“新、旧”链，否则如果模板链被校正，错配就会被固定。细菌借助半甲基化 DNA 区分“旧”链和“新”链。Dam 甲基化酶可使 DNA 的 GATC 序列中腺嘌呤第六位氮原子甲基化。复制后 DNA 在短期内（数分钟）保持半甲基化的 GATC 序列，一旦发现错配碱基，即将未甲基化链的一段核苷酸切除，并以甲基化链为模板进行修复合成。

大肠埃希菌参与错配修复的蛋白质至少有 12 种。其中几个特有的蛋白质由 *mut* 基因编码。Mut S 二聚体识别并结合到 DNA 的错配碱基部位，Mut L 二聚体与之结合。二者组成的复合物可沿 DNA 双链向前移动，DNA 由此形成突环，水解 ATP 提供所需能量，直至遇到 GATC 序列为止。随后 Mut H 核酸内切酶结合到 Mut SL 上，并在未甲基化链 GATC 位点的 5′端切开。如果切开处位于错配碱基的 3′侧，由核酸外切酶Ⅰ或核酸外切酶Ⅹ沿 3′→5′方向切除核酸链；如果切开处位于 5′侧，由核酸外切酶Ⅶ或 Rec J 沿 5′→3′方向切除核酸链。在此切除链的过程中，解旋酶Ⅱ和 SSB 帮助链的解开。切除的链可长达 1000 个核苷酸以上，直到将错配碱基切除。新的 DNA 链由 DNA 聚合酶Ⅲ和 DNA 连接酶合成并连接。

真核生物的 DNA 错配修复机制与原核生物相似，也存在 Mut S 和 Mut L 同源的蛋白质，分别称为 MSH（Mut S homolog）和 MLH（Mut L homolog）。但是，真核生物没有 Mut H 的同源物，并且不靠半甲基化的 GATC 来区别“旧”链和“新”链。最近的研究表明人的 Mut S 类似物（MSH）可与复制体的滑动夹子相互作用，推测它可紧附其上，随着复制过程检查错配。后随链冈崎片段间的断开处就相当于 Mut H 的切口，由外切酶自此逐个切下核苷酸，直至切除错配碱基。前导链则能自 3′端生长点切除核苷酸，然后由聚合酶和连接酶填补缺口。这就是说真核生物是在 DNA 复制过程中进行错配修复，一旦发现错配即在新合成的链上加以切除。

（二）直接修复

紫外线照射可以使 DNA 分子中同一条链两相邻胸腺嘧啶碱基之间形成二聚体（TT）。其他嘧啶碱基之间也能形成类似的二聚体（CT、CC），但数量较少。

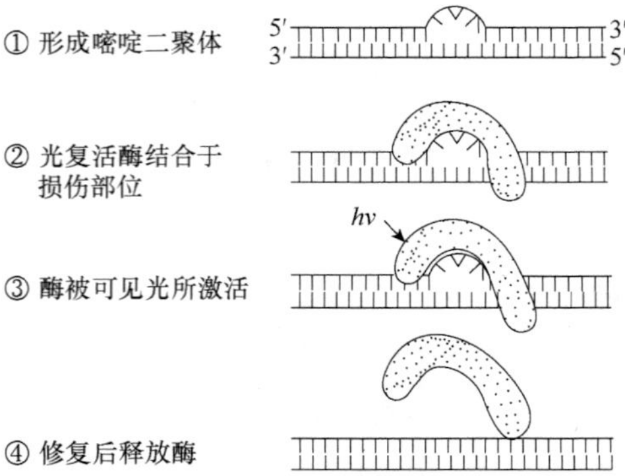

图 13-11　紫外线损伤的光复活修复过程（*hv* 为光照条件）（引自朱圣庚等，2017）

胸腺嘧啶二聚体的形成和修复机制研究得最多，也最清楚。其常见的修复方式包括光复活修复（photoreactivation repair）和暗修复（dark repair）。光复活修复机制是可见光（最有效波长为 400nm 左右）激活了光复活酶（photoreactivating enzyme），它能分解由于紫外线照射而形成的嘧啶二聚体（图 13-11）。

光复活作用是一种高度专一的直接修复方式。它只作用于紫外线引起的 DNA 嘧啶二聚体。光复活酶在生物界分布很广，从低等单细胞生物一直到鸟类都有，而高等哺乳类却没有。高等哺乳动物更重要的是暗修复，即切除含嘧啶二聚体的核酸链，然后再修复合成。

（三）切除修复

所谓切除修复指在一系列酶的作用下，将 DNA 分子中受损伤部分切除掉，并以完整的那一条链为模板，合成出切去的部分，使 DNA 恢复正常结构的过程。这是比较普遍的修复机制，它对多种损伤均能起修复作用。

切除修复包括两个过程：一是由细胞内特异的酶找到 DNA 的损伤部位，切除含有损伤结构的核酸链；二是修复合成并连接。过程总结如图 13-12 所示。

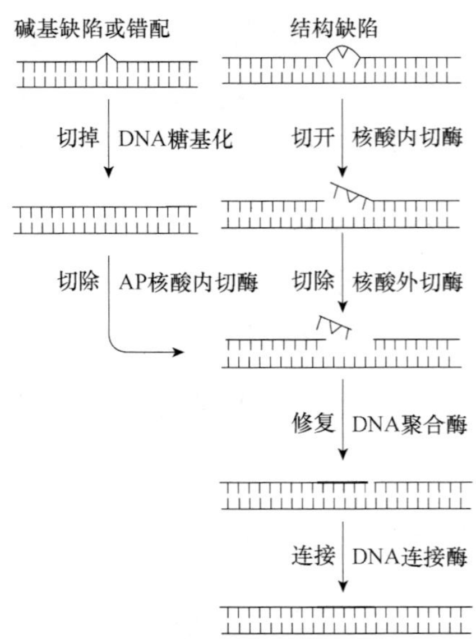

图 13-12　DNA 损伤的切除修复过程（引自朱圣庚等，2017）

DNA 切除碱基的部位为无嘌呤（apurinic）或无嘧啶位点（apyrimidinic site），简称为 AP 位点。一旦 AP 位点形成后，即有 AP 核酸内切酶在 AP 位点附近将 DNA 链切开。不同 AP 核酸内切酶的作用方式不同，或在 5′侧切开，或在 3′侧切开。然后核酸外切酶将包括 AP 位点在内的 DNA 链切除。DNA 聚合酶Ⅰ兼有聚合酶和外切酶活性，它使 DNA 链 3′端延伸以填补空缺，而后由 DNA 连接酶将链连上。

通常只有单个碱基缺陷才以碱基切除修复（base-excision repair）方式进行修复。如果 DNA 损伤造成 DNA 螺旋结构较大变形，则需要以核苷酸切除修复（nucleotide-excision repair）方式进行修复。损伤链由切除酶（excinuclease）切除。它是一种核酸内切酶，但在链的损伤部位两侧同时切开。该酶由多个亚基组成。大肠埃希菌 ABC 切除酶包括三种亚基：UvrA（相对分子质量 104 000）、UvrB（相对分子质量 78 000）和 UvrC（相对分子质量 68 000）。由 UvrA 和 UvrB

蛋白组成复合物（AB），寻找并结合在损伤部位。然后 UvrA 二聚体随即解离（此步需要 ATP），留下 UvrB 与 DNA 牢固结合。然后 UvrC 蛋白结合到 UvrB 上，UvrB 切开损伤部位 3′侧距离 3～4 个核苷酸的磷酸二酯键，UvrC 切开 5′侧 7 个核苷酸磷酸二酯键。结果 12～13 个核苷酸片段（决定于损伤碱基是 1 个还是 2 个）在 UvrD 解旋酶帮助下被除去，空缺由 DNA 聚合酶Ⅰ和 DNA 连接酶填补。

切除酶可以识别许多种 DNA 损伤，包括紫外线引起的嘧啶二聚体、碱基的加合物（如 DNA 暴露于烟雾中形成的苯并芘鸟嘌呤）和其他各种反应物等。真核生物具有功能上类似的切除酶，但在亚基结构上与原核生物并不相同。切除修复过程发生在 DNA 复制之前的，称为复制前修复。

（四）重组修复

DNA 发动复制时，尚未修复的损伤部位也可以先复制，再修复。例如，含有嘧啶二聚体、烷基化交联和其他结构损伤的 DNA，仍然可以进行复制。当复制酶系在损伤部位无法通过碱基配对合成子代 DNA 链时，它就跳过损伤部位，在下一个冈崎片段的起始位置或前导链的相应位置上重新合成引物和 DNA 链，结果子代链在损伤相对应处留下缺口。这种遗传信息有缺损的子代 DNA 分子可通过遗传重组而加以弥补，即从同源 DNA 的母链上将相应核苷酸序列片段移至子链缺口处，然后用再合成的序列来补上母链的空缺（图 13-13）。此过程称为重组修复，因为发生在复制之后，又称为复制后修复（post-replication repair）。

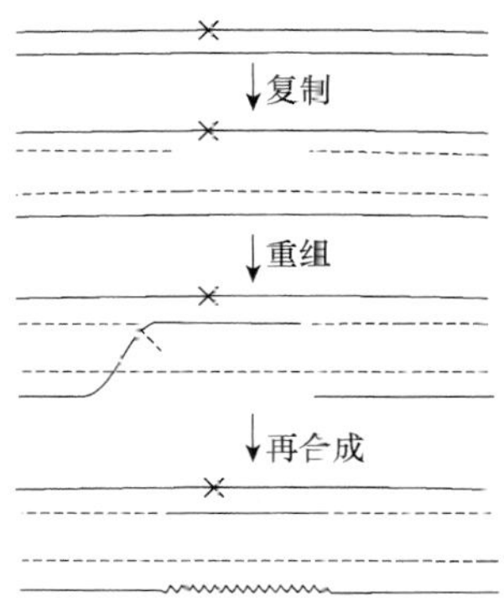

图 13-13　重组修复的过程

（引自朱圣庚等，2017）

×表示 DNA 链受损伤的部位；虚线表示通过复制新合成的 DNA 链；锯齿线表示重组后缺口处再合成的 DNA 链

在重组修复过程中，DNA 链的损伤并未除去。在进行第二轮复制时，留在母链上的损伤仍会给复制带来困难，复制经过损伤部位时所产生的缺口还需通过同样的重组过程来弥补，直至损伤被切除修复所消除。但是，随着复制的不断进行，若干代后，即使损伤始终未从亲代链中除去，其在后代细胞群中也已被稀释，实际上消除了损伤对群体的影响。

（五）易错修复

许多能造成 DNA 损伤或抑制复制的因素均能应急产生一系列复杂的诱导效应，称为 SOS 应答（SOS response）。SOS 应答包括诱导 DNA 损伤修复、诱变效应、细胞分裂的抑制及溶原性细菌释放噬菌体等。

SOS 应答诱导的修复系统包括避免差错的修复（error free repair，又称免错修复或无差错修复）和易错修复（error-prone repair）两类。错配修复、直接修复、切除修复及重组修复能够识别 DNA 的损伤或错配碱基而加以消除，在它们的修复过程中并不引入错配碱基，因此属于避免差错的修复。而 SOS 应答还能诱导产生缺乏校对功能的 DNA 聚合酶（Ⅳ和Ⅴ），它们不具有 3′核酸外切酶校正功能，可在 DNA 链的损伤部位引入任意核苷酸，也能跨越损伤进行 DNA 翻译合成（translesion synthesis，TLS）。在此情况下，允许错配可增加存活的机会，但却带来了高的变异率，这种修复就是所谓的易错修复。

五、依赖 RNA 的 DNA 合成

以 RNA 为模板，按照 RNA 中的核苷酸序列合成 DNA，这与通常转录过程中遗传信息流从 DNA 到 RNA 的方向相反，故称为逆转录（reverse transcription）。催化逆转录反应的酶最初是在致癌 RNA 病毒中发现的。

（一）逆转录酶

逆转录酶催化的 DNA 合成反应以 4 种脱氧核苷三磷酸作为底物，需要模板和引物，此外还需要适当浓度的二价阳离子（Mg^{2+}和 Mn^{2+}）和还原剂（以保护酶蛋白中的巯基），DNA 链的延长方向为 5′→3′。这些性质都与 DNA 聚合酶相类似。当以其自身病毒 RNA 作为模板时，该酶表现出最大的逆转录活力。带有适当引物的任何种类 RNA 都能作为合成 DNA 的模板。引物可以是寡聚脱氧核糖核苷酸，也可以是寡聚核糖核苷酸，但必须与模板互补，并且具有游离 3′-OH 端，其长度至少要有 4 个核苷酸。

逆转录酶是一种多功能酶，它兼有 3 种酶的活力：①它可以利用 RNA 作模板，在其上合成出一条互补的 DNA 链，形成 RNA-DNA 杂合分子（RNA 指导的 DNA 聚合酶活力）；②它还可以在新合成的 DNA 链上合成另一条互补 DNA 链，形成双链 DNA 分子（DNA 指导的 DNA 聚合酶活力）；③除了聚合酶活力外，它尚有核糖核酸酶 H 的活力，专门水解 RNA-DNA 杂合分子中的 RNA。

（二）逆转录的过程

逆转录病毒的生活周期十分复杂（图 13-14）。其借助表面蛋白和跨膜蛋白与宿主细胞相融合，所携带的基因组 RNA、逆转录及整合所需要的引物（tRNA）和酶（逆转录酶、整合酶）得以进入宿主细胞。在细胞质内病毒 RNA 逆转录成 cDNA，进入细胞核，并整合到宿主染色体 DNA 内，成为前病毒（provirus）。前病毒可随宿主染色体 DNA 一起复制和转录，只有整合后的前病毒 DNA 转录的 mRNA，才能翻译产生病毒蛋白质，刚进入细胞的病毒 RNA 是无翻译活性的。由此可见，在逆转录病毒生活周期中最关键的是逆转录过程。

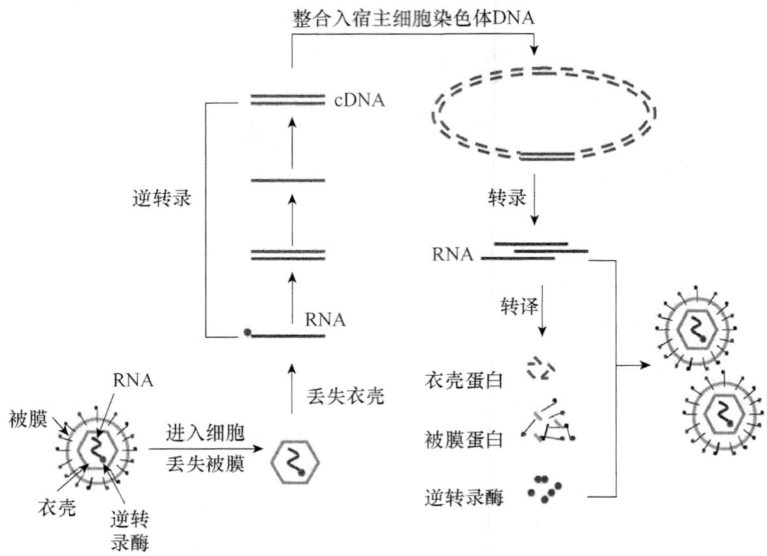

图 13-14　逆转录病毒的生活周期

逆转录过程可分为十步反应，其中需要经过逆转录酶两次转换模板（或称为两次跳跃）。第一步，由结合在靠近 5′端引物结合位点（primer-binding site，PBS）的 tRNA 作为引物，在逆转录酶作用下合成 U5（unique to the 5′end）和 R（repeat）区的互补序列。第二步，由逆转录酶的 RNase H 将模板 RNA 的 U5 和 R 区水解掉。第三步，新合成的（－）链 DNA 3′端 R 区与模板 RNA 3′端的 R 区配对，这是第一次逆转录酶转换模板（跳跃）。第四步，（－）链 DNA 继续延长。第五步，模板 RNA 的 U3（unique to the 3′end）、R 和 poly(A)$_n$ 被水解掉，5′端也开始被水解，保留 3′端附近的多聚嘌呤片段（poly purine tract，PPT）作为合成（＋）链 DNA 的引物。第六步，（＋）链 DNA 开始合成。第七步，引物 tRNA 被降解掉。第八步，（＋）链 DNA 与（－）链 DNA 在 PBS 处配对，酶第二次转换模板（跳跃）。第九步，继续合成双链 DNA。第十步，两末端序列重复合成形成长末端重复序列（long terminal repeat，LTR）。

思政案例

DNA 聚合酶的发现

1956 年，美国生化学家 Kornberg（科恩伯格）首次分离出 DNA 聚合酶，并构建了 DNA 体外合成体系。他将大肠埃希菌破碎，用其提取液加上 4 种脱氧核苷三磷酸，其中至少有 1 种进行放射性同位素标记，再加微量 DNA 作为模板，如小牛胸腺 DNA、大肠埃希菌 DNA 及大肠埃希菌 T_2 噬菌体 DNA。将上述混合物在有 Mg^{2+} 存在的条件下，于 37℃静置 30min。结果发现合成了新的 DNA 分子，且具有放射性，说明具有放射性的脱氧核苷三磷酸掺入新的 DNA 分子中了。科恩伯格测定了产物 DNA 的碱基组成，发现它们同模板 DNA 的组成相似，这充分证明 DNA 是一种能自我复制的分子。后来，科恩伯格分离出 DNA 聚合酶，并揭示参与 DNA 合成的 4 种必要成分：DNA 聚合酶、DNA 模板、RNA 引物和 dNTP 前体物。

现在我们知道，科恩伯格率先分离的是 DNA 聚合酶Ⅰ，而在大肠埃希菌 DNA 的复制过程中，主要行使聚合作用的是 DNA 聚合酶Ⅲ。不过，这并不妨碍科恩伯格的突破性工作为深入探索 DNA 复制的分子机制提供有效的实验体系。科学研究本就不是一蹴而就，科研的道路充满艰辛，科恩伯格这样的伟大科学家为人类的发展作出了巨大的贡献，他们的这种探索真理、创新、锲而不舍的科学精神值得我们学习。

第三节 RNA 的生物合成

贮存于 DNA 中的遗传信息需通过转录和翻译而得到表达。在转录过程中，RNA 聚合酶以 DNA 的一条链作为模板，通过碱基配对的方式合成出与模板链互补的 RNA。最初转录的 RNA 产物通常都需要经过一系列加工和修饰才能成为成熟的 RNA 分子。RNA 所携带的遗传信息也可以用于指导 RNA 的合成，即 RNA 复制。

一、RNA 聚合酶

1960 年至 1961 年，由微生物和动物细胞中分别分离得到 DNA 指导的 RNA 聚合酶（DNA-directed RNA polymerase）。该酶需要以 4 种核糖核苷三磷酸（NTP）作为底物，DNA 作为模板，且 Mg^{2+}能促进聚合反应。RNA 链的合成方向也是 5′→3′，第一个核苷酸带有 3 个磷酸基，其后每加入一个核苷酸脱去一个焦磷酸，形成磷酸二酯键，反应是可逆的，但焦磷酸的分解可推动反应趋向聚合。与 DNA 聚合酶不同，RNA 聚合酶无需引物，它能直接在模板上合成 RNA 链。此外，在体外，RNA 聚合酶能使 DNA 的两条链同时进行转录；但在体内 DNA 两条链中仅有一条链可用于转录，或者某些区域以这条链转录，另一些区域以另一条链转录。

（一）原核生物的 RNA 聚合酶

大肠埃希菌的 RNA 聚合酶全酶（holoenzyme）相对分子质量 465 000，由 5 个亚基（$\alpha_2\beta\beta'\sigma$）组成，还含有两个金属离子，金属离子与 β′亚基相结合。没有 σ 亚基的酶（$\alpha_2\beta\beta'$）叫核心酶（core enzyme）。核心酶只能使已开始合成的 RNA 链延长，但不具有起始合成 RNA 的能力。这就是说，在开始合成 RNA 链时必须有 σ 亚基参与作用，因此称 σ 亚基为起始亚基。

σ 因子（σ 亚基）的功能在于引导 RNA 聚合酶稳定地结合到 DNA 启动子上。单独核心酶也能与 DNA 结合。β′亚基是一碱性蛋白，与酸性 DNA 之间可借静电引力结合。β 亚基则借疏水相互作用与 DNA 结合，但此种结合与 DNA 的特殊序列无关，DNA 仍保持其双链形式。当 σ 亚基与核心酶结合后，与 DNA 一般序列的结合常数为 10^5，而与 DNA 启动子的结合常数达到 10^{12}。

RNA 聚合酶全酶可通过扩散与 DNA 任意部位结合，这种结合是疏松的，并且是可逆的。RNA 聚合酶全酶不断改变与 DNA 的结合部位，直到遇上启动子序列，随即由疏松结合转变为牢固结合，并且 DNA 双链被局部解开。但 RNA 聚合酶的校对作用十分有限。

（二）真核生物的 RNA 聚合酶

真核生物 RNA 聚合酶主要有三类，分别为 RNA 聚合酶Ⅰ、RNA 聚合酶Ⅱ和 RNA 聚合酶Ⅲ。它们的相对分子质量都在 500 000 左右，通常有 10～15 个亚基，并含有二价金属离子。原核生物 RNA 聚合酶的亚基（除 σ 亚基）在真核生物的 RNA 聚合酶中都有其对应物。

真核生物RNA聚合酶Ⅰ转录45S rRNA前体，经转录后加工产生5.8S rRNA、18S rRNA和28S rRNA。RNA聚合酶Ⅱ转录所有mRNA前体和大多数核内小RNA（small nuclear RNA，snRNA）。RNA聚合酶Ⅲ转录tRNA、5S rRNA、U6 snRNA和胞质小RNA（small cytoplasmic RNA，scRNA）等小分子转录物。真核生物RNA聚合酶中没有原核生物RNA聚合酶的σ亚基的对应物，必须借助各种转录因子才能选择和结合到启动子上。因此真核生物转录反应可分为四个阶段：装配、起始、延伸和终止。

二、转录过程

RNA合成与DNA复制非常类似，也需要一个聚合酶执行转录任务，但该聚合酶是RNA聚合酶。在整个转录期间，合成的RNA链的延伸方向也是5′→3′，但DNA与RNA合成之间存在几个重要的差别：①RNA是由核糖核苷酸合成的，而不是脱氧核糖核苷酸；②在RNA合成中，尿嘧啶取代胸腺嘧啶与腺嘌呤配对；③RNA的合成不需要一个预先存在的引物；④RNA合成的选择性非常强，基因组中只有很小的一部分被转录。

转录以DNA为模板，但模板只是双链DNA中的某一条链。作为模板的链称为模板链（template strand），也称为反义链（antisense strand），与此链互补的链称为编码链（coding strand），也称为有义链（sense strand）。

（一）转录的起始

RNA链的转录起始于DNA模板的一个特定位点，并在另一位点终止，此转录区域称为一个转录单位。一个转录单位可以是一个基因（真核），也可以是多个基因（原核）。转录的起始由DNA的启动子（promoter）控制，终止由DNA上的终止子（terminator）控制。

转录起始过程中，RNA聚合酶的σ亚基起关键作用。它能识别DNA的启动子序列，并引导RNA聚合酶迅速地与启动子结合。σ亚基与β′亚基结合时，β′亚基的构象有利于核心酶与启动子紧密结合。RNA聚合酶结合到启动子后，DNA局部解开双螺旋，第一个核苷酸掺入转录起始位点，从此开始RNA链的延伸。在新合成的RNA链的5′端，通常为带有3个磷酸基团的鸟苷或腺苷（pppG或pppA），即合成的第一个底物是GTP或ATP。转录单位的起点核苷酸为+1，转录起点右边为下游（转录区），用正数表示：+2、+3、+4……转录起点左边为上游，用负数表示：−1、−2、−3……核心酶覆盖60bp的DNA区域，其中解链部分17bp左右，RNA-DNA杂合链约12bp。

（二）转录的延伸

转录起始后，σ亚基释放，离开核心酶，使核心酶的β′亚基构象变化，与DNA模板的亲和力下降，在DNA上移动速度加快，使RNA链不断延长。RNA聚合酶核心酶沿着5′→3′方向进行RNA的延伸反应。转录过程中会出现错误，大约每10^4个核苷酸就会出现一个错误碱基的插入。因为每个基因可制造出许多转录产物，而且大多数转录产物都小于10kb，所以这样的错误率是可以接受的。

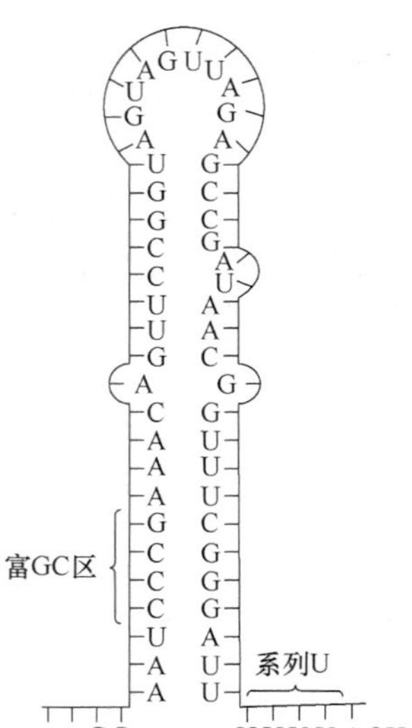

图13-15　不依赖于ρ因子的终止子（引自朱圣庚等，2017）

视频 转录终止

（三）转录的终止

大肠埃希菌存在两类终止子：一类称为不依赖于ρ因子的终止子，即内在终止子或简单终止子；另一类称为依赖于ρ因子的终止子（图13-15）。

简单终止子回文对称区通常有一段富含GC的序列，在终点前还有一系列U核苷酸（约有6个）。由rU-dA组成的RNA-DNA杂交分子具有特别弱的碱基配对结构。当RNA聚合酶暂停时，RNA-DNA杂交分子即在rU-dA弱键结合的末端区解开。

依赖于ρ因子的终止子必须在ρ因子存在时才发生终止作用。其结构特点是胞苷酸含量高，可能存在短的回文结构，但不含富GC区，短的回文结构之后也无寡聚U。依赖于ρ因子的终止子在细菌染色体中少见，而在噬菌体中广泛存在。

ρ因子是一种相对分子质量约为275 000的六聚体蛋白质，在有RNA

存在时它能水解腺苷三磷酸，即具有依赖 RNA 的 ATPase 活性。由此推测，ρ 因子结合在新产生的 RNA 链上，借助水解 ATP 获得的能量可推动其沿着 RNA 链移动。当 RNA 聚合酶遇到终止子时发生暂停，使得 ρ 因子追上 RNA 聚合酶，并与其相互作用，RNA 得以释放，同时 RNA 聚合酶与该因子一起从 DNA 上脱落下来。

有关真核生物转录的终止信号和终止过程了解甚少。实验表明，RNA 聚合酶Ⅱ的转录产物是在 3′端切断，然后腺苷酸化，而并无终止作用。RNA 聚合酶Ⅰ和 RNA 聚合酶Ⅲ转录产物末端常有连续的 U，有的为 2 个或 3 个，甚至 4 个。显然，仅仅连续 U 的本身不足以成为终止信号。很可能 U 序列附近的特殊序列结构在终止反应中起重要作用。

三、转录后加工

在细胞内，由 RNA 聚合酶合成的初级转录物（primary transcript）往往需要经过一系列的变化，包括 RNA 链的裂解、5′端与 3′端特殊结构的切除、末端特殊结构的形成、核苷的修饰、糖苷键的改变及剪接和编辑等加工过程，才能转变为成熟的 RNA 分子。此过程称为 RNA 的成熟或转录后加工（post-transcriptional processing）。

（一）原核生物中 RNA 的加工

原核生物的 mRNA 一经转录通常立即进行翻译，除少数例外，一般不进行转录后加工。但 rRNA 和 tRNA 都要经过一系列加工才能成为有活性的分子。rRNA 的基因与某些 tRNA 的基因组成混合操纵子，其余的 tRNA 基因也成簇存在，并与编码蛋白质的基因组成操纵子。它们在形成多顺反子转录物后，经断链成为 rRNA 和 tRNA 的前体，然后进一步加工成熟。

1. 原核生物 rRNA 前体的加工　大肠埃希菌共有 7 个 rRNA 的转录单位。每个转录单位由 16S rRNA、23S rRNA、5S rRNA，以及一个或几个 tRNA 基因所组成。16S rRNA 和 23S rRNA 前体的两侧序列互补，形成茎环结构，经 RNase Ⅲ识别特定的 RNA 双螺旋区，并于茎部切割，产生 16S rRNA 和 23S rRNA 前体 P16 和 P23。5S rRNA 前体 P5 在 RNase E 作用下产生，它可识别 P5 两端形成的茎环结构。P5、P16 和 P23 两端的多余附加序列需进一步由核酸酶切除。可能 rRNA 前体需先经甲基化修饰，再被核酸内切酶和核酸外切酶切割（图 13-16）。不同细菌 rRNA 前体的加工过程并不完全相同，但基本过程类似。

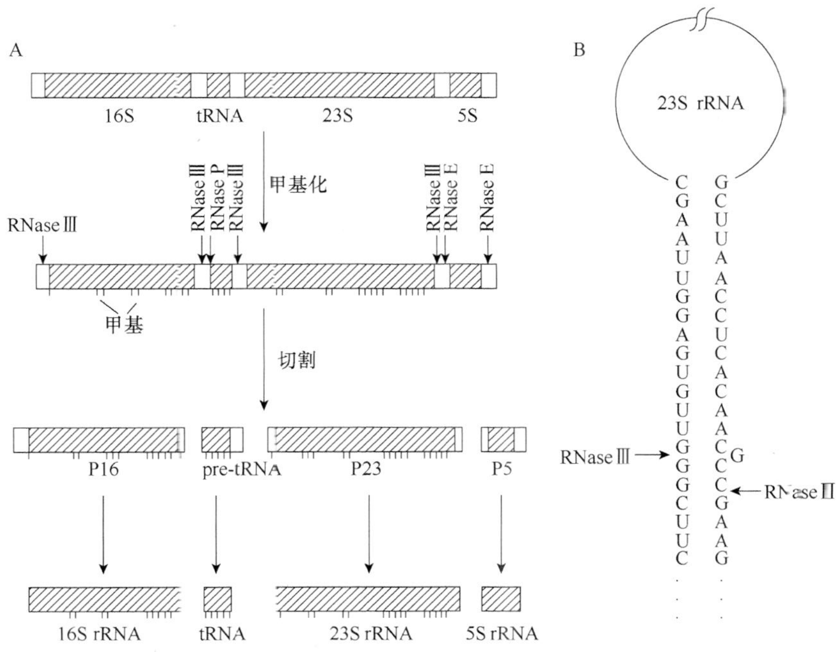

图 13-16　大肠埃希菌 rRNA 前体的加工过程（引自朱圣庚等，2017）

A．rRNA 前体先经甲基化修饰，再被核酸内切酶切割；B．23S rRNA 两端多余附加序列进一步由核酸外切酶切割

此外，原核生物 rRNA 含有多个甲基化修饰成分，包括甲基化碱基和甲基化核糖，尤其常见的是 2′-甲基核糖。16S rRNA 含有约 10 个甲基，23S rRNA 约 20 个甲基，其中 N^4,2′-O-二甲基胞苷（m^4Cm）是 16S rRNA 特有的成分。一般 5S rRNA 中无修饰成分，不进行甲基化反应。

2．原核生物 tRNA 前体的加工　大肠埃希菌染色体基因组共有 tRNA 基因约 60 个。tRNA 的基因大多成簇存在，或与 rRNA 基因，或与编码蛋白质的基因组成混合转录单位。tRNA 前体的加工包括：①由核酸内切酶在 tRNA 两端切断（cutting）；②由核酸外切酶逐个切去多余序列进行修剪（trimming）；③核苷酸的修饰和异构化；④在 tRNA3′端加上胞苷酸-胞苷酸-腺苷酸（CCA）。

大肠埃希菌 RNase P 是 tRNA 的 5′端成熟酶。几乎所有大肠埃希菌及其噬菌体 tRNA 前体都是在该酶作用下内切出成熟的 tRNA5′端。其含有蛋白质和 RNA 两部分。在某些条件下（提高 Mg^{2+}浓度或加入多胺类物质），RNase P 中的 RNA 单独也能切断 tRNA 前体的 5′端序列。

加工 tRNA 前体 3′端的序列需要另外的核酸内切酶，如 RNase F。它从靠近 tRNA 前体 3′端处进行修剪，直至 tRNA 的 3′端。此外，还需要核酸外切酶 RNase D。这个酶由相对分子质量为 38 000 的单一多肽链所组成，具有严格的选择活性。它识别整个 tRNA 结构，而不是 3′端的特异序列。

所有成熟 tRNA 分子的 3′端都有 CCA 结构，它对于接受氨酰基的活性是必要的。细菌的 tRNA 前体存在两类不同的 3′端序列。一类其自身具有 CCA 三核苷酸，位于成熟 RNA 序列与 3′端附加序列之间，当附加序列被切除后即显露出该末端结构；另一类其自身并无 CCA 序列，当前体切除 3′端附加序列后，必须在 tRNA 核苷酸转移酶（nucleotidyl transferase）催化下由 CTP 和 ATP 供给胞苷酸和腺苷酸，反应式如下：

$$\text{tRNA}+\text{CTP}\longrightarrow\text{tRNA-C}+\text{PPi}$$
$$\text{tRNA-C}+\text{CTP}\longrightarrow\text{tRNA-CC}+\text{PPi}$$
$$\text{tRNA-CC}+\text{ATP}\longrightarrow\text{tRNA-CCA}+\text{PPi}$$

成熟的 tRNA 分子中存在众多的修饰成分，其中包括各种甲基化碱基和假尿苷。tRNA 甲基化酶对碱基及 tRNA 序列均有严格要求，甲基供体一般为 S-腺苷甲硫氨酸（SAM）。tRNA 假尿苷合酶催化尿苷的糖苷键发生移位反应，由尿嘧啶的 N1 变为 C5。细菌 tRNA 前体的加工如图 13-17 所示。

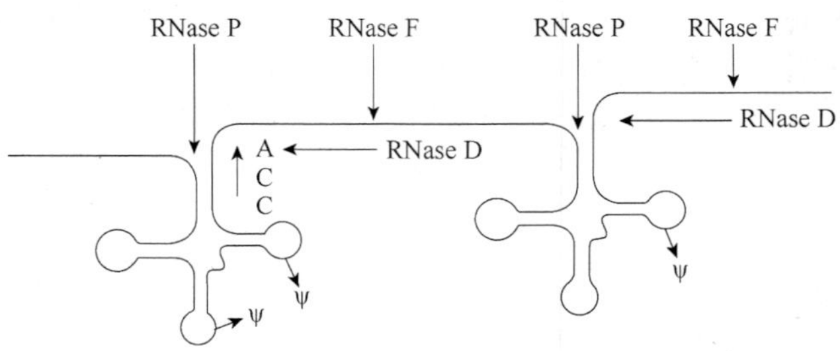

图 13-17　tRNA 前体分子的加工（引自朱圣庚等，2017）

向下箭头表示核酸内切酶的作用；向左箭头表示核酸外切酶的作用；
向上箭头表示核苷酸转移酶的作用；斜向箭头表示异构化酶的作用

3．原核生物 mRNA 前体的加工　细菌中用于指导蛋白质合成的 mRNA 大多不需要加工，一经转录即可直接进行翻译。但也有少数多顺反子 mRNA 需通过核酸内切酶切成较小的单位，然后再进行翻译。例如，核糖体大亚基蛋白 L10 和 L7/L12 与 RNA 聚合酶 β 和 β′亚基的基因组成混合操纵子，它在转录出多顺反子 mRNA 后，需通过 RNase Ⅲ将核糖体蛋白质与 RNA 聚合酶亚基的 mRNA 切开，然后再各自进行翻译。

（二）真核生物中 RNA 的一般加工

真核生物 rRNA 和 tRNA 前体的加工过程与原核生物相似。而 mRNA 前体必须经复杂的加工过程，这与原核生物大不相同。且真核生物大多数基因含有间插序列（intervening sequence），即内含子（intron），需在转录后的加工过程中予以切除，并通过剪接（splicing）使编码区成为连续序列。

1．真核生物 rRNA 前体的加工　真核生物 rRNA 基因成簇排列在一起，由 16S～18S、5.8S 和 26S～28S rRNA 基因组成一个转录单位，彼此被间隔区分开，且由 RNA 聚合酶Ⅰ转录产生一个长的 rRNA 前体。不同生物的 rRNA 前体大小不同。哺乳类动物 18S、5.8S 和 28S rRNA 基因转录产生 45S rRNA 前体。果蝇

18S、5.8S 和 28S rRNA 基因的转录产物为 38S rRNA 前体。酵母 17S、5.8S 和 26S rRNA 基因的转录产物为 37S 的 rRNA 前体。

在真核生物中 5S rRNA 基因也是成簇排列的，中间隔以不被转录的区域。它由 RNA 聚合酶Ⅲ转录，经过适当加工即与 28S rRNA、5.8S rRNA 和相关蛋白质一起组成核糖体的大亚基。18S rRNA 与相关蛋白质则组成小亚基。核仁是 rRNA 合成、加工和装配成核糖体的场所。然后它们通过核孔再转移到细胞质中参与核糖体循环。

rRNA 在成熟过程中可被甲基化，主要的甲基化位置也在核糖 2′-羟基上。真核生物 rRNA 的甲基化程度比原核生物 rRNA 的甲基化程度高。真核生物 rRNA 前体的甲基化、假尿苷酸化和切割是由核仁小 RNA（small nucleolar RNA，snoRNA）指导的。

2. 真核生物 tRNA 前体的加工　真核生物 tRNA 基因的数目比原核生物 tRNA 基因的数目要大得多。例如，大肠埃希菌基因组约有 60 个 tRNA 基因，啤酒酵母有 320～400 个，果蝇 850 个，爪蟾 1150 个，而人体细胞则有 1300 个。真核生物的 tRNA 基因也成簇排列，并且被间隔区所分开。tRNA 基因由 RNA 聚合酶Ⅲ转录而来，转录产物为 4.5S 或稍大的 tRNA 前体，相当于 100 个左右的核苷酸。成熟的 tRNA 分子为 4S，70～80 个核苷酸。前体分子在 tRNA 的 5′端和 3′端都有附加序列，需由核酸内切酶和外切酶加以切除。与原核生物类似，RNase P 可切除 5′端的附加序列，但真核生物 RNase P 中的 RNA 单独并无切割活性。3′端附加序列的切除需要多种核酸内切酶和核酸外切酶的作用。

真核生物 tRNA 前体的 3′端不含 CCA 序列，成熟 tRNA 3′端的 CCA 是后加上去的，由核苷酸转移酶催化，CTP 和 ATP 供给胞苷酰基和腺苷酰基。tRNA 的修饰成分由特异的修饰酶所催化。真核生物的 tRNA 除含有修饰碱基外，还有 2′-*O*-甲基核糖。具有间插序列的 tRNA 前体还须将这部分序列切掉。

3. 真核生物 mRNA 前体的加工　真核生物的 mRNA 为单顺反子。mRNA 的初级转录物在核内加工过程中形成分子大小不等的中间物，称为核内不均一 RNA（heterogeneous nuclear RNA，hnRNA）。它们在核内迅速合成和降解，半衰期很短，比细胞质 mRNA 更不稳定。由 hnRNA 转变成 mRNA 的加工过程包括：①5′端形成特殊的帽子结构（$m^7G5'ppp5'NmpNp$）；②在链的 3′端切断并加上多腺苷酸［poly（A）］尾巴；③通过剪接除去内含子序列；④链内部核苷被甲基化。

5′端加帽：真核生物的 mRNA 都有 5′端帽子结构，该特殊结构也存在于 hnRNA 中。hnRNA 分子 5′端为三磷酸嘌呤核苷（pppPu），转录起始后不久从 5′端三磷酸脱去一个磷酸，然后与 GTP 反应生成 5′,5′-三磷酸相连的键，并释放出焦磷酸，最后用 *S*-腺苷甲硫氨酸（SAM），在鸟嘌呤-7-甲基转移酶和 2′-*O*-甲基转移酶催化下，分别对鸟嘌呤和起始核苷酸（N1 和 N2）进行甲基化，产生所谓的帽子结构。

5′端帽子的确切功能还不十分清楚，推测它能在翻译过程中被识别，以及对 mRNA 起稳定作用。用化学方法除去 m^7G 的珠蛋白 mRNA 在麦胚无细胞系统中不能有效地翻译，表明帽子结构对翻译功能是很重要的。

3′端的产生和多腺苷酸化（polyadenylation）：真核生物 mRNA 的 3′端通常都有 20～200 个腺苷酸残基，构成多腺苷酸的尾部结构。核内 hnRNA 的 3′端也有多腺苷酸，表明加尾过程早在核内已完成。hnRNA 中的多腺苷酸比 mRNA 的略长，平均长度为 150～200 个核苷酸。

试验表明，RNA 聚合酶Ⅱ的转录产物是在 3′端切断，然后多腺苷酸化。高等真核生物（酵母除外）细胞在靠近 3′端区都有一段非常保守的序列 AAUAAA，这一序列离多腺苷酸加入位点的距离不一，在 11～30 个核苷酸范围内。一般认为，这一序列为链的切断和多腺苷酸化提供了某种信号。

除去多腺苷酸尾巴的 mRNA 稳定性较差，可被体内有关酶所降解，翻译效率下降。当 mRNA 由细胞核转移到细胞质中时，其多腺苷酸尾部常有不同程度的缩短。由此可见，多腺苷酸尾巴至少可以起某种缓冲作用，防止核酸外切酶对 mRNA 信息序列的降解作用。

（三）RNA 的剪接、编辑和再编码

大多数真核基因都是断裂基因，但也有少数编码蛋白质的基因以及一些 tRNA 和 rRNA 基因是连续的。断裂基因的转录产物需通过剪接，去除插入部分（即内含子），使编码区（外显子）成为连续序列。这是基因表达调控的一个重要环节。内含子具有多种多样的结构，剪接机制也是多种多样的。有些内含子可以催化自我剪接（self-splicing），有些内含子需在剪接体（spliceosome）作用下才能剪接。RNA 编码序列的改变称为编辑（editing）。RNA 编码和读码方式的改变称为再编码（recoding）。由于存在选择性剪接（alternative splicing)、编辑和再编码，一个基因可以产生多种蛋白质。

四、RNA 的复制

从感染 RNA 病毒的细胞中可以分离出 RNA 复制酶。这种酶以病毒 RNA 作模板，在 4 种核苷三磷酸和镁离子存在时，合成出互补链，最后产生病毒 RNA。用复制产物去感染细胞能产生正常的病毒。可见，病毒的全部遗传信息，包括合成病毒包被蛋白（coat protein）和各种有关酶的信息均贮存在被复制的 RNA 之中。

RNA 病毒的种类很多，其复制方式也是多种多样的，归纳起来可以分成以下几类。

1．病毒含有正链 RNA 脊髓灰质炎病毒（poliovirus）即是这种类型的代表。该病毒是一种小 RNA 病毒（picornavirus）。它感染细胞后，病毒 RNA 即与宿主核糖体结合，产生一条长的多肽链，在宿主蛋白酶的作用下水解成 6 个蛋白质，其中包括 1 个复制酶、4 个包被蛋白和 1 个功能还不清楚的蛋白质。在形成复制酶后，病毒 RNA 才开始复制。

2．病毒含有负链 RNA 和复制酶 例如，狂犬病病毒（rabies virus）和马水疱性口炎病毒（vesicular stomatitis virus）。这类病毒侵入细胞后，借助于病毒带进去的复制酶合成出正链 RNA，再以正链 RNA 为模板，合成病毒蛋白质和复制病毒 RNA。

3．病毒含有双链 RNA 和复制酶 例如，呼肠孤病毒（reovirus）。这类病毒以双链 RNA 为模板，在病毒复制酶的作用下通过不对称的转录，合成出正链 RNA，并以正链 RNA 为模板翻译成病毒蛋白质。然后再合成病毒负链 RNA，形成双链 RNA 分子。

4．致癌 RNA 病毒 主要包括白血病病毒（leukemia virus）和肉瘤病毒（sarcoma virus）等逆转录病毒。它们的复制需经过 DNA 前病毒阶段，由逆转录酶所催化。

思政案例

新冠疫苗研发抗击新型冠状病毒

2019 新型冠状病毒（2019-nCoV，世界卫生组织 2020 年 1 月命名；SARS-CoV-2，国际病毒分类委员会 2020 年 2 月 11 日命名）在系统分类上属冠状病毒科冠状病毒属的一类线性单股正链 RNA 病毒，是目前已知的第 7 种可以感染人的冠状病毒，寄生在活细胞内，通过逆转录复制。

面对突如其来的疫情，2020 年 1 月 26 日军事科学院军事医学专家组向武汉“逆行”出征。他们日夜奋战，创新构建核酸检测、抗体筛查和多重病原检测三位一体的检测平台；他们无畏生死，奔赴一线开展疾病流行规律调查研究，为科学防控提供重要支撑；他们攻坚克难，争分夺秒研发疫苗，为民而战。3 月 16 日，重组新冠疫苗启动Ⅰ期临床试验，成为首个进入临床研究阶段的新冠疫苗。4 月 12 日，疫苗Ⅱ期临床试验启动，中国再次领跑。8 月 11 日，疫苗获得中国发明专利授权。专家组全体成员把最热切的科研情怀融入疫情防控最前沿，他们矢志报国的情怀和行胜于言、勇往直前、着力攻克关键核心技术的科研创新精神，值得我们每一位科研工作者的敬佩和学习，他们在生物安全领域捍卫人类健康、国家形象、人民安全的行动值得我们每一位受益者的感恩和尊敬。

第四节　蛋白质的生物合成

蛋白质的生物合成是遗传信息表达的最终阶段，在细胞代谢中占有十分重要的地位。蛋白质生物合成在细胞各种生物合成中机制是最复杂的，细胞用于合成蛋白质消耗的能量可占到所有生物合成总能耗的 90%。各种细胞需要不断以极高的速度合成新蛋白质以满足代谢需要及应对环境的变化。

一、参与蛋白质生物合成的物质

蛋白质生物合成的过程极其复杂，涉及细胞内 4 种 RNA 和几十种蛋白质因子。其合成原料为 20 种氨基酸，合成场所为核糖体，反应所需能量由 ATP 和 GTP 提供。

（一）氨基酸和遗传密码

任何一种天然多肽都有其特定的严格的氨基酸序列。而氨基酸的排列次序最终由 DNA 上核苷酸的排列次序决定，而直接决定多肽上氨基酸次序的却是 mRNA。构成 mRNA 的 4 种核苷酸编制成遗传密码，翻译 20 种氨基酸，组成具有特定氨基酸序列的多肽。

1．密码子单位　应用生物化学和遗传学的研究技术，已经充分证明 3 个碱基编码一个氨基酸，所以称三联体密码子或密码子（codon）。1965 年完全确定了编码 20 种天然氨基酸的 60 多组密码子，编出了遗传密码字典（表 13-2）。

表 13-2　遗传密码字典

5′-磷酸端的碱基	中间的碱基				3′-OH 端的碱基
	U	C	A	G	
U	苯丙氨酸	丝氨酸	酪氨酸	半胱氨酸	U
	苯丙氨酸	丝氨酸	酪氨酸	半胱氨酸	C
	亮氨酸	丝氨酸	终止信号	终止信号	A
	亮氨酸	丝氨酸	终止信号	色氨酸	G
C	亮氨酸	脯氨酸	组氨酸	精氨酸	U
	亮氨酸	脯氨酸	组氨酸	精氨酸	C
	亮氨酸	脯氨酸	谷氨酰胺	精氨酸	A
	亮氨酸	脯氨酸	谷氨酰胺	精氨酸	G
A	异亮氨酸	苏氨酸	天冬酰胺	丝氨酸	U
	异亮氨酸	苏氨酸	天冬酰胺	丝氨酸	C
	异亮氨酸	苏氨酸	赖氨酸	精氨酸	A
	甲硫氨酸和甲酰甲硫氨酸	苏氨酸	赖氨酸	精氨酸	G
G	缬氨酸	丙氨酸	天冬氨酸	甘氨酸	U
	缬氨酸	丙氨酸	天冬氨酸	甘氨酸	C
	缬氨酸	丙氨酸	谷氨酸	甘氨酸	A
	缬氨酸	丙氨酸	谷氨酸	甘氨酸	G

2．遗传密码的基本特性

1）密码子无标点符号　即两个密码子之间没有任何起标点符号作用的密码子来加以隔开。若插入或删去一个碱基，就会使这以后的读码发生错误，造成移码突变。

2）一般情形下遗传密码不重叠　假设 mRNA 上的核苷酸序列为 ABCDEFGHIJKL……按不重叠规则读码时应读为 ABC　DEF　GHI　JKL……每 3 个碱基编码一个氨基酸，碱基的使用不发生重复。

3）密码子的简并性（degeneracy）　大多数氨基酸都可以具有几组不同的密码子，如 UUA、UUG、CUU、CUC、CUA 及 CUG 6 组密码子都编码亮氨酸，这一现象称为密码子的简并。可以编码相同氨基酸的密码子称为同义密码子（synonym codon）。只有色氨酸及甲硫氨酸有一个密码子。密码子的简并性对生物物种的稳定具有一定意义。

4）密码子中第三位碱基具有较小的专一性　密码子的简并性往往只涉及第三位碱基。例如，丙氨酸有 4 组密码子：GCU、GCC、GCA、GCG，前两位碱基都相同，均为 GC，只是第三位不相同。已经证明，密码子的专一性主要由前两位碱基决定，第三位碱基的重要性不大。Crick 对第三位碱基的这一特性给予一个专门的术语，称为“摆动性”。当第三位碱基发生突变时，仍能翻译出正确的氨基酸来，从而使合成的多肽仍具有生物学活力。

5）不编码任何氨基酸的终止密码子　64 组密码子中，有 3 组不编码任何氨基酸，而是多肽合成的终止密码子（termination codon），分别为 UAG、UAA、UGA。

6）*密码子近乎完全通用*　各种高等和低等的生物（包括病毒、细菌及真核生物等）在大多程度上可共用同一套密码子。

（二）核糖体

"核糖体"（ribosome）这一名词从 1957 年才开始采用，专指参与蛋白质合成的核糖核蛋白颗粒。核糖体广泛存在于真细菌、古细菌和真核生物细胞，以及线粒体和叶绿体等细胞器中。细菌和细胞器的核糖体小一些，真核生物细胞的核糖体相对更大一些，但它们都是由大、小两个亚基所组成。

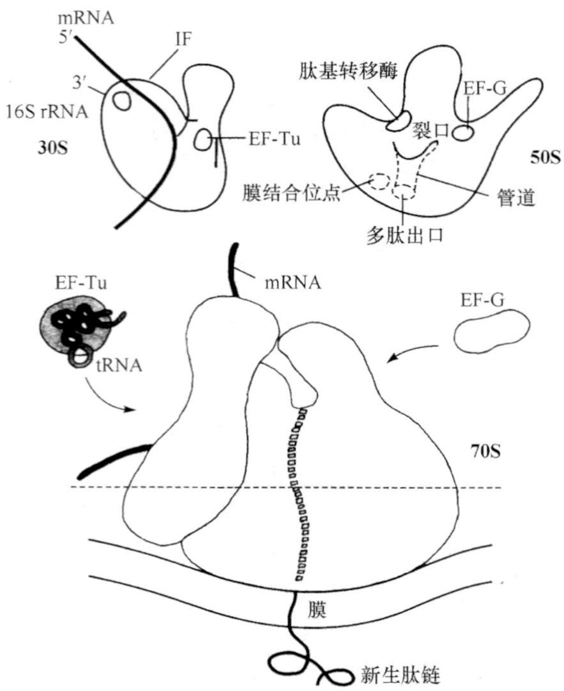

图 13-18　原核生物核糖体的功能位点

大肠埃希菌核糖体近似一个不规则椭圆球体（13.5nm×20.0nm×40.0nm），沉降系数 70S，分别由 50S 和 30S 两个大、小亚基组成（图 13-18）。核糖体的大、小亚基与 mRNA 有不同的结合特性。30S 亚基能单独与 mRNA 结合形成 30S 核糖体-mRNA 复合体，后者又可与 tRNA 专一结合。50S 亚基不能单独与 mRNA 结合，但可非专一地与 tRNA 相结合。50S 亚基上有两个 tRNA 位点：氨酰基位点（A 位点）与肽酰基位点（P 位点），这两个位点的位置可能是在 50S 亚基与 30S 亚基相结合的表面上；50S 亚基上还有一个在肽酰-tRNA 移位过程中使 GTP 水解的位点；在 50S 与 30S 亚基的接触面上有一个结合 mRNA 的位点。此外，核糖体上还有许多与起始因子（IF）、延伸因子（EF-Tu、EF-TS、EF-G）、释放因子及与各种酶相结合的位点。

真核生物的核糖体无论在结构上还是功能上都与原核生物的核糖体十分类似，但是显然真核生物核糖体更大、更复杂。哺乳类动物的核糖体沉降系数为 80S，由 40S 和 60S 两个亚基所组成。其中，小亚基含有 18S rRNA 和 33 种蛋白质；大亚基含有 5S、5.8S 和 28S 三个 rRNA 分子以及 49 种蛋白质。5.8S rRNA 与原核生物 23S rRNA 5′端序列同源，可见它是在进化过程中通过转录后加工方式的突变而产生的第四种 rRNA。哺乳类核糖体的 RNA 比细菌增加约 50%，但蛋白质增加近 1 倍，表明有更多蛋白质参与作用。

采用温和的条件从细胞中采用超速离心法分离核糖体，可以得到数个成串，甚至上百个成串的核糖体，称为多（聚）核糖体（polysome）。这表明核糖体可以依次与 mRNA 结合，沿 mRNA 由 5′端向 3′端方向移动以合成多肽链，从而提高蛋白质合成的效率。

（三）mRNA

mRNA 以核苷酸序列的方式携带遗传信息，通过这些信息来指导合成多肽链中氨基酸的序列。每一个氨基酸可通过 mRNA 上 3 个核苷酸序列组成的密码子来决定，这些密码子以连续的方式连接，组成阅读框（reading frame）。阅读框之外的序列称作非编码区，这些区域通常与遗传信息的表达调控有关。阅读框的 5′端是由起始密码子（start codon）AUG 开始的，它编码一个甲硫氨酸。在阅读框的 3′端，含有一个或一个以上的终止密码子（stop codon）：UAA、UAG 和 UGA，其功能是终止这一多肽链的合成。

mRNA 分子的 5′端序列对起始密码子的选择有重要作用，这种作用在原核生物和真核生物之间有所差别。原核生物中在 mRNA 分子起始密码子的上游含有一段特殊的核糖体结合位点（ribosome binding site，RBS）序列，这一结合位点使得核糖体能够识别正确的起始密码子 AUG。原核生物的 mRNA 通常是多基因的，分子内的核糖体结合位点使得多个基因可独立地进行阅读框的翻译，得到不同的蛋白质。而对于真核生物而言，其 mRNA 通常只为一条多肽链编码，核糖体与 mRNA 5′端的核糖体进入位点（ribosome entry site）结合之后，通过一种扫描机制向 3′端移动来寻找起始密码子，mRNA 5′端的帽子结构可能对核糖体进入位点的识别起着一定作用。翻译的起始通常开始于从核糖体进入位点向下游扫描到的第一个 AUG 序列（图 13-19）。

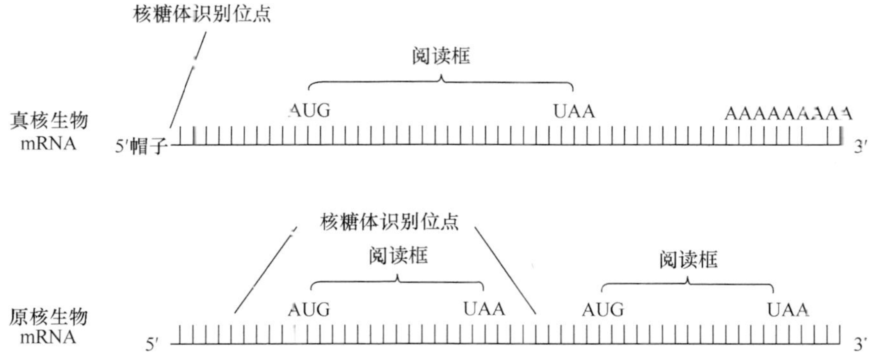

图 13-19　真核生物及原核生物 mRNA 结构简图

（四）tRNA

tRNA 的主要功能是携带氨基酸到核糖体上，在蛋白质合成中起翻译作用，包括校正 tRNA 的校正作用。它具有三叶草形二级结构，并借助茎环结构之间的作用力折叠形成倒 L 形三级结构。其中，反密码子的碱基和接受氨基酸的 CCA 末端位于倒 L 形 tRNA 的两端，以保证其生物功能的完成。

tRNA 在识别 mRNA 分子上的密码子时，具有衔接子（adaptor）的作用。氨基酸一旦与 tRNA 形成氨酰-tRNA 后，进一步的去向就由 tRNA 来决定了。tRNA 凭借自身的反密码子与 mRNA 分子上的密码子相识别（图 13-20），并把所带的氨基酸送到肽链的一定位置上。

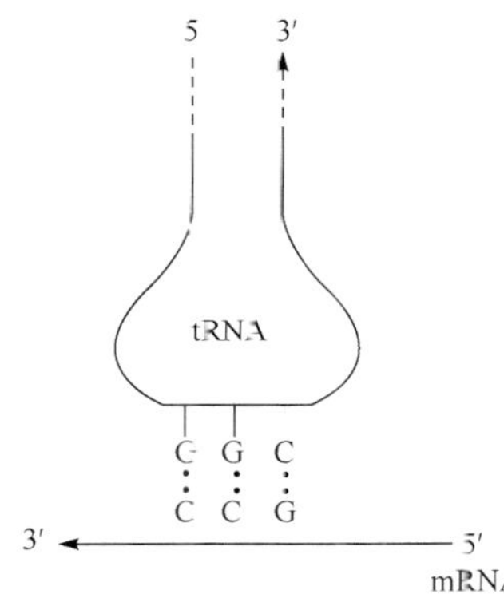

图 13-20　密码子与反密码子的识别

（五）氨酰-tRNA 合成酶

合成蛋白质的氨基酸共 20 种，氨酰-tRNA 合成酶也相应有 20 种。氨酰-tRNA 合成酶催化两步反应。

（1）氨基酸与 ATP 反应而被激活，形成氨酰-腺苷酸（aminoacyl-adenylate）。反应通式如下：

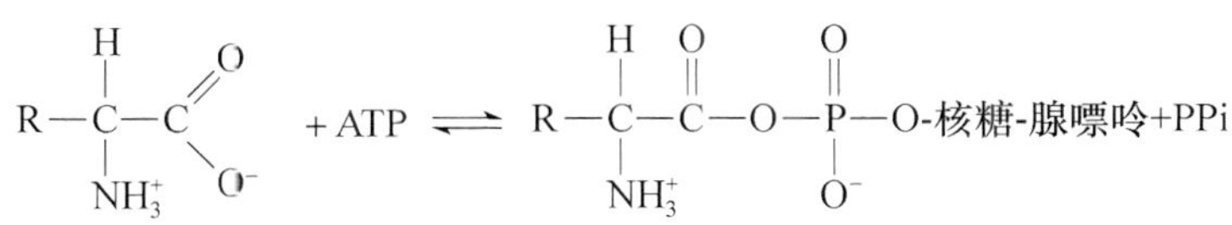

氨基酸　　　　氨酰-腺苷酸（氨酰-AMP）

（2）上述混合酸酐（氨酰-AMP）与相应 tRNA 反应，形成氨酰-tRNA。反应通式如下：

$$\text{氨酰-AMP}+\text{tRNA}\longrightarrow\text{氨酰-tRNA}+\text{AMP}$$

氨酰-tRNA 是一种“高能”化合物，故第一步反应需由 ATP 激活氨基酸，反应中产生的 PPi 水解可推动反应的完成。氨基酸激活与脂肪酸的激活反应十分类似，主要差别在于前者的受体是 tRNA，后者为 CoA。

氨酰-tRNA 合成酶能够识别特异的氨基酸和相关 tRNA。这种识别能力与通常酶对底物识别的主要不同之处在于：第一，氨酰-tRNA 合成酶能够区分结构极为相似的氨基酸，一旦发现反应错误还能予以校正，即具有双重校对功能（核酸聚合酶也有此功能）。第二，它能识别对应于同一种氨基酸的多种 tRNA。所有 tRNA 都有十分类似的二级结构和三级结构，氨酰-tRNA 合成酶是如何使具有不同序列和不同反密码子的同工 tRNA（isoacceptor tRNA）携带上同一种氨基酸的？科学家认为翻译过程存在两套遗传密码。第一套遗传密码即氨基酸的三联体（三核苷酸）密码，携带氨基酸的 tRNA 借以辨认模板核酸上的指令以指导多肽链合成。第二套遗传密码为 tRNA 个性要素的识别标志，氨基酸特异的酶借以辨认同工 tRNA，使氨基酸与相应 tRNA 连接。

视频 原核生物蛋白质合成的起止

二、蛋白质生物合成过程

蛋白质多肽链的合成由 N 端向 C 端进行，这与 DNA 和 RNA 链由 5′向 3′方向编码和合成是一致的。蛋白质生物合成可分为五个步骤：①氨酰-tRNA 的合成（aminoacyl-tRNA synthesis）；②多肽链合成的起始（initiation）；③多肽链合成的延伸（elongation）；④多肽链合成的终止（termination）；⑤多肽链的折叠与加工（folding and processing）。

（一）氨基酸活化

动画 蛋白质合成

蛋白质合成的第一步是胞质中 20 种不同的氨基酸与各自的 tRNA 以酯键结合，催化这一步的酶为氨酰-tRNA 合成酶。每种酶对于一种氨基酸和一种或多种相应的 tRNA 是特异的。这一步十分关键。第一，氨基酸必须结合在特定的 tRNA 分子上，才能由 tRNA 携带，通过其反密码子对 mRNA 密码子进行识别，并得以掺入多肽链的指定位置。第二，由游离氨基酸合成肽键需要供给能量。氨酰-tRNA 合成酶利用 ATP 使氨基酸腺苷酸化，从而使氨基酸激活，与 tRNA 反应形成高能酯键，有利于下一步肽键的合成。反应通式如下：

$$\text{氨基酸}+\text{tRNA}+\text{ATP}\xrightarrow{\text{氨酰-tRNA 合成酶}}\text{氨酰-tRNA}+\text{AMP}+\text{PPi}$$

ATP、氨基酸和相关的 tRNA 分别结合在氨酰-tRNA 合成酶活性部位的适当位置。在酶催化下，ATP 与氨基酸反应产生氨酰腺苷酸和焦磷酸，反应平衡常数大约为 1，ATP 中磷酸酐键水解所释放的能量继续保存在氨酰-AMP 的混合酸酐分子中，这时中间产物氨酰-AMP 仍然紧密结合在酶分子表面（图13-21）。

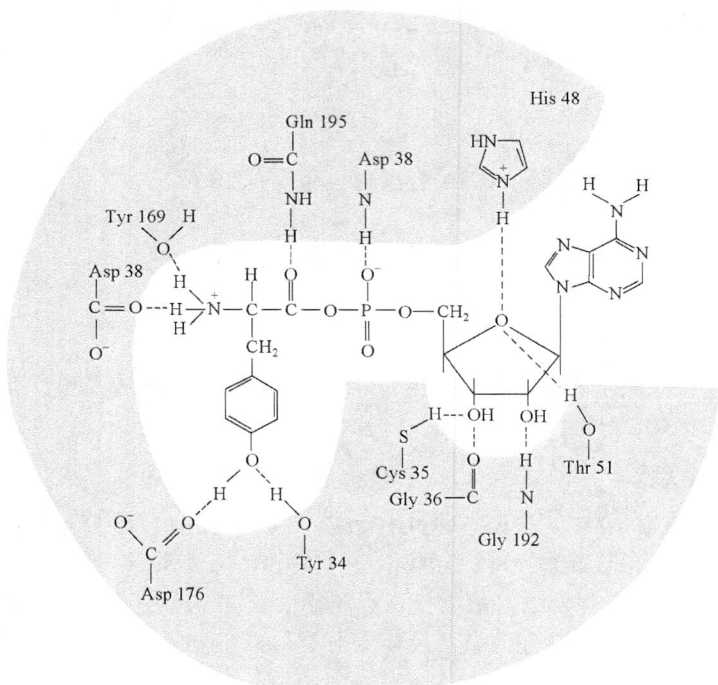

图 13-21 酪氨酸-tRNA 合成酶与反应中间物酪氨酸-腺苷酸复合物的相互作用

反应中间物结合在酶分子的深沟中，两者间形成 11 个氢键

由氨酰腺苷酸与相应 tRNA 产生氨酰-tRNA，并释放出 AMP，反应平衡常数接近 1，自由能降低极少。氨基酸与 tRNA 之间的酯键与高能磷酸键相仿，水解时产生高的负标准自由能（$\Delta G^{0\prime}=-29$kJ/mol）。ATP 激活氨基酸产生的焦磷酸被焦磷酸酶水解成无机磷酸，推动反应的完成。因此产生 1 分子氨酰-tRNA，消耗 2 个高能磷酸键。

（二）肽链的合成过程

1. 多肽链合成的起始 所有多肽链的合成都以甲硫氨酸作为 N 端的起始氨基酸，但在翻译后的加工过程中有些被保留，有些则被除去。编码多肽链的阅读框通常以 AUG 为起始密码子，但在细菌中有时也用 GUG（偶尔用 UUG）为起始密码子。甲硫氨酸的 tRNA 有两种，一种用于识别起始密码子（无论是 AUG 或 GUG 或 UUG），另一种识别阅读框内部的 AUG 密码子。两种 tRNA 分别以 $tRNA_i^{Met}$ 和 $tRNA_m^{Met}$ 来表示。甲硫氨酰-tRNA 合成酶则只有一种。

原核生物细胞中起始 tRNA 所携带甲硫氨酸通常其氨基都被甲酰化，此 tRNA 可写作 $tRNA_f^{fMet}$ 或 $tRNA_f^{Met}$。甲硫氨酰-$tRNA_f^{Met}$ 甲酰化后氨基被封闭，不能再参与肽链的延伸过程，可以防止起始 tRNA 误读框架内部密码子。真核细胞起始 tRNA 在辅助因子帮助下，严格识别起始密码子 AUG，故无甲酰化。甲酰化反应由特异的甲酰化酶所催化，甲酰基来自 N^{10}-甲酰四氢叶酸，反应式如下：

$$N^{10}\text{-甲酰四氢叶酸} + \text{Met-tRNA}_f^{Met} \longrightarrow \text{四氢叶酸} + \text{fMet-tRNA}_f^{Met}$$

原核生物参与起始的蛋白质因子有三个，起始因子（initiation factor，IF）1（IF-1）、起始因子 2（IF-2）和起始因子 3（IF-3）。在起始因子帮助下，由 30S 小亚基、mRNA、fMet-$tRNA_f^{Met}$ 及 50S 大亚基依次结合，形成起始复合物（initiation complex），过程共分三步：①30S-mRNA 复合物的形成；②fMet-$tRNA_f^{Met}$ 的加入；③50S 亚基的加入。

步骤 1： IF-1 和 IF-3 两个起始因子与 30S 小亚基结合。IF-1 占据小亚基的 A 位点，空出 P 位点留待 fMet-$tRNA_f^{Met}$ 的进入。A 位点在多肽链延伸阶段供非起始 tRNA 携带氨基酸进入核糖体之用。同时，IF-1 结合在 30S 小亚基上也阻止它与 50S 大亚基的结合。IF-3 有两个功能：第一，IF-3 与 50S 大亚基在 30S 小亚基上的结合部位相互重叠，小亚基结合 IF-3 后就不能再与大亚基结合。第二，它促使小亚基与 mRNA 结合。核糖体小亚基 16S rRNA 3′端序列与 mRNA 的 SD 序列互补，两者结合，并在 IF-3 的帮助下使 mRNA 的起始密码子正好落在 P 位点。

步骤 2： 上述复合物（30S-mRNA、IF-1、IF-3）与 IF-2 结合。IF-2 能特异结合 fMet-$tRNA_f^{Met}$，并使其进入 P 位点，于是 $tRNA_f^{Met}$ 的反密码子得以与起始密码子正确配对。

步骤 3： IF-3 离开 30S 小亚基，以便 50S 大亚基加入复合物形成完整的 70S 核糖体。IF-1 和 IF-2 随即离开核糖体，同时结合在 IF-2 上的 GTP 水解成 GDP 和 Pi，产生的能量用于推动核糖体构象改变，使其成为活化的起始复合物。

真核生物多肽链合成的起始过程与原核生物基本类似，但也有不同点。主要差别：①真核生物多肽链合成的起始甲硫氨酸不被甲酰化，仅借助起始 $tRNA_i^{Met}$ 与内部 $tRNA_m^{Met}$ 的差别，依靠辅助因子来区分起始密码子和阅读框内部的密码子；②真核生物有 10 个以上真核起始因子（eukaryotic initiation factor，eIF），原核生物则只有 3 个起始因子；③真核生物 mRNA 无 SD 序列，核糖体结合位点（RBS）在起始密码子 AUG 附近，最常见的 RBS 为 GCCAGCCAUGG；④与原核生物相反，Met-$tRNA_i^{Met}$ 先于 mRNA 与 40S 小亚基结合；⑤真核生物 40S 小亚基在起始因子帮助下从 mRNA 5′端移向 RBS，需要水解 ATP 供给能量，以解开 mRNA 的二级结构。

真核生物多肽链合成的起始阶段也分为三个步骤。

步骤 1： eIF3 结合 40S 小亚基，阻止其与大亚基结合；eIF2 帮助 Met-$tRNA_i^{Met}$ 结合于 P 位点，它带有 GTP，以便在解离时水解成 GDP 和 Pi。mRNA 的 5′端帽子与 eIF4A、eIF4B、eIF4E、eIF4G 结合，其中真正的帽结合蛋白质（cap binding protein，CBP）是 eIF4E，余者均通过衔接蛋白（adapter protein）eIF4G 结合到 eIF4E 上。mRNA 3′端 poly（A）通过 poly（A）结合蛋白［poly（A）-binding protein，PABP］也结合在 eIF4G 上。

步骤 2： 40S 小亚基上的 eIF3 与衔接蛋白 eIF4G 结合，连带小亚基与 mRNA 结合，在 eIF1 和 eIF1A 的帮助下沿 mRNA 移动，扫描到核糖体进入位点，通过 Met-$tRNA_i^{Met}$ 的反密码子识别起始密码并与之结合。

步骤 3： 脱去完成功能的起始因子，在 eIF5 的帮助下 60S 大亚基与小亚基结合，形成核糖体起始复合物（图 13-22）。

2. 多肽链合成的延伸 核糖体与起始氨酰-tRNA 和 mRNA 组成起始复合物后，多肽链合成即进入延伸阶段，mRNA 上编码序列的翻译由三个连续的重复反应来完成。每循环一次，多肽链羧基端添加一个新的氨基酸残基。延伸反应在进化过程中十分保守，原核生物和真核生物基本相同，并且都需要三个延伸因子（elongation factor，EF）参与作用。细菌的三个延伸因子是 EF-Tu、EF-TS 和 EF-G。值得指出的是，

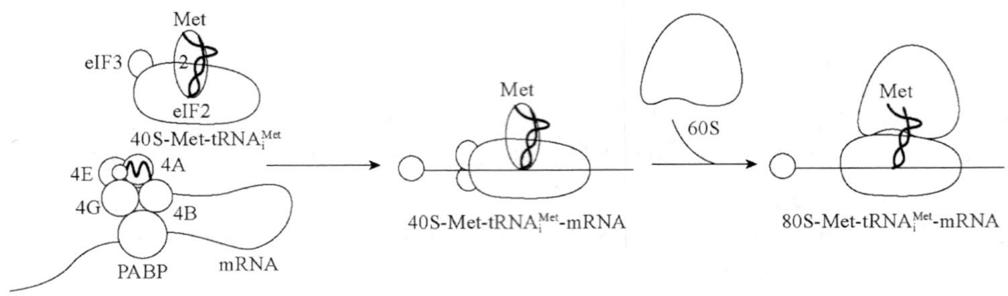

图 13-22　真核生物多肽链合成的起始步骤（引自朱圣庚等，2017）

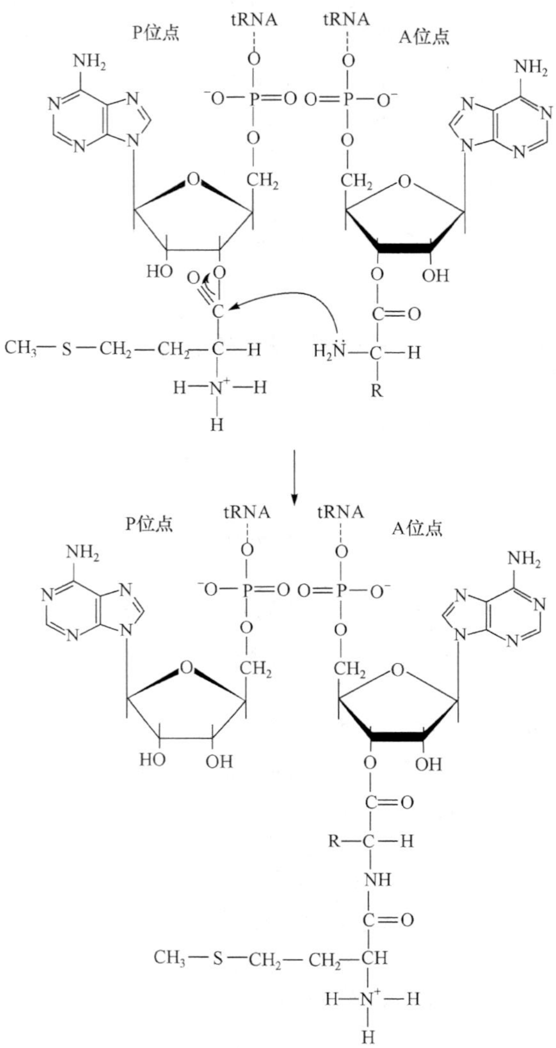

图 13-23　多肽链合成中第一个肽键的形成

肽键的形成并不需要由蛋白质构成的酶来催化，而是由核糖体大亚基中的 rRNA 催化。延伸过程共分三步：①进位：氨酰-tRNA 结合到核糖体 A 位点上；②转肽：进行转肽反应（tanspeptidation）；③移位：核糖体沿 mRNA 移位。

步骤 1：进位。所有氨酰-tRNA 都是在 EF-Tu 的帮助下，进入核糖体结合在 A 位点。延伸因子 EF-Tu 与起始因子 IF-2 与功能类似，两者都起着运送氨酰-tRNA 到核糖体上的作用，并且都有水解 GTP 的酶活性（GTPase）。但前者特异识别 fMet-tRNA$_f^{Met}$，将其引导到 P 位点；后者识别除了起始氨酰-tRNA 外的各种氨酰-tRNA，导入 A 位点。结合了 GTP 的 EF-Tu 可与氨酰-tRNA 形成三元复合物（氨酰-tRNA·EF-Tu·GTP）。该复合物进入 A 位点后，由 tRNA 的反密码子与位于 A 位点的 mRNA 密码子配对，碱基正确配对触发核糖体构象改变，导致 tRNA 的结合变稳定，并且引起 EF-Tu 对 GTP 的水解，形成二元复合物 EF-Tu·GDP。当反密码子与密码子配对时，所携带氨基酸正好落在 50S 大亚基的肽基转移酶活性中心，引发催化反应。二元复合物 EF-Tu·GDP 随即被释放。

另一因子 EF-TS 的功能是帮助无活性的 EF-Tu·GDP 再生为有活性的 EF-Tu·GTP。首先 EF-TS 置换 GDP，形成 EF-Tu·EF-TS 复合物；然后再被 GTP 置换，重新形成 EF-Tu·GTP。EF-TS 可以反复使用，使细胞内有充裕的 EF-Tu·GTP，以供多肽链合成之用。

步骤 2：转肽。肽酰转移反应由 23S rRNA 所催化。反应实质是使起始氨酰基（fMet）或肽酰基（peptidyl）的酯键转变成肽键，即由 P 位点的 tRNA 上转移到 A 位点氨酰-tRNA 的氨基上。通过转肽，新生肽链得以由 N 端向 C 端延伸。反应是由新加入氨基酸的氨基向起始氨酰-tRNA 或肽酰-tRNA 上酯键的羰基作亲核攻击所发动（图 13-23）。

步骤 3：移位。转肽反应之后，核糖体沿 mRNA 由 5′向 3′方向移动一个密码子，以便继续翻译。移位依赖于 EF-G 和 GTP。核糖体不能同时结合 EF-Tu 和 EF-G，必须在 EF-Tu·GDP 离开后 EF-G·GTP 才能结合上去；同样只有在 EF-G·GDP 离开后，新的氨酰-tRNA·EF-Tu·GTP 三元复合物才能进入 A 位点。氨酰-tRNA·EF-Tu·GTP 的三级结构与 EF-G 的三级结构十分相似，两者有共同的保守结构，EF-G 的其余部分模拟了 EF-Tu·tRNA 中的 tRNA 成分，故而可以进入前者在核糖体上的结合位置（图 13-24）。

移位是一个十分复杂的过程，核心问题是核糖体、tRNA 和 mRNA 三者间究竟如何进行相对移动。移位后，卸去氨酰基的 tRNA 由 P 位点转至 E 位点，然后再脱落；肽酰-tRNA 由 A 位点转至 P 位点，空出的

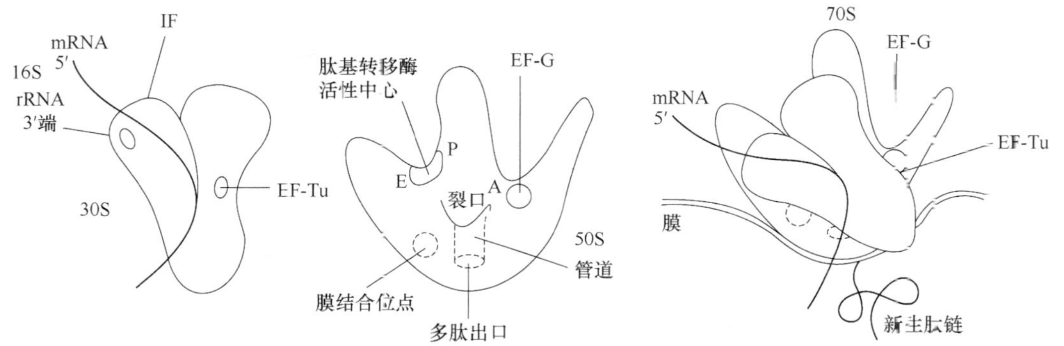

图 13-24　原核生物核糖体的功能位点（引自朱圣庚等，2017）

A 位点又可接受新的氨酰-tRNA。对此，一种较可信的解释是移位可分两步进行：首先由大亚基与小亚基交错运动形成杂合位点，即 50SE/30SP 和 50SP/30SA。此时两 tRNA 的 CCA 末端脱开 50S 大亚基原来位置的束缚，进入新的位置。然后大亚基与小亚基再次交错运动以恢复原状。两 tRNA 的反密码子末端脱开 30S 小亚基束缚，也进入新的位置。mRNA 借助密码子与反密码子之间的碱基对结合，跟随 tRNA 一起移动。移位发生在 GTP 水解之后，想必 GTP 水解产生的能量先引起 EF-G 的构象改变，进而引起核糖体构象的改变。核糖体与 tRNA 的相对移动不涉及碱基对的重新配对。原核生物多肽链合成的延伸循环如图 13-25 所示。

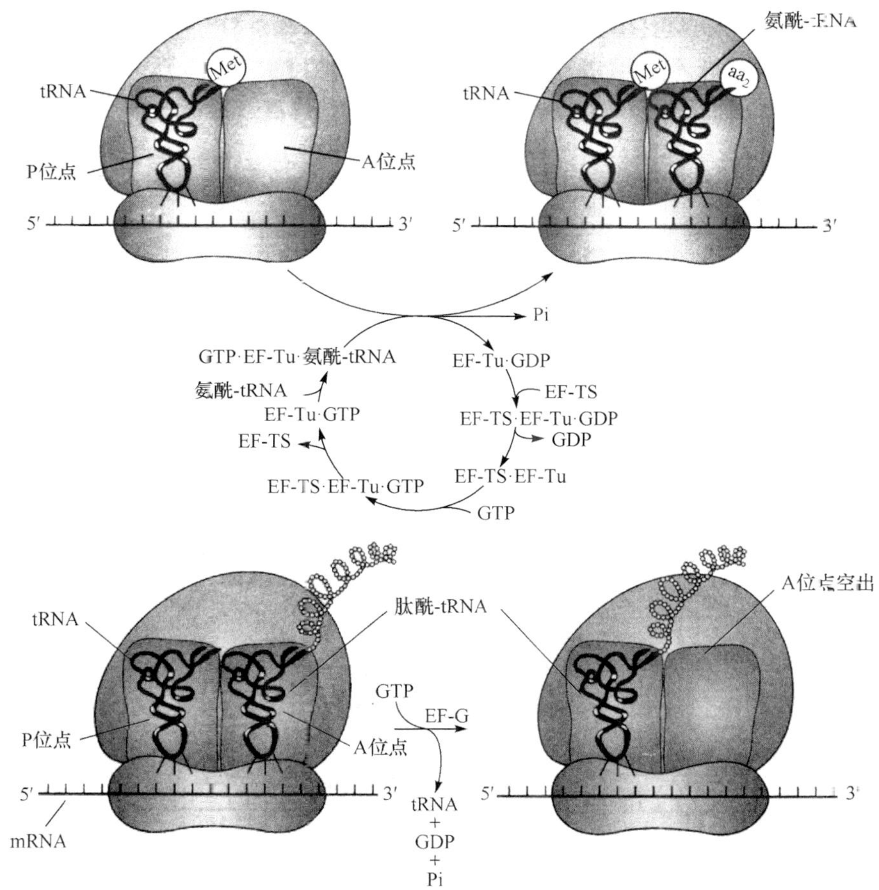

图 13-25　原核生物多肽链合成的延伸过程

真核生物多肽链合成的延伸循环与原核生物十分相似，三个真核延伸因子（eukaryotic elongation factor，eEF）分别称为 eEF1A、eEF1B 和 eEF2。eEF1A 和 eEF1B 分别相当于原核生物的 EF-Tu 和 EF-TS，eEF2 相当于 EF-G。真核生物核糖体无 E 位点，脱酰 tRNA 直接从 P 位点脱落。

3．多肽链合成的终止　多肽链合成的终止需要终止密码子和释放因子（release factor，RF）参与作用。tRNA 只能识别氨基酸密码子，不能识别终止密码子，需由释放因子来识别终止密码子。当 mRNA 的终止密码子进入核糖体 A 位点时，多肽链合成即停止，由相应释放因子识别，并结合其上。细菌有三个释放因子 RF-1、RF-2 和 RF-3。RF-1 识别 UAA 和 UAG，RF-2 识别 UAA 和 UGA。RF-1 和 RF-2 三级结构的形状十分类似 tRNA，它们结合到 A 位点后可活化核糖体的肽基转移酶活性，使肽酰基转移到水分子上，多肽链被水解下来。RF-3 是一个 GTP 结合蛋白，它与 EF-Tu 和 EF-G 类似，结合到核糖体后引起 GTP 水解，并使 RF-1 或 RF-2 脱落。核糖体与 tRNA 和 mRNA 的解离还需要核糖体再循环因子（ribosome recycling factor，RRF）、EF-G 和 IF-3 参与作用，并水解 GTP。

真核生物的一个真核释放因子（eukaryotic release factor，eRF）eRF1 可识别所有三个终止密码子并使多肽链水解下来。大部分真核生物只含 eRF1，而无 eRF2。eRF1 的外形类似于 tRNA，当其进入核糖体 A 位点时，顶端三个氨基酸 GGQ 正好在氨酰-tRNA 的氨酰基位置，Q（谷氨酰胺）的酰胺基结合 1 分子 H_2O，肽酰基转移其上而被水解下来。少部分真核生物还有 eRF3，eRF3 为 GTP 结合蛋白，进入 A 位点后水解 GTP，使 eRF1 脱落，并与 eRF1 合作，帮助多肽从核糖体释放。

三、肽链合成后的加工修饰

（一）新生多肽链的折叠

新生多肽链在合成过程中或合成后，借助自身主链间和各侧链的相互作用，形成氢键、范德瓦耳斯力、离子键以及疏水相互作用，发生折叠，获得其天然的构象。

新生多肽链的折叠与变性蛋白的再折叠并不完全相同，新生多肽链通常边合成边折叠，并需要不断调整其已折叠的结构。20 世纪 70 年代发现，多肽链折叠和寡聚蛋白的组装需要一类称为分子伴侣（molecular chaperone）的蛋白质参与作用。这类蛋白质某些方面与酶相似，能帮助多肽链折叠与组装。但它与酶又不一样，一是对底物不具有高度专一性，同一分子伴侣可以作用于多种不同多肽链的折叠。二是并不促进正确折叠，只是防止错误折叠。分子伴侣作用于新生多肽链的折叠、跨膜蛋白的解折叠和再折叠、变性或错折叠蛋白的重折叠及蛋白质分子的装配。

由于细胞内蛋白质的浓度极高，并且存在诸多各类化学分子，多肽链的折叠易受到干扰，可能产生非天然的折叠，并使多肽链各疏水区段发生聚集和形成沉淀。携带 ATP 的分子伴侣可以与多肽链的疏水区段结合，ATP 水解成 ADP 后分子伴侣即脱落，ADP 被 ATP 替换后又可与多肽链结合。分子伴侣脱落的间隙多肽链进行正常的折叠，不断与多肽链结合的分子伴侣起着阻止多肽链疏水区段聚集的作用，直至完成折叠为止。

（二）翻译后的加工与修饰

多肽链合成后常常不是其最后具有生物学活性的形式，而需要经过一系列的加工和修饰。主要的加工和修饰有以下几类。

1）氨基端和羧基端的修饰　所有多肽链合成最起始的残基都是甲酰甲硫氨酸（细菌中）或甲硫氨酸（真核生物中）。在合成后，甲酰基、氨基端的甲硫氨酸残基，甚至多个氨基酸残基或是羧基端的残基常被酶切除，因此它们并不出现在最后有功能的蛋白质中。在真核生物的蛋白质中约有 50%氨基端残基的氨基被 *N*-乙酰化。有时羧基端残基也被修饰。

2）信号肽被切除　分泌蛋白和膜蛋白的氨基端存在一段序列，长 15～30 个残基，它引导蛋白质穿越质膜（细菌）或内质网膜（真核生物）。这段序列在穿膜后即被信号肽酶所切除。

3）个别氨基酸被修饰　蛋白质某些 Ser、Thr 和 Tyr 残基上的羟基可被激酶利用 ATP 进行磷酸化。不同蛋白质磷酸化的意义是不一样的。例如，乳液中酪蛋白的磷酸化可增加 Ca^{2+}的结合，有利于幼儿营养。细胞内许多酶和调节蛋白可借助磷酸化和去磷酸化以调节其活性。凝血机制中的关键成分凝血酶原，其氨基端区的 Glu 残基常被增加一个 γ-羧基，催化该反应的酶为羧化酶，需要维生素 K 作为辅酶。这些羧基可结合 Ca^{2+}，为凝血机制所需要。此外，在某些肌肉蛋白和细胞色素 c 中还存在甲基赖氨酸和二甲基赖氨酸残基。有些生物的钙调蛋白（calmodulin）中有三甲基赖氨酸。这些甲基位于赖氨酸残基的 ε-氨基上。还有些蛋白质谷氨酸的 γ-羧基可被甲基化形成酯。

4）连接糖类的侧链　在肽链合成过程中或合成后某些位点被连以糖类侧链，糖蛋白有重要生物学功能。糖链或连在 Asn 残基上（*N*-连接寡糖）；或连在 Ser、Thr、Hyl（羟赖）及 Hyp（羟脯）残基上（*O*-连接寡糖）；少数可以连在 Asp、Glu 和 Cys 残基上。

5）连接异戊二烯基　一些真核生物的蛋白质可通过连接异戊二烯基（isoprenyl）衍生物进行修饰。例如，胞质蛋白与异戊二烯衍生的十五碳法尼基焦磷酸（farnesyl pyrophosphate）反应生成羧酸酯，使蛋白质疏水的羧基端"锚"在膜上。又如，*ras* 癌基因和原癌基因的产物 Ras 蛋白以 Cys 与法尼基焦磷酸生成硫酯键。

6）连接辅基　缀合蛋白的活性与其辅基（prosthetic group）有关，多肽链合成后需与辅基以共价键或配位键结合。例如，金属蛋白的金属离子，血红素蛋白的血红素，黄素蛋白的核黄素辅基等。

7）酶解加工　许多蛋白质最初合成较大的、无活性的前体蛋白质，合成后需经蛋白酶的酶解加工产生较小的、活性形式。蛋白酶解加工可用于控制蛋白质的活性，如酶和激素常见先合成其非活性形式蛋白质原（proprotein），在额外序列被蛋白酶切去后产生活性蛋白质。选择性酶解可以产生多种不同的蛋白质，如哺乳动物的脑肽。

8）二硫键的形成　在多肽链折叠形成天然的构象后，链内或链间的 Cys 残基间有时会产生二硫键。二硫键可以保护蛋白质的天然构象，以免分子内外条件改变或凝聚力较低的情况下引起变性。

（三）蛋白质的运输和定位

蛋白质的运输尽管比较复杂，但生物体中蛋白质的运输机制基本上已了解。每一需要运输的蛋白质都含有一段氨基酸序列，称为信号肽（signal peptide）或前导序列（leader sequence），引导蛋白质至特定的位置。在真核细胞中，核糖体以游离状态停留在细胞质中，它们中一部分合成细胞质蛋白质或成为线粒体及叶绿体的膜蛋白质。另一部分受新合成多肽链 N 端上信号肽的引导而到内质网膜上，使原来表面光洁的光面内质网（smooth ER）变成带有核糖体的糙面内质网（rough ER）。停留在内质网上的核糖体可合成三类主要的蛋白质：溶酶体蛋白、分泌蛋白和构成质膜骨架的蛋白质。

信号肽的概念首先由 D. Sabatini 和 G. Blobel 于 1970 年所提出。以后，C. Milstein 和 G. Brownlee 在体外合成免疫球蛋白肽链的 N 端找到了这种信号肽，但在体内合成经过加工的成熟免疫球蛋白上找不到它。因为多肽链在体内合成后的加工过程中，信号肽被信号肽酶（signal peptidase）切掉了。例如，胰岛素 mRNA 通过翻译，可得到前胰岛素原蛋白，其前面 23 个氨基酸残基的信号肽在转运至高尔基体的过程中被切除。以后在很多真核细胞的分泌蛋白中都发现有信号肽。

信号肽序列通常在被转运多肽链的 N 端，长度为 10～40 个氨基酸残基，氨基端至少含有一个带正电荷的氨基酸，中部有一段长度为 10～15 个疏水性氨基酸，如丙氨酸、亮氨酸、缬氨酸、异亮氨酸及苯丙氨酸。这个疏水区极其重要，其中某一个氨基酸被极性氨基酸置换时，信号肽即失去其功能，推测信号肽引导蛋白质通过细胞膜至特定的细胞部位可能与这段疏水肽段有关。信号肽的位置并不完全一定在新生肽的 N 端，有些蛋白质（如卵清蛋白）的信号肽位于多肽链的内部，24～45 残基处，它们不被切除，但其功能相同。

信号肽可被信号识别颗粒（signal recognition particle，SRP）识别。SRP 的相对分子质量为 325 000，由 1 分子 7SL RNA（长 300 核苷酸）和 6 个不同的多肽分子组成。SRP 有两个功能域，一个用以识别信号肽，另一个用以干扰进入核糖体的氨酰-tRNA 和肽基转移酶的反应，以停止多肽链的延伸。信号肽与 SRP 的结合发生在蛋白质合成开始不久，即 N 端的新生肽链刚一出现时，一旦 SRP 与带有新生肽链的核糖体相结合，肽链的延伸作用暂时停止，或延伸速度大大降低。SRP-核糖体复合物随即移到内质网上并与那里的 SRP 受体停靠蛋白质（docking protein）相结合。SRP 与受体结合后，蛋白质合成的延伸作用又重新开始。SRP 受体是一个二聚体蛋白，由相对分子质量为 69 000 的 α 亚基与相对分子质量为 30 000 的 β 亚基组成。然后，带有新生肽链的核糖体被送到多肽链转运装置（translocation machinery）上，SRP 被释放到细胞质中，新生肽链又继续延长。SRP 和 SRP 受体都结合了 GTP，当它们解离时均伴有 GTP 的水解。多肽链转运装置含有两个整合膜蛋白（integral membrane protein），即核糖体结合糖蛋白 Ⅰ 和 Ⅱ（ribophorin I and Ⅱ）。多肽链通过转运装置送入内质网腔，此过程由 ATP 所驱动。多肽链进入内质网腔后，信号肽即被信号肽酶所切除。信号肽指导新生肽链进入内质网腔的过程如图 13-26 所示。进入内质网腔的多肽链在信号肽切除后即进行折叠、糖基化及二硫键形成等加工过程。膜蛋白肽链的 C 端一般有 11～25 个疏水氨基酸残基，紧接着是一些碱性氨基酸残基，它们的作用与信号肽相反，引起膜上核糖体受体及孔道的解聚，使多肽链“锚”在内质网膜上。

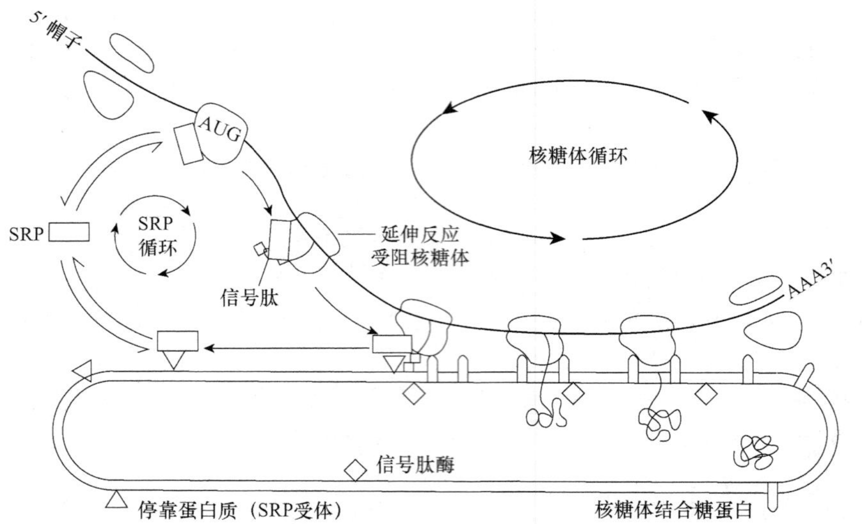

图 13-26　信号肽的识别过程（引自朱圣庚等，2017）

细菌的分泌蛋白和膜蛋白也依赖于信号肽指导跨膜运输。真核细胞多肽链在信号肽指导下对内质网膜的跨膜运输是边翻译边转运，故称为共翻译转运（cotranslational translocation）。细菌除存在类似的共翻译转运外，还存在翻译后转运（post-translational translocation）。

细菌的 SRP 由 4.5S RNA 与 Ffh 和 Fts Y 蛋白所组成，它将核糖体上新合成的多肽链带到位于内膜的转运体（translocon）上。转运体或称转运子、转运复合物，形成多肽链通过的孔道。除此之外，细菌还另有转运系统，包括 Sec A、Sec B、Sec D、Sec F 和 Sec Y、Sec E、Sec G。其中，Sec B 是一种分子伴侣，当新生肽合成后，Sec B 即与之结合。Sec B 有两个功能：第一，与蛋白质的信号肽或其他特征序列结合，防止多肽链的进一步折叠，以便于转运；第二，将结合的多肽链带到 Sec A 上，因其与 Sec A 有很高的亲和力。Sec A 位于内膜表面，既是受体，又是转运的 ATP 酶。Sec D 和 Sec G 协助 Sec A 作用。多肽链由 Sec B 转移到 Sec A，然后送到膜上的转运复合物 Sec Y、Sec E 和 Sec G 上。Sec A 借助构象的变化，将多肽链推进到转运复合物的孔道内，通过水解 ATP 获得的能量来推动多肽链运动，每分解 1 分子 ATP 多肽链前进约 20 个氨基酸残基，直至全部肽链通过（图 13-27）。多肽链的“锚”序列还可使多肽链插入内膜或外膜。

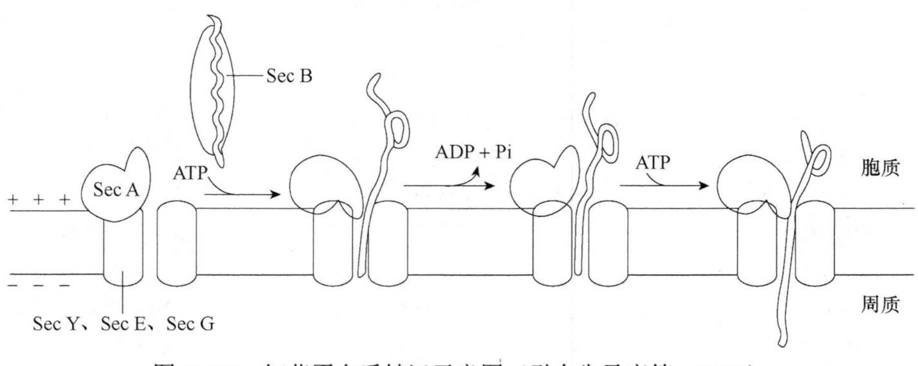

图 13-27　细菌蛋白质转运示意图（引自朱圣庚等，2017）

本章小结

中心法则用于理解遗传信息在生物大分子之间传递的顺序，包括 DNA 复制、转录、翻译等主要过程。

DNA 复制是半保留复制，每个子代分子的一条链来自亲代 DNA，另一条链则是新合成的。DNA 聚合酶催化 DNA

链由5′向3′方向延长。DNA分子中前导链的合成是连续的，合成方向与复制叉前进方向一致；后随链的合成是不连续的，合成方向与复制叉前进方向相反。

转录是在DNA的指导下，由RNA聚合酶和转录因子共同合成RNA的过程。转录产物通常需要经过一系列后加工过程才能成为成熟的mRNA、rRNA和tRNA。真核细胞DNA转录产物的加工过程远比原核细胞复杂。

原核生物与真核生物肽链合成时延伸的方向都是从N端到C端，mRNA上遗传密码阅读的方向是从5′端向3′端。氨基酸首先需要在氨酰-tRNA合成酶催化下活化成氨酰-tRNA后才能参与肽链合成。原核生物肽链合成起始于甲酰甲硫氨酸；真核生物则起始于甲硫氨酸。肽链延长经历进位、转肽和移位三个步骤。肽链合成的终止需要有肽链释放因子，当碰到mRNA的终止信号时，释放因子可完成终止信号的识别并使肽链释放。

由mRNA翻译出来的多肽链，一般要经过各种方式的“加工处理”才能转变成有一定生物学功能的蛋白质。这些加工包括：N端甲酰基或N端氨基酸的切除、切除信号肽、形成二硫键、氨基酸修饰、糖基化、分子折叠等。蛋白质合成的定向转运的机制较为复杂，目前普遍为人接受的是信号肽理论。

思考题

1．什么是DNA的半保留复制？它的实验依据是什么？
2．在DNA复制中起关键作用的酶是什么？
3．比较原核生物和真核生物DNA复制的特点。
4．简答引起DNA分子损伤的因素及DNA的损伤修复机制。
5．RNA的生物合成与DNA的复制有什么区别？说明转录中的σ因子和核心酶的作用。
6．RNA合成后的加工方式是什么？
7．简答遗传密码的特征，什么是起始密码和终止密码？
8．归纳三种类型RNA在蛋白质生物合成中各自的作用和参与蛋白质合成的其他重要物质。
9．简述蛋白质生物合成的基本过程。
10．写出肽链延长的基本过程。
11．列表比较DNA、RNA、蛋白质合成的模板、原料、主要的酶、合成方向、产物及过程的名称。
12．简述肽链合成后的加工修饰方式。

部分参考答案

第十四章 物质代谢的联系与调控

生物的生长、发育和繁殖等生命现象，都依赖于正常的新陈代谢过程。生物体内各种物质的代谢途径虽然错综复杂，但代谢过程并非彼此孤立，而是彼此协调配合，紧密相关的。在漫长的生物演化过程中，生物体通过高度精密的代谢调控系统，在不同的水平上进行调节和控制，确保各种物质代谢有条不紊地进行，以保证生命活动的正常进行。

生物体为了自身生长的需要，在体内环境和体外环境不断变化的过程中，生物体主动改变自身物质代谢的这种生理现象称为代谢调节。代谢调节是一个动态的、不断变化的过程。本章着重介绍生物体内各种代谢途径间的关系及代谢的调节方式。

第一节 物质代谢的相互关系

糖类、脂类、蛋白质和核酸是生物机体最主要的四种生物大分子。糖类是生物体维持基本生命特征所需的结构物质，并为机体提供所需的能量。脂类物质主要为生物机体储存能量。蛋白质是生命活动最主要的承担者，生物功能的主要执行者，它通过降解为生糖氨基酸和生酮氨基酸间接地为生物机体供能。核酸作为生物体内主要的遗传物质在生长繁殖过程中发挥着重要的作用。

生物的所有代谢途径都是互通和相互转化的，物质代谢中一些共同的代谢中间产物作为分支点把许多途径连接起来，构成一个非常复杂的代谢网络（图 14-1）。其中，糖酵解途径（EMP 途径）和三羧酸循环（TAC）在联系各物质代谢途径中处于中心地位；糖的有氧分解途径是糖类、脂类、氨基酸和核苷酸等各种物质分解代谢的共同归宿，也是它们之间相互联系和转变的共同枢纽。6-磷酸葡萄糖、丙酮酸和乙酰 CoA 是三个最为关键的中间代谢物。

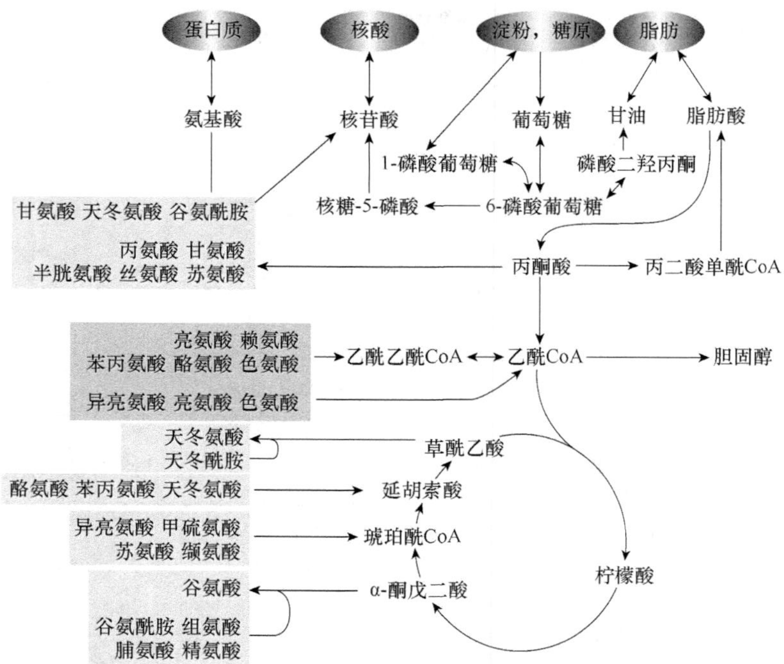

图 14-1 糖、脂类、蛋白质和核酸代谢的相互联系示意图

一、糖类代谢与脂类代谢的关系

糖类和脂类都是以 C、H、O 元素为主的化合物，它们在代谢关系上十分密切。糖类可以转变成脂类。葡萄糖经过酵解过程，可生成磷酸二羟丙酮及丙酮酸等中间产物。当有过量葡萄糖摄入时，磷酸二羟丙酮还原成 α-磷酸甘油；丙酮酸氧化脱羧转变为乙酰 CoA，由线粒体转入胞质溶胶，然后再由脂肪酸合成酶系催化合成脂酰 CoA。α-磷酸甘油与脂酰 CoA 可合成甘油三酯。此外，乙酰 CoA 也是合成胆固醇及其衍生物的原料。在上述糖转变成脂类的过程中，磷酸戊糖途径还为脂肪酸、胆固醇合成提供了大量所需的还原辅酶 $NADPH+H^+$。

脂肪也能转化为糖类，这种转化在油料种子发芽时尤为强烈。首先脂肪分解成甘油和脂肪酸，然后两者分别按不同途径向糖类转化。甘油可先转化成磷酸甘油，进而形成糖酵解途径中的磷酸丙糖，后者经糖酵解途径的逆反应转化成糖类。在植物和微生物中，脂肪酸可经 β-氧化形成乙酰 CoA，再经乙醛酸循环形成琥珀酸，琥珀酸经三羧酸循环形成草酰乙酸，草酰乙酸也可脱酸形成磷酸烯醇式丙酮酸，然后通过糖酵解的逆反应形成糖。而在人和动物体内，脂肪酸一般不能转化成糖类，只是脂肪中的甘油部分可转化为糖类，而甘油占脂肪的量相对很少，所以生成的糖量相对也很少。脂肪酸的氧化利用可以减少对糖的需求，所以在糖供应不足时，脂肪可以代替糖提供能量，使血糖浓度不至于下降过多。可见，糖和脂肪不仅可以相互转化，在相互替代供能上关系也是非常密切的。

一般来说，糖可大量转化为脂肪，而脂肪却很难转化为糖，所以过剩的糖可转变为贮存脂肪，导致发胖。

二、糖类代谢与蛋白质代谢的关系

糖类不仅是生物体中主要的燃料分子，而且其分解代谢的中间产物，特别是 α-酮酸可以作为“碳骨架”通过转氨基或氨基化作用转变成许多非必需氨基酸。例如，由糖酵解形成的丙酮酸和三羧酸循环形成的草酰乙酸、α-酮戊二酸能通过氨基化或转氨基作用分别形成丙氨酸、天冬氨酸和谷氨酸。其他氨基酸虽不能由糖代谢的中间产物直接转氨基合成，但可作为原料经多步酶促反应合成相应氨基酸。以上生成的氨基酸可进一步合成蛋白质。此外，由糖分解产生的能量，也可供蛋白质合成之需。

蛋白质分解形成氨基酸，许多氨基酸再经氧化脱氨基作用形成丙酮酸、草酰乙酸、α-酮戊二酸等。这些酮酸可通过三羧酸循环经草酰乙酸转化为磷酸烯醇式丙酮酸，然后再经糖的异生作用生成糖。当机体缺乏糖的摄入（如饥饿）时，对蛋白的分解加强。以满足机体对葡萄糖的需要和维持血糖水平的稳定。

此外，糖供应不足，会导致细胞能量水平下降，对蛋白质生物合成将产生不利影响，同时 mRNA 的翻译过程会明显受到抑制。

三、蛋白质代谢和脂类代谢的关系

蛋白质可以转变为脂类，在动物体内的生酮氨基酸（如亮氨酸、赖氨酸）、生酮兼生糖氨基酸（如异亮氨酸、苯丙氨酸、色氨酸、酪氨酸）能代谢生成乙酰 CoA，并进一步合成脂肪酸；生糖氨基酸可以转化生成甘油，进一步转化成磷酸甘油；丝氨酸经脱酸可转变为胆胺，胆胺可作为脑磷脂合成的原料；胆胺在接受来自 *S*-腺苷甲硫酸（SAM）的甲基后形成胆碱，胆碱是合成卵磷脂的原料。

脂肪经酶促水解可转变为甘油和脂肪酸，甘油可转变为丙酮酸，丙酮酸进一步代谢为草酰乙酸、α-酮戊二酸，之后接受氨基转变为天冬氨酸和谷氨酸。脂肪酸经 β-氧化作用而生成乙酰 CoA。在一些微生物和油料作物中，存在乙醛酸循环，通过乙醛酸循环，乙酰 CoA 可转变为琥珀酸，并可进一步生成草酰乙酸，从而促进脂肪酸合成氨基酸的反应。在动物体内不存在乙醛酸循环，因此不能利用脂肪酸合成氨基酸。

四、核酸与其他物质代谢的关系

核酸是细胞内的遗传物质，它调控蛋白质的合成，并进而影响细胞的组成成分和物质的代谢速度。同样，核酸本身的合成也与糖类、脂类和蛋白质的代谢密切相关。糖代谢为核酸合成提供了磷酸核糖及脱氧核糖和还原辅酶 $NADPH+H^+$。甘氨酸、天冬氨酸、谷氨酰胺所携带的一碳单位及四氢叶酸等参加嘌呤环和嘧啶环的合成，多种酶和蛋白因子参与了核酸的生物合成。糖类、脂类等燃料分子为核酸生物学功能的实现提供了能量保证。此外，核苷酸在代谢中也起重要作用，如 ATP 是能量通用货币和转移磷酸基团的主要分子；UTP 参与单糖的转变和多糖的合成；CTP 参与磷脂的合成；GTP 为蛋白质多肽链的生物合成所必需。此外，许多重要的辅酶、辅基，如 CoA、烟酰胺核苷酸和黄素核苷酸都是腺嘌呤核苷酸衍生物可参与酶的催化作用。环核苷酸，如 cAMP、cGMP 作为胞内信号分子参与细胞信号的转导。

第二节　物质代谢调节与控制

生物体处在不断运动之中，各类代谢活动之所以能按一定方向有秩序地进行，保持生物体的相对稳定，这是因为生物体内存在灵敏的自我调节机制，它能使生物体不断随着生长发育和内外环境因子的变化而调整、改变体内的代谢过程，不断建立新的平衡，使生物体形态和生理状态保持在一定的范围内。而如果生物体的这种调节失灵，代谢就会紊乱，就不能维持生物体内部的平衡，不能保持生物体与环境的协调，结果导致生病，甚至死亡。代谢调节机制，是生物在长期进化过程中，为适应环境需要而形成的。

生物代谢调节主要在细胞水平、酶水平、基因水平、激素水平和神经水平 5 个水平上进行。细胞水平、酶水平、基因水平是最基本的调节方式，主要通过酶的区域化、变构作用、共价修饰等对关键酶的活性进行调节，以及通过基因水平对酶量进行控制。进化程度越高的生物，其调节系统越复杂。对简单的单细胞生物，只能通过细胞水平、酶水平、基因水平来调节细胞内的代谢。在动物和植物体内，则出现激素调节机制，能使不同组织细胞内的代谢彼此协调。在高等动物则有完善的神经系统和感觉器官，能感知周围环境的变化，并通过神经传递至大脑，大脑对得到的信息进行分析处理后发出指令至相应的细胞或激素分泌系统，从而进一步控制细胞内的代谢反应。神经水平的调节是最高水平的调节。

一、酶的区域化定位

酶在细胞内有一定的布局和定位。催化不同代谢途径的酶类，往往分别组成各种多酶体系。多酶体系存在于一定的亚细胞结构区域中，或存在于胞质中，这种现象称为酶的区域化。多酶体系在细胞中区域化，为酶水平的调节创造了有利条件，使某些调节因素可以专一地影响细胞内某一部分的酶活性，而不致影响其他部位酶的活性。此外，酶定位的区域化，使它与底物在细胞器内一起相对浓缩，利于在细胞局部范围内快速进行各个代谢反应。表 14-1 举出了一些代谢途径和酶在细胞中的区域分布。例如，糖、脂的氧化分解都发生在线粒体内，而脂肪酸的合成、磷酸戊糖途径则在胞质溶胶中进行。酶的区域化作用保证了代谢途径的定向和有序，也使合成途径和分解途径彼此独立、分开进行。

表 14-1　酶的区域化

细胞定位	酶
胞质溶胶	糖酵解酶、糖异生酶、脂肪酸合成酶系
线粒体	丙酮酸脱氢酶系、三羧酸循环酶、转氨酶、*L*-谷氨酸脱氢酶、脂肪酸 β-氧化酶等
质膜	Na^+，K^+-ATP 酶等
溶酶体	蛋白酶、脂肪酶、磷酸酶、磷脂酶、糖苷酶等
过氧化物酶体	过氧化氢酶、过氧化物酶、氨基酸氧化酶等
细胞核	DNA 聚合酶、RNA 聚合酶等与复制、转录及转录后加工有关的酶

二、酶活性的调节

生物体内的各种代谢变化都是由酶驱动的，酶有 2 种功能：①生物催化功能，催化各种生化反应；②调节和控制代谢速度、方向和途径，是新陈代谢的调节元件。酶对细胞代谢的调节主要有 2 种方式：①通过激活或抑制来改变细胞内已有酶分子的活性；②通过影响酶分子的合成或降解来改变酶分子的含量。这种酶水平的调节机制是代谢的最本质的调节。酶活性调节主要包括酶原激活、共价修饰、变构调节、酶的聚合和解聚调节、酶的前馈和反馈调节及酶辅助因子的调节等。

（一）酶原的激活

有些酶在细胞内合成或初分泌时是没有活性的，必须在一定条件下水解一个或几个特定的肽键，使其构象发生改变，才能表现出酶的活性。这种没有活性酶的前体称为酶原。酶原的激活实际上是酶活性中心形成或暴露的过程。生理意义是避免细胞产生的蛋白酶对细胞或组织进行自身消化的危险，使酶在特定的部位环境中发挥作用，保证体内代谢正常进行。

（二）酶的共价修饰

酶蛋白肽链上的一些基团可与某种化学基团发生可逆的共价结合，从而改变酶的活性，这一过程称为酶的共价修饰。酶的共价修饰包括磷酸化与脱磷酸化、乙酰化与脱乙酰化、甲基化与脱甲基化、尿苷酰化与脱尿苷酰化、腺苷化与脱腺苷化、ADP-核糖基化、氧化/还原等，其中以磷酸化修饰最为常见。虽然目前发现的共价修饰酶高达上百种，但大部分都没有研究清楚。在共价修饰过程中，酶发生无活性与有活性两种形式的互变（表 14-2）。在此过程中，只需消耗较少的能量便可进行有效的调控。

表 14-2　酶的共价修饰调节

酶	来源	修饰机制	对应活性变化
糖原磷酸化酶	真核生物	磷酸化/去磷酸化	增强/减弱
磷酸化酶激酶	哺乳动物	磷酸化/去磷酸化	增强/减弱
糖原合成酶	真核生物	磷酸化/去磷酸化	减弱/增强
丙酮酸脱氢酶	真核生物	磷酸化/去磷酸化	减弱/增强
乙酰 CoA 羧化酶	哺乳动物	磷酸化/去磷酸化	增强/减弱
谷氨酰胺合成酶	大肠埃希菌	腺苷酰化/去腺苷酰化	减弱/增强

（三）酶的变构调节

别构酶（allosteric enzyme）又称变构酶，某些代谢物能与其分子上的变构部位特异性结合，使酶的分子构象发生改变，从而改变酶的催化活性以及代谢反应速率，这种调节作用被称为变构调节。具有变构调节作用的酶称为变构酶。凡能使酶分子变构并使酶的催化活性发生改变的代谢物就称为变构剂。变构剂往往是代谢途径的终产物或代谢中间物，其微小的浓度变化可以通过变构作用迅速影响酶的活性，因此变构作用成为了快速、灵敏调节代谢速度、方向乃至能量平衡的有效方式。变构酶一般是多亚基构成的聚合体，一些亚基为催化亚基，另一些亚基为调节亚基。当调节亚基或调节部位与变构剂结合后，酶的空间构象发生改变，导致酶的催化活性中心的构象发生改变，进而引起酶活性的改变。变构酶通常为代谢途径的起始关键酶，而变构剂则为代谢途径的终产物。因此，变构剂一般以反馈方式对代谢途径的起始关键酶进行调节。表 14-3 为常见的变构酶及其变构剂。

表 14-3　常见的变构酶及其变构剂

代谢途径	变构酶	变构激活剂	变构抑制剂
糖酵解	己糖激酶	AMP、ADP、1,6-二磷酸葡萄糖、Pi	6-磷酸葡萄糖
	磷酸果糖激酶	1,6-二磷酸葡萄糖	柠檬酸
	丙酮酸激酶	1,6-二磷酸葡萄糖	ATP
糖原分解	磷酸化酶 b	AMP、1-磷酸葡萄糖、Pi	6-磷酸葡萄糖、ATP
糖异生	丙酮酸羧化酶	乙酰 CoA、ATP	AMP
三羧酸循环	柠檬酸合酶	AMP	ATP、长链脂酰 CoA
	异柠檬酸脱氢酶	AMP、ADP	ATP
核酸合成	脱氧胸苷激酶	dCTP	dTTP
氨基酸代谢	谷氨酸脱氢酶	ADP、Leu、Met	GTP、ATP、NADH

当变构酶的一个亚基与其配体（底物或变构剂）结合后，能够通过改变相邻亚基的构象而使其对配体的亲和力发生改变，这种效应就称为变构酶的协同效应。如果对相邻亚基的影响是导致其对配体的亲和力增加，则称为正协同效应；反之，则称为负协同效应。如果是同种配体所产生的影响，则称为同促协同效应。如果是不同配体之间产生的影响则称为异促协同效应。

（四）酶的聚合与解聚调节

一些寡聚酶通过亚基的聚合与解聚而表现出催化活性的不同，从而起到调节代谢的作用。例如，碱性磷酸酶的两个亚基聚合时表现催化活性；解离时构象发生变化而不表现活性。又如，cAMP 与蛋白激酶的调节亚基结合后，使构象改变，解离出催化亚基，表现催化活性；当催化亚基与调节亚基聚集时，则无催化活性。

（五）酶的前馈和反馈调节

前馈和反馈是来自电子工程学的术语，前者的意思是“输入对输出的影响”，后者的意思是“输出对输入的影响”，这里分别借用来说明底物和代谢产物对代谢过程的调节作用（图 14-2）。

1．前馈激活　前馈激活（feed-forward activation）是指在一反应序列中，前面的代谢产物对后面的酶起激活作用，使反应向前进行。例如，在糖原的合成中，6-磷酸葡萄糖是糖原合成酶的变构激活剂，可以促进糖原的合成（图 14-3）。又如，在糖酵解途径中，前面的中间产物 1,6-二磷酸果糖可促进后面丙酮酸激酶的活性，从而加快糖酵解反应的进行。

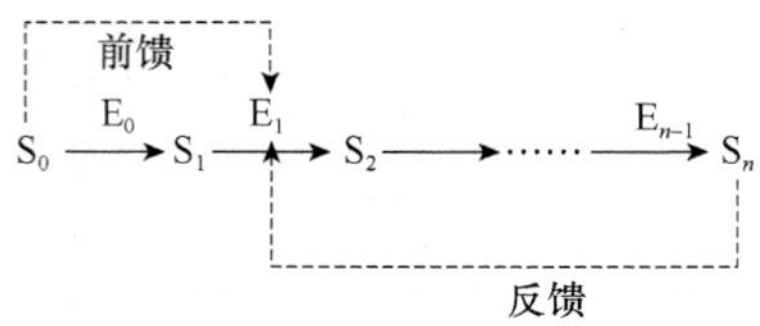

图 14-2　酶的前馈和反馈调节

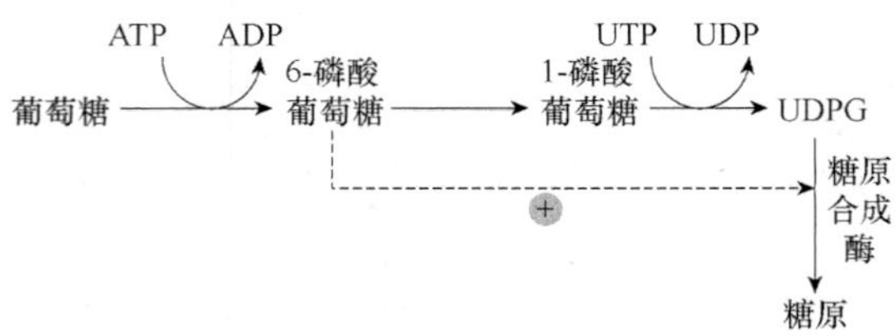

图 14-3　糖原的合成

2．反馈抑制　反馈抑制（feedback inhibition）是指在多酶体系反应中，最终产物对催化初始步骤的酶产生抑制作用，使反应减弱。反馈抑制中起调节作用的是产物本身，当产物少时，关键酶的活性增高，整个途径的运行速度加快，产物增多；而当产物过多时，则产生反馈抑制，使反应速率减慢，产物减少。同时，在这种调节中受控制的酶是初始酶，而不是其他催化后续反应的酶，所以能避免反应中间产物的积累，有利于原料的合理利用和节约机体的能量，可见这是很经济的调控方式。反馈抑制作用有多种形式，具体如下。

1）*单价反馈抑制*　单价反馈抑制，也称为线性反馈抑制（linear feedback inhibition）。线性代谢途径的末端产物对催化关键步骤的酶活性的抑制作用（图 14-4）。

2）*顺序反馈抑制*　顺序反馈抑制（sequential feedback inhibition）指的是分支代谢途径中的末端产物，不能直接抑制代谢途径中的第一个酶，而是分别抑制分支点后的反应步骤，造成分支点上中间产物的积累，这种高浓度的中间产物再反馈抑制第一个酶的活性（图 14-5）。

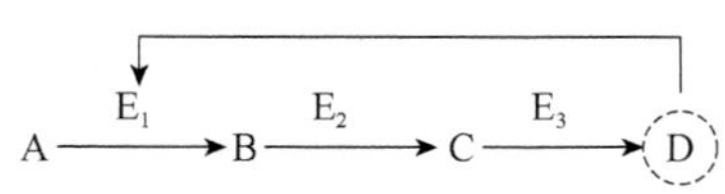

图 14-4　单价反馈抑制

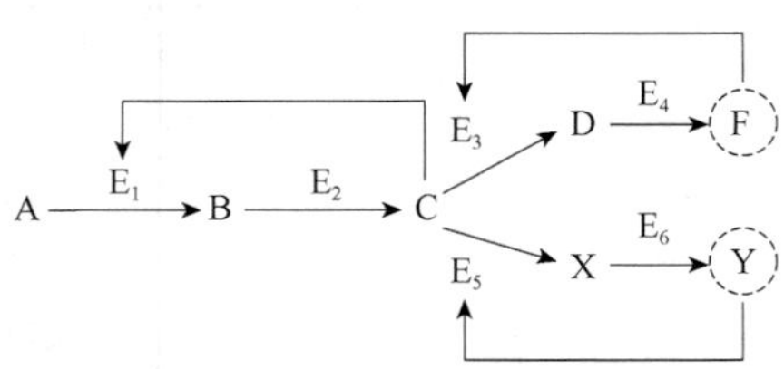

图 14-5　顺序反馈抑制

3）*协同反馈抑制*　协同反馈抑制（concerted feedback inhibition）是指在分支代谢途径中，由两个或多个终产物同时过量时产生的对一种关键酶的反馈抑制，而一种终产物单独过量时，只抑制其分支反应的关键酶。两个终产物同时存在的混合物引起的抑制作用大于任何一个终产物以相同的总比浓度单独存在时所引起的抑制作用（图 14-6）。

4）同工酶反馈抑制　同工酶指能催化同一生化反应，但酶蛋白分子结构不同的一类酶。同工酶反馈抑制（isozyme feedback inhibition）指在分支途径中，如果分支点以前的一个反应是由几个同工酶催化，则分支代谢的几个终产物往往分别只对相应的同工酶发生抑制作用（图 14-7）。只有当几种终产物同时过量时，才能完全抑制这一组同工酶，阻止反应的进行。

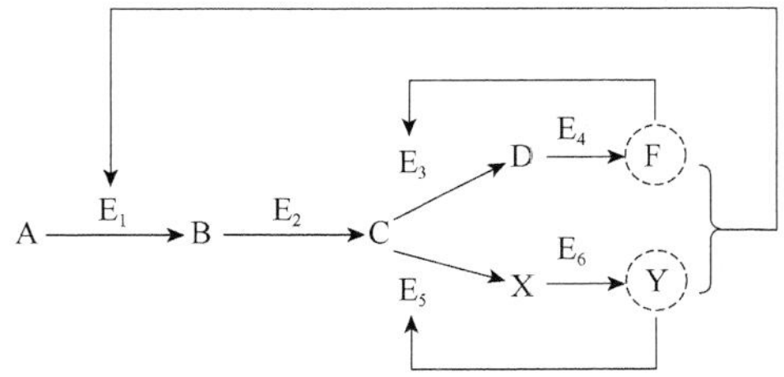

图 14-6　协同反馈抑制

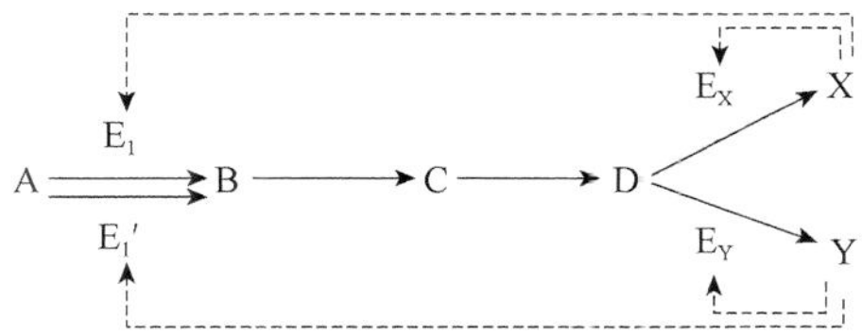

图 14-7　同工酶反馈抑制

5）积累反馈抑制　积累反馈抑制（cumulative feedback inhibition）是指几个终产物中任何一个过量时都能部分地抑制共同途径的关键酶，并且各个终产物对共同的关键酶的抑制作用有累积效应，当所有终产物都过量时，对关键酶的抑制作用达到最大（图 14-8）。例如，大肠埃希菌中催化谷氨酸合成谷氨酰胺的谷氨酰胺合成酶是最早发现具有累积反馈抑制的例子。该酶受到甘氨酸、丙氨酸、组氨酸、色氨酸、AMP、CTP、氨甲酰磷酸和 6-磷酸葡萄糖胺这 8 种终产物的积累反馈抑制。

6）合作反馈抑制　合作反馈抑制（cooperative feedback inhibition）又称增效反馈抑制，是指在分支代谢途径中，任何一种末端产物过量时都能对共同途径中的第一个关键酶起抑制作用，而且各种末端产物的抑制作用互不干扰。当各种末端产物同时过量时，对关键酶的抑制作用是累加的，其作用效果大于或等于各末端产物对关键酶的作用之和（图 14-9）。

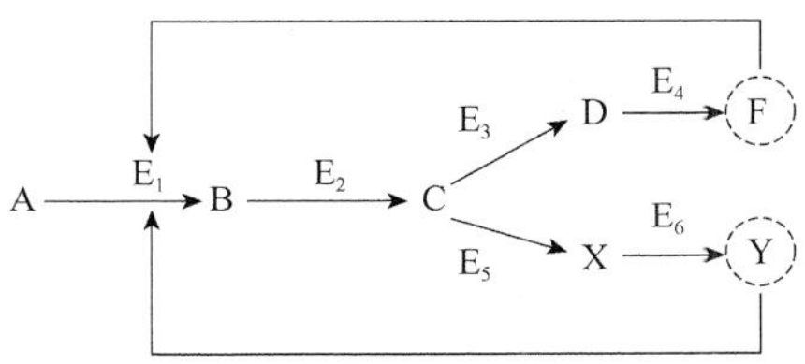

图 14-8　积累反馈抑制

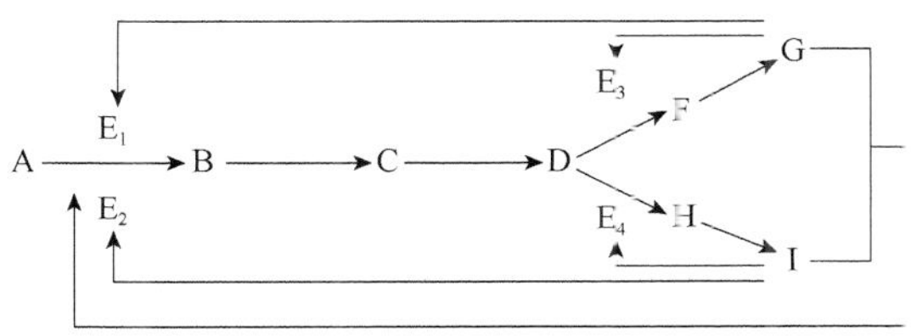

图 14-9　合作反馈抑制

（六）酶辅助因子的调节

细胞内许多代谢反应都需要辅助因子和提供能量的分子（如 ATP）参与，因此辅助因子和能荷也会影响酶促反应的进行，从而起代谢调节作用。

1. NAD^+/NADH 对代谢的调节　NAD^+和 NADH 在细胞内参与能量代谢和氧化还原反应。NAD^+和 NADH 的比值变化可影响代谢速度，如糖的有氧氧化过快时，NAD^+/NADH 值下降，NADH 含量上升，对磷酸果糖激酶、异柠檬酸脱氢酶和 α-酮戊二酸脱氢酶均有抑制作用，可起到降低糖消耗速度的作用。

2. 能荷的调节　能荷是指细胞内 ATP、ADP、AMP 的相对浓度关系，它们的相对含量影响糖酵解和三羧酸循环中关键酶的活性，如 ATP 浓度高时抑制磷酸果糖激酶活性；ADP 和 AMP 浓度高时则激活磷酸果糖激酶的活性。能荷也可以调节能量代谢反应的氧化磷酸化强度。当细胞生长旺盛时，消耗大量 ATP，生成 ADP 增加，氧化磷酸化作用加速；当 ATP 浓度增加到一定的值，则会抑制氧化磷酸化的强度，通过这样的调节，使得细胞内能荷处于一定的范围，以维持机体代谢的平衡。

三、酶合成的调节

酶合成的调节受到基因表达的调控。一方面，生物体可合成正常生长发育所需要的酶；另一方面，当环境改变时，生物体也能合成与之相适应的酶。生物在生长发育过程中，基因表达可按一定时间程序发生改变，而且随着内外环境条件的变化而加以调整，这就是基因表达的时序调节和适应调节。蛋白酶基因表达的调节可以在分子的不同水平上进行，包括基因的激活、转录起始、转录后加工、mRNA 降解、蛋白质翻译、翻译后加工修饰及蛋白质降解等。任何环节的异常均会影响基因的表达水平，其中转录起始是基因表达最基本的控制点。

（一）原核生物的表达调控

1900 年，科学家发现了大肠埃希菌中酶的诱导生成现象。当大肠埃希菌培养在没有乳糖的培养基上时，每个细胞内只有不到 5 个分子的 β-半乳糖苷酶。当大肠埃希菌培养在以乳糖作为唯一碳源的培养基时，几分钟内，β-半乳糖苷酶增至原来的 1000 倍，同时伴有半乳糖苷通透酶和半乳糖苷转乙酰基酶（硫代半乳糖苷乙酰转移酶）的合成。若从培养基中除去乳糖，该类酶合成则在几分钟内停止，这表明这 3 种酶的基因平时是关闭的，当乳糖存在时才被打开并合成这 3 种酶。酶的阻遏现象则是在 1953 年发现的。当大肠埃希菌生长在含有氨离子及单一碳源的培养基上时，细胞内就产生负责色氨酸的相关酶。当加入色氨酸时，与细胞内色氨酸合成相关的酶的合成立即停止。

1961 年，Jacob 和 Monod 根据酶生成的诱导和阻遏现象提出了操纵子（operon）模型，成功解释了酶的诱导和阻遏现象，并于 1965 年获得诺贝尔奖。在原核生物中，操纵子是用于基因表达调节的主要方式。操纵子即为能够决定一个独立生化功能的相关基因表达的功能单位，是 DNA 分子中在结构上紧密连锁、在信息传递中以一个单位起作用而协调表达的遗传结构。

操纵子的结构包括结构基因（structural gene，*S*）和一个蛋白质合成控制部位，后者由操纵基因（operator gene，*O*）和启动子（promoter，*P*）组成。结构基因编码各种具有不同结构和功能的蛋白质或 RNA。原核生物细胞的一个操纵子通常含有多个结构基因，它们串联在一起，转录形成一条多顺反子 mRNA。转录时，RNA 聚合酶首先结合的部位即是启动基因。操纵基因是调节蛋白（正/负）结合的区域，它与调节蛋白结合后，根据调节蛋白的效应决定结构基因是否进行转录，即操纵基因接受调节蛋白的调节。控制部位一般位于结构基因上游。调控基因（regulator gene，*R*）编码调节蛋白的合成，它并不属于操纵子结构的构成成分，但它能够通过表达出的调节蛋白来控制相关操纵子结构基因的表达。下面以乳糖操纵子（lac operon，*lac* 操纵子）和色氨酸操纵子（trp operon，*trp* 操纵子）为例说明其调节机理。

1. 乳糖操纵子

1）乳糖操纵子的结构及功能　大肠埃希菌 *lac* 操纵子的功能是 β-半乳糖苷酶的水解和转运，是典型的诱导性操纵子。它的基本结构为三个结构基因、一个启动子 *P*、一个操纵基因 *O* 和一个调节基因 *R*。三个结构基因 *Z*、*Y* 和 *A* 紧密连锁，分别编码 β-半乳糖苷酶（β-galactosidase）、半乳糖苷通透酶（galactoside permease）和硫代半乳糖苷乙酰转移酶（thiogalactoside acetyltransferase）。这 3 个基因以一个多顺反子 mRNA 的形式转录合成三种酶。启动子 *P* 为 RNA 聚合酶辨认和结合的位点。调节基因 *R* 编码阻遏蛋白（repressor protein），后者可结合到操纵基因 *O*（不编码任何肽链）上使 RNA 聚合酶不能从启动子 *P* 处结合到结构基因上，因而阻断结构基因的转录。调节基因 *R* 不属于 *lac* 操纵子，有独立的启动子和终止子。该基因表达始终处于打开状态，不断合成阻遏蛋白，被称为组成型表达（constitutive expression）基因。在 *P* 的上游还有分解代谢物基因激活蛋白（catabolite gene activation protein，CAP）结合的位点（图 14-10）。该蛋白质又称为环腺苷酸受体蛋白（cAMP receptor protein，CRP），是操纵子正调控的调节因子。只有 CAP 与 *lac* 操纵子的专一序列结合后才可以激活转录活性。

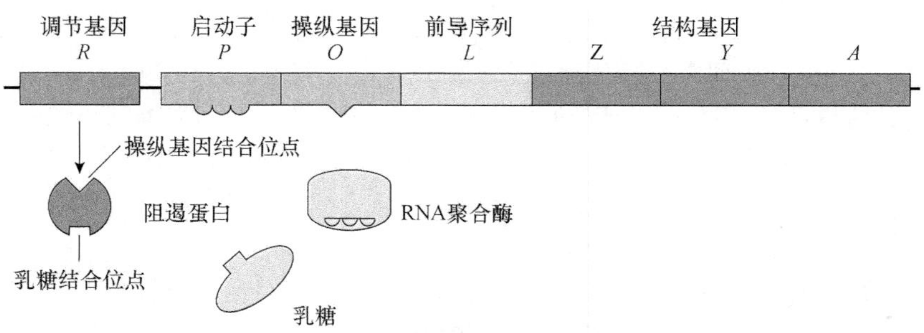

图 14-10　乳糖操纵子的结构及功能

2）酶的诱导现象　*E. coli* 的 β-半乳糖苷酶是一种诱导酶，可催化乳糖水解成半乳糖和葡萄糖，将乳糖异构化为别乳糖，还可催化其他 β-半乳糖苷化合物的水解。阻遏蛋白与一些分解代谢相关的酶的基因结合，使结构基因不表达，只有当有底物或底物类似物（诱导物）存在时，才能使阻遏蛋白变构失活，使结构基因可以表达，酶被诱导合成，这种调控机制称为酶合成的诱导（图 14-11）。当 *E. coli* 以乳糖为唯一碳源时，这种酶就被诱导产生；而当培养基中不存在乳糖时，该酶也就不产生。另外，β-半乳糖苷的含硫类似物，如甲基硫代半乳糖苷和异丙基硫代-β-*D*-半乳糖苷（isopropylthio-β-*D*-galactoside，IPTG）是 β-半乳糖苷酶的高效诱导物，但它们不可被酶分解。在分子生物学实验中，常使用 IPTG 来诱导含有 *lac* 操纵子的基因的表达。

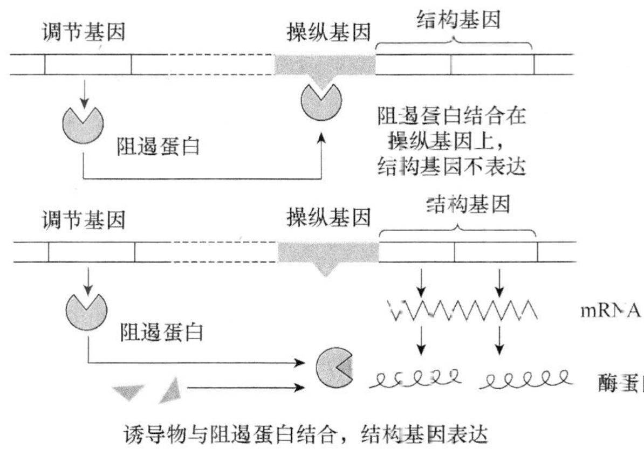

图 14-11　酶合成的诱导操纵子模型

3）乳糖操纵子的正性调节　如果没有调节蛋白时，结构基因的活性是关闭的，而加入调节蛋白后结构基因的活性被开启，这种控制系统称为正性调节。CAP 是由 cAMP 控制的。cAMP 结合于 CAP，促进 CAP 与 DNA 结合，促进 RNA 聚合酶与启动子结合，转录被激活。*lac* 操纵子的正性调节与 CAP 直接相关。

当培养基中葡萄糖耗尽时，*E. coli* 经过一段停滞期后，在培养基中存在乳糖的情况下诱导产生代谢乳糖的酶，而降解乳糖总是与 cAMP 浓度呈正相关。当没有 cAMP 时，CAP 处于非活性状态。当 CAP 与 cAMP 结合后，CAP 构象改变，成为活性形式的 cAMP-CAP，提高对 DNA 位点的亲和性，激活 RNA 聚合酶，促进结构基因表达（图 14-12）。cAMP-CAP 是所有对葡萄糖代谢敏感的操纵子的一个正调控因子，在 *lac*、*gal*（半乳糖操纵子）、*ara*（阿拉伯糖操纵子）等操纵子中均起着正调控作用，促进这些分解代谢有关酶系的合成。cAMP 浓度的高低与细胞内葡萄糖浓度的高低有关，当没有葡萄糖时，cAMP 的浓度高而 CAP 的活性也高；相反，当有葡萄糖时，cAMP 的浓度低，CAP 的活性也低。

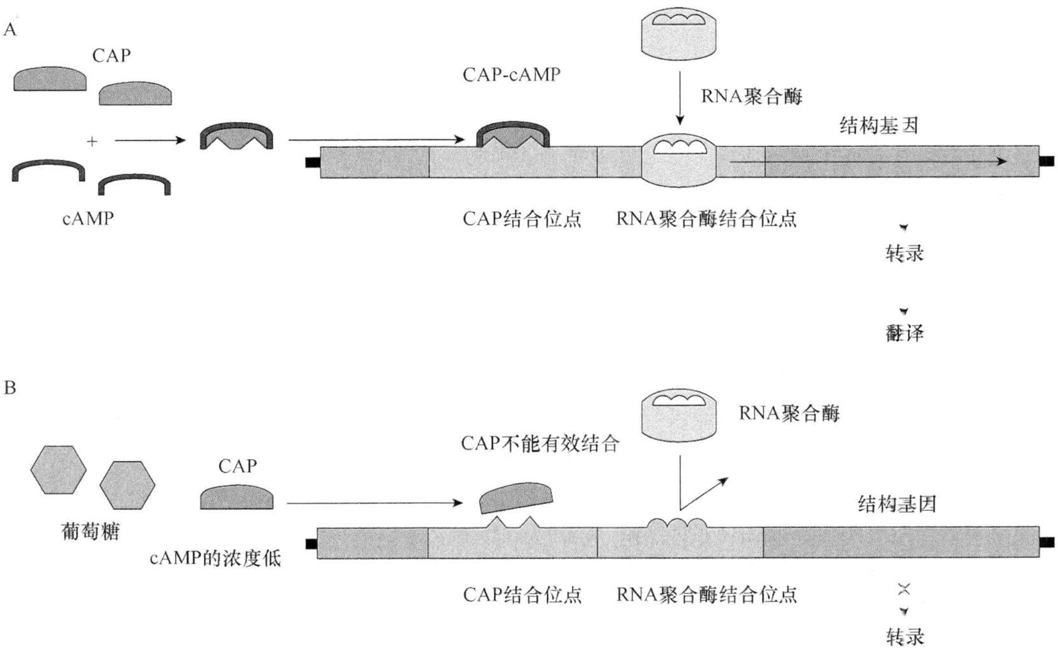

图 14-12　乳糖操纵子的正性调节

A. 培养基中无葡萄糖；B. 培养基中有葡萄糖

4）乳糖操纵子的负性调节　当没有调节蛋白时结构基因是表达的，而加入调节蛋白后结构基因的表达被关闭，这种控制系统称为负性调节。当无乳糖时，*lac* 操纵子中调节基因 *R* 编码的阻遏蛋白与操纵基因结合，阻碍 RNA 聚合酶与 *P* 结合，结构基因无表达。负性调节的关键是调节基因 *R* 的产物阻遏蛋白与操纵基因的结合。当阻遏蛋白与一些小分子化合物结合后，会影响其与操纵基因的亲和力。这些小分子化合物称为效应物。*lac* 操纵子的效应物就是诱导物。当诱导物与阻遏蛋白结合时，能降低阻遏蛋白与操纵基因的亲和力，从而促进操纵子中结构基因的表达。

当有乳糖存在时，乳糖经透酶催化、转运进入细胞，再经原先存在于细胞中的少量 β-半乳糖苷酶催化，转变为半乳糖。生成的半乳糖作为诱导物，可以形成阻遏蛋白-诱导物复合物。诱导物的结合改变了阻遏蛋白的构象，降低了它与操纵基因的亲和力。当阻遏蛋白不与操纵基因结合时，有利于 RNA 聚合酶与启动子形成起始复合物以及 RNA 聚合酶沿着 DNA 模板移动，最终促成结构基因的转录（图 14-13）。

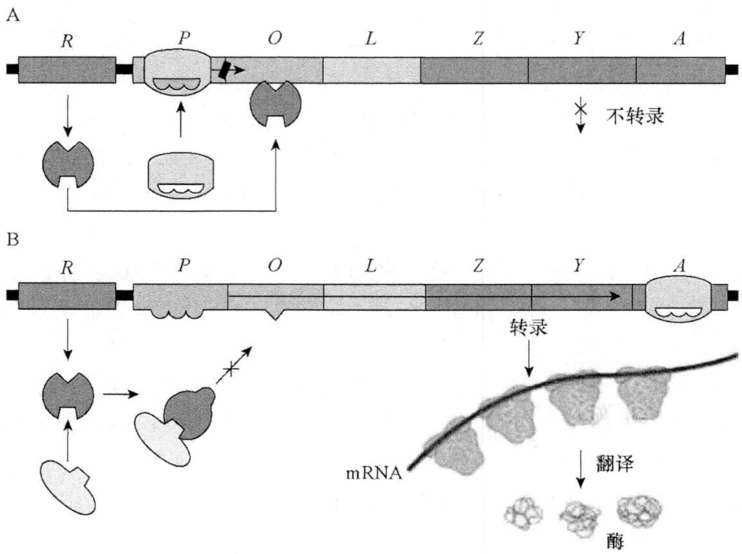

图 14-13　乳糖操纵子的负性调节

A．培养基中无乳糖；B．培养基中有乳糖

5）乳糖操纵子的协同调节　上述正、负性调节的区分是在没有调节蛋白存在的情况下，以操纵子中结构基因对新加入调节蛋白的响应状况来定义的。*lac* 操纵子的 CAP 的正性调节和阻遏蛋白的负性调节，都是以操纵子为表达单位，包括若干个结构基因和调控元件一起协同地运转。有无葡萄糖和（或）乳糖时，*lac* 操纵子的调控出现 4 种情况：①葡萄糖含量高，cAMP 含量低，无乳糖。此时，*lac* 操纵子处于关闭状态。②葡萄糖含量低，cAMP 含量高，无乳糖。此时，*lac* 操纵子处于关闭状态。③葡萄糖含量高，cAMP 含量低，有乳糖。此时，*lac* 操纵子处于低活性的基础转录状态。④葡萄糖含量低，cAMP 含量高，有乳糖。此时，*lac* 操纵子处于高活性的转录状态，结构基因得以高效表达。培养大肠埃希菌时，当培养基中葡萄糖和乳糖同时存在时，由于利用葡萄糖是最节能的，大肠埃希菌优先利用葡萄糖供能，只有葡萄糖耗尽，才开始利用乳糖，这种效应称葡萄糖效应。

2．色氨酸操纵子

1）色氨酸操纵子的结构及功能　细菌具有合成色氨酸的酶系，编码这些酶的结构基因组成一个转录单位称 *trp* 操纵子，它是典型的酶合成阻遏操纵子。在操纵子调控下细菌可以经多步酶促反应自身合成色氨酸，但是一旦环境能够提供色氨酸，细菌就会充分利用外源的色氨酸，而减少或停止色氨酸酶系的表达。*trp* 操纵子的结构基因由 *trpE*、*trpD*、*trpC*、*trpB*、*trpA* 五个基因（全长约 6800bp）串连在一起组成，编码 *E. coli* 中色氨酸（Trp）合成所必需的三种酶。结构基因与其上游的启动基因 *P*、操纵基因 *O*、前导序列 *L* 共同构成 *trp* 操纵子（图 14-14）。*trpE* 的上游为调控区，由启动基因、操纵基因和 162bp 的前导序列组成，操纵基因和启动基因有重叠，故当 *O* 与阻遏蛋白结合时，妨碍了 RNA 聚合酶与 *P* 结合。前导序列 *L* 位于第一个结构基因 *trpE* 与启动基因 *P* 之间，其中又含一段 43bp 的称之为“衰减子”的前导区。前导序列可被转录生成前导 mRNA，其中衰减子的转录产物有衰减结构基因表达的作用。阻遏蛋白不能直接结合操纵基因而阻遏转录，它必须与 Trp 结合发生构象改变后，才能与操纵基因结合，其中 Trp 相当于辅助阻遏物。因此 *trp* 操纵子通常处于开放状态，表达合成色氨酸的酶系。当环境能提供足够浓度的 Trp 时，Trp 与阻遏蛋白相结合，发生构象改变后成为有活性的阻遏蛋白，再与操纵基因 *O* 特异结合，阻碍 RNA 聚合酶与启动基因 *P* 的结合，阻断结构基因的转录。调节基因 *trpR* 远离 *trp* 操纵子，是独立的组成型表达单位，可连续低水平表达无活性的阻遏蛋白。

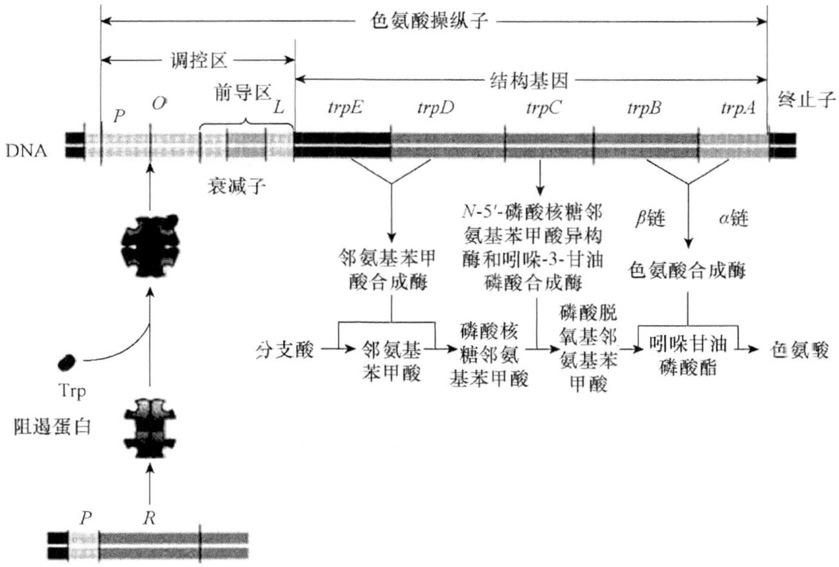

图 14-14　色氨酸操纵子的结构及功能

有 Trp 存在，阻遏蛋白对 *trp* 操纵子抑制作用并不完全，转录起始频率仅降低至 1/70，而 Trp 大量存在时，*trp* 操纵子可通过一种更为精细的调节方式，即转录衰减机制进行调节，使转录起始的频率降低至 1/700。

2）色氨酸操纵子的转录衰减作用　*trp* 操纵子中的前导序列 *L*，可转录出 mRNA 前导序列。前导序列内含 4 个短序列，按次序称为序列 1、序列 2、序列 3 及序列 4（图 14-15）。序列 1 转录后立即翻译成含 10、11 位两个 Trp 残基的 14 氨基酸短肽，称作前导肽。转录衰减的实质是细菌中基因的转录与前导肽翻译过程相偶联，这是原核生物特有的基因调控机制。当 Trp 浓度高，供应充足时，此前导肽翻译顺利进行，核蛋白体迅速通过序列 1 并覆盖序列 2。此时，mRNA 前导序列 3'端的序列 3、4 能配对形成一个不依赖 ρ 因子的凸环终止结构——衰减子结构，使 RNA 聚合酶脱落，停止转录。反之，当 Trp 缺乏时，没有色氨酰-tRNA 供给，含 Trp 前导肽翻译阻断，核蛋白体停止在 Trp 密码子前，序列 2 与序列 3 形成发夹结构，从而阻止序列 3、4 形成衰减子结构，RNA 转录持续进行。

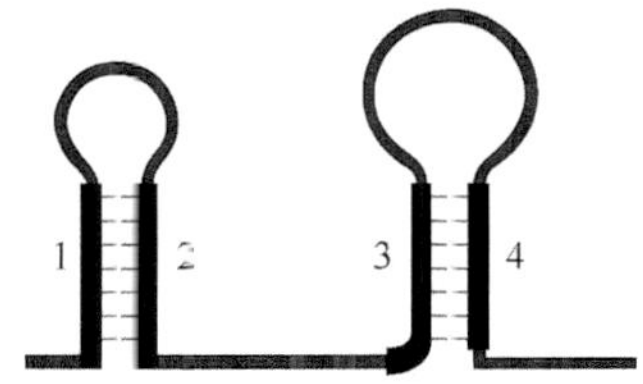

图 14-15　*trp* 操纵子中的前导序列 *L* 内含 4 个短序列

trp 操纵子受阻遏蛋白和衰减子两种调节机制控制。阻遏蛋白的负调控起到粗调的作用，而衰减子起到细调的作用。细菌其他氨基酸合成系统的许多操纵子（如组氨酸、苏氨酸、亮氨酸、异亮氨酸、苯丙氨酸等操纵子）中也有类似的衰减子存在。

除上面所介绍的几种原核生物操纵子和其他调控方式外，原核生物基因表达调控还有 RNA 聚合酶中 σ 因子调换来调节基因表达、表达产物蛋白反馈抑制自身翻译的自体调控等多种复杂的调控方式。

（二）真核生物的基因表达调控

真核生物的形态、结构、功能和生长发育过程要比原核生物复杂得多，具有精确的发育程序和大量分化的特殊细胞群。与原核生物相比，真核生物的基因表达调控要复杂得多。可以发生在转录前水平、转录水平、转录后水平、翻译水平和翻译后水平等多种不同层次。

1. 转录前水平的调控　转录前水平的调控又称为 DNA 水平的调控，是通过改变基因组中有关基因的数量、结构顺序和活性而控制基因的表达。这一类的调控机制包括基因的扩增、基因重排或染色体 DNA 的修饰（如 DNA 碱基的甲基化和去甲基化）、异染色质化、染色体丢失，其中有些改变是可逆的。

2．转录水平的调控 跟原核生物一样，真核生物基因表达最经济、最主要的调控环节也是在转录水平上。

1）真核基因表达调控的顺式作用元件 顺式作用元件是指 DNA 分子上对基因表达有调节活性的特定核苷酸序列。顺式作用元件的活性只影响同一 DNA 分子上的基因。这种 DNA 序列多位于基因上游或内含子中。真核基因的顺式作用元件按其功能可以分为：启动子、增强子（enhancer）和沉默子（silencer）。

（1）启动子。启动子是转录因子和 RNA 聚合酶的结合位点，位于受其调控的基因上游，邻近基因转录起始点，是基因的一部分。原核基因的启动子一般只有 2 个元件，－10 位置的 TATA 序列和－35 位置的 TTGACA 序列，而真核基因的启动子则有 3 个元件，包括：①TATA 框（TATA box），中心位于－30 位置，是 RNA 聚合酶Ⅱ识别和结合位点，富含 AT 碱基，一般有 8bp，改变其中任何一个碱基都会显著降低转录活性。②CAAT 框（CAAT box），位于－70～－80 位置，共有序列 GGCC（T）CAATCT，决定启动子的起始频率。例如，兔的 β 珠蛋白基因的 CAAT 框变成 TTCCAATCT，其转录效率只有原来的 12%。③GC 框（GC box）：－110 位置，GGGCGG，可增强转录活性。有些真核生物基因具有两个或两个以上的启动子，用于在不同细胞中表达。不同启动子可产生不同的初级转录物和不同的蛋白质编码序列。

（2）增强子。增强子是一种远端调控元件，至少距转录起始点上游 100bp，通常位于－1000～－700 处，所以又称为上游激活序列。增强子区的跨度一般有 100～200bp，和启动子一样，由一个或多个各具特征的 DNA 序列组成，常由 8～12bp 的核心序列和其他序列相间排列。增强子也要通过与特定的蛋白质因子（转录因子）结合而实现其对转录的增强作用。

（3）沉默子。沉默子是一种类似增强子但起负调控作用的顺式作用元件。沉默子与相应的反式作用因子结合后，可以使正调控系统失去作用。

2）真核基因表达调控的反式作用因子 能直接或间接识别各种顺式调控元件并与之结合从而调控基因转录效率的各种蛋白质分子称为反式作用因子。能激活真核生物基因转录的蛋白质称为转录因子。转录因子是参与正调控的反式作用因子，是转录起始过程中 RNA 聚合酶所需要的辅助因子。这类 DNA 结合蛋白有很多种，顺式调控元件也有多种，正是不同的 DNA 序列和不同的 DNA 结合蛋白之间在空间结构上的相互作用，以及蛋白质与蛋白质之间的相互作用，构成了复杂的基因转录调控机制。

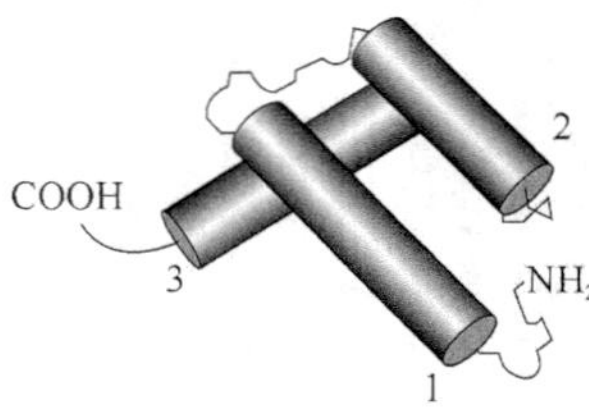

图 14-16 螺旋-转角-螺旋结构

反式作用因子一般都具有三个不同功能结构域：①与 DNA 结合结构域，即与顺式调控元件结合的部位。对大量转录调控因子结构的研究表明，DNA 结合结构域大多在 100bp 以下，常见的结构域有以下几种：螺旋-转角-螺旋结构（图 14-16）、锌指结构（图 14-17）、亮氨酸拉链结构（图 14-18）等。②激活基因转录的功能结构域。一般由 20～100 个氨基酸组成，含有很多带负电荷的 α 螺旋、富含谷氨酰胺或者富含脯氨酸。有时一个反式作用因子可能有一个以上的转录激活区。③与其他蛋白质因子结合的结构域。不同的反式调控因子（转录因子）与顺式调控元件相互作用，启动转录的效率不同。

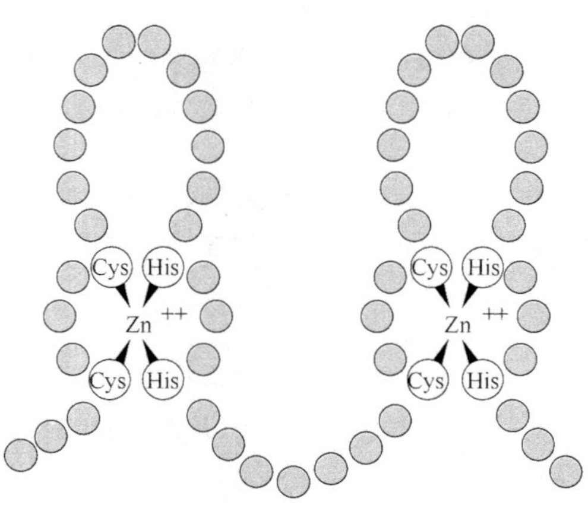

图 14-17 锌指结构

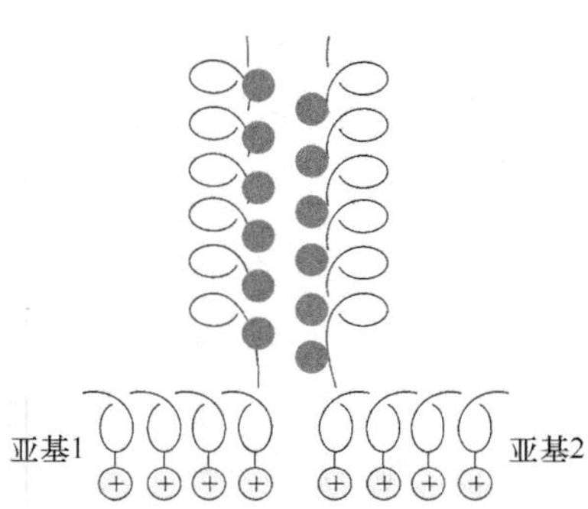

图 14-18 亮氨酸拉链结构

3．转录后水平的调控 在真核生物中，蛋白质基因的转录产物统称为核内不均一 RNA，必须经过加工才能成为成熟的 mRNA 分子。加工过程包括 3 个方面：加帽、加尾和去掉内含子。同一初级转录物在不同细胞中可以用不同方式切割加工，形成不同的成熟 mRNA 分子，使翻译成的蛋白质在含量或组成上都可能不同。转录后的内含子剪切过程在基因表达的调控中具有重要意义。

4．翻译水平的调控 在真核生物中，基因表达的调控主要发生在转录水平上。但是，翻译水平的调控也是十分重要的。阻遏蛋白与 mRNA 结合，可以阻止蛋白质的翻译。例如，铁蛋白的功能是在细胞内贮存铁。铁蛋白 mRNA 的翻译取决于铁的供应。铁供应充足，则铁蛋白合成就多。当细胞中没有铁时，阻遏蛋白与铁蛋白 mRNA 结合，阻止翻译的进行。当细胞中有铁存在时，阻遏蛋白就不与铁蛋白 mRNA 结合，使翻译得以进行。

5．翻译后水平的调控 从 mRNA 翻译成蛋白质，并不意味着基因表达的调控就结束了。直接来自核糖体的线状多肽链是没有功能的，必须经过蛋白质折叠、切割、化学修饰等方式加工才具有活性。

1）蛋白质的折叠 线性多肽链必须折叠成一定的空间结构，才具有生物学功能。在细胞中，蛋白质必须在伴侣蛋白的作用下才能完成折叠。

2）蛋白酶的切割 在蛋白质的前体分子中，有一些肽段是蛋白发挥功能所不需要的，在成熟的分子中不存在。这些肽段的切除是在专一性的蛋白水解酶的作用下完成的。例如，胰岛素原通过蛋白酶的水解作用，去除了分子内部的连接肽（C 肽），得到由 51 个氨基酸残基组成的有生物活性的胰岛素。

3）蛋白质的化学修饰 简单的化学修饰是将一些小的化学基团，如乙酰基、甲基、磷酸基加到氨基酸侧链上，或者加到氨基端或羧基端。这种修饰的方式是特异的，不同蛋白质可以有完全相同的修饰，相同的蛋白质可以有完全不同的修饰。有些蛋白质经磷酸化活化以后，在基因表达中具有重要的调控作用。复杂的修饰是蛋白质的糖基化，就是将一些分子量很大的糖类加到多肽链上。

4）切除蛋白质内含肽 有些 mRNA 翻译的最初产物同 DNA 转录的最初产物一样，具有内含肽，位于多肽链序列的中间，经剪接后，蛋白质的外显肽才能连接成为成熟的蛋白质。

四、细胞水平调节

细胞具有极为精细的结构。真核生物的细胞还具有由膜包围的各种细胞器，如核、内质网、线粒体、高尔基体和溶酶体等。细胞中的各类酶在合成后立即定位于细胞的特定部位，在细胞中分布在不同的空间，使得酶催化的代谢反应既可以有条不紊、互不相扰、协调配合地进行，同时也会受到精确的调节。细胞水平的调节主要是指生物膜对代谢的调节作用，可以概括为以下几方面。

（一）内膜系统对代谢途径的分隔作用

内膜系统将细胞分为许多功能特异的分隔区，对代谢进行精细的调节，主要表现在以下几方面：①这些分隔区成为分开的亚细胞反应器，其内包含一套浓集的酶类和辅助因子，因而有利于酶促反应的进行。②内膜的分隔使不同代谢途径的酶区域化分布，因此代谢途径也具有区域化的特性。这种区域化可防止互不相容或竞争性的酶促反应彼此间的干扰。例如，脂肪酸代谢中乙酰 CoA 的分解代谢在线粒体内进行，而以乙酰 CoA 为原料的脂肪酸合成则是在胞质溶胶内进行。又如，在胞质溶胶和内质网膜表面的核糖体上合成所需的蛋白质，而在溶酶体中水解不需要的蛋白质。③这种区域化分布还为代谢调节创造了有利条件。例如，由于膜的限制性，即使终产物稍微累积造成局部浓度过高时，也可以近距离对关键酶产生反馈抑制作用。

（二）细胞膜控制细胞内外物质运输的作用

细胞膜具有高度的选择透过性，它通过不断吸收外界环境中的营养成分，并排出代谢废物，来维持细胞内环境的恒定。细胞器也在不断进行着代谢底物的吸收和代谢产物的转移工作。细胞膜和细胞器膜中特有的运输系统可以控制底物进入细胞或细胞器，调控它们与周围环境进行物质交换以调节物质代谢过程。实验证明，胰岛素之所以具有降低血糖，促进肌肉和脂肪细胞中糖的利用、糖原合成和糖转变为脂肪的作用，其根源在于胰岛素能够促进肌肉及脂肪细胞对葡萄糖的主动运输。

（三）细胞膜的信号转导作用

细胞膜的信号转导属于生物体信号转导系统的主要组成部分。生物信号有激素、神经递质、生长因子和细胞因子 4 种，研究最清楚的是激素的转导作用。细胞膜信号转导对代谢调节起很重要的作用。

五、激素调节

激素（hormone）是由动物、植物的特定细胞或组织合成，含量甚微，经体液运送至特定的部位调控各种物质代谢和生理活性的一类化学物质。根据产生激素的生物体种类，可将激素分为动物激素和植物激素。根据分子结构的不同，动物激素又可以分 3 类：①含氮激素，包括氨基酸衍生物类激素（如肾上腺素和甲状腺素）、蛋白质类激素（如生长激素和胰岛素）和肽类激素（如加压素、催产素）；②类固醇衍生类激素（如肾上腺皮质激素和性激素）；③脂肪酸衍生物激素（如前列腺素）。植物激素可分为生长素、赤霉素、细胞分裂素、脱落酸和乙烯五大类。它们的主要功能详见表 14-4。

表 14-4 常见动植物激素及其代谢功能

名称	分泌部位	代谢功能
		动物激素
含氮激素		
甲状腺素	甲状腺	促进糖、蛋白质、脂类、盐代谢及基础代谢
肾上腺素	肾上腺髓质	促进糖原分解、血糖升高、毛细管收缩；促进脂肪、氨基酸分解
生长激素	腺垂体	促进 DNA、RNA 和蛋白质合成，促进氨基酸进入细胞；使器官生长发育正常；抑制肌肉和脂肪组织利用葡萄糖，促进糖异生
胰岛素	胰岛 β 细胞	促进糖利用、糖原合成、氨基酸转移
胰高血糖素	胰岛 α 细胞	促进糖原分解，使血糖升高
类固醇衍生类激素		
皮质酮	肾上腺皮质	调节糖代谢、矿物质平衡和保持体内的离子浓度，促进体内钾排出
皮质醇	肾上腺皮质	促进肝糖原合成、蛋白质分解代谢、糖异生
雌酮	卵巢	促进靶组织蛋白质合成，减少葡萄糖利用，促进胆固醇降解、水钠潴留
睾酮	睾丸	促雄性器官发育，促蛋白质合成
脂肪酸衍生物激素		
前列腺素	前列腺	对内分泌、生殖、消化、呼吸、泌尿、神经系统和心血管等均有作用
		植物激素
生长素		促进植物细胞的伸长
赤霉素		促进植物细胞生长
细胞分裂素		促进植物细胞分裂
脱落酸		促进植物离层细胞成熟，促进器官脱落
乙烯		促进植物器官的成熟

激素通过对细胞间或组织间酶和其他活性物质合成的控制，实现对机体代谢的调控。激素作用于靶细胞、组织或器官后，可引起一系列复杂的生化反应。下面以蛋白质和肽类激素的作用机制为例说明。

蛋白质和肽类激素从内分泌腺分泌后，经体液循环运送至靶细胞，但一般不进入靶细胞内部，而是通过作用于细胞膜上的受体来激活一系列的反应。激素与细胞膜上的特异受体结合后，激活靶细胞膜上的腺苷酸环化酶，促使细胞内的 ATP 转变为 cAMP，然后通过 cAMP 将信息传送给靶细胞内某种酶系而起到调节作用。因此，常将激素称为“第一信使”，将 cAMP 称为“第二信使”。例如，肾上腺素促进肝糖原降解的反应过程中，微量的肾上腺素到达靶细胞，肾上腺素与受体结合后，受体被激活而作用于细胞膜内面的腺苷酸环化酶，腺苷酸环化酶被激活而催化 ATP 转化为 cAMP。cAMP 的作用是激活细胞质中的蛋白质激酶。活化的蛋白质激酶通过 ATP 的供能（磷酸化）而使磷酸化酶激酶活化，活化的磷酸化酶激酶又通过 ATP 的供能而使磷酸化酶活化，而一旦有了活化的磷酸化酶，糖原就可水解成葡萄糖了（图 14-19）。肾上腺素通过促进肝脏和肌肉组织中的糖原分解而抑制糖原合成，使血糖水平升高。动物体产生的胰高血糖素、甲状旁腺激素等也均为此作用机制。

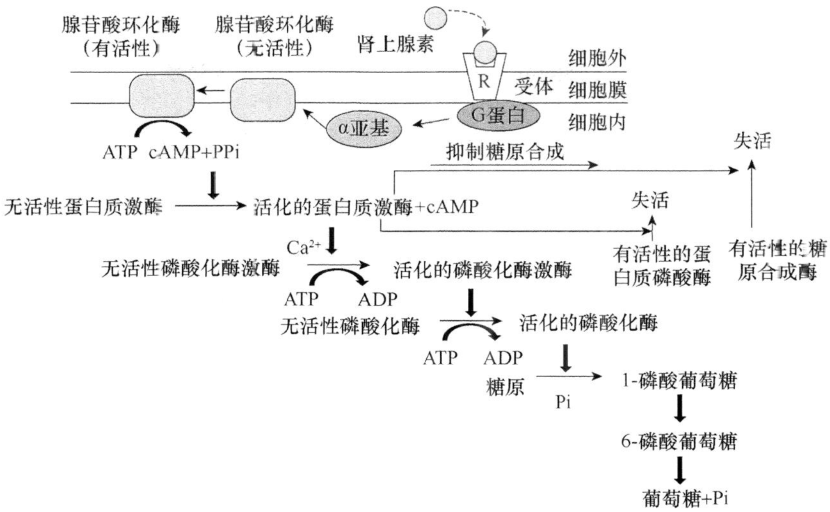

图 14-19　肾上腺素调节糖原分解

六、神经系统调节

神经系统是动物机体内起主导作用的系统，分为中枢神经系统和周围神经系统。神经系统对代谢的调节表现在 2 个方面：①内分泌系统受神经系统控制，即神经系统通过调节内分泌腺对激素的分泌而发挥调节作用；②直接或间接影响代谢反应，如人在精神紧张或遇到意外刺激时，肝糖原即迅速分解使血糖含量增加。神经系统的调节具有整体性特点，它通过调整机体功能活动，使机体适应不断变化的外界环境，维持机体与外界环境的平衡，通过控制其他各系统的功能活动，使机体成为一个完整的统一体。绝大多数激素的合成和分泌是直接或间接地受到神经系统的支配，因此激素调节也离不开神经系统的调节。

当高等动物处于精神兴奋状态时，高等动物的丘脑下部和延脑的交感神经中枢受到刺激，由神经细胞（或称神经元）的电兴奋引起的动作电位或神经脉冲可导致血液中血糖浓度升高。损伤丘脑下部可引起肥胖症，如实验动物摘除了大脑两半球后，肝脏中的脂肪含量增加。多数情况下，神经系统对代谢的控制主要是通过交感神经和副交感神经来完成，进而影响各内脏系统及各内分泌腺，最终改变它们的物质代谢。例如，中枢交感神经支配肾上腺髓质以分泌肾上腺素，中枢迷走神经刺激胰岛的 β 细胞以分泌胰岛素。当实验动物的大脑皮层处于兴奋或者抑制状态时，甲状腺的活动分别处于增强或减弱状态。此外，中枢神经系统也可以间接调节代谢过程。例如，神经系统的指令首先传到丘脑下部，产生促激素释放激素（或抑制激素），再作用于垂体，使其产生促激素，垂体产生的促激素通过血液运输到相应的内分泌腺而产生激素，最后激素再作用于靶细胞，引起代谢变化。甲状腺素、性激素、肾上腺皮质激素、胰高血糖素等的分泌都属于这种调节方式。

思政案例

生物大分子的“联系”观

老子的辩证法思想认为世间万物存在相互依存、相互联系、相互作用、相互转化的关系，它们之间的关系既是相对又是合理统一的。生物机体的 4 种主要生物大分子糖类、脂类、蛋白质和核酸之间的关系也是如此。糖类与脂类在体内可以相互转变，糖类与蛋白质在体内也可以实现相互转化，脂类分解代谢的产物可以用于合成氨基酸的碳链结构，蛋白质也可以转变为脂类，核酸控制蛋白质的合成，而核酸与糖类、脂类和蛋白质代谢过程关系十分密切。

世界是多样性的，统一的。核酸与糖类、脂质和蛋白质之间，必然存在着区别与联系。6-磷酸葡萄糖、丙酮酸和乙酰 CoA 这三个最为关键的中间代谢物可以将不同的代谢途径联系起来，构成一个复杂的代谢网络，形成统一的整体。在生活中，我们在人与人相处中也要尽可能地做到求同存异，做到“各美其美，美人之美，美美与共，天下大同”，和谐发展。

本章小结

生物体是一个统一的整体，各种物质代谢密切联系、相互影响。其中，糖酵解途径和三羧酸循环在联系各物质代谢途径中处于中心地位。糖的有氧分解途径是糖类、脂类、氨基酸和核苷酸等各种物质分解代谢的共同归宿，也是它们之间相互联系和转变的共同枢纽。

生物调节代谢主要在基因水平、细胞水平、酶水平、激素水平和神经水平上进行。酶水平的调节是最基本、最关键的调节方式，主要通过酶的区域化、变构作用、共价修饰等对关键酶的活性进行调节，以及通过基因水平对酶含量进行控制。生物进化程度越高，调节系统越复杂，调节方式越多样。对简单的单细胞生物，只能通过细胞水平、酶水平、基因水平来调节细胞内的代谢。

原核生物基因表达的调节方式为操纵子调节，操纵子主要通过负性调节、正性调节和衰减作用进行调控。真核生物基因表达的调节方式主要包括转录前水平、转录水平、转录后水平、翻译水平和翻译后水平的调节等。细胞水平的调节主要表现在内膜系统对代谢途径的分隔、细胞膜控制细胞内外物质运输及细胞膜的信号转导等作用。在动物和植物体内，通过激素调节机制实现对机体代谢的调控。高等动物还可以通过整体水平上的神经系统和感觉器官，控制细胞内的代谢反应并维持机体对外界环境的适应。激素调节和神经调节也需要通过酶水平的调节来发挥作用。

思考题

1．简述生物体内糖类、脂类、蛋白类和核酸代谢的联系及互相影响。

2．生物体代谢调节的方式有哪些？

3．糖、脂类代谢是通过哪些中间代谢物联系起来的？

4．什么是操纵子?其调节过程是如何进行的？

5．大肠杆菌乳糖操纵子受哪些调节，如何调节？

6．大肠杆菌色氨酸操纵子受哪些调节，如何调节？

7．反馈抑制主要有哪几种类型？各类型之间有什么区别？

8．举例说明 NAD^+/NADH 和能荷水平对代谢的调节作用。

9．细胞水平的调节作用包括哪几个方面？

10．如何理解神经调节的整体性？

部分参考答案

第三篇

现代生化技术的应用

第十五章 现代生化技术在食品中的应用

在生物化学及其相关学科应用的各种技术均可称为生化技术，涉及的研究对象为生物体内的物质及其代谢产物，特别是生物大分子的分离、检测、制备与改造技术。目前应用较多的主要是沉淀、电泳、色谱等分离技术及基因重组、DNA 分子探针、DNA 图谱等基因技术。基于传统生物化学技术发展起来的现代生物化学技术被广泛应用于食品领域，不仅提高了生产效率，且在功能食品的开发、加工工艺的改进及食品营养成分的改善等方面均发挥越来越重要的作用。

第一节 现代生化分离技术在食品中的应用

分离是食品工程领域中的一个重要操作单元，它根据被分离物料理化性质的不同采用相应的技术手段，实现食品中不同组分的分离。生化分离技术是指生物原料经提取、分离、加工、精制成为产品的过程中所采用方法和手段的总称。现代分离技术主要是相对沉淀分离技术、离心分离技术和色谱分离技术等传统技术而言，伴随着近年来新材料、新工艺及新方法的迅速发展而出现的新型分离技术，主要包括萃取技术、膜分离技术和离子交换分离技术等。

一、萃取技术

（一）萃取技术的原理

萃取，一种分离混合物的单元操作。萃取又称溶剂萃取或液液萃取，亦称抽提，是利用系统中组分在溶剂中溶解度不同来分离混合物的单元操作。换而言之，萃取是利用物质在两种互不相溶（或微溶）的溶剂中溶解度或分配系数的不同，使溶质物质从一种溶剂内转移到另外一种溶剂中的方法。萃取技术根据参与溶质分配的两相不同而分成固-液萃取和液-液萃取两大类。固-液萃取（浸取）用溶剂分离固体混合物中的组分，如用水浸取甜菜中的糖类；用乙醇浸取黄豆中的豆油。虽然萃取经常被用在化学试验中，但它的操作过程并不造成被萃取物质化学成分的改变（或说发生化学反应），所以萃取操作是一个物理过程。

（二）萃取技术主要方法

萃取技术主要包括溶剂萃取（solvent extraction）技术、微波萃取（microwave extraction）技术、双水相萃取（aqueous two-phase extraction）技术、超声波辅助萃取（ultrasound assisted extraction，UAE）技术、反胶束萃取（reverse micelle extraction）技术及超临界流体萃取（supercritical fluid extraction，SFE）技术等。每种萃取技术各有特点，适用于不同种类生物代谢产物的分离提纯，其中超临界流体萃取技术和微波萃取技术应用最为广泛。

1. 溶剂萃取技术 溶质在溶剂中的溶解度取决于两者分子结构和极性的相似性，相似则相溶。通常选择萃取能力强、分离程度高的溶剂，并要求溶剂的安全性好、价格低廉、易回收、黏度低及界面张力适中。若目标成分是偏于亲脂性的物质，一般多用如苯、氯仿或乙醚等亲脂性有机溶剂进行两相萃取。若目标成分是偏于亲水性的物质，就需要用如乙酸乙酯、丁醇等弱亲脂性溶剂。还可以在氯仿、乙醚中加入适量乙醇或甲醇以增大其亲水性。

用有机溶剂萃取水相中的目标成分时，应调节水相的温度、pH、盐浓度等，以提高萃取效果。萃取时水相温度应为室温或低于室温。用有机溶剂萃取水相中的有机酸时，应先将水相酸化。反之亦然，用有机溶剂萃取水相中的有机碱时，应先将水相碱化。在水相中加入氯化钠等盐类，可降低有机化合物在水相中的溶解度，增加其在有机溶剂相中的量。在溶剂萃取时加入去乳化剂，可防止操作引起的乳化现象和分离困难。常用的去乳化剂为阳离子表面活性剂溴代十五烷基吡啶或阴离子表面活性剂十二烷基苯磺酸钠。有机溶剂萃取主要包括萃取和分离两大步骤。溶剂萃取方法有单级萃取、多级错流萃取和多级逆流萃取三种。萃取设备有搅拌罐、脉动筛板塔、转盘塔等。溶剂萃取法可进行工业化生产，操作简单，产物回收率中等，但使用溶剂量大，安全性较差。

2．微波萃取技术　微波萃取技术又称微波辅助提取技术，是以电磁波（波长为1mm～1m）为主的一种萃取方式，是利用吸收性、穿透性及反射性原理来对目标物质进行有选择性地吸收、利用，从而被加热的过程。各种食品中存在的极性分子在微波的作用下极容易出现迅速活化的现象，从而造成分子之间的大量碰撞，使其在短期内迅速升温。可以通过改善微波辐射频率和功率来达到高萃取速率和选择性萃取某种组分的目的。微波萃取的一般工艺流程如图15-1所示。

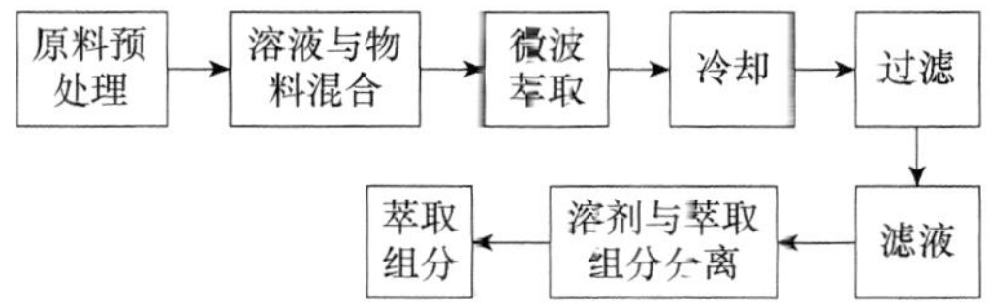

图15-1　微波萃取一般工艺流程

影响微波萃取的因素主要有温度、时间、基体物质的含水及溶剂的极性。①萃取温度：主要考虑萃取温度要低于萃取物熔点的温度和对所萃取物质的影响（如热敏性物质）。②萃取时间：与被测物样品量、溶剂的体积和加热功率有关，一般在10～100s。在微波萃取过程中，一般加热1～2min。基体物质的含水量对回收率影响很大。正因为动植物物料中含有水分，才能有效吸收微波能并且产生温度差。③溶剂的极性：用于微波萃取的溶剂有甲醇、乙醇、异丙醇、丙酮、二氯甲烷、正己烷及异辛烷等。④溶剂的极性对萃取效率的影响很大，不同的基体所选用的溶剂有所不同。

微波萃取特点：产品质量高，可在低温下短时完成，利于功能性和挥发性成分的萃取，对原料中其他组分基本没有破坏作用；热效率及能量利用率高；迅速省时，能穿透萃取溶剂和物料，使萃取体系均匀加热，迅速升温，只需要短短的几分钟时间就可以达到过去传统萃取技术几个小时才能达到的预热效果和萃取效益。

3．双水相萃取技术

1）*原理*　双向萃取是利用水溶性聚合物之间或者水溶性聚合物与无机盐之间，在一定条件下可以形成互不相溶的两个水溶液相，由于被分离物质在两个相中分配不同而进行萃取的方法。当高分子浓度超过一定阈值时，由于它们的亲疏水性不同，溶液会自发地形成更疏水的上相和更亲水的下相组成的体系。通常用两种高分子“不相溶”来表明它们的溶液混合后可以分相的特性。两种“不相溶”的高分子溶液混合后形成的互不相溶的两相称为双水相。在双水相系统中，蛋白质（酶）、RNA、抗生素、病毒、细胞及生物粒子等组分在两相中的溶解度不同、分配系数不同，所以可通过双水相萃取达到分离。目前最常用的双水相系统：聚乙二醇（PEG）-葡萄糖（DEX）-水体系主要用于蛋白质、酶和核酸的分离；聚乙二醇（PEG）-盐-水体系用于生长素、干扰素等的萃取。影响萃取分离效果的主要因素为组分在双水相体系中的分配系数的大小。组分在两相中的分配系数的决定因素包括：①两相的组分；②高分子化合物的相对分子质量、浓度和极性等；③两相溶液的比例；④温度；⑤pH等。

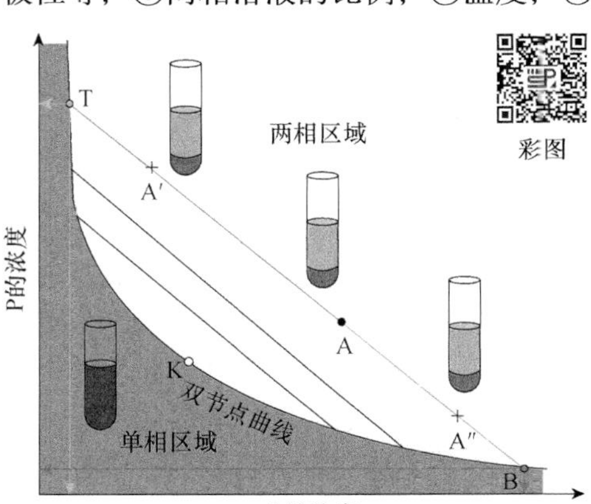

彩图

图15-2　P和Q两种高分子形成的双水相体系的相图示意图（引自吕敏等，2020）

2）*操作过程*　双水相萃取主要包括四个步骤。第一步：选择双水相系统的溶质。选择依据是分离物质和杂质的溶解特性。第二步：制备双水相系统。这是双水相萃取的关键步骤，即配制好浓度适宜的溶液和确定两种溶液的比例。一般是将两种溶质分别配制成一定浓度的水溶液，然后将两种溶液按照不同的比例混合，静置一段时间，当两种溶质的浓度超过某一浓度范围时，就会产生两相。两相中两种溶质的浓度各不相同。在双水相系统中，水的含量一般很高，达到80%以上。第三步：相图的制作。双水相形成的条件和定量关系可用相图表示（图15-2），对于两种聚合物（P和Q）和水相组成的系统，只有当溶质P和溶质Q的浓度达到一定时，才能形成双水相。将相图分为两个区域的曲线称为双节点曲线，所有位于双节点曲线以上区域内的点（如A′、A″等）所代表的混合溶液都会分相；相反，所有位于双节点曲线之下的点所代表的混合溶液都不能分相。曲线上的空心点K为体系的临界点。处于双节点曲线上的任何一个点所代表的溶液组成均为溶液分相的临界条件，即为准临界点。假定混合液的组成可用相图中A点表示，处于平衡状态时，它的上相和下相的组成可分别用图中的点T和点B表示。B和T称为节点，它们均位于双节点曲线上，连接上下相组成的线段BT称为节点线。处于同一个节点线上的任何点（如A、A′和A″）所代表的双水相体系，它的上相和下相的成分都是固定的（分别由T点和B点表示），变化的是它们的上、下相的体积比。对于A点所表示的双水相体系，它的上、下相的体积比等于线段AB长度与线段AT长度的比值。第四步：萃取分离。将欲分离的混合物加进双水相系统中，充分搅拌，使之混合均匀。静置一段时间，混合物的组分按照不同的分配系数分配到两相之中。达到平衡后，通过离心或者其他方法将两相分开，收集，使混合物中的组分得以分离。然后再结合其他生化分离方法，从分开的两相中进行进一步的分离纯化，获得所需的目的产物。图15-3为双水相萃取过程示意图。

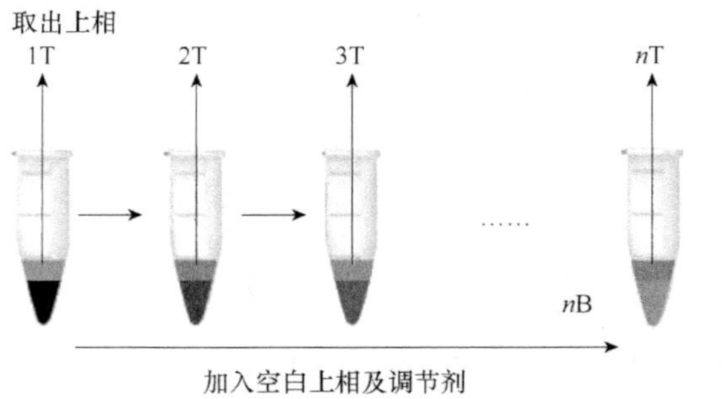

图15-3　双水相萃取过程示意图（引自陈少闯等，2022）

T表示上相；B表示下相；*n*表示第*n*个分离步骤取出的相

双水相萃取优势主要体现在三个方面。第一，易于放大。双水相体系的分配系数仅与分离体积有关，各种参数可以按比例放大而产物收率并不降低，这是其他过程无法比拟的。这一点对于工业应用尤为有利。第二，分离迅速。双水相系统（特别是聚合物/无机盐系统）分相时间短，传质过程和平衡过程速度很快，因此相对于这些分离过程来说，能耗较低，而且可以实现快速分离。第三，条件温和。双水相的界面张力大大低于有机溶剂和水相之间的界面张力，整个操作过程可以在温室下进行，有助于保持生物活性和强化相际传质。既可以直接在双水相系统中进行生物转化，以消除产物抑制，又有利于实现反应与分离技术的耦合。

4. 超声波辅助萃取技术　超声波辅助萃取亦称为超声波萃取（UE）、超声波提取，其利用超声波辐射压强产生的强烈空化效应、扰动效应、高加速度、击碎及搅拌作用等多级效应，增大物质分子运动频率和速度，增加溶剂穿透力，从而加速目标成分进入溶剂，促进提取的进行。超声波是指频率为0.02～1.00MHz的电磁波，是一种机械波，需要能量载体——介质来进行传播。其穿过介质时会产生膨胀和压缩两个过程。超声波能产生并传递强大的能量，给予介质极大的加速度。这种能量作用于液体时，膨胀过程会形成负压。超声波可以在液-液、液-固两相，多相体系，表面体系以及膜界面体系产生一系列的物理化学作用。这些作用能提供更多活性中心，可促进两相传质之间维持浓度梯度，促进反应。超声波的空化效应、热效应和机械传质效应是超声技术在提取应用中的三大理论依据。

与常规萃取技术相比，超声波辅助萃取技术特点如下：萃取无需高温，效率高，特别适合热敏性、易水解、易氧化有效成分的萃取；常压萃取安全性好，操作简单易行；超声波具有一定的杀菌作用，萃取液不易变质等。超声波辅助萃取技术在食品工业中主要应用于油脂萃取、蛋白质萃取和多糖萃取等。

5. 反胶束萃取技术

1）*原理*　反胶束萃取是一种利用胶束将组分分离的技术。反胶束（reverse micelle）又称反胶团，是指表面活性剂分散于连续有机相中形成的纳米尺寸的一种聚集体（10～100nm），反胶束溶液是透明的、热力学稳定的系统。

反胶束萃取是将表面活性剂添加到水或有机溶剂中，使其浓度超过临界胶束浓度（即胶束形成时所需表面活性剂的最低浓度），表面活性剂就会在水溶液或有机溶剂中聚集在一起而形成聚集体，这种聚集体即为胶束。在水溶液中形成的聚集体，极性基团向外，与水接触，非极性基团向内，形成一个非极性核，称为正胶束。若将表面活性剂添加在有机溶剂中，当其浓度超过临界胶束浓度时，表面活性剂的亲水极性头自发向内，形成一个极性核，疏水非极性尾向外，与非极性的有机溶剂接触，形成含有极性核的聚集体即为反胶束。

2）*操作过程*　反胶束萃取过程主要包括四步。

第一，表面活性剂与有机溶剂选择。依据欲分离组分的特性选择表面活性剂与有机溶剂。常用的表面活性剂有丁二酸-2-乙基己基酯磺酸钠（AOT）、十六烷基三甲基溴化铵（CTAB）和三辛基甲基氯化铵（TOMAC）等。常用的有机溶剂有异辛烷、正辛烷等脂肪烷烃。目前在反胶束萃取蛋白质研究中，常用的表面活性剂及相应有机溶剂见表 15-1 所示。

表 15-1 表面活性剂与相应有机溶剂

表面活性剂	有机溶剂	表面活性剂	有机溶剂
AOT	异辛烷、环己烷、四氯化碳、苯	Triton X-100	环己烷、正辛醇
CTAB	正己烷、正辛烷	Tween-85	异丙醇、正己烷
TOMAC	环己烷	Brij56	辛烷
SDS	异丙酮、环己烷		

第二，反胶束的形成。将一定量的表面活性剂添加到有机溶剂中，搅拌混合，静置一段时间，表面活性剂就会形成反胶束。

第三，萃取。在适宜的条件下，将含有目标物的水溶液与反胶束体系混合均匀，静置一段时间，将目的物萃取到反胶束中。反胶束中有机溶剂包裹着水形成“水池”，具有增溶蛋白质、酶、氨基酸等极性物质的能力。在提取过程中，生物大分子被包封在反胶束中，避免了与有机溶剂直接接触而发生变性。水溶性生物分子溶解在反胶束的“水池”中，称为前萃（forward extraction）；将前萃液与另一水相接触，改变水相条件（如 pH、离子种类或离子浓度等），使目标产物从反胶束转移到水相的过程，称为后萃（backward extraction），具体过程见图 15-4。

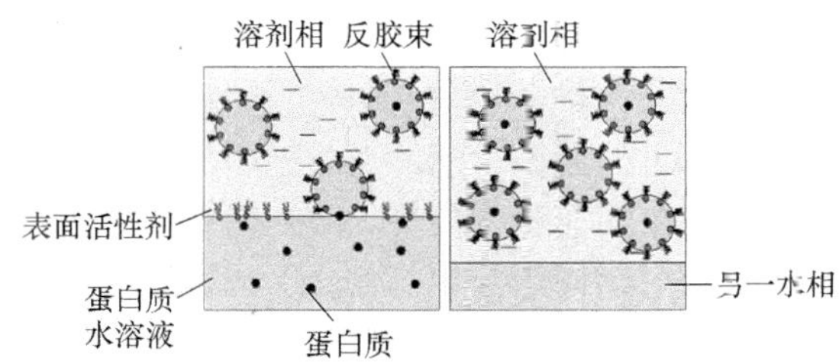

图 15-4 反胶束前萃和后萃过程（引自孙雪等，2020）

第四，反萃取。萃取完成后，将反胶束与水溶液分离，在适宜条件下，再将含有目的物（蛋白质等）的反胶束与反萃取缓冲液混合，目的物从反胶束中转移到缓冲液中。然后将反胶束分离，从缓冲液中获得所需的分离产物。反萃取的条件和萃取时的条件正好相反，对于由阴离子表面活性剂组成的反胶束系统，要控制反萃取缓冲液的 pH 高于蛋白质等两性电解质的等电点，此时两性电解质带负电荷，通过静电排斥作用，使两性电解质从反胶束中转移到水相中；增加离子强度，有利于将反胶束内的物质反萃取出来。

反胶束萃取法具有选择性高、能耗低、提取条件温和、易工业化生产及有效防止提取物失活和变性等优点，可广泛应用于生物大分子，如氨基酸、蛋白质、核酸等分离和纯化。例如，邢要非等（2013）利用反胶束萃取技术，以棉籽仁为原料，同时分离油脂和蛋白质。油脂溶于有机溶剂，蛋白质溶于反胶束的水相中，其他残渣则通过离心去除，得到的棉籽蛋白不再是制油后混有残渣的棉籽粕，而是高纯度蛋白质。

6．超临界流体萃取技术

1）原理　超临界流体萃取又称为超临界萃取，是利用欲分离物质与杂质在超临界流体中的溶解度不同而达到分离的一种萃取技术。物质在不同的温度和压力条件下可以以不同的形态存在，如固体、液体、气体、超临界流体等。超临界流体（supercritical fluid，SF）是处于临界温度和临界压力以上的非凝缩性高密度流体。处于临界状态时，气-液两相性质非常相近，以致无法分别，所以称为超临界流体。超临界流体没有明显的气-液分界面，是一种气、液不分的状态，性质介于气体和液体之间，具有优异的溶剂性质，黏度低，密度大，有较好的流动、传质、传热和溶解性能。流体处于超临界状态时，其密度接近于液体密度，并且随流体压力和温度的改变发生十分明显的变化，而溶质在超临界流体中的溶解度随超临界流体密度的增大而增大。超临界流体萃取正是利用这种性质，在较高压力下将溶质溶解于流体中，然后降低流体溶液的压力或升高流体溶液的温度，使溶解于超临界流体中的溶质因流体密度下降、溶解度降低而析出，从而实现特定溶质的萃取。与一些传统的提取方法相比较，超临界流体萃取技术具有更高效、更环保、更节能、易控制等优点。

2）操作过程　超临界流体萃取的工艺过程由萃取和分离 2 个步骤组成。超临界流体萃取装置主要包括高压泵、萃取罐、温度和压力控制系统、分离罐和吸收器，其他辅助设备包括阀门、辅助泵、流体贮罐换

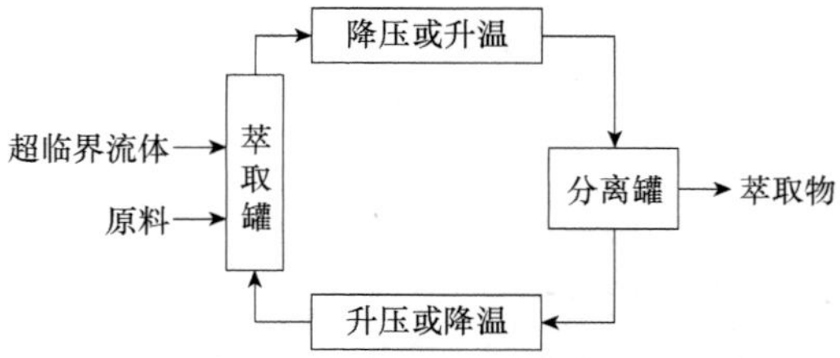

图 15-5 超临界流体萃取工艺过程

热器等。萃取在萃取罐中进行，将原料装入萃取罐，通入一定温度和压力的临界流体，将欲分离的组分萃取出来；经过降压或升温，使目标物在超临界流体中的溶解度降低，然后进入分离罐，将目标物与超临界流体分离。经过分离的超临界流体再经过升温或降温后进入萃取罐循环使用，如图 15-5 所示。

超临界流体萃取首先是萃取溶剂的选择。常用的超临界流体萃取技术溶剂有 CO_2、乙烯、乙烷、丙烯、氨及水等。乙烯、乙烷等溶剂对人体有害，多用于食品以外的其他工业。CO_2 无毒、无害、无腐蚀性，容易获取、价格低廉，且临界压力和临界温度较低，能在低温下进行分离萃取，且易与化合物分离，是食品领域常用的超临界萃取剂。

超临界流体萃取过程中的萃取是将含有目标物的原料装进萃取罐，通入一定温度和一定压力的超临界流体，将目标物从原料中萃取出来。萃取完成后，再在一定条件下将目标物与超临界流体分离，以获得所需的目标产物。用于超临界流体萃取的流体必须是惰性物质，即不与欲分离物质发生反应，无毒无害，具有适宜的超临界温度和超临界压力，在不同的温度和压力下具有良好的萃取选择性等。

分离工艺主要包括等压分离、等温分离和吸附分离 3 种。超临界流体萃取技术是一种新型分离萃取技术，与传统的液-液萃取法相比，具有如下特点：操作温度低，这在萃取热敏性物质时优势明显；得到的萃取物不会引入溶剂中的有害物质，同时减少了环境污染；萃取的能耗低，效率高；可采用挥发性大的无毒的气体（如 CO_2）作溶剂，无毒无臭，具备良好的安全性，又可以循环使用降低成本；由于可以根据条件对压力和温度择一进行调节，故工艺简单。但是超临界流体选择性不够高，难以提取含强极性物质和分子量大的物质，因此需要加入含极性基团的夹带剂来改进，夹带剂的使用会伴随着一定的残留问题，如何减少夹带剂残留是目前亟待解决的关键技术之一。

（三）萃取技术在食品中的应用

1．超临界流体萃取技术在食品中的应用 超临界流体萃取技术在植物油脂工业应用广泛，如大豆油、玉米油、棕榈油、米糠油、蓖麻油、小麦胚芽油及可可脂等的提取。刘鸿雁等（2018）以超临界 CO_2 法萃取玉米胚芽油，确定了超临界 CO_2 萃取压力 25MPa，萃取温度 40℃，颗粒度 50 目，萃取时间 50min，萃取率可以达到 24.54%的最佳工艺条件。卢丹等（2018）以燕麦切粒为原料，进行超临界 CO_2 萃取燕麦油工艺研究及燕麦油品质分析，确定了超临界 CO_2 萃取燕麦油的最佳工艺参数为装料量 50g、静态萃取时间 74min、动态萃取时间 160min、萃取压力 45MPa、萃取温度 50℃，在此工艺条件下燕麦油萃取率可达 56.99%，且得到的燕麦油澄清透明，呈金黄色，具有特殊的麦香味，不饱和脂肪酸含量可以达到 87.49%。除此之外，超临界流体萃取技术在啤酒花、色素、烟草成分的提取，以及去除咖啡因、食品检测等方面也应用广泛。德国 Max-plank 煤炭研究所的 Zesst 博士开发的用超临界 CO_2 从咖啡豆中萃取咖啡因的技术已被世界各国普遍采用。这一技术的应用使咖啡因的含量由原来的 1%左右降低至 0.01%，且 CO_2 良好的选择性可以保留咖啡中的芳香物质。

2．反胶束萃取技术在食品中的应用 反胶束萃取技术在应用过程中，不使用毒性试剂，不会对人产生危害，且反胶束溶液可以多次利用，成本较低。目前，反胶束萃取技术在食品科学中应用广泛，应用于蛋白质、氨基酸、药物、农药及油脂等物质的分离、纯化。而且在提取胞内酶、胞外酶及酶反应胶束体系方面也有广泛的应用研究。例如，Chaurasiya 等（2015）采用反胶束法从菠萝心中提取纯化菠萝蛋白酶，提取的菠萝蛋白酶对降低肌肉韧性强度比商业菠萝蛋白酶具有更好的效果。陈复生等（2009）研究了利用超声辅助 AOT/异辛烷反胶束、AOT/异辛烷反胶束和碱溶酸沉法提取的大豆蛋白的功能性差异，结果发现超声辅助反胶束萃取的大豆蛋白不仅蛋白质含量高，且持水性、起泡性、乳化性及其稳定性均优于其他两种蛋白质，但溶解性略低于 AOT/异辛烷反胶束萃取的大豆蛋白。通过电子显微镜扫描仪观察发现 3 种蛋白质的微观结构均不相同，表明在反胶束和超声波的特殊环境中，蛋白质微观结构发生了变化，从而影响了其功能性质。

3．微波萃取技术在食品中的应用 微波萃取技术与物质的相互作用主要包括极性分子（如 H_2O）在微波电磁场中快速旋转和离子在微波场中的快速迁移 2 种方式，从而相互摩擦而发热。微波萃取技术目前广泛应用于食品成分的提取（如油脂、蛋白质、多糖和天然香料的提取）、食品成分的分析（如午餐肉脂肪含量的测定、食品中甜蜜素的测定）和天然植物、药物活性成分的提取（如动物组织浆液的毒质，饲料中的维生素 A、维生素 D 及维生素 E 等的提取）。

二、膜分离技术

（一）膜分离技术原理

膜分离技术（membrane separation technology，MST）指用天然或人工合成的高分子膜，以外界压力或化学位差为推动力，对双组分或多组分的溶液进行分离、分级、提纯或富集的技术。制作膜元件的材料通常是有机高分子材料或陶瓷材料，膜材料中的孔径结构为物质透过分离膜而发生选择性分离提供了前提，膜孔径决定了混合体系中相应粒径大小的物质能否透过分离膜。比较典型的一种纳米膜材料的微观结构如图 15-6 所示。

图 15-6　典型的膜材料微观结构（引自王容容等，2023）

常用的膜分离技术主要有微滤（micro filtration，MF）、纳滤（nano filtration，NF）、超滤（ultra filtration，UF）、反渗透（reverse osmosis，RO）和电渗析（electro dialysis，ED）等。MF 的推动力是膜两端的压力差，主要用于去除物料中的大分子颗粒、细菌和悬浮物等；NF 膜自身一般会带有一定的电荷，它对二价离子特别是二价阴离子的截留率可达 99%，在水净化方面应用较多，同时可以透析被 RO 膜截留的无机盐；UF 的推动力也是膜两端的压力差，主要用于处理不同相对分子质量或者不同形状的大分子物质，应用较多的领域有蛋白质或多肽溶液浓缩、抗生素发酵液脱色、酶制剂纯化及病毒或多聚糖的浓缩或分离等；RO 膜是一种非对称膜，利用对溶液施加一定的压力来克服溶剂的渗透压，使溶剂从溶液中渗透分离出来，通常用于去除小分子溶质、悬浮物及胶体物质，常用于海水淡化、水的软化、选择性分离溶质及醇、糖等的浓缩制备等；ED 是在外加直流电场的作用下，利用阴离子交换膜和阳离子交换膜的选择透过性，使一部分离子透过离子交换膜而迁移到另一部分溶液中，从而使一部分溶液淡化而另一部分溶液浓缩的过程。离子交换膜是一种功能性膜，分为阴离子交换膜和阳离子交换膜，阳膜只允许阳离子通过，阴膜只允许阴离子通过，这就是离子交换膜的选择透过性。微滤、超滤、纳滤和反渗透的工作示意图见图 15-7。

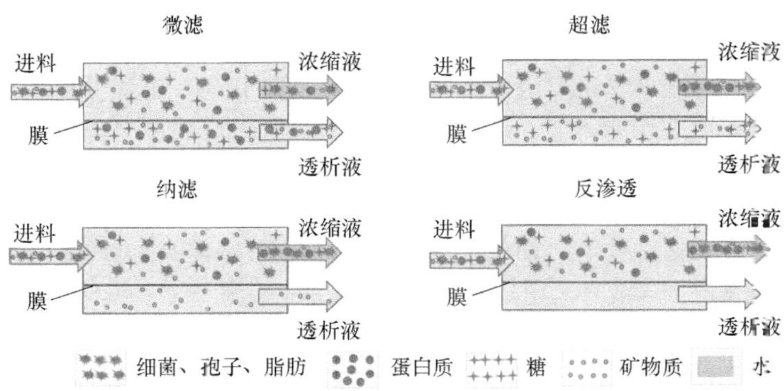

图 15-7　典型的膜分离工作示意图（引自刘锐，2012）

（二）膜分离过程及其控制

膜分离首先是滤膜的选择。膜分离所使用的薄膜主要是聚丙烯腈、醋酸纤维素、玻璃纸及尼龙等高分子化合物制成的高分子膜，有时也可采用动物膜等。选择滤膜时主要考虑滤膜的孔径和强度。根据欲截留颗粒的大小选择滤膜的孔径。例如，微滤膜孔径一般在 0.1～10μm，超滤膜的孔径在 1～50nm，可以对溶液中大分子进行截留；纳滤膜的孔径在 1nm 左右，可截留大分子组分；反渗透膜的孔径在 0.1～1nm。滤膜的强度对膜分离的条件和分离效果有显著影响。在相同孔径的条件下，应选择强度较大的滤膜。滤膜的强度与制膜工艺、滤膜的厚度等有密切关系。有些滤膜由两层组成，表层厚度 0.1～5μm，强度较小；基层厚度为 200～250μm，强度较高。使用时要将表层面向待超滤的物料溶液。若换错方向，则会使超滤膜遭受损伤。所选用的滤膜还必须符合操作条件的要求，如滤膜的额定工作压力和温度要分别大于操作压力和温度、滤膜能够耐受的 pH 范围要覆盖混合液可能出现的 pH 范围等。与传统的过滤方式相比，膜分离技术的分离范围可达分子水平，且整个过程属于物理过程，不需发生相的变化和添加助剂，产品不受污染。此外，膜分离过程一般在常温或温度不太高的条件下操作，能大大减少有效成分的损失，特别适用于热敏性物质，如抗生素、果汁、酶及蛋白质的分离与浓缩，其费用为蒸发浓缩或冷冻浓缩的 1/8～1/3；适应性强，处理规模可大可小，可以连续也可以间歇进行，工艺简单，操作方便，易于自动化，在食品、生物、医药及化工等行业中应用广泛。但是，膜分离技术也存在一定的缺陷。例如，滤膜材质的价格比较高；操作过程中滤膜面易被污染，导致滤膜性能降低，必须有滤膜面清洗工艺；滤膜的耐药性、耐热性和耐溶剂性能有限，使其应用受到限制。

（三）膜分离技术在食品中的应用

膜分离技术广泛应用于乳品工业、饮料工业、豆制品加工业、纯水制造工业及发酵酿造工业等多个食品生产加工领域。具体包括乳清蛋白回收、脱脂奶浓缩、果汁澄清浓缩、大豆乳清浓缩、废水处理、淀粉加工及乙醇精制等方面。

1．膜过滤技术在果汁及饮料加工中的应用 在现代工业生产中，膜分离技术的应用已经相当普遍，特别是在食品饮料行业，其地位不可替代。过滤是果汁加工中重要的操作过程，与传统的过滤方法相比，微滤及超滤技术能够去除果汁及饮料中的悬浮颗粒、酵母菌、霉菌、细菌、胶体及引起浑浊的蛋白质、多酚、多糖、单宁等物质，得到的果汁性质稳定、质感均匀。超滤用于果蔬汁澄清的研究始于 20 世纪 70 年代初期，目前已成功用于苹果汁、梨汁、菠萝汁、柑橘汁等果汁和番茄汁、芹菜汁、冬瓜汁等蔬菜汁的澄清，但应用最广泛的是苹果汁的澄清。

2．膜分离技术在乳品工业中的应用 膜分离技术在乳品工业中的应用主要包括微滤除菌、分离脂肪、回收乳清蛋白、浓缩酪蛋白、处理洗涤废水及脱盐等。膜分离技术可以进行细菌及孢子的截留，实现对乳制品的冷灭菌，具有受热强度低、营养保留度高等优点，可以在分离、蒸发或萃取工段上替代传统的乳品工艺。姜竹茂等（2019）利用膜分离技术实现了羊乳酪蛋白和其他组分的有效分离，其中乳清蛋白脱除率达到 96.17%。Christensen 等（2006）利用膜分离技术将乳清蛋白收集起来，得到了变性程度小的乳清蛋白，提高了产品质量。

3．新型膜分离技术在食品工业中的应用 近年来发展出多种新型膜分离技术，如液膜分离技术、渗透汽化和智能膜等。液膜分离技术是以液体作为膜介质，以浓度差为推动力，利用各组分在液膜内溶解和扩散能力的不同，将互溶而组成不同的两相隔开，实现分离。液膜分离过程中，溶质从料液相进入膜相，并扩散到膜的另一侧，再被反萃取入接收相，萃取和反萃取同时进行。液膜分离是一种非平衡传质过程，其打破了传统溶剂萃取过程中的化学平衡，可同时实现分离和浓缩。液膜分离可用于氨基酸等小分子物质的提取。渗透汽化是利用液体混合物中各组分之间的蒸汽压差，造成不同组分通过膜的扩散速率发生差异，实现组分分离的一种膜分离技术。渗透汽化过程中被分离物质先在膜表面上选择性吸附，然后以扩散的形式穿过膜，最后在膜的另一侧变成气相，解吸附而分离。渗透汽化分离时，基于食品中的挥发性风味物质与食品其他组分挥发特性的不同，进行食品中挥发性风味物质的分离和富集。此外，新型材料，如一些新型复合材料对环境刺激具有感知能力，并可对感知到的信息进行响应。这类材料制备的膜可以依据外界环境的不同，改变自身特性，如膜孔的开闭、通量的变化、选择性的差异等实现膜分离过程的智能化。

三、离子交换分离技术

（一）离子交换分离技术的原理

离子交换分离（ion exchange separation）是利用离子交换剂与溶液中的离子之间所发生的交换反应进

行分离的方法。其原理是基于物质在固相与液相之间的分配。分离的形式主要包括柱分离、电渗析膜、离子交换纸上色层、离子交换纤维薄层。离子交换剂的种类很多，主要分为无机离子交换剂和有机离子交换剂两大类。目前用得最多的是离子交换树脂。

离子交换分离技术分离效率高。其不仅适用于带相反电荷的离子之间的分离，还可用于带相同电荷或性质相近的离子之间的分离；也适用于微量组分的富集和高纯物质的制备。缺点在于操作较麻烦，周期长，一般只用于解决某些比较复杂的分离问题。该技术在食品工业、医药工业、分析化学等领域有着广泛应用。

（二）离子交换分离的流程

离子交换分离操作流程主要包括树脂（离子交换剂）的选择和预处理、装柱、上柱、洗涤、洗脱、洗脱液的收集及树脂再生、样品鉴定等步骤，见图 15-8。

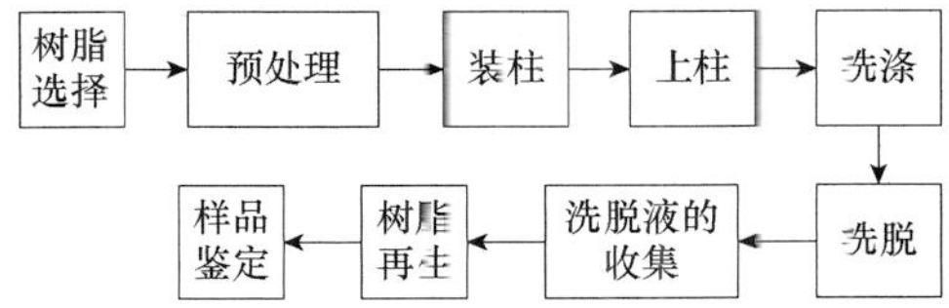

图 15-8　离子交换分离流程

离子交换剂的选择：离子交换剂是含有若干活性基团的不溶性高分子物质，即在不溶性母体上引入若干可解离基团（活性基团）而制成的。作为不溶性母体的物质通常有苯乙烯树脂、酚醛树脂、纤维素、葡聚糖及琼脂糖等。离子交换剂选择主要考虑：离子交换剂和组分离子的物理化学性质，组分分离所带的电荷种类，溶液中组分离子的浓度高低、质量大小，离子与离子交换剂的亲和力大小等。

离子交换剂的处理：工厂生产的商品化离子交换剂通常是干燥的。在使用之前需进行如下处理：①干燥离子交换剂用水浸泡 2h 以上，使之充分溶胀；②用去离子水洗至澄清后倾去水；③用 4 倍体积的 2mol/L HCl 搅拌浸泡 4h，弃酸液，再用去离子水洗至中性；④用 4 倍体积的 2mol/L NaOH 搅拌浸泡 4h，弃碱液，再用去离子水洗至中性备用；⑤用适当的试剂进行转型处理，使离子交换剂上所带的可交换离子转变为所需的离子。处理好的离子交换剂可以在离子交换槽中进行分批离子交换，也可以将离子交换剂装进离子交换柱进行连续离子交换。

离子交换层析分离过程包括装柱、上柱、洗脱、收集及交换剂再生等步骤。装柱方法包括干法和湿法两种。上柱指柱装好以后，经过转型成为所需的可交换离子，再用溶剂或者缓冲液进行平衡，然后使欲分离的混合溶液进入离子交换柱中。上柱完毕后，采用适当的洗脱液，将交换吸附在离子交换剂上的组分离子逐次洗脱下来，以达到分离的目的。洗脱以后，为了使离子交换剂恢复原状，以便重复使用，离子交换剂需要经过再生处理。

（三）离子交换分离技术在食品中的应用

1. 离子交换分离技术在饮料水软化中的应用　水是饮料生产中的主要原料，占 85%～95%。水质的好坏直接影响成品的质量，因此饮料用水的处理至关重要。利用离子交换法可以很好地对饮料用水进行处理。离子交换分离法是利用离子交换剂，把水中不需要的离子暂时结合，然后再将其释放到再生液，使水得到软化的水处理方法。其原理是使用带交换基团的树脂，利用树脂离子交换的性能，去除水中的金属离子。离子交换树脂是一种由有机分子单体聚合而成的，具有三维网络结构的多孔海绵状高分子化合物。在构成网络的主链上有许多活动的化学功能团，这些功能团由带电荷的固定离子和以离子键和固定离子相结合的反离子所组成。树脂吸水膨胀后，化学功能团上结合的反离子与水中的离子进行交换。阳离子交换树脂可吸附 Ca^{2+}、Mg^{2+}等阳离子，阴离子交换树脂可吸附 HCO_3^-、Cl^-、SO_4^{2-}、CO_3^{2-}等阴离子，从而使原水得以净化。

饮料用水软化通常使用 Na^+作交换剂。钠离子软化在工业应用上多采用磺化煤或阳离子交换树脂。经过几组树脂的反复交换，水的硬度和碱度都能得到较好控制。处理过的水含盐量可降至 10mg/L 以下，硬度接近 0，pH 接近中性。

2. 离子交换技术在多糖分离纯化中的应用　离子交换技术由于所用介质无毒性且可反复再生使用，少用或不用有机溶剂，具有设备简单、操作方便和劳动条件较好等优点，被广泛应用于分离提纯各种生物活性物质，其在多糖分离纯化中的应用非常广泛。利用离子交换技术对多糖分离纯化主要包括脱蛋白、脱色和纯化三个环节。多糖因含有酸、碱性基团，易与蛋白质相互作用，而使蛋白质难以除去。利用离子交换技术可以快速除去多糖中残留的蛋白质。多糖提取液特别是碱提取液，常含有酚类化合物的杂质，有较深的色泽。由于色素多带负电荷，故选择特异性强的阴离子交换树脂可以在多糖损失较少的情况下除去色素，为进一步的精制多糖创造条件。多糖纯化应用最普遍的是阴离子交换柱层析法。

第二节　现代生化分析技术在食品中的应用

生物化学技术的发展使生物化学的理论研究和实际应用得到了快速发展。基于传统生物化学技术发展起来的现代生物化学技术在食品领域发挥着越来越重要的作用。现代生物技术包括色谱分析技术、免疫分析技术、聚合酶链反应（polymerase chain reaction，PCR）技术、生物芯片技术、波谱分析技术等。通过了解和掌握这些技术的原理、方法、过程和应用，不仅可以拓宽研究思路，而且可以结合实际应用，有利于实践技能的培养和提高。

一、色谱分析技术

（一）色谱分析技术的原理

色谱法（chromatography）又称“色谱分析”“色谱分析法”“层析法”，在分析化学、有机化学、生物化学等领域有着非常广泛的应用。色谱法有两相，固定不动的一相称为固定相（stationary phase），移动的一相称为流动相（mobile phase）。色谱法是利用不同物质在不同相态的选择性分配，以流动相对固定相中的混合物进行洗脱，混合物中不同的物质会以不同的速度沿固定相移动，最终达到分离的效果。色谱分离过程一般是当试样由流动相携带进入分离柱，并与固定相接触时，被固定相溶解或吸附。随着流动相的不断通入，被溶解或吸附的组分又从固定相中挥发或脱附，向前移时又再次被固定相溶解或吸附，随着流动相的移动，溶解、挥发或吸附、脱附的过程反复地进行，由于试样中各组分在两相中分配比例的不同，被固定相溶解或吸附的组分越多，向前移动得越慢，从而实现色谱分离。色谱分离过程见图 15-9。将分离柱中的连续过程分割成多个单元过程，每个单元上进行一次两相分配。流动相每移动一次，组分即在两相间重新快速分配平衡，最后流出时，各组分形成浓度正态分布的色谱峰。不参加分配的组分最先流出。

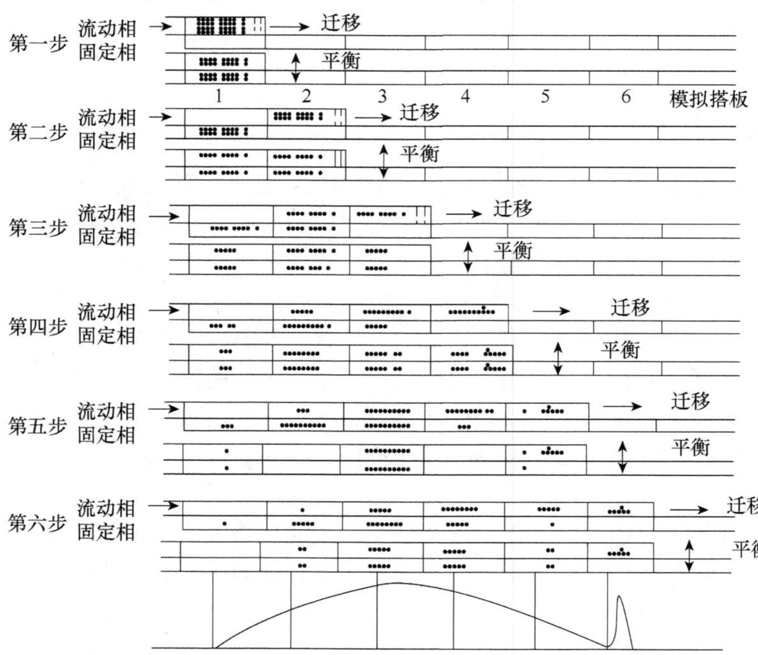

图 15-9　色谱分离过程（引自王炳强等，2010）

在色谱法中，将装填在玻璃或金属管内固定不动的物质称为固定相，在管内自上而下连续流动的液体或气体称为流动相，装填有固定相的玻璃管或金属管称为色谱柱。各种色谱法所使用的仪器种类较多，相互间差别较大，但均由以下几部分组成，见图 15-10。

流动相 → 进样装置 → 色谱柱（固定相）→ 检测器 → 显示与数据处理

图 15-10　色谱法所用仪器的结构（引自王炳强等，2010）

（二）色谱法分类

色谱法按照两相的状态进行如下分类：①根据流动相状态：流动相是气体的，称为气相色谱法（gas chromatography，GC）；流动相是液体的，称为液相色谱法（liquid chromatography，LC）；若流动相是超临界流体，则称为超临界流体色谱法（supercritical fluid chromatography，SFC），至今研究较多的是 CO_2 超临界流体色谱。②根据固定相状态：固定相是活性固体（吸附剂）还是不挥发液体或在操作温度下呈液体（此液体称为固定液，它预先固定在一种载体上），气相色谱法又可分为气固色谱法和气液色谱法；同理，液相色谱法又可分为液固色谱法和液液色谱法。

按分离原理的不同可分为吸附色谱法、分配色谱法、离子交换色谱法、凝胶渗透色谱法、亲和色谱法等。

（1）吸附色谱法（adsorption chromatography）：利用吸附剂表面对不同组分的物理吸附性能差别而使各组分分离的色谱方法。吸附色谱法是最原始的色谱分离方法，在此方法中，固定相是极性吸附剂，而流动相为非极性溶剂。其中，最常用的固定相有硅胶、氯化铝、苯乙烯-二乙烯等聚合物，作为吸附剂。吸附色谱法适于分离不同种类的化合物（醇类和芳香烃）。

（2）分配色谱法（partition chromatography）：以溶质在流动相和固定相中的分配为基础，利用两相之间对分离组分溶解度的差异来实现分离。分离色谱法适用于分离极性比较大、在有机溶剂中溶解度小的成分，或极性很相似的成分。

（3）离子交换色谱法（ion exchange chromatography）：它是利用离子交换原理和液相色谱技术的结合来测定溶液中阳离子和阴离子的一种分离分析方法。该法以离子交换树脂作为固定相，适宜的溶剂作为移动相，根据被分离组分与固定相之间发生离子交换的能力差异来实现分离。其主要用来分离离子或可离解的化合物，包括无机离子和有机物，如氨基酸、糖类、单核苷酸、抗生素等。该法特别是在阴离子分析方面弥补了其他分析方法的不足。

（4）凝胶渗透色谱法（gel permeation chromatography）：又称分子排阻色谱法，是根据分子大小顺序进行分离的一种色谱方法。由于在溶液中，混合物分子大小不同，在其流经多孔凝胶介质时，体积大的分子不能渗透到凝胶孔穴中去而被排阻，而小分子溶液则进入颗粒孔径内部，从而使样品分子按分子大小被分离。此法主要用于大分子分级，即用来分析大分子物质相对分子质量的分布。

（5）亲和色谱法（affinity chromatography）：利用蛋白质分子（或其他生物分子）对其配体分子具有专一性识别能力或生物学亲和力建立起来的一种有效的纯化方法。例如，利用酶和底物（或抑制剂）、抗原与抗体、激素与受体、外源凝集素与多糖及核酸的碱基对等之间的专一相互作用，使相互作用物质的一方与不溶性载体形成共价结合化合物，用来作为层析用固定相，将另一方从复杂的混合物中选择可逆地截获，达到纯化的目的。亲和色谱法主要用于生物医学领域。按固定相被固定的形状分类可分为柱色谱法、纸色谱法、薄层色谱法等。

（三）色谱分析方技术在食品中的应用

1. 高效液相色谱法在食品中的应用　高效液相色谱法（high performance liquid chromatography，HPLC）以其分辨率、灵敏度及定量精度高等特点被广泛应用于食品检测领域。主要包括三方面：一是食品添加剂，如乳化剂、营养补剂、防腐剂等分析检测；二是食品组成，如氨基酸、糖类、脂类等分析检测；三是污染物，如生产和包装中的污染物、农药等分析检测。例如，刘慧琳等（2020）采用 HPLC-紫外检测法，以丹磺酰氯为衍生试剂，采用 Thermo Hypersil GOLD C_{18} 色谱柱分离，以乙腈和含 0.1%甲酸的 0.01mol/L 乙酸铵水溶液作为流动两相，流速 0.8mL/min，紫外检测器波长 254nm，测定两种黄酒中的 9 种生物胺。在质量浓度 0.5～50mg/L 范围，生物胺浓度与峰面积间线性相关性良好。9 种生物胺检出限为 0.07～0.22mg/L。苗颖（2019）以新型三嗪共价分层网络修饰的磁性纳米粒子作为磁性固相萃取吸附剂，采用磁性固相萃取-HPLC 法测定食品调味品中苋菜红、胭脂红和酸性橙 3 种着色剂，该方法检测限范围为 1.6～4.6μg/kg，加标回收率为 76.0%～92.0%，该方法灵敏度、精密度、重现性和提取率方面均较为理想，可以用于食品安全分析和监测中检测痕量食品着色剂。

2. 毛细管电色谱法在食品中的应用　毛细管电色谱法（capillary electrochromatography，CEC）是在毛细管中填充或在毛细管壁涂布、键合色谱固定相，用高压直流电源代替高压泵，即依靠电渗流（electroosmotic flow，EOF）来推动流动相，使中性和带电荷的样品分子根据它们在色谱固定相和流动相分配系数的不同和自身电泳淌度的差异而达到分离的方法。毛细管电色谱是微柱分离分析技术，很容易实现与其他分析技术的联用，如 CEC-质谱法（MS）、CEC-红外光谱法（IR）和 CEC-核磁共振（NMR）的联用。张冰宇等（2017）将 CEC-激光诱导荧光检测分析方法成功地应用于加工和发酵食品中生物胺的测定，该方法检出限低，分析速度快，对于食品中痕量污染物的残留检测具有应用价值。罗来庆等（2021）建立了加压 CEC 检测食品中丙烯酰胺含量的分析方法，样品以 1.0mol/L NaCl 溶液作为提取溶剂，以乙腈-15mmol/L pH 4.7 磷酸钾缓冲液（15∶85，*V*∶*V*）为流动相体系、电压强度＋2kV 条件外标定量，丙烯酰胺检出限为 0.3μg/g，定量限为 1.5μg/g，加标回收率达到 96.3%～98.6%。该方法操作简便、准确性及适用性良好，依据此法检测不同烹饪方式对食品中丙烯酰胺的影响，结果发现炸和烤两种烹饪方式对食品中丙烯酰胺的影响较大，特别是淀粉质类食品和肉类食品能较大程度增加其中的丙烯酰胺含量。

3. 液相色谱-串联质谱法在食品中的应用　液相色谱-串联质谱法（LC-MS/MS）是近年来在食品安全监测领域得到迅速发展的一种新型分离分析技术。邱慧珍等（2021）建立了超高效液相色谱-串联质谱法检测动物源性食品中磺胺类药物残留，检测的 20 种化合物在 2.0～40ng/mL 线性关系良好，相关系数均大于 0.99，该方法效率高、速度快、灵敏度高。李泽荣（2021）采用 LC-MS/MS 建立了食品接触材料及其制品中新戊二醇的测定方法，该方法具有前处理简单易行、灵敏度高及稳定可靠的优点，涉及的食品模拟物基本包括相关法规和标准中规定的类型，能够满足食品接触材料及其制品中新戊二醇迁移量的检测需求，为相关产品监管和质量控制提供了可靠的技术手段。

二、免疫分析技术

（一）免疫分析技术的原理

免疫分析（immunoassay，IA）技术是利用抗原-抗体反应产生免疫复合物的原理分析微量或超微量待测物质的一种分析手段。该技术基于抗原与抗体的特异性反应，具有特异性强、灵敏度高、分析容量大、检测成本低、方便快捷及安全性高等特点，已经在食品检测、临床、生物制药及环境化学等领域得到广泛应用。

（二）免疫分析法的分类

免疫分析技术根据免疫反应的动力学类型分为竞争反应和夹心反应。所谓竞争反应是指标记抗原与非标记抗原共同竞争与抗体的反应；夹心反应是指将抗体、抗原和第二抗体结合在一起，形成夹心式结合物，最终，检测夹心结合物上标记物，计算样品中抗原含量。

根据抗原和抗体在反应中存在形式不同可以分为均相分析（液相免疫分析）和异相分析（固相免疫分析）。均相分析不需要将游离抗原与结合物分离，直接进行测定，其特点是简单省时，适合于测定小分子化合物，灵敏度 10^{-9}g/mL。异相分析指的是抗原、抗体反应后，将结合物与游离抗原（或抗体）及样品按常规物理方法分离，然后对分离出的结合物进行检测，其特点是有较高灵敏度 10^{-12}g/mL，干扰少。

根据标记方法的不同分为荧光免疫分析（fluorescence immunoassay，FI）技术、放射免疫分析（radioimmunoassay，RIA）技术、酶联免疫吸附分析（enzyme-linked immunosorbent assay，ELISA）技术和化学发光免疫分析（chemiluminescence immunoassay，CLIA）技术等。免疫标记技术指用荧光素、放射性同位素、酶、铁蛋白、胶体金及化学、生物发光剂等作为追踪物，标记抗体或抗原进行的抗原-抗体反应，并借助荧光显微镜、射线测量仪、酶标检测仪、电子显微镜和发光免疫测定仪等精密仪器，对实验结果直接进行观察或进行自动化测定。

近些年来，出现了许多快速检验新技术，如免疫生物传感器（immune-biosensor）、免疫胶体金技术（immune colloidal gold technique，GICT）、免疫亲和色谱法（immunoaffinity chromatography，IAC）等。免疫生物传感器是生物技术与微电子技术结合，利用生物体内抗原、抗体转移性结合而导致电化学变化的设备装置。免疫传感器分为两类：一类是利用竞争酶免疫反应原理设计，用于检测农药、兽药残留、微生物等；另一类是利用亲和性设计，用于检测食品添加剂、营养素（氨基酸、脂肪酸、糖类）及农兽药等污染物。免疫胶体金标记技术是以胶体金作为示踪标记物，以微孔滤膜为固相载体，包被已知抗原或抗体。加入待测样品后，经滤膜毛细管作用，使标本中的抗原或抗体与膜上包被的抗体或抗原结合，胶体金结合物大量聚集时，肉眼可见红色或粉色斑点，用于定性或半定量的快速免疫检测。免疫亲和色谱是以抗原、抗体的特异性、可逆性免疫结合反应为原理的色谱技术，其具有特异性强、结合容量大、洗脱条件温和、色谱柱再生使用方便等特征。

（三）免疫分析技术在食品中的应用

1．放射免疫分析技术在食品中的应用　放射免疫分析（radioimmunoassay，RIA）技术是利用同位素标记的与未标记的抗原同抗体发生竞争性抑制反应的放射性同位素体外微量分析方法。RIA 法的优点是灵敏、特异、简便易行、用样量少等，常可测至皮摩尔。本法虽然也用放射性物质，但一般都是在测试样品时再加入标记的同位素示踪物，此示踪物的放射性强度极低，一般不会对实验者引起辐射损伤。本法的缺点是有时会出现交叉反应、假阳性反应，组织样品处理不够迅速，不能灭活降解酶和盐及 pH 有时会影响结果等。该技术是将传统的免疫方法和现代标记方法相结合的一种新型分析技术，具有高度灵敏性、精确性和特异性，可检测病毒、细菌、寄生虫、肿瘤及小分子药物等。例如，通过 RIA 技术能够检测鳗鱼、虾等水产品中磺胺类药物残留。当食品中含有磺胺类药物时，残留物与受体上的结合位点结合，从而阻止了 ^{3}H 标记的磺胺类药物与结合位点的结合。样品中的磺胺类药物含量越高竞争的结合位点越多，^{3}H 标记磺胺二甲嘧啶的则越少，测定的值越低则样品中的磺胺类药物残留量越高。闫磊等（2010）利用 RIA 方法成功地测定了牛奶样品中的黄曲霉毒素的含量，该检测方法可靠、灵敏度高、特异性强，能够进行大批量样品的初筛。

2．酶联免疫分析技术在食品中的应用　酶联免疫分析技术是在 RIA 理论基础上发展起来的一种非放射性标记免疫分析技术，该法用酶代替同位素制备了酶标记试剂，克服了 RIA 操作过程中放射性同位素对人体的伤害。其技术基础是抗原或抗体的固相化及抗原或抗体的酶标记。结合在固相载体表面的抗原或抗体仍保持其免疫学活性，酶标记的抗原或抗体既保留其免疫学活性，又保留酶的活性。在测定时，受检测标本（测定其中的抗体或抗原）与固相载体表面的抗原或抗体起反应。用洗涤的方法使固相载体上形成的抗原-抗体复合物与液体中的其他物质分开。再加入酶标记的抗原或抗体，也通过反应而结合在固相载体上。此时固相上的酶量与标本中受检物质的量呈一定的比例。加入酶促反应的底物后，底物被酶催化成为有色产物，产物的量与标本中受检物质的量直接相关，故可根据呈色的深浅进行定性或定量分析。

酶联免疫分析技术在食品检测领域应用广泛，主要用于食品中农药残留、药物残留、毒素、微生物、转基因产品及其他成分等的检测。Kolosova 等利用单克隆抗体对甲基对硫磷分别进行直接、间接竞争酶联免疫测定，间接竞争 ELISA（indirect competitive-ELISA，IC-ELISA）对甲基对硫磷的检出限为 0.08ng/mL，所需时间 3.5h；直接竞争 ELISA（direct competitive-ELISA，DC-ELISA）的检出限 0.5ng/mL，其所需时间仅为 1.5h。目前对食品中药物残留的检测主要包括磺胺类、呋喃类、喹诺酮类、激素类及转基因类药物等。谢倩等（2021）通过羰基二咪唑法，将日落黄与载体蛋白偶联，成功地制备了日落黄 ELISA 试剂盒。该试剂盒可用于检测水果类制品中添加的日落黄，为大批量测定食品中日落黄含量提供了高效准确的实验方法。

3．免疫传感器技术在食品中的应用　免疫传感器的原理是以抗原与抗体间的特异性分子识别机制为核心，抗原或抗体可以识别并结合与之相对应的抗体或抗原。蛋白质携带有大量电荷、发色基团，抗原、抗体反应时会产生电学、光学等方面的变化，将其转化为合适的检测参数，从而构成相应的免疫传感器（图 15-11）。

此技术具有灵敏度高、检测时间短、成本低、检出限低、特异性强及易实现自动化等优点，广泛应用于检测食品中残留的农药、兽药、毒素、细菌等方面。例如，王华等（2007）研制的用于检测蔬菜中甲胺磷残留的竞争酶联免疫测定试剂盒，检测甲胺磷的最低检出限为 0.01μg/mL，线性检测范围为 0.01～100μg/mL，与其他有机磷农药交叉反应较小，具有较高的特异性。闫磊等（2010）建立了一种检测牛奶中黄曲霉毒素的免疫分析方法。该方法精密度和准确度均很好，最低检出限可达 0.25μg/kg。

4．免疫胶体金技术在食品中的应用　免疫层析技术是一种将免疫技术和色谱层析技术相结合的快速免疫分析技术，广泛用于检测农药、兽药等小分子物质。1971 年 Faulk 和 Taytor 将胶体金引入免疫化学，使免疫胶体金技术作为一种新的免疫学技术更广泛地应用于临床诊断及药物检测等方面。此技术具有简便、快速的优点，除试剂外不需要任何仪器设备，试剂稳定，但不能准确定量。目前，免疫胶体金技术主要应

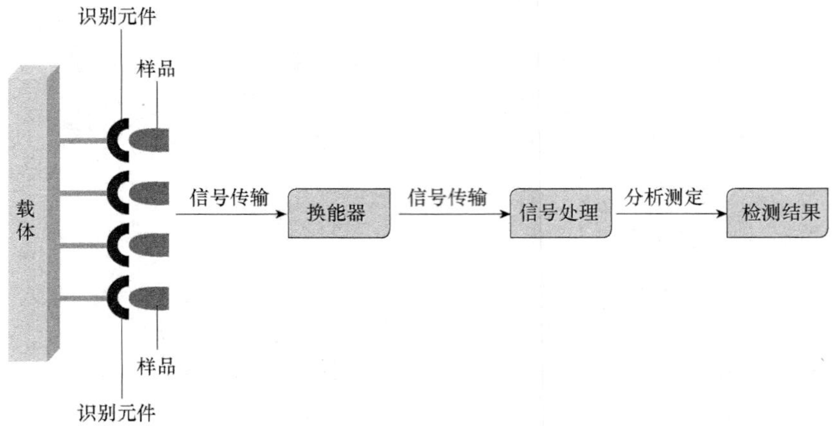

图 15-11 免疫传感器工作原理示意图（引自朱小钿等，2019）

用于食品的质量控制、食品安全检测等领域。食品质量的控制包括食品成分（如蛋白质、糖类、脂肪、水分、矿物质、维生素等）的具体测定，如利用免疫胶体金技术测定牛初乳中免疫球蛋白的含量，可以很好地评价牛初乳及其制品生物活性的质量。食品安全检测方面主要是利用该技术可以定性分析或简单地半定量分析食品中的致病菌、农药、兽药等残留情况。但以单残留检测居多。例如，毛黎娟（2005）研制的克百威残留免疫胶体金试纸条，其检测灵敏度为 0.5μg/mL，可有效用于水、青菜及梨等样品中的克百威残留检测，但不能用于茶叶样品的检测。

三、PCR 技术

（一）PCR 技术的原理

PCR 技术是基于 DNA 体内复制的原理，在耐热的 DNA 聚合酶催化下，以目的 DNA 为模板，按碱基互补配对原则在引物的 3′端添加 4 种 dNTP 形成与模板链互补的 DNA 链的体外扩增技术。

（二）PCR 的分类

根据 PCR 操作方式或使用目的的不同，可将其分为普通 PCR、原位 PCR、逆转录 PCR、锚定 PCR、反向 PCR 等。

1．普通 PCR 普通 PCR 指使用从组织或细胞中分离出来或人工合成的离体模板 DNA 进行扩增。

2．原位 PCR 原位 PCR 是将细胞或组织经固定液处理后，使其具有一定的通透性，再让 PCR 试剂进入细胞或组织中，然后使用细胞或组织中的 DNA 为模板进行原位扩增。原位 PCR 可以用于检测动植物组织中感染的病毒或细菌，即其具有可定位的优势。

3．逆转录 PCR 逆转录 PCR 是指以 mRNA 为模板，经过逆转录获得与 mRAN 互补的 cDNA，然后以 cDNA 为模板进行 PCR 反应。

4．锚定 PCR 锚定 PCR 是针对一端序列已知而另一端序列未知的 DNA 片段，可以通过 DNA 末端转移酶给未知序列的一端加上一段多聚 dG 的尾巴，然后分别用多聚 dC 和已知序列作为引物进行 PCR。

5．反向 PCR 反向 PCR 适合于扩增已知序列两端的未知序列。根据已知序列的两端设计两个引物，以环状分子为模板进行 PCR，就可以扩增出已知序列两端的未知序列。

（三）PCR 的过程

PCR 的全过程由变性（denaturation）、退火（annealing）和延伸（extension）三个反应步骤，若干个循环构成（图 15-12）。变性是将模板 DNA 置于 95℃左右（93～96℃）的高温下，使 DNA 双链中氢键断裂变成单链 DNA，使之能够与引物结合，为下面的反应做准备。退火又称为复性，即恢复双链的过程，即向反应体系中加入引物后，使反应体系的温度降低到 55℃左右，使得一对引物按碱基互补配对原则分别与两条游离的单链结合的过程。延伸是引物与模板 DNA 结合后，将反应体系温度调整到 *Taq* DNA 聚合酶作用的最适温度 72℃，在有 Mg^{2+}存在的条件下，以 4 种 dNTP 为底物，从引物的 3′端开始合成，形成与单链模板互补的新的 DNA 分子，再次合成完整的双链 DNA 的过程。如此循环上述 3 步操作，每一个循环需要 2～4min，每循环 1 次，目的 DNA 片段的数量就增加 1 倍，经过 25～30 个循环，就可将目的 DNA 片段特异性地扩增 10^6～10^9 倍。一般循环数可以根据需要进行设定。

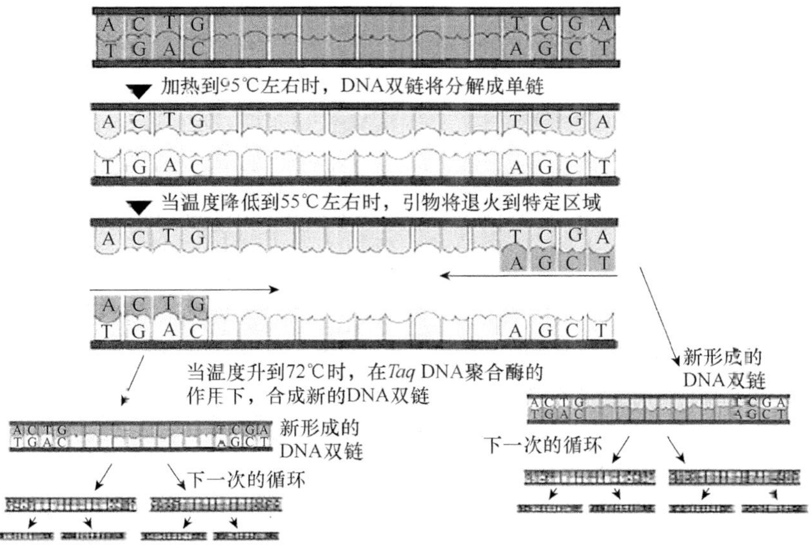

图 15-12　PCR 的过程（引自罗云波等，2021）

（四）PCR 技术在食品中的应用

1．转基因食品中的应用　转基因食品是现代生物技术的产物，它的出现很大程度上有效缓解了因世界人口极速增长、农作物种植土地面积缩减等客观原因导致的食品短缺、农药污染及食品质量下降等问题。但目前人们对转基因生物和转基因食品安全性仍有顾虑，主要体现在以下三个方面：①转基因食品是否对人体健康造成安全威胁；②转基因食品中改造出的新基因性状是否对其他食物链造成不良影响；③转基因食品是人们强硬改造出的食品，是否对自然生物多样性造成不良影响。因此，各国出台了对转基因食品进行安全检测的法律法规。而 PCR 技术则被广泛应用于转基因食品的安全检测。董立明等（2021）以转基因水稻中最常用的 *CaMV* 35S 启动子、*Nos* 终止子、*Cry1Ab/Ac* 基因、*HPT* 基因及 *SPS* 水稻内标基因为研究对象，利用 5 种不同的荧光信号进行多重时 PCR 检测方法的研究，最终建立了 5 重实时 PCR 方法，灵敏度可达 0.032%。

2．食品卫生检测中的应用　食品安全逐渐成为热门话题，开展食品安全检测有助于确保食品安全。通过引入 PCR 技术，可以检测食品中金黄色葡萄球菌、沙门菌、大肠埃希菌及非致病菌等微生物。例如，李慧静（2016）通过 PCR 技术扩增、电泳检测营养肉汤培养基中的金黄色葡萄球菌，检测出 10^4CFU/mL 的金黄色葡萄球菌。严维花等（2020）建立了实时荧光定量 PCR 检测方法，对不同产地、不同收集企业、不同储藏时间当归饮片中金黄色葡萄球菌进行定量分析，该检测方法的特异性、灵敏度、准确性及报告周期均优于平板计数法。

四、生物芯片技术

（一）生物芯片技术的原理

生物芯片（biochip）技术是采用光导原位合成或微矩阵点样等方法，将大量生物大分子如核酸片段、多肽片段（甚至组织切片）、细胞等样品有序地固定在支持物（硅胶片、聚丙烯酰胺凝胶等）的表面，组成密集的二维分子排列，然后与已标记待测生物样品中的靶分子杂交，通过特定的仪器如激光共聚焦扫描或电荷耦合器件（charge coupled device，CCD）相机对杂交信号的强度进行快速、并行、高效的检测分析，从而判断样品中靶分子数量和种类，从而达到分析检测的目的。

（二）生物芯片的分类

目前，生物芯片按照芯片上固化的生物材料的不同可以分为基因芯片（gene chip，包括寡核苷酸芯片和 cDNA 芯片)、蛋白质芯片（protein chip)、细胞芯片（cell chip）和组织芯片（tissue chip)。其中基因芯片和蛋白质芯片应用较为广泛，也是当前生物芯片技术的核心和基础。

1. 基因芯片 基因芯片又称 DNA 芯片，它是将许多特定的 DNA 寡核苷酸如单核苷酸多态性（single nucleotide polymorphism，SNP）或 DNA 片段（称为探针）固定在芯片的每个预先设置的区域内，经过标记的若干靶核苷酸序列通过与芯片特定位置上的探针杂交，便可根据碱基互补配对原则确定靶基因的序列。通过检测杂交信号并进行计算机分析，从而检测与探针对应片段是否存在和存在量的多少，用于基因组研究、基因功能研究、疾病的临床诊断和检测等。

2. 蛋白质芯片 蛋白质芯片是根据抗体与抗原、配体与受体等相结合的特异性实现蛋白质的检测。主要用于蛋白质组学研究，应用于激酶分析、蛋白酶分析和细胞分析。根据蛋白质芯片衍生的生物分子识别专家系统、分子药物筛选系统、疾病诊断系统等在生物医学中有着广泛的应用。

3. 细胞芯片 细胞芯片充分运用显微技术或纳米技术，利用一系列几何学、力学、电磁学等原理，在芯片上完成对细胞的捕获、固定、平衡、运输、刺激及培养等精确控制，并通过微型化的化学分析方法，实现对细胞样品的高通量、多参数、连续原位信号检测和细胞组分的理化分析等研究目的。

4. 组织芯片 组织芯片是利用各种酶、核素或荧光标记的不同基因、寡核苷酸、抗体在微缩组织切片上进行杂交和标记染色，最后在显微镜下观察、获取图像信息（或铜管计算机处理所获的信息），以研究目的基因或基因产物在不同组织之间的表达差异。

（三）生物芯片的特征

与其他的基因检测或蛋白质检测技术相比，基因芯片和蛋白质芯片在生物分子及其功能的检测、鉴定和分型中，具有多样性、微型化、自动化及网络化等特征。多样性指可以在单个芯片上进行样本的多方面分析比较，排除一系列复杂因素导致的各比较实验的内在差异，从而使一次性多样本比较性分析的精确性大为提高；微型化指生物芯片不仅所用样品量少，而且成千上万种探针分子仅仅点在几平方厘米的介质上，可以实现许多生物信息分析的并行化、多样化；自动化指整套芯片系统测定分析的全过程，包括点样、杂交、图形处理和数据处理都可用计算机已知程序的自动化系统和半自动化系统完成，不仅保证芯片制造质量稳定，而且研究结果更加客观、准确，同时实验操作更简便，大大缩短实验时间；网络化指点样、数据处理等步骤都需要利用因特网上庞大的生物信息库，既可以利用现存资源，又可提高分析鉴定的准确度。

（四）生物芯片技术在食品中的应用

1. 食品中微生物的分析检测 致病微生物是食品生物性污染的主要因素，这些微生物的存在严重影响人体健康。传统的检测方法是培养分离法，整个过程耗时几天，操作复杂，已不能满足目前食品质量与安全控制体系的要求。生物芯片因具有高通量、高灵敏度和高特异性而被应用于致病微生物的检测中。Yu 等（2016）利用微点样方法结合多重 PCR 设计出的微阵列芯片检测鸡肉样品中的 5 种沙门菌，检出限可达 10^2CFU/mL，并且可以实现对这 5 种沙门菌中的任何一种的定性分析。

2. 食品中真菌毒素的分析检测 真菌毒素是真菌在食品或饲料里生长所产生的代谢产物，对人类和动物都有害，通常在加热等条件下处理都很难被除去。目前真菌毒素的检测一般采用高效液相色谱技术和酶联免疫吸附技术。前者检测灵敏度高，但样品前处理烦琐、操作复杂、时间长；后者操作简便、快速，但在灵敏度上仍有待进一步提高。王云霞等（2019）利用生物芯片真菌毒素阵列测定牛奶饲料中赭曲霉毒素 A、脱氧雪腐镰刀菌烯醇、黄曲霉毒素 B_1 和玉米赤霉烯酮 4 个组分的残留量，结果发现该方法操作简单、结果准确，缩短了大量样本的筛查时间，为批量样品筛查提供了可靠的技术保证。

3. 对转基因食品的检测 转基因食品（genetically modified food，GMF）指利用基因工程技术改变动物、植物和微生物的基因组成而生产的食品和食品添加剂。转基因食品检测常用 ELLSA、PCR 技术、DNA 印迹法（Southern blotting)、RNA 印迹法（Northern blotting)、蛋白质印迹法（Western blotting)、化学组织检测技术等，这些技术最大的缺点是检测范围窄，效率低，无法高通量、大规模地同时检测多种样品。生物芯片可以弥补以上缺陷。黄文胜等（2003）以国产油菜籽、进口油菜籽和纯转基因油菜籽作为检测对象，对 3 类初样品进行高质量 DNA 提取，设计 10 对引物、探针，制备寡核苷酸芯片，将基因芯片与多重 PCR 检测技术相结合，实现一次检测多种基因的可能性。张光远（2013）等也利用复合 PCR-基因芯片联用技术对商业化种植的转基因玉米 MIR162、BVLA430101、MON88017，转基因大豆 MON89788、GTS40-3-2，转基因油菜 MS1、RF1 建立一个三重 PCR 检测体系和两个四重 PCR 检测体系，实现高通量检测。

五、波谱分析技术

（一）波谱分析技术的原理

波谱分析技术主要是以光学为理论基础，基于物质分子与电磁辐射之间的相互作用关系，使物质分子体系发生能量变化（能级跃迁产生的发射、吸收或散射辐射的波长和强度），从而进行物质分子结构分析和鉴定的一种分析技术。分子体系可以用其分子的电子状态、振动和转动状态组成的分子特征能谱图来识别。在室温下物质主要处在它们的电子能级和振动能级的基态。当不同能量的电磁波照射物质时，物质的分子或原子吸收一定波长的电磁波后从基态跃迁到激发态，然后这些激发态通过在各个方向上以相同的或较低的频率发射出所吸收的辐射，或通过“无辐射”弛豫释放能量，一般在 10^{-8}s 回到基态（图 15-13）。这将引起物质不同运动状态的变化，并在连续电磁波谱上出现吸收信号，其中无线电波可引起磁性核的自旋改变，微波可引起单电子的自旋改变，红外光导致分子的振动和转动状态的变化，紫外-可见光将引起价电子能级跃迁，X 射线能激发内层轨道电子。与此对应的光谱分别是核磁共振谱、电子自旋共振光谱、红外光谱、紫外-可见光谱、光电子能谱等。

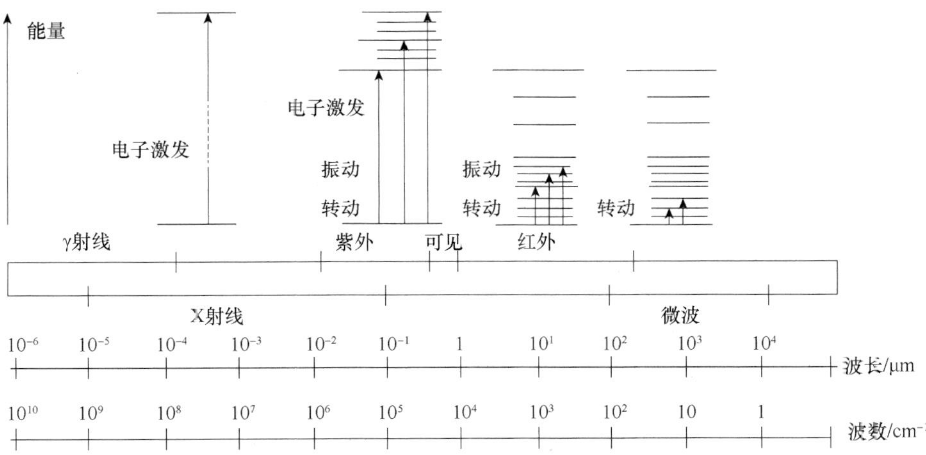

图 15-13 多原子体系的简易谱项图（引自黄继红，2017）

（二）波谱分析技术的方法

波谱分析的优势主要体现在：快速（测定速度快）、准确（谱图解析的结果准确，重复性好）、微量（样品微量化）。波谱分析技术主要包括红外光谱法（infrared spectroscopy，IR）、紫外光谱法（ultraviolet spectroscopy，UV）、核磁共振（nuclear magnetic resonance，NMR）和质谱法（mass spectrometry，MS），简称为 4 谱。除此之外，还包含拉曼光谱、荧光光谱、旋光光谱和圆二色光谱、顺磁共振谱。

1. 红外光谱 红外光谱是研究分子运动的吸收光谱，也称为分子光谱。红外光谱是依据物质分子对红外光区辐射的选择性吸收程度进行结构鉴定的分子吸收光谱。物质分子在红外光的照射下会被激发，发生振动能级跃迁，同时伴随转动能级跃迁。不同的物质分子有不同的内部结构，能对红外光区的辐射进行选择性吸收，即只吸收与其分子振动、转动频率一致的红外光，导致分子振动-转动能级各不相同，从而产生不一样的红外吸收图谱，因此可从红外吸收光谱的波形、峰的特征（强度、位置及数目）等方面进行物质的结构鉴定。红外光波通常分为三个区域，即近红外区、中红外区和远红外区。近红外区主要研究 O—H、N—H 和 C—H 键的倍频吸收或组频吸收，此区域的吸收峰的强度一般比较弱；中红外区主要研究分子的振动能级跃迁，绝大多数有机化合物和无机化合物的基频吸收都落在这一区域；远红外区主要用于研究分子的纯转动能级的跃迁及晶体的晶格振动。常见的红外光谱所涉及的区域主要为中红外区。

2. 紫外光谱 紫外-可见光谱是利用物质生色基团，吸收紫外-可见光区（200～800nm）光谱区域辐射，产生分子价电子，引起能级跃迁而产生的吸收光谱。紫外-可见光谱的波长范围为 10～800nm，该波段又可分为：可见光区（400～800nm），有色物质在此区域有吸收；近紫外区（200～400nm），芳香族化合物或具有共轭体系的物质在此区域有吸收，该波段是紫外光谱研究的主要对象；远紫外区（10～200nm），由于空气中的 O_2、N_2、CO_2 和水蒸气在此区域也有吸收，对测定有干扰，远紫外光谱的操作必须在真空条件下进行，因此这段光谱又称为真空紫外光谱，通常所说的紫外光谱是指 200～400nm 的近紫外光谱。

3．核磁共振 核磁共振技术是源于原子核的磁性而发展起来的一种波谱技术，是分析高分子内各官能团如何连接的确切结构的强有力工具，它分为 ^{1}H-NMR 和 ^{13}C-NMR。静磁场中带正电的原子核具有不同能级，在外磁场的干预下发生磁化作用，从而产生拉莫尔进动，即原子核自身磁矩与外磁场方向不同而在外磁场的作用下发生旋转。当外加的能量与原子核振动频率相一致时，原子核就会吸收电磁能从而发生能级跃迁，产生共振信号。原子核振动的频率由其自身的性质所决定，在外磁场中特定原子核只吸收与之频率一致的电磁波能量，因此核磁共振波谱图中共振峰位置、强度以及各种参数（纵向弛豫时间 T_1、横向弛豫时间 T_2、扩散系数 D）等可以用来反映物质分子的化学结构和内在性质。核磁技术常被用于晶体、微晶粉末、胶质、膜蛋白、蛋白纤维及聚合物等物质的结构探究。

4．质谱 质谱分析是在高真空系统中测定样品的分子离子及碎片离子质量，以确定样品相对分子质量及分子结构的方法。研究质谱法及样品在质谱测定中电离方式、裂解规律及质谱图特征的科学称为质谱学。质谱分析的基本原理是在离子源中物质分子受到高速电子的撞击，发生裂解后离子化，从而形成不同质荷比的带正电荷的离子，这些离子经过加速电场的作用形成离子束进入质量分析器，然后通过质荷比的不同对其进行分离，并按照质荷比的大小顺序进行收集、记录，从而根据质谱峰的位置和峰的强度对物质分子进行结构的定性定量分析。质谱法测定的对象包括同位素、无机物、有机化合物、生物大分子及聚合物，可以广泛应用于化学、生物化学、生物医学、药物学、生命科学，以及工业、农业、林业、地质、石油环保等领域。质谱法在鉴定有机物的四大工具核磁共振、质谱、红外光谱、紫外光谱中，是灵敏度最高，也是唯一可以确定分子式的方法。后来又发展出了用于研究测定多肽、蛋白质、核酸及多糖等生物大分子的基质辅助光解吸电离飞行时间质谱和电喷雾电离质谱。

（三）波谱分析技术在食品中的应用

1．紫外-可见光谱在淀粉中的应用 紫外-可见光谱在淀粉颗粒的结构、糊化过程、水解程度及变性过程的分析中均得到了很好的应用，为淀粉及其衍生物在不同领域的应用提供相关的信息。

利用紫外-可见光谱测定食品中淀粉特征是基于在一定条件下淀粉和碘发生络合反应产生各种有色络合物，而不同颜色的络合物具有不同的最大吸收波长。碘与直链淀粉、支链淀粉结合分别产生蓝紫色和紫红色络合物，其最大吸收峰分别在 600～640nm 和 520～560nm，因此可以根据紫外-可见吸收光谱图的最大吸收波长、吸收峰的范围的变化研究不同来源、不同成熟度及不同加工方式的淀粉颗粒中直/支链淀粉的比例、支链淀粉链的长度及分子量分布等。Bi 等（2019）利用紫外-可见光谱分析了不同成熟度的香蕉中淀粉含量的变化，研究发现香蕉皮完全绿色（第一阶段）的香蕉的直链淀粉含量最高，成熟度处于第三阶段和第五阶段的香蕉的直链淀粉含量几乎没有变化，处于成熟度第七阶段的香蕉的直链淀粉含量显著降低，而且抗性淀粉含量呈现同步下降的现象。

2．傅里叶红外光谱在食品中的应用 傅里叶红外光谱（FTIR）基于每一聚合物都具有特征的红外光谱，其谱带数目、位置、形状和强度均随聚合物及其聚集态结构的不同而不同，像指纹一样具有特定性，据此分析聚合物链结构和聚集态结构，包括链组成、排列、构型、构象、支化、交联、结晶度、取向度的变化分析；研究聚合反应机理、聚合物与配合剂及聚合物之间相互作用；研究聚合物表面结构和配方工艺对产品性能的影响等。如果高分子材料分子中含有一些极性较强的基团，如酯、酸、酰胺、酰亚胺、苯醚、脂肪醚、醇、硅、硫、磷、氯、氟等，则谱带具有显著特征峰，反映出该聚合物的结构和存在。刘晓欢等（2021）发现利用 FTIR 对大米产地溯源具有一定的可行性，其采集了 4 个不同产地大米，经过矢量归一化，建立了偏最小二乘判别模型。该模型对吉林、江苏、辽宁、浙江这 4 个产地的识别率分别为 93.77%、91.24%、100%、75%。利用 FTIR 可以快速测定食品中反式脂肪酸含量，该法准确可靠、快速、简便，克服了现有红外光谱法灵敏度低的缺点，适用于食品中较低含量反式脂肪酸的快速测定。

3．波谱分析技术在食品检测领域的应用 食品安全问题与人们的健康和生命息息相关，随着生活水平的提高，人们对生活质量的要求也越来越高，对食品安全的要求也不断提升。因此，要求加强对食品的检测。传统的检测方法步骤烦琐、耗时耗力，容易对环境造成化学污染。现阶段常见的食品检测技术主要有生物检测技术、色谱检测技术和波谱检测技术。利用荧光光谱可以定量定性分析食品中的芳香族氨基酸（如苯丙氨酸、酪氨酸、色氨酸）、维生素A、抗氧化剂及重金属等成分，实现食品品质的评价、品质分级或掺假鉴别，检测食品的种类包括畜禽肉类、乳制品、粮油、水产品及果蔬等。李伟明等（2010）应用电子自旋共振（ESR）波谱技术检测辐照葡萄，以葡萄皮、葡萄柄和葡萄籽为实验材料，研究其在0～10.0kGy剂量范围的ESR波谱特征变化及辐照剂量与信号强度的关系。结果表明3种辐照实验材料在贮藏期（15d）内信号强度均有不同程度的衰减，辐照葡萄皮信号强度衰减最为剧烈（衰减80%）。

思政案例

傅里叶红外光谱技术鉴定茶叶品质

茶是世界三大饮品之一，茶文化起源于中国。我国茶叶主要有红茶、绿茶、白茶等品种，同一品种的茶也存在着品质等级差异。感官品质审评和理化分析是茶叶品质检测与评价的主要方法。理化分析手段通常需要借助高效液相色谱仪、气相色谱仪、毛细管电泳及分光光度计等仪器设备检测茶叶中的化学成分。虽然传统的仪器设备分析理化成分含量可信度较高，但因理化成分含量和茶叶品质专属性无法建立准确的数量关系，且理化手段具有检验周期长、操作复杂、需破坏样品、有污染和成本高等缺点，不利于茶叶快速无损质量评价。采用傅里叶红外光谱技术检测茶叶，用主成分分析和线性判别分析压缩光谱数据，能够快速、准确地实现茶叶品种的鉴别。时代在发展，科技在进步。随着科学技术的腾飞，食品企业已实现高度的机械化、自动化、智能化。每一位食品人都要不断创新，积极探索，努力开拓，坚持创新思维，攀登科学高峰。

本章小结

基于现代生化分离技术和分析技术的高效性、简便性和快速性等特点，这些分离和分析技术在改变传统的食品加工工艺、优化食品生物资源及食品品质、食品分析与检测方面已经得到了广泛的应用和深度的认可。尤其是超滤技术、超临界流体萃取技术、高效液相色谱法、酶联免疫分析技术、PCR技术、生物芯片技术及波谱分析技术等在食品领域的应用，对食品工业的发展产生了巨大的影响。虽然每一项技术并不是尽善尽美，但是随着各方面的不断投入和相关技术的发展，国内外生命科学界、工业界、医学界及食品界均认为这些技术会给整个人类生活带来一场“革命”。

思考题

1. 请说明超临界流体萃取技术的原理，并举例说明其在食品工业中的具体应用。
2. 列举出3种常用的膜分离技术，并分别举例说明这3种膜分离技术在食品工业中的应用。
3. 生物芯片根据检测分析的生物组分不同可分为哪些类型？
4. 论述PCR的基本原理与操作流程。
5. 简述波谱分析技术的主要原理。

主要参考文献

蔡禄，赵秀娟．2009．核小体定位研究进展．生物物理学报，25（6）：385-395．

蔡孟深，李中军．2006．糖化学——基础、反应、合成、分离及结构．北京：化学工业出版社．

蔡韬，刘玉万，朱蕾蕾，等．2022．二氧化碳人工生物转化．生物工程学报，38（11）：4101-4114．

陈复生，程小丽，李里特．2009．不同萃取方法对大豆分离蛋白功能特性的影响研究．中国食品添加剂，（6）：131-135．

陈健，林杰，黄晓蓉，等．2007．放射免疫法检测鳗鱼中磺胺类药物残留．水产科学，26（5）：282-284．

陈娟，孙军．2016．医学生物化学与分子生物学．3 版．北京：科学出版社．

陈凌．2020．食品生物化学．北京：化学工业出版社．

陈敏．2008．食品化学．北京：中国林业出版社．

陈少闯，吕敏，李彦．2022．非离子型表面活性剂 Tween60 用于碳纳米管的双水相分离．中国科学：化学，52（1）：102-107．

迟玉杰．2012．食品化学．北京：化学工业出版社．

邓芹英，刘岚，邓慧敏．2007．波谱分析教程．北京：科学出版社．

邓小红，任海芳．2007．PCR 技术详解及分析．重庆工商大学学报，24（1）：29-33．

董立明，杨帆，邢珍娟，等．2021．一种 5 重 real-timePCR 筛查转基因水稻方法的建立．食品科学，42（24）：329-334．

董晓燕．2015．生物化学．2 版．北京：高等教育出版社．

杜克生．2001．食品生物化学．北京：化学工业出版社．

冯凤琴，叶立扬．2005．食品化学．北京：化学工业出版社．

傅金凤，王娟．2022．波谱技术在香蕉淀粉及抗性淀粉研究中的应用．食品工业科技，43（1）：425-443．

郭青，林文强，牟定荣，等．2011．超声波萃取技术在烟草成分分离中的应用研究综述．郑州轻工业学院学报（自然科学版），26（5）：96-99．

郭孝武．1997．超声和热碱提取对芦丁成分影响的比较．中草药，28（2）：88-89．

郭勇，崔堂兵，于平儒．2018．现代生物技术．北京：科学出版社．

郭振楚．2005．糖类化学．北京：化学工业出版社．

何玉兰，王斌，潘力．2019．黑曲霉酸性果胶裂解酶的高效表达及其在果汁澄清中的应用．食品科学，40（18）：83-88．

胡耀辉．2014．食品生物化学．2 版．北京：化学工业出版社．

黄继红．2017．抗性淀粉生产技术及其应用．郑州：河南科学技术出版社．

黄文胜，潘良文，粟智平，等．2003．基因芯片检测转基因油菜．农业生物技术学报，（6）：588-592．

黄熙泰，于自然，李翠凤，等．2005．现代生物化学．2 版．北京：化学工业出版社．

黄小葳，霍清．2004．神经网络技术在双水相分离提取甘草酸盐中的应用．现代化工，（z1）：113-115＋119．

黄沅玮．2020．超临界流体萃取技术及其在植物油脂提取中的应用．食品工程，（3）：12-15＋61．

黄泽元，迟玉杰．2017．食品化学．北京：中国轻工业出版社．

贾弘禔．2019．生物化学．4 版．北京：北京大学医学出版社．

江波，杨瑞金．2018．食品化学．2 版．北京：中国轻工业出版社．

江正强，杨绍青．2018．食品酶学与酶工程原理．北京：中国轻工业出版社．

姜竹茂，杨宝雨，芦晶，等．2019．基于陶瓷膜技术的羊乳酪蛋白和其他组分的高效分级分离．食品科学，40（23）：130-136．

金凤燮．2006．生物化学．北京：中国轻工业出版社．

金青哲．2013．功能性脂质．北京：中国轻工业出版社．

阚建全．2016．食品化学．3 版．北京：中国农业大学出版社．

李慧静．2016．PCR 技术检测食品中金黄色葡萄球菌．读天下，（11）：160-161．

李里特．2002．粮油贮藏加工工艺学．北京：中国农业出版社．

李婷，侯晓婷，陈文学，等．2006．超声波萃取技术的研究现状及展望．安徽农业科学，34（13）：3188-3190．

李伟明，哈益明，王锋，等．2010．电子自旋共振波谱技术在辐照葡萄检测中的应用．农业工程学报，26（8）：363-367．

李宪臻．2008．生物化学．武汉：华中科技大学出版社．

李晓华．2010．生物化学．北京：化学工业出版社．

李泽荣，郭旭东，凌光耀，等．2021．液相色谱-串联质谱法测定食品接触材料及制品中新戊二醇迁移量．分析测试学报，40（8）：1208-1212．

刘国琴，杨海莲．2019．生物化学．3 版．北京：中国农业大学出版社．

刘鸿雁，李延春，金星，等．2018．超临界 CO_2 萃取玉米胚芽油的工艺研究．吉林化工学院学报，35（5）：42-45．

刘慧琳，赵源，张瑛，等．2020．白酒和黄酒中生物胺的高效液相色谱分析法．中国食品学报，20（8）：248-254．

刘景圣，孟宪军．2005．功能性食品．北京：中国农业出版社．

刘邻渭．2000．食品化学．北京：中国农业出版社．

刘锐．2012．茶籽粕中茶皂素提取的工艺研究．武汉：湖北工业大学硕士学位论文．

刘树兴，吴少雄．2008．食品化学．北京：中国计量出版社．

刘卫华，杨茜，刘敏轩，等．2020．动物性食品中氟苯尼考检测的电化学免疫传感器构建．食品科学，41（20）：307-313．

刘晓欢，刘翠玲，孙晓荣，等．2021．基于傅里叶红外光谱技术的大米产地溯源快速判别方法研究．食品科技，46（4）：244-249．

卢丹，张文婷，赵武奇，等．2018．超临界 CO_2 萃取燕麦油工艺研究．中国油脂，43（4）：1-6．

罗来庆，焦宇知，周济扬．2021．加压毛细管电色谱法测定不同烹饪方式食品中丙烯酰胺含量．食品安全质量检测学报，12（16）：6498-6504．

罗云波，生吉萍，郝彦玲．2021．食品生物技术导论．北京：中国农业大学出版社．
吕敏，李彦．2020．单壁碳纳米管的双水相分离．中国科学：化学，50（11）：1619-1636．
吕维华，夏德强，张海亮，等．2017．现代波谱分析技术在高分子材料结构表征中的应用．化学工程与装备，（6）216-218．
马霞，魏述众．2020．生物化学．北京：中国轻工业出版社．
马永昆，刘晓庚．2007．食品化学．南京：东南大学出版社．
毛黎娟．2005．金免疫层析技术在克百威残留快速测定中的应用研究．杭州：浙江大学硕士学位论文．
苗颖，潘艳，夏晒歌，等．2019．磁性固相萃取-高相液相色谱法检测食品调味料中痕量着色剂．分析试验室，38（10）：1163-1167．
宁正祥，任娇艳．2021．食品生物化学．4版．广州：华南理工大学出版社．
潘宁，杜克生．2018．食品生物化学．3版．北京：化学工业出版社．
邱慧珍，黄凤妹，何孝金，等．2021．超高效液相色谱-串联质谱法测定动物源性食品中20种磺胺类药物残留．食品安全导刊，（29）：92-95+98．
任文鑫，李甜甜，王愚．2019．超临界流体萃取分离技术概述．现代食品，（22）：162-163．
邵颖，刘洋．2018．食品化学．北京：中国轻工业出版社．
孙雪，赵晓燕，朱运平，等．2020．反胶束对植物蛋白的结构，功能性和应用的影响研究进展．中国粮油学报，35（1）：196-202．
唐炳华．2021．生物化学．5版．北京：中国中医药出版社．
汪东风．2019．食品化学．3版．北京：化学工业出版社．
汪玉松．2002．现代动物生物化学．北京：中国农业科技出版社．
王炳强．2010．仪器分析——色谱分析技术．北京：化学工业出版社．
王华，熊汉国，张丁联，等．2007．甲胺磷残留检测直接竞争ELISA试剂盒的研制．食品研究与开发，（4）：122-126．
王冬梅，吕淑霞．2018．生物化学．2版．北京：科学出版社．
王继峰．2007．生物化学．2版．北京：中国中医药出版社．
王金秋，朱倩，郁蓓蕾，等．2017．食品工业中膜分离技术的应用进展．成都大学学报：自然科学版，36（3）252-256．
王金胜．1999．植物基础生物化学．北京：中国林业出版社．
王金胜，吕淑霞，张宁．2021．基础生物化学．2版．北京：中国农业出版社．
王镜岩，朱圣庚，徐长法．2002．生物化学：上册．3版．北京：高等教育出版社．
王镜岩，朱圣庚，徐长法．2002．生物化学：下册．3版．北京：高等教育出版社．
王镜岩，朱圣庚，徐长法．2008．生物化学教程．北京：高等教育出版社．
王淼．2020．食品生物化学．2版．北京．中国轻工出版社．
王容容，江涛，孙少阳，等．2023．聚酰亚胺/多壁碳纳米管杂化纳米纤维的制备与性能研究．中国塑料，37（12）：23-28．
王希成．2015．生物化学．4版．北京：清华大学出版社．
王玉川，马俊文，李延啸，等．2022．米黑根毛霉α-淀粉酶的定向进化、高效表达及在面包中的应用．中国粮油学报，（11）：78-85．
王云霞，赵淑环，侯霞霞，等．2019．生物芯片技术检测奶牛饲料中多种真菌毒素．乳业科学与技术，42（4）：30-33．
王璋，许时婴，汤坚．1999．食品化学．北京：中国轻工业出版社．
魏民，张丽萍，杨建雄．2020．生物化学简明教程．北京：高等教育出版社．
魏述众．2006．生物化学．北京：中国轻工业出版社．
吴刚，姜瞻梅，霍贵成，等．2007．胶体金免疫层析技术在食品检测中的应用．食品工业科技，28（12）：216-218．
夏延斌，王燕．2015．食品化学．2版．北京：中国农业出版社．
谢笔钧．2021．食品化学．3版．北京：科学出版社．
谢达平．2014．食品生物化学．2版．北京：中国农业出版社．
谢倩，李庆，张佳楠．2021．日落黄酶联免疫试剂盒的制备及应用．现代食品科技，37（6）：326-332．
谢天恩，胡志红．2002．普通病毒学．北京：科学出版社．
辛嘉英．2021．食品生物化学．2版．北京：科学出版社．
邢要非，许红霞，王延琴，等．2013．反胶束萃取技术及其在棉子蛋白提取上的研究进展．中国棉花学会2013年年会论文集：45-48．
许娜，李春香，王良．2022．基于改性印迹膜的膜分离技术研究进展．山东化工，51（8）：84-86．
闫海洋，王忠东，赵武奇．2003．微波萃取技术在食品加工过程中的应用．吉林工程技术师范学院学报，19（6）：38-40．
闫磊，李卓，张燕．2010．牛奶中黄曲霉毒素的放射免疫法检测．食品研究与开发，31（1），135-137．
严维花，曹虹虹，郭爽，等．2020．基于实时荧光定量PCR技术的当归不同炮制品中金黄色葡萄球菌含量测定方法的开发及比较．中国实验方剂学杂志，26（23）：137-144．
杨趁仙，陈复生，刘昆仑，等．2013．反胶束萃取技术及其对植物蛋白质结构特性的影响．食品与机械，29（6）240-243．
杨荣武．2018．生物化学原理．3版．北京：高等教育出版社．
杨荣武．2021．基础生物化学原理．北京：高等教育出版社．
杨业华．2001．普通遗传学．北京：高等教育出版社．
杨颖莹，陈复生，布冠好，等．2012．反胶束萃取技术及其在食品科学中应用．粮食与油脂，25（189）：1-3．
杨志敏．2015．生物化学．3版．北京：高等教育出版社．
姚文兵．2016．生物化学．8版．北京：人民卫生出版社．
姚宇晨，徐光辉，杨钊，等．2021．淀粉糖行业发展趋势分析及展望．农产品加工，11：77-82．
张冰宇，蔡晓蓉，尹艳艳，等．2017．毛细管电色谱-激光诱导荧光检测法分析食品中的生物胺．色谱，35（3）：344-350．

张铎．2022．柑橘果渣主要功能成分及抗氧化活性的研究．中国食品添加剂，(4)：81-88.
张峰，蔡云飞．2012．食品生物化学．广州：中国轻工业出版社.
张光远．2013．转基因食品基因芯片检测及鉴定方法的建立．济南：山东师范大学硕士学位论文.
张洪渊．2006．生物化学原理．北京：科学出版社.
张洪渊．2017．生物化学教程．4版．成都：四川大学出版社.
张洪渊，万海清．2014．生物化学．3版．北京：化学工业出版社.
张恺容，解铁民．2020．超临界流体萃取技术及其在食品中的应用．农业科技与装备，(6)：48-49+52.
张丽，刘娜，张彦青，等．2021．双水相萃取分离红高粱色素工艺研究．中国调味品，46（8)：164-168+173.
张丽静，袁玮艺，雷文平，等．2021．无乳糖乳制品研究进展．农产品加工，9：79-84.
张丽萍，杨建雄．2015．生物化学简明教程．5版．北京：高等教育出版社.
张艳荣，单玉玲，刘婷婷，等．2006．微波萃取技术在姬松茸多糖提取中的应用．食品科学，27：267-269.
张泽生．2020．食品营养学．北京：中国轻工业出版社.
赵国华，白卫东，于国萍，等．2019．食品生物化学．北京：中国农业大学出版社.
赵新淮．2006．食品化学．北京：化学工业出版社.
郑穗平，郭勇，潘力．2009．酶学．2版．北京：科学出版社.
周爱儒，查锡良．2001．生物化学．5版．北京：人民卫生出版社.
周春燕，药立波，2018．生物化学与分子生物学．9版．北京：人民卫生出版社.
周霄，曾越灿．2022．叶酸及维生素 B_{12} 与肿瘤治疗的关系及研究进展．现代肿瘤医学，30（2)：352-354.
朱晗昀，董振华．2021．关于在食品微生物检测中 PCR 技术的应用分析．食品安全导刊，(24)：2.
朱圣庚，徐长法．2017．生物化学．4版．北京：高等教育出版社.
朱小钿，张燕，彭宏威，等．2019．免疫传感器在食品安全检测中的应用．食品安全质量检测学报，10（3)：626-632.
邹思湘．2012．动物生物化学．北京：中国农业出版社.
邹月，黄金凤，魏琴．2021．功能性低聚糖的研究进展及应用现状．中国调味品，46（2)：180-185+195.
Appling D R, Anthony-Cahill S J, Mathews C K. 2019. Biochemistry: Concepts and Connections. 2nd ed. New York: Pearson.
Berg J M, Tymoczko J L, Stryer L. 2012. Biochemistry. 7th ed. New York: W. H. Freeman & Company.
Bi Y, Zhang Y Y, Gu Z B, et al. 2019. Effect of ripening on *in vitro* digestibility and structural characteristics of plantain (Musa ABB) starch. Food Hydrocolloids, 93: 235-241.
Chandrakumar A, Bhardwaj A, Jong G W. 2018. Review of thiamine deficiency disorders: Wernicke encephalopathy and Korsakoff psychosis. Journal of Basic and Clinical Physiology and Pharmacology, 30 (2): 153-162.
Chaurasiya R S, Sakhare P Z, Bhaskar N, et al. 2015. Efficacy of reverse micellar extracted fruit bromelain in meat tenderization. Journal of Food Science and Technology, 52 (6): 3870-3880.
Chiang Y C, Wang H H, Ramireddy L, et al. 2016. Designing a biochip following multiplex polymerase chain reaction for the detection of *Salmonella* serovars Typhimurium, Enteritidis, Infantis, Hadar, and Virchow in poultry products. Journal of Food and Drug Analysis, 26 (1): 58-66.
Christensen K, Andresen R, Tandskov I, et al. 2006. Using direct contact membrane distillation for whey protein concentration. Desalination, 200 (1/3): 523-525.
Imam S H, Gordon S H. 2006. Enzyme catalysis of insoluble cornstarch granules: Impact on s urface morphology, p roperties and biodegradability. Polymer Degradationand and Stability, 91: 2894-2900.
Kolosov A Y, Parka J H, Eremin S A, et al. 2004. Comparative study of three immunoassays based on monoclonal antibodies for detection of the pesticide parathion-methyl in real samples. Analytica Chimica Acta, 511 (2): 323-331.
Lieberman M, Marks A, Peet A. 2013. Marks' Basic Medical Biochemistry: A Clinical Approach. 4th ed. Philadelphia: Lippincott Williams&Wilkins.
Mariane W, Bruna C G, Alexandre T P. 2018. Hydrolysis of lactose using β-*D*-galactosidase immobilized in a modified arabic gumbased hydrogel for the production of lactose-free/low-lactose milk. International Journal of Biological Macromolecules, 4 (58): 115, 157-164.
Nelson D L, Cox M M. 2021. Lehninger Principles of Biochemistry. 8th ed. New York: W. H. Freeman & Company.
Paludetti L F, Kelly A L, Gleeson D. 2020. Effect ofthermoresistant protease of *Pseudomonas fluorescens* on rennet coagulation properties and proteolysis of milk. Journal of Dairy Science, 103 (5): 4043-4055.
Puri D. 2018. Textbook of Medical Biochemistry. 4th ed. Taramani Chennai: Elsevier India.
Rehbein H, Mackie I M. 1999. Fish species identification in canned tuna by PCR-SSCP: validation by a collaborative study and investigation of intra-species variability of the DNA. Food Chemistry, 64 (2): 263-268.
Rodwell V W. 2015. Harper's Illustrated Biochemistry. 30th ed. Columbus: McGraw-Hill.
Roger L M, Megan M M. 2017. Biochemistry. New York: W. W. Norton & Company.
Voet D, Voet J G. 2011. Biochemistry. 4th ed. Hoboken: John Wiley & Sons, Inc.
Wang Y C, Zhao N, Ma J W, et al. 2019. High-level expression of a novel alpha-amylase from *Thermomyces dupontii* in *Pichia pastoris* and its application in maltose syrup production. International Journal of Biological Macromolecules, 127: 683-692.
Wilkins M H F, Strokes A R, Wilson H R. 1953. Molecular structure of deoxypentose nucleic acids. Nature, 171: 738-740.
Yuan S, Carter P, Vithayathil M, et al. 2021. Genetically predicted circulating B vitamins in relation to digestive system cancers. Br J Cancer, 124 (12): 1997-2003.